普通高等教育“九五”国家级重点教材

无机化工工艺学

第三版

上册　合成氨、尿素、硝酸、硝酸铵

陈五平　主编

张　鎏　主审

化学工业出版社

教材出版中心

·北　京·

图书在版编目(CIP)数据

无机化工工艺学/陈五平主编．—3版．—北京：化学工业出版社，2002．4（2025.1重印）

普通高等教育“九五”国家级重点教材

ISBN 978-7-5025-3414-1

Ⅰ．无…　Ⅱ．陈…　Ⅲ．无机化工-生产工艺-高等学校-教材　Ⅳ．TQ110．6

中国版本图书馆CIP数据核字(2002)第010634号

责任编辑：徐雅妮　骆文敏　　　装帧设计：郑小红

责任校对：蒋　宇

出版发行：化学工业出版社（北京市东城区青年湖南街13号　邮政编码100011）

印　　装：北京虎彩文化传播有限公司

787mm×1092mm　1/16　印张26¼　字数648千字　2025年1月北京第3版第20次印刷

购书咨询：010-64518888　　　售后服务：010-64518899

网　　址：http://www.cip.com.cn

凡购买本书，如有缺损质量问题，本社销售中心负责调换。

定　　价：59.00元

第三版　前　　言

本书第一、二版四个分册分别于1980年、1989年由化学工业出版社出版以来，受到广大读者好评，第一版获1987年化学工业部高等学校优秀教材奖，第二版获1998年部级化工优秀教材一等奖。各分册连续多次印刷共29万多册。

无机化学工业是与国民经济建设密切相关的重要行业，随着新世纪的来临，为跟上科学的发展和教学改革的需要，要求修订编写第三版新教材。本教材经国家教育部批准为普通高等教育“九五”国家级重点教材。本次修订在教材内容上力求反映世界先进水平以及新工艺、新设备、新进展。同时，对我国在该领域的科技成果有所反映。

全书由原四个分册调整为三个分册：上册合成氨、尿素、硝酸、硝酸铵；中册硫酸、磷肥、钾肥；下册纯碱、烧碱。

全书由大连理工大学陈五平主编，天津大学张鎏主审（并担任上册合成氨审稿）。各篇、章的执笔人和审稿人如下。

各篇执笔人：陈五平修订上册合成氨篇（绪论，原料气制取和最终净化，氨的合成，生产综述）以及上册硝酸铵；方文骥修订上册合成氨篇（固体燃料气化，原料气脱硫）以及上册硝酸；俞裕国修订上册合成氨篇（原料气脱碳）；袁一修订上册尿素；孙彦平、刘世斌修订中册硫酸；张允湘修订中册磷肥；吕秉玲修订中册钾肥，下册纯碱；钟本和修订下册烧碱。

各分册审稿人：上海化工研究院研究员沈华民审尿素，原化工部第一设计院教授级高工于秋蓉审硝酸，大连化学工业公司教授级高工程义镜审直接合成浓硝酸和硝酸铵，南京化学工业公司设计院教授级高工汤桂华审硫酸，郑州工业大学教授许秀成审磷肥，中国科学院盐湖研究所研究员宋彭生审钾肥，原化工部第一设计院教授级高工王楚审纯碱，中国化工信息中心教授级高工吕彦杰审烧碱。

为了适应拓宽专业、加强基础，培养素质高，有创新能力的优秀化工人才，本书作为化学工程及工艺专业的选修课教材，因此存在学时少、教材内容多的矛盾，建议富有经验的任课教师，根据自己的教学实践，妥善利用本教材安排授课和学生自学。本书也可供科研、设计、生产管理人员参考。

在本书修订过程中得到原化工部人事教育司的大力支持，在书稿完成之后，各位审稿人精心审查，提出了许多中肯的修改意见和建议，有力地提高了书稿质量，编者深表感谢。此外，也得到许多友人各方面的帮助。特此一并致谢。

限于水平，本书仍会有不妥之处，欢迎读者指正。

编　者

2000年10月

目　　录

第一篇　合　成　氨

第二篇 尿 素

第三篇 硝 酸

第四篇 硝 酸 铵

第一篇　合　成　氨

第一章　绪　　论

1.1　氨的发现与制取

氨是 1754 年由 J. 普里斯特利（Priestley）在加热氯化铵和石灰混合物时发现，1784 年 C.L. 伯托利（Berthollet）确定氨由氮和氢组成。

19 世纪中叶，炼焦工业兴起，生产焦炭过程中制得了氨。煤中的氮约有 20%～25% 转化为氨，煤气中氨含量为 8～11g/m^3，因而可从副产焦炉气中回收氨[1]。但这样回收的氨量不能满足需要，促使人们研究将空气中的游离态氮变成氨的方法，20 世纪初先后实现了氰化法和直接合成法制氨的工业方法。

1.1.1　氰化法制氨[2]

早在 1898 年 A. 富兰克（Frank）和 N. 卡罗（Caro）发现碳化钙加热时与氮气反应生成氰氨化钙，并获得专利。

$$CaC_2 + N_2 \xrightarrow{1000℃} CaCN_2 + C \tag{1-1-1}$$

$CaCN_2$ 在 200℃ 下碱性介质中水解成氨。

$$CaCN_2 + 3H_2O \longrightarrow CaCO_3 + 2NH_3 \tag{1-1-2}$$

人们称氰氨化钙制得氨的方法为氰化法。1905 年在德国建成第一套工业装置，一次大战期间德国、美国主要采用此法制氨，用于制造炸药。每吨氨要消耗能量 190GJ，能量利用率非常低，与后来开发的直接合成法相比，很不经济。

1.1.2　直接合成法[2]

氮气与氢气合成氨的化学反应式为

$$N_2 + 3H_2 \rightleftharpoons 2NH_3 \tag{1-1-3}$$

第一位最早研究此反应的是 1901 年法国化学家吕·查得利（Le Chatelier），试验时在氮氢混合气中不幸混入了少量空气，结果反应过程发生爆炸，还没有查明爆炸原因，他就草率地放弃这项研究。第二位研究者是德国物理化学家 W. 纳斯脱（Nernst），他通过计算，认为氮氢合成氨反应不大可能。后来弄清楚是在计算时用了一个错误的热力学数据，以致获得不正确的结果。

虽然化学家们在研究合成氨中遇到了挫折，但德国化学家 F. 哈伯（Haber）并不气馁，仍积极投入了研究，开始在常温常压条件下进行反应，但没有生成可以觉察到的氨，后来在电火花下试验，也只有少量的氨生成。1905 年哈伯在慕尼黑出版了《工业气体反应热力学》，书中阐述对氮氢反应平衡的研究，并计算了不同压力温度下氨的平衡含量（见表 1-1-1）。

表 1-1-1 哈伯计算的氨平衡含量(体积分数)/%

温度/℃		300	500	700	900
压力/MPa	0.1	2.2	0.13	0.02	0.007
	10	52.1	10.4	2.14	0.68

哈伯认为，高压条件最有可能实现氨合成反应，便倾全力于反应速度的研究。哈伯得出结论：即使氮氢转化率很低，如果把生成的氨在高压下除去，再将该高压气体进行循环，这种方法还是可行的。1908 年哈伯在“循环法”的专利中作了简述，在锇催化剂存在下，氮气和氢气在压力 17.5～20MPa 和温度 500～600℃下可直接合成氨，反应器出口氨含量达到 6%。并于 1909 年 7 月在卡尔斯鲁厄大学建立一个 80g/h 氨的试验装置。德国巴登苯胺纯碱公司（BASF）对哈伯的研究工作很感兴趣，确信直接合成法有很高经济价值，决定采用，并聘请德国工业化学家 C. 博施（Bosch）参加工作，促使哈伯发明的合成氨法实现工业化。当时博施意识到，锇这种稀有金属，当时世界上只有几公斤存货，也就是 BASF 公司搞到的那些，因而，必须首先找到另一种有效的催化剂。哈伯推荐的第二种催化剂是铀，也很昂贵，微量氧和水分对铀又非常敏感。BASF 公司在德国化学家 A. 米塔施（Mittasch）的倡议下又开展了一系列的研究，采用了 2500 种配方，到 1911 年经过 6500 次的试验，终于筛选出以铁为活性组分的氨合成催化剂。这种铁系催化剂比锇价廉、易得，活性高，而且耐用，至今仍在工业生产中广泛应用。

接着遇到的难题是高压合成设备的研制。高温下，和氢气接触的软钢反应器使用仅 80h 便损坏了。后来采用软铁衬里的软钢反应器解决了这个问题，因为软铁不易受氢的脱碳作用（氢脆）。工业化过程中碰到的其它一些问题，例如大量生产廉价的氢氮气的制造方法，都被博施解决了。此时，德国国王威廉二世准备发动战争，急需大量炸药，而由氨制取硝酸是生产炸药的理想原料。

1912 年，BASF 公司在奥堡（Oppau）建成世界上第一座日产 30t 氨的全套装置，1913 年 9 月 9 日开始运转，氨产量很快达到设计能力。一次大战被用以生产炸药和氮肥硫酸铵。人们称这种合成氨法为哈伯-博施法，它是化学工业实现高压催化反应的第一个里程碑。由于哈伯和博施的突出贡献，他们分别获得 1918 年度和 1931 年度诺贝尔化学奖。

第一次大战结束，德国战败而被迫公开合成氨技术。于是一些国家先后在哈伯-博施法的基础上开发了不同氨合成压力的其它方法（见表 1-1-2）。

表 1-1-2 早期的合成氨法[3]

名　称	合成压力/MPa	年　份	国　家
哈伯-博施（Haber-Bosch）法	20	1913	德　国
克劳特法（Claude）法	100	1917	法　国
卡塞莱（Casale）法	68～85	1918	意大利
福瑟（Fauser）法	30	1921	意大利
蒙特·塞尼斯（Mont-Cenis）法	10～15	1921	德　国
氮气工程公司（NEC）法	30	1921	美　国

哈伯-博施法生产的吨氨能耗为氰化法的一半，在 30 年代以后即成为氨的主要方法。如表 1-1-3 所示为 1931～1932 肥料年度世界氨产量。

表 1-1-3　1931～1932 肥料年度①世界氨产量（以纯 N 计）[3]

来　源	氨产量/kt	各方法占百分率/%	来　源	氨产量/kt	各方法占百分率%
焦炉气副产氨	472	15.17	直接合成氨法	2609	84.51
氰化法氨	10	0.32			

① 肥料年度是指从当年的 7 月 1 日开始到下一年的 6 月 30 日为止。

随着世界人口的不断增加，用于制造尿素、硝酸铵、磷酸铵、硫酸铵以及其它化工产品的氨用量也在增长。图 1-1-1[4]为近 90 年来的世界人口与氨产量的增长情况。据统计[5]1994 年世界氨产量为 113.46Mt，其中中国、美国、印度、俄罗斯四个主要产氨国占了一半以上。在化学工业中合成氨工业已成为重要的支柱产业[4]。

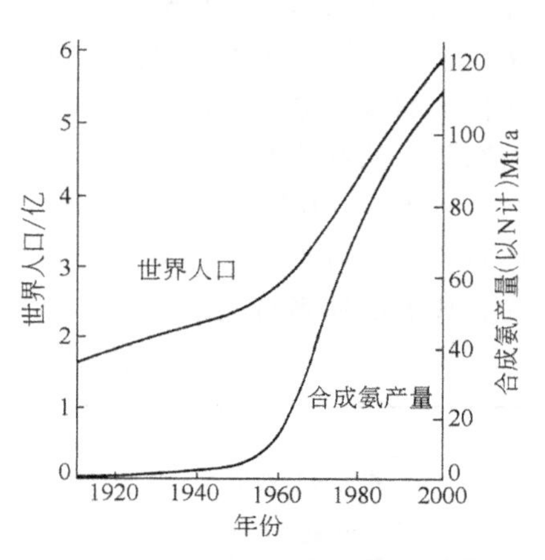

图 1-1-1　历年世界人口与合成氨产量的增长情况

1.2　合成氨生产技术发展

1.2.1　原料构成变化

为了生产合成氨，首先必须提供原料氮和氢。氮来源于空气，氢来源于水。空气和水到处都有，而且取之不尽。传统的制氮方法是在低温下将空气液化、分离，以及水电解制氢。由于电解制氢法，电能消耗大，成本高。传统方法还是采用高温下将各种燃料与水蒸气反应制造氢。因此合成氨生产的初始原料是焦炭、煤、焦炉气、天然气、石脑油、重油（渣油）等，60 多年来世界合成氨原料构成变化见表 1-1-4。

表 1-1-4　世界合成氨原料构成/%[4,6]

原　料	1929 年	1939 年	1953 年	1965 年	1971 年	1975 年	1980 年	1985 年	1990 年
焦炭、煤	65.2	53.6	37	5.8	9.0	9.0	5.5	6.5	13.5
焦炉气	15.8	27.1	22	20					
天然气	—	1.3	26	44.2	60	62.0	71.5	71.0	77
石脑油	—	—	—	4.8	20	19.0	15.0	13.0	6
重　油	—	—	—	9.2	4.5	5.0	7.5	8.5	3
其　它	19	18	15	16	6.5	5.0	0.5	1.0	0.5
合　计	100	100	100	100	100	100	100	100	100

由表 1-1-4 可知，合成氨原料构成是从以固体燃料为主转移到以气体燃料和液体燃料为主。

（1）以固体燃料为原料生产合成氨

最早建立的合成氨厂用焦炭为原料，20 世纪 20 年代以后开始出现焦炉气深度冷冻分离制取氢气的方法。焦炉气除含甲烷、乙烯等组分外，尚含有 50%左右的氢气。当时为了避免采用昂贵的焦炭，对煤的连续气化进行了研究，并开发成功流化床粉煤气化工艺。焦炭和焦炉气都是煤的加工产物，一直到二次大战结束，它们始终是生产合成氨的主要原料，可以说 20 世纪前 30 年是合成氨以煤造气的时期。

（2）以气体燃料或液体燃料为原料生产合成氨

自从北美大量开发天然气资源成功之后，20世纪50年代开始采用天然气制氨。因为天然气便于管道输送，用作合成氨的原料具有投资省、能耗低等明显优点。到20世纪60年代末，国外主要产氨国都已先后停止用焦炭、煤为原料，而以天然气、重油等为原料，天然气所占的比重不断上升。一些没有天然气资源的国家，如日本、英国在解决了石脑油蒸汽转化过程的析炭问题后，1962年开发成功石脑油为原料生产合成氨的方法。石脑油经脱硫、气化后，可采用与天然气为原料的相同生产装置制氨。但石脑油价格比天然气高，而且又是石油化工的重要原料，用于制氨受到一定限制。为了扩大原料范围，又开发了用重油部分氧化法制氢。从此比石脑油价廉、来源广泛的重油和减压渣油开始作为合成氨的另一种原料。

表1-1-5为各种原料的日产1043.3t（1150st；st为短吨）合成氨厂相对投资和能量消耗比较。由表可见，虽然各国资源不同，但选用原料的基本方向相同。只要资源条件具备，作为合成氨的原料首先应考虑采用天然气和油田气，其次采用石脑油和重油。

表1-1-5　氨厂采用的各种原料的相对投资和能量消耗[8]

原　料	天然气	重　油(渣油)	煤
相对投资费用	1.0	1.5	2.0
能量消耗/(GJ/t)	28	38	48

1.2.2　生产规模大型化

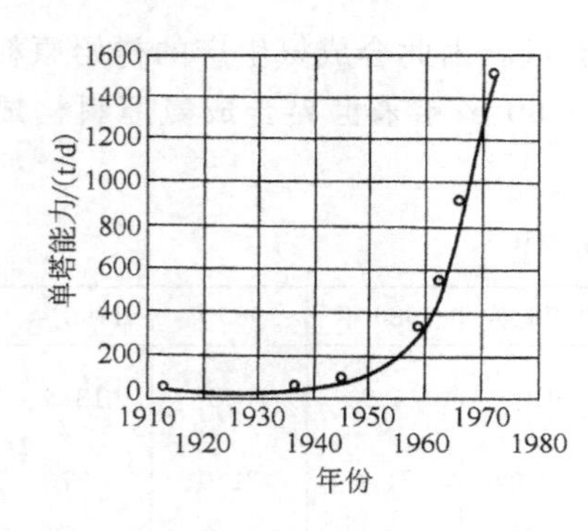

图1-1-2　合成塔单塔能力的变化

20世纪50年代以前，氨合成塔的最大能力为日产200t氨，到60年代初期为400t（见图1-1-2）。单系列装置（各主要设备和机器只有一台）的生产能力亦不过日产400t氨。如欲扩大氨厂规模，就需设置若干平行的系列装置。若能提高单系列装置的生产能力，就可减少平行的系列装置数。这样，既便于操作管理，又有利于提高经济性。

随着蒸汽透平驱动的高压离心式压缩机研制成功，美国凯洛格（Kellogg）公司运用建设单系列大型炼油厂的经验，首先利用工艺过程的余热副产高压蒸汽作为动力，于1963年和1966年相继建成日产544.31t（600st）和907.19t（1000st）的氨厂，实现了单系列合成氨装置的大型化，这是合成氨工业发展史上第一次突破。大型化的优点是投资费用低，能量利用率高，占地少，劳动生产率高。从20世纪60年代中期开始，新建氨厂大都采用单系列的大型装置。

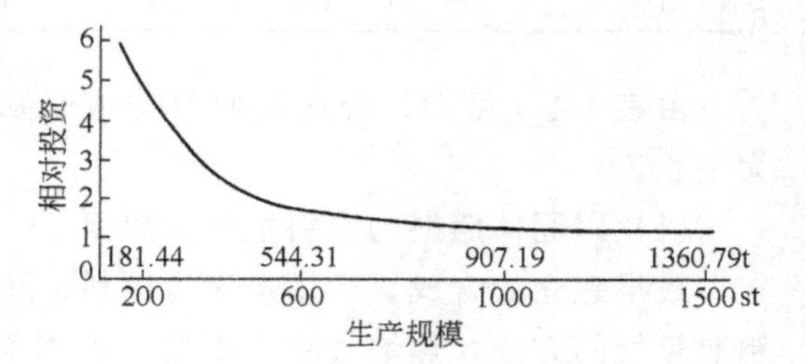

图1-1-3　工程投资与生产规模的关系

但是，大型的单系列合成氨装置要求能够长周期运行，对机器和设备质量要求很高，而且在超过一定规模以后，优越性并不十分明显了。图1-1-3和图1-1-4分别为工程投资、操作费用与生产规模的关系。因此，大型氨厂通常是指日产600t（年产量为20万t）级，日产1000t（年产量为30万t）级和日产1500t（年产量为50万t）级的三种。现在世界上规模最大的合成氨装置为日产 1800t 氨，1991 年在比利时的安特卫普（Antwerp）建成投产[14]。

1.2.3 低能耗新工艺

合成氨，除原料为天然气、石油、煤炭等一次能源外，整个生产过程还需消耗较多的电力、蒸汽等二次能源，而用量又很大。现在合成氨能耗约占世界能源消费总量的 3%，中国合成氨生产能耗约占全国能耗的 4%。由于吨氨生产成本中能源费用占 70% 以上，因而能耗是衡量合成氨技术水平和经济效益的重要标志。

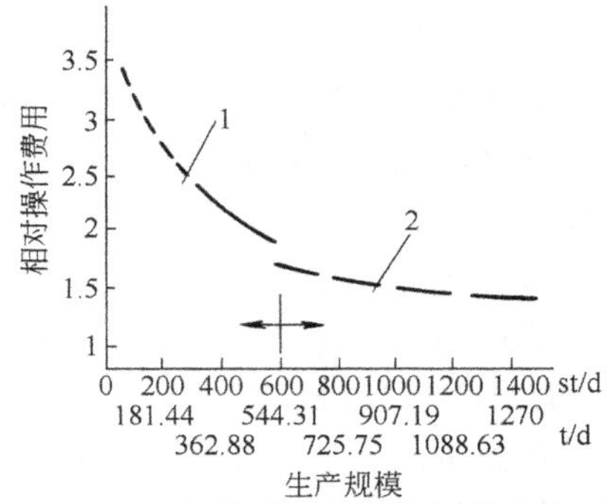

图 1-1-4 操作费用与生产规模的关系

1—电机带动的往复式压缩机；

2—汽轮机带动的离心式压缩机

1.2.3.1 理论能耗

工业上一般用热值计算合成氨生产过程的理论能耗。根据 0.1MPa，25℃ 状态下氨合成反应的化学计量式，通过反应物和生成物的低热值计算，应根据热力学第二定律以“可用能”来计算。由于物质的热值数据易得，而且与可用能数值相近，所以文献中时常用热值作为化工产品的理论能耗。表 1-1-6 为计算液氨（或气氨）的标准热值、标准可用能有关数据。

表 1-1-6 有关物质①标准热值和标准可用能数据[10]

物 质	空气	水	二氧化碳	氩气	C(石墨)	CH_4	$NH_3(l)$	$NH_3(g)$
标准热值/(kJ/kmol)	0	0	0	0	393769	890955	362124	383092
标准可用能/(kJ/kmol)	0	0	0	0	390754	810755	342434	337037

① 状态参数：温度 25℃，压力 0.1MPa。

各种原料，如煤、天然气和渣油生产每吨液氨的理论能耗均为 20.15GJ（即 4.813×10^6kcal）。

【例 1】 以煤为原料生产氨

设产品为液氨，煤的成分用 C（石墨）代表，计算条件为常压、常温。

从煤制氨的总反应式可以写成

$$\frac{23}{26}C+\frac{3}{2}H_2O(l)+\frac{100}{156}(0.78N_2+0.21O_2+0.01Ar)=NH_3+\frac{23}{26}CO_2+\frac{1}{156}Ar$$

或

$$\begin{aligned}&0.885C+1.5H_2O(l)+0.641(0.78N_2+0.21O_2+0.01Ar)\\&=NH_3+0.885CO_2+0.0064Ar\end{aligned}\qquad(1\text{-}1\text{-}4)$$

将有关物质的标准热值代入上式，可得此反应的热量变化为

$$\frac{1000}{17}(362124-0.885\times393769)=0.80\times10^6\text{kJ/tNH}_3$$

所以生成液氨的反应为吸热反应，而每吨氨需要原料煤折算成热值为

$$\frac{1000}{17}\times0.885\times393769=20.50\times10^6\text{kJ/tNH}_3$$

因而生产液氨的理论能耗为

$$(0.80+20.50)\times10^6=21.30\times10^6\text{kJ/tNH}_3(\text{或 }5.09\times10^9\text{kcal/tNH}_3)$$

若用可用能计算理论功耗，将有关物质的可用能代入式（1-1-4），得

$$\frac{1000}{17}(342434-0.885\times390754)=-0.19\times10^6\text{kJ/tNH}_3$$

即理论上可以向外作功，虽然生产液氨需要外供热量。

工业生产中合成氨的实际能耗随原料、生产方法及工厂管理水平而异。

1.2.3.2　节约能源的进展

由于能源消耗在合成氨成本中占有很大比重，在天然气、石油价格不断上涨的情况下，国内外合成氨工业都在致力于开发新的工艺，因此近年吨氨设计能耗有较大幅度的降低。例如：

(1) 以天然气为原料的大型氨厂

日产 1000t 的合成氨装置吨氨能耗目前已从 20 世纪 70 年代的 40.19GJ (9.6Gcal) 下降到 29.31GJ (7Gcal) 左右。其中有竞争能力的是美国 S.F. 布朗 (Braun) 公司深冷净化工艺，英国帝国化学工业公司 AM-Ⅴ工艺和美国凯洛格公司 MEAP 工艺。虽然流程各有特点，但吨氨能耗大致相近（见表 1-1-7）。

表 1-1-7　近年开发的低能耗合成氨工艺比较[10]

项　目	20 世纪 70 年代的凯洛格工艺	凯洛格公司 MEAP 工艺	英国帝国化学工业公司 AM-Ⅴ工艺	布朗公司深冷净化工艺
氨合成压力/MPa	14.48	14.27	10.20	13.73
能耗/[GJ(Gcal)/t]	40.19(9.6)①	29.68(7.09)	29.17(6.968)	28.95(6.915)
按相同条件的能耗①/[GJ(Gcal)/t]	40.19(9.6)	29.89(7.138)	28.81(6.88)	29.08(6.945)
相对能耗	100	74.37	71.68	72.34

① 指没有采用燃气透平时的能耗。

(2) 以天然气为原料的中型氨厂

日产 450t 氨的 LCA 工艺吨氨能耗为 29.31GJ (7Gcal)。

(3) 以煤为原料的小型氨厂

生产规模为年产 25kt 氨的中国小型氨厂，近年在加强生产管理、提高操作水平的同时，尽量减少蒸汽消耗、充分回收和合理利用工艺余热，已经做到合成氨生产蒸汽自给。每吨氨原料煤 1000kg，耗电 1000kWh（即 3.6GJ），总能耗 1010×10^4kcal (42.28GJ)。

1.2.4　生产自动化

合成氨生产特点之一是工序多、连续性强。20 世纪 60 年代以前的过程控制多采取分散方式，在独立的几个车间（工段）控制室中进行。自从出现单系列装置的大型氨厂，除泵类有备用外，其它设备和机器都是一台。因此，某一环节的失调就会影响生产。为了保证能够长周期的安全生产，对过程控制提出更高的要求，从而发展到把全流程的温度、压力、流量、物位和成分五大参数的模拟仪表、报警、连锁系统全部集中在中央控制室显示和监视控制。

自从 20 世纪 70 年代计算机技术应用到合成氨生产以后，操作控制上产生了飞跃。1975 年美国霍尼威尔 (Honeywell) 公司开发成功 TPC-2000 总体分散型控制系统 (Totol Distributed Control System)，简称集散控制系统 (DCS)。

DCS 是现代计算技术、控制技术、数据通讯技术和荧光屏显示技术 (CRT) 相结合的产物。在 CRT 操作台上可以存取、显示多种数据和画面，包括带控制点的流程，全部过程变量、控制过程变量，以及其参数的动态数值和趋势图，从而实现集中监视和集中操作。操作人员对于任一控制点、控制单元、生产设备、车间以及全厂的运转情况进行随机或定时的观察，只要通过键操作调出相应的画面，即可把所需内容显示在CRT上，以便监视、控制和修改某些参数。需要的数据、流程都可随机或定时在打印机上打印和彩色硬拷贝机上拷贝。

与此同时，报警、连锁系统，程序控制系统，采用了微机技术的可编程序逻辑控制器（Programmable Logic Controller，简称PLC）代替过去的继电器，采用由用户编写的程序，实现自动或手动的“开”、“停”和复杂程序不同的各种逻辑控制，计时、计数、模拟控制等等。近年由于机电一体化需要逻辑控制和模拟控制计时、计数、运算等功能相结合，各仪表厂家的产品已从单一的逻辑控制，趋向多种控制功能结合为一体。因此，用“可编程序控制器”（Programmable Controller，简称PC）这一名称较为确切。

此外，若配置有高一级管理、控制功能的上位机系统，还能进行全厂综合优化控制和管理，这种新颖的过程控制系统不仅可以取代常规模拟仪表，而且还可完成局部优化控制以及模拟仪表难于实现的复杂自控系统。若能用仿真技术进行操作人员的模拟培训只需在一台高性能的计算机上配合相应的软件以代替实际生产装置的控制、运转设备，这样就可以在较短时间内学习开停车、正常操作和事故状态操作。这些都表示氨生产自动化技术进入一个新的阶段，改变了几十年合成氨生产控制的面貌。

1.3 中国合成氨工业发展概况[13]

中国合成氨生产是在20世纪30年代开始的，但当时仅在南京、大连两地建有氨厂，最高年产量不超过50kt（1941年）。此外，在上海还有一个电解水制氢生产合成氨、硝酸的小型车间。

中华人民共和国建立以来，化工部门贯彻为农业服务的方针，把发展化肥生产放在首位。经过50多年的努力，中国已拥有多种原料、不同流程的大、中、小型合成氨厂1000多个，1999年总产量为34.52Mt氨，位居世界第一。

中国合成氨工业的发展可以分为如下几个阶段。

1.3.1 恢复老厂和新建中型氨厂

20世纪50年代初，在恢复与扩建老厂的同时，从原苏联引进以煤为原料、年产50kt的三套合成氨装置。在试制成功高压往复式压缩机、氨合成塔后，它标志中国具有自力更生发展合成氨工业的条件。于是设计与自制设备，陆续建设一批年产50kt的中型氨厂。20世纪60年代随着石油、天然气资源开采，又从英国引进一套以天然气为原料的加压蒸汽转化法年产100kt合成氨装置；从意大利引进一套以重油为原料的部分氧化法年产50kt合成氨装置，从而形成了煤、油、气原料并举的中型氨厂生产体系。迄今为止，已建成50多座中型氨厂。

1.3.2 小型氨厂的发展

为了适应农业发展的迫切需要，发挥中央和地方办化肥厂的积极性，1958年著名化学家侯德榜提出碳化法合成氨流程制取碳酸氢铵新工艺，经过生产试验，历时6年，终于闯过了技术关、经济关。从20世纪60年代开始在全国各地（除西藏外）建设了一大批小型氨厂，1979年最多时曾发展到1539座氨厂。

1.3.3 大型氨厂的崛起[12,13]

20世纪70年代是世界合成氨工业大发展的时期。由于大型合成氨装置的优越性，1972年2月中国作出了成套引进化学肥料技术和设备的决定。1973年开始，首批引进13套年产

300kt合成氨的成套装置，为了扩大原料范围，1978年又开始第二批引进4套年产300kt合成氨装置。

中国是世界人口最多的农业大国，为了在2000年氮肥产量达到基本自给，最近十年又先后陆续引进14套具有20世纪90年代初期世界先进水平的年产300kt合成氨成套装置，从而掌握了世界上几乎所有的先进工艺和先进技术如低能耗凯洛格工艺、布朗工艺、AM-V工艺、KPK工艺和德士古与谢尔重油气化技术、鲁奇煤气化技术、德士古水煤浆气化技术，通过对引进技术的消化吸收和改造创新，不但使合成氨的技术水平跟上了世界前进的步伐，而且促进了国内中小型氨厂的技术发展。

至今32套引进装置中，原料为天然气、油田气的17套，石脑油5套，渣油7套，煤2套和尤里卡沥青1套，加上上海吴泾，成都的两套国产化装置，合成氨总能力为10.22Mt[11]。中国潜在的天然气资源十分丰富，除新勘探的新疆塔里木盆地有大量的天然气可以通过长距离管线东输外，对海南莺歌海域蕴藏的天然气已决定在新世纪初新建一套引进的年产450kt合成氨装置，这将是中国规模最大的一套合成氨装置。

1.4 合成氨生产的典型流程

除电解水方法以外，不管用什么原料得到的粗原料气中都含有硫化合物、一氧化碳、二氧化碳等，而这些不纯物都是氨合成催化剂的毒物。因此，在把粗原料气送去氨合成以前，需将这些杂质彻底除去。这样，合成氨生产的原料气过程就包括下述主要步骤。

一是造气，即制备含有氢、氮和一氧化碳的粗原料气。

二是净化，无论选择什么原料，用什么方法造气，都必须对粗原料气进行净化处理，以除去氢、氮以外的杂质。

三是压缩和合成，将纯净的氢、氮混合气压缩到高压，在铁催化剂与高温条件下合成为氨。

各种原料生产合成氨原料气的典型过程如图1-1-5，图1-1-6，图1-1-7所示。

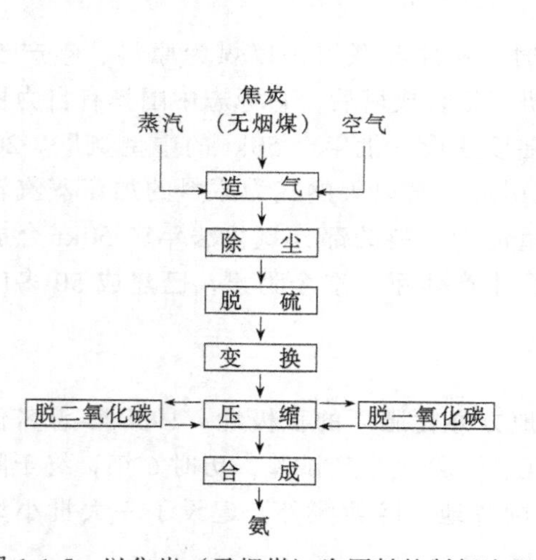

图1-1-5 以焦炭（无烟煤）为原料的制氨流程

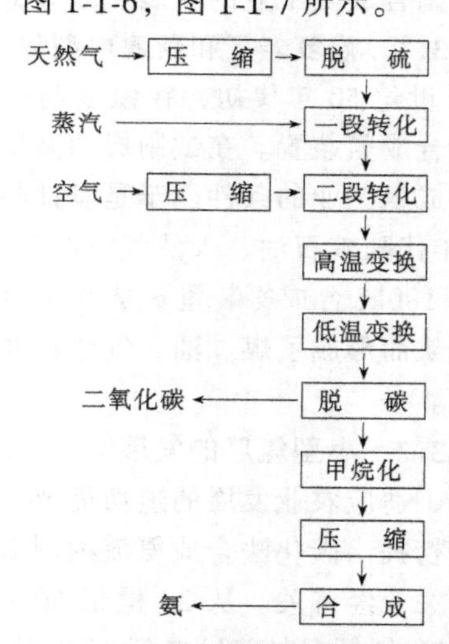

图1-1-6 以天然气为原料的制氨流程

工业上因所用粗原料气制备与净化方法的不同，而组成不同的工艺流程，氨合成仍采取将未反应的氢、氮气返回到合成塔的方法。各种原料制氨的典型流程如下。

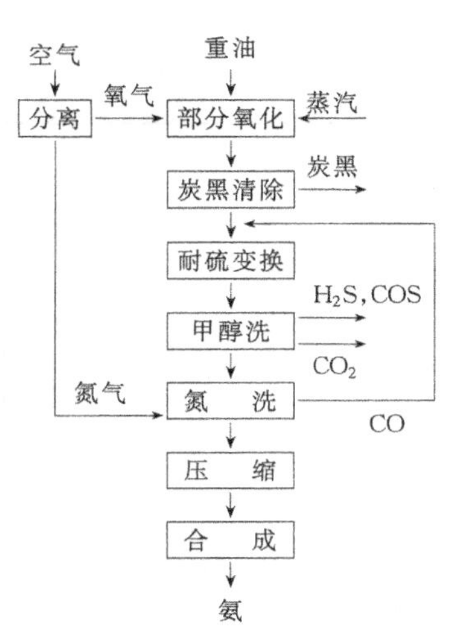

(a) 德士古激冷流程

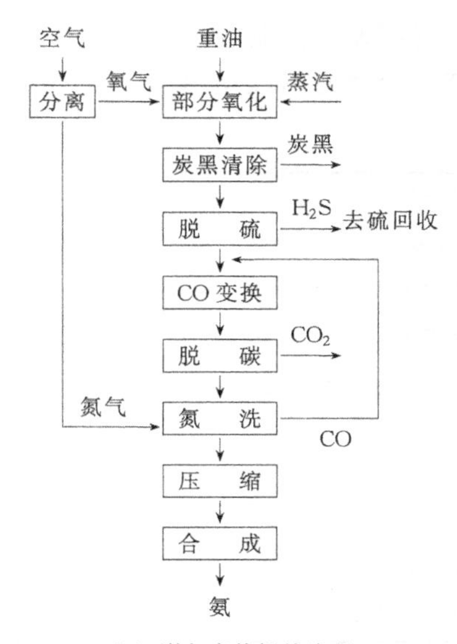

(b) 谢尔废热锅炉流程

图 1-1-7 以重油为原料的制氨流程

1.4.1 以焦炭（无烟煤）为原料的流程

20 世纪 50 年代以前，世界上大多数合成氨厂采用哈伯-博施法流程，示意流程图如图 1-1-5 所示。以焦炭为原料的吨氨能耗为 88GJ，比理论能耗高 4 倍多。

中国在哈伯-博施流程基础上于 20 世纪 50 年代末、60 年代初开发了碳化工艺和三催化剂净化流程。

① 碳化工艺流程将加压水洗改用氨水脱除 CO_2，碳化同时得到的碳酸氢铵，经结晶、分离后作为产品。所以，流程的特点是气体净化与氨加工结合起来。

② 三催化剂净化流程采用脱硫、低温变换及甲烷化三种催化剂来净化气体，以代替传统的铜氨液洗涤工艺。

1.4.2 以天然气为原料的流程

图 1-1-6 所示流程适用于天然气或油田气、炼厂气等气体燃料，稍加改进也适用于石脑油为原料。流程中使用了七、八种催化剂，这些不同类型催化剂的应用，又要求有高净化度的气体净化技术配合。

1.4.3 以重油为原料的流程

图 1-1-7 为以重油为原料的流程，采用部分氧化法造气。因回收高温热量方式不同，又分为：A. 德士古激冷流程[图 1-1-7(a)]，采用先耐硫变换后用甲醇洗同时脱硫、脱碳；B. 谢尔废热锅炉流程[图 1-1-7(b)]，采用先脱硫，常规变换之后再脱 CO_2。

1.5 氨的性质和用途

氨分子式 NH_3，在标准状态下是无色气体，比空气轻，具有特殊的刺激性臭味。人们在大于 $100cm^3/m^3$ 氨的环境中，每天接触 8h 会引起慢性中毒。

1.5.1 物理性质

氨的主要物理性质列于表 1-1-8。

氨极易溶于水，溶解时放出大量的热，可生产含 $NH_3$15%～30%的氨水，氨水溶液是碱性，易挥发。液氨或干燥的氨气对大部分物质没有腐蚀性，但在有水的条件下，对铜、银、锌等金属有腐蚀作用。

表 1-1-8　氨的主要物理性质[13]

相对分子质量	17.03	沸点(0.1MPa)/℃	-33.35
含氮量/%	82.2	蒸发热(-33.4℃)/(kJ/kg)	1368.02
摩尔体积(0℃,0.1MPa)/(L/mol)	22.08	冰点/℃	-77.70
气体密度(0℃,0.1MPa)/(g/L)	0.7714	熔化热(-77.7℃)/(kJ/kg)	333.42
液体密度(-33.4℃,0.1MPa)/(g/cm^3)	0.6818	气体高热值/(MJ/m^3)	17.52
临界温度/℃	132.4	液体高热值/(MJ/kg)	22.35
临界压力/MPa	11.30	液体低热值/(MJ/kg)	16.74
临界体积/(L/kg)	4.257	标准摩尔焓 $H^{\ominus}$/(kJ/mol)	-46.21
临界密度/(g/cm^3)	0.235	标准摩尔熵 $S^{\ominus}$(气体,25℃,0.1MPa)/(J/mol·K)	192.60
临界热导率/[W/(m·K)]	0.522	电导率(工业品,-35℃)/(S/m)	3×10^{-5}

1.5.2　化学性质

氨在常温时相当稳定，在高温、电火花或紫外光的作用下可分解为氮和氢，其分解速度在很大程度上与气体接触的表面性质有关。

氨是一种可燃性物质，自燃点为 630℃，一般较难点燃。

氨与空气或氧的混合物在一定范围内能够发生爆炸。常压，常温下的爆炸范围分别为 15.5%～28%（空气）和 13.5%～82%（氧气）。

氨易与许多物质发生反应，例如在铂催化剂作用下能与氧反应生成 NO。

氨的性质比较活泼，能与各种无机酸反应生成盐，例如

$$NH_3 + HCl \longrightarrow NH_4Cl \tag{1-1-5}$$

$$NH_3 + HNO_3 \longrightarrow NH_4NO_3 \tag{1-1-6}$$

$$2NH_3 + H_2SO_4 \longrightarrow (NH_4)_2SO_4 \tag{1-1-7}$$

$$NH_3 + H_3PO_4 \longrightarrow (NH_4)\ H_2PO_4 \tag{1-1-8}$$

$$2NH_3 + H_3PO_4 \longrightarrow (NH_4)_2HPO_4 \tag{1-1-9}$$

氨也能和 CO_2 反应生成氨基甲酸铵，脱水成尿素。利用氨与各种无机酸反应制取磷酸铵，硝酸铵，硫酸铵；与 CO_2 和水反应生成碳酸氢铵。

氨能生成各种加成配位化合物，它们和水合物类似，通称氨合物或氨络物，例如对应 $CaCl_2\cdot6H_2O$ 和 $CuSO_4\cdot4H_2O$，也分别有 $CaCl_2\cdot6NH_3$ 和 $CuSO_4\cdot4NH_3$。

1.5.3　氨的用途

氨在国民经济中占有重要地位。现在约有 80% 的氨用来制造化学肥料，其余作为生产其它化工产品的原料。

除液氨可直接作为肥料外，农业上使用的氮肥，例如尿素、硝酸铵、磷酸铵、硫酸铵、氯化铵、氨水以及各种含氮混肥和复肥，都是以氨为原料的。

氨在工业上主要用来制造炸药和各种化学纤维及塑料。从氨可以制得硝酸，进而再制造硝酸铵、硝化甘油、三硝基甲苯和硝基纤维素等。在化纤和塑料工业中，则以氨、硝酸和尿素等作为氮源，生产已内酰胺、尼龙 6 单体、己二胺、人造丝、丙烯腈、酚醛树脂和脲醛树

脂等产品。

氨的其它工业用途也十分广泛，例如，用作制冰、空调、冷藏等系统的制冷剂，在冶金工业中用来提炼矿石中的铜、镍等金属，在医药和生物化学方面用作生产磺胺类药物、维生素、蛋氨酸和其它氨基酸等等。

参 考 文 献

1 郭树才主编．煤化工工艺学．北京：化学工业出版社，1992.90

2 Appl M.Nitrogen.1976.(100):47

3 中国大百科全书出版社编辑部编．中国大百科全书·化工．北京：中国大百科全书出版社，1987.207

4 *Nitrogen*, 1992,(199):46～47

5 *Nitrogen*, 1995,(217):22

6 陈滨等合编．石油化工手册·(1)原料资源篇．北京:化学工业出版社，1988.12

7 Czuppon T A.,Buividas L J.*Hydrocarbon Processing*,1979,**58**(9):197

8 Slack A V. and Russell J G.Ammonia.Part I. New York: Marel Dekker, Inc. 1973. 11～25

9 袁一等．化工过程热力学分析法．北京:化学工业出版社，1985.220～222

10 佟沛然等．大氮肥．1989.(3)：178

11 潘连生著．关于化学工业发展的探讨．北京：化学工业出版社，1999.132

12 顾宗勤．化工技术经济．1999,**17**(4):22～23

13 Ullmann's Encyclopedia of Industrial Chemistry.5th edition.Vol.A2.Weinheim.VCH Verlagsge-sellschaft mbH,1985. 143, 145

14 同[2],1993(202):45

第二章　粗原料气制取

2.1　气态烃蒸汽转化法

天然气是指贮藏于地层较深部位的可燃气体，而与石油共生的天然气常称为油田气。它们的主要成分均可用 C_nH_m 来表示。它在高温下与蒸汽作用生成以 H_2 和 CO 为主要组分的粗原料气，其反应为

$$C_nH_m + nH_2O(g) = nCO + \left(n + \frac{m}{2}\right)H_2 \qquad (\Delta H > 0)$$

该反应为强吸热反应，而且应在高温条件下发生，工业生产中必须供给热量才能使其进行。按供热方式的不同，制取粗原料气有下述两种方法。

(1) 外部供热的蒸汽转化法　此法广泛用于天然气等轻质烃类为原料的合成氨厂。在催化剂作用下，含烃气体与蒸汽在耐高温的合金钢反应管内进行转化反应，管外采用高温燃烧气加热。

(2) 内部蓄热的间歇操作法　此法是用周期性的间断加热与蓄热来提供轻质烃类转化过程所需要的热量。整个周期包括 A. 加热蓄热阶段：主要进行完全燃烧反应，放出大量热，热量贮存在蓄热砖和催化剂上；B. 制气阶段：在催化剂床层内进行部分氧化反应，在进入床层以前的空间中主要进行热裂解和氧化反应。此法比较简单，不需外部供热，但因反复发生氧化和还原反应，要求催化剂能够适应这种苛刻的工作条件。

对天然气为原料生产合成氨的装置，大中型规模多采用前者，而小型氨厂则采用后者。现在介绍外部供热的蒸汽转化法。

早在 1913 年，德国 BASF 公司就已提出第一个蒸汽转化催化剂的专利。20 世纪 30 年代初期，工业上已经用甲烷作为原料与蒸汽进行催化转化反应制取氢气。第二次大战期间，合成氨工业开始采用天然气，与焦炭、煤原料相比，它显示出种种优越性。因此，天然气蒸汽转化法制氨得到广泛应用。

传统蒸汽转化法制得的粗原料气应满足下述要求：

① 残余甲烷含量的体积分数一般不超过 0.5%。

② $(H_2+CO)/N_2$(摩尔比)在 2.8～3.1。

因此，合成氨厂的转化工序分为两段进行。在一段转化炉里，大部分烃类与蒸汽于催化剂作用下转化成 H_2、CO 和 CO_2。接着一段转化气进入二段转化炉，在此加入空气，有一部分 H_2 燃烧放出热量，催化剂床层温度升高到 1200～1250℃，并继续进行甲烷的转化反应。二段转化炉出口气体温度约 950～1000℃，残余甲烷含量和 $(H_2+CO)/N_2$ 比均可达到上述指标。

气态烃原料是各种烃的混合物，除主要成分甲烷以外，还有一些其它烷烃，有的甚至还有少量烯烃。此外，当烃与蒸汽作用时，可以有几个反应同时产生。因此，首先讨论气态烃蒸汽转化过程的化学反应表达形式。

2.1.1　气态烃蒸汽转化的化学反应

多组分混合物中各组分的反应难易程度可以用反应的标准生成自由焓 $\Delta G_f^\ominus$ 大小来判

断。$\Delta G_f^{\ominus}$ 值愈小，表示反应愈不易进行。不同温度下，气态烃原料中一些烃化合物的标准生成自由焓数据示于表 1-2-1。

表 1-2-1　不同温度下一些气态烃的标准生成自由焓 $\Delta G_f^{\ominus}$/(kJ/mol)

温度/K	298	300	400	500	600	700	800	900	1000
甲烷 CH_4	−50.87	−50.70	−42.16	−32.87	−23.07	−12.81	−2.34	8.33	19.18
乙烷 C_2H_2	−32.95	−32.62	−14.44	4.86	24.95	45.64	66.61	87.92	109.40
丙烷 C_3H_8	−23.49	−23.03	4.98	34.46	64.90	96.00	127.49	159.31	191.38
正丁烷 C_4H_{12}	−17.17	−16.50	21.35	60.92	101.61	143.15	185.10	227.47	270.05
正戊烷 C_5H_{12}	−8.37	−7.54	40.24	90.10	141.30	193.39	246.02	299.10	352.42
乙烯 C_2H_4	68.16	68.29	74.06	80.60	87.59	94.96	102.53	110.32	118.28
丙烯 C_3H_6	62.76	63.01	77.96	93.99	110.78	128.12	145.78	163.70	181.83

由表 1-2-1 可知，各种烃化合物以甲烷最为稳定，而同一种烃化合物中，温度愈低愈稳定。在蒸汽转化过程中，各种烃类主要进行如下反应。

烷烃：

$$C_nH_{2n+2}+\frac{n-1}{2}H_2O=\!=\!=\frac{3n+1}{4}CH_4+\frac{n-1}{4}CO_2 \tag{1-2-1}$$

或

$$C_nH_{2n+2}+nH_2O=\!=\!=nCO+(2n+1)H_2 \tag{1-2-2}$$

$$C_nH_{2n+2}+2nH_2O=\!=\!=nCO_2+(3n+1)H_2 \tag{1-2-2a}$$

烯烃：

$$C_nH_{2n}+\frac{n}{2}H_2O=\!=\!=\frac{3n}{4}CH_4+\frac{n}{4}CO_2 \tag{1-2-3}$$

或

$$C_nH_{2n}+nH_2O=\!=\!=nCO+2nH_2 \tag{1-2-3a}$$

$$C_nH_{2n}+2nH_2O=\!=\!=nCO_2+3nH_2 \tag{1-2-3b}$$

可以说，无论何种轻质烃原料与水蒸气反应都有生成甲烷这一阶段。因此，轻质烃类的蒸汽转化可用甲烷转化反应来代表：

$$CH_4+H_2O=\!=\!=CO+3H_2 \tag{1-2-4}$$

$$CH_4+2H_2O=\!=\!=CO_2+4H_2 \tag{1-2-4a}$$

2.1.2　甲烷蒸汽转化反应原理

甲烷蒸汽转化反应为一复杂的反应系统，可能发生的反应如下。

主反应：

$$CH_4+H_2O\rightleftharpoons CO+3H_2 \tag{1-2-4}$$

$$CH_4+2H_2O\rightleftharpoons CO+4H_2 \tag{1-2-4a}$$

$$CH_4+CO_2\rightleftharpoons 2CO+2H_2 \tag{1-2-5}$$

$$CH_4+2CO_2\rightleftharpoons 3CO+H_2+H_2O \tag{1-2-6}$$

$$CH_4+3CO_2\rightleftharpoons 4CO+2H_2O \tag{1-2-7}$$

$$CO + H_2O \rightleftharpoons CO_2 + H_2 \quad (1\text{-}2\text{-}8)$$

副反应：

$$CH_4 \rightleftharpoons C + 2H_2 \quad (1\text{-}2\text{-}9)$$

$$2CO \rightleftharpoons C + CO_2 \quad (1\text{-}2\text{-}10)$$

$$CO + H_2 \rightleftharpoons C + H_2O \quad (1\text{-}2\text{-}11)$$

在上述复杂的9个反应同时存在的平衡体系，应根据独立反应的概念来决定平衡组成。一般说来，独立反应数等于反应系统中所有的物质数减去形成这些物质的元素数。这里共有CH_4、H_2O、H_2、CO、CO_2及C（炭黑）六种物质而由C、H、O三种元素构成，故独立反应数为6－3＝3，即在上述反应中只有3个独立反应，譬如：选择式（1-2-1）、式（1-2-6）、式（1-2-7），其他6个就可导出。没有炭黑时，只选用两个独立反应数，一般用式（1-2-1）和式（1-2-6）即可。

主反应是我们所希望的，而副反应既消耗原料，析出的炭黑又沉积在催化剂表面，使催化剂失活。现在的问题是怎样来促进主反应和设法抑制副反应，这就需要用热力学观点讨论反应进行的程度以及从动力学角度考虑反应的速率。

2.1.2.1 甲烷蒸汽转化反应热力学

（1）化学平衡常数

$$CH_4 + H_2O(g) \rightleftharpoons CO + 3H_2 \qquad \Delta H_{298} = 206.29\text{kJ} \quad (1\text{-}2\text{-}4)$$

$$CO + H_2O(g) \rightleftharpoons CO_2 + H_2 \qquad \Delta H_{298} = -41.19\text{kJ} \quad (1\text{-}2\text{-}8)$$

反应（1-2-4）和（1-2-8）均为可逆反应。前者吸热，热效应随温度的增加而增大；后者放热，热效应随温度的增加而减少（见表1-2-2）。这两个反应的平衡常数分别为：

$$K_{p_4} = \frac{p_{CO} \cdot p_{H_2}^3}{p_{CH_4} \cdot p_{H_2O}} \quad (1\text{-}2\text{-}12)$$

$$K_{p_8} = \frac{p_{CO_2} \cdot p_{H_2}}{p_{CO} \cdot p_{H_2O}} \quad (1\text{-}2\text{-}13)$$

式中 p_{CH_4}、p_{H_2O}、p_{CO}、p_{CO_2}、p_{H_2}——系统处于平衡状态时甲烷、水蒸气、一氧化碳、二氧化碳和氢等组分的分压，MPa。

众所周知，平衡常数K_p为温度的函数。当压力较高时，就需考虑压力的影响。实际生产中烃类蒸汽转化是在加压和高温下进行，但因压力不十分高，故可忽略压力对平衡常数的影响。

反应（1-2-4）和（1-2-8）的平衡常数与温度关系可用下式分别计算。

$$\lg K_{p_4} = \frac{-9864.75}{T} + 8.3666\lg T - 2.0814\times10^{-3}T + 1.8737\times10^{-7}T^2 - 11.894 \quad (1\text{-}2\text{-}14)$$

$$\lg K_{p_8} = \frac{2.183}{T} - 0.09361\lg T + 0.632\times10^{-3}T - 1.08\times10^{-7}T^2 - 2.298 \quad (1\text{-}2\text{-}15)$$

式中 T——温度，K。

现在不同的文献提供的反应式（1-2-4）和式（1-2-8）的平衡常数值都有差异，表1-2-2各值为其中的一组数据。

合成氨生产要求转化气中残余甲烷的体积分数不超过0.5%。这样，首先要知道在一定条件下各组分的平衡含量。为此，利用平衡常数进行计算。

表 1-2-2 反应式（1-2-4）和式（1-2-8）的平衡常数[1]

温度/℃	$K_{p_4}=\frac{p_{CO}\cdot p_{H_2}^3}{p_{CH_4}\cdot p_{H_2O}}$	$K_{p_8}=\frac{p_{CO_2}\cdot p_{H_2}}{p_{CO}\cdot p_{H_2O}}$	温度/℃	$K_{p_4}=\frac{p_{CO}\cdot p_{H_2}^3}{p_{CH_4}\cdot p_{H_2O}}$	$K_{p_8}=\frac{p_{CO_2}\cdot p_{H_2}}{p_{CO}\cdot p_{H_2O}}$
500	9.694×10^{-5}	4.878	800	1.68	1.015
550	7.948×10^{-4}	3.434	850	5.237	8.552×10^{-1}
600	5.163×10^{-3}	2.527	900	14.78	7.328×10^{-1}
650	2.758×10^{-2}	1.923	950	38.36	6.372×10^{-1}
700	1.246×10^{-1}	1.519	1000	92.38	5.610×10^{-1}
750	4.880×10^{-1}	1.228			

注：压力单位已按 MPa 换算。

（2）平衡组成的计算

已知条件：m——原料气中的水碳比$\left(m=\frac{H_2O}{CH_4}\right)$；

p——系统压力，MPa；

t——转化温度，℃。

假设：没有炭黑析出

计算基准：1mol CH_4

在甲烷转化反应达到平衡时，设 x 为按式（1-2-4）转化了的甲烷摩尔量，y 为按式（1-2-8）变换了的一氧化碳摩尔量。

达到平衡时各组分的组成及分压如表 1-2-3 所示，将表中各组分的分压分别代入式（1-2-12）和式（1-2-13），得

$$K_{p_1}=\frac{p_{CO}\cdot p_{H_2}^3}{p_{CH_4}\cdot p_{H_2O}}=\left[\frac{(x-y)(3x+y)^3}{(1-x)(m-x-y)}\right]\left(\frac{p}{1+m+2x}\right)^2 \tag{1-2-16}$$

$$K_{p_6}=\frac{p_{CO_2}\cdot p_{H_2}}{p_{CO}\cdot p_{H_2O}}=\frac{y(3x+y)}{(x-y)(m-x-y)} \tag{1-2-17}$$

若已知转化温度、压力和原料气组成，利用式（1-2-14）和式（1-2-15）即可求得该条件下的平衡组成。

表 1-2-3 各组分的平衡组成及分压

组　分	气体组成/mol		平衡分压/MPa
	反应前	平衡时	
CH_4	1	$1-x$	$p_{CH_4}=\frac{1-x}{1+m+2x}p$
H_2O	m	$m-x-y$	$p_{H_2O}=\frac{m-x-y}{1+m+2x}p$
CO		$x-y$	$p_{CO}=\frac{x-y}{1+m+2x}p$
H_2		$3x+y$	$p_{H_2}=\frac{2x+y}{1+m+2x}p$
CO_2		y	$p_{CO_2}=\frac{y}{1+m+2x}p$
合　计	$1+m$	$1+m+2x$	p

以上系用甲烷代表含烃原料。要计算其他烃类原料蒸汽转化的平衡组成时，可将其他烃类依碳数折算成甲烷的碳数，即各种烃的分子数乘以它所含的碳原子数。例如：天然气的组成（体积分数）为 CH_4 81.6%、C_2H_6 5.7%、C_3H_8 5.6%、C_4H_{10} 2.3%、C_5H_{12} 0.3%、N_2 1.5%、H_2 3.0%，其碳数为

$$81.6 + 5.7 \times 2 + 5.6 \times 3 + 2.3 \times 4 + 0.3 \times 5 = 120.5$$

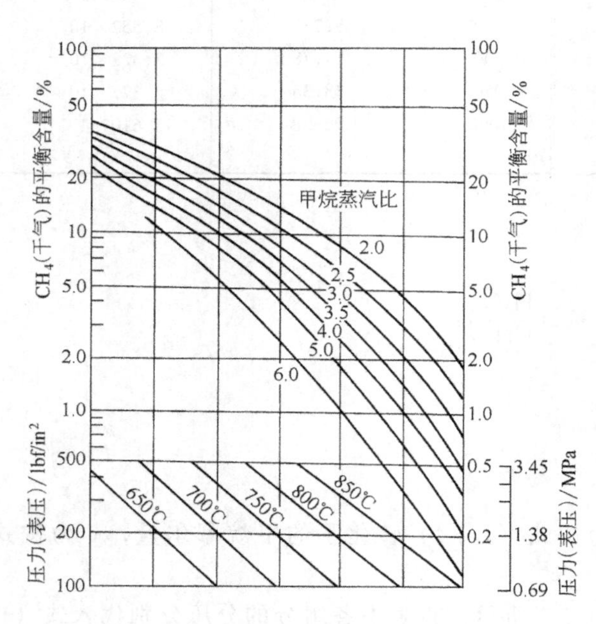

图 1-2-1　CH_4 平衡含量和温度、压力、甲烷/蒸汽比的关系

需要注意的是式（1-2-16）和式（1-2-17）中有两个未知数，对于这样的高次方程无法直接求解，可以用图解法或迭代法解出 x 和 y。

为了粗略估计甲烷蒸汽转化过程的平衡组成，可以利用图 1-2-1，图 1-2-2 和图 1-2-3 分别查出不同条件下的 CH_4、CO 和 CO_2 平衡含量[2]。

运用指定条件下计算或从图中查出的平衡组成，可以预计工业生产中该条件下的转化气组成，选择最佳工艺条件、分析转化炉的操作工况等。

甲烷蒸汽转化反应的速率在没有催化剂时是很慢的，故需要催化剂来加快反应速率，其反应速率常数分别为：

无催化剂时，反应速率常数 $k_1 = 2.3 \times 10^9 \exp\left(-\dfrac{6500}{RT}\right) \mathrm{min}^{-1}$　　(1-2-18)

有催化剂时，反应速率常数 $k_2 = 7.8 \times 10^9 \exp\left(-\dfrac{22700}{RT}\right) \mathrm{min}^{-1}$　　(1-2-19)

由此说明转化催化剂加速反应的影响是十分明显的。因此，下面从动力学角度加以讨论。

2.1.2.2　*甲烷蒸汽转化反应动力学*

甲烷蒸汽转化反应动力学的研究工作，早在 20 世纪 30 年代末期就已开始，60 多年来，发表了不少文献。随着转化操作向提高压力方向发展，近年国内外开展了加压下的动力学研究工作。

由于甲烷蒸汽转化过程比较复杂，而各人研究方法、实验条件和处理方法不同，动力学反应方程式表达也随之不同，到现在为止还没有一个公认的甲烷蒸汽转化反应动力学方程式。

(1) 反应机理

最早，文献介绍了甲烷热分解成中间产物次甲基（CH_2）:[3]

$$CH_4 = CH_2 + H_2$$

生成的次甲基再逐步分解成一系列中间产物乙烷、乙烯、乙炔及碳。与此同时，这些中间产物与水蒸气反应生成 H_2、CO 和 CO_2：

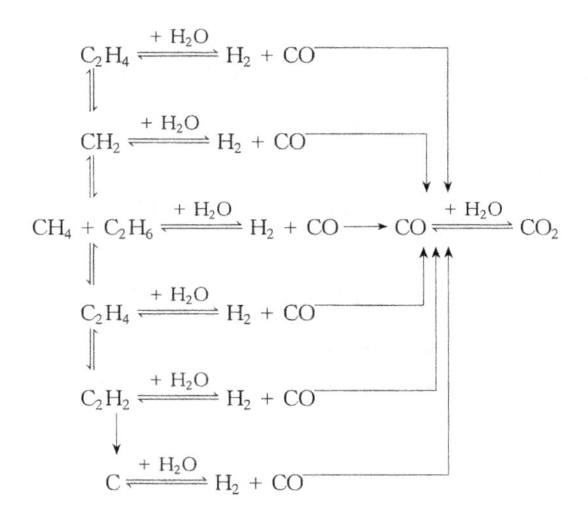

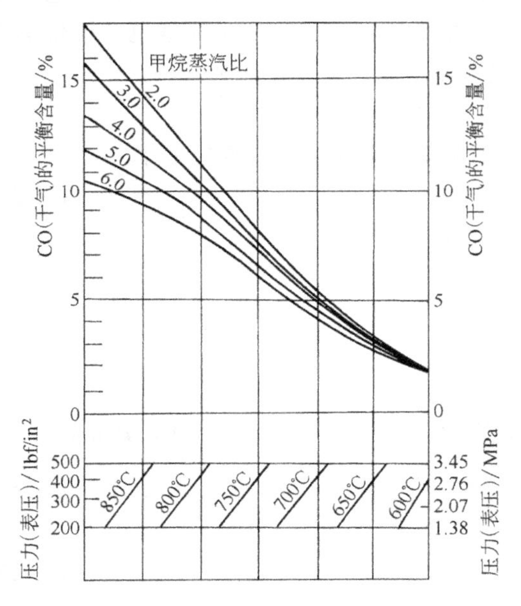

图 1-2-2　CO 平衡含量和温度、压力、甲烷/蒸汽比的关系

图 1-2-3　CO_2 平衡含量与温度、压力、甲烷/蒸汽比的关系

文献［4］认为，在镍催化剂的表面，甲烷转化的速率比甲烷分解的速率快得多，中间产物中不会有碳生成。但由于在甲烷热分解和甲烷蒸汽转化过程中，有人发现确有次甲基的客观事实，于是波德罗夫（Бодров）等人结合他们的实验数据提出以下反应机理：在镍催化剂表面甲烷和水蒸气解离成次甲基和原子态氧，在催化剂表面被吸附并互相作用，最后生成 CO、CO_2 和 H_2。用式表示：

$$CH_4 + Z \rightleftharpoons ZCH_2 + H_2 \tag{1-2-20}$$

$$ZCH_2 + H_2O(g) \rightleftharpoons ZCO + 2H_2 \tag{1-2-21}$$

$$ZCO \rightleftharpoons Z + CO \tag{1-2-22}$$

$$H_2O(g) + Z \rightleftharpoons ZO + H_2 \tag{1-2-23}$$

$$CO + ZO \rightleftharpoons CO_2 + Z \tag{1-2-24}$$

将式（1-2-20）、式（1-2-21）和式（1-2-22）三式相加，即得

$$CH_4 + H_2O \rightleftharpoons CO + 3H_2$$

式（1-2-23）与式（1-2-24）两式相加，即得

$$CO + H_2O(g) \rightleftharpoons CO_2 + H_2$$

总反应

$$CH_4 + 2H_2O(g) \rightleftharpoons CO_2 + 4H_2$$

式中　Z——镍催化剂表面的活性中心；

ZCH_2、ZCO、ZO——分别为化学吸附态的次甲基、一氧化碳和氧原子。

式（1-2-20）和式（1-2-23）表明镍催化剂对反应物甲烷、水蒸气具有吸附、脱氢的能力，而式（1-2-21）和式（1-2-24）还说明催化剂具有加速氧化反应的能力。作者假定催化剂表面镍的能量是均匀的。在上述五步中以式（1-2-20）甲烷吸附、解离速率最慢，它控制了整个反应的速率，而式（1-2-22）和式（1-2-23）的反应速率很快，这就是说，甲烷蒸汽转化反应速率与甲烷含量有关。下面以此反应机理推导动力学方程式作为一例。

（2）动力学方程式

因为反应（1-2-20）的速率最慢，由此可写出甲烷蒸汽催化转化的反应速率

$$r = kp_{CH_4} \cdot \theta_Z \tag{1-2-25}$$

式中　r——甲烷转化反应速率，mol/(m²·h)；

k——反应速率常数，mol/(m²·h·MPa)；

p_{CH_4}——甲烷分压，MPa；

θ_Z——镍催化剂活性表面上自由空位分率。

反应式（1-2-22）和式（1-2-23）能很快达到平衡，从而可写出此二式的平衡常数。

从式（1-2-22）得
$$\frac{p_{CO} \cdot \theta_Z}{\theta_{CO}} = \frac{1}{b} \tag{1-2-26}$$

从式（1-2-23）得
$$\frac{p_{H_2} \cdot \theta_O}{\theta_{H_2O} \cdot \theta_Z} = a \tag{1-2-27}$$

式中　b——为式（1-2-22）的平衡常数；

a——为式（1-2-23）的平衡常数；

θ_{CO}——镍催化剂表面一氧化碳化学吸附态所占的部分；

θ_O——镍催化剂表面氧原子吸附态所占的部分。

设镍催化剂表面次甲基吸附所占的部分 θ_{CH_2} 很小，则

$$\theta_Z + \theta_{CO} + \theta_O = 1 \tag{1-2-28}$$

从式（1-2-26）和式（1-2-27）分别得

$$\theta_{CO} = bp_{CO} \cdot \theta_Z$$

$$\theta_O = \frac{ap_{H_2O}\theta_Z}{p_{H_2}}$$

将 θ_{CO}、θ_O代入式（1-2-28），整理得

$$\theta_Z = \frac{1}{1 + a\dfrac{p_{H_2O}}{p_{H_2}} + bp_{CO}}$$

将 θ_Z 代入式（1-2-25），得

$$r = k\frac{p_{CH_4}}{1 + a\dfrac{p_{H_2O}}{p_{H_2}} + bp_{CO}} \tag{1-2-29}$$

以镍箔为催化剂时，根据实验式（1-2-29）中的常数值如下：

700℃时，$a=0.5$　$b=1.0$

800℃时，$a=0.5$　$b=2.0$

900℃时，$a=0.2$　$b=0$

但在800℃，采用工业的镍催化剂时，$a=0.05$，而 b 的大小未定。

当 a、b 值很小时，甲烷蒸汽转化反应速率 r 可近似认为与甲烷含量成正比，即属于一级反应：

$$r = kp_{CH_4} \tag{1-2-30}$$

多年来，文献已发表了十多种表达式不同的甲烷蒸汽转化反应动力学方程（表1-2-4）。在这些方程式中，甲烷是一级反应这一点是一致的。

表 1-2-4　甲烷蒸汽转化反应的动力学方程

序号	反应动力学方程	催化剂	压力/MPa	温度/℃
1	$r = k\dfrac{(CH_4)(H_2O)}{(H_2)+(H_2O)}$			
2	$r = k\dfrac{p_{CH_4}\cdot p_{H_2O}}{10p_{H_2}+p_{H_2O}}$	$Ni\text{-}Al_2O_3$	0.1	400～700
3	$r = kp_{CH_4}$	Ni	0.1	340～640
4	$r = k\dfrac{p_{CH_4}}{1 + a\dfrac{p_{H_2O}}{p_{H_2}} + bp_{CO}}$	Ni	0.1	800～900
5	$r = k\dfrac{p_{CH_4}}{p_{H_2}}$	ГИАП-3	0.1	400～500
6	$r = k\dfrac{p_{CH_4}}{p_{H_2}^{0.5}}$	ГИАП-3	0.1	600
7	$r = k\dfrac{p_{CH_4}\cdot p_{H_2O}}{p_{H_2}}$	ГИАП-3		600～800
8	$r = k\dfrac{p_{CH_4}}{p_{H_2}}\left(1-\dfrac{1}{K_P}\cdot\dfrac{p_{CO}\cdot p_{H_2}^3}{p_{CH_4}\cdot p_{H_2O}}\right)$	ГИАП-3	4.1	600～800
9	$r = k\dfrac{p_{CH_4}p_{H_2O}\left(1-\dfrac{1}{K_P}\cdot\dfrac{p_{CO}\cdot p_{H_2}^3}{p_{CH_4}\cdot p_{H_2O}}\right)}{p_{H_2O}+l_1p_{H_2O}\cdot p_{H_2}+l_2p_{H_2}+l_3p_{H_2}^3K\dfrac{p_{H_2O}}{p_{H_2}}}$	Ni 箔	0.1	470～700
10	$r = k\dfrac{p_{CH_4}}{p_{H_2O}^{0.5}}$	$Ni\text{-}Al_2O_3$		
11	$r = k\dfrac{p_{CH_4}\cdot p_{H_2O}}{p_{H_2O}+l_2p_{H_2}^0+l_3p_2^3}$	ГИАП-3-6Н	3.1	600～800
12	$r = kp_{CH_4}$	Z-105	0.1～2.6	600～850
13	$r = kp_{CH_4}\cdot p_{H_2O}$	Z-105	3	650～800

同任何气固相催化反应过程一样，在进行化学反应的同时，还存在着传质、传热过程。其中气体扩散快慢对甲烷蒸汽转化反应速率也是有影响的。

(3) 扩散作用对甲烷蒸汽转化反应的影响

① 外扩散。根据实验数据，可总结出由于外扩散的影响而得到下述经验式：[5]

$$\frac{k_G \cdot \gamma}{G}(Pr_D)^{2/3}=\frac{0.725}{Re^{0.41}-0.15} \tag{1-2-31}$$

式中 k_G——外扩散传质系数；

γ——混合气密度；

G——质量流速；

Pr_D——普兰德数（$Pr_D=\frac{\mu g}{\gamma D_{Am}}$，而 D_{Am}为组分 A 在混合气中的分子扩散系数）；

Re——雷诺数。

式（1-2-31）的应用范围：$Re=0.8\sim3136$；$Pr_D=0.6\sim13000$。

从式（1-2-31）可知，传质系数 k_G 随混合气质量流速 G 的增加而增加，即在质量流速减小时，外扩散的影响开始显著。但在工业条件下，转化反应器内气体流速较大，所以外扩散对甲烷转化反应影响较小。

② 内扩散。实验数据表明，在工业条件下进行的甲烷蒸汽转化反应为内扩散控制。表 1-2-5 为不同粒度的催化剂对甲烷蒸汽转化反应速率的影响。

表 1-2-5 900℃及 0.101MPa 下不同粒度的催化剂对甲烷蒸汽转化反应的影响[6]

粒度 mm	外表面 cm²/g	混合气组成/kPa					反应速率常数 k 1/(MPa·h·g)	内表面利用率 η
		p_{CO_2}	p_{CO}	p_{H_2}	p_{CH_4}	p_{H_2O}		
5.4	7.8	3.900	12.87	54.09	4.933	25.02	59.1	0.07
5.3	8.0	4.052	11.65	51.46	3.027	27.65	51.6	0.08
2.85	14.5	3.596	15.20	59.97	2.715	19.45	132	0.10
1.86	22.5	3.242	14.79	57.754	5.387	19.85	133	0.23
1.20	34.55	4.285	13.57	57.84	2.462	22.69	245	0.29
1.20	34.5	4.569	11.75	53.49	3.718	27.45	214	0.32
1.20	34.5	4.153	12.97	55.21	4.224	24.41	223	0.30

从表 1-2-5 数据可知，随着催化剂粒度的减小，单位质量催化剂外表面积增加，反应速率常数也相应地增大。还可从表 1-2-5 所列内表面利用率大小说明内扩散的影响，即催化剂粒度愈小，内表面利用率愈大。但由于不同粒度的内表面利用率都不大，因而，甲烷蒸汽转化反应为内扩散控制。工业生产中若采取减小催化剂的粒径和增加有效扩散系数（即选择有合适微孔结构的催化剂）都将会加大转化反应的速率。

在不同规模、不同型式烧嘴炉的装置中，一段转化反应器是由几根或几十、几百根平行排列、垂直在炉膛内的合金钢管组成。管内装有镍催化剂，烃类原料和蒸汽的混合气由上而下通过。由于反应吸热，所需热量由管外热源供给。因此，烃类蒸汽转化是具有同时传热与传质的过程，使化学反应动力学计算复杂。现以顶部烧嘴炉为例，表 1-2-6，图 1-2-4、图 1-2-5 和图 1-2-6 所示为随着反应器长度不同而变化的气体组成和热负荷、温度分布的电算结果。

表 1-2-6 一段转化反应工况电算结果

距入口 m	催化剂温度 ℃	管内壁温度 ℃	管外壁温度 ℃	转化炉膛内壁温度 ℃	热负荷 $\times 10^6$ kJ/h	压力 MPa	接触时间 s	甲烷含量体积%（干基）	析炭极限温度 ℃
0	520	663.1	700	1024.17	0	3.464	0	84.19	0
1	543.78	756.89	826.42	1194.30	24.07	3.452	0.36	58.73	363.9
2	585.94	808.97	872.93	1228.20	53.72	3.440	0.69	44.14	450.6
3	627.71	829.50	890.04	1222.68	83.19	3.427	1.00	35.01	518.9
4	663.65	841.11	896.34	1264.52	110.53	3.412	1.28	28.73	570.9
5	693.15	848.76	898.65	1183.54	135.44	3.396	1.54	23.97	608.8
6	717.70	854.55	899.50	1162.58	157.94	3.378	1.79	20.21	638.6
7	738.58	859.33	899.82	1142.55	178.23	3.361	2.03	17.18	658.0
8	756.68	863.44	899.93	1123.55	196.53	3.342	2.26	14.75	675.2
9	772.57	867.19	899.98	1105.63	213.02	3.323	2.47	12.76	689.2
10	786.65	870.53	899.99	1088.68	227.93	3.302	2.69	11.12	700.9
11	799.22	873.58	900.00	1072.60	241.20	3.281	2.89	9.75	710.7
11.2	801.61	874.21	900.00	1069.22	243.71	3.277	2.93	9.51	712.5

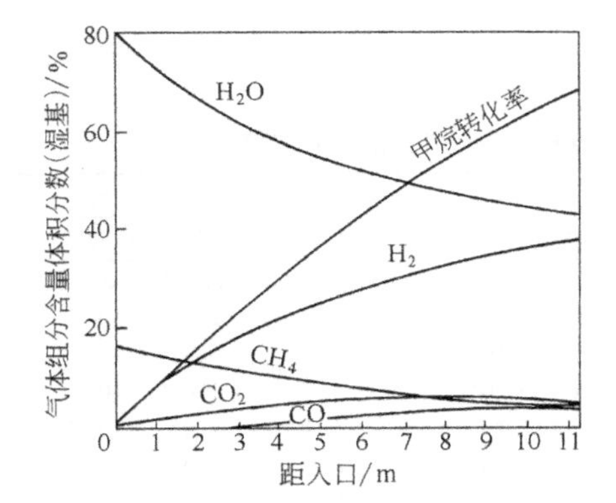

图 1-2-4 一段转化反应器管内气体组分含量和甲烷转化率的轴向分布

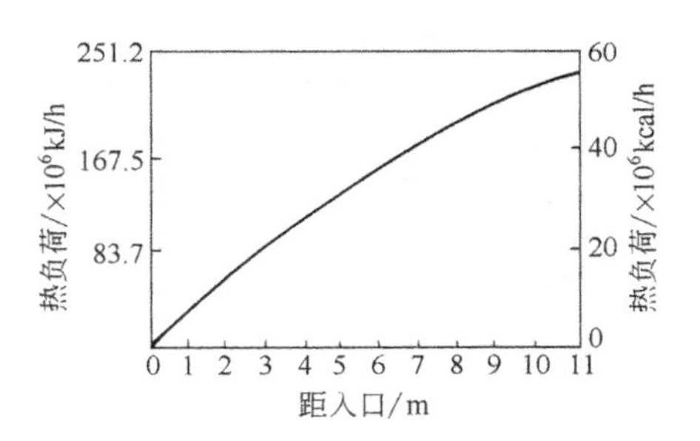

图 1-2-5 一段转化反应器管内热负荷的轴向分布

2.1.2.3 烃类蒸汽转化过程的析炭

在工业生产中要防止烃转化过程有炭黑析出，因为炭黑覆盖在催化剂表面，会堵塞微孔，降低催化剂活性；或影响传热，使一段转化炉管壁局部过热而缩短使用寿命；甚至还会使催化剂粉碎而增大床层阻力，影响生产能力。所以，转化过程析炭是生产上不希望的。

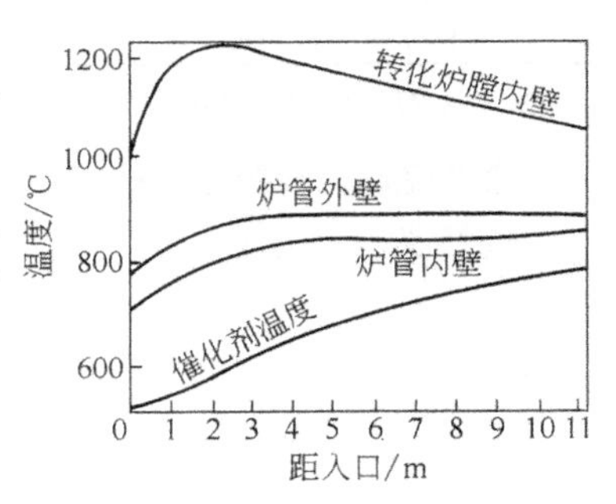

图 1-2-6 一段转化反应器管内外温度的轴向分布

(1) 析炭热力学

进行甲烷蒸汽转化反应的同时，在一定条件下会发生析炭反应 (1-2-9)、(1-2-10) 和 (1-2-11)：

$$CH_4 \xrightleftharpoons{\text{裂解}} C + 2H_2 \qquad \Delta H = 74.94\text{kJ/mol} \tag{1-2-9}$$

$$2CO \xrightleftharpoons{\text{歧化}} C + CO_2 \qquad \Delta H = -172.5\text{kJ/mol} \tag{1-2-10}$$

$$CO + H_2 \xrightleftharpoons{\text{还原}} C + H_2O(g) \qquad \Delta H = -131.47\text{kJ/mol} \tag{1-2-11}$$

上述各反应的平衡常数分别为

$$K_{p_9}=\frac{p_{H_2}^2}{p_{CH_4}} \tag{1-2-32}$$

$$K_{p_{10}}=\frac{p_{CO_2}}{p_{CO}^2} \tag{1-2-33}$$

$$K_{p_{11}}=\frac{p_{H_2O}}{p_{CO}\cdot p_{H_2}} \tag{1-2-34}$$

平衡常数 K_{p_9}、$K_{p_{10}}$和 $K_{p_{11}}$与温度的关系分别如下：

$$\lg K_{p_9}=-\frac{3278}{T}+5.848\lg T-1.476\times10^{-3}T+1.439\times10^{-7}T^2-11.951 \tag{1-2-35}$$

$$\lg K_{p_{10}}=-\frac{8952}{T}-2.45\lg T+1.08\times10^{-3}T-1.12\times10^{-7}T^2-2.77 \tag{1-2-36}$$

$$\lg K_{p_{11}}=-\frac{6350}{T}+1.75\lg T+1.5 \tag{1-2-37}$$

式中　T——温度，K。

不同温度下的 K_{p_9}、$K_{p_{10}}$、$K_{p_{11}}$值见表 1-2-7。

表 1-2-7　反应式（1-2-9）、式（1-2-10）和式（1-2-11）的平衡常数[1]

温度/K	$K_{p_9}=\frac{p_{H_2}^2}{p_{CH_4}}$	$K_{p_{10}}=\frac{p_{CO_2}}{p_{CO}^2}$	$K_{p_{11}}=\frac{p_{H_2O}}{p_{CO}\cdot p_{H_2}}$
298	1.279×10^{-10}	9.752×10^{-21}	1.015×10^{-17}
500	3.793×10^{-5}	5.582×10^{9}	2.258×10^{-8}
600	1.013×10^{-3}	5.283×10^{6}	5.126×10^{-6}
700	1.130×10^{-2}	3.697×10^{4}	2.439×10^{-4}
800	7.181×10^{-2}	8.989×10^{2}	4.457×10^{-3}
900	3.118×10^{-1}	5.124×10^{1}	4.300×10^{-2}
1000	1.030	5.195	2.644×10^{-1}
1100	2.755	8.0090×10^{-1}	1.173
1200	6.301	1.727×10^{-1}	4.030
1300	12.78	4.745×10^{-2}	11.50
1400	23.44	1.576×10^{-2}	28.07
1500	39.67	6.524×10^{-3}	60.93

注：表中压力单位为 MPa。

除甲烷外，含烃原料往往含有碳数更多的烷烃，甚至还有烯烃。这些烃类的析炭反应如下。

烷烃类，例如：

$$C_2H_6 \xlongequal{裂解} 2C(s)+3H_2 \tag{1-2-38}$$

$$C_3H_8 \xlongequal{裂解} 3C(s)+4H_2 \tag{1-2-39}$$

$$C_4H_{10} \xlongequal{裂解} 4C(s)+5H_2 \tag{1-2-40}$$

$$C_5H_{12} \xlongequal{裂解} 5C(s)+6H_2 \tag{1-2-41}$$

烯烃类，例如：

$$C_2H_4 \xlongequal{裂解} 2C(s)+2H_2 \tag{1-2-42}$$

关于各种烃裂解成炭黑和氢的反应难易程度，从热力学可知：

第一、高温下各种烃都是不稳定的，温度愈高，析炭愈容易。

第二、同一烷烃中，碳数愈多，析炭反应愈易发生。

因此，烃类中以甲烷裂解的析炭反应最难。如果烃类蒸汽转化过程能发生甲烷的析炭反应式（1-2-9），则其他碳数多的烃裂解析炭就更有可能。现先对甲烷的析炭问题加以分析。

从热力学角度看反应式（1-2-9）、式（1-2-10）和式（1-2-11）析炭的可能性，由化学平衡知道：

① 温度对反应的影响。因为反应式（1-2-9）为吸热的可逆反应，式（1-2-10）和式（1-2-11）为放热的可逆反应，所以，随着温度的提高，反应式（1-2-9）裂解析炭的可能性增加，而按反应式（1-2-10）和式（1-2-11）析炭的可能性减少。

② 压力对反应的影响。因为反应式（1-2-9）为体积增加的可逆反应，反应式（1-2-10）和式（1-2-11）为体积缩小的可逆反应，所以，随着压力的提高，反应式（1-2-9）裂解析炭的可能性减小，而按反应式（1-2-10）和式（1-2-11）析炭的可能性增加。

既然温度、压力对上述反应的析炭有不同的影响，能否析炭，依赖于此复杂反应系统的平衡。为了控制这些反应都不会有炭析出，可以通过气体组成（用水碳比表达）和选择适当的温度、压力来解决。

设 y_{CH_4}、y_{H_2O}、y_{CO}、y_{H_2} 和 y_{CO_2} 分别代表甲烷、水蒸气、一氧化碳、氢和二氧化碳的摩尔分数，系统的总压力为 P，各组分的分压为 p，则可按反应式（1-2-9）、式（1-2-10）和式（1-2-11）的平衡常数式来判别是否析炭。若满足下列任一判别式：

$$\frac{p_{H_2}^2}{p_{CH_4}}=\frac{y_{H_2}^2P^2}{y_{CH_4}P}=\frac{y_{H_2}^2P}{y_{CH_4}}>K_{p_9}$$

$$\frac{p_{CO_2}}{p_{CO}^2}=\frac{y_{CO_2}P}{y_{CO}^2P^2}=\frac{y_{CO_2}}{y_{CO}^2P}>K_{p_{10}}$$

$$\frac{p_{H_2O}}{p_{CO}p_{H_2}}=\frac{y_{H_2O}P}{y_{CO}y_{H_2}P^2}=\frac{y_{H_2O}}{y_{CO}y_{H_2}P}>K_{p_{11}}$$

则此系统中不会有炭析出，反之则会析炭。

因此，增大水碳比，有利于反应式（1-2-4）和式（1-2-8）向右移动，促使甲烷、一氧化碳含量降低，而氢气、二氧化碳含量升高，这样会使析炭反应不易发生；反之，降低水碳比，则易于发生析炭反应。通过甲烷蒸汽转化反应的平衡含量计算，以及析炭条件的判别式，就可确定析炭所必需的水碳比，此水碳比称之为理论最小水碳比或称热力学最小水碳比。

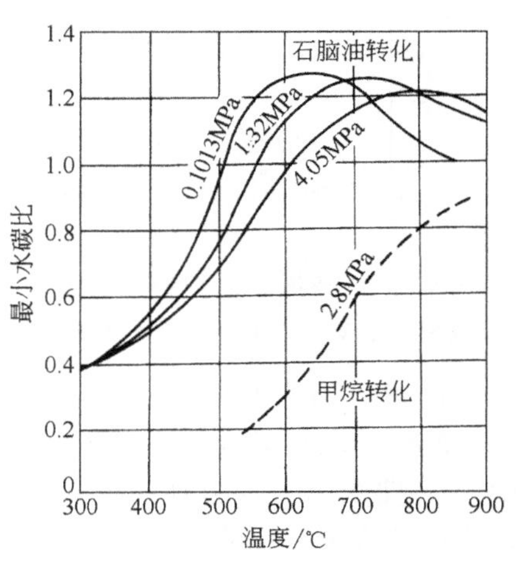

图 1-2-7　最小水碳比

烃类原料不同，蒸汽转化条件不同，理论最小水碳比也不同。图 1-2-7 给出甲烷、石脑油在各温度和压力下的最小水碳比。

（2）析炭动力学

对甲烷蒸汽转化过程析炭动力学的研究并不多，不过还有适当的动力学数据可用来讨论析炭速率。

反应式（1-2-9）、式（1-2-10）和式（1-2-11）都是可逆反应，在一定条件下可以析炭。反之，也可把炭除去。但在转化过程能否有炭析出，还要取决于炭的沉积速度和炭的脱除速度。

从炭的沉积速度来讲，由 CO 歧化反应式（1-2-10）生成炭的速度比同一条件下 CH_4 裂解反应式（1-2-9）生成炭的速度要快 3～10 倍。[9]

从炭的脱除速度来讲，炭与水蒸气的反应即式（1-2-11）的逆反应要比炭与二氧化碳的反应即式（1-2-10）的逆反应快 2～3 倍。而炭与氢的反应速率则较慢。

但炭通过与二氧化碳作用即式（1-2-10）的逆反应而除去的速度要比由 CO 歧化反应生成炭的速度快 10 倍左右。[9]

现在从化学平衡上看一看各个析炭反应在转化管内不同高度的气体组成析炭可能性。图 1-2-8、图 1-2-9 和图 1-2-10 分别给出了反应式（1-2-9）、式（1-2-10）和式（1-2-11）析炭平衡与气体组成的关系。

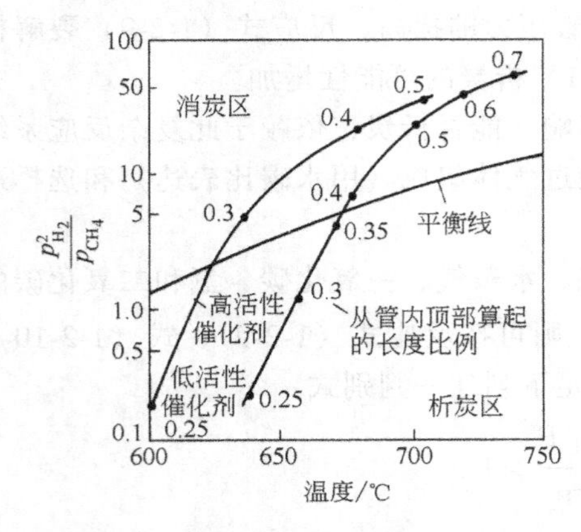

图 1-2-8　转化管内不同高度的气体组成与反应式（1-2-9）析炭平衡的关系

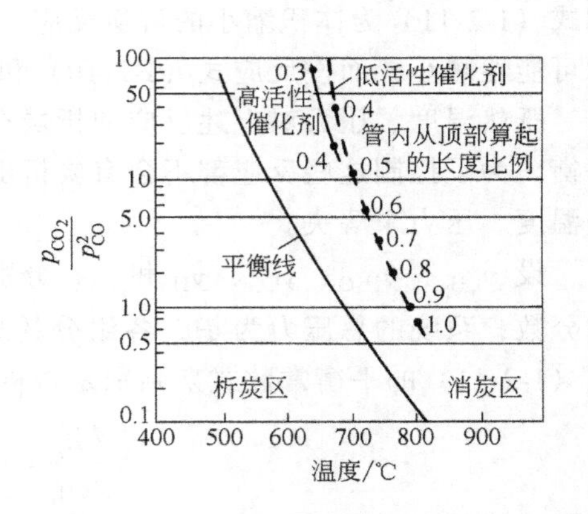

图 1-2-9　转化管内不同高度的气体组成与反应式（1-2-10）析炭平衡的关系

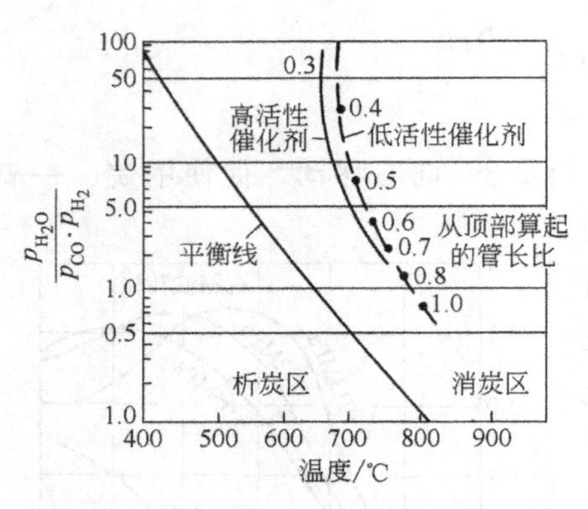

图 1-2-10　转化管内不同高度的气体组成与反应式（1-2-11）析炭平衡的关系

对析炭反应式（1-2-9）而言，从图 1-2-10 可知，靠近转化管内进口一段的气体组成由于甲烷裂解而析炭，对高活性催化剂的析炭范围比低活性催化剂要狭窄一些。

对析炭反应式（1-2-10）和式（1-2-11）而言，从图 1-2-9 和图 1-2-10 可知，不同活性的催化剂在转化管的任何部位都不会有炭析出。

因此，从化学热力学方面来看析炭反应，甲烷裂解转化（式 1-2-9）只有在转化管进口的一段可能析炭。但从化学动力学方面来看，这里还有一个炭的沉积速度 v_1 与炭的脱除速度 v_2 谁大谁小的问题：

$$CH_4 \underset{v_2}{\overset{v_1}{\rightleftharpoons}} C(s) + 2H_2$$

若　$v_1 > v_2$ 有炭黑析出；$v_1 < v_2$ 无炭黑生成。

所以，现在只从甲烷裂解反应的速率加以讨论。图 1-2-11 给出了转化反应管的析炭范围[10]，曲线 A、B 分别代表高活性和低活性催化剂在转化管不同高度的气体组成线，曲线 C 为甲烷裂解反应的平衡，曲线 D 为沉积速度和脱除速度相等时的气体组成线。

图中等速度线 D 右侧为 v_1 大于 v_2，属于炭黑生成区；而左侧 v_1 小于 v_2，属于不析炭区。

从图 1-2-11 看出：

① 采用高活性的催化剂时，从动力学上讲不存在析炭的问题（见曲线 A）。

② 采用低活性的催化剂时，从动力学上讲，存在着析炭的问题（见曲线 B）。需要指出的是析炭部位不在转化管进口一端处，而在距离进口 30%～40%间的一段。因为进口处，虽然气体中甲烷含量高，但温度较低，这时炭的沉积速度 v_1 小于炭的脱除速度 v_2，只是到离进口 30%～40%这一段，由于温度升高，析炭反应速率开始大于除炭反应速率，因而有炭析出。由于炭沉积在催化剂表面对传热不利，有碍甲烷蒸汽转化反应的进行，因此在管壁会出现高温区或称为“热带”。从图看出，热带的位置为从管顶端开始计算的 1/3 处，温度为 660～675℃，生产实践也证实了热带区域的位置。

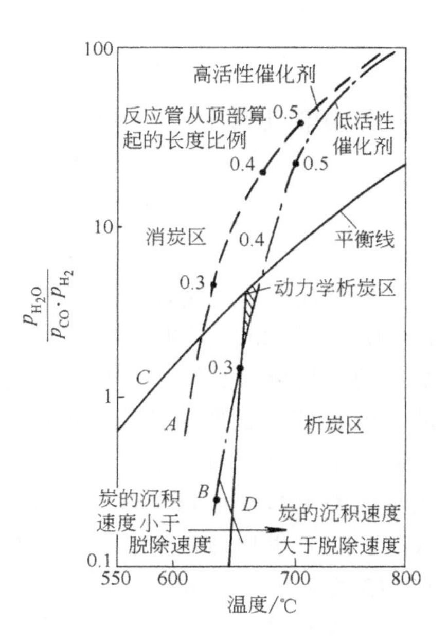

图 1-2-11　转化管内析炭区范围

（3）防止炭黑的生成条件及消除炭黑的方法

既然甲烷蒸汽转化过程有可能会由于裂解而析炭，而碳数更多的烃类则析炭就更为容易了。究竟采取什么措施防止炭黑生成呢？

① 应使转化过程不在热力学析炭的条件下进行，这就是说，需把水蒸气用量提高到大于理论最小水碳化，这是保证不会有炭黑生成的前提。

② 选用适宜的催化剂并保持活性良好，以避免进入动力学可能析炭区。对于含有易析炭组分烯烃的炼厂气以及石脑油的蒸汽转化操作，要求催化剂应具有更高的抗析炭能力。

③ 选择适宜的操作条件，例如：原料烃的预热温度不要太高，当催化剂活性下降或出现中毒迹象时，可适当加大水碳比或减少原料烃的流量等。

④ 检查转化管内是否有炭沉积，可通过观察管壁颜色，如出现“热斑”，“热带”，或由转化管的阻力变化加以判断。如果已有炭黑沉积在催化剂表面，就应设法除去。

⑤ 当析炭较轻时，可采取降压、减量，提高水碳比的办法将其除去。当析炭较重时，可采用蒸汽除炭，即利用式（1-2-11）的逆反应：

$$C(s) + H_2O(g) \rightleftharpoons CO + H_2$$

首先停止送入原料烃，保留蒸汽，控制床层温度为 750～800℃，一般除炭约需 12～24h。因在无还原性气体情况下，温度 600℃以上时，镍催化剂被氧化，所以用蒸汽除炭后，催化剂必须重新还原。也可采用空气或空气与蒸汽混合物烧炭，将温度降低，控制转化管出口为 200℃，停止加入原料烃，然后加入少量空气，控制转化管壁温度低于 700℃。出口温度控制在 700℃以下，大约烧炭 8h 即可。

2.1.2.4　二段转化反应

二段转化的目的有二：A. 将一段转化气中的甲烷进一步转化；B. 加入空气提供氨合成需要的氮，同时燃烧一部分转化气（主要是氢）而实现内部给热。在二段转化炉内的化学反应为：

① 在催化剂床层顶部空间进行燃烧反应：

$$2H_2 + O_2 = 2H_2O(g) \qquad \Delta H = -484kJ \qquad (1\text{-}2\text{-}43)$$

$$2CO + O_2 \longrightarrow 2CO_2 \qquad \Delta H = -566kJ \qquad (1\text{-}2\text{-}44)$$

$$2CH_4 + O_2 \longrightarrow 2CO + 4H_2 \qquad \Delta H = -71kJ \qquad (1\text{-}2\text{-}45)$$

② 在催化剂床层进行甲烷转化和 CO 变换反应：

$$CH_4 + H_2O \longrightarrow CO + 3H_2 \qquad \Delta H = 206.4kJ \qquad (1\text{-}2\text{-}4)$$

$$CH_4 + CO_2 \longrightarrow 2CO + 2H_2 \qquad \Delta H = 247.4kJ \qquad (1\text{-}2\text{-}5)$$

$$CO + H_2O \longrightarrow CO_2 + H_2 \qquad \Delta H = -41.19kJ \qquad (1\text{-}2\text{-}8)$$

由于氢燃烧反应式（1-2-39）的速率要比其它反应式（1-2-40）和式（1-2-41）的速率快 $1\times10^3 \sim 1\times10^4$，因此，二段转化炉顶部空间主要是进行氢的燃烧反应，放出大量的热。若加入的空气量满足氨合成要求的氮，则与转化气中 H_2、CO 和 CH_4 完全燃烧所需要空气量的 13%相当。据此，计算得理论火焰温度为 1204℃。但对加入比传统流程多 15%～50%空气的 ICI-AMV、Braun 流程，当 30%时理论火焰温度可达 1350℃。空气量与理论火焰温度关系如图 1-2-12 所示。随着一段转化气进入催化剂床层进行反应式（1-2-1）、式（1-2-3）和式（1-2-6）并吸收热量，气体温度从 1200～1250℃ 逐渐下降到出口处的 950～1000℃，图 1-2-13 给出了二段转化炉内温度分布和甲烷含量的分布图。

二段转化炉出口气体的平衡组成，同样由反应式（1-2-1）和式（1-2-6）决定，其温度则由热平衡决定。

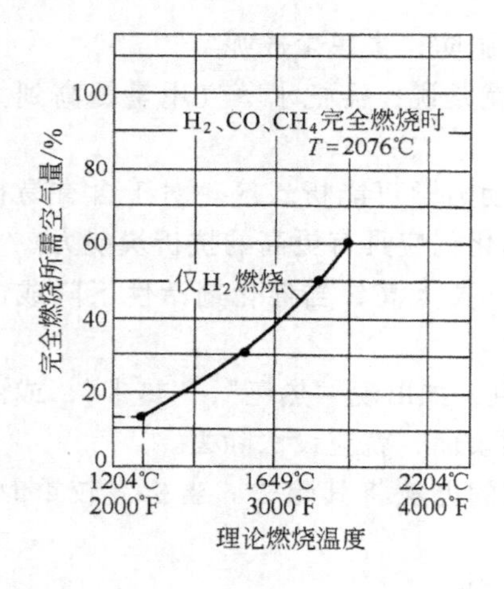

图 1-2-12　二段转化炉顶部空间的理论火焰温度与空气用量的关系

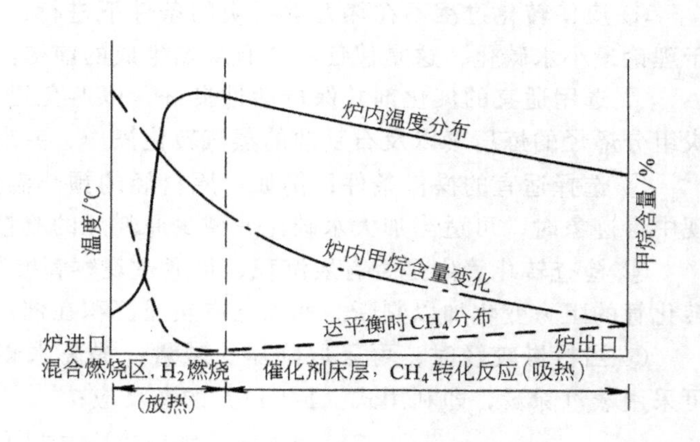

图 1-2-13　二段转化炉内温度与甲烷含量的分布示意图

2.1.3　转化催化剂

由于烃类蒸汽转化的操作条件非常苛刻，转化催化剂长期处在水蒸气和高的氢分压下，而且是在高的气体流速条件下进行反应。因此，除了对催化剂要求有高活性的基本条件外，还应具备高的强度和抗析炭的性能。

2.1.3.1　活性组分和助催化剂

在元素周期表上第Ⅷ族的过渡元素对烃类蒸汽转化都有活性，从性能上和经济上综合考虑，以镍最为适宜，所以镍是目前工业转化催化剂惟一的活性组分。在制备好的镍催化剂中，镍是以 NiO 状态存在的，含量以 4%～30%为宜，一般来讲，镍含量高，催化剂的活性也高。一段转化比二段转化要求有较高的活性，因此对各种原料烃由于一段和二段转化作用不同，要求一、二段转化催化剂中的含镍量也不同。

除此以外，还有由原料中带入的有害杂质。杂质主要有 SiO_2、K_2O、Na_2O 等。其中 SiO_2 虽对提高转化催化剂的强度及抗硫中毒等方面有积极作用，但会降低催化剂的抗析炭能力，而且当转化压力逐渐提高时，SiO_2 在蒸汽中挥发，沉积在废热锅炉及高温变换催化剂层顶部温度较低的部位，造成换热效率和变换率下降，阻力增加等不良影响，所以 SiO_2 是主要的有害杂质之一。K_2O 和 Na_2O 可提高催化剂的抗析炭能力，但会促使转化催化剂的活性显著下降，降低催化剂的耐热性，在高温和蒸汽，特别是 CO_2 存在的条件下会发生迁移，因此要求催化剂中钾、钠总含量低于 0.2%。

转化催化剂的高活性是与获得稳定的较小的镍晶粒及较大的镍表面积有关，通常 1g 镍表面约有 $0.5m^2$ 左右。所以，不同方法制备的催化剂，单位镍含量的催化活性是不同的。

为了获得高活性的催化剂，要求把镍制备成细小分散的晶粒，并且要防止晶粒增大，或者使晶粒增长速度尽可能缓慢。因此，可把活性组分分散在载体上，但是只含镍和载体的催化剂往往活性易于衰退，抗析炭性能也差。为了提高镍催化剂的活性，可添加助催化剂来达到抑制熔结过程、防止镍晶粒长大，从而使其有较高的稳定活性，延长使用寿命，并增加抗析炭能力。

2.1.3.2　载体

镍催化剂中的载体应当具有使镍的晶体尽量分散、达到较大的比表面和阻止镍晶体熔结的作用。尤其是金属镍的熔点为 1455℃、烃类蒸汽转化反应都在它的半熔温度以上，分散的镍微晶在这样高的温度下很容易活动、互相靠近而熔结。这就要求载体能耐高温，并具有高的机械强度，所以，转化催化剂的载体都是熔点在 2000℃ 以上的难熔耐火氧化物，如 Al_2O_3、MgO 等。常用的载体有以下几种。

（1）硅铝酸钙粘结型

20 世纪 60 年代中期以前，使用以硅铝酸钙为载体的第一代镍催化剂，主要用波特兰水泥形式加入，同时起粘结剂及载体作用。由于在高温、高水蒸气分压和加压条件下，催化剂中的 SiO_2 以 H_4SiO_4〔或写成$Si(OH)_4$〕的形式转入气相：

$$SiO_2(s) + 2H_2O(g) \longrightarrow H_4SiO_4(g) \tag{1-2-46}$$

从而使催化剂强度下降。同时转入气相的 SiO_2 随工艺气体带到下游工序温度较低处，如在废热锅炉或 CO 变换催化剂床层上部析出，影响传热和变换催化剂活性，增大系统阻力，致使生产不能正常运转。因此，必须降低催化剂中硅含量，目前已不再用这类载体，改为使用第二代铝酸钙载体。

（2）铝酸钙粘结型

这类载体是用含多种铝酸钙水泥组成，SiO_2 含量小于 0.2%、CaO 小于 10%，其余是 Al_2O_3。使用这种催化剂时活性很好，但长期使用后，机械强度也会较大幅度下降，所以到 20 世纪 70 年代发展了第三代以耐火氧化铝为主要成分的烧结型载体。

（3）耐火材料烧结型

这类载体经高温煅烧而成，比表面小，结构稳定，耐热性好，运转过程机械强度下降少，所以获得广泛的应用。常采用的载体有 α-Al_2O_3、MgO-Al_2O_3、ZrO_2-Al_2O_3、CaO-Al_2O_3 等。

2.1.3.3　物理结构、外形及尺寸[14]

（1）物理结构

① 比表面和镍的分散状况。不同型号的转化催化剂的比表面差异虽很大（3～100m^2/g），但其活性基本相同，说明比表面的大小不是决定活性高低的主要因素。

② 孔隙率和孔径分布　由于内扩散是转化反应速率的控制步骤，为了提高转化催化剂的有效利用率，要求有数目众多的孔隙来提供反应所需的表面积，孔径应选择10～20nm之间。为了兼顾活性和强度，转化催化剂的孔隙率一般不超过50%。

（2）外形及尺寸　几十年来，转化催化剂的外形从块状、柱状发展到今天的环状、球状和各种异形。外形的改变使转化催化剂的性能和使用效果都明显改善。国内外研究者都认识到，与其把注意力集中在改变载体组成或活性添加剂上，倒不如努力研究改变转化催化剂的外形，从而明显产生提高其表观活性的效果。

转化催化剂的外形及尺寸不但与制备方法、工艺条件及设备结构有关，而且与其使用性能也是密切相关的。

① 转化催化剂的装填性能。装填性能不好将导致装填不均匀，气流分配不均，严重时形成沟流并破坏转化过程的正常进行。为了获得良好的装填效果，其外形和尺寸应与转化炉的结构和尺寸相适应：对于小管径的一段转化炉，为防止催化剂在管内“架桥”（会导致气流分布不均，甚至运转中产生“热斑”“热带”等），其外表面应当设计成光滑、均匀、无凸凹不平的形状；为减少转化管管壁效应影响，一段转化催化剂应选用较小的尺寸，其当量直径一般至少应小于转化管直径的1/5，二段转化炉则因炉管直径大不易“架桥”，可选用粒径较大或外表面不光滑的催化剂。

② 对活性的影响。天然气蒸汽转化反应的总速度受转化催化剂内扩散速度控制，其表观活性随着催化剂几何表面的增加而明显提高。表1-2-8和图1-2-14给出转化催化剂外形及尺寸的改变对其活性等的影响。

表1-2-8　转化催化剂颗粒大小及几何表面与其活性及传热效果的关系

催化剂形状	外径×高×内径尺寸/mm	相对活性	相对压力降	相对传热效果
环　状	16×16×6	100	100	100
	16×16×8	103	80	106
	16×10×6	118	126	117
	16×6×6	129	143	129
车轮状	17×7	130	88	126

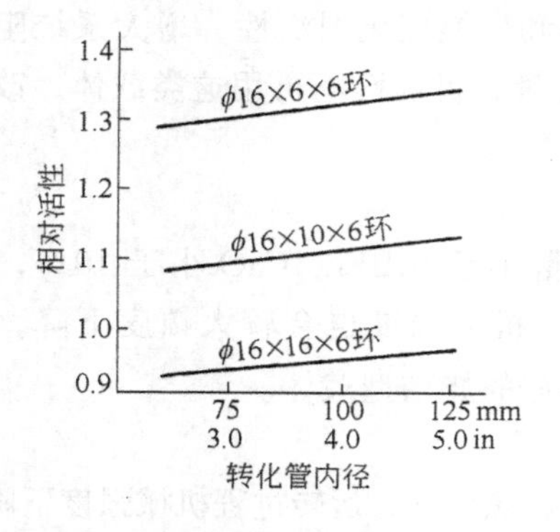

图1-2-14　转化催化剂颗粒大小对活性的影响

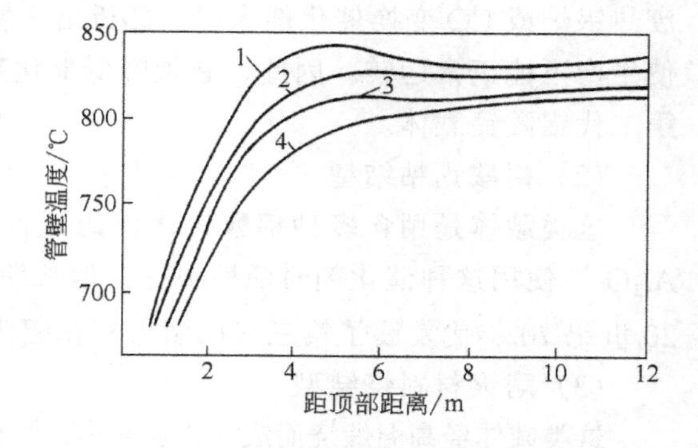

图1-2-15　顶烧炉内催化剂几何表面的改变对管壁温度的影响

1—基础曲线；2—几何表面为A两倍；3—传热系数比A高两倍；4—传热系数和几何表面都为A的两倍

当颗粒尺寸减小时，其表观活性增加：一方面由于几何表面增加而提高了催化剂的利用率；另一方面粒度变小后，改善了管内的传热效果。表观活性增加和改善传热效果的综合结果，使转化管外壁温度明显下降。

③ 对系统阻力的影响。使转化系统中工艺气体通过催化剂层产生的压力降维持在希望的范围内，努力减少气流压力降是保证转化过程正常、安全进行和节省能耗的重要条件。为提高表观活性而减少催化剂颗粒，将使催化剂层的阻力迅速上升。为解决表观活性与阻力的矛盾，在相同外形尺寸时，选用适当的高几何表面外形设计是最有效的途径。

④ 对传热性能的影响。工业转化炉中要求转化管的热流强度很大，保证良好的传热效果是确保转化管寿命和转化过程正常进行的关键之一。工艺气体在转化管内的传递效果，是由转化反应吸热状况和管内气体流动状态控制的。不同的催化剂外形，不但改变了管内气流流动状态，而且改善了表观活性，“加速”转化反应的进行（吸热量增加，指定处的温度则下降），对改善传热效果是有利的。

过去，转化催化剂外形设计对传热的改善常常被忽视。UCI 公司和 ICI 公司对此进行了研究。从图 1-2-15 可知，良好的外形尺寸和传热性质的改进，对一段转化炉是相当重要的，它们对改善转化管进口端（上半部）的运转状况的意义尤为重要。

⑤ 对机械强度的影响。转化催化剂的外形和尺寸直接影响其机械耐压强度：同样的环状催化剂，大环比小环的耐压强度低；壁薄的比壁厚的耐压强度差；空心的比内有支承筋或实心的耐压强度差。不同的外形的催化剂被破碎时，带来的影响也不相同：环形催化剂破碎时一般仅破碎成 2～4 片大块，不会使阻力急剧上升；采用复杂外形的催化剂时，破碎时有可能形成较多的小碎块，会导致阻力迅速增加。不同的外形，不同的开孔形状和位置分布，机械强度亦不相同。催化剂内部开孔形状有急剧转折过渡的外形（如内齿轮形或车轮形）在急剧转折过渡处存在应力集中现象，在制造或使用中这些应力集中点是产生裂纹隐患或破碎的开始处（见图 1-2-16）；内部开孔为数个封闭式三次超静定结构圆环组成的多孔形转化催化剂中，每个圆环受力是均匀的。消除了应力集中现象（见图 1-2-17），其强度将提高，产生裂纹而引起破碎的隐患大大减少，是更合理的外形设计。

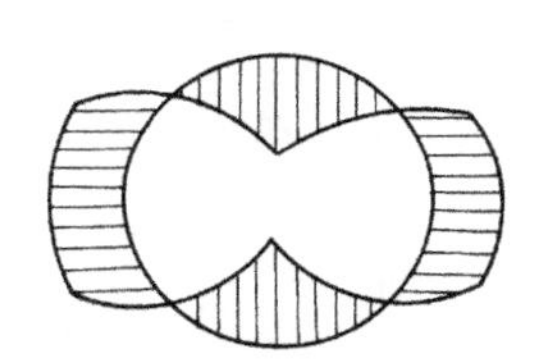

图 1-2-16 车轮形转化催化剂受力及应力集中示意图

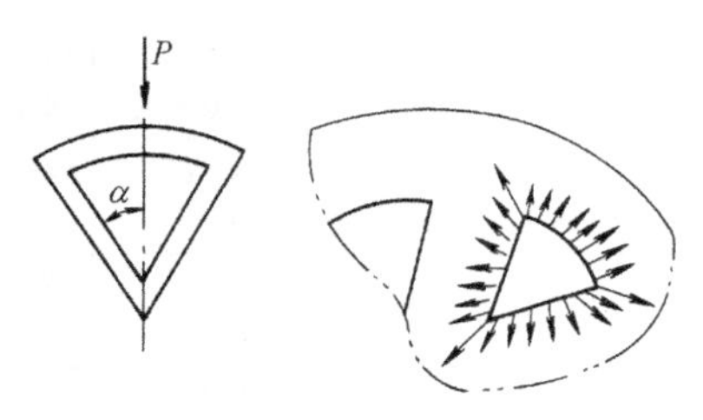

图 1-2-17 多孔形转化催化剂开孔周边受力分析（弯矩）

由以上可知，转化催化剂的外形和尺寸对催化剂的表观活性、阻力、传热、机械强度等重要使用性能等均有显著影响。对各种性能的影响，又常常是互相矛盾，所以正确设计转化催化剂的外形和尺寸必须注意兼顾上述各种因素，以求达到综合效果较好的目的。

此外，应当注意，二段转化炉温度已很高，床层阻力本来较小，活性并不是正常运转的制约因素，减小阻力带来的节能效果已不明显，而气流分布和床层阻力均匀则是重要的。当二段炉开停车时，炉内温度升降剧烈，热应力很大，催化剂破裂倾向增大；在床层阻力本已较低的条件下，对相同装填水平的催化剂床层再降低阻力时，炉内气流分布的不均匀程度将增大，这些均会导致二段转化炉运转恶化。所以，二段转化炉内采用高几何表面的异形催化剂是不可取的。

2.1.3.4 主要型号的性能和选用

迄今世界上生产烃转化催化剂的主要公司有ICI公司、UCI公司等。中国自1961年开发成功工业用转化催化剂以来，已能生产多种型号。表1-2-9为各国的主要烃转化催化剂的型号和性能。

表1-2-9 各国的主要烃转化催化剂的性能

国别	型号	外径×高×内径 mm	堆密度 kg/L	主要组成 %	操作条件		特点及用途
					温度/℃	压力/MPa	
中国	Z107	短环16×8×6 长环16×16×6	1.2 1.17	NiO 14～16 Al_2O_3 84	400～850	～3.6	烧结型，天然气一段转化炉用
	Z110Y	五筋车轮状 短环16×9 长环16×16	1.16～1.22 1.14～1.18	NiO≥14 Al_2O_3 84	450～1000	4.5	烧结型，天然气一段转化炉用
	Z111	短环16×8×6 长环16×16×6	1.22 1.21	NiO≤14	450～1000	4.5	天然气低水碳比一段转化炉用
	Z203	环状19×19×19	1	NiO 8～9 Al_2O_3 69～70	450～1300	≤4	烧结型，二段转化炉用
	Z204	环状16×16×6	1.1～1.2	NiO≤14 Al_2O_3～55 CaO～10	500～1250	～3.6	粘结型，二段转化炉用
	Z205	大环状25×17×10	1.1～1.15	NiO～6 Al_2O_3～90 CaO～3.5			粘结型，二段转化炉（热保护）用
英国	ICI57-1	环状 ϕ17×17×5					天然气一段转化炉用
	ICI57-3	环状					天然气一段转化炉用
	ICI54-2	环状					天然气二段转化炉用
	ICI54-3	环状					天然气二段转化炉（热保护）用
	ICI54-4	环状					天然气二段转化炉用
美国	C11-9-02	环状					天然气一段转化炉用
	C11-9-09	车轮状					天然气一段转化炉用
	C11-4-03	环状					二段转化炉用，堆密度约0.85g/cm^3
	C15-1	环状					二段转化炉（热保护）用

为了选择好规定装置最适用的优质转化催化剂，主要应考虑以下方面。

(1) 了解采用的工艺条件、设备特点等对烃转化催化剂的要求

① 一段转化工艺及设备对转化催化剂的要求应重点注意：A. 原料气组成。高级烃含量高时，要求抗析炭性能好的催化剂。B. 转化压力。提高转化压力后，催化剂的机械强度、

抗析炭性能也随之提高。C. 水碳比。近年来各种节能流程多采用低水碳比操作，相应地催化剂的低温活性和抗析炭性能应更优良。D. 运转空速。工业装置选用的空速越大，催化剂的活性（特别是低温活性）和机械强度也应提高。E. 入口温度。入口温度越低催化剂的还原性能和抗毒性能也应越好。从技术经济全面分析，采用低入口温度是不利的。F. 转化炉炉型。顶烧式、侧烧式或梯台式各有不相同的供热分布必须选用相适应的优质催化剂。例如，还原性能不好的催化剂不宜用于顶烧式转化炉。G. 转化管尺寸。转化管尺寸与催化剂颗粒大小关系密切。炉管小，催化剂颗粒也应小些，（否则会产生沟流，传热也会恶化）。

② 二段转化工艺和设备对转化催化剂的要求主要应注意：A. 是否添加过量空气。空气过量越多，炉内反应热越多，气流和温度分布不均，影响较大，对催化剂的耐热性能和抗冲刷能力的要求均相应提高。B. 转化压力。压力越高有利于 SiO_2、K_2O 等杂质的挥发。转化压力升高后要求催化剂中杂质含量越低越好。C. 空气分布器的特点及混合效果。了解气流和温度分布均匀状况，分布器设计缺陷明显时，应选用耐热性，耐冲刷性更好的催化剂。

（2）详细掌握待选用转化催化剂的特性

① 活性。重点是催化剂活性稳定性及寿命。活性好坏将直接与氨厂运行的经济效益密切相关。选择烧结型转化催化剂时，应特别注意其活性稳定性和低温活性。

② 机械强度。无论转化催化剂的活性多么好，如果机械强度差，由此产生粉化或破碎导致催化剂层产生过大的压力降，会迫使装置停车。

表 1-2-10 中列出了几种不同制备方法、不同型号的一、二段转化催化剂的机械强度及使用中的变化数据，反映出不同的制备方法，不同的转化催化剂强度方面的特点。显然，转化催化剂在使用过程中具有的机械强度比新催化剂的强度更为重要，从表 1-2-10 可看到粘结型催化剂的初始强度很高，但是使用中强度下降约 2/3 并远低于烧结型催化剂使用后的强度，所以催化剂机械强度设计或工厂选用催化剂时，应主要注意运转后的机械强度。

表 1-2-10　几种典型转化催化剂的径向耐压强度及变化

催化剂型号		制备方法	强度/kg/cm 或 N/颗			更换主要原因
			新催化剂	使用后	强度下降%	
一段转化	Z102	粘结型	54	18	66.6	强度下降导致阻力上升
	ICI57-1		72	29	59.7	
	Z 107	烧结型	58.6	67.0	+12.6*	活性下降，一段转化气中甲烷含量上升，管壁温度逐渐上升，导致更换
	Z 108		42.5	41.57	1.9	
	C11-9-02		47.2	44.1	6.6	
	Z109-2Y					
	Z109-1Y		55.3	49.9	10.9	
	Z110Y		47.8	43.3	9.4	
二段转化	Z204	粘结型	93.4	36.5	60.9	事故烧结更换，活性逐渐下降
	C11-4-03		45.2	10.0	77.8	
	Z205	烧结型	28.3	31.7	+12.0*	活性逐渐下降或事故更换
	Z206		62.5	56.9	9.0	
	CZ-4		252.5	214.0	15.3	
	CN-20		637	698	+1.6*	
	Z203		29.7	29.5	0.3	

* 使用后强度稍有上升。

（3）了解转化催化剂在类似氨厂的运转实际情况　如果是新型催化剂，首先应了解与其性能相近的催化剂实际运转状况，然后分析新型催化剂具有的特性，进而判断采用效果。

(4) 有条件时，可输入计算机进行模拟计算分析应用前景　由于二段转化过程是一段炉转化气与一定量的空气混合后迅速进行的燃烧放热反应，一般情况下温度可升至1250℃，在不正常情况下可达1400℃以上。所以选用二段炉转化催化剂还应考虑下述要求。

① 二段炉转化催化剂的耐热性能。在1000～1250℃范围内二段炉转化催化剂应当具有较稳定的结构、活性和强度。在1300～1450℃短期不熔结、收缩小、不变形、活性损失仍为正常运转可承受的范围。由于每次开、停车添加或切断工艺空气时，二段炉内温度都会迅速产生突变，从～650℃突升到1200℃左右或从正常运转温度急剧下降。二段炉转化催化剂应能承受这种热冲击的考验。这对选择二段炉转化催化剂十分重要。

② 更严格的杂质（SiO_2、K_2O、Na_2O等）含量限制。二段转化过程的高温、高压并有水蒸气存在的气氛，对SiO_2、K_2O、Na_2O等杂质的挥发迁移是十分有利的，稍有忽视便会给生产带来严重损失。所以应当格外重视二段炉转化催化剂的杂质含量要求：

$$SiO_2\ 质量分数 \leqslant 0.2\%$$

$$(Na_2O + K_2O)质量分数 \leqslant 0.2\%$$

③ 合理选择二段转化炉催化剂的用量。二段炉转化催化剂的设计用量通常都有一定的富裕，在按设计用量装入二段炉时还应当特别注意预留足够的二段炉顶部空间高度。

④ 应当配套使用耐热催化剂。近十几年来在二段炉上部装一层耐热催化剂（也称为热保护催化剂），取得了良好的效果。国内一些引进的原设计未用耐热催化剂的氨厂在采用Z205型或C2-5型耐热催化剂之后，也都明显改善了二段炉的运转状况，即改善二段炉内气流分布、减少粉尘、促进催化剂床层稳定，降低气体进入下一层转化催化剂的温度，对防止二段转化催化剂过热等均起了积极作用。

耐热催化剂应当具有比二段转化催化剂更好的抗冲刷能力，更稳定的机械强度，较大的外形尺寸，能耐受～1500℃的高温。尽管对耐热催化剂的转化活性要求不是太高（反应温度很高时转化反应速度已相当快），但其活性仍是使它具有热保护功能的一部分重要性能。

2.1.3.5　催化剂的装填

正确装填催化剂对充分发挥催化剂的效能和延长使用寿命有重要作用。所以，对催化剂的装填决不可掉以轻心。

(1) 一段炉转化催化剂的装填　一段炉转化催化剂装填在数百根垂直悬挂的转化管中，管底部设有托盘或筛板。装填时应以保证工艺气体能均匀分配到各转化管去为根本目的。所以在装填时应尽力做到装填均匀，否则由此带来气流分布不均匀将成为系统隐患，在运转时是无法消除的。

(2) 二段炉转化催化剂的装填　二段转化炉为竖井式炉，直径大，操作人员可以进入炉内工作。在检查完炉拱并清除炉内全部杂质及粉尘后，应按设计要求预计装填量及二段炉各层尺寸计算，并在二段炉内壁上标计出刚玉球或带孔砖、耐热催化剂、转化催化剂各层的装填高度，然后从下而上逐层装填，直到预定高度。

二段炉转化催化剂上部应当装填一层耐热催化剂。通常，耐热催化剂的装填数量为二段炉内催化剂总量的25%～30%。为保证炉顶部空间高度不变，二段炉转化催化剂装填量可相应减少同样数量。

2.1.3.6　催化剂还原

蒸汽转化用的镍催化剂是以氧化态提供的，使用前必须活化，将其还原成金属镍。还原过程按下述反应进行。

$$NiO + H_2 \rightleftharpoons Ni + H_2O(g) \qquad \Delta H_{298}^{\ominus} = -1.26kJ/mol \tag{1-2-47}$$

由于热效应值很小，故实际还原操作中看不出温升。

还原反应（1-2-47）的平衡常数 K_p 与温度 T 的关系为

$$\lg K_p = \lg \frac{p_{H_2O}}{p_{H_2}} = \frac{98.3}{T} + 2.29 \tag{1-2-48}$$

不同温度的 K_p 值根据式（1-2-48）计算结果列于表 1-2-11。

表 1-2-11　反应式（1-2-47）的平衡常数

温度/K	500	600	700	800	900	1000	1100	1200
$K_p = \lg \frac{p_{H_2O}}{p_{H_2}}$	309	282	278	256	251	245	240	235

在还原反应中起决定作用的是水蒸气含量与氢气含量的相对关系，当

$\frac{p_{H_2O}}{p_{H_2}} < K_p$ 时，镍催化剂被还原；

$\frac{p_{H_2O}}{p_{H_2}} > K_p$ 时，镍催化剂被氧化。

英国 ICI 公司根据实验数据获得转化催化剂还原所需的 $\frac{p_{H_2O}}{p_{H_2}}$ 比值与温度的关系（见图 1-2-18）。

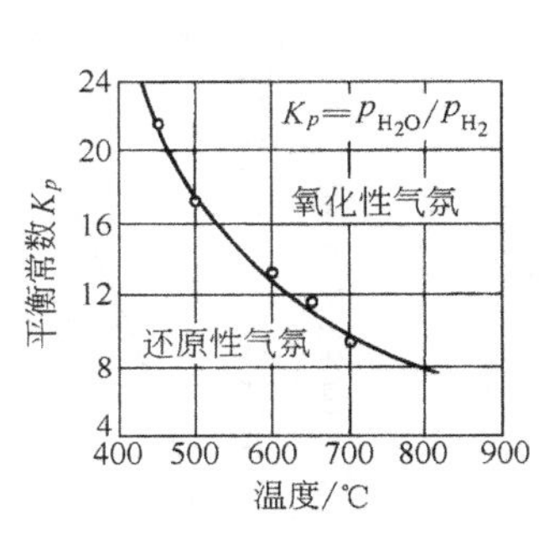

图 1-2-18　转化催化剂还原所需 $\frac{p_{H_2O}}{p_{H_2}}$ 比值

当用含甲烷的气体还原镍催化剂时，会发生下述强吸热反应：

$$3NiO + CH_4 = 3Ni + CO + 2H_2O \tag{1-2-49}$$

工业生产上常用天然气与蒸汽混合气进行还原，开始还原的温度一般为 250～300℃。

经过还原后的镍催化剂，在开停车和发生操作事故时都有可能被氧化剂（水蒸气或氧）氧化，其反应式如下：

$$Ni + H_2O(g) = NiO + H_2 \qquad \Delta H_{298}^{\ominus} = 1.26kJ/mol \tag{1-2-50}$$

$$Ni + \frac{1}{2}O_2 = NiO \qquad \Delta H_{298}^{\ominus} = -240.74kJ/mol \tag{1-2-51}$$

反应式（1-2-47）为强放热反应，如果在水蒸气中有 1% O_2 就可产生 130℃ 的温升，如果在氮气中含 1% O_2 则会造成 165℃ 的温升。所以催化剂在停车需要氧化时应严格控制氧的含量，还原态的镍在高于 200℃ 时不得与空气接触。

镍催化剂被氧化的速度随温度升高而加快。在 400℃ 以上时，NiO 会与 Al_2O_3 作用生成镍铝尖晶石 $NiAl_2O_4$。

镍铝尖晶石很难还原，一般要在 900～1000℃ 下才能彻底还原，但这样高温在工业装置上实现有不少困难，所以，在催化剂制备或运转中应力求避免产生镍铝尖晶石。

2.1.3.7　镍催化剂的中毒和寿命

原料气中的某些杂质，即使含量很低也会使镍催化剂中毒。常遇到的有害毒物为硫、卤素和砷等。

硫是镍催化剂最重要的毒物。原料气中的各种硫化物在蒸汽转化条件下都能按以下反应式生成硫化氢：

$$CS_2 + 2H_2O(g) \longrightarrow CO_2 + 2H_2S \quad (1\text{-}2\text{-}52)$$

$$COS + H_2O(g) \longrightarrow CO_2 + H_2S \quad (1\text{-}2\text{-}53)$$

硫的中毒作用是由于硫和催化剂中暴露的镍原子发生了化学吸附而破坏了镍晶体表面的活性中心的催化作用。所以，非常少量的硫就能使镍催化剂严重中毒。例如含 15%Ni 的催化剂在转化反应温度 775℃下操作时，催化剂中仅含 0.005%的 S 就会使它中毒[11]，此量仅相当有 0.06%Ni 形成了硫化物，等于毒化了直径 1μm 的镍晶体表面上的所有镍原子。因此，原料气中的硫含量即使是 10^{-6}级，就能引起镍催化剂中毒，从而使出口转化气中残余甲烷含量增加，转化管出口温度也随之升高（见图 1-2-19）。

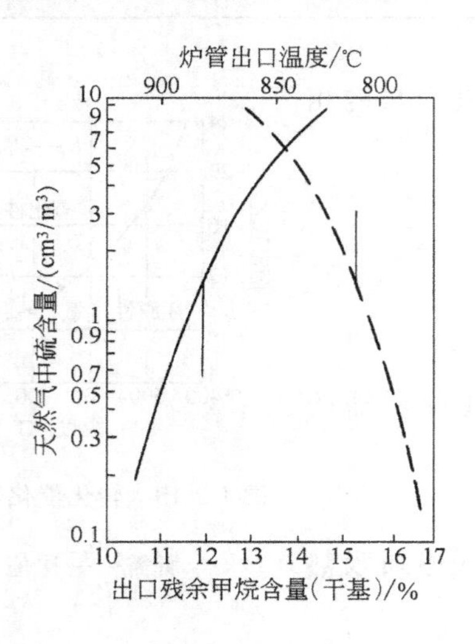

图 1-2-19　硫对转化管出口残余甲烷及出口温度的影响

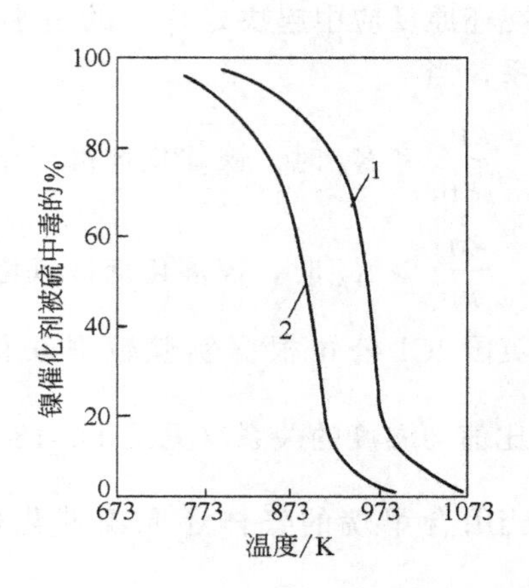

图 1-2-20　硫对镍催化剂的毒害作用

1—烃中硫化物含量 1.0mg/kg；

2—烃中硫化物含量 0.1mg/kg

硫化物的允许含量随催化剂、反应条件不同而有差异。催化剂的活性愈高，允许的硫含量就愈低。温度愈低，硫对镍催化剂毒害愈大（见图 1-2-20）。由于一段转化温度多在500～800℃范围内，为使进口端 550～650℃低温区间不使发生催化剂中毒，通常要求原料气中总硫含量（体积分数）为0.1～0.3cm^3/m^3，最高不超过0.5cm^3/m^3。这就要求在蒸汽转化以前必须对原料气严格脱硫。

硫对镍的中毒属于可逆的暂时性中毒。已中毒的催化剂，只要原料气含硫量降到规定的标准以下，催化剂的活性可以完全恢复。

砷是另一个使镍催化剂中毒的毒物。和硫不一样，砷中毒是不可逆的永久性中毒，所以对砷含量的要求是十分严格的。

卤族元素也是镍催化剂的有害毒物，并具有与硫相似的作用，也是属于可逆性中毒，一致要求其含量在 0.5mg/kg 以下。

有计划地适时更换一段炉转化催化剂，主要应考虑催化剂应用和转化管相应寿命及费用。图 1-2-21 给出氨成本中转化催化剂和转化管费用之和与催化剂寿命的变化。当转化管温度正常时一段炉转化催化剂最佳更换周期为 2 年，当管壁出现明显热斑时每年更换一次催化剂，在经济上也是合理的。即使这时催化剂性能仍然良好，但若继续使用，从技术经济上看并不可取。

通常一段炉转化催化剂的寿命为 2 年，二段炉转化催化剂的寿命为 3～4 年。

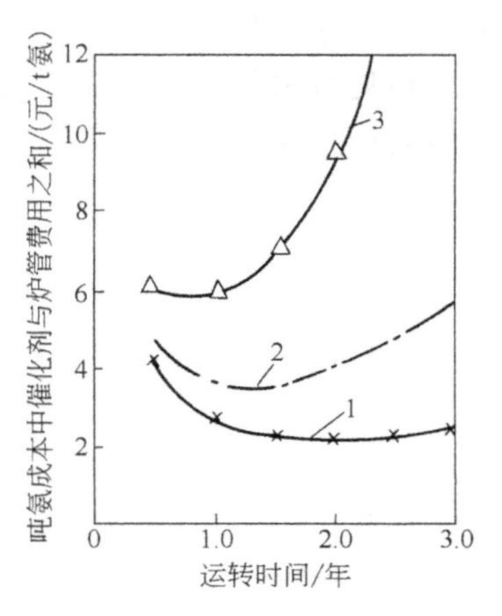

图 1-2-21 合成氨成本中催化剂和转化管费用之和与催化剂寿命的关系

1—壁温为平均值；2—壁温处于高限；3—管壁出现热斑

2.1.4 工业生产方法

工业上含烃原料采用蒸汽催化转化法制取转化气可以分为一段和二段转化。对合成氨生产而言，都采用二段转化流程。这里着重介绍转化过程的分段与工艺条件。

烃类作为制氨原料，要求尽可能转化完全。同时，甲烷在氨合成过程为一惰性气体，它会在合成回路中逐渐积累，有害无利。因此，首先要求转化气中残余甲烷含量要低，一般要求转化气中甲烷含量（干基）在 0.5% 以下。于是工业上提出转化过程分段进行的流程。

首先，在较低温度下于外热式的转化管中进行烃类的蒸汽转化反应。然后，在较高温度下于耐火砖衬里的钢制转化炉中加入空气，利用反应热继续进行甲烷转化反应。

显而易见，加入空气量多少对二段炉出口转化气组成和温度有直接影响，但因氨合成对氢氮比有一定要求，这样加入的空气量应基本一定，从而在二段转化炉内燃烧反应放出的热量也就一定。

一般情况下，一、二段转化气中残余甲烷含量分别按 10% 和 0.5% 设计。典型的二段转化炉进出口气体组成如表 1-2-12 所示。

表 1-2-12 二段转化炉进出口转化气中各组分的体积分数/%

组 分	H_2	CO	CO_2	CH_4	N_2	Ar	合 计
进 口	69.0	10.12	10.33	9.68	0.87	–	100.0
出 口	56.4	12.95	7.78	0.33	22.26	0.28	100.0

为节约能源，必须减少燃料用天然气的消耗。措施之一是降低一段转化炉的负荷，增加二段转化炉的负荷，与传统流程不同处为添加 15%～50% 的过量空气。这样把一段转化炉出口气体中甲烷含量提高到 23%～33%。使其处于较传统流程更低的反应温度，而将二段转化炉出口和残余甲烷含量（体积分数）放宽到 1%～1.65%。

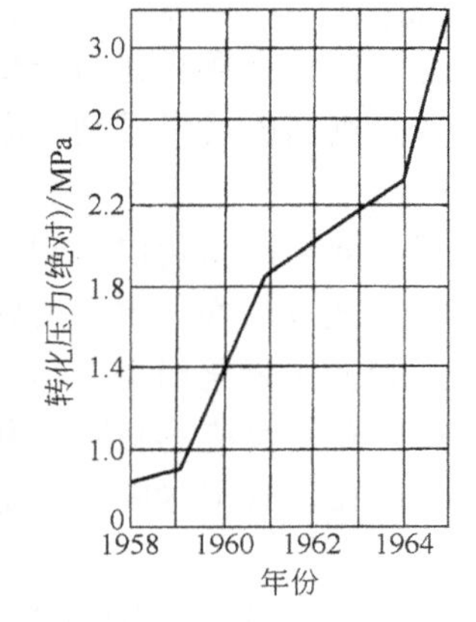

图 1-2-22 一段炉转化压力的变化

2.1.4.1 工艺条件

（1）压力 从烃类蒸汽转化反应的化学平衡考虑，宜在低压下进行。从 20 世纪 50 年代初开始逐渐将压力提高到 3.5～4.0 MPa 下操作（见图 1-2-22），现在最高的已有到 5MPa 的。其原因如下。

① 可以节省压缩功消耗。烃类蒸汽转化为体积增加的反应，而气体压缩功与被压缩气体体积成正比，所以压缩含烃原料气和二段转化所需空气的功耗要比压缩转化气节省。同时，由于氨是在高压下合成，氢氮混合气压缩的功耗与压缩前后的压力比对数

成正比。这就是说，压缩机的吸入压力愈高、功耗愈低。尽管转化压力提高后，含烃原料与二段转化所用的空气压缩机的功耗要增加，但单位产品氨的总功耗还是减少的。图 1-2-23 为转化压力与原料气、空气和氢氮混合气压缩机功耗的关系。

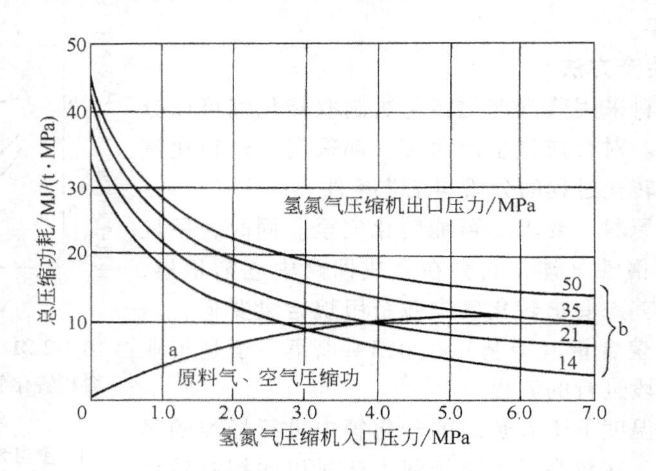

图 1-2-23　压力与原料气、空气、氢氮混合气压缩机功耗的关系

a—原料气、空气压缩机功耗；b—氢氮混合气压缩机功耗

比较图中曲线 *a*、*b* 可知，在较高的转化操作压力时，总的压缩功消耗是减少的。在不同转化压力（一段转化炉出口压力）范围内其值列于表 1-2-13。

表 1-2-13　不同转化压力下的总压缩功耗

转化操作压力/MPa	0.8～1.4	1.4～2.1	2.1～3.5	3.5～5
总压缩功消耗减少/MJ(kW·h)/(t·MPa)	3.06(0.85)	1.58(0.44)	0.72(0.2)	0.25(0.07)

② 可以提高过量蒸汽余热的利用价值。由于转化是在过量的水蒸气条件下进行，经 CO 变换冷却后可以回收原料气中大量余热。其中水蒸气冷凝热占有相当大的比重，这部分热量与水蒸气分压有直接关系。压力愈高，水蒸气分压也愈高，因此其冷凝温度（即露点）愈高。如图 1-2-24 所示，在同一汽气比条件下，变换炉出口气体的露点随压力的升高而增加，压力为 0.1、1、3MPa 时，露点分别为 78、146 和 191℃。换句话说，蒸汽冷凝液利用价值也愈高。如用热效率表示冷凝液回收的热量与露点时水蒸气潜热之比，则从图可以看到，温度相同，压力愈大，热效率愈高，或即回收热量愈多。

③ 可以减少原料气制备与净化系统的设备投资。转化压力提高后，变换、净化以至到氢氮混合气压缩机以前的全部设备的操作压力都随着提高。对于同样的生产规模，在一定程度内可减少投资费用。而且加压下操作，可提高转化、变换的反应速率，可以减少催化剂用量。

但是转化压力提高到一定值后就不宜再继续增加，这是因为加压转化对反应本身有不利的一面。为了达到预期的残余甲烷含量，必须提高转化温度或增大水碳比，若把水碳比固定在适宜的条件时，就只有采用提高温度来补偿压力的影响。

图 1-2-25 所示为采用耐热合金钢 HK－40（含 C 0.4%、Cr 25% 和 Ni 20%）做转化管的管材，压力、温度与管材断裂极限的关系。从图可知，压力愈高、允许使用的温度愈低。因此，加压下转化温度不能提得太高。

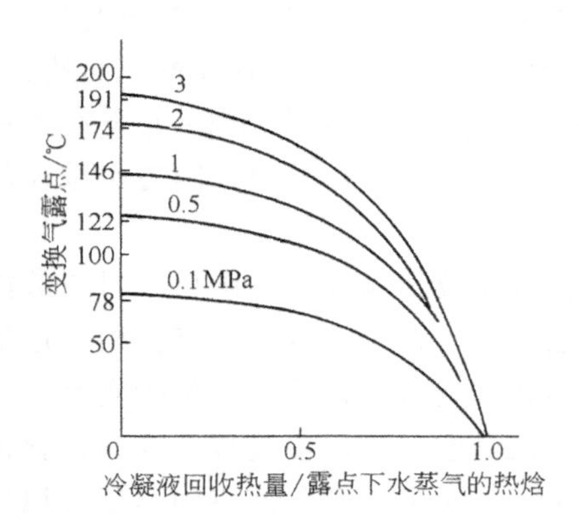

图 1-2-24　压力与冷凝液热量回收效率的关系

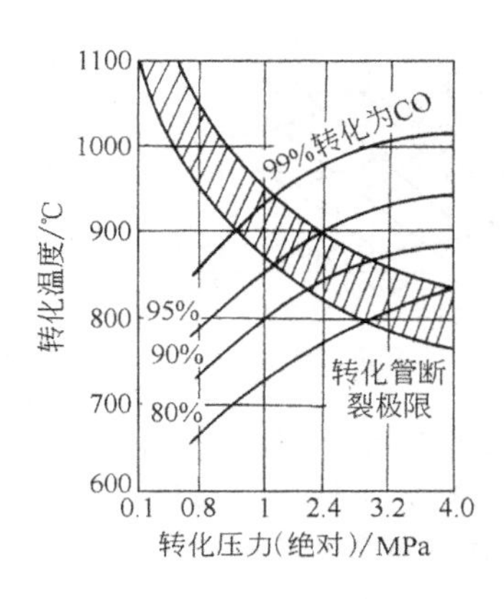

图 1-2-25　压力与温度对耐热合金钢断裂极限的影响

(2) 温度　无论从化学平衡或从反应速率考虑，提高温度对转化反应都是有利的，但也需要有全面观点，以下对一、二段转化分别说明。

① 一段转化炉出口温度。温度是决定转化气出口组成的主要因素。提高出口温度，可以降低残余甲烷含量。但因温度对转化管的寿命影响很大，如牌号为 HK—40 的耐热合金钢制转化管，当管壁温度为 950℃，管子寿命为 84000h。只要再增加 10℃，就要缩短到 60000h。所以，现在已有采用耐热强度更高的 HP—50（Cr25Ni35Nb）的新管材，虽然这种合金比 HK—40 合金昂贵，但以相同内径的转化管，HP—50 合金钢管的壁厚可减少 34%，既可减轻管材重量，又可增强转化管的传热性能；而且，在可能条件下，转化管出口温度不应太高，需视转化压力不同而有所区别。转化压力低，出口温度可稍低。例如，中型制氨装置转化操作压力为 1.8MPa，出口设计温度为 760℃。转化压力高，出口温度宜稍高，如大型制氨装置转化操作压力为 3.2MPa，出口温度约 800℃。

② 二段转化炉出口温度。烃类蒸汽转化制取的原料气质量，最终是由二段转化炉出口温度控制的。在压力和水碳比确定后，要求预期的残余甲烷含量，二段转化炉出口温度就可固定下来。例如二段炉出口气体甲烷含量小于 0.5%，出口温度应在 1000℃ 左右。

工业生产说明，一、二段转化炉实际出口温度都比出口气体组成相对应的平衡温度高，这两个温度之差称为“接近平衡温度差”或简称为“平衡温距”。即

$$\Delta T = T - T_{P} \tag{1-2-54}$$

式中　T——实际出口温度；

　　T_P——与出口气体组成相对应的平衡温度。

平衡温距与催化剂活性和操作条件有关，其值越低，说明催化剂的活性越好。工业设计中，一、二段转化炉的平衡温距通常分别在 10～15℃ 与 15～30℃ 间。

(3) 水碳比　加压转化时，温度不能提得太高，要保证一段炉出口残余甲烷含量，主要手段只有提高进口的水碳比。

高水碳比固然对转化反应有利，而且又可防止析炭反应发生。但过高的水碳比，除了在经济上不够合理以外，过多的蒸汽通过转化反应管时，既增加系统的阻力，又需吸收一些热量。这样，必须增大热负荷，要求在短时间内从外部传给管内物料以大量热量。用以衡量这

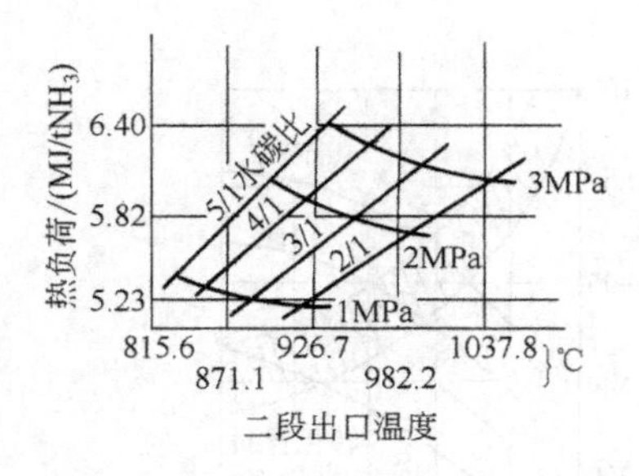

图 1-2-26　压力、水碳比与一段转化炉热负荷的关系（二段转化气中残余甲烷 0.3%）

1atm = 0.9807 × 10^5Pa

$1°F = \frac{°F - 32}{1.8} + 273.15$ (K)

1st = 907.19kg

项性能的指标是“管壁热流密度”或称“热强度”，现在实际生产一般为165～210MJ/(m^2·h)(按管外壁表面计算)。

图 1-2-26 给出了不同压力和水碳比时一段转化炉的热负荷。从图可知，压力一定，一段炉热负荷随着水碳比的增大而增加。

因此，在可能条件下要尽量降低水碳比。目前节能型的合成氨流程水碳比已从 3.5 降至 2.75～2.5，相应地要采用能适应低水碳比的转化催化剂，以防止发生析炭反应。

（4）空间速度　同其它催化反应过程一样，催化剂用量与空间速度密切相关。烃类催化转化的空间速度有以下几种表示方法。

① 原料气空速。以干气或湿气为基准，原料气空速是指每 $1m^3$ 催化剂每 1h 通过的含烃原料气（标准状况下）的 m^3 数。

② 碳空速。以碳数为基准，将含烃原料中所有烃类的碳数都折算为甲烷的碳数，即每 $1m^3$ 催化剂每 1h 通过甲烷（标准状况下）的 m^3 或 kmol 数。

③ 理论氢空速。假设含烃原料全部进行蒸汽转化和 CO 变换，将其折合为氢。例如：$1m^3CO = 1m^3H_2$，$1m^3CH_4 = 4m^3H_2$。因此，理论氢空速是指每 $1m^3$ 催化剂每 1h 通过理论氢（标准状态下）的 m^3 数。

④ 液空速。这只用于液态烃为原料。液空速是指每 1L 催化剂每 1h 通过的石脑油（换算汽化前）的 L 数。

由于甲烷转化是一级反应，从反应速率考虑，加压可加快反应的速率，因而压力愈高，可适当采取较高的空速，即少用一些催化剂。图 1-2-27、图 1-2-28 给出一、二段转化炉空速与压力的关系。需要指出，一段转化反应管的内径与管内反应和管壁传热有关，炉管直径愈小，单位体积催化剂层具有传热比表面（m^2/m^3）愈大，因而与空速也有关。图 1-2-27 和图 1-2-28 分别为一、二段转化炉空速与压力的关系。

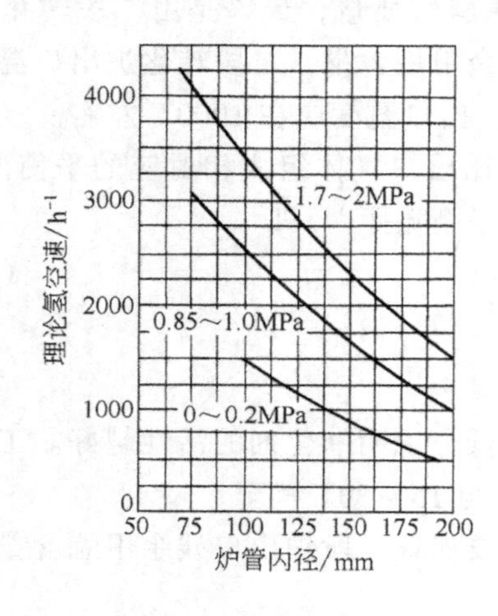

图 1-2-27　一段转化炉空速与压力的关系

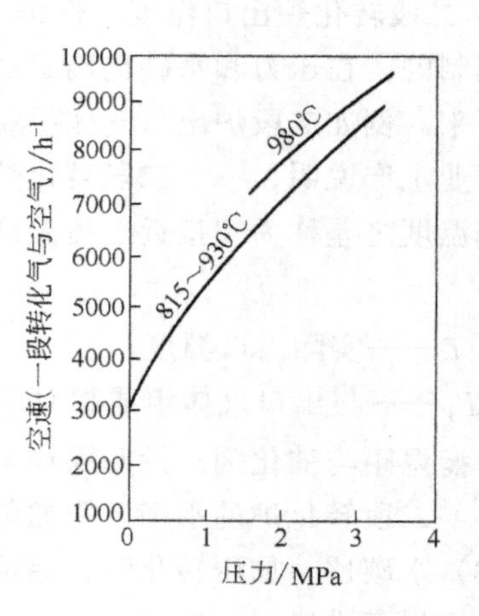

图 1-2-28　二段转化炉空速与压力的关系

（1atm = 0.9807 × 10^5Pa）

一段转化炉，不同炉型采用的空速也有很大差别。二段转化炉要考虑一段炉转化催化剂衰老时还能保证残余甲烷含量，需要多装一些催化剂。

2.1.4.2 工艺流程

各公司开发的蒸汽转化法流程，除一段转化炉炉型，烧嘴结构，是否与燃气轮机匹配等方面各具特点外，在工艺流程上均大同小异，都包括有一、二段转化炉，原料气预热，余热回收与利用。现在以天然气为原料，世界氨产量占一半的日产1000t氨凯洛格（Kellogg）传统流程（见图1-2-29）为例作一说明。

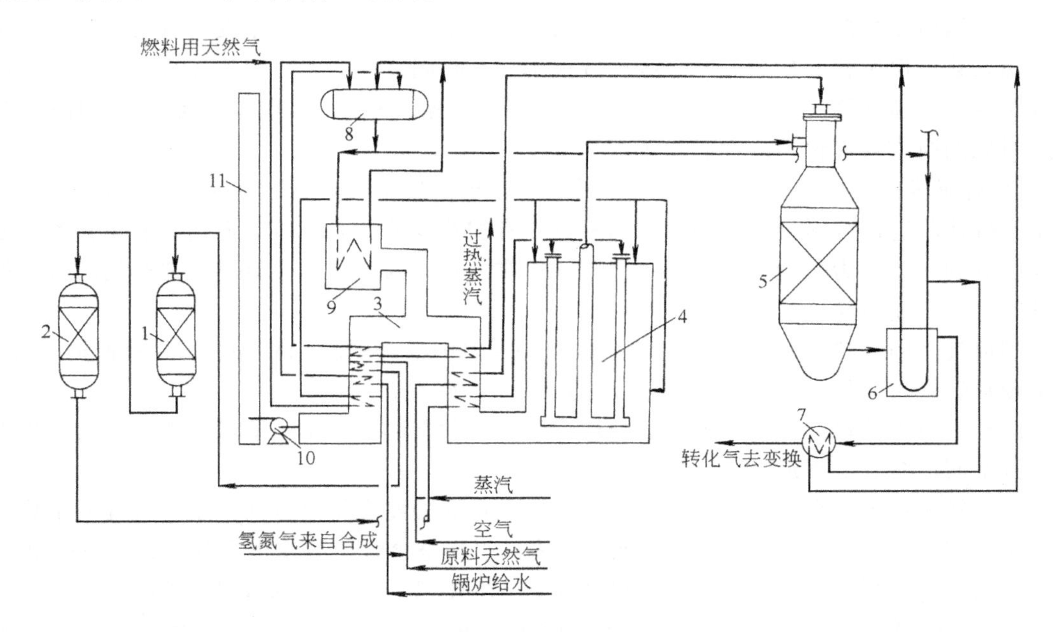

图1-2-29 天然气蒸汽转化工艺流程

1—钴钼加氢反应器；2—氧化锌脱硫罐；3—对流段；4—辐射段（一段炉）；5—二段转化炉；6—第一废热锅炉；7—第二废热锅炉；8—汽包；9—辅助锅炉；10—排风机；11—烟囱

天然气具有原料及燃料两种用途。天然气经脱硫后，总硫含量小于$0.5cm^3/m^3$，随后在压力3.6MPa、温度380℃左右的条件下配入中压蒸汽达到一定的水碳比（约为3.5），进入对流段加热到500～520℃，然后送到辐射段顶部，分配进入各反应管，气体自上而下流经催化剂，在这里一边吸热一边反应，离开反应管底部的转化气温度为800～820℃，压力为3.1MPa，甲烷含量约为9.5%，汇合于集气管，再沿着集气管中间的上升管上升，继续吸收一些热量，使温度升到850～860℃，经输气总管送往二段转化炉。

工艺空气经压缩机加压到3.3～3.5MPa，也配入少量水蒸气，然后进入对流段的工艺空气加热盘管预热到450℃左右，进入二段炉顶部与一段转化气汇合，在顶部燃烧区燃烧、放热，温度升到1200℃左右，再通过催化剂床层时继续反应并吸收热量，离开二段转化炉的气体温度约为1000℃左右，压力为3MPa，残余甲烷含量在0.3%左右。

二段转化气送入两台并联的第一废热锅炉，接着又进入第二废热锅炉，这三台锅炉都产生高压蒸汽。从第二废热锅炉出来的气体温度约370℃左右送往变换工序。

燃料天然气从辐射段顶部烧嘴喷入并燃烧，烟道气在流动方向自上而下，它与管内的气体流向一致。离开辐射段的烟道气温度在1000℃以上。进入对流段后，依次流过混合气、空气、蒸汽、原料天然气、锅炉水和燃料天然气各个盘管，温度降到250℃，用排风机排往大气。

为了平衡全厂蒸汽用量而设置一台辅助锅炉，也是以天然气为燃料，烟道气在一段炉对流段的中央位置加入，因此与一段炉共用一个对流段，一台排风机和一个烟囱。辅助锅炉和几台废热锅炉共用一个汽包，产生10.5MPa的高压蒸汽。

(1) 各种方法的流程主要不同点

① 原料的预热温度。天然气和蒸汽的混合气需要预热后再送入各反应管，这样可以降低一段炉辐射段的热负荷，而且使气体进入反应管很快就达到转化温度，从而提高了反应管的利用系数。但原料的预热温度，各种方法不完全相同。例如凯洛格法、托普索法采用较高的预热温度，通常约500～520℃，而有些方法只预热到350～400℃。预热温度的高低应根据原料烃的组成及催化剂的性能而定。

② 对流段内各加热盘管的布置。从转化炉辐射段出来的烟道气温度一般约1000℃左右。为了充分回收这部分热量，在一段炉内多设置有加热盘管的对流段。但盘管的布置各种方法不同，有的布置较为复杂，热量回收比较好；有的则较为简单。原料及工艺空气均另设预热器预热，开工比较简单，但热回收差一些。

烟道气经回收热量后，温度一般尚在200～250℃，在条件许可时，可设置加热盘管，用来预热燃烧用空气，而将烟道气温度降到120～150℃。

此外，对流段也因位置不同，有的毗连于辐射段下部或位于辐射段一侧；有的流程因烟道位置不同而具有上烟道或下烟道的。

(2) 转化系统的余热回收　现代大型氨厂最重要的特点是充分回收生产过程的余热，产生高压蒸汽作为动力。以日产1000t氨装置为例，在整个合成氨生产系统中共有586.2MJ/h热量供副产蒸汽用，其中转化系统可以回收376.8MJ/h，占余热回收量的64.2%。

① 一段转化炉对流段。烟道气的余热除加热原料、工艺蒸汽与空气用去一部分，尚有167.5MJ/h的热量可以用来加热锅炉给水、过热蒸汽。

② 二段转化气。离开二段转化炉的转化气温度为1000℃左右，在将气体冷却到CO变换所要求的进口温度370℃时，尚可回收209.3MJ/h余热用来产生高压蒸汽。

2.1.5　主要设备

2.1.5.1　一段转化炉

一段转化炉是烃类蒸汽转化法制氨的关键设备之一，它由包括有若干根反应管与加热室的辐射段以及回收热量的对流段两个主要部分组成。由于反应管长期处于高压、高温和气体腐蚀的苛刻条件下操作，需要采用耐热合金钢管，因此费用昂贵，整个转化炉的投资约占全厂的30%，而反应管的投资则为转化炉的一半。

(1) 炉型　各种不同炉型的转化炉的反应管都竖排在炉膛内，管内装催化剂，含烃气体和水蒸气的混合物都由炉顶进入自上而下，并进行反应。管外炉膛里设有若干烧嘴，燃烧气体或液体燃料，产生的热量以辐射方式传给管壁。因烧嘴位置不同而分为顶部烧嘴炉、侧壁烧嘴炉、梯台炉和圆筒炉等，梯台炉和圆筒炉采用较少。图1-2-30为顶部、侧壁烧嘴炉和梯台炉的炉管、烧嘴布置示意图。

现将该3种炉型的特点分述如下。

① 顶部烧嘴炉。辐射段成方箱形，炉顶有原料气、燃料气和空气总管，每排炉管两侧有一排烧嘴，烟道气从下烟道排出。因烧嘴设置在进口一端，燃料燃烧放出的热量最大的部

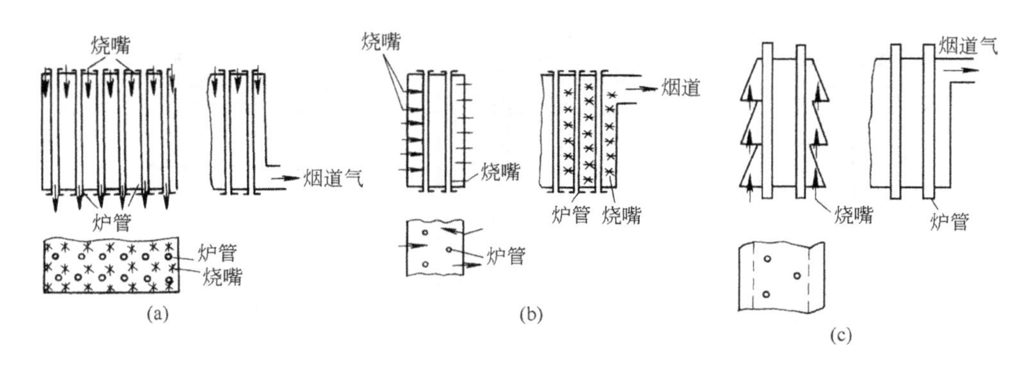

图 1-2-30 一段转化炉的炉型

(a) 顶部烧嘴炉；(b) 侧壁烧嘴炉；(c) 梯台烧嘴炉

位是炉管内需要吸热最多的区域，这样可使原料气很快就达到反应温度，从而更有效的利用催化剂。由于炉管与烧嘴相间排列，因而沿管圆周方向的温度分布比较均匀，但轴向烟道气温度变化较大，不如侧壁烧嘴炉易于调节；烧嘴数量少，操作管理方便；炉管排数不受限制，几乎可任意扩大。

② 侧壁烧嘴炉。辐射段都是长条形，烧嘴分成多排，水平布置在辐射室两侧炉墙上。炉管在炉膛内呈锯齿形排列成两行或直线单行排列，有上烟道和下烟道之分，热的烟道气一般往上流动，故以上烟道为多。由于烧嘴可沿炉墙上、下任意布置，因此沿炉管轴向受热情况良好，周边受热均匀，可以得到比较均一的炉管外壁温度分布，这种炉壁的最大特点是可以根据需要调节温度。采用无焰烧嘴或碗式烧嘴，使炉管加热主要是靠炉壁的热辐射。只能安排两列炉管，而且是单面受热，所以径向温度不如顶部烧嘴炉均匀。烧嘴数量多，管线也多，操作和维修比较复杂。占地面积较大，在生产规模较大时，通常将辐射段设计成平行的相邻排列，而对流段则放在它们的上面。

③ 梯台炉。20 世纪 60 年代开发的一种炉型，具有热流分布合理，易于控制和调节，可充分利用炉管面积的优点，但结构比较复杂。炉体为狭长形，炉膛内设有单排或双排炉管，并有一个重叠于另一个之上的 2～3 个梯台，每两个相对的倾斜壁面组成一个加热室，倾斜壁约与轴线成 10°角。烧嘴则布置在每个台阶上，火焰从烧嘴砖的沟槽内喷射出来，先将倾斜壁面加热，然后壁面将热量以辐射形式传给炉管，故受热均匀。炉管下部为刚性支承、上部有重锤（或弹簧）悬吊，炉管受热后向上膨胀。对流段位于辐射段顶，烟气出对流段后，从顶部引到地面，经引风机由烟囱排出。由于对流段放在顶部，一段转化炉占地面积减少，而引风机和烟囱放在地面，使炉体钢制框架减轻了负载，但是与水平布置的对流段比较，各加热盘管的吊装和检修则增加了一定难度。烟气由顶部引到地面，也同样增加了阻力。

(2) 催化剂管　亦称转化炉管或炉管。它是合金钢制的离心浇铸管，常见的尺寸有内径为 $\phi71 \sim \phi122$mm，总长度为 10～12m，一般由三、四段焊接而成，上下焊有法兰及盲板(除个别炉型外)。

炉管结构分为冷底式、热底式和套管式（见图 1-2-31)。冷管式是指炉管伸出炉膛，有下法兰，便于装卸催化剂；热底式是指炉管不伸出炉膛，无下法兰。

气流均匀的通过各炉管十分重要，所以对催化剂装填应特别小心，每根炉管的催化剂装填量通常要达到全部炉管之间压力降偏差在 ±5% 以内，而且床层高度偏差应小于 ±75mm，否则必须卸出催化剂并重新装填。

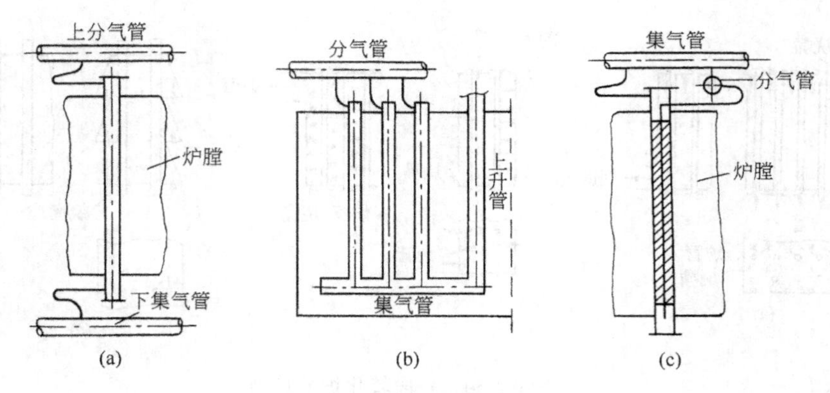

图 1-2-31　炉管的形式

(a) 冷底式；(b) 热底式；(c) 套管式

炉管在 800～900℃下工作，管子本身又长，热膨胀量比较大，加热后，热态要比冷态长 150～250mm，分气管、集气管和总管也会有不同程度的伸长，所以必须有自由伸缩的余地。通常是采用含碳量低、挠性较好的细管与集气管相连，这种细管又称“猪尾管”。

有些炉型既有上猪尾管、又有下猪尾管。其尺寸分别为 ϕ33.4mm×3.38mm，ϕ42.2mm×7.0mm，分别与上集气管和下集气管相连，由于下猪尾管的挠性连接，每根炉管可单独伸缩，这种炉型称为单管式。

炉管寿命通常都按 100000h 设计。

炉管损坏部位大都发生在距炉管顶部 2～3m 处或炉管中部，损坏状况大多为蠕变破裂。增设钴钼加氢及氧化锌脱硫装置以后，炉管损坏情况获得显著改善。

根据一些厂的实践结果，认为炉管损坏有以下原因。

① 硫使催化剂中毒，降低了催化剂活性，造成管壁过热、产生蠕变、管径变大、壁厚减薄，局部区域所受应力急剧增加，导致炉管破裂。

② 由于水蒸气质量原因，催化剂结盐、析炭、粉化，而增加催化剂床层阻力，使通气量减少，产生炉管过热，导致炉管损坏。

③ 由于炉管内气体对材料的腐蚀，内壁发生氧化和脱碳，强度降低、壁厚减薄，导致炉管断裂破坏。

④ 催化剂装填不当，发生架桥现象，造成传热不良而局部过热。

所以，为了保持催化剂活性好、炉管寿命长，实际生产中应注意脱硫效果，保证水蒸气质量，认真装填催化剂等。

(3) 管材

① Incoloy-800 (Cr20Ni32) 的化学组成

组分	Cr	Ni	C	Si	Mn	S	Ti	Al	Fe
%	21.1	32	0.05	<0.05	0.75	<0.008	0.38	0.38	46

这种合金钢的特点是含镍量高、含碳量低，长期处于高温条件仍能保持良好的韧性和延伸性，故适用于下猪尾管与下集气管。

② HK-40 (Cr25Ni20) 的化学组成

组分	Cr	Ni	C	Si	Mn	S	P
%	24～26	19～22	0.35～0.45	0.75～2.0	≤2.0	<0.04	<0.04

这种合金钢有较高的热强度及耐高温腐蚀性和良好的焊接性，随着转化压力的提高，早期炉管多采用 HK-40，但因含碳量高，只能采用离心浇铸法加工成 3～4m 长的管子。

③ HP-Nb（Cr25Ni30）和 36-X（Cr25Ni35Nb）的化学组成

牌号	组分	Cr	Ni	C	Si	Mn	Nb
HP-Nb	%	23～27	33～37	0.30～0.50	≤1.75	≤2.0	1.0～1.5
36-X	%	23～27	33～35	0.30～0.45	≤1.5	≤1.5	≤1.5

无论从安全运行，或从经济性衡量，HK-40 合金钢用作炉管材质是合适的。为了减薄管壁、节约能耗，近年提出用强度更高的 HP-Nb 或 36-X 合金作为高温炉管的材料。

受到蠕变损伤，这是炉管最主要的损伤形式。为了提高材料的高温强度，所以在 HK 合金的基础上将镍的含量由 20%提高到 35%，以减少碳在奥氏体基体中的固溶度。在同一含碳量的情况下，与 HK 合金相比，HP 合金的共晶碳化物增多，从而强化了晶界，提高了高温破裂强度。此外，还加了铌（Nb），由于铌是一强碳化物形成元素，在铸造条件下，大部分形成了汉字状或条、点状共晶碳化物分布在奥氏体晶界上，可起到进一步强化晶界的作用。

④ Supertherm（Cr26Ni35Co15W5）的化学组成

组分	Cr	Ni	C	Si	Mn	S	P	Co	W	Mo
%	24.0～28.0	34.0～38.0	0.4～0.6	2.00	0.04	0.04	15.0	—	0.50	
%	24.0～28.0	34.0～38.0	0.4～0.55	0.75～2.00	0.10～0.70	0.035	0.035	13.0～17.0	4.00～6.50	～

这是一种新钢种，使用温度在 1000～1200℃之间，像排管式转化炉中的上升管就使用这种材料。

2.1.5.2 二段转化炉

二段转化炉为一立式圆筒，壳体材质是碳钢，内衬耐火材料，炉外有水夹套。

传统流程中的二段转化炉，添加的空气量按氨合成所需氢氮比加入，在炉顶空间的理论燃烧温度为 1200℃。对采用过量 50%空气的 Braun 型、ICI AMV 型流程，理论燃烧温度可达 1350℃。为防止局部温度过高，烧毁镍催化剂和损坏设备，除顶部需要有足够高度外，尚需有结构简单、完善的空气分布器。图 1-2-32（a）为 ICI 型二段转化炉的结构，外壳为铬钼钢，内衬或浇注三层耐火绝热材料。空气分布器［图 1-2-32（b）］为具有同心圆两个环管，空气由外环管经内环管（对外环管起到冷却作用）的喷孔，以大于 30m/s 的流速喷出与中心管分布孔的出口气混合，进行氢的燃烧。

二段转化炉是合成氨厂中温度最高的一台设备（直接燃烧的炉子除外），除采用水夹套防止外壳超温的办法外，也有不用水夹套而在壳体外壁刷上变温油漆，当耐火衬里被破坏时，温度升到一定温度，颜色发生相应的改变，即说明炉内该处衬里已失效。

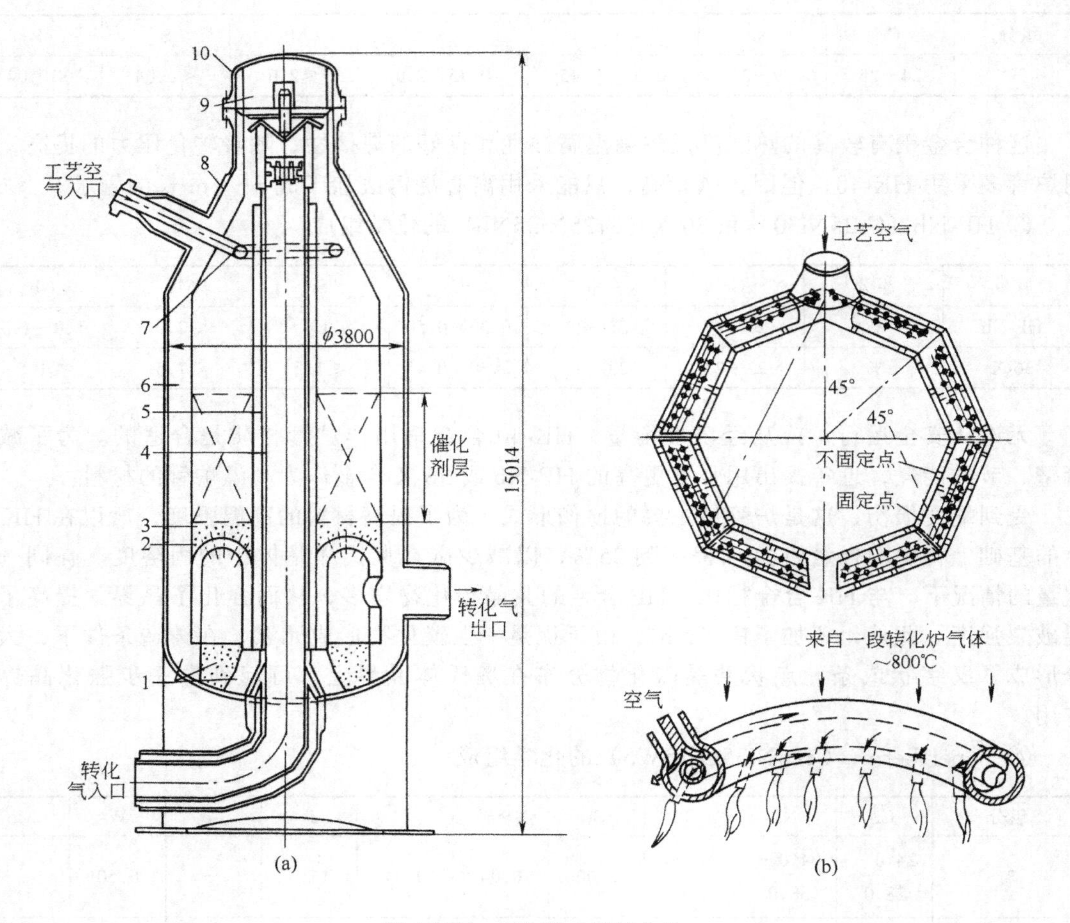

图 1-2-32 ICI 型二段转化炉

(a) 二段炉结构；(b) 空气分布器

1，9—耐火材料；2—耐火球；3，5—耐火砖；4—中心管；6—耐火衬里；

7—空气分布器；8—钢壳；10—上封头

参 考 文 献

1 Wangman D, Kilpatrick J. J Res Nat Bur Stand. 1945, (34): 143

2 化肥工业大全编辑委员会编．化肥工业大全．北京：化学工业出版社，1988. 48～49

3 Леибуш А Г, Берго Г. *ЖПХ*. 1940, (13): 1003

4 Бодров И М, Апельбаум Л О, Темкин М И. Кинетика и Катализ. 1964, (5): 696

5 姜圣阶等编．合成氨工学·第一卷(第二版)．北京：石油化学工业出版社，1978. 183

6 Бодров И М, Апелвбаум Л О, Темкин М И. Кинетика и Катализ. 1967, (8): 821

7 Quibel J. *Chem. & Process Engng*. 1969, **50**(6): 83

8 Hougen A, Watson K M, Ragatz R A. Chemical process principles. part Ⅱ. New York: John Wiley & Sons Inc., 1959

9 Gilliland E R, Harriott P. *Ind. Eng. Chem*. 1954, (46): 2195

10 Andrew S P S. *The Chemical Engineer*. 1975, (303): 664

11 Bridger G W, Wyrwas W. *Chem. Proc. Eng*. 1967, **48**(9): 101

12 Honti G D. The Nitrogen Industry·part Ⅰ. Budapest: Akademiai Kiado, 1976

13 Andrew S P S. *Ind. Eng. Chem. Prod. Res. Develop* 8. 1969, (3): 321

14 向德辉，刘惠云主编．化肥催化剂实用手册．北京：化学工业出版社，1992. 84～86

2.2 固体燃料气化法

2.2.1 概述

最近十多年来,中国合成氨原料构成是以煤、焦炭为主,如表 1-2-14 所示。

表 1-2-14 中国合成氨的原料结构/%[1]

年 份	煤、焦炭	渣油、石脑油	天然气、焦炉气	其 它
1985	61.99	15.09	22.17	0.75
1990	63.47	16.94	19.52	0.07
1995	65.40	14.40	19.80	0.40

中国煤炭现已探明的可采储量为8000亿t，1997年开采原煤量为13.4亿t，产量居世界第一。中国合成氨工业原料路线实行煤、油、气并举的方针，但由于过去的中小型厂多采用煤为原料，加之煤资源丰富，所以在短时期内中国仍不会改变以煤和焦炭为主的原料路线。

煤是植物质材料在地热和压力作用下，经过漫长岁月的煤化过程而形成的。由于它们历经煤化过程的年代和所处地理环境条件不同，便自然形成了性能彼此差别的诸多煤种。煤化过程的第一阶段，首先是形成较年轻的泥炭，继后逐次形成褐煤、次烟煤、烟煤，而最终成为无烟煤和天然石墨。

合成氨工业煤气化所用的煤质，视气化剂及气化炉的类型而异。对于固定床 UGI 气化炉和鲁奇（Lurgi）炉，需采用灰熔点较高、机械强度高，热稳定性好、含碳量高的优质块状无烟煤。对于流化床温克勒（Winkler）炉，可采用高活性的粉状褐煤。而对 K-T（Koppers-Totzek）炉和德士古炉（Texaco）炉，可气化各种不同性能的粉煤，它们对煤质并无苛求。

用煤造气制氨必须先将煤或焦炭在高温常压或加压的条件下与气化剂反应，生成气体产物和少量残渣。

煤气化因采用不同的气化剂，可以生产出下列几种不同用途的工业煤气：

① 空气煤气。以空气作为气化剂所制得的煤气。按体积分数计，其中约含 50%的 N_2，一定量的 CO 及少量的 CO_2 和 H_2。属于一种低热值煤气可作工业燃料气用，也可作为合成氨原料气中氮的来源。

② 水煤气。以水蒸气作气化剂所制得的煤气。按体积分数计，其中 H_2 和 CO 的含量约在 85%以上。含氮量低，热值较高，主要作为合成氨原料气中 H_2 的来源。

③ 混合煤气。以空气和适量水蒸气的混合物作气化剂所制得的煤气。主要用作工业气体燃料。

④ 半水煤气。分别以空气和水蒸气作气化剂，然后将分别制得的空气煤气和水煤气，两者按混合后气体中（H_2+CO）与 N_2 的摩尔比为 3.1～3.2 的比例进行掺配。这种混合煤气称为半水煤气。也可以直接控制气化剂——空气-水蒸气二者的流量来制取半水煤气，用作合成氨的专用原料气。

表 1-2-15 列出了以无烟煤和不同气化剂来制得几种工业煤气的组成，其中 CH_4 和 H_2S 含量视煤种及其含硫量和气化条件的不同而有差异。

尚需指出，即使采用相同的煤，因气化炉及气化条件不同，所制得煤气的组成有较大的差异并不为奇。

表 1-2-15 各种工业煤气组成(体积分数)/%

类别 \ 组成	H_2	CO	CO_2	N_2	CH_4	O_2	H_2S
空气煤气*	0.5～0.9	32～33	0.5～1.5	64～66	—	—	—
混合煤气	12～15	25～30	5～9	52～56	1.5～3	0.1～0.3	—
水煤气	47～52	35～40	5～7	2～6	0.3～0.6	0.1～0.2	0.2
半水煤气	37～39	28～30	6～12	20～23	0.3～0.5	0.2	0.2

*一如作为合成氨原料气,其组成不同。

2.2.2 煤气化过程的基本原理

煤在气化炉中进行的气化过程包括:干燥、热解,以及由热解生成的碳与气化剂反应三个阶段。

2.2.2.1 煤的干燥

煤系由多种聚合高分子和矿物结晶组成的物质。煤中水分包括三类:一类为附着于煤表面的外表水,称游离水;二类为吸附于煤结构体毛细孔中的吸附态水分;三类为煤中含氧基团—OH 和—COOH 相连的水,称化学键态水。例如,褐煤内有较多的含氧基团,故含有大量化学键水。

煤中游离态水和吸附态水,一般在稍高于 100℃,经过足够时间即可逸出,这一过程称为蒸发。而在 150～300℃时,化学键态水开始分解,放出 CO_2 和 CO。

2.2.2.2 煤加热分解

煤加热分解过程,可视为与煤在隔绝空气或在惰性气体中所进行干馏过程类似。但由于煤的形成年代不同,导致煤本身成分甚为复杂而互不相同。但煤热解反应的宏观形式,仍可表示如下:

$$煤 \longrightarrow CH_4 + 气态烃 + 焦油 + CO + CO_2 + H_2 + H_2O + 焦炭$$

生成的焦油和气态烃还可进一步裂解或反应成为气态产物,故亦可用如下简式表示。

$$煤 \longrightarrow C + CH_4 + CO + CO_2 + H_2 + H_2O$$

煤热解产生一系列物质的先后次序,主要取决于其受热温度高低。煤受热初期,其中高分子物质中较弱的结合键,开始断裂,从而分解成低分子化合物,紧接着又进行聚合、异构化和烷基化。

当温度升至 250℃时,开始释出易挥发分烃类。至 375～425℃时,煤开始呈塑性,出现浸润、膨胀和飘浮现象;形成的熔融态沥青,进一步热解逸出烃类(烷烃、芳香烃)和 H_2。生成的烃还可部分分解。当升至 600℃时,煤开始半焦化,形成结炭结构,这是生成煤气的重要阶段。主要产物为烷烃、环烷烃和酚(原焦油)。至 800℃时,烃类裂解成 C 和 H_2。至 850℃时焦油和 CH_4 也分解成 C 和 H_2。当温度高达 1000℃时,煤热解过程基本结束。

不同煤种热解产物的组成及含量是不同的。无烟煤中氢和氧少,热解的挥发分少。烟煤热解至其软化温度前,逸出挥发分较多,原煤遂变成煤胞,然后热固为焦和碳。

温度及加热速率对煤热解有重要影响。当加热速度慢时(每分钟温升为几摄氏度),煤因在低温区受热时间长,则其热解反应的选择性较强。初期形成的低分子物质容易热聚,形成稳定性较好的结构,使其在高温阶段时分解少。故当加热速率慢时,这样会导致固体残渣含量高。

而当快速加热时,由于为热解过程提供了高强度热能,则低分子挥发物收率大,且因此时热载体和炉壁温度高，使低分子挥发物二次热解的进程加深，则焦油产率减少，气态产物增多。

压力对煤的热解也有明显影响。压力增大，不仅使半焦产率增多和其强度增大，由于挥发物逸出困难，还会导致液相产物间热缩反应增强。

近年来，一种煤加氢高压热解法引人重视[6]。在加热速率为650℃/s并提高压力，利用加氢促使煤热解，可明显提高气体产物。看来此法是有发展前景的。

2.2.2.3 气化反应的化学平衡

(1) 以空气或富氧空气为气化剂

在此系统中，碳与氧的主要反应为：

$$C + O_2 = CO_2 \qquad \Delta H_{298}^{\ominus} = -393.770\ \mathrm{kJ/mol} \tag{1-2-55}$$

$$C + \frac{1}{2}O_2 = CO \qquad \Delta H_{298}^{\ominus} = -110.595\ \mathrm{kJ/mol} \tag{1-2-56}$$

$$C + CO_2 = 2CO \qquad \Delta H_{298}^{\ominus} = 172.284\ \mathrm{kJ/mol} \tag{1-2-57}$$

$$CO + \frac{1}{2}O_2 = CO_2 \qquad \Delta H_{298}^{\ominus} = -283.183\ \mathrm{kJ/mol} \tag{1-2-58}$$

如忽略惰性气体氮，则此体系中共有C、O_2、CO、CO_2四种物质，均由碳和氧两种元素构成。由热力学可知，此系统的独立反应数应为$4-2=2$。一般可选式(1-2-55)和式(1-2-57)计算平衡组成。但实际上氧的平衡含量甚微，这样仅用式(1-2-57)即可。有关反应的平衡常数参见表1-2-16。

表1-2-16 反应式(1-2-55)和式(1-2-57)的平衡常数[2]

温度/K	$C+O_2=CO_2$	$C+CO_2=2CO$	温度/K	$C+O_2=CO_2$	$C+CO_2=2CO$
	$K_{p_{55}}=p_{CO_2}/p_{O_2}$	$K_{p_{57}}=p_{CO}^2/p_{CO_2}$		$K_{p_{55}}=p_{CO_2}/p_{O_2}$	$K_{p_{57}}=p_{CO}^2/p_{CO_2}$
298.16	1.233×10^{69}	1.010×10^{-21}	1100	6.345×10^{18}	1.220×10
600	2.516×10^{34}	1.867×10^{-6}	1200	1.737×10^{17}	5.696×10
700	3.182×10^{29}	2.673×10^{-4}	1300	8.251×10^{15}	2.083×10^{2}
800	6.708×10^{25}	1.489×10^{-2}	1400	6.048×10^{14}	6.285×10^{2}
900	9.257×10^{22}	1.925×10^{-1}	1500	6.290×10^{13}	1.622×10^{3}
1000	4.751×10^{20}	1.898			

计算平衡组成：

假设条件：设O_2全部与C反应生成CO_2；CO_2转化成CO的平衡转化率为α，空气中N_2/O_2的摩尔比为$79/21=3.76$；总压为p。

计算基准取1molO_2。

$$C + CO_2 = 2CO$$

平衡时： $1-\alpha$ 2α

$$气相总量 = 1-\alpha+2\alpha+3.76 = 4.76-\alpha \quad \mathrm{mol}$$

由此求得各组分分压

$$p_{CO_2} = \frac{1-\alpha}{4.76+\alpha}p$$

$$p_{CO} = \frac{2\alpha}{4.76+\alpha}p$$

$$p_{N_2} = \frac{3.76}{4.76+\alpha}p$$

将 p_{CO}、p_{CO_2}分别代入平衡常数式中

$$K_{p_{52}}=\frac{p_{CO}^2}{p_{CO_2}}=\frac{4\alpha^2}{(4.76+\alpha)(1-\alpha)}p$$

整理后得：

$$\left(1+\frac{4p}{K_{p_{52}}}\right)\alpha^2+3.76\alpha-4.76=0$$

将不同温度下的 $K_{p_{57}}$值及总压 p 代入上式解出α，从而可求得各组分的平衡组成，参见表 1-2-17。

表 1-2-17　总压 0.1MPa 时，空气煤气的平衡组成（体积分数）/%

温度/℃	CO_2	CO	N_2	$\alpha=CO/(CO+CO_2)$
650	10.8	16.9	72.3	61.0
800	1.6	31.9	66.5	95.2
900	0.4	34.1	65.5	98.8
1000	0.2	34.4	65.4	99.4

由表可见，CO 平衡含量随着温度升高而增加。CO_2 的平衡含量却随之下降。当温度高于 900℃时，碳与氧反应主要产物为 CO，CO_2 含量甚少。

(2) 用水蒸气作气化剂　碳与水蒸气的主要反应为

$$C+H_2O(g)=\!=\!=CO+H_2 \quad \Delta H_{298}^{\ominus}=131.39\ kJ/mol \tag{1-2-59}$$

$$C+2H_2O(g)=\!=\!=CO_2+2H_2 \quad \Delta H_{298}^{\ominus}=90.20\ kJ/mol \tag{1-2-60}$$

$$CO+H_2O(g)=\!=\!=CO_2+H_2 \quad \Delta H_{298}^{\ominus}=-41.19\ kJ/mol \tag{1-2-8}$$

$$C+2H_2=\!=\!=CH_4 \quad \Delta H_{298}^{\ominus}=-74.90\ kJ/mol \tag{1-2-61}$$

前两者为吸热反应，后两者为放热反应。

显然，在体系中共有六个组分 C、H_2O、H_2、CO、CO_2 和 CH_4，均由三个元素 C、H、O 构成，故独立反应数为 3。一般可选择式（1-2-59），式（1-2-8）及式（1-2-61）。有关平衡常数值参见表 1-2-18，式（1-2-8）的平衡常数，见表 1-2-2。

表 1-2-18　反应式（1-2-59）及式（1-2-61）的平衡常数[2,3]

温度/K	$C+H_2O=\!=\!=CO+H_2$	$C+2H_2=\!=\!=CH_4$	温度/K	$C+H_2O=\!=\!=CO+H_2$	$C+2H_2=\!=\!=CH_4$
	$K_{p_{59}}=\frac{p_{CO}\cdot p_{H_2}}{p_{H_2O}}$	$K_{p_{61}}=\frac{p_{CH_4}}{p_{H_2}^2}$		$K_{p_{59}}=\frac{p_{CO}\cdot p_{H_2}}{p_{H_2O}}$	$K_{p_{61}}=\frac{p_{CH_4}}{p_{H_2}^2}$
298.16	1.001×10^{-16}	7.916×10^{8}	1100	1.157	3.677×10^{-2}
600	5.050×10^{-5}	1.000×10^{2}	1200	3.994	1.608×10^{-2}
700	2.407×10^{-3}	8.972	1300	1.140×10^{2}	7.932×10^{-3}
800	4.398×10^{-2}	1.413	1400	2.795×10^{2}	4.327×10^{-3}
900	4.248×10^{-1}	3.250×10^{-1}	1500	6.480×10^{2}	2.557×10^{-3}
1000	2.619	9.829×10^{-2}			

计算系统的平衡组成有关公式如下。

$$K_{p_{59}}=\!=\!=\frac{p_{CO}\cdot p_{H_2}}{p_{H_2O}} \tag{1-2-62}$$

$$K_{p_8}=\frac{p_{CO_2}\cdot p_{H_2}}{p_{CO}\cdot p_{H_2O}} \tag{1-2-13}$$

$$K_{p_{61}}=\frac{p_{CH_4}}{p_{H_2}^2} \tag{1-2-63}$$

式中有五个分压为未知数，尚需两个独立关系式，方程组方可解出。考虑到平衡时，气相中 CO 和 CO_2 中的 O_2、H_2 及 CH_4 中的 H_2 均来自于水，借助于水中氢氧比关系，可得

$$p_{H_2}+2p_{CH_4}=p_{CO}+2p_{CO_2} \tag{1-2-64}$$

由总压关系得：

$$p=p_{H_2}+p_{CH_4}+p_{H_2O}+p_{CO}+p_{CO_2} \tag{1-2-65}$$

当温度和压力为已知时，则可由以上五式求得平衡组成。对总压为 0.1MPa 和 2MPa 时不同温度下的平衡组成计算结果，分别示于图 1-2-33 和图 1-2-34 中[2]。

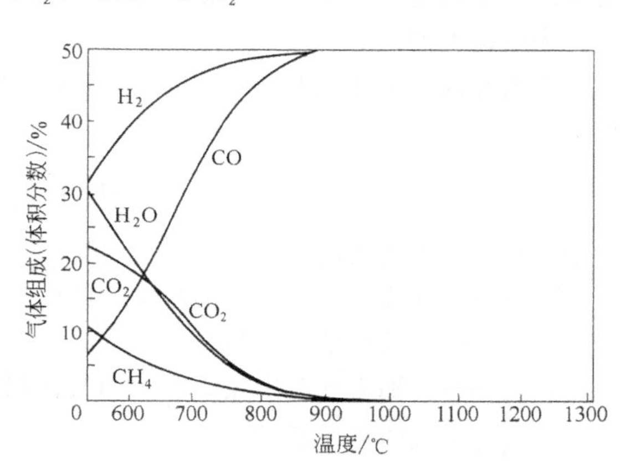

图 1-2-33　0.1MPa 下碳-蒸汽反应的平衡组成

由图 1-2-33 可见，在总压为 0.1MPa 下温度高于 900℃ 时，在水蒸气与碳反应达到平衡时，含有等量的 H_2 和 CO，其它组分接近于零。而 H_2O、CO_2 和 CH_4 的平衡组成随着温度提高而降低。这意味着在高温下进行此反应，水蒸气分解率高、水煤气中 H_2 及 CO 含量多。

对比图 1-2-33 和图 1-2-34 可以看出，在温度相同而压力增加时，气相中 H_2O、CO_2 和 CH_4 含量增加，而 H_2 和 CO 的含量减少。故从平衡来看，欲制得 CO 和 H_2 含量高的水煤气，反应应在低压高温下进行；如欲生产 CH_4 含量高的高热值煤气，反应在低温高压下进行有利。

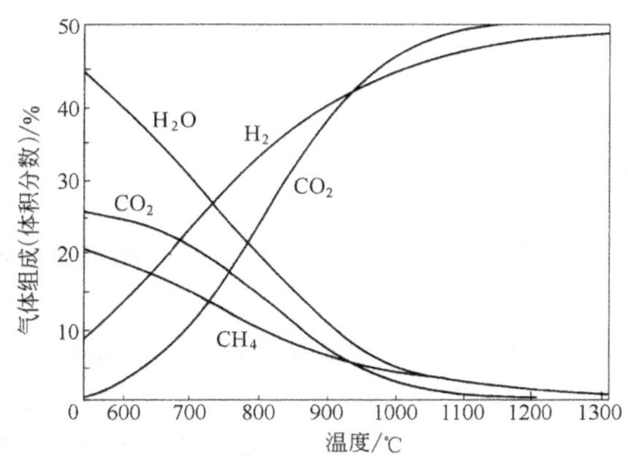

图 1-2-34　2MPa 下碳-蒸汽反应的平衡组成

2.2.2.4　煤气化反应速度

煤气化过程中化学反应甚为复杂。确切地说，既有气体反应物与产物，产物与产物之间的均相反应，也有气固相的非均相反应，但其主要的还是非均相反应。

通常煤气化的反应速度是以其总反应速度来衡量。即以单位时间单位反应表面所产生的反应物质量来表示。如该反应历程由多个步骤组成，则其总反应速度将取决于反应历程中速度最慢的一步。若该步为化学过程控制，则称为总反应受动力学控制；如该过程为物理过程控制，则称总反应为扩散控制。

(1) 碳与氧的反应速度

研究证明，在众多情况下，C 与 O_2 反应按式（1-2-50）其反应速率 r_C，可用下式表示[3,4]：

$$r_C = k_s \cdot p_{O_2}^n \tag{1-2-66}$$

式中　$p_{O_2}^n$——反应气体氧的分压；

n——反应级数；

k_s——反应速度常数，可按修正的阿累尼乌斯公式求得

$$k_s = AT^N \exp(-E/RT)$$

式中　N——指数，大多数研究者取为零。

反应级数 n 和频率因子 A 需由实验确定。活化能 E 对不同原料可以差别很大。它不仅取决于煤种，也与煤结构，含有的杂质量等因素有关。活化能数值，一般按无烟煤、焦炭、褐煤的次序而递减。这也就是说，它们的反应活性（指煤与气化剂相互反应的速度），是按此次序而递增的。

如果在高温下进行反应，k_s 值相当大。此时总反应速度（r_c）受扩散速度控制，则有如下关系：

$$r_c = \frac{D}{z} F(y_o - y_s) = k_g \cdot F \cdot \Delta Y \tag{1-2-67}$$

式中　D——扩散系数；

z——气膜至颗粒表面的距离，即气膜厚度；

F——气固相接触表面；

y_o，y_s——分别为气流中及碳表面的气化剂氧的含量；

k_g——气膜传质系数，等于 D/z。

对于由颗粒组成的固定床，k_g 可表示为：

$$k_g = \frac{D}{z} = 0.23 Re^{0.863} \frac{D}{d} = 0.23 \frac{v_d^{0.863} \cdot D}{\gamma^{0.863} \cdot d^{0.137}} \tag{1-2-68}$$

式中　v_d——气体流速；

γ——气体的动力粘度；

d——颗粒当量直径；

Re——雷诺数。

气膜厚度 z 有下列关系：

$$z = a \cdot d \cdot Re^{-0.8}$$

式中　a——常数。

由式（1-2-68）可见，在扩散控制范围内，增加气流速度、减少颗粒直径，均可使气膜传质系数增大，但其中以提高气流速度最为有效。

研究表明：当温度处于 775℃ 以下时，碳与氧的反应属于动力学控制。当温度高于 900℃ 时，则属于扩散控制。介于二者温度之间的称为过渡区[4]。

碳与氧处于固定床反应的特点，首先是二者按式（1-2-55）进行燃烧反应。然后，产物与床层上部的碳按式（1-2-57）进行还原反应。碳与氧的燃烧速度要比碳与 CO_2 的还原速度快得多。当温度低于 2000℃ 时，反应基本上属于动力学控制，其反应速度可表征为 CO_2 的一级反应。

（2）碳与水蒸气的反应速度[5],[6]

碳与水蒸气反应属于非均相反应，该反应分两个阶段进行。

反应第一阶段为水蒸气在碳表面的物理吸附：

$$C+H_2O \rightleftharpoons C+\underset{(吸附)}{H_2O}$$

第二阶段为吸附的 H_2O 与 C 作用，生成碳氧配合物，为化学吸附过程。且由水蒸气分解出的 H_2 亦被碳表面吸附，而后在高温下进行脱附：

$$C+\underset{(吸附)}{H_2O} \longrightarrow C_xO_y+\underset{(吸附)}{H_2}$$

$$\underset{(吸附)}{H_2} \xrightarrow{脱附} H_2$$

反应形成的中间配合物（C_xO_y）既可在高温下分解，也还有可能与气相中水蒸气反应而生成 CO。

$$C_xO_y+H_2O \rightleftharpoons H_2+\underset{(吸附)}{CO}$$

$$C_xO_y \rightleftharpoons C+\underset{(吸附)}{CO}$$

$$\underset{(吸附)}{CO} \longrightarrow CO$$

研究证明，碳与水蒸气的反应遵循 Langmuir-Hinshelwood 动力学机理，其反应速度一般可用下列方程式来描述：

$$r_{H_2O}=\frac{k_1p_{H_2O}}{1+k_2p_{H_2}+k_3p_{H_2O}} \tag{1-2-69}$$

式中　r_{H_2O}——反应速度；

p_{H_2}和 p_{H_2O}——氢和水蒸气分压；

k_1——碳表面水蒸气吸附速度常数；

k_2——碳表面氢的吸附和解吸平衡常数；

k_3——碳与吸附水蒸气分子之间的反应速度常数。

上式表明，当 p_{H_2O}很低时，则 p_{H_2}必然很低，故上式便可简化成为水蒸气的一级反应：

$$r_{H_2O}=k_1p_{H_2O}$$

当 p_{H_2O}很高时，上式则转变成水蒸气的零级反应：

$$r_{H_2O}=\frac{k_1}{k_3} \tag{1-2-70}$$

此外，还可看出，反应中的氢起到一种“抑制剂”作用。这是因为 H_2 比 CO 更容易被碳表面吸附，从而阻碍水蒸气分解反应的进行。这一论点，已由实验证实。

总而言之，碳与水蒸气的反应，在温度为 400～1100℃ 范围内，反应速度仍较慢，总反应则受动力学控制。当温度超过 1100℃ 时，反应速度较快，总反应则受扩散控制。

2.2.3　煤气化的工业方法

几乎所有制取工业煤气的工艺，都需要在较高温度下供给热量来进行。但其供热方式可以多种多样。合成氨工业用煤制气，必须考虑到半水煤组成能满足工艺要求，制气系统的自热平衡，以及不同气化剂及炉型等特点，故其供热方式可以采用以下几种方法。

① 蓄热法。此法是将空气和水蒸气分别送入煤层，也称间歇式制气法。先送空气入炉燃烧煤，提高煤层温度，换言之这是将气化所需的热量蓄存在整个煤层。生成的吹风气经回收热量后大部分放空。而后通入蒸汽进行煤气化反应。所得的水煤气配入部分吹风气即成半水煤气。由于水蒸气气化煤是吸热反应，因而使煤层温度下降，故需重新通入空气以提高炉

温，再通水蒸气进行气化反应。这样整个制气过程反复交替进行。这是目前我国中、小型合成氨厂广泛采用的气化方法。

② 富氧空气气化法。用富氧空气或纯氧代替空气进行煤气化，藉以调整煤气中的氮含量，且因炉温高可实现连续化制气是其一大优点。若用纯氧气化来作为合成氨原料气时，尚需在后继工序中补充纯氮，使其中氢氮比满足工艺要求。

③ 外热法。该法是利用其它廉价高温热源来为煤气化提供热能。例如，利用热核反应堆的余热，或利用熔融盐，熔融铁等作为热载体，以预热气化剂，或直接加热反应系统。近年来又有一些利用外热的 CO_2 接受体气化法、电热法加氢气化法等[5]。这些方法虽然工艺上是可行的，但目前尚未达到工业化阶段。

2.2.3.1　气化炉的床层类型

现今工业上应用的煤气化炉，已有数十种之多。如按物料流动的床层分类计有固定床、流化床及气流床三种。现就其主要特征阐述如下。

若将气体自下而上通过固体颗粒床层，当气流速度较低时，气体只能从颗粒间的缝隙穿出，此时颗粒仍保持静止状态，故称固定床或移动床（意即煤从炉顶向下移动）。

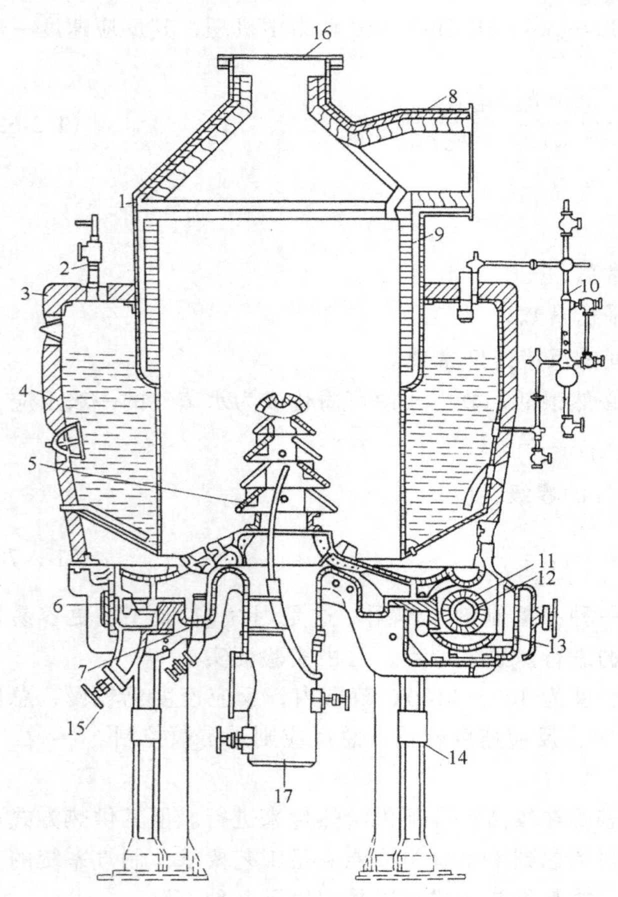

图 1-2-35　UGI 煤气发生炉

1—外壳；2—安全阀；3—保温材料；4—夹套锅炉；5—炉箅；6—灰盘接触面；7—炉底；8—保温砖；9—耐火砖；10—液位计；11—蜗轮；12—蜗杆；13—油箱；14—支腿；15—卸灰孔；16—加料口；17—风管

当气流速度继续增大，床层开始逐渐松动膨胀，但颗粒尚不能自由运动。若再增大气速，颗粒开始全部悬浮于气流中，而且床层的高度随着气速的增大而升高。这种状态称为流化床或叫沸腾床，也称假液化床。对应于床层开始流化的最小速度，称临界流化速度（$v_{临}$），这标志着此时固定床已经消失。一般用于沸腾床煤气化的煤焦颗粒应小于 10mm。

当气流速度继续增大至某一极值时，悬浮于气流中的颗粒则被气流带出。相当于流体输送的这种状态，称为气流床。对应于颗粒被气流开始带出的该速度，称为吹出速度（$v_{吹}$），也就是流化床的气速上限，它标志着此时流化床已不复存在。

2.2.3.2　气化炉主要类型及其特征

当今工业上用于煤气化的主要炉型有：间歇式气化炉、鲁奇炉、温克勒炉、K-T 炉、德士古炉等，现分述如下。

（1）间歇式气化炉

最具代表性的是 UGI 炉，属于固定床气化炉。为当前国内中、小型化肥厂普遍采用。其结构如图 1-2-35 所示[4]。

UGI 炉利用移动床吹风时使煤层蓄热，以提供煤的气化反应所需热量。为了制得烃含量低的合成氨原料气，必须采用热稳定性好的无烟煤和焦炭。由于大部分吹风气需要放空，故为间歇制气过程，一般都在常压下进行。该炉要求使用颗粒为 10～100mm 的块煤，不能使用粉煤，除非将它压制成煤球或煤棒。并要求使用灰熔点 t_2 在 1250℃ 以上的煤。因为 UGI 炉为固体排渣，低灰熔点的煤易于因熔融结块造成堵塞炉子或使气体偏流恶化制气过程。

该炉的炉体用钢板卷焊而成。炉顶及炉上部衬以耐火砖，浇注或捣打耐火材料。炉的下部装有水夹套。炉膛大小由生产能力的大小而定。例如按中国系列化设计，炉膛内径为 2.26m 的 UGI 炉，其水夹套高度为 1.8m。炉顶有手动和半自动的加料器，气密性能较好。

炉的下部安有偏心叠合炉箅，特点是破渣能力强，装有可调节的灰犁，排灰能力大。炉箅连在齿轮灰盘上，由外部传动机构带动。

UGI 炉的缺点是：A. 要求使用热稳定性好，灰熔点高的块状无烟煤或焦炭，不能使用其它劣质煤等原料和粉煤；B. 该炉齿轮转动部件磨损严重，维修量大，底盘内易结疤，清除困难；C. 间歇法生产，单炉生产能力低，不易大型化；D. 常压气化，原料气压缩功耗量大；E. 间歇操作、生产管理难度大。

（2）加压连续气化鲁奇炉

鲁奇炉的出现是固定床煤气化的一项重大技术发展。这种炉特别适用于大型氨厂。它以富氧-蒸汽代替空气-蒸汽作气化剂，从而实现煤的连续气化过程。该炉 20 世纪 30 年代由德国发明。

图 1-2-36 为中国自行设计的一种加压鲁奇炉，是参考Ⅳ型加压鲁奇炉改进而成的。

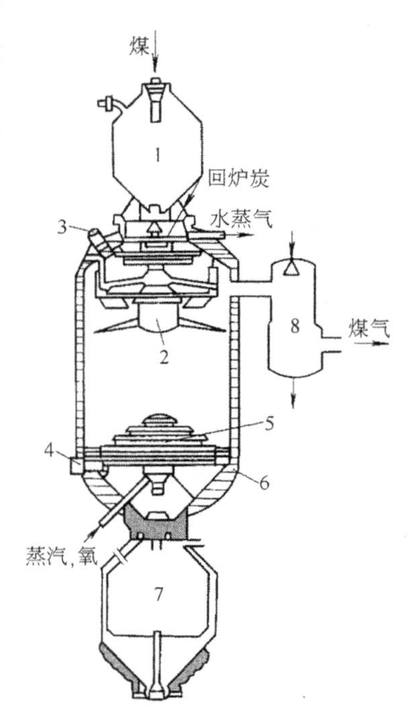

图 1-2-36 加压鲁奇炉
1—煤贮箱；2—分布器及搅拌器；3，4—传动装置；5—炉箅；6—水夹套；7—灰箱；8—洗涤器

气化炉尺寸为直径 3000mm × 50mm，高 10900mm，双层壳体结构，炉顶设有布煤器和搅拌器，使煤分布均匀。为防止炉体超温，采用水夹套。其间产生的蒸汽、送入气化炉作补充蒸汽用。

气化剂由双套筒导入塔形炉箅，藉此使气体分布均匀。炉箅下部装有三把刮灰刀，下灰量可通过装在侧旁的传动机构加以调节，以便更好地适应不同灰分含量的煤种的灰渣下 灰。炉箅和灰盘均有气体冷却结构装置，从而可以预热气化剂提高气化效率，同时能有效降低炉箅温度。

加压气化鲁奇炉的优点如下。

① 由于加压操作，气化剂在炉内的流速相应降低，故可使用粒度为 2～20mm 小块煤造气。它对煤的适应性较强，无烟煤，某些烟煤和褐煤，以及机械强度和热稳定性较差的煤，均能适用。

② 可大大节省煤气输送的动力消耗，这是因为制得的煤气体积远比气化剂体积为大。据计算可知，在 2.94MPa 压力下用氧-水蒸气的混合物制气，其所需压缩氧气体积仅为煤气体积的 14%～15%，这比将常压气化所得煤气压缩到相同压力时，几乎可节省动力 2/3 左右。

③ 单炉产气量大。

该炉的缺点：不能使用粘结性强，热稳定性差，灰熔点低的煤以及粉煤。所制得的煤气中 CH_4 含量高，一般可达 8%～10%。如作为合成氨原料气，尚需增设甲烷转化或脱除装置，且伴有大量焦油和含氰废水排出，相应地增加了脱除焦油及三废治理的费用。

(3) 温克勒（Winkler）炉

温克勒炉属于流化床煤气化法一种典型炉型。由德国人 Winkler 研究开发而如此命名的。该炉示意图见图 1-2-37[8]。

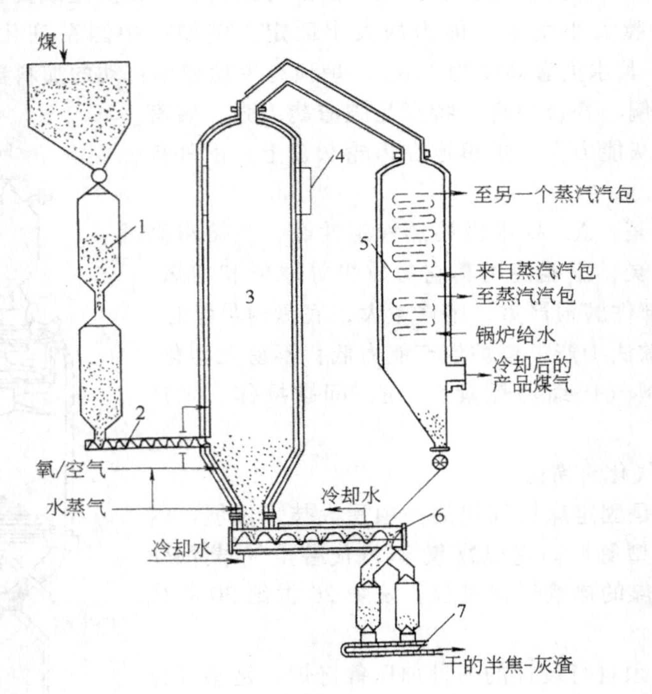

图 1-2-37　温克勒流化床气化炉

1—煤锁斗；2—螺旋给煤机；3—气化炉；4—辐射锅炉段；5—废热锅炉；6—螺旋出灰机；7—皮带机

该炉为一高大立式圆筒体。分为上下两个部分：包括装有炉箅的下部立式圆锥体（称为沸腾层）及上部立式圆筒体（称为后气化区或悬浮层）。悬浮层的高度约为沸腾层高的 6～10 倍。

粒度在 10mm 以下的活性褐煤，由煤仓经螺旋加料器送入炉膛。氧和水蒸气沿着垂直于炉箅的平面连续吹入炉内进行沸腾气化。沸腾层温度约为 900℃左右，在常压或 0.4MPa 压力下操作。为了强化生产，部分气化剂从炉体中部补入，其量约占总用量的 25%～30%，称为“二次风”。

为保证沸腾床正常操作，床温务必低于煤的灰熔点 t_1 以下。温度的控制藉调整气化介质的流速和组成来实现。

从炉顶逸出的高温煤气进入废热锅炉回收热量副产蒸汽。沉积在炉箅上面的较大粒子，藉螺旋出灰机排出系统。

该炉优点是：沸腾层温度分布均匀，近于等温操作。煤气成分大致为：CO_2 17.4%，CO 41.2%，$H_2$35.9%，CH_4 3.8%，N_2 1.5%。氧耗量（标准状况下）为 350m^3/1000m^3 煤气，蒸汽耗量 400～900kg/1000m^3 煤气。

其缺点：需用高活性褐煤为原料，炉内存在严重逆向混合，灰渣中残炭量高，气化效率低，一般为68%～80%左右。目前，合成氨厂较少采用。

(4) K-T炉[5],[9]

该炉属于气流床煤气化典型炉型之一。其特征是对用于气化的原料适应性强，几乎可以气化各种煤和焦，也可气化液态和气态的烃类，故有万能炉之称。

该炉于1938年首由德国Krupp-Koppers公司和工程师Totzek研究。1948年于美国建立试验装置。1952年后在芬兰、法国、日本、南非等十多个国家投入工业运行。但这些装置均属常压气化操作。

常压K-T炉如图1-2-38所示。该炉为一呈橄榄形的球锥体。由上下两半钢板焊成，炉内砌以含Cr_2O_3的特种耐火砖，炉子上部设有废热锅炉，回收煤气显热，副产1.5MPa以上的高压蒸汽，以供煤气化之用。

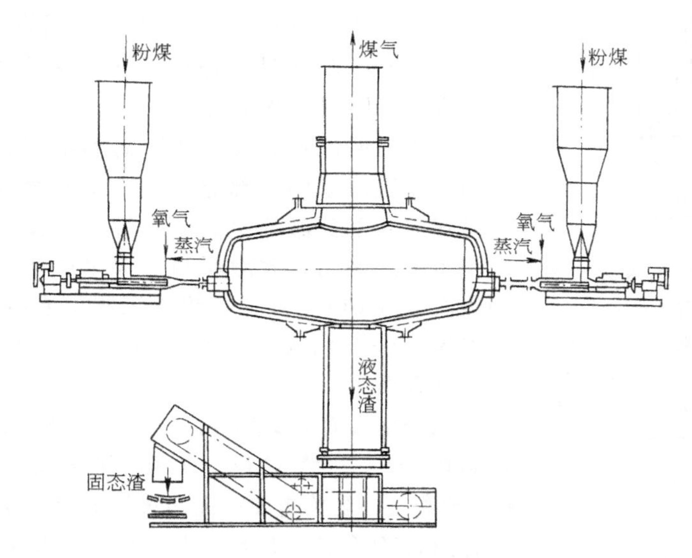

图1-2-38 K-T炉示意图

在气化室的相对两侧，装有两个或四个专门喷嘴。粒度为0.1mm的粉煤与水蒸气一道从喷嘴喷入炉膛，瞬即着火，火焰中心温度高达2000℃。气化反应可在1～2s内完成。由于高温反应，CH_4含量低，有效成分$CO+H_2$高达80%～85%。若用作合成氨原料气，尚需在后系统补充纯氮。

由于K-T炉反应温度高，故其灰渣呈熔融液态，有利于使用灰熔点t_1较低的煤气化。虽然它对煤的灰分并无严格要求，但灰分大，熔融时吸热量大，故高灰分煤仍然受到限制。

约有70%的灰渣呈熔融态排入水中。经水淬后成为5～10mm的渣粒用输渣机排出系统。

K-T炉的单炉生产能力大，对日产1000t大型氨厂，只需3台炉即可。

所制的煤气组成大致如下：$CO_2$10.5%～11.9%，CO55.0%～55.9%，$H_2$29.0%～32.1%，N_2+Ar1.9%～2.0%，$CH_4$0.1%，氧耗量（标准状况）为310～360m^3/1000m^3煤气，蒸汽用量70～160kg/1000m^3煤气。该炉的缺点为耗氧量大。

近年来国外已成功地开发高压K-T炉生产煤气的装置。

(5) 德士古（Texaco）炉[10],[11]

德士古气化炉是在重油部分氧化的气化炉基础上发展起来的。由美国德士古开发公司研

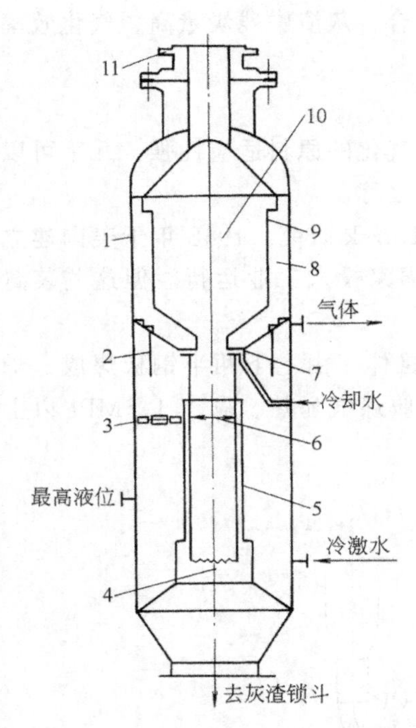

图 1-2-39　德士古炉结构示意图
1—壳体；2—气体挡板；
3—上部导管可调支架；4—激冷室；
5—下降管；6—激冷管；7—激冷环；
8—耐火砖；9—耐火衬里；10—燃烧气化室；11—接喷嘴的法兰

究成功。主要特征是将煤粉制成70%的水煤浆，与纯氧一道通过特殊设计的喷嘴（或称烧嘴）喷入炉中。气化反应在温度1350～1500℃，压力为1.8～3.6MPa或更高的条件下进行。属于气流式自热反应器，见图1-2-39。

由于高温反应，当水煤浆与氧喷入炉中，水分急速气化成蒸汽，与K-T炉一样粉煤发生干馏、热裂解、释出焦油、酚、甲醇、树脂、甲烷等挥发分，随即迅速燃烧放出大量热量进行气化反应，生成约含（$CO+H_2$）48%～50%的煤气，整个制气过程仅在1～2s内完成。煤气中只含微量的CH_4惟一烃类，不含焦油、酚、高级烃类等物。

该炉独特优点：比K-T炉设备结构简单，生产能力更大。对原料适应性强，能够处理半烟煤、烟煤和无烟煤、粘结性和非粘结性煤等各种煤种，也可以处理石油焦，甚至沥青焦、废塑料及废轮胎等。

炉体用钢板卷焊成立式圆筒形耐压容器，由上部燃烧室和下部激冷室两个部分组成。出燃烧室的高温煤气，经下降管进入下部激冷室。下降管上端设有激冷环，下部浸没于水中。煤气经激冷环和下部水层使气渣分离，产生饱和蒸汽可供CO变换用。粗渣沉落于激冷室底，定期排放。从气体中洗下的含炭的细煤渣尘，以黑水形式排出系统，另作处理回收。

燃烧室设有4支热电偶，用以监测炉温。炉子外壁温度控制在285～315℃之间。炉温主要靠调节氧煤比来控制。

炉内的衬里耐火材料直接影响炉子寿命，至关重要。面向火焰的第一层耐火砖受温最高，以氧化铬为主作耐火材料，藉以抗高温和高压气流、煤粒及煤渣冲刷，其中以煤渣侵蚀最为严重。第二层耐火材质料掺有部分氧化铬的氧化铝为主，藉以创造近于进行等温反应的炉子保温条件，兼作安全衬里。一旦第一层耐火砖整体减薄时，尚可靠它维持短期生产。第三层耐火材料以氧化铝为主，作为增强近于等温反应条件的保温层。第四层称为可压缩层，主要以硅纤毡作成，以缓冲由热膨胀所引起的在保温层和壳体之间所产生不均匀压力，而不使炉体受损。

该炉的另一结构特点是，整个支承在内封头上的耐火砖衬里，可以沿壳壁自由向上膨胀，用以防止炉体及耐火砖砌缝受热应力而破损。

烧嘴是该炉的心脏设备，烧嘴有不同结构，国外基本上是采用如图1-2-40所示的三流式烧嘴。它由三根同心而沿轴渐缩的喷管组装而成，氧气走中心管和外环隙，中心管约导入15%氧气，外环膜约导入85%氧气，水煤浆走内环隙，氧气和水煤浆并流入炉。在外喷嘴上设有冷却水套和冷却盘管，以减少可能导致烧嘴变形的热应力作用。

烧嘴的设计、制造及其安装高度，直接影响到烧嘴雾化性能、火焰刚性及长度、煤气有效组成、炉子寿命及其经济效益等。

烧嘴雾化角度与炉膛大小相匹配。若角度过大，会使耐火衬里受煤浆颗粒严重磨损；若过小，会导致炉膛高温区上移，气化效率低。一个良好的烧嘴设计，可以使碳转化率由94%提高到99%。一般烧嘴使用三个月后即需更换。

该炉的主要优点是生产能力大，这是最重要的。也存在一些缺点，诸如高浓度水煤浆制备需专门设置庞大的设备，而且需空分制纯氧。虽水煤浆法可以连续气化，其进料较 K-T 炉干法进料安全，但氧耗量大，电耗高，且灰熔点高、难以破碎的煤质不能使用。1984 年日本已建成一套日处理 1500t 原煤装置，用以制取合成氨原料气。此法现已被国际公认是一种最有发展前景的气化技术。1994 年我国已于鲁南化肥厂建成一套日处理原煤 400t 的示范装置，至今运行良好，已为我国今后在大中型氮肥厂推广德士古造气技术奠定了基础。1998 年陕西渭南化肥厂又新建了我国第二套大型德士古炉造气装置。

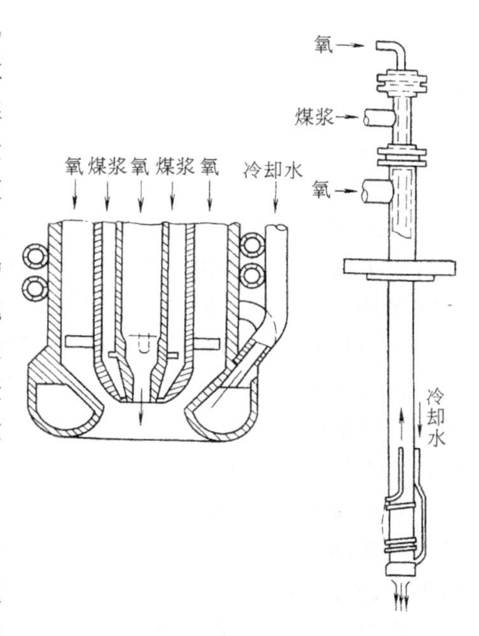

图 1-2-40 烧嘴

2.2.3.3 半水煤气的制取

(1) 半水煤气生产的特点

作为合成氨原料气的半水煤气，可按上述间歇气化法或富氧蒸汽连续气化法来获得。但无论采用哪种方法，最终必须满足半水煤气中 $(H_2+CO)/N_2$（摩尔比）为 3.1～3.2 的工艺要求。

如以空气-水蒸气作为气化剂，由反应可知，碳与空气的燃烧是放热反应。而碳与水蒸气的气化反应是吸热反应。那么，前者所放出的热量，能否满足后者反应的需要，并能制得组成合格的半水煤气，以及前者所提供热量可否实现整个制气过程的自热平衡，这是工艺人员最关心的问题。

下面，通过一个简单的热量衡算来进行分析和讨论。

对于碳与空气的燃烧反应：若取 1mol 氧为计算基准，则由空气带入的 N_2 应为 $N_2/O_2=\frac{0.79}{0.21}=3.76$mol。

如此可得下式

$$2C+O_2+3.76N_2 = 2CO+3.76N_2-221.189\ \text{kJ/mol} \tag{1-2-71}$$

而对碳与水蒸气反应其式为：

$$C+H_2O = CO+H_2+131.390\ \text{kJ/mol} \tag{1-2-72}$$

若仅考虑基准温度下的反应热，这样每消耗 1mol O_2 所放出的热量，究竟能用 H_2O 气化多少（x）mol 碳。

$$x=\frac{221.189}{131.39}=1.68$$

因此可将式（1-2-72）改写成

$$1.68C+1.68H_2O = 1.68H_2+1.68CO+221.189\ \text{kJ/mol} \tag{1-2-73}$$

再将式（1-2-71）和式（1-2-73）相加，则得在系统达到自热平衡条件下的总反应式为

$$3.68C+O_2+1.68H_2O+3.76N_2 = 3.68CO+1.68H_2+3.76N_2 \tag{1-2-74}$$

由此可得各气体组成为

$$CO=\frac{3.68}{3.68+1.68+3.76}=0.4035 \qquad \text{（摩尔比）}$$

$$H_2=\frac{1.68}{9.12}=0.1842 \qquad （摩尔比）$$

$$N_2=\frac{3.76}{9.12}=0.4123 \qquad （摩尔比）$$

故得
$$(H_2+CO)/N_2=\frac{3.68+1.68}{3.76}=1.43 \qquad （摩尔比）$$

由此可见，此数远远低于3.1～3.2的工艺要求。这就是说，在此场合下若要保持系统的自热平衡，就不可能制得合格的半水煤气。反之，如欲制得合格的半水煤气，该系统就不可能保持自热平衡；除非向系统提供热量。诚然，提供热量的方式，可以多种多样。结合中国中、小型氨厂，目前仍普遍地采用蓄热法。

蓄热法采用间歇气化，显然其燃料层温度随着空气加入而逐渐升高，但又随着水蒸气的加入而逐渐降低，故气化炉内的温度呈周期性变化，而产生的煤气组成也自然呈周期性变化，这正是间歇式制气的主要特点。

若用富氧-蒸汽代替空气-蒸汽作气化剂，则可实现连续气化并制得合格半水煤气，这样可以克服间歇式制气诸多缺点。但富氧蒸汽中氧含量又究竟应该多少，且其气化反应能否自热平衡进行，可以通过下列计算来说明。

为简化计算起见，设在理想条件下，反应与式（1-2-74）相似，设 $O_2/N_2=x$（摩尔比），当系统达到自热平衡时：

$$3.68C+O_2+xN_2+1.68H_2O = 3.68CO+xN_2+1.68H_2 \qquad (1\text{-}2\text{-}75)$$

显然，尚应满足下列条件：

$$(CO+H_2)/N_2=3.2$$

即
$$(3.68+1.68)/x=3.2$$

解得
$$x=1.68$$

从而得
$$O_2/N_2=\frac{1}{1.68}=0.595 \qquad （摩尔比）$$

此时富氧气体中的 O_2 应为：

$$O_2=\frac{0.595}{1+0.595}\times 100\%=37.3\%$$

实际生产时，半水煤气中尚有 CO_2、CH_4 等成分，加上各项热损失，故富氧空气中的氧含量约需50%，即 O_2/N_2 摩尔比接近于1，并要求 O_2/H_2O（摩尔比）$=\frac{1}{1.68}=0.59$ 左右，方可满足工艺需要。

当然也可以纯氧来代替空气进行连续气化，其气化强度可比间歇式制气提高一倍以上。但此法制得的煤气中氢含量低，CO和 CO_2 含量高，这将增加以后CO变换的负荷，且后系统仍需补充氮。

(2) 气化炉燃料层的分区

间歇式煤气化过程在固定床气化炉中进行。煤从炉顶间歇加入，气化剂从炉底进入燃料层进行气化反应。在稳定的气化条件下，燃料层可分为以下几个区域。参见图1-2-41。

① 干燥区。由于下层高温燃料和高温炉壁的辐射热，以及由下而上的高温气流的热传导作用，使新入炉煤中的水分蒸发，形成一个干燥区，此区高度与加料量有关。

② 干馏区。当干燥区下移含水不多的干煤进入温度在316℃以上的干馏层时，煤开始热解，开始逸出以烃类为主的挥发分，而燃料本身也逐渐碳化。该区的高度小于干燥层。

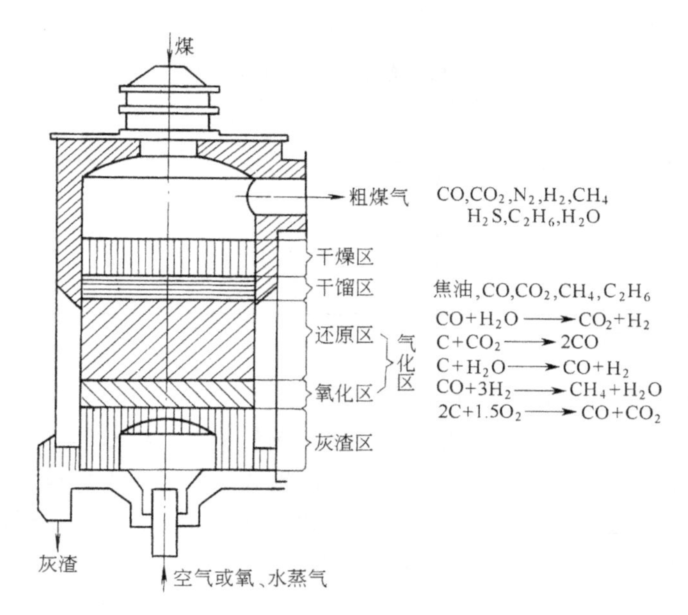

图 1-2-41　煤气化炉燃料层的分区

③ 气化区。煤气化的主要反应在气化区中进行。当气化剂为空气时，该区分为两层：下部主要进行碳的燃烧，称氧化层，上部主要进行 C 与 CO_2 的还原反应，称还原层。

以水蒸气为气化剂时，在气化区进行碳-水蒸气反应，不再分氧化层和还原层。

④ 灰渣区。灰渣由该区出炉。该区可预热从底部进入的气化剂，并可保护炉箅不致因过热而变形。

2.2.3.4　间歇式制半水煤气的工作循环

间歇式制半水煤气，工业上将自上一次开始送入空气至下一次再送入空气时为止，称为一个工作循环，每个工作循环包括下列五个阶段。

① 吹风阶段。空气从炉底吹入，自下向上以提高煤层温度，然后将吹风气经回收热量后放空。

② 蒸汽一次上吹。水蒸气自下而上送入煤层进行气化反应，此时煤层下部温度下降，而上部温度升高，从而被煤气带走的显热增加。

③ 蒸汽下吹。此时水蒸气自上而下吹入煤层继续进行气化反应。这样可使煤层温度趋于均匀。制得煤气从炉底引出系统。

④ 蒸汽二次上吹。蒸汽下吹制气后煤层温度已显著下降，且炉内尚有煤气，如立即吹入空气势必引起爆炸。为此，先以蒸汽进行二次上吹，将炉子底部煤气排净，为下一步吹风创造条件。

⑤ 空气吹净。目的是要回收存在炉子上部及管道中残余的煤气，此部分吹风气应加以回收，作为半水煤气中 N_2 的来源。

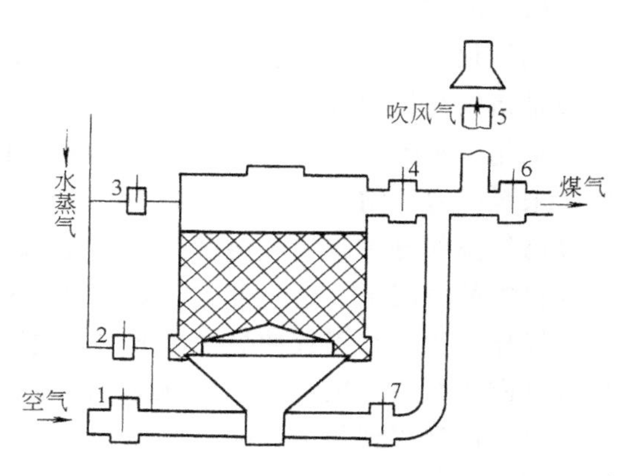

图 1-2-42　间歇式制半水煤气各阶段气体流向示意图

图 1-2-42 及表 1-2-19 分别示出了间歇式制

气工作循环各阶段气流的流动方向和各阶段阀门开闭情况。

表 1-2-19 各阶段阀门开闭情况

阶段	阀门开闭情况						
	1	2	3	4	5	6	7
吹风	○	×	×	○	○	×	×
一次上吹	×	○	×	○	×	○	×
下吹	×	×	○	×	×	○	○
二次上吹	×	○	×	○	×	○	×
空气吹净	○	×	×	○	×	○	×

○—阀门开启； ×—阀门关闭。

2.2.3.5 制半水煤气的工艺条件

气化过程的工艺条件，往往随着燃料的性能，例如燃料反应活性、粒度、灰熔点、机械强度、热稳定性等不同而有很大的差异。加之，间歇式制气过程中燃料层温度与气体组成呈周期性变化，影响工艺过程因素过多。故衡量气化过程的好坏，通常主要根据：

① 半水煤气的质量。主要指标是有效气体组成（H_2+CO），以及$(CO+H_2)/N_2$和微量氧等。

② 单炉产气量，即气化强度。以标准状况下每小时每平方米炉膛截面所产的炉气立方米计，即$m^3/(m^3\cdot h)$。

③ 燃料及蒸汽的消耗。可用总制气效率（$\eta_{总}$）表示：

$$\eta_{总}=\frac{q_{半}}{q_{燃}+q_{蒸}}\times 100\% \tag{1-2-76}$$

式中 $q_{半}$——生成半水煤气的热值，kJ/tNH_3；

$q_{燃}$——消耗燃料的热值，kJ/tNH_3；

$q_{蒸}$——所耗蒸汽的焓值，kJ/tNH_3。

实际上，总气化效率是由吹风阶段的吹风效率（$\eta_{吹}$）以及制气阶段的气化效率（$\eta_{气}$）综合而成，其关系为 $\eta_{总}=\eta_{吹}\cdot\eta_{气}$。但无论是用哪一种方式表示的气化效率，实际上均以燃料的热值利用程度来衡量。一般总气化效率只能达到60%～70%。

气化过程的主要工艺条件如下。

(1) 温度

煤气化炉中燃料层温度沿着轴向而变，以氧化层温度为最高。工业上所称的操作温度，一般是指氧化层温度，简称炉温。

从化学平衡来看，高温反应时，煤气中CO和H_2含量高，而水蒸气含量低。而从反应速度来看，温度增高反应速度加快。这样总的表现是蒸汽分解率高，煤气产量高，质量好。不过高炉温将导致吹风气温度高，而且CO含量高，造成热损失大，但若在有燃烧室和采用二次空气的情况下，这一部分热量可以在燃烧室得到部分回收，气化强度也可相应提高。

气化过程，在不致使炉内结疤的前提下，应尽量在较高温度下进行。须知：结疤与燃料灰熔点密切相关。生产中燃料灰熔点的测定，是将灰渣堆成角锥状，置于还原性气氛中加热，而后可观察到灰熔点的三个温度：

变形温度 t_1：对应于试样加热至其角锥尖锋开始变圆的温度；

软化温度 t_2：对应于角锥上部变形，开始倒在试台上的温度；

熔融温度 t_3：对应于灰渣呈熔融态，沿着试台流动的温度。

对流化床气化过程，为防止颗粒粘结，其极限温度不应超过 t_1。对于固态出渣的固定床，为防止结疤，其极限温度不应超过 t_2。固定床气化要求煤的 t_2 在 1250℃ 以上。实际操作炉温比 t_2 低 50℃；而对于液体排渣的任何气化炉，气化温度都必须大于 t_3。

(2) 吹风速度

已如上述，碳在氧化层燃烧属于扩散控制。因此，提高吹风速度可使氧化层反应加速，同时可使 CO_2 在还原层的停留时间减少，相应地降低吹风气中 CO 含量及其热量损失。但这并不是说，吹风气量越大越好。吹风气过量时，为了防止结疤，势必要增大蒸汽消耗。如吹风量大量过量时，非但不能提高气化层温度反而甚至可能吹翻燃料层，导致气化过程严重恶化，加大随飞灰带走的燃料损失。所以吹风量以保持在可满足制气的最佳条件上为宜。而适宜的吹风量应由工业试验确定。一般对内径 2.74m 的发生炉，相应的吹风强度为 3052.7～4748.6m^3/（m^2·h）。

(3) 蒸汽用量

煤气的质量与产量随着蒸汽流速的增大和加入的时间的延续而改变。蒸汽用量是控制生产的重要手段之一。蒸汽一次上吹制气时，炉温较高，煤气质量好，产气量高。但随着制气过程的继续进行，气化区温度迅速下降并上移，导致出口煤气温度升高，带出的热量相应增大。所以上吹时间不宜过长。蒸汽下吹时，使气化区恢复正常位置，尤其是某些下吹蒸汽事前经过预热的流程，制气情况更好。故其下吹时间比上吹长。在工业生产中，一般蒸汽流速为 0.1～0.35m/s，相应的吹蒸汽强度以 300～900 kg/（m^2·h）为宜。吹蒸汽时间与蒸汽流速有关，通常两者是根据以制气末期炉温不低于 950～1000℃ 的条件来确定的。

(4) 循环时间分配

每一工作循环时间不宜过长和过短。如过长，气化层温度和煤气质量、产量波动大。循环时间短些，炉温波动小，煤气质量和产量也较稳定，但阀门开关频繁，占时间多，影响产气量，且阀门也易于损坏。根据工厂自控水平及维持稳定操作条件为原则，一般循环时间等于或略小于 3min。循环时间设定后一般不作随意调整，在必要时可以由改变工作循环各阶段时间分配来改善操作工况。

对于不同燃料工作循环时间分配，见表 1-2-20[9]。

表 1-2-20　不同燃料循环时间分配百分比示例

燃料品种	工作循环中各阶段时间分配/%				
	吹风	上吹	下吹	二次上吹	空气吹净
无烟煤，粒度 25～75mm	24.5～25.5	25～26	36.5～37.5	7～9	3～4
无烟煤，粒度 15～25mm	25.5～26.5	26～27	35.5～36.7	7～9	3～4
焦炭，粒度 15～50mm	22.5～23.5	24～26	40.5～42.5	7～9	3～4
石灰碳化煤球	27.5～29.5	25～26	36.5～37.5	7～9	3～4

由表可见，各阶段操作时间分配是由燃料性质、粒度大小、吹风时间和蒸汽加入速度而定。吹风时间主要是以能提供制气所必需的热量为限，它决定于燃料灰熔点及其流速。吹风时，空气流速大，可缩短吹风时间，它与蒸汽一次上吹时间大致相同。

蒸汽上吹和下吹时间以能维持气化区稳定，煤气质量高，热能合理利用为依据。一般下吹较上吹时间长。

二次上吹与空气吹净时间，以能排净气化炉下部空间及燃料层中的煤气并回收上部空间残留煤气为准则。吹风气兼有调节煤气中 N_2 含量作用，但一般较少改变。二次上吹时间略长于空气吹净时间。关键是在于吹风时间的确定。

(5) 气体成分

为制得合格半水煤气，主要是调节其中$(CO+H_2)/N_2$的比值。方法是改变加氮空气量，或改变空气吹净时间。务必严格控制半水煤气中的氧含量在0.5%以下，否则会引起严重爆炸事故。而且，也会伤及静电除尘和变换催化剂，尤其是低变催化剂。

间歇式气化过程气体的典型组成列于表1-2-21。

表 1-2-21 以煤为原料间歇式气化过程气体的典型组成体积分数/%

名 称	CO	CO_2	H_2	N_2	CH_4	O_2	$H_2S/g/m^3$
吹风气	8.20	15.51	3.21	72.25	0.45	0.38	0.782
水煤气①	31.97	7.81	41.40	17.77	0.75	—	1.313
半水煤气	30.31	8.35	38.73	21.58	0.73	0.30	1.276

① 制气时加入空气，所有气体中的 Ar 均并入 N_2 中。

(6) 其它条件

工业实践证明，煤气化操作采用三高一短，即高炉温、高风量、高炭层、短循环的经验是行之有效的。这里对高炭层略作分析：适当地增加炭层高度，有利于燃料层的分区高度相对稳定，可使燃料层储存更多热量，延长制气时间，提高蒸汽分解率。但炭层不宜过高，因吹风阶段时间增长，将增大吹风气中的 CO 含量和热能损失，增大造气系统阻力和电力消耗。而炭层的高度是以造气风机有限的风压为限度的。

煤耗是决定氨厂经济效益的重要因素之一。中国煤矿和氨厂都积有大量细碎无烟煤。为了充分利用资源，通过长期试验研究，中国已成功地利用粉煤和碎煤，制成碳化煤球、纸浆煤球和清水煤球和黄泥煤棒等。其中碳化煤球是将消石灰与碎煤拌和一起，研磨成细粉，然后压制成湿球，再以含 CO_2 的热气体进行碳酸化处理，使$Ca(OH)_2$与 CO_2 反应生成$CaCO_3$，作为煤球中骨架，从而大大增强了煤球机械强度。石灰加入量按 CaO 计，约占煤球总重20%，而灰渣软化温度 t_2 仍要求高于1250℃。碳化煤球入炉气化时，其中 $CaCO_3$ 部分分解，逸出 CO_2，增大了比表面积和反应活性。因此，其气化能力与同种块煤相近，只不过是半水煤气中的 CO_2 含量较高而已，故现今在中国使用的厂家很多。

2.2.3.6 气化炉的原料煤消耗及热能回收

合成氨生产的总能耗是综合地反映工厂生产技术水平、生产管理水平及其经济效益的重要判据之一。而一般厂以原料煤形式所消耗的能量，约占合成氨生产总能耗的70%，相当于合成氨生产的总成本的50%左右。因此，降低吨氨煤耗，成为降低合成氨总能耗的重要手段。

(1) 生产每吨氨的理论能耗

所谓制取合成氨原料煤的单耗是指每生产1t氨所耗的标准煤而言。即将不同含碳量的煤都折合成含碳量为84%的煤（俗称“标煤”）用量来计算的。制取合成氨的总能耗及煤耗可参阅绪论。生产液氨的理论总能耗为21.289GJ/tNH_3（5.084Gcal/tNH_3）。由此换算成标准煤耗约为726.28kg/tNH_3。

当然，这是在完全理想状态，即整个工艺环节均无热量损失的状态下估算的，而实际生产中，随着煤气化工艺不同，以及存在各种各样的热量损失，故实际煤耗要比理论煤耗大得多。

(2) 气化炉的理想热平衡及理想煤耗

通过气化炉理想热平衡可以求得煤气化时最小煤耗值。

现设理想气化条件为：吹风气中不含 CO；灰渣中无不完全燃烧的残炭损失；没有各种显热损失；蒸汽分解率为 100%；以石墨态的碳计算燃烧热，取温度基准为 25℃。如此则有：

$$G \cdot q^{\circ}_{燃} = V \cdot q^{\circ}_{气} \quad (1\text{-}2\text{-}77)$$

$$V \cdot q^{\circ}_{气} = V(\Sigma y_i \cdot Q_i^m) \quad (1\text{-}2\text{-}78)$$

由此得

$$G = \frac{V(\Sigma y_i Q_i^m)}{q^{\circ}_{燃}} \quad (1\text{-}7\text{-}79)$$

式中 $G, q^{\circ}_{燃}$——分别为纯碳量（kg/tNH_3）及纯碳的热值，kJ/kg；

$V, q^{\circ}_{气}$——分别为半水煤气量（m^3/tNH_3）及其低热值 kJ/m^3；

y_i、Q_i^m——分别为半水煤气中各有效气体组分含量（体积分数）及各自的燃烧热低热值，kJ/kmol。

【例】 设半水煤气中各有效气体组成为：CO28%，$H_2$42%；25℃时 CO、H_2 和 C 的低热值为：283183、241993 及 393777kJ/kmol，代入式（1-2-78），则得：

$$G = \frac{V\left(283183 \times \frac{0.28}{22.4} + 241993 \times \frac{0.42}{22.4}\right)}{393777/12} = 0.24614V$$

折合成含碳为 84% 的标准煤，则 1t 氨的标准煤耗为 $G^{\ominus}$

$$G^{\ominus} = \frac{0.24614}{0.84}V = 0.29302V \quad kg/tNH_3$$

对于不同半水煤气量 V，理想纯碳耗量 G 及标准煤耗量 $G^{\ominus}$ 的计算值，列于表 1-2-22。

表 1-2-22 不同半水煤气量的理想纯碳耗量及标准煤耗量

半水煤气量 V m^3/tNH_3	3000	3200	3400	3600	3800	4000	4200	4400	4600
纯碳耗量 G kg/tNH_3	738.42	787.65	836.88	886.10	935.33	984.56	1033.79	1083.02	1132.24
标准煤耗量 $G^{\ominus}$ kg/tNH_3	879.07	937.68	996.28	1054.89	1113.49	1172.10	1230.70	1289.30	1347.91

(3) 气化炉实际热平衡，实际煤耗及热量回收[6]

① 气化炉真实过程的热平衡。在煤气化过程中考虑到具有各项热损失的热量平衡，称为真实过程的热平衡。其中主要的热损失项目有：

A. 灰渣残碳不完全燃烧的热损失 q_{A_1} 和灰渣的显热损失 q_{A_2}；

B. 吹风气不完全燃烧的热损失 q_{B_1} 及其显热损失 q_{B_2}；

C. 制气过程的显热损失 q_{P_2}；

D. 炉体散热损失 q_{T_2}。

故总热量衡算式则有

$$q_R = q_G + q_{A_1} + q_{A_2} + q_{B_1} + q_{B_2} + q_{P_2} + q_{T_2} \quad (1\text{-}2\text{-}80)$$

在有的文献上，此衡算式将其折成吨氨的标准煤耗来表示。

式中　q_R 和 q_G——分别为 $1000m^3$ 的半水煤气所耗煤的热值和气体本身的热值。

现按吹风和制气的供热和吸热的平衡关系，可得：

$$\left(\frac{V_B}{22.4}\right)(y_{B,CO}\cdot Q_{CO}^m + y_{B,CO_2}\cdot Q_{CO_2}^m) = q_{RE} + q_{A_2} + q_{B_2} + q_{T_2} + q_{P_2} \tag{1-2-81}$$

式中　V_B——吹风气量（标准状况），$m^3/1000m^3$；

$y_{B,CO}$，y_{B,CO_2}——吹风气中 CO 和 CO_2 含量体积分数，%；

Q_{CO}^m，$Q_{CO_2}^m$——CO 和 CO_2 摩尔生成热，kJ/kmol；

q_{RE}——制气反应中所吸收的热量，其值等于（$q_G - q_M$），q_M 相当于转入煤气中这部分煤量的热值。

以上两式中 q_{B_1} 和 q_{B_2} 均与 V_B 有关：

$$q_{B_1} = \left(\frac{V_B}{22.4}\right)(y_{B,CO}\cdot Q_{CO,b}^m + y_{B,H_2}\cdot Q_{H_2,b}^m + y_{B,CH_4}\cdot Q_{CH_4,b}^m) \tag{1-2-82}$$

$$q_{B_2} = \left(\frac{V_B}{22.4}\right)C_{p_B}(t - t_0) \tag{1-2-83}$$

式中　$y_{B,CO}$，y_{B,H_2}，y_{B,CH_4} 和 t——分别为吹风气出衡算系统的 CO、H_2、CH_4 含量及其温度，如以煤气炉单独为系统，则应取炉顶出口的气体组成及其温度；

t_0——基准温度，℃；

$Q_{CO,b}^m$，$Q_{H_2,b}^m$，$Q_{CH_4,b}^m$——分别为 CO、H_2、CH_4 的摩尔燃烧热。

在上述衡算中，有机物质的所需热解的热量，因其数量甚少故未计入。

将式（1-2-82），式（1-2-83）代入式（1-2-80）和式（1-2-81）中，消去 V_B 可得

$$q_R = q_G + q_{RE}\cdot A + (q_{A_2} + q_{P_2} + q_{T_2})(1 + A) + q_{A_1} \tag{1-2-84}$$

式中　A——衡算系统中吹风热损失率，以吹风过程热损失占有效吹风放热的分率表示，即

$$A = \frac{y_{B,CO}Q_{CO,b}^m + y_{B,H_2}Q_{H_2,b}^m + y_{B,CH_4}Q_{CH_4,b}^m + \overline{C}_{p_B}(t - t_0)}{y_{B,CO}Q_{CO}^m + y_{B,CO_2}Q_{CO_2}^m - \overline{C}_{p_B}(t - t_0)} \tag{1-2-85}$$

式中　$\overline{C}_{p_B}$——吹风气平均摩尔热容，kJ/kmol·℃。

由此式可见，在出系统的吹风气中，CO、H_2 的含量越大以及温度（t）越高，则吹风热损失越大，A 值也就越大。反之，A 值越低。

将式（1-2-84）除以原料煤低热值 Q_R，则可得原料煤消耗 g_R 与各消耗项的关系式：

$$g_R = g_G + (g_G - g_m)A + (g_{A2} + g_{P2} + g_{T2})(1 + A) + g_{A1} \tag{1-2-86}$$

式（1-2-86）与式（1-2-80）中各符号相对应，两者涵义相同，只是计算基准不同。

② 灰渣残碳损失和原料煤耗计算

灰渣残碳是气化炉中碳的重要损失项目之一。根据灰平衡，由入炉煤带入的灰分，一部分由炉渣排出，一部分以飞灰形式随炉顶的煤气带出。现以 1kg 纯灰为计算基准，如由渣中带出的灰量为 $a$kg，则由飞灰带出量为（$1 - a$）kg。故排出 1kg 纯灰所相应的碳损失为

$$\left[a\cdot\frac{y_{s,c}}{1 - y_{s,c}} + (1 - a)\frac{y_{f,c}}{1 - y_{f,c}}\right] \tag{1-2-87}$$

式中　$y_{s,c}$和$y_{f,c}$为渣和飞灰中的碳含量（质量分数）。若将其折算成灰渣损失g_{A1}，则其与原料煤耗g_R有如下关系：

$$g_{A1}=\frac{401933}{12 \cdot Q_R}g_R \cdot y_{R,A}\left[a \cdot \frac{y_{s,c}}{1-y_{s,c}}+(1-a)\frac{y_{f,c}}{1-y_{f,c}}\right] \quad (1\text{-}2\text{-}88)$$

式中，$y_{R,A}$为原料的灰分含量（质量分数）。

将式（1-2-88）代入式（1-2-86），整理后则得间歇式造气炉原料煤实际消耗的计算式。

$$g_R=\frac{g_G+(g_G-g_m)A+(g_{A2}+g_{P2}+g_{T2})(1+A)}{(1-B)} \quad (1\text{-}2\text{-}89)$$

式中　B为灰渣残碳损失率，其计算式为

$$B=\frac{401933}{12Q_R}y_{R,A}\left[a \cdot \frac{y_{s,c}}{1-y_{s,c}}+(1-a)\frac{y_{f,c}}{1-y_{f,c}}\right] \quad (1\text{-}2\text{-}90)$$

③ 气化炉的各项显热损失

制气过程带入及损失的显热计有：(1) 过量未反应蒸汽显热损失；(2) 反应蒸汽带入的显热（以常温t_0为基准）；(3) 半水煤气带出显热。如此则有

$$g_{p_2}=\frac{1000}{22.4Q_R}\left\{g_{G,H_2} \cdot \overline{C}_{p_S}\left(\frac{1}{\eta}-1\right)(\bar{t}_{出}-\bar{t}_{入})-(\bar{t}_{入}-t_0)+(\overline{C}_{p_G}(\bar{t}_{出}-t_0)\right\} \quad (1\text{-}2\text{-}91)$$

式中　g_{G,H_2}——半水煤气中H_2含量（摩尔分数），%；

$\overline{C}_{p_S}$，$\overline{C}_{p_G}$——分别为蒸汽和半水煤气平均摩尔热容，kJ/（kmol·℃）；

η——蒸汽分解率；

$\bar{t}_{出}$，$\bar{t}_{入}$——煤气出衡算系统和蒸汽入衡算系统的平均温度，℃；

t_0——以常温为衡算基准。

有关吹风过程的显热损失，已在A值中计入，此处可不再考虑。又灰渣显热损失很小，可略而不计。至于炉体传热和散热损失，这与炉体大小及内衬与外保温、夹套锅炉高度以及操作温度高低有关。通常可通过夹套锅炉产汽量来确定。

综上所述，由于煤气化过程存在各项热量损失，故实际煤耗远较理想煤耗为高。例如，一般制1t氨的半水煤气量（标准状况）为3400m^3，相当于理想标准煤耗为996.28kg，而实际煤耗往往达到1100～1600kg，甚至更高。这取决于各厂的操作及管理水平。

至于气化炉的热量回收问题，主要是回收由气体带出的这部分热量，其中包括显热和潜热两个方面。显热即为干气体和过热蒸汽所持有的显热。潜热包括蒸汽所带走的汽化热，以及吹风气中未燃烧的CO和H_2等隐含的燃烧热，后者是热损失的较大项。由气体带出热量随煤气出口温度和水蒸气含量而变化。此项热量约占总支出热量的35%以上（这里包括吹风气的热值和显热，水煤气的显热和未分解水蒸气的热焓）。因此，对此大宗的热量，工业上都应备有废热锅炉加以回收并副产蒸汽，以资利用。

对于吹风气热量回收可增设燃烧室，通入二次空气燃烧，将燃烧热蓄于室内格子耐火砖中，以预热下吹的蒸汽。出燃烧室的气体，一般多维持在400～500℃的高温水平，如设置废热锅炉回收热量，可制得1～1.8MPa的中压蒸汽。

再者，为了减少气化炉的辐射热损失，一般在炉壁设一夹套锅炉，回收蒸汽供造气用。

某些流程中气化炉采用湿式除灰，利用赤热的灰渣显热，汽化冷却水，制成低压蒸汽而加以利用。

2.2.4 间歇式煤气化工艺流程

2.2.4.1 典型工艺流程

间歇式煤气化工艺流程由于每个工作循环包括五个不同阶段，这就需要配备足够的阀门，并以自动控制机专门控制各阀门的启闭程序。图 1-2-43 所示为带有燃烧室的煤气化系统流程。

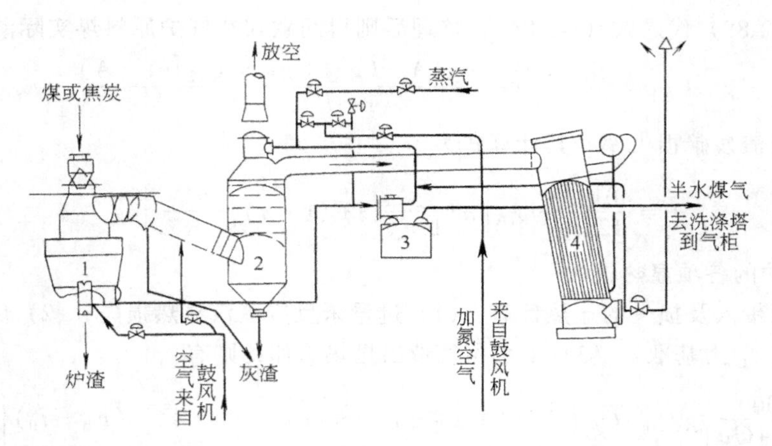

图 1-2-43 带有燃烧室的煤气化炉系统流程

1—煤气发生炉；2—燃烧室；3—洗气箱；4—废热锅炉

燃料煤或焦炭由加料机从炉顶间歇地加入炉内，吹风气由鼓风机从炉底送入煤层，从炉顶出来的燃烧气，经燃烧室及废热锅炉回收热量后，从烟囱放空。燃烧室藉加二次空气，继续将吹风气中未燃气体进行燃烧，以加热室内的格子耐火砖而得以蓄热。燃烧室顶盖具有防爆装置，一旦系统发生爆炸立即自行卸开，可以减轻设备损坏。

蒸汽上吹制气时，煤气依次经过燃烧室、废热锅炉回收热量，而后经洗气箱、洗涤塔去气柜。

蒸汽下吹制气时，蒸汽先从燃烧室顶部导入，自上而下通过燃烧室预热，再从气化炉顶部送入燃料层而由炉底引出。由于煤气温度较低，直接经洗气箱、洗涤器去气柜。蒸汽二次上吹时，煤气流向同一次上吹。

空气吹净时，气体依次经发生炉、燃烧室、废热锅炉、洗气箱、洗涤塔而入气柜，此时燃烧室无须加二次空气。

蒸汽上吹和下吹制气时，如欲配入加氮空气，为确保安全起见，加氮空气应在水蒸气通入稍后加入，并应先于水蒸气停送以前切断。

灰渣最后落于旋转炉篦，由刮刀刮入灰箱，定期排出炉外。

2.2.4.2 热能回收新流程

化学工业是仅次于冶金工业能耗最大的部门，而合成氨工业又是化学工业的耗能大户，约占中国化学工业总能耗 50% 以上。在世界能源紧缺的当今，中国大力倡导和支持氮肥厂开源节流，节能降耗。中国小型氨厂通过十多年来的努力，对传统的 UGI 型间歇式煤造气工艺，进行了一系列的技术革新，已经取得了重大进展和成就。如山东寿光等一些节能先进厂，已将 1977 年前吨氨两煤耗由 2500kg/tNH_3 降至 1036kg/tNH_3（其中原料煤为 1020kg/tNH_3，燃烧煤为 16kg/tNH_3）。从而停运了锅炉，实现了所谓“两煤变一煤”的蒸汽自给新工艺。其吨氨总能耗约为 42.665×10^6kJ/tNH_3，已接近由国外引进的以煤制氨年产合成氨

30 万 t 的某些大型厂的总能耗。图 1-2-44 和图 1-2-45 为中国自行创新的间歇式煤气化工艺流程以及吹风气热能回收的新流程。

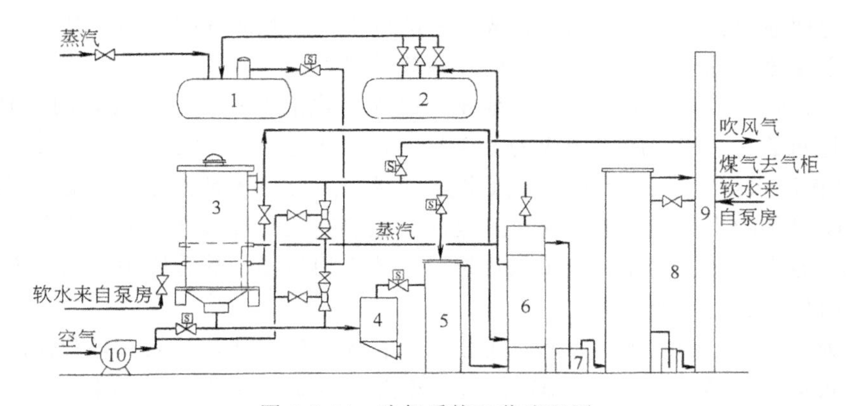

图 1-2-44 造气系统工艺流程图

1—蒸汽缓冲器；2—汽包；3—煤气炉；4—下行集尘器；5—上行集尘器；6—废热锅炉；7—洗气箱；8—洗气塔；9—烟囱；10—鼓风机

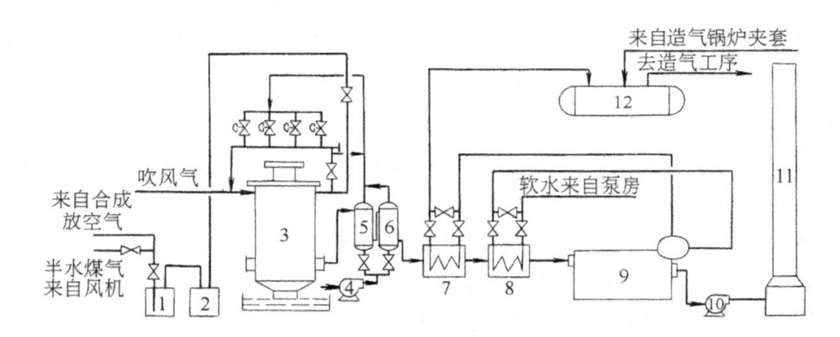

图 1-2-45 吹风气回收系统工艺流程图

1—安全水封；2—分离器；3—立式上燃式燃烧炉；4—空气鼓风机；5—第一空气预热器；6—第二空气预热器；7—蒸汽过热器；8—软水加热器；9—热管锅炉；10—引风机；11—烟囱；12—蒸汽缓冲罐

如图 1-2-44 所示煤气化工艺流程，其主要的技术革新为：

① 采用新型炉箅。淘汰了过去所用的塔型或伞型炉箅，采用了均布型炉箅，阻力小，通风面积大，布风均匀，破渣力强，炭层下降均匀平稳，灰渣残碳少，对煤种适应性较强。

② 每台气化炉配有洗气箱、洗气塔，使造气系统阻力下降，缩短了吹风时间，延长了制气时间，提高了产气量。

③ 采用蒸汽上下吹的加氮空气工艺，提高了制气阶段的平均温度，缓解了制气阶段温度下降幅度，收到了提高蒸汽分解率、节省蒸汽消耗和增大单炉产气量的实效。

④ 采用了过热蒸汽制气，使得吹风和制气阶段炉温变化幅度小，从而提高了煤气质量、蒸汽分解率和产气量。

⑤ 扩大了废热锅炉换热面积，以充分回收上、下行煤气显热。按过去传统工艺：下行煤气不经废热锅炉，直接进入洗气箱，洗涤塔而进入气柜。现今是将下行煤气也经废热锅炉，并将上行煤气原由废热锅炉顶部进入的导管与下行煤气一起改为由废热锅炉底部入炉以回收热量，仅此一项技术改革，可为寿光化肥厂提供自产蒸汽 67.54t/d，约占造气蒸汽用

量的 47%，也为造气实现蒸汽自给制造了良好条件。

图 1-2-45 所示为该系统吹风气热能回收流程，也是该系统最主要的一项技术革新。由于充分地、合理地回收了吹风气以及合成工序的放空气和弛放气的热能，其副产蒸汽不仅作为气化工序主要蒸汽源之一，有时尚能向外系统供热。

由图可见，吹风气与合成放空气、弛放气回入立式上燃式燃烧炉燃烧的。具体设计是：鉴于吹风气是间歇送来的，故将合成的放空气、弛放气先经净氨塔、气柜（二者均未在图中绘出），再经稳压水封、防回火水封、汽水分离器，而后配入预热空气，送入燃烧炉燃烧，以作为稳定吹风气的火源。而造气吹风气也配入预热空气，进入立式上燃式燃烧炉燃烧。产生的高温烟气导入空气预热器，经蒸汽过热器、软水加热器、热管锅炉，如此逐级回收热量后，最后用引风机通过烟囱而放空。

至于作为产生蒸汽的软水，由软水工段送来，先经软水加热器而入热管锅炉，产生的饱和蒸汽，再入蒸汽过热器过热到 350℃，送入蒸汽缓冲罐，供造气工序用汽。

该流程所用设备的特点如下。

① 热管锅炉换热技术，1960 年美国用于航天工业中。其特点是：吸热快、传递快、热效率高、结构简单、占地面积小。但这种锅炉不能用于 250℃ 以上的温度禁区。为此，寿光化肥厂采用了先让高温煤气进入一个软水加热器加热软水，再将降低温度后的煤气导入热管锅炉，以进一步回以煤气热能。通过这一技术措施，遂将热管锅炉技术应用到中国化肥厂造气系统获得成功。

② 立式上燃式燃烧炉设有喷射器、燃烧室以及优质耐火砖蓄热层。炉顶安有防爆装置。炉底装有防爆水封，保证了操作稳定和安全性。

③ 由于间歇式制气间断吹风，故需对每台气化炉专门配备配风管和配风阀。吹风气和空气二者动作需同步进行，以保证热效率和生产安全。

2.2.5 煤、氧、蒸汽连续气化法的典型工艺流程[9,10,12,13]

随着当今科学技术的迅猛发展，以常压固定床间歇式气化煤气制取合成氨的技术已显得落后。这种工艺对煤种要求苛刻，仅适用优质无烟煤和冶金焦，而且产气量低只相当于 K-T 炉的 1/6，德士古炉的 1/20。且其制气的总能耗高，约为 62.8×10^6kJ/tNH_3 以上。要比后两者分别约高出 15×10^6kJ 和 20×10^6kJ。针对中国拥有无烟煤少，“低碳质”煤多这一国情，今后采用加压固定床、常压或加压的流化床或气流床，以及用氧或富氧-蒸汽作为气化剂已是势在必行。

下面介绍几种煤、氧、蒸汽连续气化的典型工艺流程。

2.2.5.1 加压鲁奇炉连续制气流程[4]

现今大、中型氨厂煤气化采用的加压鲁奇炉与早期鲁奇炉不同。主要是体现在造气过程实现连续化，产气量大，热能回收更趋完善。参见图 1-2-46。

加压鲁奇炉造气是将粒度为 4～50mm 的煤，从炉顶的储煤斗定期加入煤箱，通过其底部的下料阀不断加入炉内。氧-蒸汽从炉子底部进入与煤进行气化反应。制得的粗煤气从炉的上部侧方引出。煤气的出口温度取决于不同煤种，约为 350～600℃，而后进入喷射器进行冷却，以洗去煤气中的焦油及粉尘，而后去废热锅炉回收热量，送往气柜。

生成的灰渣落于转动炉箅上，藉刮刀连续刮入灰箱，而后定期排入灰斗。全部操作均由液压程序系统控制，也可切换成手动或半自动操作。

主要操作条件：气化压力为 2.0～2.4MPa。气化温度为 1000～1100℃；炉顶温度为

350～450℃。氧耗率 0.18～0.24m^3/kg 干煤。蒸汽消耗率 1.2～1.6kg/kg 煤。粗煤气产率 1600～1800m^3/t 煤。煤气成分：H_2 38.35%，CO 22.6%，CH_4 7.0%，CO_2+H_2S 30.5%，O_2 0.15%，N_2 1.2%，C_nH_m 0.2%。

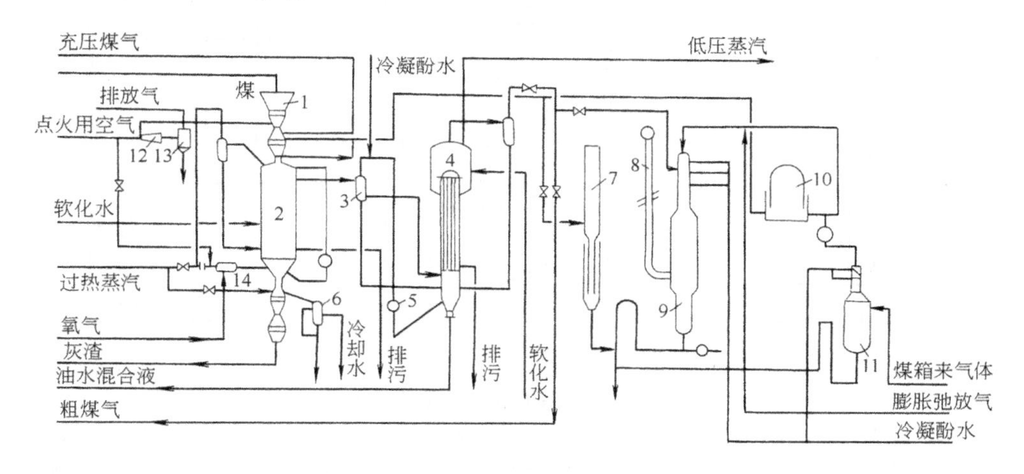

图 1-2-46　加压鲁奇炉制气工艺流程

1—贮煤仓；2—气化炉；3—喷冷器；4—废热锅炉；5—循环泵；6—膨胀冷凝器；7—放空烟囱；8—火炬烟囱；9—洗涤器；10—贮气柜；11—煤箱气洗涤器；12—引射器；13—旋风分离器；14—混合器

另一种改良加压鲁奇炉为熔渣操作。其最大设计操作压力为 10MPa，操作温度为 1100～1500℃，从而提高了生产能力，但煤气含甲烷量亦增至 16%以上，若作为合成氨原料气，甲烷尚需作转化处理。

2.2.5.2　德士古气化流程及其关键技术

被誉称为“第三代煤气化炉”的德士古造气技术，是当代国际上最富有竞争力的一种。

(1) 德士古气化工艺流程[11]

德士古气化工艺流程包括：煤浆制备及输送，气化过程，废热回收，煤气冷却等部分。参见图 1-2-47。

将直径小于 10mm 的煤磨碎，按比例加入水量。为了降低水煤浆的粘度，易于输送；由于我国煤的灰熔点普遍偏高，为使其灰熔点能降至 1350～1365℃以下，加入适量的添加剂和助熔剂（详见后述），而后将煤水混合物充分湿磨后，送至振动筛，除去大煤粒和机械杂质，即可制成 70%的水煤浆，用高压泵将其送入烧嘴，同时将来自空分的高压氧也送入烧嘴，二者充分混合，一起由烧嘴喷入气化炉中。在 1350～1400℃温度下进行气化反应，生成的高温煤气经气化炉底部的激冷室激冷后，气渣分离。粗煤气再经文丘里洗涤器和洗涤塔进一步降温除尘，然后将含水汽比约 1.4、温度为 200～216℃的煤气送往 CO 变换工序。熔渣被激冷固化后进入破渣机破碎后进入锁斗，定期排入渣池，由捞渣机捞出装车外运。

由洗涤塔排出的洗涤水，经循环泵分别送至文丘里洗涤器和气化炉激冷室。由激冷室排出的含细灰的黑水，相继送入中压闪蒸器，真空闪蒸器回收热量，一部分作为锁斗冲洗水而后排入渣池处理。一部分作为洗涤塔补充水。

德士古炉所制得的气体组成为：CO 45%～55%，H_2 30%～40%，CO_2 15%～20%，CH_4<0.1%，(N_2+Ar) 0.2%～0.5%。氧（标准状况下）消耗定额为 370～430m^3/1000m^3 混

合气。碳转化率为95%～97%，冷煤气效率（煤气的热值/煤的热值）为65%～68%。

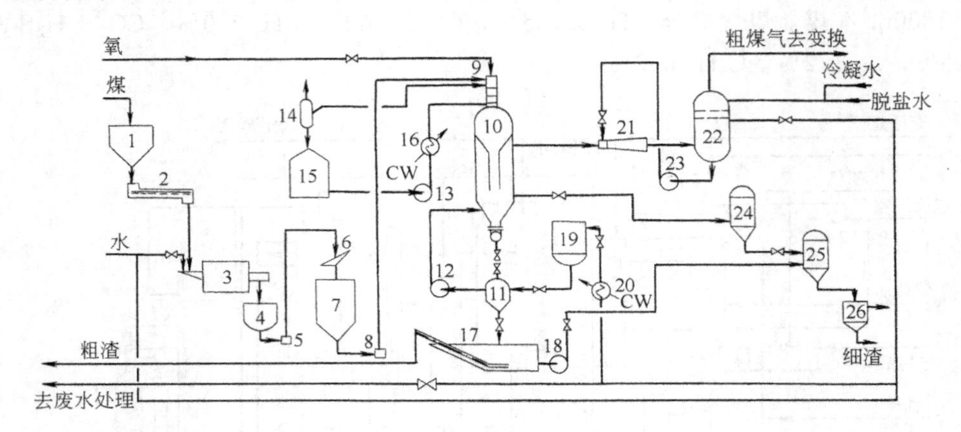

图 1-2-47　德士古煤气化简要流程

1—储煤斗；2—煤称量给料机；3—磨煤机；4—磨煤机出料槽；5—出料槽泵；6—煤浆振动筛；7—煤浆槽；8—给料泵；9—工艺喷嘴；10—气化炉；11—锁斗；12—锁斗循环泵；13—喷嘴冷却水泵；14—喷嘴冷却水罐；15—喷嘴冷却水槽；16—喷嘴冷却水冷却器；17—渣池；18—渣池泵；19—锁斗冲洗水罐；20—锁斗冲洗水冷却器；21—文丘里洗涤器；22—合成气洗涤塔；23—洗涤塔循环泵；24—中压闪蒸器；25—沉降槽；26—贮槽

(2) 德士古煤气化关键技术

① 水煤浆的制备。德士古气化法的特点是采用水煤浆气化。水煤浆制法有多种，如煤先经干磨后配水法；一段加水湿磨法。后者因机械磨损小，且电力比前者可节省30%，故今国内外多用之。

水煤浆制造的质量，包括煤的含量、粘度等，对制气质量、气化效率、原料消耗以及煤浆在烧嘴出口的雾化性能的影响关系甚大。如煤浆含水过多，由于过量水的蒸发需消耗大量热量，将导致炉温过低。而要保持规定的炉温，势必增大氧的消耗，否则，炉温低会使$(CO+H_2)$含量和气化效率降低。在工业生产中，在保证不使水煤浆沉降、流动性能好、粘度小的条件下，应尽可能地提高其煤的含量。

已如上述，水煤浆制备一般需加添加剂，藉以降低煤粒表面的水化膜与粒子之间的作用力，使固定在煤粒表面上的水释离出来。同时能够削弱煤粒相互之间的粘吸作用，从而破坏煤粒团浆体，起到稀释煤浆的作用。至于添加剂的选用，这与煤种、水煤浆中煤含量和粘度等因素有关，通常应通过实验筛选确定。一般用量为1%左右。木质素磺酸钠是一种最为常用的添加剂，其价格也低。

助熔剂通常有石灰石，氢氧化钙和铁渣三钟，用以降低煤的灰熔点。其中以石灰石价格最低，用得较为普遍。

另外，还需加入适量氢氧化钠，以调节浆液pH值在7～9范围内。

② 氧煤比。氧煤比是重要操作指标之一。炉温主要是靠调节氧煤比来控制。如图1-2-48和图1-2-49所示[4]。气化反应温度和碳转化率都随氧碳比的增高而增高。但后者更为敏感。

氧煤（碳）比也可用气化1kg干煤（碳）所用氧（标准状况下）的立方米数，即m^3/kg干煤（碳）来表示。其值为1时，碳的转化率可达96%以上，产气量可达最大。

③ 气化压力。德士古炉的操作压力可分为中压（<4.0MPa）和高压（<8.5MPa）两种。众所周知，德士古炉最大优点是节省煤气的压缩费用。由于气化反应是增容反应，在加压气化过程中，压缩氧比在常压气化压缩煤气要经济得多，如氨合成压力为22MPa，造气压力为3MPa时，则可节省45%～50%的压缩功。

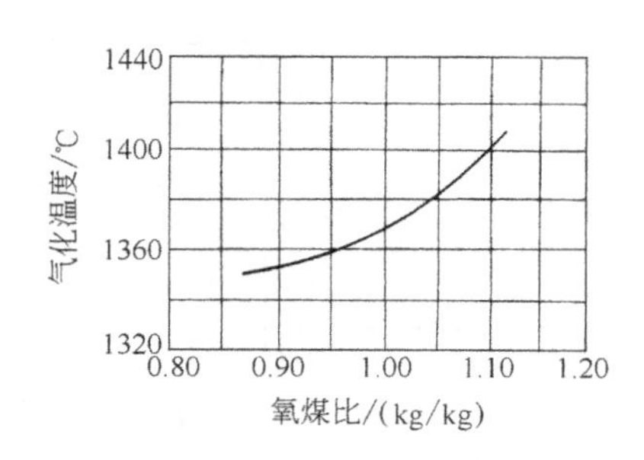

图 1-2-48　氧煤比与气化温度的关系
气化压力（表压）2.45MPa；
入炉煤量（干）1.00～1.05t/h；
煤浆中煤含量60%；铜川煤

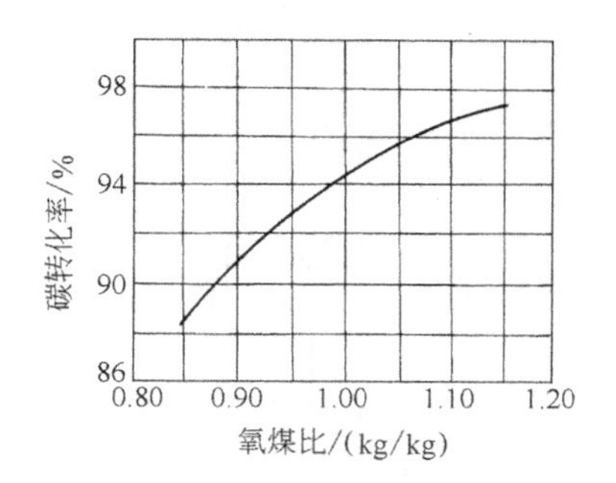

图 1-2-49　氧煤比与碳转化率的关系
气化压力（表压）2.45MPa；气化温度1380℃；入炉煤量（干）1.00～1.05t/h；煤浆中煤含量60%；铜川煤

另外，加压气化由于碳与气化剂紧密接触，其转化率可达98%～99%，而常压气化只有93%～95%。加压气化气流速度低，更有利于煤气中灰渣分离，其分渣效率可达93%～95%。又因设备体积小，故气化强度高。

更引人兴趣的是，加压气化有利于实现气化后等压（如6.5MPa）合成甲醇。若在8.5MPa压力下气化可发展等压合成氨工艺。

④ 烧嘴技术。无疑是关键技术，属于专利技术之一。烧嘴一般用含钨、铬、钴等特种钢制成，要求能耐高温，尤其是耐磨性好。还要求能使水煤浆与氧充分混合，雾化性能好。以能达到最佳碳转化率。至于烧嘴结构及设计要求，前文已作介绍，不再赘述。

(3) 德士古炉废热回收

德士古炉的高温气化反应可使相当多的热量转化为气体显热。从技术经济来看，必须将巨额高位热能加以回收，妥为利用。

德士古炉的热量回收方式，根据煤气最终工业用途不同有下列三种形式。

① 直接激冷法。多用于合成氨工艺。如图1-2-50所示。自反应室出来具有1350～1500℃的高温煤气和融熔渣，同时进入炉底激冷室与冷水直接接触骤然冷却，抑或在气化室下部喷水冷却，此时产生具有700℃左右的高压蒸汽，与煤气一并进入对流式废热锅炉，以回收热量而副产蒸汽。出废热锅炉温度为300℃左右的煤气，由于其中饱和蒸汽含量高，这对以后CO变换是很有利的。

② 间接冷却法。在德士古炉底部直接连结一个辐射式废热锅炉，如图1-2-51所示。从反应室出来温度为1500℃左右的煤气，通过该废热锅炉冷却到700℃左右。炉管内产生的高压蒸汽，适用于联合循环发电等。而煤气进一步导入对流式废热锅炉，副产蒸汽以回收热量。

③ 间接冷却和直接淬冷。兼用上述两种方式回收热量。高温煤气先入辐射式废热锅炉回收热量，副产高压蒸汽，作为动力或热力的能源使用。被冷却至700℃左右的煤气，再用

水喷淋激冷至200～300℃，此种含有饱和蒸汽的煤气，可作为合成氨原料气送往一氧化碳变换。

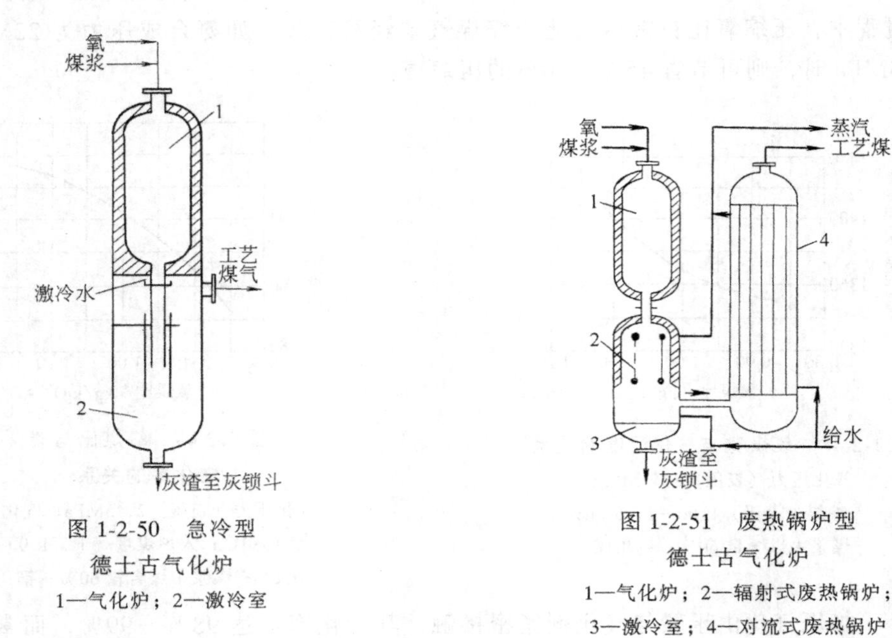

图 1-2-50　急冷型德士古气化炉

1—气化炉；2—激冷室

图 1-2-51　废热锅炉型德士古气化炉

1—气化炉；2—辐射式废热锅炉；3—激冷室；4—对流式废热锅炉

2.2.6　谢尔粉煤气化技术[12,14]

近年来，国际上对新近改进成功的加压 Shell-Koppers 粉煤气化工艺颇为重视。这里略作介绍。

早在20世纪50年代荷兰 Shell（壳牌）公司开始研究以重油为原料的加压气化工艺。之后在世界各地建有150多套工业装置，现在运行中。在此成功经验基础上，1974年 Shell 公司与德国的 Krupp-Koppers 公司合作研究高压煤气化工程。截止到1996年，已建成日处理2000t煤，称为 Shell-Koppers 高压 K-T 炉煤气化技术及装置或简称谢尔（Shell）粉煤气化技术。图1-2-52和图1-2-53分别示出了该工艺流程及谢尔（高压 K-T）气化炉装置。

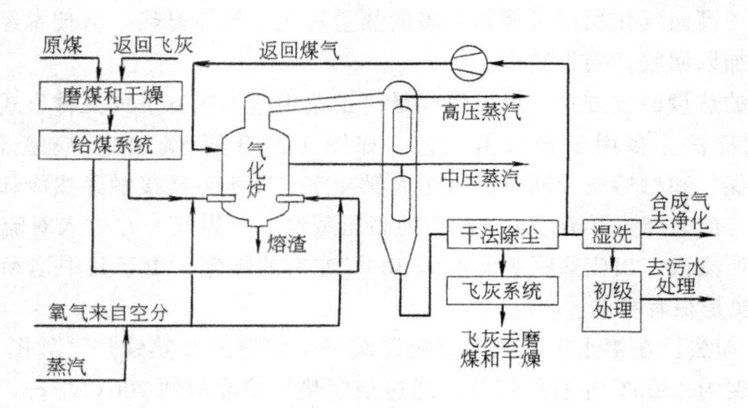

图 1-2-52　谢尔煤气化流程简图

2.2.6.1　工艺特点

高压 K-T 炉的操作压力为2.8～30MPa。代替空气作为气化剂的纯氧（或富氧）和蒸汽以及干煤粉，在炉内并流并进行气化过程。由于空分车间制得的氧，已经分离掉大量惰性气体氮，故可大大减少煤气体积。使得气化炉、废热锅炉，以及后系统的气体净化设备等均可减至最小程度。同时由于除去了大量氮，相对地增大了氧分压，使得气体在设备中停留时间短，并因用氧气化，炉温高、碳转化率高。与其它气化过程相比，不存在煤气中因含大量氮而带走大量显热。从而大大提高了该气化过程的总体热效率。

2.2.6.2　工艺流程

原料煤经破碎后送至磨煤机，研磨成煤粉（90%<100μm）并干燥之。煤粉藉高压氮气（来自空分）送至气化炉喷嘴。输煤系统采用高压氮，目的是为了防止一旦煤粉因故停止输送，氧气倒入系统引起爆炸的危险，因而要求输煤系统的自动化连锁控制的技术水平高。

来自空分的氧气经压缩机压缩并预热后与中压过热蒸汽混合后导入喷嘴，在炉内进行上述各种转化反应。炉顶高温煤气（约1500℃），被高温气流带出的细粒灰渣具有粘结性，所以出炉煤气需与一部分冷却后的循环气混合，将其激冷至900℃左右再导入废热锅炉，产生高压过热蒸汽。经回收热量后的煤气，进一步进行干式除尘和洗涤，这样处理后含尘量>1mg/m^3 的净化煤气方可送往后续工序。

气化炉内的高温熔渣，自动流入炉下的激冷室，经激冷后形成细小玻璃体，可用作建筑材料。

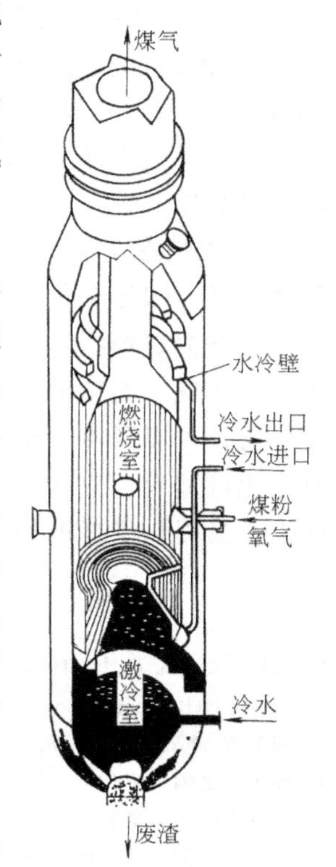

图 1-2-53　谢尔高压气化炉

由系统排出的黑水，大部分经冷却处理可循环使用，小部分经闪蒸、沉降、气提处理后送污水处理装置作进一步处理。闪蒸气可作燃料使用。

2.2.6.3　主要设备

Shell-Koppers 煤气化装置的核心设备是气化炉和废热锅炉。

该炉主要由内筒和外筒两个部分组成。内筒上部为燃烧室。下部为熔渣激冷室。因炉温高达1700℃左右，为了避免高温熔渣腐蚀及开停车时因温度和压力突变对耐火材料的应力破坏，故内筒采用水冷壁结构，在向火表面上涂有一层薄的耐火材料涂层。正常操作时依靠挂在水冷壁上的熔渣层保护金属水冷壁。

在气化炉内筒外壁和外筒之间有一层缓冲两筒压差的空隙，因而内筒仅承受微小压差。Shell 气化炉采用独特烧嘴，视气化炉生产能力大小，用4～8个烧嘴并呈中心对称分布。

废热锅炉既要耐高温高压，又要能承受煤气中的粉尘冲刷。废热锅炉设计中应慎重考虑该设备因温差大，如何减少或消除热应力的危害问题。废热锅炉内部的内件，由立式圆筒形水冷壁和若干层盘形管水冷壁组成。盘形管水冷壁各层之间密封分隔，其纵向分为若干段，采用悬挂式支撑方式。水冷壁上的积灰，可藉专设的气动冲击装置，定期振荡清除。

此外，有关气化炉与废热锅炉之间的导气管联接问题，导气管内部的水冷壁结构，气化炉和废热锅炉内部的复杂构件，设备与设备之间热膨胀等，都是 Shell-Koppers 公司通过长期摸索形成的技术秘密。

Shell-Koppers 炉的主要技术特征如下。

① 因使用纯氧、炉温高，对原料适应性强，无论是无烟煤、烟煤、褐煤、石油焦以及其它固体燃料均可用来气化。

② 炉体为一立式圆筒体，其体积比卧式橄榄形的常压 K-T 炉小得多。

③ 单炉生产能力大，目前已工业化的最大装置，气化压力为 3MPa，日处理煤量已达 2000t。

④ 炉内采用膜式水冷壁，无需笨重的耐火砖衬里，炉子维修量小。炉内无转动部件，运行周期长。

⑤ 该炉在高温高压下操作，碳转化率高达 99%以上。相对而言，产品气体更为洁净，不含重烃，CH_4 含量低。煤气有效成分（$CO+H_2$）高达 90%以上。

据有关资料报道[14,15]，Shell-Koppers 粉煤气化流程所制得的产品吨氨成本为 881.9 元，而以天然气、石脑油和渣油为原料的吨氨成本一般在 1125～1876 元。基于以上各种条件综合分析，可以预测，Shell-Koppers 煤气化技术，对于以煤原料为主用以生产合成氨的中国来说，比较适合。它为中国化肥工业将来发展，企业技术改造，以及发展清洁能源，生产其它化工产品提供了新的思路。

参 考 文 献

1 高恩元．化肥设计．1997,**35**(4):11

2 Lowry HH. Chemistry of Coal Utilization. Supplementary Volume. New York: John Wiley & Sons. Inc.,1963

3 施亚钧、陈五平编．无机物工学(一)．北京:中国工业出版社,1963

4 郭树才主编．煤化工工艺学．北京:化学工业出版社,1992

5 张成芳编．合成氨工艺与节能．上海:华东化工学院出版社,1988

6 李芳芹等编．煤的燃烧与气化手册．北京:化学工业出版社,1997

7 姜圣阶等编著．合成氨工学．第一卷(第二版)．北京:石油化学工业出版社,1978

8 陈五平主编．无机化工工艺学(一)合成氨(第二版)．北京:化学工业出版社,1995

9 方兆玕．中氮肥．1996,5

10 中国大百科全书出版社编辑部编．中国大百科全书·化工．北京:中国大百科全书出版社,1987

11 化肥工业大全编辑委员会编．化肥工业大全．北京:化学工业出版社，1988

12 侯国良．化肥设计．1998,**36**(5):16

13 高岁．化肥工业．1998,**25**(4):3

14 沙兴中、杨南星编著．煤的气化与应用．上海:华东理工大学出版社,1995.265～273

2.3 重油部分氧化法

重油是石油炼制过程中的一种产品。根据炼制方法不同，分为常压重油、减压重油、裂化重油。

常压重油是原料在接近大气压下蒸馏时的塔底产品，馏分沸点在 350℃以上。减压重油是常压重油在减压下进行再蒸馏的塔底产品，馏分沸点在 520℃以上，也称为渣油。裂化重油是减压蒸馏的某些馏分裂化加工，在塔底所得的一种产品。重油、渣油和各种深度加工所得残油，习惯上都称为“重油”。由于原油产地及炼制方法的不同，重油的化学组成与物理性质有差别，但均以烷烃、环烷烃和芳香烃为主，其虚拟分子式可写成 C_mH_n。除碳、氢以外，重油中还有硫、氧、氮等组分，若将硫计入，可写为 $C_mH_nS_r$。此外，还有微量的钠（Na）、镁（Mg）、钒（V）、镍（Ni）、铁（Fe）和硅（Si）等。

重油部分氧化是指重质烃类和氧气进行部分燃烧，由于反应放出的热量，使部分碳氢化合物发生热裂解及裂解产物的转化反应，最终获得以 H_2 和 CO 为主要组分，并含有少量 CO_2 和 CH_4（CH_4 通常在 0.5%以下）的合成气。1946～1954 年间进行了重油部分氧化的研究工作。1956年美国根据研究成果建成世界上第一座以重油为原料的部分氧化法工业装置。

目前全世界已有数百套重油部分氧化装置投产。同烃类蒸汽转化一样，重油部分氧化装置也向单系列、大型化方向发展，现在已有气化压力为8.61MPa，日产1350t氨的工业装置运行。

中国重油气化制合成气技术于20世纪60年代初开始，中期有多套中、小型常压、加压装置相继投产。近年引进了7套以重油为原料的日产1000t氨的大型装置，使中国重油部分氧化制氨生产技术提高到一个新的水平。

2.3.1 重油气化的基本原理

2.3.1.1 气化反应

重油与氧气、蒸汽经喷嘴加入气化炉中，首先重油被雾化，并与氧气、蒸汽均匀混合，在炉内高温辐射下，立即同时进行十分复杂的反应过程[1]。

重油雾滴升温气化：

$$C_mH_n(\text{液}) \longrightarrow C_mH_n(\text{气}) \quad (1\text{-}2\text{-}92)$$

气态烃的氧化燃烧：

$$C_mH_n + \left(m+\frac{n}{4}\right)O_2 = mCO_2 + \frac{n}{2}H_2O \quad (1\text{-}2\text{-}93)$$

$$C_mH_n + \left(\frac{m}{2}+\frac{n}{4}\right)O_2 = mCO + \frac{n}{2}H_2O \quad (1\text{-}2\text{-}94)$$

$$C_mH_n + \frac{m}{2}O_2 = mCO + \frac{n}{2}H_2 \quad (1\text{-}2\text{-}95)$$

气态烃高温热裂解：

$$C_mH_n = \left(m-\frac{n}{4}\right)C + \frac{n}{4}CH_4 \quad (1\text{-}2\text{-}96)$$

$$CH_4 = C + 2H_2 \quad (1\text{-}2\text{-}97)$$

气态烃与蒸汽反应

$$C_mH_n + mH_2O = mCO + \left(\frac{n}{2}+m\right)H_2 \quad (1\text{-}2\text{-}98)$$

$$C_mH_n + 2mH_2O = mCO + \left(\frac{n}{2}+2m\right)H_2 \quad (1\text{-}2\text{-}98a)$$

其它反应：

$$C_mH_n + mCO_2 = 2mCO + \frac{n}{2}H_2 \quad (1\text{-}2\text{-}99)$$

$$CH_4 + H_2O = CO + 3H_2 \quad (1\text{-}2\text{-}4)$$

$$CH_4 + 2H_2O = CO + 4H_2 \quad (1\text{-}2\text{-}4a)$$

$$CH_4 + CO_2 = 2CO + 2H_2 \quad (1\text{-}2\text{-}5)$$

$$C + H_2O = CO + H_2 \quad (1\text{-}2\text{-}59)$$

$$C + CO_2 = 2CO \quad (1\text{-}2\text{-}57)$$

$$CO + H_2O = CO_2 + H_2 \quad (1\text{-}2\text{-}8)$$

所以，重油部分氧化的反应过程是十分复杂的，整个过程都在火焰中进行。含有的少量硫、氧、氮等元素，硫则以H_2S、COS形式在气体中出现，氧以CO、CO_2、H_2O存在于气体中，氮可能生成少量HCN、NH_3等。

2.3.1.2 气化反应的化学平衡

对于复杂系统的化学平衡，如2.1一样只讨论独立反应就可以了。不计硫、氮元素的反应，在出口气体中含有CH_4、CO、H_2、CO_2、H_2O和C等六种物质，此物系由C、H、O三种元素构成，因此，只有三个独立反应，在上述反应中我们只讨论其中任意三个反应就够了。可以用以下三个反应来描述该复杂物系的化学平衡。

(1) 甲烷转化反应式（1-2-4）：

$$CH_4 + H_2O \rightleftharpoons CO + 3H_2$$

平衡常数为 $K_{p_4} = p_{CO} \cdot p_{H_2}^3 / p_{CH_4} \cdot p_{H_2O}$，即式（1-2-12）。

(2) 一氧化碳变换反应（1-2-8）：

$$CO + H_2O \rightleftharpoons CO_2 + H_2$$

平衡常数为 $k_{P_8} = p_{CO_2} \cdot p_{H_2} / p_{CO} \cdot p_{H_2O}$，即式（1-2-13）。

(3) 炭黑生成反应（1-2-10）：

$$2CO \rightleftharpoons C(s) + CO_2$$

平衡常数为 $K_{p_{10}} = p_{CO_2} / p_{CO}^2$，即式（1-2-33）。

不同温度下 K_{p_4}、K_{p_8}、$K_{p_{10}}$可由式（1-2-14）、式（1-2-15）及式（1-2-36）计算。

由已知平衡常数以及物料和热量衡算关系式就可以进行化工计算，以选择和预测最佳化的工艺参数。当重油气化在5MPa以下进行，可以忽略压力对平衡常数 K_p 的影响，在5MPa以上进行气化，应当以逸度 f 表示的平衡常数K_f代替以分压表示的平衡常数K_p。

随着压力提高，各种微量生成物含量将增加。这些微量组分的生成量可由平衡关系进行计算。图1-2-54[2]表示1700K温度下某一特定组成的重油气化时，各微量组分与压力的关系。

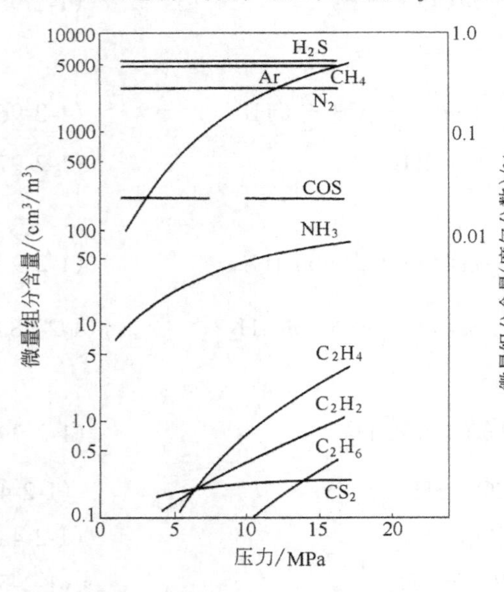

图1-2-54 1430℃、不同压力下合成气中各微量组分的含量

计算时所用原料重油组成

组分	C	H	N	S
质量分数/%	86.43	10.00	1.00	2.50

氧气组成

组分	O_2	N_2	Ar
体积分数/%	98	0.1	1.9

2.3.1.3 炭黑生成的热力学

炭黑的生成，对于重油气化操作特别重要。重油气化过程中生成炭黑不仅降低碳的利用率，而且当合成气清洗不彻底时还将覆盖在变换催化剂表面，引起催化剂活性下降并增大床层阻力。严重时还将污染下游工序的脱硫溶液和脱碳溶液，使脱碳溶液发泡泛塔，所以首先应从热力学判断炭黑生成的可能性。

与炭黑生成有关的反应为：

$$CH_4 \rightleftharpoons C + 2H_2 \qquad (1\text{-}2\text{-}9)$$

$$2CO \rightleftharpoons C + CO_2 \qquad (1\text{-}2\text{-}10)$$

$$CO + H_2 \rightleftharpoons C + H_2O \qquad (1\text{-}2\text{-}11)$$

从上述三个析炭反应的平衡常数来分析是否析炭以及计算某条件下析炭多少，其方法与2.1阐述的相同。

以单个反应能否析炭而言，例如用式（1-2-10）进行计算。根据气化压力 $p = 2MPa$，出口

温度 $T=1563\text{K}$ 计算得到的气化炉出口气体平衡组成：$y_{CO}=6.2694\text{mol}$，$y_{CO_2}=0.5914\text{mol}$，$\Sigma y_i=15.3071\text{mol}$，问气化炉出口能否析炭？

将 $T=1563\text{K}$ 代入式（1-2-36），解得 $K_{p_{10}}=3.515\times10^{-4}$，而将相应数据代入分压商 $J_{p_{10}}$，解得 $J_{p_{10}}=1.15\times10^{-2}$ $\left(J_{p_{10}}=p_{CO_2}/p_{CO}^2=\dfrac{y_{CO_2}}{y_{CO}^2}\cdot\dfrac{\Sigma y_i}{p}\right)$，因 $J_{p_{10}}>K_{p_{10}}$不能生成炭黑。而在温度变化过程中于何处能生成炭黑则需进行不同温度条件下 $K_{p_{10}}$的计算。其结果如下：

T/K	1563	1500	1400	1300	1200	1100	1000
$K_{p_{10}}\times10^4$	3.515	6.100	16.500	49.400	191	933	6310

作 $K_{p_{10}}$-T 曲线，在 $K_{p_{10}}$坐标上截取 $J_{p_{10}}=0.0115$ 与曲线相交，交点对应的温度（$T=1240\text{K}$），就是上述气体组成按平衡计算生成炭黑的最高温度。根据同样方法也可以计算温度降至某值时析出炭黑的数量。

2.3.1.4 重油气化反应速率[3]

重油气化是火焰型反应，进行反应速率的研究工作难度较大。碳氢化合物与氧进行的燃烧反应，一般都是瞬间反应，而气化的几个主要反应如式（1-2-1）、（1-2-6）等，至今尚无公认的动力学方程。但是一般认为，高温下 CO 变换反应是快速的，在气化炉出口 1300～1350℃高温下易于接近平衡，通常计算中取变换反应平衡温距为 25～30℃。值得注意的是，由一些高压（6MPa，8.53MPa）重油气化设计资料所提供的数据进行反算，所得到的 CO 变换平衡温距却高达 100～200℃。CH_4 转化进行较慢，必须在反应区停留一定时间，才能达到特定平衡温距的“平衡”。因此，以气化炉出口状态计算的停留时间，一般不少于 2.5s，而且随着气化压力的提高停留时间要相应增长。反算结果表明，有的气化炉停留时间长达9～13s。

有人借用烃类蒸汽转化的平衡温距概念，对重油气化反应速度作粗略描述。因平衡温距是在一定温度、压力和停留时间条件下测得的，故在宏观上包含了反应速率的含义。但是至今还缺少各种气化压力下相应于特定气化温度及停留时间的系统的平衡温距数据。有人对生产数据反算得到：常压、1.9MPa 和 3MPa 下气化，CH_4 转化平衡温距分别为 500～600℃，300～350℃和 170℃左右。

2.3.2 重油部分氧化的工艺条件

在上节所述的反应中，重油升温气化、裂解以及与水蒸气的反应为吸热反应，与氧气的反应为放热反应，而气化反应在总体上是摩尔数增加的反应。以下分别讨论温度、压力、氧油比及蒸汽油比等对于重油气化反应的影响。

2.3.2.1 温度

一般认为甲烷与蒸汽及碳与蒸汽的转化反应是重油气化的控制步骤。这两个反应又都是可逆吸热反应，因而提高温度可以提高甲烷与碳的平衡转化率。由图 1-2-55 可见，甲烷含量随温度的提高而迅速降低。在 3MPa、1300℃时甲烷的平衡含量已趋近于零。但实际生产结果并非如此，由于动力学的原因，合成气中甲烷含量远远超过该条件下的平衡含量。

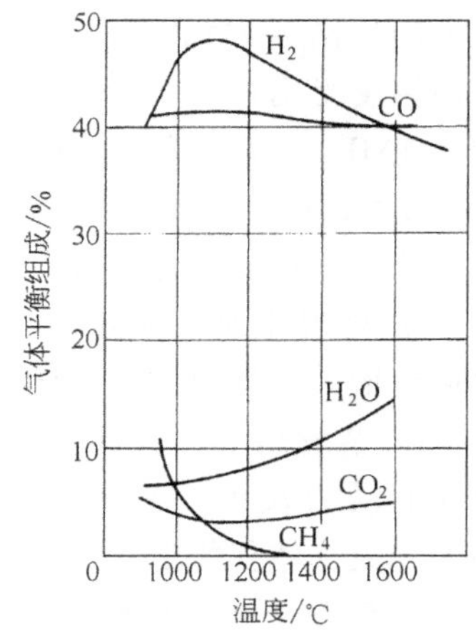

图 1-2-55 3MPa 下气体平衡组成与温度的关系

游离碳与 CO_2 的转化反应，即式（1-2-10）的逆反应：

$$C + CO_2 \rightleftharpoons 2CO - Q$$

反应向右是吸热反应。从热力学分析，提高温度有利于向右的除炭反应。上节计算也表明，在气化炉出口条件下从热力学上看是不应该析炭的。据此，有人认为，炭黑并不是由式（1-2-9）～式（1-2-11）等反应析出的，而是高碳烃在反应最初瞬间的裂解产物，由于动力学原因来不及转化而被生成的气体带走。

从反应速率方面分析，提高温度有利于加快甲烷和炭黑的转化反应，对降低合成气中甲烷和炭黑含量也是有利的。

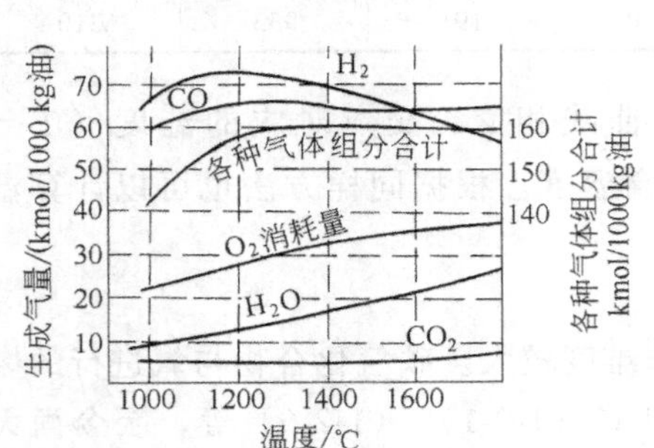

图 1-2-56　3MPa 下气体产量与温度关系

生产操作中提高气化温度效果极为显著。某厂将气化炉出口温度 1280℃ 提高 20～30℃，甲烷及炭黑含量明显下降。目前国内工厂为保护炉衬和喷嘴，气化炉出口温度很少超过 1300℃。提高炉温还要考虑氧气消耗指标，因为提高炉温是通过提高氧油比达到的。如图 1-2-56 所示，随炉温提高氧耗量增加，这是不利的一面。

由图 1-2-56 可见，有效气体（$CO+H_2$）产量［即 1000kg 重油产物的氢及一氧化碳 kmol（或 m^3）数之和］随温度提高而增加，达某一最大值后开始下降。这是由于随着温度的提高而促进转化反应的有利因素和燃烧反应产生二氧化碳和水蒸气等不利因素消长的结果。图 1-2-25 中氢、一氧化碳、二氧化碳含量的变化可以由甲烷转化、一氧化碳变换反应随温度的变化来说明。

2.3.2.2　压力

重油气化是体积增大反应，所以从热力学观点看，提高压力是不利的。但是提高压力使反应物含量增加，对加速反应又是有利的。

由图 1-2-57 可以看出，甲烷平衡含量随压力的提高而增加。但这一不利影响可以由提高温度得到补偿。如图所示，压力（绝对）为 8.1MPa、温度为 1300℃ 时甲烷的平衡含量约 1%，而 1400℃ 时约为 0.32%。

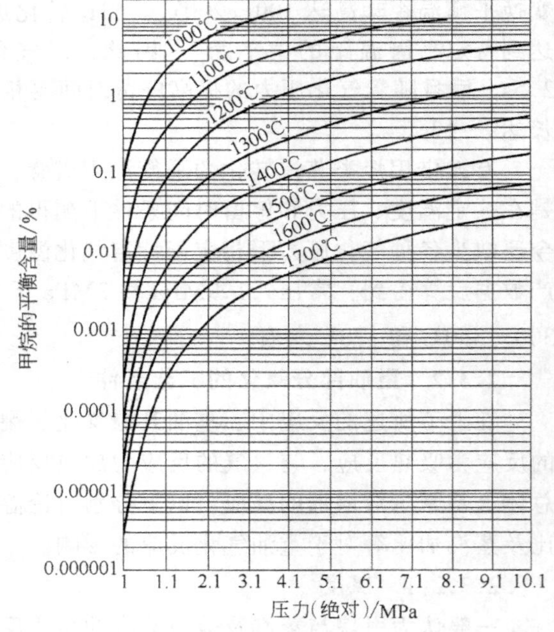

图 1-2-57　不同压力下合成气中甲烷的平衡浓度

此外，加压气化还有下列优点：

① 随着压力的提高，气化炉生产强度成比例地增大，从而可缩小设备容积。

② 节省动力　将重油加压到气化压力所消耗的动力较少，而氧气用量（以体积计）约为合成气体积的 1/4，因而加压气化比常压气化（将合成气加压到气化压力）可节省 3/4 左右的动力。再加上加压变换，则节省的动力就更多了。

③ 加压气化有利于清除炭黑。以激冷流程为例，常压气化水洗后炭黑含量为 $40mg/m^3$，而在压力（绝对）1MPa 和 5MPa 下气化，水洗后炭黑含量分别为 2 和 $0.25mg/m^3$。

④ 加压气化对下游工序的脱硫、脱碳也是有利的。生产数据表明，在常压至 3MPa 气化的氧耗量随压力提高而降低，这主要是设备体积缩小，热损失降低的缘故。同时随着压力的提高有效气体含量和产量增加，而甲烷含量、炭黑含量、消耗定额却降低。这是由于加压使氧、蒸汽的密度及它们的含量增大，提高了雾化质量，改善了气化条件的结果。

若继续提高气化压力（绝对）至 12MPa 则合成气中甲烷含量将增到 1.2%～1.3%，并且炭黑含量也将增加，这是进一步提高气化压力需要解决的一个问题。此外，由于加压使气体密度增大、系统阻力提高，并且对设备的要求也更苛刻。因此，选择气化压力需从全系统的技术经济效果来考虑。

2.3.2.3　氧油比

氧油比（m^3O_2/kg 重油）对重油气化有决定性影响，氧耗又是主要经济指标。因此，氧油比是控制生产的主要条件之一。

重油部分氧化可将式（1-2-95）作为生成合成气的总反应式。

理论氧油比为原子比 O/C＝1，相应的氧理论消耗量与重油组成有关，约为$0.8m^3O_2/kg$ 重油。由式（1-2-95）可以算出合成气的理论产量。由于 CH_4 及 C 的转化反应进行较慢，合成气中仍含有第一阶段燃烧反应的产物 CO_2 和 H_2O。其次，按理论量供氧，合成气温度可高达 1700℃ 以上，即使是抗高温性能最好的刚玉砖也不能承受，因此需加入一定量的水蒸气作为缓冲剂，以调节温度和改善重油雾化条件。水蒸气中的氧可以代替部分氧气，从而降低了氧耗。操作良好时，氧油比可以小于理论值，但计入水蒸气中的氧后，则 O/C 比在 1.15～1.30 之间。

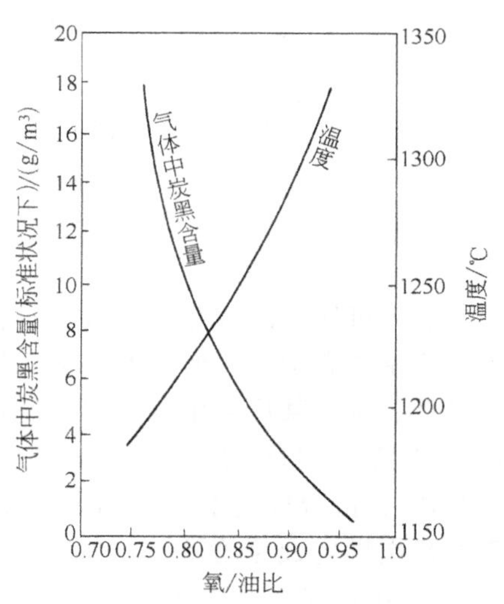

图 1-2-58　氧油比与温度及气体中炭黑含量的关系

由常压试验结果可以看出：

① 如图 1-2-58 所示，在一定的蒸汽/油比下，温度随氧油比的提高而急剧上升，因而合成气中炭黑含量迅速下降。

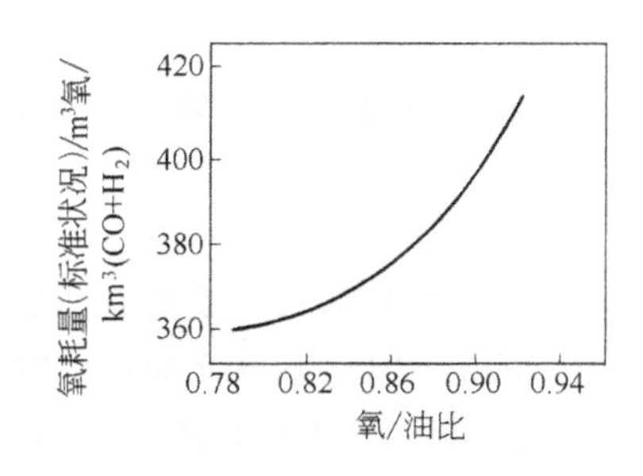

图 1-2-59　氧油比与耗氧量的关系

② 如图 1-2-59 所示，氧耗量随氧油比的增加而提高，当氧油比超过一定值以后，氧耗量急剧上升，这是由于燃烧反应消耗了有效气体，使有效气体产量急剧下降所致。

至于气体组成的变化规律与图 1-2-55 极其相似，因为氧/油比提高，本质上是提高了气化温度。

需要指出，工业生产上曾多次发生氧油比过高（工业上称为“穿氧”）烧熔气化炉衬里的恶性事故。原因大多是检测仪表的虚假指示。所以操作中除需注意观察仪表指示外，尚需注意气体成分等的变化作为参考。如有异常，作出判断后应果断采取措施，否则，由于火焰型反应特性，几秒钟内即可将炉衬烧熔。

2.3.2.4　蒸汽/油比

重油部分氧化过程加入蒸汽，不仅是作为氧化剂与各种烃类进行反应，而且还可起到缓冲炉温和抑制炭黑生成的作用。加入量的多少，生产中用蒸汽油比的大小来表示。

蒸汽/油比（kg 蒸汽/kg 重油或 kg 蒸汽/t 重油）与合成气的组成及产气量关系如图 1-2-60 所示。

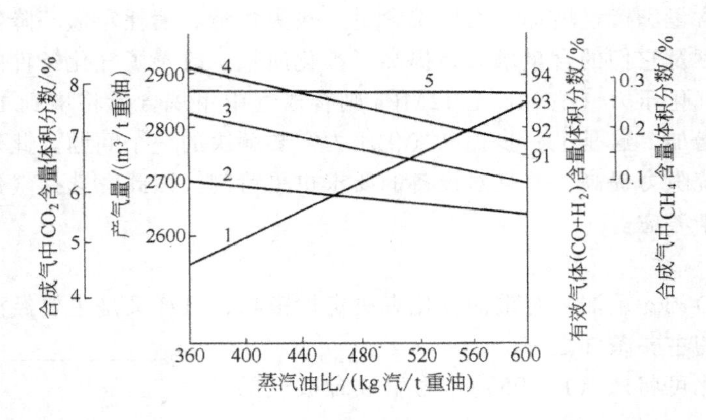

图 1-2-60　蒸汽油比对重油气化反应的影响

1—合成气中 CO_2 含量/%；2—有效气产量/m^3/t 油；

3—合成气中 CH_4 含量/%；4—有效气成分/（$CO+H_2$）%；

5—干气产量/m^3/t 油

从图可知，随着蒸汽/油比的增大，气体中 CH_4 含量减少，而 CO_2 含量增加。虽然总的干气产量稍有增加，但有效气体产量反而略微减少。降低蒸汽/油比可以减少汽耗，但是不能过低。例如某厂采用废热锅炉流程，由于给水泵压力低，无法提高废热锅炉出气压力，喷嘴供汽量受到限制，蒸汽/油比只有 200～300kg 蒸汽/t 油。所以，虽然气化压力为 1.3MPa，但合成气中 CH_4 含量却高达 0.6%～1%，而 CO_2 含量却降到 2%～3%。最为严重的是炭黑生成率竟高达 7%，可见选择适宜蒸汽/油比是十分重要的。国内各厂通常取 400～500kg 蒸汽/t 重油。

2.3.2.5　*原料油中杂质的影响*

(1) 含硫量的影响

计算表明，含硫量增加时，干气及有效气体产量下降。硫不仅消耗 H_2 及 CO 生成 H_2S 和 COS，而且也增加下游净化工序的负荷并加剧设备和管道的腐蚀。

(2) 原料油中 C/H 比的影响

当炭黑最终返回到原料油中时，C/H 比将提高。此时干气、有效气体产量下降，CO 含量提高，H_2 含量下降。而用轻质原料油则相反。

(3) 原料油中水含量的影响

水并非人为加入，而是原料油中带来的。例如，以水洗炭黑后用重油萃取生成的重油炭黑浆作为气化原料时，不可避免含有一定水分。有水就等于加入蒸汽，但耗氧量比加蒸汽时会更大些。生产中需注意，因为通常以体积计算油量、氧量和氧/油比，油中水含量增加，油流量及氧/油比指标虽然不变，实际上氧/油比是增加了。如不注意调节则有超温的危险，生产中曾发生过事故，若能采用氧/油比及炉温串级调节可减少此类事故的发生。

2.3.3　工艺流程[3～5]

重油部分氧化法制取合成气（$CO+H_2$）的工艺流程由四个部分组成：原料油和气化剂（氧和蒸汽）的预热；油的气化；出口高温合成气的热能回收；炭黑清除与回收。

按照热能回收方式的不同，分为德士古（Texaco）公司开发的激冷工艺与谢尔（Shell）

公司开发的废热锅炉工艺。这两种工艺的基本流程相同，只是在操作压力和热能回收方式上有所不同。也有以清除合成气中炭黑工艺不同而分为水洗、油洗和石脑油、重油萃取等多种流程。

2.3.3.1 德士古激冷流程

图 1-2-61 为典型的德士古重油部分氧化激冷工艺流程。

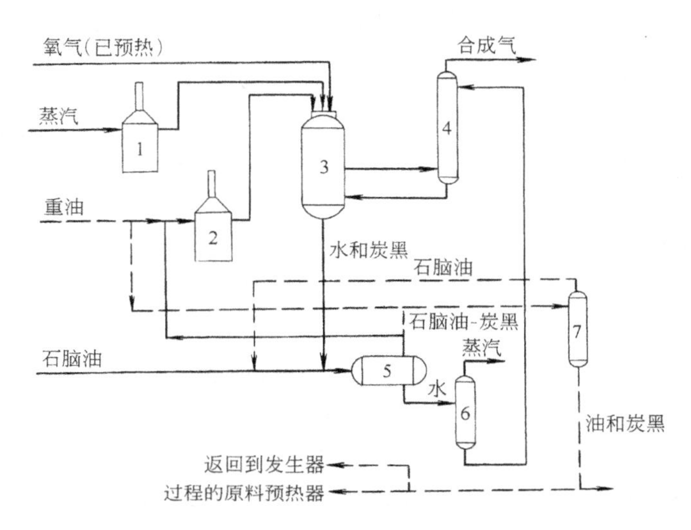

图 1-2-61 德士古激冷工艺流程

1—蒸汽预热器；2—重油预热器；3—气化炉；4—水洗塔；5—石脑油分离器；6—气提塔；7—油分离器

原料重油及由空气分离装置来的氧气与水蒸气经预热后进入气化炉燃烧室，油通过喷嘴雾化后，在燃烧室发生剧烈反应，火焰中心温度可高达 1600～1700℃。由于与甲烷蒸汽转化等吸热反应的调节，出燃烧室气体温度为 1300～1350℃，仍有一些未转化的碳和原料油中的灰分。在气化炉底部激冷室与一定温度的炭黑水相接触，在此达到激冷和洗涤的双重作用。然后于各洗涤器进一步清除微量的炭黑到 1mg/kg 后直接去一氧化碳变换工序。洗涤下来的炭黑水送石脑油萃取工序，使未转化的碳循环回到原料油中实现碳的 100％转化。

热水在激冷室迅速蒸发，获得大量饱和蒸汽，可满足一氧化碳变换之需，这就必须要求原料油为低硫重油，以使合成气中硫含量为常规变换催化剂所允许。如硫含量较高，可采用耐硫变换催化剂。总之，激冷流程不允许因脱硫而在变换前继续降温，否则在激冷室中以蒸汽状态回收的大量热能，将在降温过程中转化为冷凝水。

激冷流程具有如下特点：工艺流程简单，无废热锅炉，设备紧凑，操作方便，热能利用完全，可比废热锅炉流程在更高的压力下气化。不足之处是高温热能未能产生高压蒸汽，要求原料油含硫量低，一般规定 S＜1％，否则需用耐硫变换催化剂。

2.3.3.2 谢尔废热锅炉流程

图 1-2-62 为典型的谢尔重油部分氧化废热锅炉工艺流程。

原料重油经高压油泵（图中未示出）后压力升至 6.9MPa，预热至 260℃左右与预热后的氧气和高压过热蒸汽混合，约 310℃的混合气进入喷嘴，进入气化炉进行气化反应，生成含（$CO+H_2$）90％～92％的合成气。

从气化炉出来的高温气体进入火管式废热锅炉回收热量后，温度由 1300℃降至 350℃通

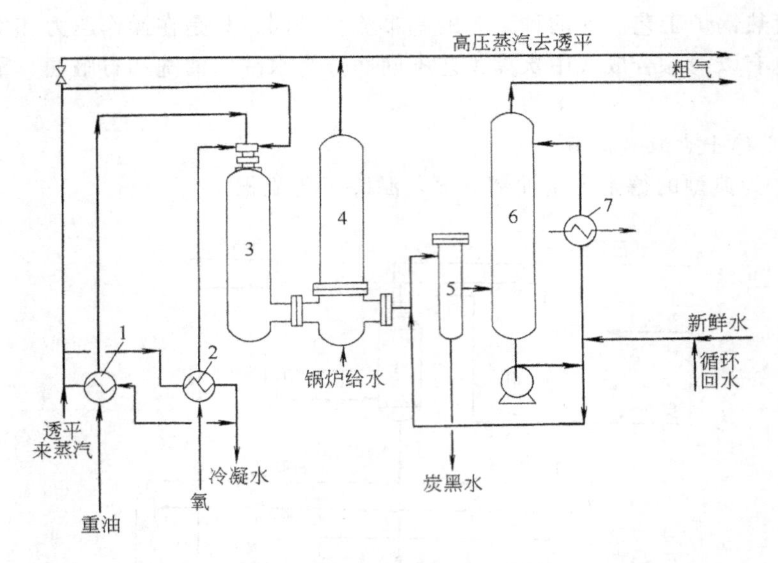

图 1-2-62 谢尔废热锅炉工艺流程

1—重油预热器；2—氧预热器；3—气化炉；4—废热锅炉；
5—炭黑捕集器；6—冷凝洗涤塔；7—水冷却器

过炭黑捕集器、洗涤塔将大部分炭黑洗涤和回收后离开气化工序去脱硫装置。

废热锅炉壳程产出 10.5MPa 蒸汽。

废热锅炉流程具有如下特点：A. 利用高温热能产出高压蒸汽，使用比较方便灵活，特别是喷嘴所需要的高压蒸汽缺乏汽源时，采用废锅流程自供蒸汽就更为有利。B. 对原料重油含硫量无限制，下游工序可采取先脱硫、后变换的流程。不足之处是废热锅炉结构复杂，材料及制作要求高，故目前工业上气化压力限于 6MPa 以下。

现将日产 1000t 氨的德士古激冷流程与谢尔废热锅炉流程的技术经济技术列于表 1-2-23。

表 1-2-23 日产 1000t 氨的激冷流程与废热锅炉流程的技术经济指标

指标		激冷流程	废热锅炉流程
操作条件	压力/MPa	8.53	6
	气化炉出口温度/℃	1350	1300～1400
	氧油比/(m^3/kg)	0.76	0.75
	蒸汽油比/(kg/kg)	0.295	0.35
原料油组成质量分数/(%)	C	86.3	85.7
	H	12.6	12.1
	O	0.42	0.3
	N	0.4	0.5
	S	0.2	1.3
	灰分	0.08	0.11
合成气组成体积分数/%	H_2	48.34	47.98
	CO	48.05	48.03
	CO_2	2.98	2.94
	H_2S+COS	0.05	0.29
	CH_4	0.5	0.27
	N_2	0.1	0.13

续表

指 标		激冷流程	废热锅炉流程
有效气产率	$(CO+H_2)m^3/kg$	3.01	2.98
单 耗	原料油 kg/m^3	0.332	0.326
	氧气 m^3/m^3	0.256	0.254
气化效率	$\frac{(CO+H_2)热值}{原料油热值}\times 100\%$	82.13	83.13

2.3.3.3 炭黑回收流程

重油气化过程不可避免地会有炭黑生成。所谓“炭黑”，实际上是由一定量的灰分、金属（主要是 Ni、V、Na、Fe）氧化物等杂质组成的固体颗粒，例如某厂炭黑的组成（%）：

C 92.3～93.4；　H 0.35～1.05；　S 0.27～0.59；　灰分 0.36～4.64。

由于炭黑颗粒很细（大部分为 0.1μm），比表面积大（100～1200m^2/g），用过滤的方法脱除是很困难的。但炭黑既有亲水性，又有亲油性。因此，可以利用这些性能，通过水洗或油洗方法把原料气中炭黑含量降至 1×10^{-6}以下。

工业上处理炭黑的方法有德士古的石脑油萃取法和炭黑过滤[8]法，谢尔的重油萃取炭黑造粒法等。

图 1-2-63 为石脑油萃取炭黑流程。

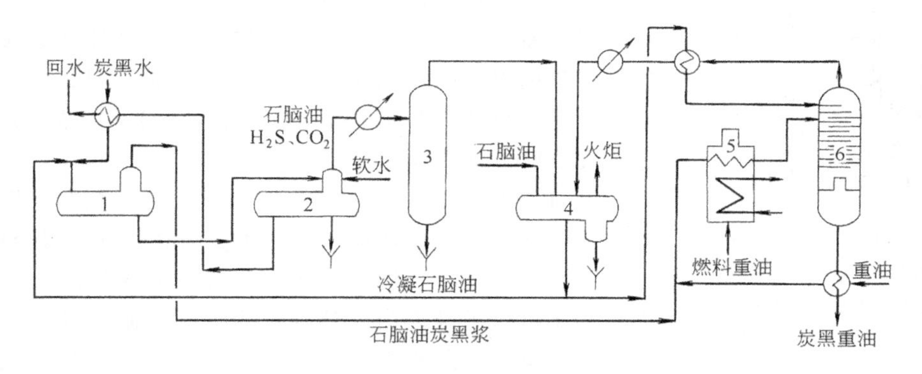

图 1-2-63　石脑油萃取炭黑流程

1—萃取分离器；2—脱气器；3—分离器；4—混合器；5—加热器；6—石脑油蒸馏塔

炭黑的萃取过程是气化炉激冷室出来的炭黑水经换热器冷却后，与石脑油混合进入卧式萃取分离器。从萃取分离器底部出来的水去脱气器减压闪蒸，在脱气器底部得到纯净清水。脱气器顶部冷凝为含水石脑油，经分离器分出石脑油，送混合器作循环萃取之用。在萃取分离器中石脑油将炭黑从炭黑水中萃取出来，生成石脑油炭黑浆。而后，向石脑油炭黑浆中加入适量的原料重油，经加热则轻质烃及夹带的水分汽化，然后将这多相物料送入石脑油蒸馏塔进行分离，炭黑随重质油形成炭黑重油（含水少于 5%）返回气化炉，而石脑油从塔顶出来经冷却、冷凝后进混合器又去处理炭黑水进行循环萃取。

萃取炭黑时，操作的关键是调整石脑油的加入量及差压调节阀的最佳压力降值，寻找排出水同 V、Ni 等与灰分含量的最高点，以保证系统中灰分和 V、Ni 不积聚。虽然石脑油用量较多，能更完全地萃取炭黑水中的炭黑，但也带来石脑油循环量增大，增加动力消耗，故用量不宜过多。此外，石脑油中炭黑含量不应超过4%，超过此值后，石脑油炭黑浆的粘度增大甚多，不利输送，且对分离器两相分离不利，容易乳化，影响萃取效果。石脑油用量一般为炭黑量的20～40倍。

2.3.4 主要设备

重油部分氧化主要设备有气化炉、废热锅炉、洗涤器等，炭黑回收装置有石脑油蒸馏塔等。

2.3.4.1 气化炉

气化炉为重油部分氧化法的核心设备。钢制压力容器，内衬耐火材料以承受高温，按用途分为带激冷室的气化炉和连接废热锅炉的气化炉。

(1) 带激冷室的气化炉（图1-2-64）[9]

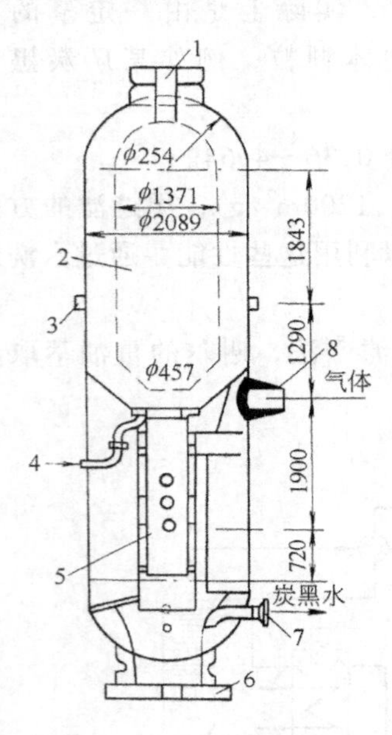

图1-2-64 德士古气化炉
1—喷嘴装入口；2—燃烧室；3—热电偶插入孔；4—激冷室水入口；5—激冷室；6—底部导淋；7—炭黑水出口；8—气体出口

顶部设置喷嘴孔，上部为燃烧室，下部为激冷室。

① 燃烧室。外壳用Cr-Mo合金钢结构，内部砌有耐火材料的保温衬里，共分四层。最内层与高温气体的火焰相接触，受辐射冲刷，故采用纯刚玉砖（含99.58% Al_2O_3），第二层采用高铝空心球隔热砖（含97.5% Al_2O_3），第三层采用泡沫粘土保温砖，最外面与钢壳结合处贴一层氧化铝纤维毡以作为热膨胀余量。在每层砖相邻处贴一层防湿纸，以保证砖层间不与泥浆粘接在一起。拱顶用刚玉砖砌筑，接着浇注耐火材料捣实，用以填充高温侧拱顶砖背面的不规则间隙。

燃烧室有效容积约4.5m³，炉膛截面气体线速度0.7m/s，气体在炉内停留时间为4.5s。外壳设计温度427℃，考虑到氢腐蚀问题，材质选用Cr-Mo合金钢，直筒部厚度74mm，外壳壁温在200～250℃。

② 激冷室。下部是一个水浴。激冷室的结构应以如何使气液相接触面积大、传热速度快为主，同时兼顾炭黑分离。

高温（1200～1350℃）气体从燃烧室喉部以4.8～6m/s速度进入激冷室下降管内，管内壁为一层由激冷环均匀分配下来的水膜所覆盖。此水膜的作用，一是增加气液接触面积，二是使下降管免受高温。

气体在水中以鼓泡形式上升，被冷却到蒸汽饱和温度。大量的水被加热蒸发为高压蒸汽与合成气一起从上部引出，所含有的大部分炭黑被水洗下，引出送炭黑回收系统。

激冷环是下降管的水分配器，直接与高温气体接触，工作条件非常恶劣，是气化炉最易损坏的部件。虽然激冷环选用Incolloy 800材质，国外某厂在四年多的操作中烧坏13次，一般寿命4～6个月。除由高温烧坏外，与原料油中的S、V和Ni的含量有关，当原料油中S>0.1%，就有腐蚀发生，V与Ni含量太高，如100mg/kg以上时，因V、Ni在燃烧室中是以液相渣存在，易在激冷环壁上附着；使环变脆而破裂，特别是开停车次数多的情况，对激冷环更有严重影响。

除此之外，运行过程还出现过严重结渣问题，造成炉出口截面积缩小。其原因是萃取炭黑用的石脑油含有不饱和烃太多，原料油中的灰分和金属在高温、高压下同耐火砖反应，生成比砖的耐火度低500℃左右的Al-Ca共熔物，也有成φ1～3mm的金属小球，这些杂质逐渐降落沉积在炉分离器底部，引起堵塞。

（2）与废热锅炉连接的气化炉（图 1-2-65）

谢尔气化炉与废热锅炉组合成一体，气化炉内衬两层耐火材料，内层为耐火砖，外层为低温砖。废热锅炉是回收高温热能的关键设备，其特点是操作温度高，传热强度大，合成气中所含的炭黑容易附在管壁。

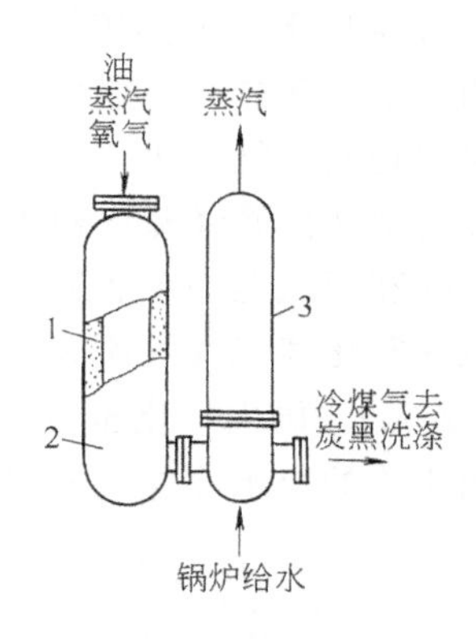

图 1-2-65　谢尔气化炉简图
1—耐火材料衬里；2—燃烧室；3—废热锅炉

废热锅炉的型式有螺旋管式和列管式。前者优点为结构简单、维修方便、能自由伸缩、气体分配均匀，不足之处是阻力大。后者优点为阻力小，但由于热补偿器的结构复杂，且受机械制造的限制，不能用于规模大的工厂。

为防止气化炉壳体在耐火衬里一旦被烧穿时受到损坏，目前国内外采用了两种办法：一是在壳体中的上部设置水夹套，用水循环冷却炉壁；一是在炉外壳表面涂上变色漆，当壁温超高时，有颜色变化显示。同时在炉外壳设置一定数量的表面温度计，一旦超温便自动报警。

2.3.4.2　喷嘴

喷嘴是重油气化的关键设备。它的雾化性能好坏直接影响到气化工艺的优劣。喷嘴的寿命以及运转是否稳定可靠直接影响到气化的技术经济指标。此外，火焰的刚性、直径和长度影响到气化炉的寿命。因此，对于喷嘴的设计、制造、安装和调试应给予特殊重视。

（1）重油气化对喷嘴的要求

① 雾化性能好。操作平稳可靠，负荷调节范围宽；

② 气化反应好。合成气中甲烷、炭黑含量少，可降低下游工序的负荷和合成系统放空量。在废热锅炉流程中可减轻废热锅炉的堵塞程度；

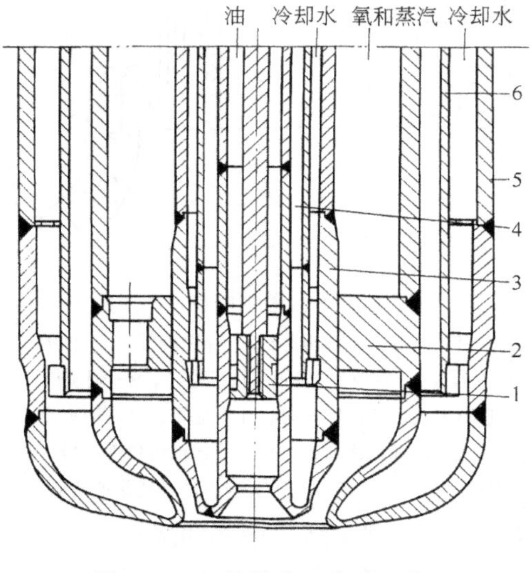

③ 寿命长。能保证长时间连续运转，避免频繁开停车的消耗；

④ 动力省。在一定气化压力条件下，要求较低的氧、油、蒸汽的初压力以节省压缩功耗。

至于一定的雾化角、足够长的火焰黑区、良好的火焰刚度和适宜的火焰长度均可看做是确保不烧坏炉衬和喷嘴，又能使气体在炉内均匀流动的重要条件。

图 1-2-66　外混式双水冷双套管喷嘴头部示意图
1—油雾化器；2—氧和蒸汽分布器；3—内喷嘴；4—内部冷却水折流筒；5—外喷嘴；6—外部冷却水折流筒

（2）喷嘴的结构及型式[7]

喷嘴一般由三部分组成：A. 原料重油和气化剂通道（有时油汽混合走一个通道，有时氧-蒸汽走一个通道，有时油、氧、汽分别走各自的通道）；B. 内外喷头及调节机构，这是喷嘴的关键部位；C. 冷却水套，分为单水冷（只设内水夹套）和双水冷（设外水夹套及内水夹套）。

国内目前通用三种喷嘴。一是适用于低压

（1MPa 以下）下操作的三套管喷嘴。重油走中心管，蒸汽走中间环管，氧气走外环管。重油在中心管端部经垂直小孔（ϕ2～3mm）喷出，并被蒸汽旋转切割。在端部喷口处再经反向旋转的氧气雾化。二是在较高压力下操作带文氏管的二次气流雾化双套管喷嘴。重油首先在前部文氏管经蒸汽初步雾化，流经中心管再经环隙喷出的氧气流在喷口处进一步雾化。由于油和蒸汽走一个通道，另有氧环隙通道，故称为双套管喷嘴；三是适用高、低压的，一次机械雾化和二次气流雾化的双水冷、外混式（蒸汽与氧在嘴外混合并预热）双套管喷嘴（图 1-2-66）。国内气化压力在 2MPa 以上者均采用此种喷嘴。它还有一种改型喷嘴，即去掉了内水冷的单水冷外混式双套管喷嘴。

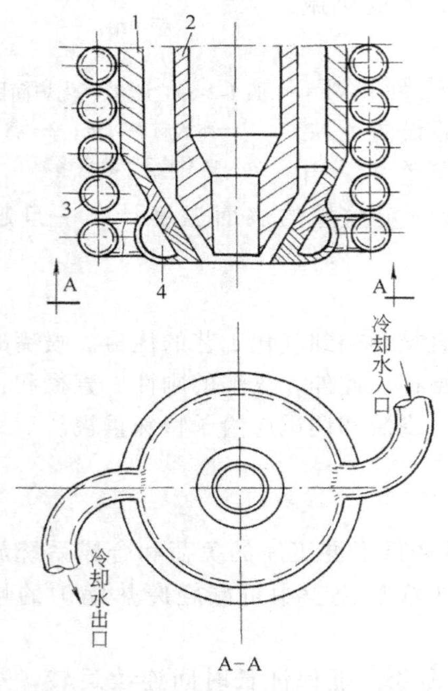

图 1-2-67　蒸汽-油外混式双套管喷嘴

1—外套管；2—内套管；
3—冷却水管；4—冷却室

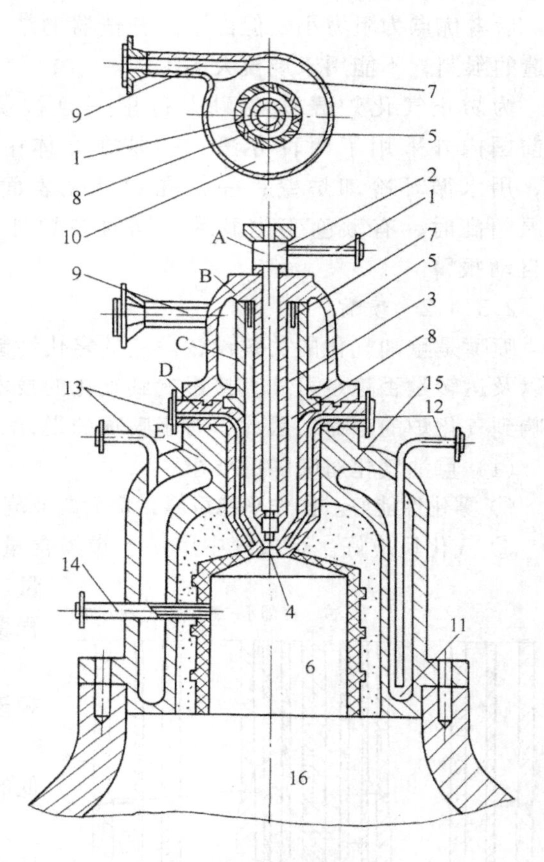

图 1-2-68　谢尔喷嘴

1—重油入口管；2—供油端部；3—喷嘴内管；4—油喷口；5—衬环；6—反应室；7—斜挟形槽口；8—蜗旋槽；9—氧气-蒸汽入口管；10—蜗状环形空间；11—炉头冷却夹套；12—冷却水进口管；13—冷却水出口管；14—热电偶插孔；15—喷嘴冷却水夹套；16—气化炉顶部

图 1-2-67 为德士古公司开发的喷嘴，其特点是与一个特殊的预热炉相配合。中心管通氧气，套管内通油和蒸汽的混合物。中心管 ϕ27.2mm，外部有冷却水夹套和冷却水蛇管，生产能力为 700t/d，正常生产时为 500t/d。近来有的工厂取消了预热炉而使蒸汽-油混合物直接进入喷嘴的环管，据报道效果良好。喷嘴结构越简单越好，可以避免结焦堵塞和烧坏。

喷嘴端部材料为 Inconel 600，抗高温氧化性能良好，但在高温下合金中的镍和原料油中的硫，易于在晶间生成 NiS，导致喷嘴端部受腐蚀，使用寿命只有三个月，目前已改用 Co 基合金，具有良好的耐磨性和耐热冲击性，对硫、钒也有强的耐蚀性能，抗硫性能尤为显著，是较为理想的喷嘴端部材料[8]。

图 1-2-68 为谢尔公司开发的喷嘴，其结构比较复杂，包括五个部件：A. 喷嘴的供油端

部；B. 油的通道、氧-蒸汽混合物通道和蜗壳室外壁；C. 构成蜗壳室的内衬环；D. 喷嘴下部的环形水夹套；E. 带有水夹套的反应室。

重油从喷嘴的入口管进入，沿喷嘴内管下行，在油喷口雾化喷出，而氧与蒸汽混合物从入口进入蜗壳环形空间，然后由顶部的斜狭槽口旋入带有蜗型槽沟的环形通道至外喷口处，与内喷口喷出的油雾相遇，而后入反应室进行反应。

参 考 文 献

1 姜圣阶等编著．合成氨工学·第一卷(第二版)．北京:石油化学工业出版社，1978,350～351

2 斯拉克,A.V.，詹姆斯,G.R.，合成氨．第一分册(中译本)．北京:石油化学工业出版社，1977:217

3 Eastman D., *Ind. Eng. Chem.*, 1956, **48**(7):1118～1122

4 Labine RA. *Chem. Eng*. 1959, **66**(44):122～125

5 Strelzoff S. Technology and Manfacture of Ammonia. New York: John Wiley & Sons Inc., 1981.173～174

6 Ter. Harr I W. *CEER*. 1973, **5**(12):22～28

7 同[1].409

8 玄恩锋．大氮肥．1996, **19**(1):73～74

9 丁振亭．氮肥设计．1990,(2):23～24

2.4 一氧化碳变换

各种方法制取的原料气都含有 CO，其体积分数一般为 12%～40%，现在利用 CO 变换反应式（1-2-8）在不同温度下分两步进行，第一步是高温变换（简称高变。国内称中温变换，简称中变）使大部分 CO 转化为 CO_2 和 H_2，第二步是低温变换简称低变，将 CO 含量降到 0.3%左右。因此，CO 变换既是原料气制造的继续，又是净化的过程：

$$CO + H_2O \rightleftharpoons CO_2 + H_2 \tag{1-2-8}$$

20 世纪 60 年代以前，高温变换采用铁铬催化剂，60 年代以后，随着脱硫技术的进展，气体中总硫含量降到 $0.1cm^3/m^3$ 以下，采用铜锌催化剂。70 年代以后，对渣油、煤为原料的变换过程采用钴钼系耐硫变换催化剂。80 年代以来，开发成功各种节能合成氨工艺，例如以天然气为原料的凯洛格低能耗流程、布朗流程和 ICI-AM-Ⅴ流程都是降低一段转化过程水/碳比的节能流程。为了防止铁铬催化剂中氧化铁被过度还原为金属铁和碳化铁，产生费-托（Fischer-Tropsch）副反应，国外一些公司又研制出适应低汽/气的铁铬改进型高变催化剂。国内开发成功耐硫的宽温变换催化剂，相当多的中小型合成氨装置已在流程上使用中变串低变和全低变工艺。

2.4.1 变换反应热力学

2.4.1.1 热效应

式（1-2-8）是一个放热的可逆反应，反应的热效应视 H_2O 的状态而定，如为液态水，则是微吸热反应，如是水蒸气则为放热反应，通常都以水蒸气为准。

变换反应的标准反应热 $\Delta H_{298}^{\ominus}$（0.1MPa，25℃），可以用有关的标准生成热数据进行计算

$$\begin{aligned}\Delta H_{298} &= (\Delta H_{298,CO_2}^{\ominus} + \Delta H_{298,H_2}^{\ominus}) - (\Delta H_{298,CO}^{\ominus} + \Delta H_{298,H_2O}^{\ominus}) \\ &= (0 - 94052) - (-26416 - 57798) \\ &= -41.19kJ/mol\end{aligned}$$

放热反应放出的热量随温度的升高而降低。不同温度下的反应热可用下式计算

$$\Delta H = \Delta H_{298}^{\ominus} + \int_{298}^{T} \Delta C_p \mathrm{d}T \tag{1-2-100}$$

根据式（1-2-100）计算，得到不同温度下的反应热如表 1-2-24 所示。

表 1-2-24　变换反应的反应热

温度℃	25	200	250	300	350	400	450	500
ΔH/kJ/mol	-41.19	-40.07	-39.67	-39.25	-38.78	-38.32	-37.86	-37.30

2.4.1.2　变换反应的化学平衡

一氧化碳与水蒸气共存的体系，是含有 C、H、O 三个元素的体系。从热力学角度，不但可能进行式（1-2-8）的变换反应，而且还可产生其它反应，如

$$CO + H_2 \rightleftharpoons C + H_2O \tag{1-2-11}$$

及式（1-2-4）的逆反应　　$CO + 3H_2 \rightleftharpoons CH_4 + H_2O$

但是，由于所用催化剂对反应式（1-2-8）具有良好的选择性，可抑制其它反应的发生。

（1）变换反应的平衡常数

由于 CO 变换反应是在常压或压力不甚高的条件下进行的，故计算平衡常数时，各组分用分压表示已足够准确。

$$K_p = \frac{p_{CO_2} \cdot p_{H_2}}{p_{CO} \cdot p_{H_2O}} = \frac{y_{CO_2} \cdot y_{H_2}}{y_{CO} \cdot y_{H_2O}} \tag{1-2-101}$$

$$\lg K_p = \frac{3994.704}{T} + 12.220227\lg T - 0.004462T + 0.67814 \times 10^{-6}T^4 - 36.72508 \tag{1-2-102}$$

式中　K_p——平衡常数；

p_{CO}、p_{H_2O}、p_{CO_2}、p_{H_2}——分别为 CO、H_2O、CO_2 和 H_2 各组分的分压；

y_{CO}、y_{H_2O}、y_{CO_2}、y_{H_2}——分别为 CO、H_2O、CO_2 和 H_2 的摩尔分数。

计算表明：压力小于 5MPa 时，可不考虑压力对平衡常数 K_p 的影响，温度 200～500℃ 变换反应的平衡常数见表 1-2-25。500℃ 以上变换反应的平衡常数见表 1-2-2。

表 1-2-25　变换反应的平衡常数

温度/℃	200	250	300	350	400	450	500
$K_p = \frac{p_{CO_2} p_{H_2}}{p_{CO} p_{H_2O}}$	2.279×10^2	8.651×10^1	3.922×10^1	2.034×10^1	1.170×10^1	7.311	4.878

（2）平衡含量的计算

现以 1mol 湿原料气为基准，y_a、y_b、y_c 和 y_d 分别为初始组成中 CO，H_2O，CO_2 及 H_2 的摩尔分数，x_p 为 CO 的平衡转化率（或变换率），则各组分的平衡含量分别为：$y_a - y_a x_p$，$y_b - y_a x_p$，$y_c + y_a x_p$ 和 $y_d + y_a x_p$。

所以

$$K_p = \frac{p_{CO_2} \cdot p_{H_2}}{p_{CO} \cdot p_{H_2O}} = \frac{(y_c + y_a x_p)(y_d + y_a x_p)}{(y_a - y_a x_p)(y_b - y_a x_p)} \tag{1-2-101a}$$

已知温度及初始组成，则可根据上述关系计算 CO 的平衡变换率 x_p 及系统平衡组成。

生产中可测定原料气及变换气中一氧化碳的含量（干基），而由下式计算一氧化碳的实际变换率 x：

$$x = \frac{y_a - y_a'}{y_a(1 + y_a')} \times 100\% \tag{1-2-103}$$

式中　y_a、y_a'——分别为原料气及变换气中一氧化碳的摩尔分数（干基）。

上式是根据反应过程中一氧化碳的物料衡算求得的。设以 1mol 原料气（其中不含氧）为基准，则原料气中 CO 量应等于反应了的 CO 量与变换气中 CO 量之和：

$$y_a = y_a \cdot x + (1 + y_a \cdot x) y_a'$$

整理后即为式（1-2-103）。

一氧化碳变换是放热反应，对一定的原料气初始组成，随着温度的降低，变换气中 CO 的平衡含量减少。因此，低温变换后残余 CO 含量可以有较大的降低。水蒸气加入量对平衡组成也有很大影响，若要求 CO 平衡含量越低，则需要 H_2O/CO 比越大。所以，合理地选择变换率对蒸汽消耗量有很大影响。工业生产中，H_2O/CO 比值均大于式（1-2-8）的化学计量比，从平衡角度，除考虑提高 CO 变换率外，还为了抑制式（1-2-11）的析炭反应及式（1-2-4）的逆反应——生成甲烷的反应。

2.4.2　变换催化剂

2.4.2.1　高变催化剂

（1）性能　很早以前就已发现氧化铁对一氧化碳变换反应的催化作用，许多研究者着重对不同添加物的效应进行了试验。研究表明，以 Fe_2O_3 为主体的高变催化剂，加入铬、钾、铜、锌、镍等的氧化物后可以提高催化剂的活性，添加铝、镁等的氧化物可以改善催化剂的耐热及耐毒性能。目前广泛应用的高变催化剂，是以 Fe_2O_3 为主体，以 Cr_2O_3 为主要添加物的多成分铁-铬系催化剂。近年来以天然气为原料的烃类蒸汽转化中的一氧化碳变换流程，为了适应转化过程低水碳比工艺的要求，开发了含少量铜的铁基催化剂和铜基高温变换催化剂。由于铬的氧化物对人体有害，随着人们对环保意识的日益增强，近年中国已开发出低铬和无铬的 CO 高变催化剂在工业中应用，国内外几种高变催化剂如表 1-2-26 所示。

表 1-2-26　国内外几种高（中）变催化剂[1~4]

国别		中国						英国（ICI）	德国（BASF）	美国（UCI）
型号		B109	B 110-2	B 111	B 113	B117	B121	I 15-4	K 6-10	C 12-1
化学组成/%	Fe_2O_3	≥75	≥79	67~69	78±2	65~75	Fe_2O_3主要添加有K_2O、Al_2O_3			89±2
	Cr_2O_3	≥9	≥8	7.6~9	9±2	3~6				9±2
	K_2O			0.3~0.4						
	SO_4^{2-}	≤0.7	5<0.06		1~200cm³/m³	<1		0.1	0.1	s<0.05
	MoO_3			5						
	Al_2O_3									<1
物理性质	外观	棕褐片剂	棕褐片剂	棕褐片剂	棕褐片剂	棕褐片剂	棕褐片剂			
	尺寸/mm	ϕ9~9.5×5~7	ϕ9~9.5×5~7	ϕ9×5~7	ϕ9×5	ϕ9~9.5×7~9	ϕ9×5~7	ϕ8.5×10.5	ϕ6×6	9.5×6
	堆密度/(kg/L)	1.3~1.5	1.4~1.6	1.5~1.6	1.3~1.4		1.35~1.55	1.1	1.0~1.5	1.13
	比表面/(m²/g)	36	35	50	74					
	孔隙率/%	40			45					
备注		低温活性好，蒸汽消耗低	还原后强度好，放硫快，活性高，适用于凯洛格型氨厂	耐硫性能好，适用于重油制氨流程	广泛应用于大中小型氨厂	低铬	无铬	在无硫条件下，高变串低变流程中使用	高变串低变流程中使用	还原态强度好

(2) 各组分的作用[5]

① 铁的氧化物。铁的氧化物是高变和中变催化剂中的主要组分。因制备方法和条件的不同，可制得不同组成、不同晶相的铁的氧化物，例如可能有 γ-Fe_2O_3、α-Fe_2O_3、α、β、γ-$Fe_2O_3 \cdot H_2O$。甚至还有 $FeCO_3$。焙烧不完全的催化剂还有 α-FeOOH（脱水后得到 α-Fe_2O_3）等物相，其中 γ-Fe_2O_3 的活性高于 α-FeOOH。为什么 γ-Fe_2O_3 是最佳的晶相结构，这是因为不同晶相的 Fe_2O_3 上变换反应的活化能不同。α-Fe_2O_3 的活化能 E 为 108.9kJ/mol 而 γ-Fe_2O_3 的活化能 E 为 69.1～50.2kJ/mol。从 Arrhenius 经验方程 $k = Ae^{-E/RT}$ 知道，在同一温度下，反应的活化能 E 愈大，反应速率愈小。所以，无论是最终催化剂的活性，还是从机械强度来考虑，都希望能制得 γ-Fe_2O_3。曾对美国和日本产的 C 14-1型以及国产的 B 110 型高变催化剂（这两种催化剂的机械强度和活性都很好）进行了晶相分析。结果表明，其中既有 γ-Fe_2O_3 相，也有 α-Fe_2O_3 相。

② 三氧化二铬。虽然 Fe_3O_4 是高变催化剂的活性组分，但是纯 Fe_3O_4 的活性温度范围很窄，耐热性差，且在低汽气比条件下有可能发生过度还原而变为 FeO，甚至还原到 Fe，从而引起 CO 的甲烷化和歧化反应。经验表明，纯 Fe_3O_4 不适于作变换反应的催化剂，工业用的高变催化剂大都是添加三氧化二铬的。

Cr_2O_3 作为高变催化剂的稳定剂，含量为 3.0%～15.0%。

铬的氧化物一般是以六价铬的形式加入的。在催化剂制造过程中，绝大部分六价铬转变为三价铬。如果催化剂中残留的六价铬过多，则会影响还原的正常进行。CrO_3，被 H_2 或 CO 还原的反应是强放热反应。因此，高变催化剂中残余六价铬含量是一个值得注意的问题。

铬的氧化物还有另外一种作用。在一般条件下，从 Cr^{3+} 转变为 Cr 是非常困难的。而 Fe^{3+} 还原为 Fe 是比较容易的。因而在反应条件下 Cr^{3+} 可防止铁氧化物的过度还原。

③ 氧化钾。钾是有效的助催化剂。钾含量不同的催化剂的活性有很大差别。例如，添加 0.5% 的钾时，所得到的催化剂活性最高。然而，当加入的钾含量超过 3% 时，催化剂的活性下降。

加入少量钾盐对于催化剂的活性、耐热性和强度都是有利的。但氧化钾超过一定量时，就会使催化剂容易结皮、阻塞孔道，致使活性下降和床层压力降上涨。国产高变催化剂一般含 0.2%～0.4% 的 K_2O。

钾盐对催化剂放硫速度影响的试验结果表明，K_2O 对高变催化剂的放硫速度有不利影响。综合考虑氧化钾对高变催化剂的放硫速度和活性等的影响，选择合适的配比及制备方法是可以制得活性高而放硫速度又快的催化剂。

(3) 高变催化剂的主要特性[1]

高变催化剂在正常操作条件下不会发生甲烷化和析炭反应。其寿命，除操作条件外，取决于它的活性和强度。

① 活性。操作温度和毒物等对高变催化剂的活性都有影响，分述如下。

A. 操作温度。关键的不是高变催化剂的初活性，而是在运行过程中稳定的活性，即活性随时间的下降速度越慢越好。温度对活性的下降速度的影响很大。随着使用时间的延长，活性逐渐衰退，可以提升操作温度以弥补衰退的活性。但温升裕度是有限的，一般只有30～50℃，必须慎重的分几年内逐步升温，否则将缩短催化剂的使用寿命。

B. 毒物。原料气中的某些杂质会使高变催化剂的活性显著下降。有些杂质会使催化剂永久中毒，例如磷、砷的化合物。然而，高变催化剂受这些化合物中毒的事故比较少见。

最常见的毒物是 H_2S。H_2S 与催化剂的反应如下：

$$Fe_3O_4 + 3H_2S + H_2 \rightleftharpoons 3FeS + 4H_2O \tag{1-2-104}$$

反应式（1-2-104）是可逆的，所以 H_2S 不是永久性毒物。一般认为，当气体中 H_2S 含量低于 $200cm^3/m^3$ 时，活性不受影响；一旦中毒，如使用纯净的原料气，催化剂的活性可以较快的恢复。但是，如果这一可逆过程反复进行，实际上会加速活性下降的速度，而且将引起催化剂因反复相变而破碎。

② 强度。催化剂的强度是评价催化剂性能优劣的重要指标之一，对于高变催化剂来说甚至比活性更为关键。

③ 催化剂的含硫量。按催化剂含硫量的高低，高变催化剂可分为两类。一类是含硫量较高，如以含 SO_4^{-2} 的质量分数计，大约为 0.7%或更高。这一类催化剂的耐毒性比较好，一般都能在 H_2S 含量为 $20\sim200cm^3/m^3$ 的系统中使用，而活性不受影响。另一类是含硫量以 S 计，在 0.06%以下的低硫催化剂。这一类催化剂在开车时的放硫时间都在 48h 以内，而原来的高硫催化剂需 5～10 天的放硫时间。低硫催化剂适用于高变直接串低变流程和脱碳系统需回收无硫二氧化碳的工厂。

④ 催化剂的使用寿命根据生产实践的经验，影响高变催化剂使用寿命的主要因素是催化剂失活和床层压力降增大。

A. 催化剂的失活。催化剂的活性，即使在正常操作条件下，也随时间的延长而下降。但大多数合成氨厂用的催化剂寿命为几年。高变催化剂的正常使用寿命一般为 3～5 年。根据中国部分工厂的生产实践，可绘制出高变催化剂的寿命曲线示意图（图 1-2-69）。图 1-2-70 给出了部分氧化法工厂中变换催化剂活性随时间而失活的典型曲线。操作温度高和毒物的影响使一、二段变换催化剂的活性迅速下降，这与工厂操作情况欠佳时的曲线相似。而第三段的曲线可看做正常运转时的情况。

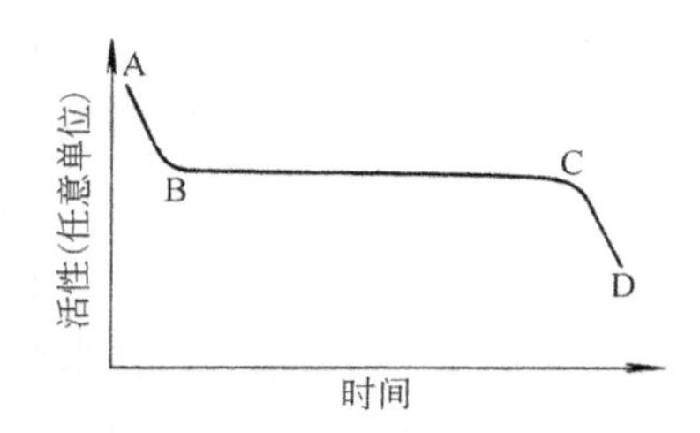

图 1-2-69　高变催化剂的寿命曲线示意图

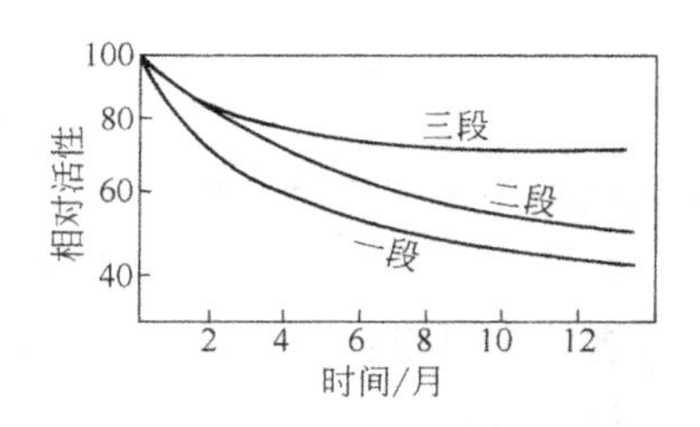

图 1-2-70　催化剂活性随时间的损失（以初活性为 100）

若高变催化剂还原适当，而且不过热，则具有比较好的初活性。

B. 压力降的增大。初始压力降取决于床层的空隙率。使用中床层则催化剂装填得紧了，空隙率会减少。因此压力降也就增加，但一般不大于初始值的两倍。

实践表明，工业上高变催化剂的使用寿命往往取决于床层的压力降过大而不是催化剂活性的丧失。

⑤ 催化剂的还原问题。高变催化剂中的 Fe_2O_3 需还原成 Fe_3O_4 后才具有活性，工业生产中通常用含有 CO、H_2、CO_2 的工艺气体或 H_2 作为还原性气体，还原时必须同时加入足够量的蒸汽，以防催化剂被过度还原为元素铁。在还原过程中进行的主要反应为

$$3Fe_2O_3 + H_2 = 2Fe_3O_4 + H_2O(g), \Delta H_{298}^{\ominus} = -9.261kJ/mol \quad (1\text{-}2\text{-}105)$$

$$3Fe_2O_3 + CO = 2Fe_3O_4 + CO_2, \Delta H_{298}^{\ominus} = -50.811kJ/mol \quad (1\text{-}2\text{-}106)$$

催化剂中的 Cr_2O_3 不被还原。当用含 H_2 或 CO 的气体配入适量水蒸气（水蒸气/干气＝1）对催化剂进行还原时，每消耗 1%H_2 的温升约为 1.5℃，而消耗 1%CO 的温升约为 7℃，所以还原时气体中的 CO、H_2 的含量不宜过高，以免超温而降低催化剂的活性。

对于反应式（1-2-105）和式（1-2-106），Fe_2O_3 和 Fe_3O_4 之间的物相平衡决定于 H_2 与 H_2O 或 CO 与 CO_2 之比。450℃时，反应式（1-2-105）中与两个固相 Fe_2O_3-Fe_3O_4 呈平衡的气体组成为 96%H_2O 和 4%H_2，反应式（1-2-106）中与之呈平衡的气体含 99.5%CO_2 及 0.5%CO。因此，Fe_2O_3 不是稳定相，而将被还原成 Fe_3O_4。但是根据还原条件（温度，气体组成），Fe_2O_3 除转化成 Fe_3O_4 外，也可转化为 FeO、Fe。现在通过热力学分析讨论这些物质在还原过程可能出现的条件。

A. 铁-氢-氧体系的氧化还原平衡。用氢作为还原气体时，除产生式（1-2-105）的主要反应外，还可能发生下列反应：

$$Fe_3O_4 + H_2 \rightleftharpoons 3FeO + H_2O \quad (1\text{-}2\text{-}107)$$

$$Fe_3O_4 + 4H_2 \rightleftharpoons 3Fe + 4H_2O \quad (1\text{-}2\text{-}108)$$

$$FeO + H_2 \rightleftharpoons Fe + H_2O \quad (1\text{-}2\text{-}109)$$

式（1-2-105）、式（1-2-107）、式（1-2-108）和式（1-2-109）中出现的各种物质，可认为由 Fe、H 及 O 三种元素构成，称之为铁-氢-氧体系。利用上述四式的平衡常数可做出该体系的平衡图（见图 1-2-71）。由图 1-2-71 可知，根据一定温度及 $p_{H_2}/(p_{H_2}+p_{H_2O})$ 比值必须满足图 1-2-71 中的 Fe_3O_4 物相区范围。

B. 铁-碳-氧体系的氧化还原平衡。用 CO 还原 Fe_2O_3 时，除产生式（1-2-106）的主要反应外，在不同条件，还可发生下列反应。

$$Fe_3O_4 + CO \rightleftharpoons 3FeO + CO_2 \quad (1\text{-}2\text{-}110)$$

$$Fe_3O_4 + 4CO \rightleftharpoons 3Fe + 4CO_2 \quad (1\text{-}2\text{-}111)$$

$$FeO + CO \rightleftharpoons Fe + CO_2 \quad (1\text{-}2\text{-}112)$$

金属铁进一步还原时可生成碳化三铁（Fe_3C）：

$$3Fe + 2CO \rightleftharpoons Fe_3C + CO_2 \quad (1\text{-}2\text{-}113)$$

上述各式中出现的物质，均可认为是 Fe、C 及 O 三种元素构成，故称铁-碳-氧体系。根据式（1-2-106）及式（1-2-100）～式（1-2-112）的平衡常数可做出该体系的平衡图（图 1-2-72）。

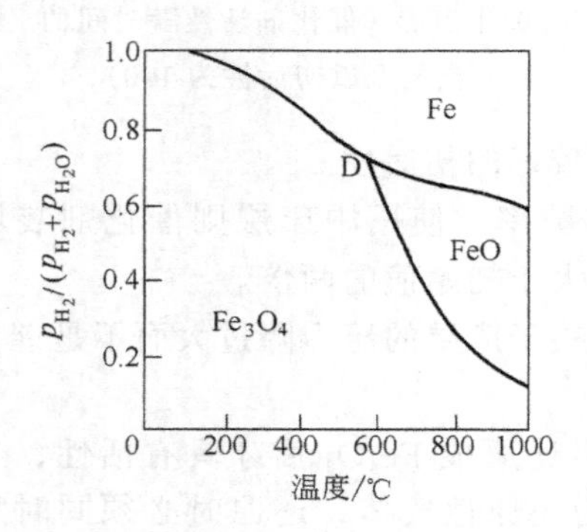

图 1-2-71 铁-氢-氧体系平衡图

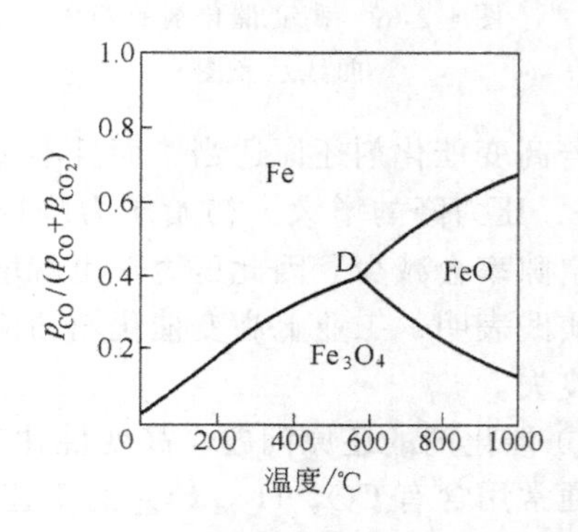

图 1-2-72 铁-碳-氧体系平衡图

由图 1-2-72 可知，根据温度及 $p_{co}/(p_{co}+p_{co_2})$ 的比值，有 Fe、FeO 及 Fe_3O_4 物相区存在，Fe_2O_3 相区因贴近横坐标而未能做出。三相点 D 的温度约为 565℃。为了保持高变催化剂中 Fe_3O_4 的稳定形态，温度与气相中 $p_{co}/(p_{co}+p_{co_2})$ 比必须处于图 1-2-72 中 Fe_3O_4 物相区的范围内。

因此，为了 Fe_2O_3 还原为 Fe_3O_4 后，防止按照反应式（1-2-108）和式（1-2-110）继续还原成元素铁，就必须控制好 $\frac{p_{H_2O}}{p_{H_2}}$ 及 $\frac{p_{CO_2}}{p_{CO}}$ 比值。该两者之比值根据计算结果，列于表 1-2-27。当该两者的比值大于表 1-2-27 中相应的数值时，就不会有元素铁的生成。

表 1-2-27　H_2 或 CO 使 Fe_3O_4 还原为 Fe 的还原平衡

温度/℃	p_{H_2O}/p_{H_2}	p_{CO_2}/p_{CO}
300	0.068	2.70
350	0.105	2.29
400	0.145	2.04

高变催化剂在还原时，要注意如下两个问题。

A. 还原要按所需的反应，即将 Fe_2O_3 还原为 Fe_3O_4，而不能过渡还原为元素铁。在正常操作条件下，要求一段进口的汽气比不低于 1，此时 Fe_3O_4 还原为 Fe 的反应是不会发生的。

B. 不能使催化剂过热。还原过程放出的热量一般是不大的，但有可能因副反应而放出大量的热，主要是 CO 的甲烷化和歧化反应；六价铬的还原以及 Fe_3O_4 的氧化反应。还有一种热源也是要考虑的，就是碳的氧化反应。催化剂成型时一般加入 1%～3%的石墨作为润滑剂。在一定的温度和有氧的条件下会发生氧化反应。

⑥ 还原过程的放硫问题。高变催化剂通常都含有少量硫酸盐，在新催化剂首次使用时，它们会被还原以 H_2S 形式放出，因此存在着一个“放硫”问题。对于高变串低变的变换流程，高变炉出口气中的硫含量应符合低变炉进口气要求。

⑦ 抑制费-托副反应的改进型高变催化剂。烃类蒸汽转化法制氨用原料生产中节能措施之一是降低一段转化炉进料气的水碳比。对变换催化剂而言，当水碳比<3.5 时，可能会生成二碳化五铁（Fe_5C_2）。

$$5Fe_3O_4+32CO \longrightarrow 3Fe_5C_2+26CO_2 \qquad (1\text{-}2\text{-}114)$$

在适当条件下，碳化铁具有使原料气中 CO 和 H_2 进行费-托合成反应的催化能力：

$$nCO+(2n+1)H_2 \longrightarrow C_nH_{2n+2}+nH_2O$$

生成的烃类有较高级的烷烃，还有烯烃、羧酸类、醛类、酮类和醇类。造成的后果分述如下。

① 降低合成氨产量。对于日产 1000t 的氨厂，若采用传统的 Fe-Cr 系高变催化剂，当一段转化炉的水碳比从 3.5 降到 3.1 时，由于费-托反应造成的氨产量损失约为每日 6t；当水碳比降到 2.8，其损失将在 10t 以上，这样基本上抵消降低水碳比所带来的节能效果。

② 使高变反应器压力降增大。为克服这些问题，现在已开发研制出适应低汽气比下操作的改进型高变催化剂[3]。

A. 加铜的 Fe-Cr 系改进型变换催化剂。例如 Topsφe 的 SK-201 型，ICI 的 71-3、71-4 型，BASF 的 K6-11 型，Süd-Chemic（由 Girdler 等公司组成的集团）的 G-3C/C12-4 以及中

国的辽河牌 B113-2 型（已在大型装置上使用成功，其性能达到国外同类产品水平）等。

B. 无铁的铜基高变催化剂。例如 Topsϕe 的 LK-811，KK-142 型。

图 1-2-73 和用 1-2-74 分别为采用改进型高变催化剂和传统高变催化剂上生成烃类与高变反应器床层压力降的比较。

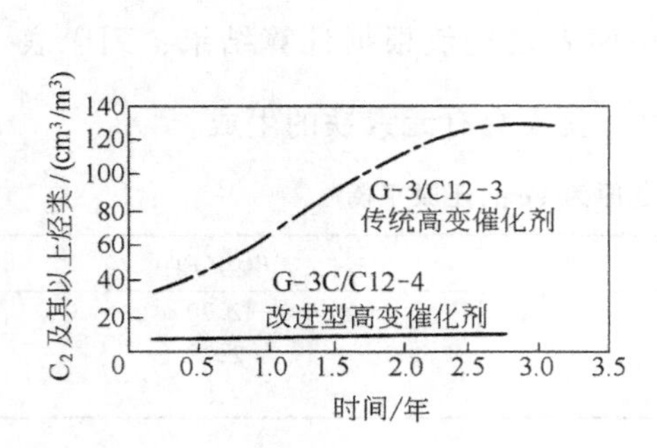

图 1-2-73　在改进型和传统高变催化剂上生成烃类的比较

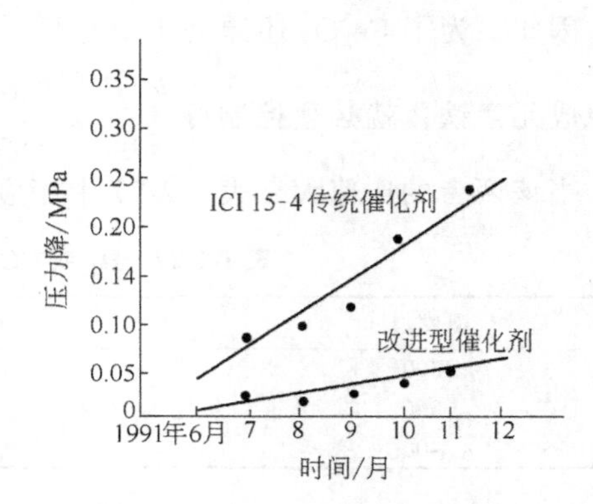

图 1-2-74　采用改进型和传统高变催化剂时床层压力降的比较

2.4.2.2　低变催化剂

目前工业上应用的低变催化剂有铜锌铝系和铜锌铬系两种，均以氧化铜为主体，经还原后具有活性的组分是细小的铜结晶-铜微晶。国产低变催化剂的化学组成及其性能见表 1-2-28。

表 1-2-28　国产低变催化剂的性能与化学组成

	型　号	B204	B205	B206
化学组成/%	CuO	37.5±2.5	±28～29	37.5±3.5
	ZnO	38.5±2.5	47～51	37.5±3.5
	Al_2O_3	9.0±1.0	9～10	8.5±2
	Na_2O		—	≤0.5
	Cl		≤400cm³/m³	
	S		<200cm³/m³	
	石墨		～3	
物理性能	外观形状	黑色圆柱体	片剂	黑色圆柱形片剂
	尺寸/mm	ϕ5×4.5～5.5	ϕ×4～5	ϕ5×4～5
	堆密度/(kg/L)	1.4～1.6	1.1～1.2	1.4～1.6
	比表面/(m²/g)	70～75		75±10
	使用温度/℃	180～260	180～260	180～260
	生产厂家	南京化学工业公司	辽河化学工业公司	南京化学工业公司

(1) 主要组分的作用

① 铜　铜是催化剂的活性组分，通常供应的是氧化态产品，使用时须先还原使 CuO 变为 Cu。铜对某些气体的化学吸附性质见表 1-2-29。

表 1-2-29　铜对某些气体的化学吸附活性（－183～0℃）

气　体	N_2	H_2	CO_2	CO	C_2H_4	C_2H_2	O_2
吸附活性	－	－	－	＋	＋	＋	＋

注：＋表示有吸附作用，－表示在 0℃与开始物理吸附的温度间无吸附作用。

由表 1-2-29 可见，铜对 CO 具有化学吸附作用，对 CO 活化能力比 Fe_3O_4 强，故能在较低温度下催化一氧化碳变换反应。

低变催化剂中的铜微晶通常在（50～150）$\times 10^{-10}$ m，铜微晶愈小，其比表面愈大，活性也愈高（见图 1-2-75）。单纯的金属铜微晶，由于表面能量高，在使用温度下会迅速向表面能量低的大晶粒转变，在操作温度 200℃左右，经 6 个月操作，最小晶粒将超过 1000×10^{-10}m，微晶尺寸增大，比表面积锐减，活性降低。为了提高微晶的热稳定性，需要加入适宜的添加物，氧化锌、氧化铝或氧化铬对铜微晶都是有效的稳定剂。

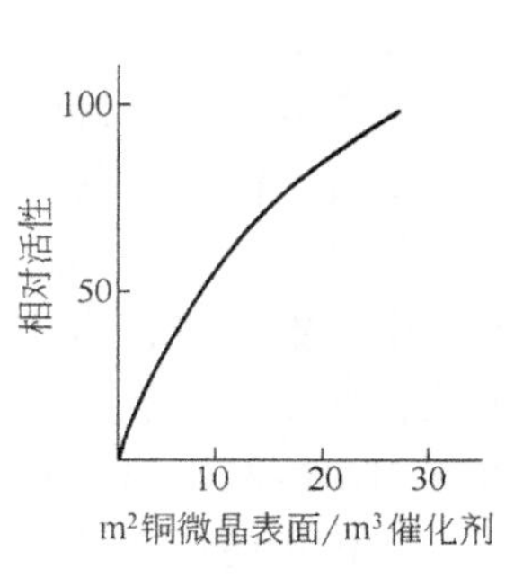

图 1-2-75　铜晶比表面和催化剂活性的关系

② ZnO、Cr_2O_3 的熔点都显著高于铜的熔点（见表 1-2-30）。

表 1-2-30　铜、氧化锌、氧化铝和氧化铬的熔点

物　质	Cu	ZnO	Al_2O_3	Cr_2O_3
熔点/℃	1083	1975	2045	2435

铜离子和锌离子的半径相近，电荷相同，因而容易制得比较稳定的铜锌化合物的复晶或固溶体。催化剂还原后，氧化锌晶粒均匀散布在铜微晶之间，将微晶有效地分隔开来，防止温度升高时微晶烧结，保证细小的、具有较大比表面的铜微晶的稳定性。

氧化铬也有类似氧化锌的作用。氧化铝由于它本身可制成微小结晶，熔点高，有利于催化剂的成型和提高催化剂的物理强度，而且对人体无毒，是添加物的合适组分。在 CuO-ZnO-Al_2O_3 系催化剂中，由于适当提高铜含量而使活性及寿命均获得进一步提高。

(2) 低变催化剂的还原　低变催化剂装填后，必须进行还原。由于还原反应放热量大，工业生产上因还原操作不慎而烧坏催化剂、缩短使用寿命的实例不少。因此，一定要严格控制还原温度，精心做好配氢工作。

低变催化剂用 H_2 或 CO 还原时有下列反应：

$$CuO + H_2 = Cu + H_2O\ (g),\ \Delta H^{\ominus}_{298} = -86.7\text{kJ/mol} \tag{1-2-115}$$

$$CuO + CO = Cu + CO_2,\ \Delta H^{\ominus}_{298} = -127.7\text{kJ/mol} \tag{1-2-116}$$

在还原过程中，催化剂中的添加物一般不被还原。但当温度高于 250℃时可发生下列反应。

$$yCu + ZnO + H_2 = \alpha\text{-}Cu_y\cdot Zn + H_2O \tag{1-2-117}$$

即部分 ZnO 被还原成 Zn 并与 Cu 生成 Zn-Cu 合金，从而导致催化剂活性降低。

催化剂还原时，可用氮气、天然气或过热水蒸气作为载气，配入适量还原性气体。由于在还原过程 H_2 比 CO 放热量较少，故多用 H_2 进行还原。还原反应从 160～180℃开始，此时 H_2 含量为 0.1%～0.5%，随着反应的进行，H_2 含量可逐步增到 3%，到还原后期，可增到 10%～20%，以确保催化剂还原完全。

用纯氮配氢还原时，虽然温升较为明显，但还原温度较低，催化剂还原后活性较高，因而一般推荐此法。要求氮气纯度＞99.95%，否则氮气中的氧与氢反应会引起强烈温升。如氮气在还原过程中循环使用，则允许氧含量较高，但开工时，应在较低温度下（如 150℃）注入部分氢将氧反应掉，确认氮中氧含量很低时再进行氮的循环。

与其它催化剂相似，当使用过的催化剂与空气接触之前，应进行钝化操作。

(3) 低变催化剂的中毒　与高变催化剂比较，低变催化剂对毒物是十分敏感的。引起催化剂中毒或活性降低的主要物质有冷凝水、硫化物和氯化物。

冷凝水除对催化剂物理性能有直接损害外，还由于烃类蒸汽转化及高温变换过程中，可生成数量多达几百 cm^3/m^3 的氨，此氨溶于冷凝水成为氨水，它能溶解催化剂的活性组分铜，生成铜氨络合物，导致催化剂活性下降。实验表明，氨水对低变催化剂属于暂时中毒。因此，低变操作温度一定要高于该条件下气体的露点。在某些流程中，低温变换之前对气体直接用水冷激降温，容易引起液滴夹带，这对催化剂也是十分不利的。

硫化物使低变催化剂永久中毒。气体中的硫化物可全部被催化剂吸收。实验表明，气体中 H_2S 含量大于 $2cm^3/m^3$，在温度232℃时，催化剂中的铜微晶即可生成硫化亚铜。如果催化剂吸收其本身质量0.3%～0.5%的硫，活性便显著下降。硫化物主要来自原料气，因此必须严格进行气体的净化，使 H_2S 含量在 $1cm^3/m^3$ 之下。此外，硫化物也可来自高变催化剂，所以在中（高）变催化剂进行还原时，应保证"放硫"安全，以免低变催化剂中毒。有些装置中，在低变催化剂上部装入 ZnO 作为防硫保护层。由于气体中有大量水蒸气存在，不可能期望氧化锌有理想的脱硫效果，故现在采取多装一些催化剂，顶部催化剂用作进一步脱硫。

氯化物是对低变催化剂为害最大的毒物，其毒性较硫化物大5～10倍，也是永久中毒的毒物。氯化物的主要来源是工艺蒸汽或冷激用的冷凝水。在个别情况下，也有从工艺空气中带入氯气的。

实测证明，氯使低变催化剂一部分铜变成氯化铜，并导致铜和氧化锌的晶粒成倍增长，使活性表面锐减而造成催化剂严重失活。为了保护催化剂，蒸汽中氯含量越低越好。一般要求＜$0.03ml/m^3$，有的甚至要求低于 $0.003cm^3/m^3$。

衡量变换催化剂的活性，不能简单地用出口气体中 CO 含量或变换率来判断，因为温度、空速、水气比等也都影响出口气体中 CO 含量。鉴定催化剂活性的最好指标是出口气体的平衡温距。

2.4.2.3　耐硫变换催化剂

由于 Fe-Cr 系高（中）变催化剂的活性温度高、抗硫性能差。Cu-Zn 系低变催化剂低温活性虽然好，但活性温度范围窄，而对硫又十分敏感。为了满足重油、煤气化制氨流程中可以将含硫气体直接进行一氧化碳变换，再脱硫、脱碳的需要，20世纪50年代末期开发了既耐硫、又活性温度较宽的变换催化剂，表1-2-31为国内外耐硫变换催化剂的化学组成及其性能。

耐硫变换催化剂通常是将活性组分 Co-Mo，Ni-Mo 等负载在载体上而组成的，载体多为

表 1-2-31　国内外耐硫变换催化剂

国　别		德　国	丹　麦	美　国	中　国		
型　号		K8-11	SSK	C25-4-02	B301	B303Q	QCS-04
化学组成/%	CoO	～1.5	～3.0	～3.0	2～5	＞1	1.8±0.3
	MoO_3	～10.0	～10.0	～12.0	6～11	8～13	8.0±1.0
	K_2O	适量	适量	适量	适量		适量
	Al_2O_3	余量	余量	余量	余量		余量
	其它	—	—	加有稀土元素	—		—

续表

国别		德国	丹麦	美国	中国		
型号		K8-11	SSK	C25-4－02	B301	B303Q	QCS-04
物理性能	尺寸/mm	ϕ4×10 条	ϕ3×5 球	ϕ3×10 条	ϕ5×5 条	ϕ3～5 球	长 8～12，ϕ3.5～4.5
	颜色	绿	墨绿	黑	蓝灰	浅蓝色	浅绿
	堆密度/(kg/L)	0.75	1.0	0.70	1.2～1.3	0.9～1.1	0.75～0.88
	比表面/(m^2/g)	150	79	122	148		≥60
	比孔容/(ml/g)	0.5	0.27	0.5	0.18		0.25
使用温度/℃		280～500	200～475	270～500	210～500	160～470	

Al_2O_3 或 $Al_2O_3+Re_2O_3$（Re 代表稀土元素）。目前主要是 Co-Mo-Al_2O_3 系，并加入碱金属助催化剂以改善低温活性。这一类变换催化剂的特点如下。

① 有很好的低温活性。使用温度比 Fe-Cr 系催化剂低 130℃以上，而且有较宽的活性温度范围（180～500℃），因而被称为宽温变换催化剂。

② 有突出的耐硫和抗毒性。因硫化物为这一类催化剂的活性组分，可耐总硫到几十 g/m^3，其它有害物如少量的 NH_3、HCN、C_6H_6 等对催化剂的活性均无影响。

③ 强度高。尤以选用 γ-Al_2O_3 作载体，强度更好，遇水不粉化，催化剂硫化后的强度还可提高 50％以上（Fe-Cr 系催化剂还原态的强度通常比氧化态要低些），而使用寿命一般可用 5 年左右，也有使用 10 年仍在继续运行的。

（1）硫化

Co-Mo 系耐硫变换催化剂出厂时成品是以氧化物状态存在的，活性很低，需要通过硫化，使其转化为硫化物方能显示其活性。催化剂装入变换炉后，用含硫的工艺气体进行硫化。硫化时的化学反应和硫化方法参阅第三章的钴钼加氢脱硫。

（2）反硫化

由于催化剂的活性组分在使用时是以硫化物形式存在的，在 CO 变换过程中，气体中有大量水蒸气，催化剂中的活性组分 MoS_2 与水蒸气有一水解反应平衡关系，化学反应式为

$$MoS_2+2H_2O \rightleftharpoons MoO_2+2H_2S \qquad (1\text{-}2\text{-}118)$$

在 CO 变换过程中，如果气体中 H_2S 含量高，催化剂中的钼以硫化物形式存在，催化剂维持高活性；如果气体中 H_2S 含量过低，MoS_2 将转化为 MoO_2，也就是反硫化。所以在一定工况下，要求变换的气体中有一最低的 H_2S 含量，以维持催化剂中的钼处于硫化态。气体中的最低 H_2S 含量可通过热力学计算求得。

反硫化反应式（1-2-119）的平衡常数 K_p 以下式表示。

$$K_p=p_{H_2S}^2/p_{H_2O}^2 \qquad (1\text{-}2\text{-}119)$$

式中　p_{H_2O}及 p_{H_2S}分别表示水蒸气及 H_2S 的分压。

计算出不同温度下的 K_p 值，见图 1-2-76。计算出各种不同温度及汽气比条件下所需的最低 H_2S 含量，见表 1-2-32（计算值）及图 1-2-77。

最低 H_2S 含量受反应温度及汽气比的影响，温度及汽气比越低，最低 H_2S 含量越低，催化剂不易反硫化。

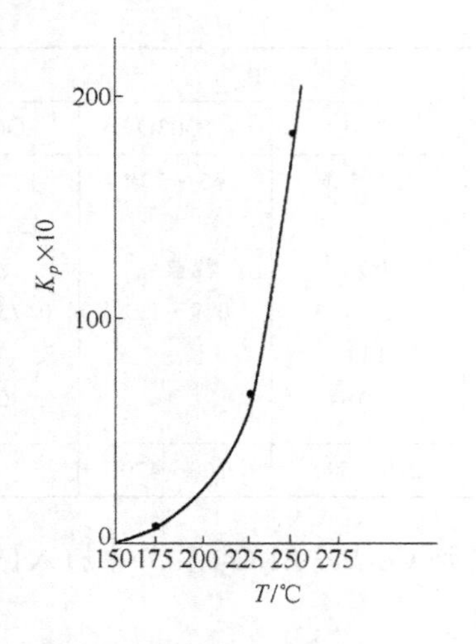

图 1-2-76 反硫化反应平衡常数

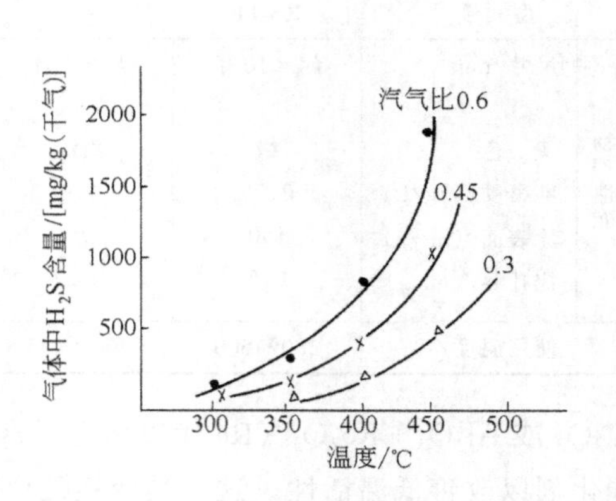

图 1-2-77 在不同温度及汽气比条件下所需 H_2S 最低含量

表 1-2-32 不同汽气比时，不同温度下最低 H_2S 含量（计算值）/mg/m³ 干气

H_2S含量 / 温度/℃	汽气比									
	0.1	0.2	0.3	0.4	0.5	0.6	0.7	0.8	0.9	1.0
200	0.49	0.99	1.47	1.98	2.48	2.96	3.43	4.07	4.46	4.95
240	1.90	3.80	5.70	7.59	9.50	11.40	13.28	15.11	17.03	18.98
280	5.97	11.96	17.92	23.15	29.86	35.87	41.85	47.82	53.81	59.78
320	15.96	32.19	48.29	64.39	80.47	96.58	112.68	128.77	144.87	160.97
360	38.18	76.36	114.53	152.71	229.07	267.25	305.43	343.60	381.78	419.96
400	81.59	163.18	244.78	326.37	407.96	489.55	571.14	652.73	734.32	815.92
450	186.94	373.88	560.83	747.77	934.71	1121.66	1308.60	1495.54	1682.48	1869.43

2.4.3 反应速率及动力学方程式

2.4.3.1 动力学方程式类型

根据不同原料、不同原料气制造方法，合成氨生产中使用了中（高）变催化剂、低变催化剂和耐硫变换催化剂，有关文献［6，7］曾对这些催化剂的反应动力学作了综述。由于催化剂型号众多、性能的差异以及实验条件的不同，经整理归纳后动力学方程式有数十个。

有的研究表明，变换反应进行时，水蒸气分子首先被催化剂的活性表面所吸附，并分解为 H_2 及吸附态氧原子，H_2 进入气相，吸附态氧则在催化剂表面形成吸附层，由于一氧化碳分子的碰撞而生成二氧化碳，并离开催化剂的表面。上述过程可用下式表示。

$$[K]+H_2O(g)=[K]O+H_2 \quad (1\text{-}2\text{-}120)$$

$$[K]O+CO=[K]+CO_2 \quad (1\text{-}2\text{-}121)$$

式中 ［K］——催化剂；

O ——吸附态氧。

有人研究了在 $CuO\cdot ZnO\cdot Cr_2O_3$ 低变催化剂上的反应机理，认为上述机理也是合适的。

在工艺计算中，较常用的动力学方程式有三种类型。

（1）二级反应[8]

$$r_{co}=k\left(y_a\cdot y_b\frac{y_c y_d}{K_p}\right) \tag{1-2-122}$$

式中　r_{co}——变换反应速率，$m^3CO/(m^3$ 催化剂·h)；

k——变换反应速率常数，1/h；

K_p——平衡常数；

y_a、y_b、y_c、y_d——分别为 CO、H_2O、CO_2 及 H_2 的瞬时含量（摩尔分数）。

（2）一级反应

$$r_{co}=k_0(y_a-y_a^*) \tag{1-2-123}$$

式中　y_a、y_a^*——分别为 CO 的瞬时含量与平衡含量，摩尔分数；

k_0——变换反应速率常数，1/h。

其等温积分式为：

$$k_0=V_{sp}\lg\frac{1}{1-\frac{x}{x^*}} \tag{1-2-124}$$

$$k_0=V_{sp}\lg\frac{y_1-y_1^*}{y_2-y_2^*} \tag{1-2-124a}$$

式中　V_{sp}——湿原料气空速，1/h；

x、x^*——分别为 CO 的变换率与平衡变换率；

y_1、y_2——分别为进、出口气体中 CO 含量（摩尔分数）；

y_1^*、y_2^*——分别为进、出口气中 CO 的平衡含量（摩尔分数）。

（3）大多数变换反应动力学方程都为幂函数型动力学方程式形式，使用比较方便，可用于工程计算。文献［6］系统地研究了高变催化反应动力学，提出用下式完整地表达变换反应的速率；

$$r_{co}=kp_{co}^{l}\cdot p_{H_2O}^{m}\cdot p_{CO_2}^{n}\cdot p_{H_2}^{q}(1-\beta) \tag{1-2-125}$$

或

$$r_{co}=kp^{\delta}(y_{co}^{l}\cdot y_{H_2O}^{m})\cdot y_{CO_2}^{n}\cdot y_{H_2}^{q}(1-\beta) \tag{1-2-125a}$$

式中　r_{co}——变换反应速率，CO mol/(g·h)；

k——变换反应速率常数，CO mol /(g·h·MPa)；

其中，　$\delta=l+m+n+q$；

p 和 p_{co}、p_{H_2O}、p_{CO_2}、p_{H_2}——分别为总压与各组分分压；

l、m、n、q——幂指数；

β——为 $\dfrac{p_{co_2}p_{H_2}}{K_p\cdot p_{co}\cdot p_{H_2O}}$ 或 $\dfrac{y_{co_2}\cdot y_{H_2}}{K_p\cdot y_{co}\cdot y_{H_2O}}$；

K_p——平衡常数。

国产变换催化剂的变换反应本征动力学方程列举二式如下[7]。

（1）国产 B 系列的中（高）变催化剂的本征动力学方程

$$r_{co}=-\frac{dN_{co}}{dW}=k_0\exp\left(\frac{-E_c}{R_gT}\right)p_{co}p_{co_2}^{-0.5}\left[1-\frac{p_{co_2}p_{H_2}}{K_pp_{co}p_{H_2O}}\right] \tag{1-2-126}$$

式中　N_{co}——一氧化碳体积（标准状况下）流量，m^3/s；

W——催化剂体积（标准状况下），m^3。

(2) B204、B205 型低变催化剂的本征动力学方程分别为

B204 型
$$r_{co}=-\frac{dN_{co}}{dW}=7.7\times10^{6}\exp\left(-\frac{5.7\times10^{4}}{8.314T}\right)p_{co}p_{H_2O}^{0.4}p_{co_2}^{-0.3}p_{H_2}^{-0.3}\times\frac{1}{(0.101325)^{0.8}}\times\left[1-\frac{p_{CO_2}p_{H_2}}{K_p p_{co}p_{H_2O}}\right]\text{mol/(g·h)} \tag{1-2-127}$$

B205 型
$$r_{co}=-\frac{dN_{co}}{dW}=1.965\times10^{6}\exp\left(-\frac{16370}{8.314T}\right)p_{co}p_{H_2O}^{0.4}p_{co_2}^{-0.4}p_{H_2}^{-0.6}\times\frac{1}{(0.101325)^{0.8}}\times\left[1-\frac{p_{CO_2}p_{H_2}}{K_p p_{co}p_{H_2O}}\right]\text{mol/(g·h)} \tag{1-2-128}$$

(3) 德国产 K8-11 型耐硫变换催化剂的本征动力学方程

$$r_{co}=-\frac{dN_{co}}{dW}=114.2\exp\left(-\frac{9570\times4.184}{8.314T}\times\frac{9570\times4.184}{8.314T}\right)p_{co}^{0.687}\,p_{H_2O}^{0.101}\,p_{CO_2}^{-0.0667}\,p_{H_2}^{-0.410}\times\frac{1}{(0.101325)^{0.2903}}\times\left[1-\frac{p_{CO_2}p_{H_2}}{K_p p_{CO}p_{H_2O}}\right]\text{mol/(g·h)} \tag{1-2-129}$$

以上获得的本征动力学方程式都是用细颗粒的催化剂，在消除了内、外扩散影响的条件下进行的。

2.4.3.2 扩散过程的影响

一般认为，对于变换反应，内扩散的影响不容忽视[6、9]。内表面利用率不仅与催化剂的尺寸、结构及反应活性有关，而且与操作温度及压力等因素有关。文献［9］对不同尺寸的中变催化剂，根据操作温度及压力下 CO 的有效扩散系数，并按式（1-2-124）的一级反应方程式计算出反应速率，然后综合计算出催化剂的内表面利用率，计算结果如图 1-2-78 所示。

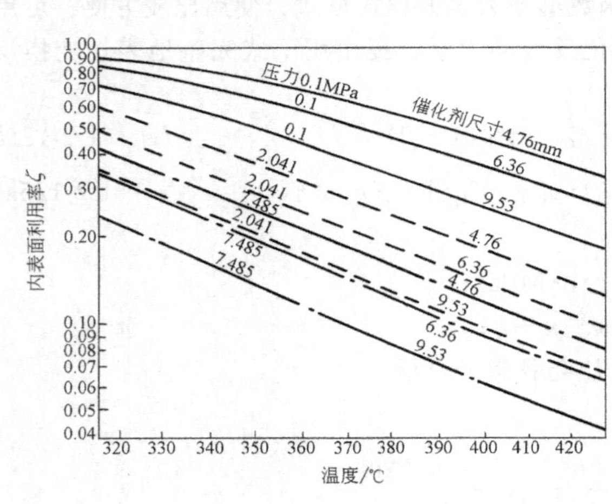

图 1-2-78 中（高）变催化剂在不同温度及压力下的内表面利用率

由图 1-2-78 可知，对同一尺寸的催化剂，在相同压力下，由于温度的升高，CO 扩散速度有所增加，但在催化剂内表面反应的速率常数增加更为迅速，总的结果是温度升高，内表面利用率降低。在相同的温度及压力下，小颗粒的催化剂具有较高的内表面利用率，这是因为催化剂尺寸越小，毛细孔的长度越短，内扩散阻力越小，故内表面利用率较高。对于同一尺寸的中变催化剂，在相同温度下，随着压力的提高，反应速率增大，而 CO 有效扩散系数又显著变小，故内表面利用率随压力的增加而迅速下降。

2.4.4 工艺条件

综合对反应热力学、动力学及催化剂的讨论并考虑工艺的其它特点，变换过程工艺条件综述如下。

2.4.4.1 压力

压力对变换反应的平衡几乎没有影响。但提高压力将使析炭和生成甲烷等副反应易于进行。单就平衡而言，加压并无好处。但从动力学角度，加压可提高反应速率，如设常压下反应速率为 r，加压下为 r_p，可用校正系数 $\varphi=r_p/r$ 来表达压力对反应速率的影响。图 1-2-79 是

用一级反应的动力学方程式（1-2-124）根据不同温度、压力并考虑内扩散影响计算而得[3]。

由图 1-2-79 可见，在一定温度下，对同一尺寸的催化剂，随着压力的升高，校正系数 φ 值增大，即反应速率提高。当压力小于 2MPa 时，催化剂校正系数增加比较明显，在更高压力下，由于内扩散的影响，校正系数增加比较缓慢。

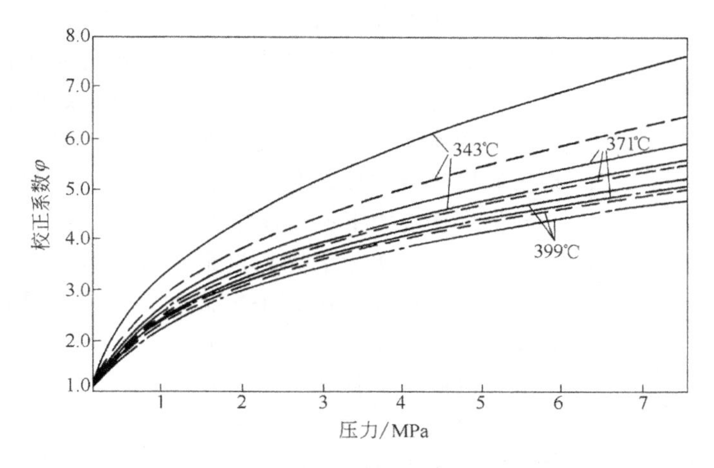

图 1-2-79　压力对中变催化剂活性的影响

如果在相同的温度和压力下，则小颗粒的催化剂具有较大的 φ 值。而在一定的压力下，对同一尺寸的催化剂，温度越高，则 φ 值越低。上述情况均与内扩散的影响有关。实际生产中，以煤为原料的合成氨厂，常压下中变催化剂的干气空速仅为 300～500 h^{-1}，压力为 1～2MPa时可达 800～1500 h^{-1}。以烃类为原料的大型合成氨厂，由于原料气中 CO 含量较低，压力 3MPa 时空速可达 2500～2800 h^{-1}。

压力对低变催化剂的反应速率也有相似影响。

从能量消耗上看，加压是有利的。由于干原料气的摩尔数小于干变换气的摩尔数，所以，先压缩原料气后再进行变换的能耗，比常压变换再压缩变换气的能耗低。根据原料气中 CO 含量的差异，其能耗约可降低 15%～30%。当然，加压变换需用压力较高的蒸汽，对设备材质的要求也较高，但综合起来，优点还是主要的。具体操作压力的数值，应根据大、中、小型氨厂的不同特点，特别是工艺蒸汽的压力及压缩机各段压力的合理配置而定。一般小型氨厂操作压力为 0.7～1.2MPa，中型氨厂为 1.2～1.8MPa，以天然气为原料的大型氨厂变换压力由蒸汽转化的压力决定。

2.4.4.2　温度

温度是 CO 变换最重要的工艺条件。由于 CO 变换为放热反应，随着 CO 变换反应的进行，温度不断升高，从前面动力学方程式可以看出，式中包含着速率常数 k 和平衡常数 K_p。温度升高时，k 值增加的影响大于 K_p 的影响，故对反应速度有利。继续增加温度，二者的影响互相抵消，反应速度随温度的增值为零。再提高温度时，K_p 的不利影响大于 k 值的增益影响，此时反应速度会随温度升高而下降。对一定类型的催化剂和一定的气体组成而言，必将出现最大的反应速度值，与其对应的温度，称为最佳温度或称最适宜温度，从动力学角度用求极值的方法推导的计算公式为

$$T_m = \frac{T_e}{1 + \frac{RT_e}{E_2 - E_1}\ln\frac{E_2}{E_1}} \qquad (1\text{-}2\text{-}130)$$

式中　T_m、T_e——分别为最佳温度及平衡温度，K；

R——气体常数，kJ/(kmol·K)；

E_1、E_2——正、逆反应活化能，kJ /(kmol·K)。

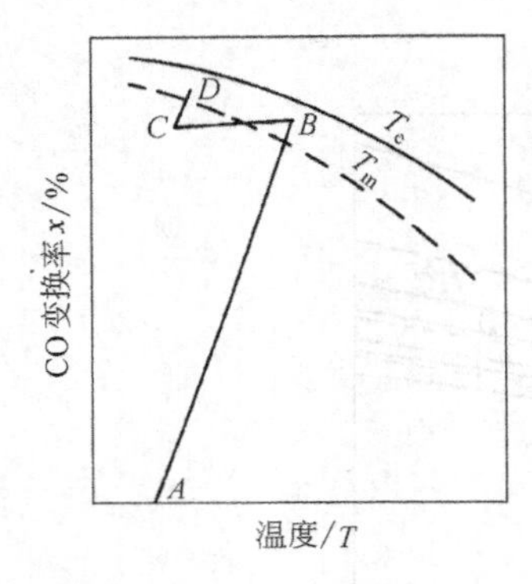

图 1-2-80　一氧化碳变换过程的 T-x 图

由于平衡温度随系统组成而改变，不同催化剂活化能也不相同，根据式（1-2-130）最佳温度 T_m 随系统组成与催化剂的不同而变化。图 1-2-80 表明，对一定初始组成的反应系统，随着 CO 变换率 x 的增加，平衡温度 T_e 及最佳温度 T_m 均降低。对同一变换率，最佳温度一般比相应的平衡温度低几十度。如果工业反应器中按最佳温度进行反应，则反应速率最大，即在相同的生产能力下所需催化剂用量最少。

但是，在实际上完全按最佳温度线操作尚有很大问题。首先，在反应前期，因距平衡尚远，即使离开最佳温度线，仍有较高的反应速率。如反应开始（$x=0\%$）T_m 很高，此值超过一般中（高）变催化剂允许使用的温度范围。而且随着反应的进行，温度应逐渐降低，故需从催化剂床层中不断移去热量。因此，变换过程的温度是综合各方面因素而确定的，对中（高）温变换来说：

① 应在催化剂活性温度范围内操作，反应开始温度应高于催化剂起始活性温度 20℃左右。根据催化剂型号的不同，反应开始温度为 320～380℃，热点温度为 450～500℃。应防止超温造成催化剂活性组分烧结而降低活性。

② 随着催化剂使用年限的增长，由于中毒、老化等原因，催化剂活性降低，操作温度应适当提高，例如把气体入口温度提高到 400℃以上。

③ 为了尽可能接近最佳温度线进行反应，可采用分段冷却。段数越多，则越接近最佳反应温度线，但流程也复杂。根据原料气中的 CO 含量，一般多将催化剂床层分为一段、二段或多段，段间进行冷却。冷却的方式有两种：一是间接换热式，用原料气或饱和蒸汽间接换热；二是直接冷激式，用原料气、水蒸气或冷凝水直接加入反应系统进行降温。图 1-2-80 中 $ABCD$ 线表示反应过程随 CO 变换率的增加，系统温度变化的情况，AB、CD 分别为一、二段绝热反应线，BC 表示段间间接换热降温，$ABCD$ 线称操作线。

对于低温变换过程，由于温升很小，催化剂不必分段。除应注意在催化剂活性温度范围内操作外，还应特别注意根据气相中水蒸气含量，确定低变过程的温度下限。这是因为催化剂操作温度较低，而气体中水蒸气含量又较高，即使中（高）变来的气体不再添加水蒸气，其湿含量也是可观的。所以，当气体降温进入低变系统时，就有可能达到该条件下的露点温度而析出液滴。液滴凝聚于催化剂的表面，造成催化剂的破裂粉碎，引起床层阻力增加，以及生成铜氨络合物而使催化剂活性降低。所以，低变催化剂的操作温度不但受本身活性温度范围的限制，而且还必须高于气体的露点温度。为稳妥起见，操作温度的下限应比该条件下的露点温度高 20～30℃。根据总压及气体湿含量计算的露点温度再加上 30℃作为低变操作温度下限，如图 1-2-81 所示[7]。

在相同操作压力下，随着气体中水蒸气含量的增加，露点温度升高，故操作温度的下限相应提高。对于相同的水蒸气比例，随着总压的提高，水蒸气分压也增加，所以操作温度下限也应提高。例如，气体中水蒸气/干气（摩尔比）为 0.5，总压为2MPa时，温度下限约 190℃，当总压为 3MPa 时，则为 210℃。催化剂热点温度一般不超过 250～260℃。随着使用年限的增长，进口气体温度可适当提高。

2.4.4.3 汽气比

汽气比一般指 H_2O/CO 比值或水蒸气/干原料气（摩尔比）。改变水蒸气比例是工业变换反应中最主要的调节手段。前面提到，增加水蒸气用量，提高了 CO 的平衡变换率，从而有利于降低 CO 残余含量，加速变换反应的进行。由于过量水蒸气的存在，保证催化剂中活性组分 Fe_3O_4 的稳定而不被还原。

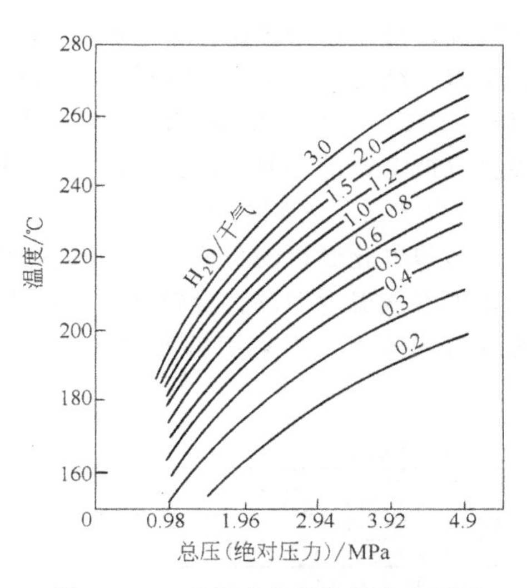

图 1-2-81 低温变换操作温度的下限

过量的水蒸气还起到热载体的作用。提高水蒸气比例，合湿原料气中 CO 含量下降，催化剂床层的温升将减少，如图 1-2-80 中操作线绝热段的斜率变大。所以，改变水蒸气的用量是调节床层温度的有效手段。

但是，水蒸气用量是变换过程中最主要消耗指标，尽量减少其用量对过程的经济性具有重要意义。水蒸气比例过高，还将造成催化剂床层阻力增加，CO 停留时间缩短，余热回收设备负荷加重等。中（高）温度换操作时适宜的水蒸气比例一般为：$H_2O/CO=3\sim5$。经反应后，中（高）变气中 H_2O/CO 可达 15 以上（水蒸气/干气≈0.5～1.0)，不必再添加蒸汽即可满足低温变换的要求。

降低变换过程的水蒸气消耗，一方面合理地确定 CO 最终变换率或残余 CO 含量，即中（高）变气中一般含 CO 为 3%～4%，低变气中 CO 为 0.3%～0.5%。催化剂床层段数要合适，段间要冷却良好。注意余热的回收等均可降低蒸汽消耗。另一方面，原料气中较高的氧含量，将引起催化剂床层的强烈温升，从而导致多耗蒸汽。

2.4.5 工艺流程

工艺流程设计的依据，首先是原料气中 CO 含量。CO 含量高则应采用中（高）温变换，因为中（高）变催化剂操作温度范围较宽，而且价廉易得，寿命长，大多数合成氨原料气中 CO 均高于 10%，故都先通过中（高）变除去大部分 CO。根据系统反应温度的升高，为使催化剂在允许活性温度范围操作，对 CO 含量高于 15%者，一般应考虑将反应器分为二段或三段。其次，是根据进入系统的原料气温度及湿含量，当温度及水蒸气含量低，则应考虑气体的预热和增湿，合理利用余热。第三是将 CO 变换与脱除残余 CO 的方法结合考虑。如脱除方法允许残余 CO 含量较高，则仅采用中（高）变即可，否则，可将中变与低变串联，以降低变换气中 CO 含量。现对两种典型变换工艺流程作一简介。

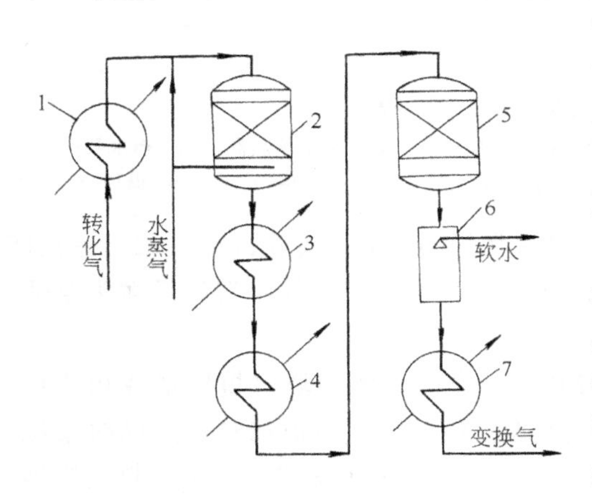

图 1-2-82 一氧化碳中（高）变-低变串联流程示意图

1—废热锅炉；2—高变炉；3—高变废热锅炉；4—甲烷化炉进气预热器；5—低变炉；6—饱和器；7—脱碳贫液再沸器

2.4.5.1 中（高）变-低变串联流程

采用此流程时，一般与甲烷化方法配合。以天然气蒸汽转化法制氨流程为例，由于原料气中 CO 含量较低，中（高）变催化剂只需配置一段。如图 1-2-82，含 13%～15%CO 的原料气经废热锅炉降温，在压力3MPa、温度370℃下进入高变炉，因原料气中水蒸气含量较高，一般不需添加蒸汽。经反应后气体中CO降到3%左右，温度为425～440℃。气体通过高变废热锅炉，冷却到330℃。锅炉产生10MPa的饱和蒸汽，由于气体温度尚高，一般用来加热其它工艺气体而变换气被冷却到220℃后进入低变炉，低变气残余CO降到0.3%～0.5%。

2.4.5.2 多段变换流程

以煤气化制得的合成氨原料气，CO含量较高，需采用多段中温变换，而且由于进入系统的原料气温度与湿含量较低，流程中设有原料气预热及增湿装置。图1-2-83为小型氨厂多段变换流程，因采用铜氨液最终清除CO，该法允许变换气CO含量较高，故不设低温变换。

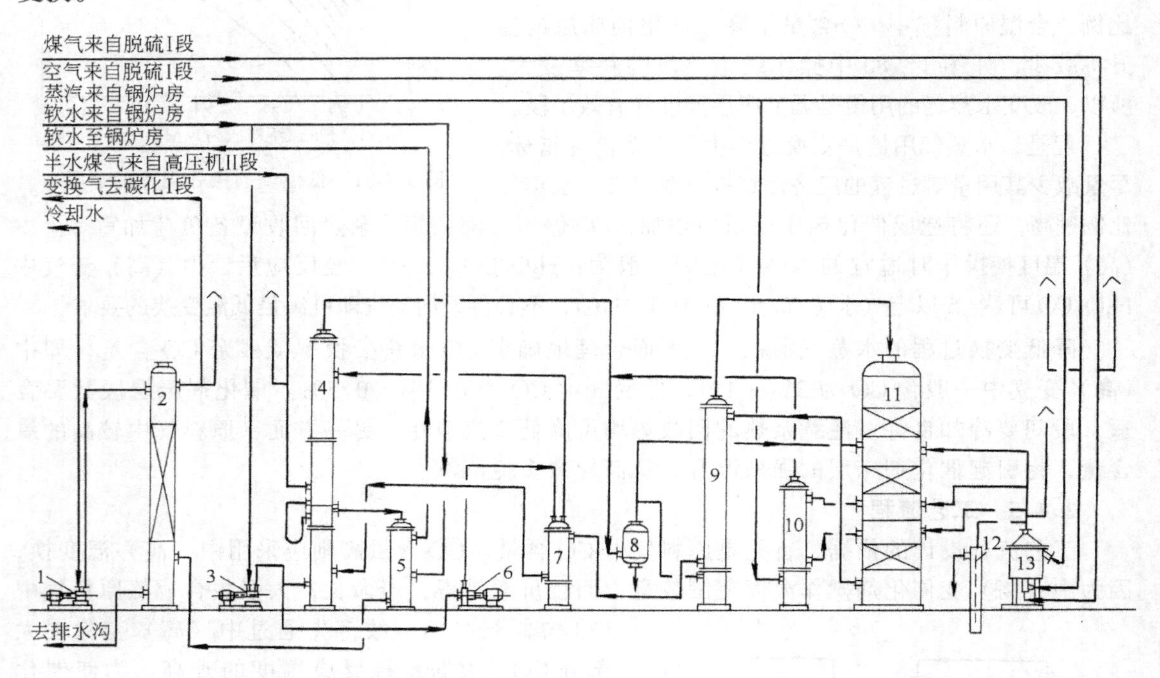

图1-2-83 小型氨厂一氧化碳多段变换流程

1—冷却水泵；2—冷凝塔；3—软水泵；4—饱和热水塔；5—第二水加热器（锅炉给水预热器）；6—热水泵；7—第一水加热器；8—蒸汽混合器；9—热交换器；10—蒸汽过热器；11—变换炉；12—水封；13—燃烧炉

如图1-2-83，变换炉分为三段，一、二段间冷却采用原料气直接冷激降温，二、三段间冷却用蒸汽间接换热，将饱和蒸汽变为过热蒸汽，这对缺乏过热蒸汽的小型氨厂尤为合适，使用过热蒸汽可显著的减轻热交换器的腐蚀。

含30%CO左右的半水煤气，加压到0.7～1MPa,首先进入饱和塔（填料塔或板式塔，上段为饱和塔下段为热水塔），与130～140℃的热水逆流接触，气体被加热而又同时增湿。然后在混合器中与一定比例的300～350℃过热蒸汽混合，25%～30%的气体不经热交换器，作为冷激气体。其它则经热交换器进一步预热到380℃进入变换炉。经第一段催化反应后温度升到480～500℃，冷激后依次通过二、三段，气体离开变换炉的温度为400～410℃，CO变换率达90%，残余CO含量为3%左右。变换气经热交换器加热原料气，再经第一水加热器加热热水，然后进入热水塔进一步冷却、减湿，温度降到100～110℃。为了进一步回收余热，气体进入第二水加热器（即锅炉给水预热器），温度降到70～80℃，最后经冷凝塔冷却到常温返回压缩机加压。

系统中的热水在饱和塔、热水塔及第一水加热器中循环。定期排污及加水，以保持循环热水的质量及水的平衡。流程中还设置燃烧炉，用于开工时催化剂的升温还原。

以煤为原料的中、小型氨厂，为达到气体降温，又可增加气体中水蒸气含量，高变催化剂段间常采用软水喷入填料层蒸发的冷激方式。有利于提高一氧化碳的最终变换率，节约能量。采用软水冷激时应注意水质及喷头结构，水质不良将造成催化剂表面结盐而降低活性。喷头如不能使软水有效的雾化，将导致水滴与催化剂接触，而使催化剂崩裂。

2.4.5.3 全低变流程[11,12]

全低变工艺是指全部使用宽温区的钴钼系耐硫变换催化剂，不再用高（中）变催化剂，这是变换工艺 80 多年发展过程的一次飞跃。因为铁铬变换催化剂受到活性温度的限制，变换气中 CO 含量不能太低，虽然铜锌催化剂活性温度低，但抗硫性能也低。80 年代中国在开发成功耐硫的 Co-Mo 催化剂的基础上，又开发了适用于全低变工艺的宽温耐硫催化剂，例如 B303Q。全低变工艺从 1990 年实现工业生产后，经过几年的实践获得成功，并在中小型氨厂中推广使用。

现将全低变流程的优点分述如下。

① 催化剂的起始活性温度低，变换炉入口温度及床层内热点温度大大低于中变炉入口及热点温度100～200℃。这样，就降低了床层阻力，缩小了气体体积约 20%，从而提高了变换炉的生产能力。

② 变换系统处于较低的温度范围内操作，在满足出口变换气中 CO 含量的前提下，可降低入炉蒸汽量，使全低变流程蒸汽消耗降低。

目前全低变工艺流程有两种：一种是新设计的；另一种是将原有中小型装置加以改造的。后者如图 1-2-84 所示。半水煤气首先进入系统的饱和热水塔，在饱和塔内气体与塔顶流下的热水逆流接触进行热量与质量的传递，使半水煤气提温增湿。出塔气体进入气水分离器分离夹带的液滴，并补充从主热交换器来的蒸汽，使汽气比达到要求。补充了蒸汽的气体温度升至 180℃ 进入变换炉的上段，反应后温度升至350℃左右引出，在段间换热器与热水换热，而后进入二段催化剂床层，反应后的气体在主热交换器与半水煤气换热，并在水加热器降温后进入第三段催化剂床层，反应后气体中 CO 含量降到 1%～1.5%离开变换炉。变换气经第一水加热器后进入热水塔，最后经软水加热器换热，冷凝器冷却至常温。

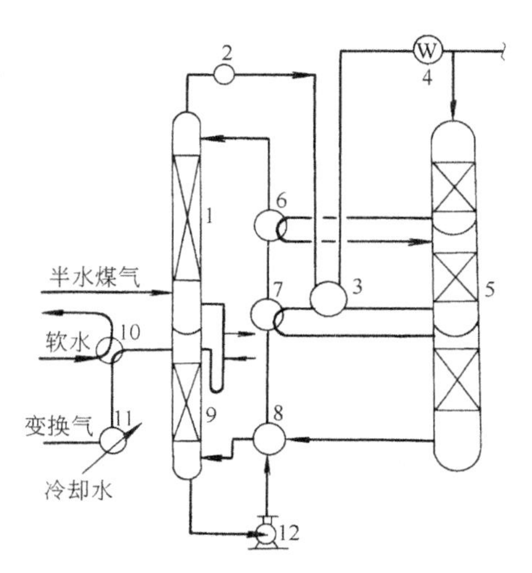

图 1-2-84 全低变流程图

1—饱和热水塔；2—分离器；3—主热交换器；4—电加热器；5—变换炉；6—段间换热器；7—第二水加热器；8—第一水加热器；9—热水塔；10—软水加热器；11—冷凝器；12—热水器

以煤为原料的 CO 变换流程均设有饱和热水塔，这是一种气液接触的增、减温设备。对全低变工艺的耐硫低温变换过程，由于出低变炉的变换气温度降低至 180℃ 左右，气体中过量蒸汽已经很少，因此，过去利用冷凝和蒸发原理直接接触的饱和热水塔已不能适应低变工艺。现今中国已有学者提出采用间壁换热式饱和塔，代替传统的饱和热水塔（已取得专利），比直接换热效果为佳，可以使 CO 变换过程无需添加蒸汽[13]。

参 考 文 献

1 向德辉、刘惠云主编．化肥催化剂实用手册．北京:化学工业出版社,1992

2 赵骧编．国外催化剂性能手册．化工部化肥工业研究所情报研究室,1984

3 赵志利等．高温变换催化剂的发展方向．工业催化．1998,(2):30

4 林性贻等．工业催化,1998,(6):37～41

5 余祖熙等编著,化肥催化剂使用技术．北京:化学工业出版社,1998年

6 Bohlbro H. An Investigation on the Kinestics of the Conversion of Carbon Monoxide with Water Vapor over Iron Oxide based Catalyst. 2nd Ed. Gjellerup, Conpenbagen, 1969

7 于遵宏等编著．大型合成氨厂工艺过程分析．北京:中国石化出版社,1993.162～174

8 Atwood K Arnold MR, Appel, E. G. Ind. Eng. Chem. 1950,(42):1600

9 Wen CY. Optimization of Coal Gasification Processes · Vol. 1. Office of Coal Research U.S. Department of the Interior. Washington. 1972

10 江崎正直．化学装置(日).1972,**14**(9):11.(11):20

11 李小定等．氮肥设计．1996,(2):43

12 白晓林等．小氮肥设计技术．1999,**20**(2):2～6

13 张成芳等．小氮肥设计技术．1999,**20**(1):3～5

第三章　粗原料气的净化

3.1　硫化物的脱除

3.1.1　概述

各种原料制取的粗原料气，都含有一些硫和碳的氧化物，为了防止合成氨生产过程催化剂中毒，都必须在氨合成工序前加以脱除，习惯上称原料气中硫化物的脱除为“脱硫”，二氧化碳的脱除为“脱碳”，少量残余一氧化碳和二氧化碳的脱除为最终净化，直至最后剩余的一氧化碳和二氧化碳，达到10^{-6}级，即成为纯净的合成气。

以天然气为原料的蒸汽转化法，第一道工序是脱硫，用以保护转化催化剂，以重油和煤为原料的部分氧化法，根据一氧化碳变换是否采用耐硫的催化剂而确定脱硫的位置，本章介绍脱硫、脱碳和最终净化的各种工艺。

3.1.1.1　硫化物的形态[1]

硫化物有多种多样，按其分子结构分为无机硫和有机硫两大类。

在半水煤气中，无机硫是指 H_2S，在造气过程中煤中铁的硫化物是通过下列反应而生成的。

$$2FeS_2 + H_2 = Fe_2S_3 + H_2S$$

$$Fe_2S_3 + H_2 = 2FeS + H_2S$$

$$FeS + H_2 = Fe + H_2S$$

此外，少部分的 H_2S 是通过有机硫高温热解或氢解作用而生成的。

煤气中的硫化物含量取决于煤中含硫量。由高硫煤制得的半水煤气中，一般 H_2S 含量可达 5～8 g/m^3，最高可达 20～30 g/m^3。煤气中的无机硫约占系统的 90%～95%，有机硫化物约占 10%左右。

有机硫种类繁多而复杂，对于半水煤气，有机硫化物通常以硫氧化碳（COS）为主，其次为二硫化碳（CS_2）、硫醇（RSH），硫醚（RSR′）和噻吩（C_4H_4S）的含量较少。

表 1-3-1 列出了中国某些氨厂以煤为原料制取半水煤气时不同硫化物的形态及含量。

表 1-3-1　半水煤气中硫化物的形态及含量/(cm^3/m^3)

厂名	H_2S	有机总硫	COS	CS_2	RSH	C_4H_4S
A	600～800	16～40	15～16	0.8～1.0	0.2	0.8～1.0
B	620～720	44～57	27～33	18～33	0～0.3	0.017～0.036
C	1000～1500	100～130	84～110	12～15	0.5～1.5	0.01～0.03
D	1500～2000	70～100	65～115	5～6	0.15	0.01～0.02
E	1705	207	192.5	14.2	0.25	0.065

注：硫化物均按 H_2S 计。

天然气中的硫化物，主要是 H_2S，其次为硫醇、硫醚，一般噻吩含量较少。

天然气、石脑油、重油中的硫化物含量，因产区不同而异，彼此差别也较大。例如，中国东濮油田的天然气含硫量极低，仅在1～10cm^3/m^{3}左右，而中国西部个别地区的天然气含硫量一般为50～400cm^3/m^3，有的竟高达20000～30000cm^3/m^3。

3.1.1.2 几种主要硫化物的性质[3]

（1）.硫化氢（H_2S）

沸点为-61.8℃。水中溶解度（20℃，0.1MPa）为3.84g/L。具恶臭。气味阈值因人嗅觉而异，一般在0.025～0.1cm^3/m^{3}之间。强毒性，尤其是破坏人体酶细胞。水溶液呈微酸性，能与碱作用而成相应盐类。对大部分金属具有强腐蚀性。

（2）硫醇（RSH，R代表烷基）

硫醇具恶臭、有毒。微溶于水，其酸性比相应的醇类强。溶于醇或醚，遇碱反应：

$$RSH + NaOH = RSNa + H_2O$$

藉此反应可将其脱除。天然气中有机硫主要成分是甲硫醇。

（3）硫氧化碳（COS）

又称羰基硫。沸点-48℃。无色、无臭气体。微溶于水。能溶于醇或碱。高温下与水蒸气作用：

$$COS + H_2O\ (g) = CO_2 + H_2S$$

与碱溶液能缓慢反应生成不稳定的盐类。

（4）二硫化碳（CS_2）

沸点为46.3℃。无色或微黄色易燃液体。纯品微带醚香，剧毒。水中溶解度为0.2%，溶于醇和醚。与碱溶液反应：

$$3CS_2 + 6KOH = K_2CO_3 + 2K_2CS_3 + 3H_2O$$

CS_2可被H_2还原生成H_2S。与高温水蒸气反应，几乎可完全转化成H_2S。

（5）硫醚（RSR′）

无色挥发性液体。中性。不溶于水。溶于醇和醚。与碱不作用。可被氧化成砜。最低级硫醚为二甲硫醚[$(CH_3)_2S$]，化学性质稳定，在400℃以上时能分解成烯烃和H_2S。

（6）噻吩（C_4H_4S）

结构式为 CH═CH（S）CH═CH（五元环）。物理性质与苯相似，有苯的气味。不溶于水，也不溶于酸或碱。化学性质稳定，加热至500℃时也难以分解，不易被ZnO催化分解。噻吩及噻吩族属于最难脱除的硫化物，故称为“非反应性硫化物”。噻吩在常压、300℃～400℃下，可被钴钼催化剂加氢转化为硫化氢和丁烷。

3.1.1.3 脱硫方法的分类

工业脱硫方法种类繁多，但归纳起来可分为湿法和干法两类。

湿法脱硫方法的特点：吸收速度或化学反应速度快，硫容大，适合于脱除气体中高硫；脱硫液再生简便，且可循环使用，还可回收硫磺。但因受物理或化学反应平衡的制约，其脱硫精度不及干法。

湿法脱硫按其作用原理可分为物理法、化学法和物理-化学法三种[8]。

① 物理法。在吸收过程中无化学反应，纯属扩散、溶解（吸收）的物理过程。其气液平衡一般服从亨利定律。如低温甲醇法、聚乙二醇二甲醚法等。

② 化学法。按其作用原理可分为中和法和氧化还原法脱硫两种。中和法是利用酸碱中

和原理将呈弱酸性的 H_2S 脱除。大部分属于飞速化学吸收反应。如氨水中和法、乙醇胺法等。氧化还原法的特点是借助于伴有电子得失（或称转移）的化学反应来进行脱硫的。如对苯二酚、ADA 法等。还有金属络合物脱硫法。最具代表性的是 EDTA 络合铁法。众所周知，Fe^{+3}具有很好脱硫性能。但 Fe^{+3}极易在碱性脱硫溶液中生成 Fe（OH）$_3$ 沉淀而失效。利用 EDTA 络合铁则可防止 Fe^{+3}沉淀，从而可以保持其良好的脱硫性能。

③ 物理-化学法。兼有物理法和化学法两种脱硫的优点。如环丁砜-MEA 法等。

干法脱硫是用固体脱硫剂。最大优点是脱硫精度高，可将硫化物脱至 0.1～0.5cm^3/m^3，绝非一般湿法所可比拟。

干法主要缺点：脱硫设备机组庞大，更换脱硫剂工作笨重，再生能耗大，因其工业应用受到限制，仅适用于脱除低硫或微量硫。近代大型化工生产对脱硫精度要求越来越高，使得干法脱硫技术重新获得了发展。

表 1-3-2 列出了目前国内外某些工业脱硫方法及其分类。

表 1-3-2　工业上常用的脱硫方法

<table>
<tr><td rowspan="5">湿法</td><td colspan="2">物理法</td><td>1．低温甲醇法（Rectisol）
2．聚乙二醇二甲醚法（Selexol）
3．磷酸三丁酯法（TBP）
4．N-甲基吡咯烷酮法（NMP）
5．N-甲基-ε-己内酰胺法
6．碳酸丙烯酯法（Flour）</td></tr>
<tr><td colspan="2">物理化学吸收法</td><td>1．环丁砜（Sulfional）-二异丙醇胺（Adip）法
2．常温甲醇法</td></tr>
<tr><td rowspan="3">化学法</td><td>中和法</td><td>1．氨水中和法
2．氢氧化钠法
3．碳酸钠法
4．乙醇胺法（MEA）
5．二乙醇胺法（DEA）
6．三乙醇胺法（TEA）
7．甲基二乙醇胺法（MDEA）
8．二甘醇胺法（DGA）</td></tr>
<tr><td>氧化还原法</td><td>1．对苯二酚液相催化法
2．改良 ADA 法
3．萘醌法
4．栲胶法
5．改良木质素法
6．Sulfox 法
7．KCA 法
8．MSQ 法
9．MQ 法
10．氧化煤法
11．改良砷碱法（GV）
12．改良热钾碱法（Benfield）
13．氨水苦味酸法（Fumox）</td></tr>
<tr><td>络合法</td><td>1．EDTA 络合铁法
2．水杨酸络合铁法（PD）
3．有机磷络合铁法
4．PDS 法</td></tr>
</table>

续表

干　法	1. 氧化锌法 2. 氧化铁法 3. 锰矿法 4. 活性炭法 5. 钴钼加氢脱硫法 6. 硫氧化碳水解法脱硫 7. 沸石吸附脱硫法 8. 分子筛法

3.1.2 湿法脱硫

3.1.2.1 湿法脱硫选择原则

在众多脱硫方法中如何选择殊非易事，下列几条原则可供参考。

① 该法必须能满足特定工艺对脱硫要求的净化度。

② 硫容量大。所谓硫容量（简称硫容）是指脱硫过程中，单位溶液体积所吸收 H_2S 的净值（ΔS），单位为 mg/L。当脱硫负荷一定时，它与脱硫溶液量有如下关系。

$$L = V(g_{H_2S} - g'_{H_2S})/\Delta S \times 1000 \quad m^3/h \tag{1-3-1}$$

式中　V——气体（标准状况下）流量，m^3/h；

g_{H_2S}，g'_{H_2S}——分别为脱硫塔进口、出口气体（标准状况下）中的硫化物含量，g/m^3。

由上式可知，硫容值越大，所需脱硫溶液量越少，脱硫及再生泵的运转电费也越少。硫容大小主要取决于脱硫剂的化学性质，也与脱硫塔和再生设备结构设计以及操作技术水平有关。若硫容选得过大，虽然用液量小，设备小，但不好操作，难以保证工艺要求。反之，硫容选得太小，势必会使设备造价和运行电费很大增加。因此，在确定脱硫方案时，应在保证能够满足脱硫指标要求的前提下，尽可能选用硫容大的脱硫方法。

③ 脱硫剂活性好，容易再生，且消耗定额低。

④ 不易发生硫堵。

⑤ 脱硫剂价廉易得。

⑥ 无毒性、无污染或污染小。

总之，在选择脱硫方法时，必须综合考虑上述诸因素的利弊及其经济效益，从而选出最优化方案。

3.1.2.2 湿法氧化还原脱硫的基本原理

在中国中、小型氮肥厂现用的湿法脱硫中，氧化还原法占绝对优势，尤以醌-氢醌型脱硫剂（也称醌-氢醌型脱硫催化剂）最为普遍。

醌-氢醌型脱硫剂脱硫总反应式

$$H_2S + Q = H_2Q + S \tag{1-3-2}$$

式中　Q——醌式（氧化态）脱硫剂；

H_2Q——氢醌式（还原态）脱硫剂。

写出电子得失方程式：

$$H_2S - 2e = 2H^+ + S$$

$$\underset{(醌式)}{Q} + 2H^+ + 2e = \underset{(氢醌式)}{H_2Q}$$

由能斯特（Nernst）方程可得

$$E_{S/H_2S}=E^0_{S/H_2S}+\frac{0.059}{2}\lg\frac{a^2_{H^+}}{a_{H_2S}} \tag{1-3-3}$$

$$E_{Q/H_2Q}=E^0_{Q/H_2Q}+\frac{0.059}{2}\lg\frac{a_Q\cdot a^2_{H^+}}{a_{H_2Q}} \tag{1-3-4}$$

式中　E_{S/H_2S}，E^0_{S/H_2S}——分别为 H_2S 氧化成 S 的电极电位及标准电极电位，V；

E_{Q/H_2Q}，E^0_{Q/H_2Q}——分别为 Q 式还原成 H_2Q 式的电极电位及标准电极电位，V；

a_{H^+}，a_{H_2S}，a_Q，a_{H_2Q}——以活度表示的 H^+、H_2S、醌式和氢醌式脱硫剂的含量。

由式（1-3-4）减式（1-3-3），得该系统的总电极电位差（也称电动势）ΔE：

$$\Delta E=E^0_{Q/H_2Q}-E^0_{S/H_2S}+\frac{0.059}{2}\left[\lg\frac{a_Q a^2_{H^+}}{a_{H_2Q}}-\lg\frac{a^2_{H^+}}{a_{H_2S}}\right]$$

或写成：

$$\Delta E=E^0_{Q/H_2Q}-E^0_{S/H_2S}+\frac{0.059}{2}\lg\left(\frac{a_Q\cdot a_{H_2S}}{a_{H_2Q}}\right)$$

当反应系统建立平衡时，则　$\Delta E=0$

得

$$E^0_{Q/H_2Q}=E^0_{S/H_2S}+\frac{0.059}{2}\lg\left(\frac{a_{H_2Q}}{a_{H_2S}\cdot a_Q}\right) \tag{1-3-5}$$

由文献查得　$E^0_{S/H_2S}=0.141\ V$

根据文献报道，为使反应完全应满足下列条件：

$$\frac{a_{H_2Q}}{a_{H_2S}\cdot a_Q}\geqslant 100$$

代入式（1-3-5），得

$$E^0_{Q/H_2Q}=0.141+0.059=0.2\ V$$

由此可见，作为脱硫剂，其标准氧化还原电位 E^0_{Q/H_2Q}必须大于 0.2 V。否则，不起氧化作用或氧化不完全。至于上限值，因还原态的氢醌必须用空气将其再生氧化成醌态才能重复使用。显然，空气中氧的电极电位应大于醌的电极电位，故其上限值可按再生时空气中氧的氧化还原电极电位来求得。

根据氧在反应中的电子得失方程：

$$O_2+2H_2O+4e\longrightarrow 4OH^-$$

从而得

$$E_{O_2/OH^-}=E^0_{O_2/OH^-}+\frac{0.059}{4}\lg\frac{p_{O_2}}{[OH]^4} \tag{1-3-6}$$

因　$[OH^-]=\frac{K_w}{[H^+]}=\frac{10^{-14}}{[H^+]}$

代入式（1-3-6）得

$$E_{O_2/OH^-}=E^0_{O_2/OH^-}+\frac{0.059}{4}\lg p_{O_2}-0.059\lg 10^{-14}-0.059\text{pH} \tag{1-3-7}$$

由文献查得：

$$E^0_{O_2/OH^-}=0.401\ V$$

设再生槽液面的再生剩余氧为原空气中氧的 3/4。故得 $p_{O_2}=0.21\times3/4=0.157atm\approx0.0157MPa$，代入式（1-3-7）得

$$E_{O_2/OH^-}=1.217-0.059pH \tag{1-3-8}$$

当脱硫溶液的 pH＝8

则求得

$$E_{O_2/OH^-}=0.75\ V$$

据此可知，为保证脱硫剂能充分氧化 H_2S，同时又能使脱硫后脱硫剂能被空气中氧所再生，要求该脱硫剂的实际氧化还原电位必须满足下列条件：

$$0.75\ V>E_{Q/H_2Q}>0.2\ V$$

此式也可作为预选某种醌-氢醌类脱硫剂的一种重要依据。

对于其它类型的脱硫剂，也可参照上述方法，求得其实际电极电位，作为选用方法的判据之一。

图 1-3-1 示出了改良 ADA 法、对苯二酚氨水脱硫法、EDTA 络合铁脱硫法的三种脱硫剂的电极电位与 pH 的关系。

由图可见，EDTA 络合铁电位曲线，位于硫化氢电位曲线之上，落于 ADA 和对苯二酚的电位曲线之下，距离空气氧的电位曲线最远。这就是说 EDTA 络合铁法只要溶液的 pH＞4 即可脱硫。而且它比 ADA 和对苯二酚脱硫剂更易被空气氧化再生。

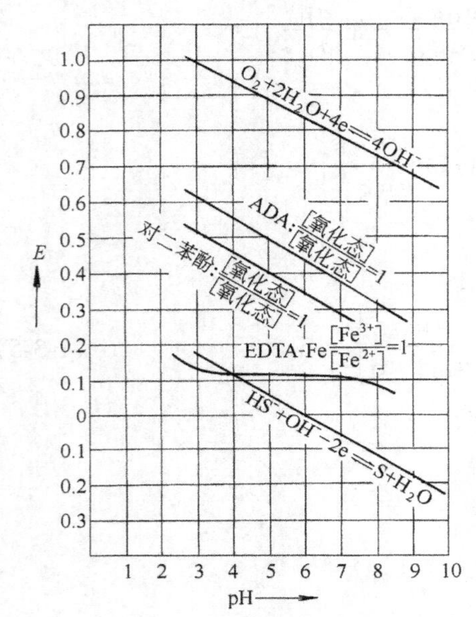

图 1-3-1 某些脱硫剂的电位与 pH 的关系图

3.1.2.3 两种典型湿法脱硫工艺

(1) 对苯二酚氨水液相催化法

① 基本反应。此法脱硫过程包括吸收、氧化和再生三个基本步骤，反应式如下。

吸收反应：

$$NH_4OH+H_2S═NH_4HS+H_2O \tag{1-3-9}$$

氧化反应：

$$NH_4HS+\text{(对苯醌)}+H_2O═NH_4OH+\text{(对苯二酚)}+S \tag{1-3-10}$$

再生反应：

$$\text{(对苯二酚)}+\frac{1}{2}O_2═\text{(对苯醌)}+H_2O \tag{1-3-11}$$

脱硫总反应：

$$NH_4HS+\frac{1}{2}O_2\xrightarrow{\text{对苯二酚}}NH_4OH+S \tag{1-3-12}$$

还可能发生下列副反应：

$$2NH_4HS + 2O_2 \longrightarrow (NH_4)_2S_2O_3 + H_2O \tag{1-3-13}$$

$$(NH_4)_2S_2O_3 + 2O_2 + 2NH_4OH \longrightarrow 2(NH_4)_2SO_4 + H_2O \tag{1-3-13a}$$

$$NH_4CN + S \longrightarrow NH_4CNS \tag{1-3-14}$$

② 化学平衡[4]。众所周知，催化剂仅能加快反应速度，但不能改变原有体系的化学平衡。所以，对于对苯二酚氨水脱硫，当反应达到平衡时的气相和液相组成，仍可按氨水吸收 H_2S 和 CO_2 后形成的 NH_3-H_2S-CO_2-H_2O 体系的化学平衡来求得。

该体系中的基本化学反应如下。

$$NH_4OH + H_2S(l) \longrightarrow NH_4HS(l) + H_2O \tag{1-3-15}$$

$$2NH_4OH + CO_2 \longrightarrow (NH_4)_2CO_3 + H_2O \tag{1-3-16}$$

$$(NH_4)_2CO_3 + H_2S \longrightarrow NH_4HS + NH_4HCO_3 \tag{1-3-17}$$

$$CO_2 + 2NH_3 \longrightarrow NH_4COONH_2 \tag{1-3-18}$$

将上述反应写成离子反应式：

$$\begin{array}{ccccc} NH_3(l) & + & H_2S(l) & \longrightarrow & NH_4^+ + HS^- \\ \Updownarrow & & \Updownarrow & & \\ NH_3(g) & & H_2S(g) & & \end{array} \tag{1-3-19}$$

$$NH_3(l) + CO_2(l) + H_2O \longrightarrow NH_4^+ + HCO_3^- \tag{1-3-20}$$

$$NH_3 + HCO_3^- \longrightarrow NH_2COO^- + H_2O \tag{1-3-21}$$

$$NH_3 + HCO_3^- \longrightarrow NH_4^+ + CO_3^= \tag{1-3-22}$$

反应（1-3-19）～（1-3-22）的平衡常数如下。

$$K_{19} = \frac{[NH_4^+][HS^-]}{[NH_3]p_{H_2S}^*} \tag{1-3-23}$$

$$K_{20} = \frac{[NH_4^+][HCO_3^-]}{[NH_3]p_{CO_2}^*} \tag{1-3-24}$$

$$K_{21} = \frac{[NH_2COO^-]}{[NH_3][HCO_3^-]} \tag{1-3-25}$$

$$K_{22} = \frac{[NH_4^+][CO_3^=]}{[NH_3][HCO_3^-]} \tag{1-3-26}$$

K_{19}可按下式求定。

$$\lg K_{19} = a + 0.089c_{H_2S} + mc_{CO_2} \tag{1-3-27}$$

式中 c_{H_2S}——溶液中 H_2S 总浓度，mol/L；

c_{CO_2}——溶液中 CO_2 总浓度，mol/L。

不同温度下 a 和 m 之值见表 1-3-3。

表 1-3-3 不同温度下 a 和 m 之值

温度/℃	a	m	温度/℃	a	m
20	−1.1	0.089	60	−2.19	0.31
40	−1.7	0.21			

平衡常数 K_{20}随离子强度 I 的增加而增大，随温度的升高而降低，如图 1-3-2 所示。

表 1-3-4 平衡常数 K_{21}、K_{22}

温度/℃	K_{21}	K_{22}	温度/℃	K_{21}	K_{22}
20	3.4	0.14	60	2.2	0.05
40	2.71	0.083			

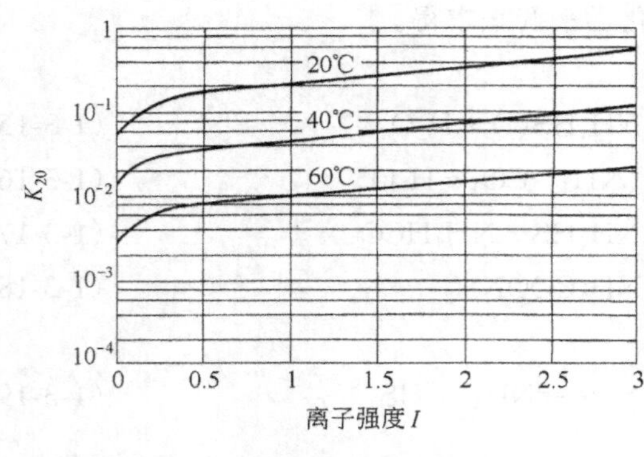

图 1-3-2 平衡常数 K_{20}与离子强度 I 的关系

$I=\frac{1}{2}\sum c_i z_i^2$。式中 c_i—溶液中离子 i 的浓度，mol/L；z_i—离子 i 的价数。

平衡常数 K_{21}、K_{22}与温度的关系如表 1-3-4 所示。

不同温度下的 K_{21}、K_{22}也可根据图 1-3-3 来求出。

溶液中含有 8 个未知组成：HCO_3^-、$CO_3^=$、NH_2COO^-、NH_4^+、NH_3、CO_2、H_2S 及 HS^-，除上面列出四个平衡常数方程式外，尚需补充四个独立方程，即可将方程组解出。

根据 H_2S、NH_3 和 CO_2 的各自物料平衡和离子平衡，可列出以下方程。

$$c_{H_2S}=[H_2S]+[HS^-] \tag{1-3-28}$$

$$c_{NH_3}=[NH_3]+[NH_4^+]+[NH_2COO^-] \tag{1-3-29}$$

$$c_{CO_2}=[CO_2]+[CO_3^=]+[HCO_3^-]+[NH_2COO^-] \tag{1-3-30}$$

$$[NH_4^+]=[HS^-]+[HCO_3^-]+2[CO_3^=]+[NH_2COO^-] \tag{1-3-31}$$

式中 c_{H_2S}——H_2S 总浓度，mol/L；

c_{NH_3}——氨总浓度，mol/L；

c_{CO_2}——CO_2 总浓度，mol/L。

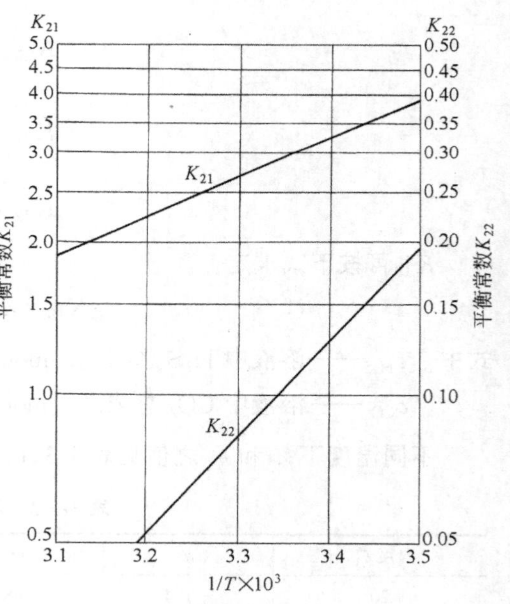

图 1-3-3 平衡常数 K_{21}、K_{22}与温度的关系

考虑到液相中未离解的 CO_2 和 H_2S 很少，故计算时可忽略不计。

由式（1-3-25）、式（1-3-26）、式（1-3-28）、式（1-3-29）、式（1-3-30）和式（1-3-31）可以整理得到用以求定液相组成的下列各式。

$$[NH_3]=[HCO_3^-]+c_{NH_3}-2c_{CO_2}-c_{H_2S} \tag{1-3-32}$$

$$[CO_3^=]=K_{22}[HCO_3^-][NH_3]/c_{CO_2}+c_{H_2S} \tag{1-3-33}$$

$$[NH_4^+]=c_{CO_2}+c_{H_2S}+[CO_3^=] \tag{1-3-34}$$

$$[NH_2COO^-]=K_{21}[NH_3][HCO_3^-] \tag{1-3-35}$$

令 $x=[HCO_3^-]$，将式（1-3-32）～式（1-3-35）代入式（1-3-29）得

$$\left[\frac{K_{22}}{c_{H_2S}+c_{CO_2}}+K_{21}\right]x^2+\left[\frac{K_{22}}{c_{H_2S+CO_2}}+K_{21}(c_{NH_3}-2c_{CO_2}-c_{H_2S})+1\right]x-c_{CO_2}=0 \tag{1-3-36}$$

解此一元二次方程，求出 x 值并代入式（1-3-32）～式（1-3-35），即可依次求得液相中的各平衡组成，然后按下列各式求出气相各平衡分压。

$$p^*_{H_2S}=\frac{[NH_4^+][HS^-]}{K_{19}[NH_3]} \tag{1-3-37}$$

$$p^*_{CO_2}=\frac{[NH_4^+][HCO_3^-]}{K_{20}[NH_3]} \tag{1-3-38}$$

$$p^*_{NH_3}=\frac{[NH_3]}{H_{NH_3}} \tag{1-3-39}$$

氨的亨利系数 H_{NH_3}可用下式估算。

$$-\lg\frac{H_{NH_3}}{H_0}=0.025[NH_3]$$

式中　H_0 为氨在纯水中的亨利系数，参见表 1-3-5。

表 1-3-5　氨在纯水中的亨利系数 H_0

温度/℃	H_0/[kmol/(m³·mmHg)]	温度,℃	H_0/[kmol/(m³·mmHg)]
20	0.099	60	0.017
40	0.0395		

注：1mmHg＝1.33322Pa。

③ 工艺条件

A．溶液组成

a．氨水浓度。氨水脱硫过程是中和反应，适当提高氨水的氨含量，可以提高化学吸收反应速度、硫容和净化度。但氨含量过高，挥发量增大，大量气氨将在净氨塔中被水洗去而流失，导致化肥单位产量的氨耗剧增。尤其是氨与 CO_2 作用生成的碳酸氢铵常会附集于净氨塔以后的管道和压缩机阀片上，使系统阻力增大，直接影响化肥生产，甚至停产。氨水中氨的含量应根据脱硫负荷及其要求的净化度进行调节。工业上氨水中氨含量一般控制在10～20 滴度。在生产运行中经常补充无硫氨水是重要的。

b．对苯二酚加入量。适当提高对苯二酚加入量，对提高脱硫反应速度、硫容及净化度是有利的。须知：对苯二酚加入量的上限是由其溶解度决定。因其溶解度不大，过量加入不但无济于事，徒增其消耗定额，更何况它有毒性。工业上对苯二酚的加入量视脱硫负荷大小而定，一般控制在 0.1～0.3g/L 范围。

B．操作温度。温度对脱硫影响极为敏感，适当提高操作温度，可以加速吸收和再生的反应速度。由式（1-3-37）可知，K_{19}随温度升高而降低，温度过高将导致 H_2S 的平衡分压（$p^*_{H_2S}$）增大而降低吸收推动力，造成吸收速度下降。副反应、氨挥发以及对苯二酚自身的分解也因此加大、加快。由于半水煤气经罗茨鼓风机压缩后煤气温度将升至 50℃ 以上（夏季更高），因此它在入脱硫塔前，须先经冷却塔进行冷却。而温度低对脱硫液再生是不利的。基于这些原因，脱硫塔的操作温度应控制在 32～45℃ 为宜。

C．脱硫液再生。脱硫塔是一种用于吸收的传质设备，它并不能改变气液吸收平衡。就是说，从脱硫塔塔顶出口的脱硫后半水煤气中的硫化氢分压（p_{H_2S}）极限值只决定于进入脱硫塔顶部再生液（俗称贫液）中与其液相残余硫化氢成平衡的气相硫化氢的平衡分压 $p^*_{H_2S}$ 值。而实际生产中 p_{H_2S}总是大于 $p^*_{H_2S}$。脱硫液再生的重要性则由此可见。

良好的再生条件应为：

a. 具有足够的再生空气量。既要满足氧化 HS^- 所需空气量，同时也要满足再生槽所需吹风强度，以能保证将悬浮于槽顶液面的硫泡沫分离出来。

b. 控制再生槽液温在 50℃ 以下，温度不宜过高过低。

c. 高塔再生时间可取 25～30min，喷射氧化槽可取 5～10min。

④ 工艺流程

对苯二酚液相催化法脱硫的流程如图 1-3-4 所示。来自气柜的半水煤气，经罗茨鼓风机先进入冷却塔 1，再进入脱硫塔 2 进行脱硫。脱硫后合格半水煤气经清洗塔 3，静电除焦油器 4，送往压缩机和变换系统。

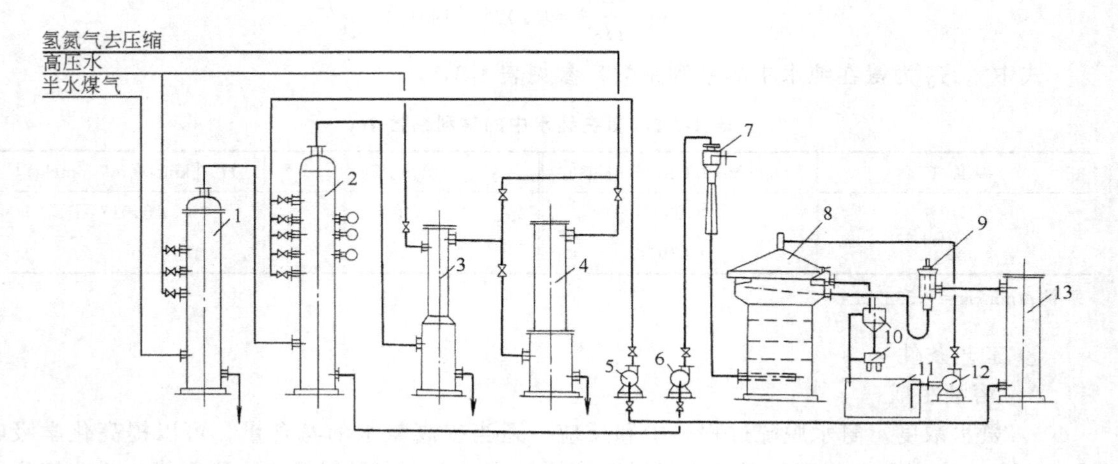

图 1-3-4　对苯二酚氨水液相催化法脱硫流程

1—冷却塔；2—脱硫塔；3—清洗塔；4—静电除焦油器；5—脱硫液泵；6—再生液泵；7—自吸喷射氧化器；8—再生槽；9—液面调节器；10—离心机；11—地下槽；12—贫液泵；13—贫液槽

由脱硫塔 2 出来的脱硫液（富液）进入富液槽（图中未示），由泵 6 送入位于喷射氧化再生槽 8 顶部的喷射器中。自吸空气进行溶液初级再生。而后气液从喷射器尾管出来同进再生槽底部，并流向上，进一步进行再生。再生好的贫液送往贫液槽 13。再生时浮选出来的硫泡沫，聚集于槽顶，利用位差自动溢入地下槽。硫泡沫也可直接进入离心机 10 分离出硫膏，炼成硫磺。滤液返回贫液槽，与贫液一并由泵送入脱硫塔脱硫。

(2) 改良 ADA 法[5,6,7]

改良 ADA 法脱硫国外广为采用。过去中国中型氮肥厂大部分也都采用此法脱硫，近年来已逐渐被栲胶法所取代。

ADA 是 Anthraquinone Disulphonic Acicd 的缩写，中文名为蒽醌二磺酸。ADA 法脱硫首由英国 North Western Gas Board 和 Clayton Aniline 公司于 1958 年联合开发成功。1961 年应用于化工生产。实际上现今工业上所用的 ADA 法是经过改良的，应称为 ADA-钒酸盐法 (Stretford ADA-vanadate process)，简称 Stretford 法。常压和加压脱硫均能适用。一般可将硫化氢脱至 $0.5cm^3/m^3$，或更低。回收的硫磺纯度可达 99.9%。

蒽醌二磺酸钠（ADA）共有 2，7-；2，6-；1，8-；1，5-四种同素异构体。市售商品实际上是以 2.7-；2.6-为主体的混合物，该两者结构式如下。

2,7-蒽醌二磺酸钠　　　　2,6-蒽醌二磺酸钠

20 ℃时 2,7-ADA 在水中的溶解度 30％以上；2,6 -ADA 为 3％左右。1，5-ADA 和1,8-ADA溶解度更小。四种异构体的脱硫反应速率（也称活性），依次递减：2,7-ADA＞2,6-ADA＞1,5-ADA＞1,8-ADA，与它们的溶解度大小次序相当，参见图 1-3-5。

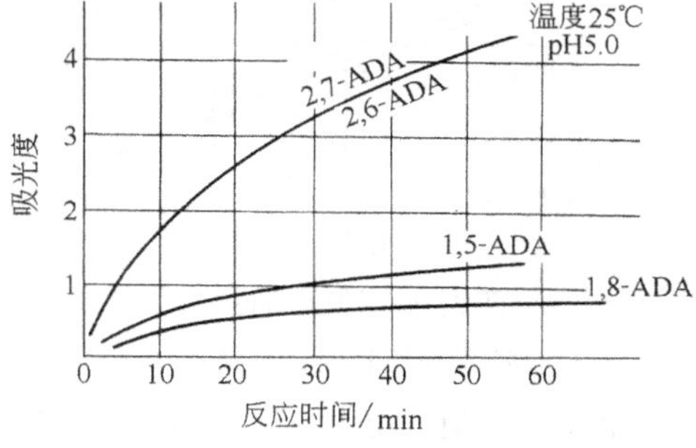

图 1-3-5　ADA 4 种异构体的反应速率

① 反应机理

A. 脱硫塔中以稀碱液进行硫化氢吸收的脱硫反应：

$$Na_2CO_3 + H_2S \longrightarrow NaHS + NaHCO_3 \quad (1\text{-}3\text{-}40)$$

B. 硫氢化物与偏钒酸盐反应生成元素硫的析硫反应：

$$2NaHS + 4NaVO_3 + H_2O = Na_2V_4O_9 + 4NaOH + 2S \quad (1\text{-}3\text{-}41)$$

[1]

C. 氧化态 ADA 与 $Na_2V_4O_9$ 的熟化反应：

$$Na_2V_4O_9 + 2ADA（氧化态） + 2NaOH + H_2O \longrightarrow$$
$$\longrightarrow 4NaVO_3 + 2ADA（还原态） \quad (1\text{-}3\text{-}42)$$

以上析硫和熟化反应是在脱硫塔底部和富液槽中同时进行的。

D. 还原态 ADA 在再生槽内被空气中氧氧化的再生反应：

$$2ADA（还原态） + O_2 \longrightarrow 2ADA（氧化态） + 2H_2O \quad (1\text{-}3\text{-}43)$$

E. 可能发生的副反应如下。

a. 硫氢化钠遇氧会发生过氧化反应生成硫代硫酸钠：

$$2NaHS + 2O_2 \longrightarrow Na_2S_2O_3 + H_2O \quad (1\text{-}3\text{-}44)$$

b. 当气相中存在 CO_2 和氰化氢时，也可能进行下列副反应：

$$Na_2CO_3 + CO_2 + H_2O \longrightarrow 2NaHCO_3$$
$$Na_2CO_3 + 2HCN \longrightarrow 2NaCN + H_2O + CO_2 \quad (1\text{-}3\text{-}45)$$
$$NaCN + S \longrightarrow NaCNS$$
$$2NaCNS + 5O_2 \longrightarrow Na_2SO_4 + 2CO_2 + SO_2 + N_2 \quad (1\text{-}3\text{-}46)$$

这些副反应生成物逐渐积累于循环液中，如 $Na_2S_2O_3$ 的积累量可达到 200g/L 左右。不仅浪费大量碱，而且影响脱硫活性组分的活性，使吸收 H_2S 的能力下降。如达到其饱和浓度，则会从系统中析出，堵塞塔和管道。因此，当这些副产物积累到某个程度，需排出一部分废液并进行处理。国外也有通过溶液蒸发或冷冻将它们结晶出来，提纯后作为商品

[1] $Na_2V_4O_9$ 系由 4mol 亚钒酸(H_2VO_3)脱去 3mol 水成为焦亚四钒所成的盐，称为亚四钒(Ⅳ)酸钠。但国内一些硫脱书刊沿习误称为焦偏钒酸钠或焦钒酸钠。

出售。

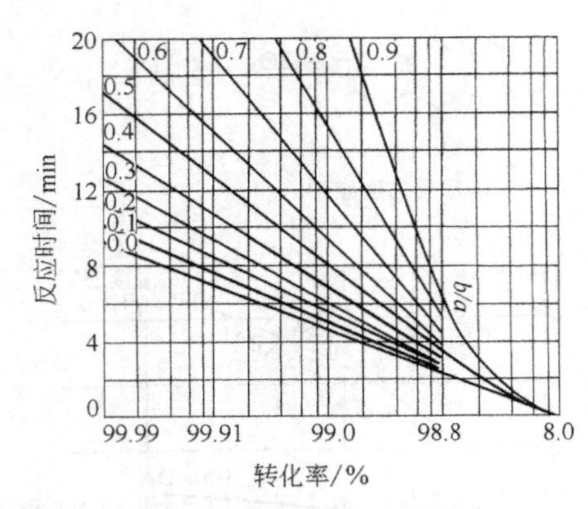

图 1-3-6　不同 b/a 值与 HS^- 转化反应时间和转化率的关系

② 早期 ADA 法脱硫与改良 ADA 法的比较。早期 ADA 法的缺点：

A. 硫容低。HS^- 转化成元素硫反应取决于稀碱溶液中所溶解的氧，而氧在脱硫液中的溶解度很小，在保证没有 $Na_2S_2O_3$ 生成的前提下，溶液的硫容只能控制在 10^{-6}级。这就必然要以很大的溶液循环量来提供反应所需氧量，从而增加了动力消耗。

B. 脱硫设备庞大。由于 HS^- 氧化成元素硫反应速度慢，为使反应进行完全，必须建立体积庞大的脱硫设备，以提供足够的反应时间和空间。

C. 要增设脱碳工序。由于化肥厂原料气中总是含有相当多的 CO_2，因而，为了维持脱硫反应快速进行所需的 pH 值，必须另设一套脱碳工序将部分脱硫液抽出进行脱碳处理。

为了克服上述这些缺点，人们通过在 ADA 脱硫液中加入偏钒酸钠、酒石酸钾钠和少量 EDTA 等助剂将其进行改良并获得成功。实际上这已经是改变了原先 ADA 法的脱硫机理。按原法 HS^- 是直接靠氧化态 ADA（醌式）来氧化 HS^- 成单体硫的，而还原态的 ADA（氢醌式）是用空气中的氧来氧化再生的。如上所述，这样的脱硫反应速度太慢。而现今 HS^- 的氧化改用了偏钒酸钠。后者被还原成亚四钒（Ⅳ）酸钠后，则由醌式 ADA 把它重新氧化成偏钒酸钠。而被还原成氢醌式的 ADA，再在再生塔（槽）被空气中氧重新氧化成醌式 ADA，从而完成了一个总体上的氧化还原过程。由于偏钒酸钠氧化 HS^- 以及醌式 ADA 氧化亚四钒（Ⅳ）酸钠的速度都很快，这就大大加速了总体的脱硫过程的速度。显然，在此过程中，ADA 仅仅是作为一种载氧剂，将氧传递给钒酸盐。这就要求溶液中的 ADA 用量应与气相中的硫化氢含量相匹配，以能满足下列方程式的要求：

$$2H_2S + O_2 \longrightarrow 2S + 2H_2O$$

经过这样改良后，ADA 的硫容由原来 40～100ml/m^3 提高到 500～1000ml/m^3。

③ 析硫反应的动力学

五价钒酸盐将 HS^- 快速氧化成单体硫，可以抑制生成 $Na_2S_2O_3$ 的副反应到最低限度，这是改良 ADA 法脱硫至关重要一步。尼克林（Niklin）和汤姆逊（Tompson）曾对五价钒酸盐氧化 HS^- 的析硫反应进行了研究，提出下列析硫反应动力学方程式。

$$t = \frac{1}{k(a-b)} \times \ln\frac{b(a-x)}{a(b-x)} \tag{1-3-47}$$

式中　t——时间，min；

k——反应速率常数，mol/(L·h)；

a——钒的起始浓度，mol/L；

b——氢硫化物的起始浓度，mol/L；

x——反应了的氢硫化物浓度，mol/L。

他们还发现不同 b/a 值对 HS^- 转化反应时间和转化率的关系，如图 1-3-6 所示。由图可见，随着 HS^- 的起始浓度与 ADA 溶液中钒的起始浓度比值（b/a）越小，或说随着溶液中钒的起始浓度越大，HS^- 转化为硫的时间越少，也即反应速度越大。

④ 工艺条件。常压法和加压法的改良 ADA 脱硫，两者脱硫液的组成不同。表 1-3-6 列出各国某些厂家的推荐值。对比国内外脱硫液的配方可知，国外所用的主要成分 ADA 和 $NaVO_3$ 用量较高，这可能是其脱硫效率较高的原因之一。

表 1-3-6　各国某些氨厂改良 ADA 脱硫溶液组成

氨厂	方法＼组成	总碱度 N	Na_2CO_3 g/L	$NaHCO_3$ g/L	ADA g/L	$NaVO_3$ g/L	$KNaC_4H_4O_6$ g/L	$FeCl_3$ g/L
中国	设计值 常压法	0.4	3	29	5-7	12-3	1	
	设计值 加压法 1.8MPa	1.0	7-10	60-80	10	5	2-3	
	设计值 加压法 0.7MPa	1.0	7-10	60-80	10	5	2	
	A	0.5	2.65	37.8	2.6	2.5	1.2-1.57	
	B	0.35	2.5	26	1.5-2.5	1.2		
	C	0.4	4.0	25	2.0	0.5		
	D	0.21	2.75	13.4	0.85	0.7		
	E	0.4	3.5	23-27	1-2.34	1.04-2		
	F（加压法 20MPa）	0.55	7.949	33.58	4.24	2.72		
其它国家	G	0.59	11	33	6.59	6.097	3.42	
	H	1.64	38.5	77	8.24	2.438	足量	0.18
	I	0.233	5.6	11	4.12	2.438	1.07	
	J	0.307	11	22	4.12	1.219	足量	0.18

A．溶液组成

a．总碱度。总碱度是指溶液中 $NaHCO_3$ 和 Na_2CO_3 的含量之和，工业上通常是以物质的量浓度表示。总碱度和纯碱浓度是吸收反应的主要影响因素。吸收总传质系数、硫容、净化度都随着纯碱浓度的增加而增加。

由于半水煤气中约含 10% 的 CO_2，其量远大于 H_2S 的含量（视煤质不同一般在 0.3% 以下），因而在脱硫的同时脱硫液也吸收相当数量的 CO_2，遂使溶液的 pH 值下降而影响脱硫效率。为使溶液 pH 值不致变化过大，由于 Na_2CO_3 和 $NaHCO_3$ 本身就是一种缓冲溶液，若能使脱硫塔中吸收的 CO_2 与再生塔中解吸的 CO_2 平衡，那么溶液中的 $NaHCO_3$ 与 Na_2CO_3 含量和 pH 值，也就可以稳定于某一数值。但若液相中的 $NaHCO_3/Na_2CO_3$（摩尔比）过高时，则应抽取总溶液量的 1%～2% 去脱碳工序，将溶液加热到 90℃ 以上，以使 CO_2 解吸出来。但在大多数情况下，借助于提高空塔速度到 0.5～1m/s，以及维持吸收液较低 pH 值等方法，这样也可减少溶液中 CO_2 的干扰影响。

生产中经常补充纯碱是必要的，但碱量不宜过大。若碱量远超于脱除 HS^- 所需要时，按 $Na_2CO_3 + CO_2 + H_2O \rightarrow 2NaHCO_3$ 反应，生成大量溶解度较小的 $NaHCO_3$，从溶液中结晶出来，常会堵塞泵和阀门。

工业上脱除低含量硫时，一般总碱度可控制在 0.3～0.5mol/L 范围，相应的 Na_2CO_3 为 3～4g/L，$NaHCO_3$ 为 25～29g/L 左右。当脱除高含量硫时，总碱度可提高到 1mol/L，Na_2CO_3 为 0.4mol/L。

b．pH 值。研究证明，对于硫化氢的吸收，溶液的 pH 值高是有利的，见图 1-3-7。但 pH 值过高，会使副反应生成的 $Na_2S_2O_3$ 剧增，见图 1-3-8。且对 ADA/钒酸盐溶液将 HS^- 氧化成单体硫也不利。不过，对氧化还原态的ADA/钒酸盐反应而言，溶液pH值高是有利的，见图1-3-9。在实际生产中综合诸因素结果，一般脱硫液的pH都选取在8.5～9.2范围内。

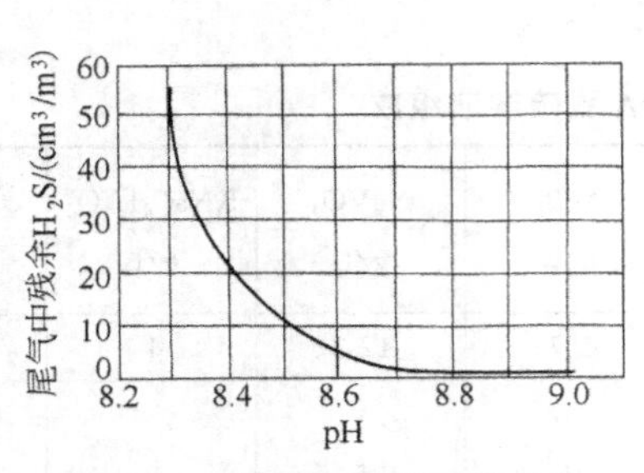

图1-3-7　溶液pH值对尾气中残余H_2S含量的影响

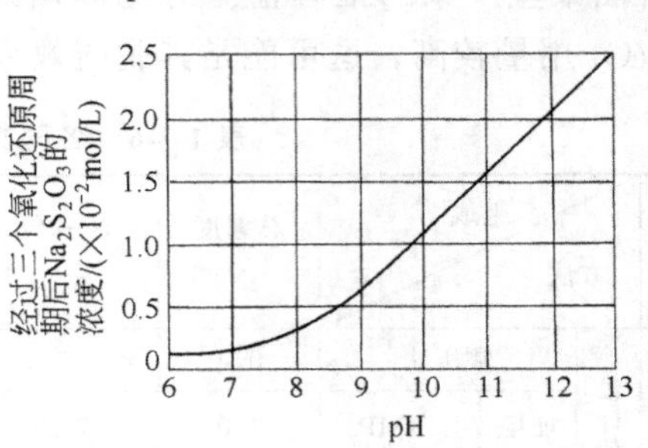

1-3-8　溶液pH值对生成$Na_2S_2O_3$的影响

c. $NaVO_3$。由式（1-3-41）可知，每氧化1 mol硫氢化钠需要2mol钒酸钠。然而，脱硫反应随着钒酸钠用量的加大而趋于完全，见图1-3-10。但钒酸盐的加入尚需考虑多种因素。按国内的经验，推荐$NaVO_3$∶ADA∶HS^-三者以1∶(1～3)∶(1～3)为宜。钒酸盐通常可以钒酸铵、钒酸钠或偏钒钠的形式加入。

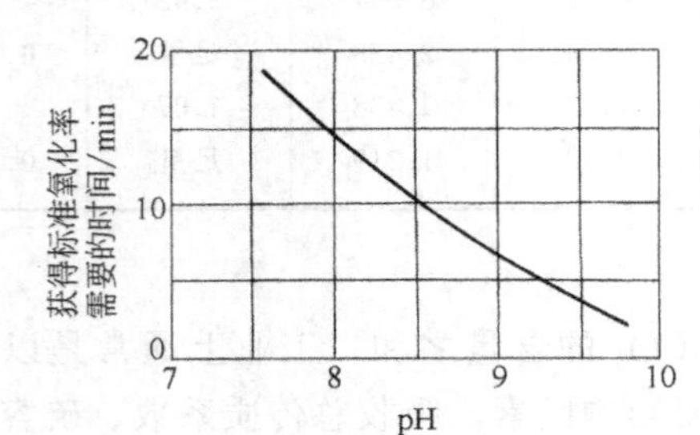

图1-3-9　溶液pH值与氧化时间的关系

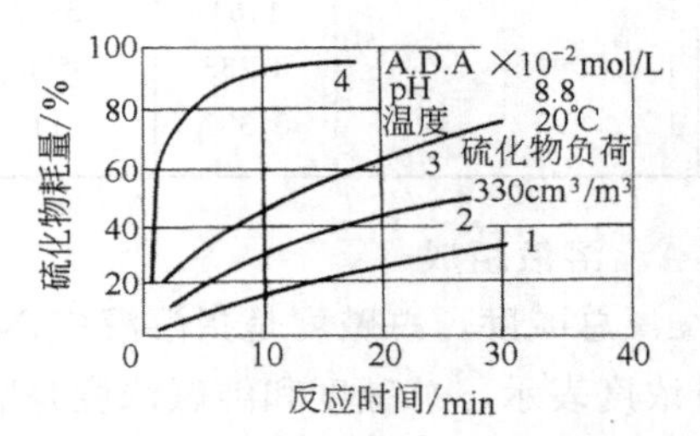

图1-3-10　ADA溶液中钒酸盐含量与脱硫的关系曲线

1—含钒酸盐为0；2—含钒酸盐为1×10^{-3}mol/L；3—含钒酸盐为2×10^{-3}mol/L；4—含钒酸盐为1×10^{-2}mol/L

d. ADA浓度。已如上述，作为脱硫用的ADA，以2，7-ADA为好。某厂脱硫塔在发生硫堵时曾对塔内填料上的沉积物取样分析结果，发现该沉积物中ADA占11%。其中绝大部分为2，6-ADA，因其溶解度远比2，7-ADA为小。又据研究报导，2，6-ADA在20%的$Na_2S_2O_3$溶液中的溶解度比在水中的溶解度低60%。由此可知，当脱硫液中有大量$Na_2S_2O_3$积累时，2，6-ADA更容易从溶液中析出。但这对2，7-ADA并无明显影响。

中国大部分厂家配制ADA浓度都在2～6g/L范围。而高压法则在10g/L左右。这是各厂根据脱硫负荷来决定的。而国外一般是控制在1/100M左右（ADA相对分子质量412）。其量略高于化学计量是必要的，但过量太大副反应也将增大，并非适宜。

值得注意的是，V^{+5}氧化HS^-后自身被还原成V^{+4}。实际上它在水溶液中是以VO^{+2}形态存在，而此种形态的钒酸盐因其溶解度小容易沉淀。尤其在脱高硫情况下，若液相HS^-的含量超过钒酸盐所能氧化量时，钒又极易形成一种呈黑色的钒-氧-硫沉淀。为了减少钒的损失，可加入酒石酸钾钠以络合钒（络合常数$\lg k=4.9$，25 ℃），或加入柠檬酸钠（络合常

数 $\lg k=8.83$，25 ℃）。工业上一般酒石酸钾钠加入量为偏钒酸酸加入量的一半以上。

B. 温度。温度高对 H_2S 的吸收不利但可加速脱硫反应速度，对还原态 ADA 的氧化再生有利，见图 1-3-11。但温度大于 60 ℃时，溶液中 $Na_2S_2O_3$ 的生成量将呈线性剧增，见图 1-3-12。而且，此时浮集于再生槽顶部的硫泡沫易破裂，形成“悬浮硫”积累于循环液中。积累量越多，诱发“硫堵”的可能性也越大。因悬浮硫分散度大、反应的相对活性高易被氧所氧化，这也是造成 $Na_2S_2O_3$ 高的重要原因之一。工业上一般脱硫塔的操作温度以 40℃以下为宜，再生槽的温度以不超过 45℃为宜，这时硫磺粒度较大，可达 20～50μm，有利于离心机分离；而温度低时只有 0.5～5μm，因而很难将其离心分离而除去。

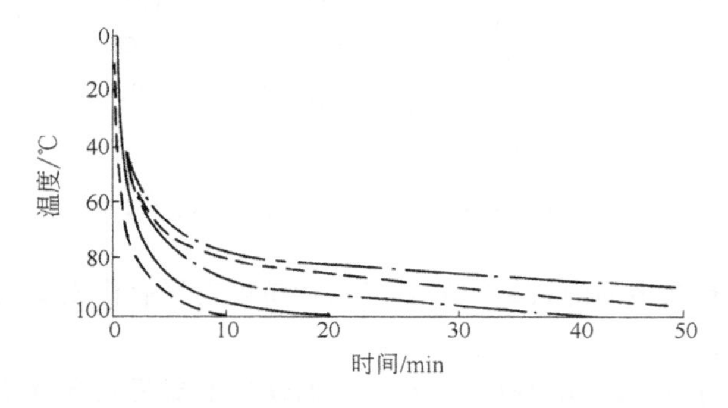

图 1-3-11　温度对还原态 ADA 氧化的影响

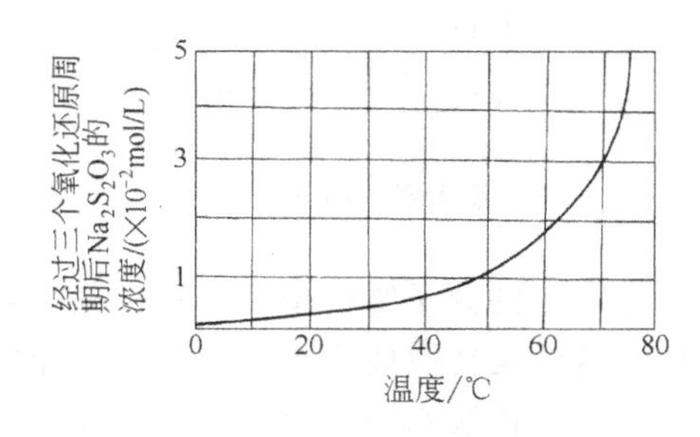

图 1-3-12　温度对 $Na_2S_2O_3$ 生成的影响

C. 压力。改良 ADA 法脱硫对压力并不敏感，压力由常压到 7.0MPa 均可适用。压力高，可使吸收传质系数增大，吸收设备容积小。但压力高，CO_2 溶入脱硫液的数量增大，而在减压再生时 CO_2 很容易闪蒸出来，因而可使溶液中的 $NaHCO_3/Na_2CO_3$（摩尔比）保持在低水平。说明加压脱硫时 CO_2 的干扰要比常压时为小，也即加压脱硫对 CO_2 具有更好的适应性。当然，加压脱硫时溶液中所加各组分的浓度都应相应增大。

至於改良 ADA 法，以及包括所有醌-氢醌这类方法在内的脱硫工艺流程，都与上述的对苯二酚氨水液相催化法的工艺流程原则相似，只不过改良 ADA 法所要求的富液槽容积较大，以使富液在此熟化时间长些，一般需持续半小时之久。

3.1.2.4　中国近年开发的脱硫方法

近 20 年来，中国随着化肥工业发展的需要，开发成功了一系列新型脱硫剂。其中大部分价格低廉、原料来源广而易得。现将栲胶法和 PDS 法简介如下。

（1）栲胶法

日本早于 1960 年曾研究过单宁及其盐类的脱硫方法，但一直未见工业化。中国广西化工研究院、广西林业科学研究所、百色栲胶厂于 1977 年联合开发成功栲胶法脱硫。现今，中国大部分中型氮肥厂已采用栲胶法取代改良 ADA 法脱硫。

① 栲胶组成及性质。许多植物的树皮、果壳、根茎和叶子均可用来提取栲胶。栲胶主要成分是单宁。如五倍子、橡椀、栲树皮、冬青叶……，分别含单宁量为 26%～62%，30%～40%，18.63%，11.4%。它们的水萃液经熬制即成栲胶。

栲胶是由化学结构十分复杂的有机分子组成的混合物。随着植物的来源不同，栲胶组成可以差异很大。常见分子量为 300～1000。因而，它们的外观也不尽一致，多为呈沉黄或暗红色的粉末。

栲胶可分为水解型和缩合型两种。作为脱硫剂以水解型为好。不管何种栲胶都是由多羟基芳香族化合物组成的。中国脱硫用的栲胶多为橡椀栲胶，主要由栗木素，栗木橡椀宁酸，橡栗精酸等基团组成。栗木素及栗木橡椀宁酸的分子结构单元如下。

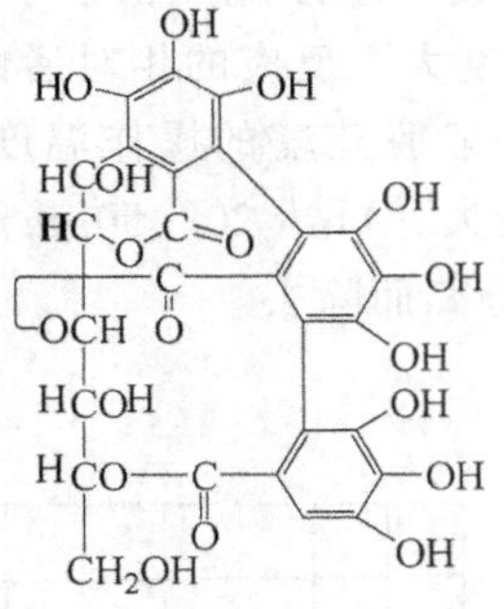

栗木素（Castalin） 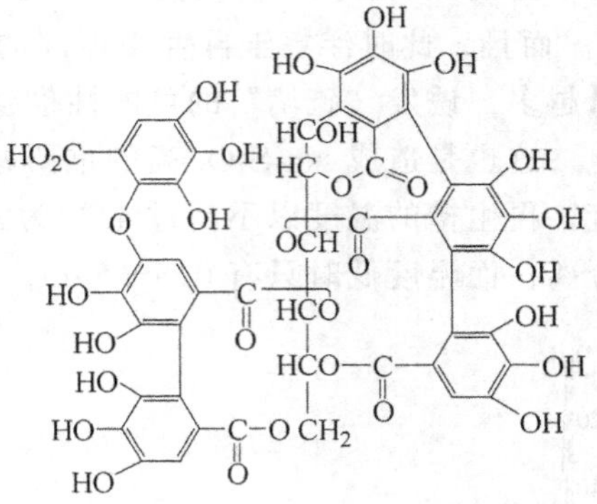　　　　栗木橡椀宁酸（Castavaloninic acid）

由它们的分子结构单元可见，其中含有众多的酚式结构的多羟基，易被空气氧化成醌式结构。这就是栲胶能用于脱硫的根本原因。

新配的栲胶水溶液呈胶体且易发泡，对脱硫及硫回收很不利，因而使用前需将其进行预处理。即在新配的栲胶溶液中加入适量的纯碱（用烧碱更好），控制 pH 值在 10 以上。鼓入空气进行预氧化，氧化时间越久，溶液颜色越深。如用硝酸预处理，效果更佳。

② 栲胶脱硫液配制及其消耗量。栲胶用量和浓度取决于脱硫负荷。溶液组成一般为：总碱度 0.4mol/L，$Na_2CO_3$4～10g/L，栲胶 2～5g/L，脱硫液 pH 值控制在 8.1～8.7。

中国栲胶脱硫使用初期，较多厂加入助剂 $NaVO_3$（1～2g/L）。以后发现栲胶易于被空气氧化再生，至今几乎都已不再加钒酸盐了。现今有些厂辅加以少量的酞菁钴，据称这种混合型脱硫法效果更佳。本法用于脱除 H_2S 含量 1g/L 以下的低硫时，可将 H_2S 脱至 $5cm^3/m^3$ 以下。

栲胶法脱硫的消耗指标：栲胶 0.15kg/tNH_3，$Na_2CO_3$2kg/tNH_3。

栲胶法脱硫温度、再生条件基本上与改良 ADA 法的工艺条件相同。但很少发生硫堵事故，溶液无毒、腐蚀性小，因而现今已被中国小氮肥厂广泛采用。

（2）PDS 法

PDS 为酞菁钴的商品名。1959 年美国最先研究酞菁钴催化氧化硫醇，脱除汽油中硫醇臭味。继后前苏联也曾研究过酞菁钴脱硫法，但该催化剂易被氰化物中毒，未能工业化。直到 20 世纪 80 年代前中国东北师范大学攻破此中毒难关。至今酞菁钴脱硫法在中国应用甚广。

PDS 的主要成分为双核酞菁钴磺酸盐，磺酸基主要是提高 PDS 在水中的溶解度。

脱硫反应如下。

$$Na_2CO_3 + H_2S \longrightarrow NaHS + NaHCO_3$$

$$NaHS + Na_2CO_3 + (x-1)S \xrightarrow{PDS} NaS_x + NaHCO_3$$

$$NaHS + \frac{1}{2}O_2 = NaOH + S$$

酞菁钴的分子结构式如下：

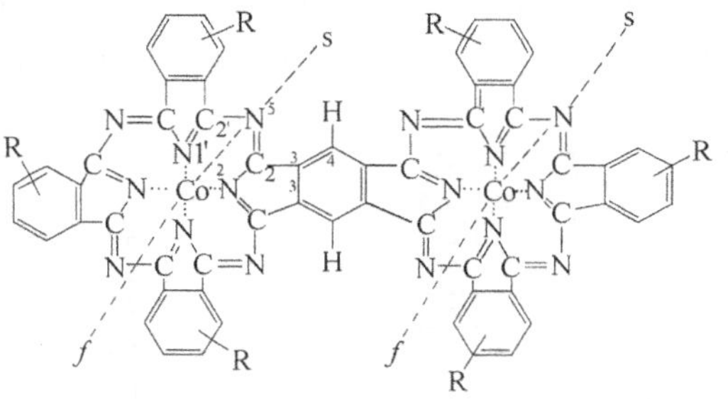

在整个分子结构中，苯环和钴都呈中心对称。两侧双核的配位中心钴离子起着脱硫的主要作用。但酞菁钴脱硫反应的确切机理，至今还不完全清楚，正待研究之中。

酞菁钴脱硫互换性好，凡属醌-氢醌类的脱硫装置及流程，均可替换以酞菁钴溶液脱硫。脱硫及再生的操作温度、压力、pH 值均可不变。其脱硫净化度及净化值与栲胶法相仿。

酞菁钴价格昂贵，但用量很少，脱硫液中 PDS 含量仅在数十个 cm^3/m^3 左右。PDS 的吨氨耗量一般在 1.3～2.5g 左右，因而运行的经济效益也较显著。

此法也可脱除部分有机硫。若脱硫液中存在大量的氰化物，仍能导致 PDS 中毒，但约经 60h 靠其自身的排毒作用，其脱硫活性可以逐渐恢复。PDS 对人体无毒，不会发生设备硫堵，无腐蚀性。

3.1.2.5　*有机溶剂法脱硫*

以天然气、重油为原料的大型合成氨厂大多采用有机溶剂法。有机溶剂对有机硫具有良好的溶解性能，作为干法脱硫的先导脱硫。现今可用于脱硫的有机溶剂品种繁多，各有所长。例如，二某醇胺的冰点为 -43℃，多用于寒带地区脱硫。一般有机溶剂的脱硫特点：高压吸收 H_2S，低压闪蒸再生；操作简便，能耗小，腐蚀性小或无腐蚀性。

一乙醇胺（MEA）法是一种应用最早、技术最为成熟的有机溶剂脱硫法。随后环丁砜脱硫崛起。环丁砜化学名为 1，1′-二氧四氢噻吩（$C_4H_8SO_2$）。H_2S 在纯 $C_4H_8SO_2$ 溶解度比水大 7 倍。属于物理吸收法脱硫。但现今工业上所用的环丁砜溶液多数是由 40% $C_4H_8SO_2$、40%DIPA（二异丙醇胺）和 20% 水配成。也有用 MEA 作添加剂的。环丁砜能提高酸性气体吸收量，醇胺类能降低净化气中酸性气体的残余量。实际上这是物理化学方法脱硫，因而效率更高。本书仅对近年来备受人们关注的 Selexol 法（中国称为 NHD 法）脱硫作一简介。

此法 1965 年首先由美国 Allied Chemical 公司采用，至今已有 40 多套装置在各国运行。脱硫剂的主体成分为聚乙二醇二甲醚，商品名为 Selexol。它是一种聚乙二醇二甲醚同系物混合体。分子式为 $CH_3O\!\left[CH_2—O—CH_2\right]_nCH_3$。式中 n 为 3～9。平均相对分子质量为 222～242。各种同系物的质量分数，% 大致如下。

n	质量分数/%	n	质量分数/%
3	4～9	7	13～15
4	22～24	8	6～8
5	24～28	9	2～4
6	20～22		

A. 物理性能。Selexol 溶液的蒸汽压比其它用于脱硫的有机溶剂低，如图 1-3-13 所示。说明它在脱硫过程中挥发损失少，且无毒，污染也较小。

图 1-3-14 示出了某些气体在 Selexol 溶液中的溶解度。根据 H_2S 在不同溶剂中的溶解度比较可知，Selexol 溶液吸收 H_2S 能力为碳酸丙烯酯的 2.5 倍，为水的 12 倍。

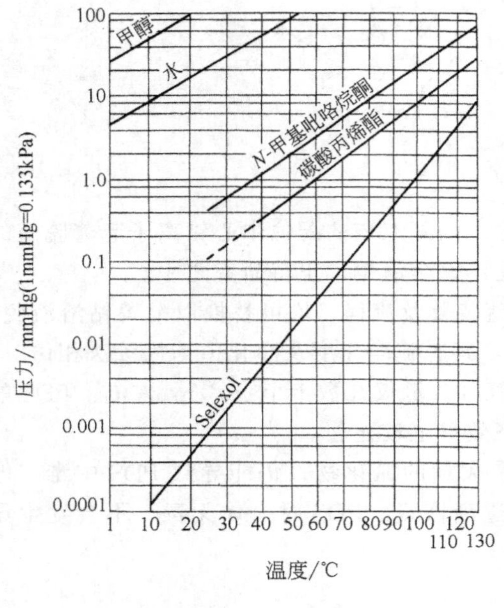

图 1-3-13　某些溶剂的蒸汽压

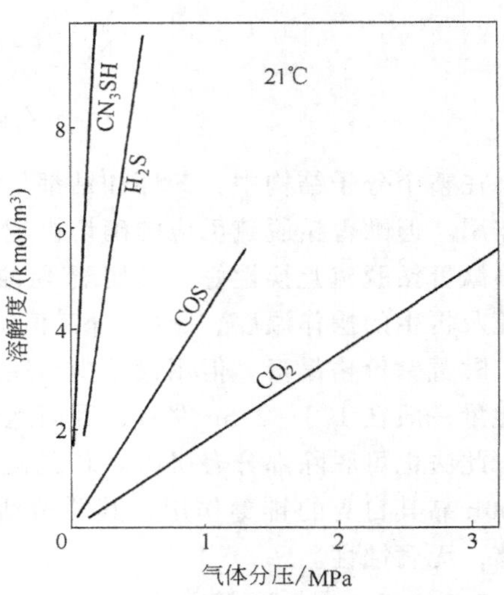

图 1-3-14　某些气体在 Selexol 溶液中的溶解度

表 1-3-7 列出了多种气体在 Selexol 溶液中的相对溶解度。由表可见，其中 H_2S 的溶解度为 CO_2 的 8.8 倍。说明 Selexol 具有良好的选择性吸收性能。

表 1-3-7　多种气体在 Selexol 溶液中的相对溶解度

组　分	H_2	N_2	CO	NH_3	CO_2	COS	NH_3	H_2S	CH_3SH	SO_2	H_2O
相对溶解度	0.20	0.20	0.43	1.0	15.2	35	73	134	340	1400	11000

B．工艺流程。Selexol 法脱硫可供选择的操作温度和压力的范围很宽。因此，它的脱硫装置、工艺流程和操作条件，国外都是根据所要求的脱硫精度不同来设计的。大多是在压力为 1～10MPa 和温度为 10～40℃ 工况下进行脱硫和闪蒸再生。但若在负压下闪蒸，一般温度可控制在 35～50℃ 范围内。若在较高压力下再生，应适当地提高温度。

目前国外 Selexol 法脱硫的流程种类很多，不胜枚举。这里仅介绍中国某厂用的一种流程。该厂采用国产 NHD 溶液脱除德士古炉煤气中的 H_2S 和 CO_2。与国外某些流程不同的是：国外有较多厂采用经脱碳后部分 Selexol 富液，只经冷却不经闪蒸，再生，即直接送往脱硫塔进行脱硫，以减少脱硫塔吸收的 CO_2 量。这就是所谓的脱硫脱碳串联流程。而中国脱硫脱碳以及与两者富液的闪蒸再生、都是各成独立系统的，两者并不串联。煤气依次经过脱硫塔脱硫和脱碳塔脱碳后，可将原料气中 CO_2 43.5%，H_2S 0.32% 分别脱除到 CO_2 0.2%，H_2S $1cm^3/m^3$。

由脱硫塔流出的富液，送至脱硫闪蒸槽而后进入 H_2S 提浓塔，塔顶进液为脱硫贫液，中部进液为脱硫富液。在 H_2S 提浓塔后还有一个闪蒸槽。闪蒸气压缩后作为 H_2S 提浓塔的气提气。由 H_2S 提浓塔出来的气体含 H_2S 25% 左右，可直接送至克劳斯法制硫装置[17]。由脱碳闪蒸槽出来的闪蒸气含 CO_2 99% 左右，可作尿素生产原料之用。

3.1.3 脱硫及再生设备

3.1.3.1 脱硫塔

为适应采用高硫煤造气，中国先后开发了喷射器、湍球塔、空塔喷淋塔等诸多脱硫塔。由于中国小氮肥厂生产规模现今大多已扩大至年产合成氨 4～8 万 t，目前这类塔型的应用已日渐减少。

传统的木格填料脱硫塔，以其操作性能稳定可靠而称著。但它应用于改良 ADA 脱硫的国内某些中型氮肥厂，经常在不同程度上遇到“硫堵”的困扰、迫使某些厂家拆去大半木格填料。直到 80 年代，鲍尔环、阶梯环、花篮环以及规整填料等的兴起取代了木格填料，加之采用了一些不易发生硫堵的脱硫剂，遂使填料塔的脱硫效率大为提高，至今仍为中国主要的脱硫塔型。

近些年，浙江大学开发了新型旋流板脱硫塔，填补了塔设备研究中的一项空白。旋流板塔今已广泛用于中小型氮肥厂脱硫及其它化工领域。

(1) 旋流板塔[11]

旋流板外形如同纸风车。本身固定在塔壁四周的塔圈上，并不旋转。所谓旋流是指气流沿塔向上呈螺旋型流动而言。

旋流板是由中心盲板、旋流叶片、罩筒、降液管（或降液锥篮）等部件组合而成。塔板的结构可参见图 1-3-15。

操作时，气流通过塔板呈螺旋状上升（塔板不动），脱硫液沿着安在上一块旋流板下面的三根降液管喷至盲板中心，分配到各个叶片形成薄液层，并被从下一块板的各叶片间隙中向上穿过的气流喷洒成液滴。液滴随气流运动的同时被离心力甩至塔壁，形成沿壁旋转的液环，并受重力作用而下流至环形的集液槽，再通过溢流装置流到下一塔板的盲板上。由于旋流板片上气液一起强烈旋转，吸收面积大，传质强度高，是其之所以脱硫效率高的主要原因之一。

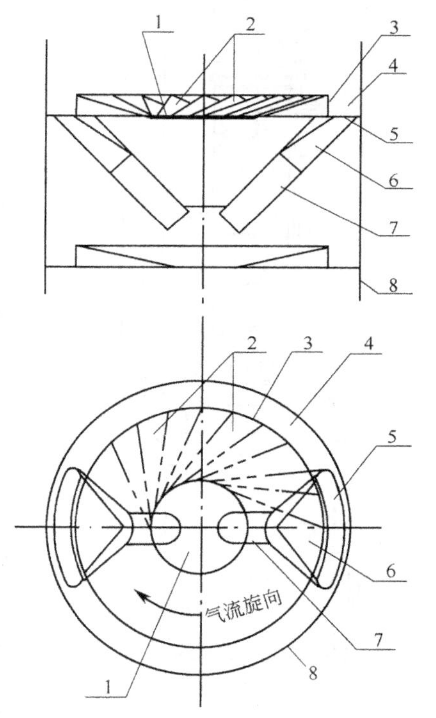

图 1-3-15 旋流塔板简图

1—盲板；2—旋流叶片（共 24 片）；3—罩筒；4—集液槽；5—溢流口；6—异形接管；7—圆形溢流管；8—塔壁

(2) 喷旋塔[11]

喷旋塔是在浙江大学旋流板基础上，由郑州大学发展起来的一种新型脱硫塔，如图 1-3-16 所示。

该塔是由喷射器和旋流板塔组合而成。兼有并逆流吸收的两者优点。

该塔的特点是能够承受大液量。例如，年产 4 万 t 合成氨厂，若欲将半水煤气中 $6g/m^3$ H_2S 脱至 $0.07g/m^3$，按式（1-3-2）计算需脱硫液量为 $1000m^3/h$。这对单个填料塔因受泛点和阻力降的限制是难以承受的。

但若用单个喷旋塔则无问题。理由是：喷射器属气液并流设备，理论上并不存在气液通过的极限值，按传质理论，它仅相当于一块理论板的作用。氨水脱硫是化学吸收的飞速反应，在一般脱硫负荷下，计算理论塔板仅需 1～1.5 块。这样采用大液量喷淋的喷射器是完全可以将大部分 H_2S 脱除的。余下的 H_2S 则可在旋流板中脱至指标要求。这就是喷旋塔能实现脱高硫的原因。实践证明，湖北某化肥厂已创出喷旋塔脱除 H_2S 达 $20～26g/m^2$ 的操作记录。

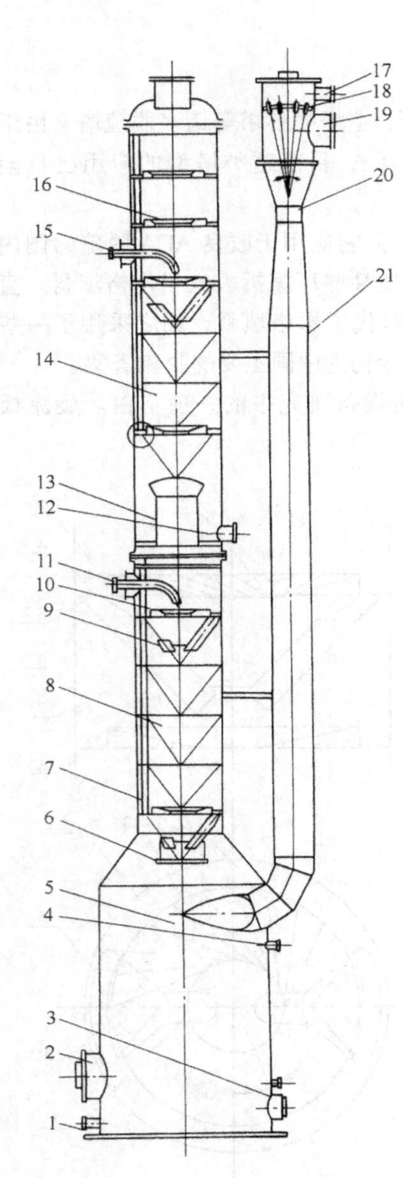

图 1-3-16　喷旋塔结构图

1—排污孔；2—人孔；3—出液管；4—液位计；5—分离段；6—花板；7—拉杆；8—吸收段；9—导液管；10—旋流板；11—进液管；12—出液管；13—升气帽；14—清洗段；15—进液管；16—除雾板；17—进液管；18—喷嘴；19—进气管；20—喉管；21—喷射器

该装置设计的特点是：塔中旋流板分成上下两段，中间联以升气帽。上段溶液出口管直通塔釜。这样能使上段起到溶液分流作用，可以减少脱硫塔的阻力。另外，是以降液锥式旋流板代替降液管式旋流板。塔内溶液是通过靠近塔壁的特设的四周环隙通道降至降液锥内而后流入下一块塔块的。如图 1-3-16 所示。经这样改进后，遂使旋流板的阻力大为降低，从而提高了气体生产负荷。

喷旋塔操作灵活方便。脱除低硫时只要启动喷射器下段旋流板。脱除中等硫时可启动旋流板全塔或喷射器和下段旋流板。脱高硫时则全部启动。

3.1.3.2　再生设备[11]

过去脱硫液再生设备一直以高塔为主。高塔操作性能稳定可靠。但其造价高，难于检修，尤其动力消耗大，至今已被钢材用量仅为高塔 1/5 的喷射氧化再生槽所取代。

喷射氧化再生槽，1960 年首由英国开发。因设计技术保密不得其详。20 世纪 70 年代初，广西大学对喷射氧化再生槽进行系列研究，已为中国填补了此项技术空白。现今喷射氧气再生槽已在中国小氮肥和中型氮肥厂普遍应用。

如图 1-3-17 所示。这种再生槽由多支喷射器和钢制筒体组合而成。喷射器有外插式和内插式两种。外插式便于检修，但机组复杂。内插式固定方便，能使槽内气液分布均匀，但检修不易。槽体偏下部分设置有 1～2 块分布板，以使气液分布均匀。

工业生产系统因各种原因常使脱硫塔内的气体负荷及其气体压力发生变化，以致影响到再生槽液位波动。为了保证硫泡沫从槽顶正常溢出，并有利于防止脱硫塔“硫堵”发生，在再生槽贫液出口设置液位调节器控制再生槽顶部的液面，以免浮于液面的硫泡沫随贫液带入脱硫塔，这是很重要的。

喷射器由喷嘴、吸引室、喉管及尾管（扩压管）组成。喷嘴和喉管是关键部件。

喷嘴有单孔喷嘴及聚焦式多喷嘴两种。前者制作简易，但易堵塞。后者抽气性能较好，但制作要求精度高，必须保证各喷嘴（一般 3～5 个）的液体流线聚焦点位于喉管中心线上。否则溶液撞击管壁将大失其效。

喉管不能太大或太小。太大抽气效率低；太小容易造成溶液从喷射器空气吸入口进行反喷现象。

用于吸引室与喉管之间联接的收缩管，其收缩半角可取 6°～10°。此时流体流动阻力趋于最小。

该槽主要设计指标：

① 富液泵扬程为 50～60m，喷射器入口液压为 0.35～0.4MPa；

② 自吸式喷射器尾管插入槽中溶液的有效深度不应超过 3.5m，否则容易发生溶液反喷现象；

③ 气液比，$1m^3$ 溶液所能抽入的空气量为 $3.5\sim4m^3$；

④ 吹风强度为 $80\sim120m^3/(m^2\cdot h)$，以保证槽内硫泡沫正常浮动。

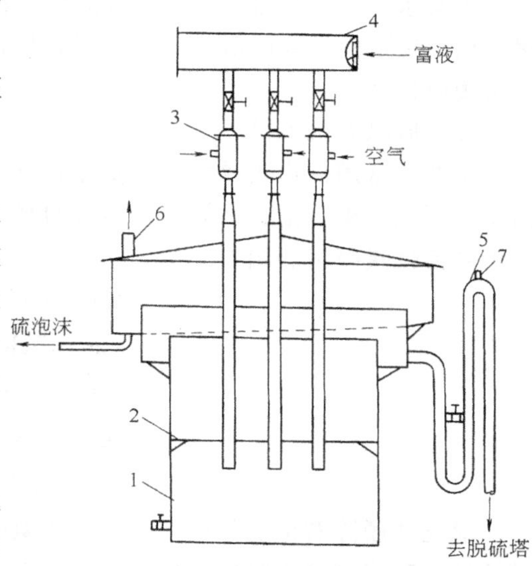

图 1-3-17 喷射氧化再生槽

1—槽体；2—分布板；3—喷射器（8 支）；4—环形溶液总管；5—液位调节器；6—排气孔；7—防虹吸管

3.1.4 干法脱硫

合成氨装置的大型化对原料气的净化度要求越来越苛刻。湿法脱硫和一些传统干法脱硫已难以适应。从而推动了国内外开发高活性、高效能的干法脱硫剂的研究发展并竞争十分激烈，使一度趋于衰退的干法脱硫方法重新进入一个快速发展的历史时期。

3.1.4.1 活性炭法

活性炭一问世正值第一次世界大战，因而获得快速发展。20 世纪 30 年代后期，北美和西欧一些国家始用活性炭作为工业脱硫剂。70 年代用过热蒸汽再生活性炭技术成功，使此法脱硫更趋完善。至今中国许多小氮肥厂仍在广泛使用活性炭脱硫。

（1）物理性质

活性炭是由许多毛细孔体聚集而成。毛细孔有大孔、过渡孔和微孔之分。但主要是微孔 $[(10\sim100)\times10^{-10}m=10\sim100\text{Å}]$。通常气体分子都可从微孔扩散入内。毛细孔为脱硫提供了反应场所和容纳反应物及其产物的空间。

反应发生在活性炭毛细孔表面上，所以表面积大小会直接影响到活性的高低。活性炭的比表面一般为 $500\sim1000m^2/g$，最高可达 $1800m^2/g$，比孔容约为 $0.6cm^2/g$ 左右。当脱硫达到饱和时，活性炭内部空隙基本上被生成的硫所填满。比孔容大意味着硫容量大，但机械强度因而减小。所以，在能保证机械强度要求条件下，应尽量选用比孔容大的活性炭。

当脱除以 H_2S 为主时，应选择过渡孔或大孔发达的活性炭为好。因一般气源中 H_2S 含量总比有机硫多得多。

若主要是用以脱除硫醇、噻吩时，则宜选用比表面大（$\sim1000m^2/g$），即微孔和过渡孔发达、大孔较少的活性炭更好。但工业上为了两者兼顾，一般采用以过渡孔为主的活性炭为宜[17]。

（2）脱除 H_2S 机理

在室温下，气态 H_2S 与氧能发生下列反应：

$$2H_2S+O_2 = 2H_2O+2S \qquad \Delta H=-434.0kJ/mol$$

这是一个放热反应。在一般条件下反应速度很慢。但在有催化剂存在时反应速度大大加快。活性炭脱硫兼有吸附和催化两种作用。

研究证明，活性炭脱硫属于多相反应。反应分两步进行。

第一步，氧分子扩散到活性炭毛细孔表面被化学吸附，形成催化活性中心表面氧化物。这一步极易进行。工业含硫气源中只要含有少量氧（0.1%～0.5%），便可满足脱硫要求。

第二步，气相 H_2S 分子扩散到活性炭毛细孔表面与化学吸附氧发生反应。反应生成的硫，呈多分子层吸附于活性炭孔隙中。活性炭空隙越大，沉积于孔内表面的硫分子层愈厚。沉积量可超过 20 多个硫原子。

当有水蒸气存在时，水蒸气被活性炭藉范德华力形成多层吸附，同时也发生毛细孔的凝聚作用，在活性炭表面形成一层水膜，使溶入水膜中的 H_2S 氧化反应在液相中进行，从而加快脱硫速度。

(3) 脱除有机硫机理

工业上常用催化法或氧化法脱除有机硫。催化法所用的活性炭在这里是专指将活性炭浸渍于铁、铜、镍、钴、铬等重金属盐的水溶液而制成的脱硫剂。它们能将有机硫转化成 H_2S 而后被活性炭吸附。例如：

$$COS + H_2O \longrightarrow H_2S + CO_2$$

$$CS_2 + 2H_2O \longrightarrow 2H_2S + CO_2$$

$$COS + 2NH_3 \longrightarrow CO(NH_2)_2 + H_2S$$

$$COS + 2NH_3 \longrightarrow CS(NH_2)_2 + H_2O$$

$$CS_2 + 2NH_3 \longrightarrow NH_4CNS + H_2S$$

氧化法脱除有机硫的机理系借助于氨的存在下，在活性炭表面进行氧化反应，生成物再被活性炭吸附。氧化脱硫的硫容比吸附法高得多。但不适于脱除 CS_2。对脱除 COS 最为有效。因此，氧化法多用于半水煤气、发生炉煤气脱硫。

氧化法脱除有机硫量是在有 O_2 和 NH_3 存在下进行的，反应如下。

$$COS + \frac{1}{2}O_2 \longrightarrow CO_2 + S$$

$$COS + 2O_2 + 2NH_3 + H_2O \longrightarrow (NH_4)_2SO_4 + CO_2$$

部分转化成硫脲

$$COS + 2NH_3 \longrightarrow (NH_2)_2CS + H_2O$$

在任何情况下，氨不得少于气相中有机硫含量的 2～3 倍。水蒸气也是参与反应的组分之一，其含量按不同活性炭而维持在适当范围内。

工业上活性炭脱硫温度不应高于 50℃。压力增大、活性炭的平衡吸附硫容量增加，但丙烷、丁烷等碳氢化合物吸附量也会增加，将导致活性炭吸附能力降低，并给再生造成困难。当碳三、碳四等的碳氢化合物含量较多时，活性炭不能有效脱硫。当气体中 CO_2 含量高时，活性炭吸附硫的能力也相应降低。

(4) 活性炭脱硫后的再生

脱除有机硫后活性炭的再生，可采用 150～180℃ 的过热水蒸气。当温度在 150℃ 以上时，开始逸出硫化物与碳氢化合物。所需蒸汽量与反应器结构、原料气组成等有关。大约 $1m^3$ 活性炭约需水蒸气 80～160kg。

3.1.4.2 氧化铁法[13,14]

氧化铁法至今仍用于焦炉气脱硫。作为脱硫剂的氢氧化铁只有其 α-水合物和 γ-水合物才具有活性。脱硫剂是以铁屑或沼铁矿、锯木屑、熟石灰拌水调制，并经干燥而制成。使用时必须加水润湿，水量以 30%～50% 为宜。脱硫反应如下：

$$2Fe(OH)_3 + 3H_2S \longrightarrow Fe_2S_3 + 6H_2O$$

$$Fe_2S_3 \longrightarrow 2FeS + S$$

$$Fe(OH)_2 + H_2S \longrightarrow FeS + 2H_2O$$

$$4FeS + 3O_2 + 6H_2O \longrightarrow 4Fe(OH)_3 + 4S\downarrow$$

再生反应：

$$2Fe_2S_3 + 3O_2 + 6H_2O = 4Fe(OH)_3 + 6S\downarrow$$

（1）常温氧化铁脱硫

氢氧化铁脱硫是不可逆反应，反应不受平衡分压限制，在适当操作条件下可将 H_2S 脱至 1～2mg/m^3。脱硫的最适宜温度为 30℃ 左右。实践证明，对于脱除每 1m^3 半水煤气中的 1g 硫化氢接触时间约需 100s，脱硫层内的气体流速一般为 7～10mm/s。由此可设计脱硫箱（塔）所需容积。

该法也可用于加压下脱硫，脱硫原理同常压法。加压法脱硫剂的硫容量比常压法大得多，且可节省金属材料和占地面积，提高脱硫剂的操作周期。对于由铁屑、木屑混合的粉状脱硫剂，脱硫箱中的气流线速应以床层内脱硫剂不被翻动为限度，一般可取 7～11mm/s。

氧化铁脱硫剂价格便宜，再生可采用水蒸气。一般工作硫容为 10%～20%。当积累硫容达到 30%～40%，通常不再再生需更换新脱硫剂。

氧化铁法脱硫历史上曾一度受到冷落，对它有这样的评价"接触时间长（100～150s），反应速度慢，硫容量小，设备庞大"。其实这些观点是建立在早期落后的氧化铁脱硫技术基础上提出的，未能真正揭示其反应本质和能力。直到 20 世纪 80 年代，中国太原工业大学及很多研究单位，从 Fe_2O_3 原料选择、配制方法、设备造型、工艺参数和操作方式进行大量的研究并作了改进，如将传统的粉状 Fe_2O_3 脱硫剂制成活性高的片剂，提高了硫容量、缩减设备。同时研制出一系列中温及常温新型氧化铁脱硫剂，如表 1-3-8 所示。脱硫后的 H_2S 含量可达到 1～5ml/m^3 水平。现今氧化铁法脱硫中国已有百余家氮肥厂采用，发展前景良好。

表 1-3-8 中国产某些氧化铁脱硫剂型号及性能

型号	规格 mm×mm	温度 ℃	压力 MPa	空速 h^{-1}	净化度 cm^3/m^3	累积硫容 %	脱硫剂使用范围	研制单位
ST801	ϕ-6×5～15	20～40	常压～20	800-3000	H_2S<1	30-40	用于碳化气脱硫，化肥厂，甲醇厂	沈阳催化剂厂
S501	ϕ5×5～15	5～40	常压～20	300-1000	H_2S<1	40	合成氨，煤气厂，天然气	上海化工研究院
TG-2	ϕ5×5～15	20～40	常压～3	300-800	<1	30	合成厂，尿素，煤气厂，沼气厂，食品工业	太原工业大学
TG-4	ϕ5×5～15	20～40	常压～2	300～1500	<0.1	>60	合成厂，尿素，煤气厂，沼气厂，食品工业	太原工业大学
TG-5	ϕ5×5～10	8～150	常压～3	500-1000	<0.1	>30	合成厂，尿素，煤气厂，沼气厂，食品工业	太原工业大学
6971	ϕ4×6	300～420	常压	1000	<4		合成氨，焦炉气	抚顺石油三厂
857-2	ϕ6×6	300	2.1	2（液）	有机硫<3		催化裂化气	四川石油炼制所
CLS-2	ϕ14×4	350	2.1	1（液）	有机硫<0.3		直馏油	四川石油炼制所
LA-1-1	ϕ6×5	250～300	1～2	1000～2000	<3	工作硫容>15	半水煤气	原化工部化肥研究所

（2）高温脱除有机硫

氧化铁在 250～350℃高温下和有氢气存在时，如硫醇、COS 等有机硫藉助于氢解作用可使它们转化成 H_2S。在此温度下，脱硫剂的主体成分 Fe_2O_3，由于 H_2 的作用发生下列反应。

$$3Fe_2O_3 + H_2 \longrightarrow 2Fe_3O_4 + H_2O$$

$$Fe_3O_4 + H_2 + 3H_2S \longrightarrow 3FeS + 4H_2O$$

反应是可逆的，从后一方程式和表 1-3-9 可知，水蒸气含量和温度对氧化铁吸收硫化氢的影响很大。

表 1-3-9　水蒸气与温度对硫化氢平衡含量的影响

水蒸气含量/%	H_2S 平衡含量/(cm^3/m^3)				
	200℃	250℃	300℃	370℃	400℃
3.3	1.85	3.1	5.1	8.9	10.8
1.7	7×10^{-1}	1.35	2.02	3.51	4.23
0.33	0.85×10^{-2}	1.57×10^{-1}	2.01×10^{-1}	4.1×10^{-1}	4.9×10^{-1}
0.17	1.57×10^{-3}	0.62×10^{-1}	0.93×10^{-1}	1.64×10^{-1}	1.96×10^{-1}

另外,氢对氧化铁脱硫平衡也颇有影响,因 FeS 很易被还原成 H_2S;

$$FeS + H_2 \longrightarrow Fe + H_2S$$

例如在 400℃时,在纯氢气流中上式 H_2S 平衡含量为 $0.196cm^3/m^3$。

由以上反应可知,在高温下采用氧化铁法脱除有机硫,其脱硫的极限值,最终受 Fe_3O_4、H_2、H_2S 三者的化学平衡限制,而且温度越高净化度越低。可见,将其作为高精度脱硫并不可靠,所以现代大型合成氨厂的高温脱硫,都以氧化锌法脱硫来把关。

3.1.4.3　氧化锌法[6,14]

氧化锌脱硫剂被公认为干法脱硫中最好的一种,以其脱硫精度高、硫容量大、使用性能稳定可靠等优点,被广泛用于合成氨、制氢、煤化工、石油精制、饮料生产等行业,以脱除天然气、石油馏分、油田气、炼厂气、合成气($CO+H_2$),以及二氧化碳原料气中的硫化氢和多种有机硫。

由于它可将原料气中的硫化物脱除到 $0.5\sim0.05cm^3/m^3$ 数量级,从而可以保证下游工序所用含有镍、铜、铁以及贵金属催化剂免于硫中毒。

(1) 脱硫化学反应

氧化锌脱硫剂国外亦称氧化锌催化脱硫剂。一般用过后不再生,将其废弃,只回收锌。

氧化锌脱除 H_2S 属于化学吸收过程。反应式为:

$$ZnO + H_2S \longrightarrow ZnS + H_2O \qquad \Delta H = -76.62kJ \tag{1-3-48}$$

$$K_p = p_{H_2O}/p_{H_2S} \tag{1-3-49}$$

这是一个放热反应。平衡常数与温度的关系如表 1-3-10 所示。

表 1-3-10　ZnO 脱硫反应平衡常数与温度的关系[15]

温度/℃	$K_p=\frac{p_{H_2O}}{p_{H_2S}}$	温度/℃	$K_p=\frac{p_{H_2O}}{p_{H_2S}}$	温度/℃	$K_p=\frac{p_{H_2O}}{p_{H_2S}}$
200	2.081×10^8	300	7.121×10^6	400	6.648×10^5
220	9.494×10^7	320	4.157×10^6	420	4.491×10^5
240	4.605×10^7	340	2.514×10^6	440	3.101×10^5
260	2.359×10^7	360	1.569×10^6	480	1.568×10^5
280	1.269×10^7	380	1.008×10^6	500	1.145×10^5

由表可知，平衡常数是随温度的递增而递减，但 400℃时，K_p 仍很大，这就说明在工业使用条件下，为什么氧化锌脱硫精度可以达到常规化学分析难以检测的程度。

由式（1-3-49）可以看出，H_2S 平衡分压（$p^*_{H_2S}$）随水蒸气含量的增大而增大。水蒸气对烃类气体中硫化氢平衡含量的影响，见表 1-3-11。

表 1-3-11　不同温度和水蒸气含量对 H_2S 平衡含量（cm^3/m^3）的关系

入口气体中水蒸气含量/%	200℃		300℃		350℃		400℃	
	干气	湿气	干气	湿气	干气	湿气	干气	湿气
0.5	0.000025	0.000025	0.0008	0.0008	0.0029	0.0029	0.009	0.009
5	0.00027	0.00025	0.008	0.008	0.030	0.029	0.095	0.09
10	0.00055	0.0005	0.018	0.016	0.065	0.058	0.20	0.180
20	0.00125	0.0010	0.040	0.032	0.145	0.116	0.45	0.360
30	0.0021	0.0015	0.070	0.048	0.250	0.174	0.77	0.540
40	0.0033	0.0020	0.107	0.064	0.387	0.232	1.2	0.720
50	0.005	0.0025	0.160	0.080	0.580	0.290	1.80	0.900

注：此表适用于氧化锌作为低温变换催化剂的保护剂时。

由表 1-3-11 可见，在 400℃和水蒸气含量为 50%时，硫化氢平衡含量为 $1.8cm^3/m^3$。但用以生产合成氨的烃原料气体中水分是很少的，如以 0.5%计，则可求得在 400℃时的硫化氢平衡含量为 $0.009cm^3/m^3$，这充分说明氧化锌在高温下脱硫其精度达到 $0.1cm^3/m^3$ 数量级是可行的。即使将氧化锌脱硫用来保护低温变换催化剂时，虽然在这种情况下，气源中水蒸气含量较高，如以 50%计，但因其变换操作温度约在 200℃左右，由表中数据可知，此时硫化氢平衡含量为 $0.005cm^3/m^3$，仍可达到很高净化度。这充分显示了氧化锌脱硫的优越性。

氧化锌除了能脱除 H_2S 以外，也可以脱除有机硫。有机硫在氧化锌的操作温度下先被催化而发生热分解反应。表 1-3-12 列出了某些有机硫的开始分解温度。分解产物一般为硫化氢和烯烃而后被吸收，但也可能是生成另一类硫化物，这决定于有机硫的类型和气体在预热段的停留时间。

表 1-3-12　一些硫化合物的热分解温度[22]

含硫化合物	开始分解温度/℃	含硫化合物	开始分解温度/℃	含硫化合物	开始分解温度/℃
n-C_4H_9SH	150	C_6H_5SH	200	$C_6H_5SC_6H_{11}$	350
$i$$C_4H_9SH$	225～250	$(C_6H_5)_2S$	450	噻　吩	500℃稳定
$C_6H_{11}SH$	200	$(C_2H_6)_2S$	400	2,5-二甲噻吩	475

氧化锌能有效脱除硫醇（RSH）、CS_2 和硫氧化碳（COS），尤以脱除硫醇最为有效。例如反应如下：

$$ZnO + C_2H_5SH = ZnS + C_2H_5OH \tag{1-3-50}$$

$$ZnO + C_2H_5SH = ZnS + C_2H_4 + H_2O \tag{1-3-51}$$

有关平衡常数如表 1-3-13 所示。

表 1-3-13　反应式（1-3-40）和式（1-3-51）的平衡常数[19]

平衡常数 \ 温度/℃	200	300	400	500	600
$K_p = \dfrac{p_{C_2H_5OH}}{p_{C_2H_5SH}}$	1.4×10^2	3.6×10^2	7.4×10^2	10.3×10^2	18.6×10^2
$K_p' = \dfrac{p_{CH_4}p_{H_2O}}{p_{C_2H_5SH}}$	3.5×10^3	6.5×10^4	5.4×10^5	2.8×10^6	9.1×10^6

由表 1-3-13 可知，平衡常数 K_p 和 K_p' 都是随温度的增加而增加的。在 200～500℃时，两者数值都很大，实际上都可视为是不可逆反应，故其净化度很高。

氧化锌脱除 COS 和 CS_2 时反应如下。

$$COS + ZnO \longrightarrow CO_2 + ZnS \tag{1-3-52}$$

$$CS_2 + 2ZnO \longrightarrow CO_2 + 2ZnS \tag{1-3-53}$$

在 200～400℃时，两个反应的平衡常数都很大，反应很完全。至于提出此两反应属于化学吸收的理论根据，是研究者发现在脱硫剂使用后期，当硫化物开始穿透时，从床层逸出的并非是 H_2S，而是有机硫化物。并由以后的实验得到进一步证实。

应当指出，有机硫一般是在 350～450℃温度范围被脱除，但在此温度下噻吩不易分解，所以氧化锌基本上不能用来脱除噻吩，因此噻吩族被列入“非反应性硫”。

从总的情况看来，ZnO 脱除有机硫一般并非受化学平衡限制，而是受动力学控制。

(2) 工艺条件

① 硫容量。硫容量是评价固体脱硫剂的重要指标之一。有两种表示法：即体积硫容量和质量硫容量。前者是以 $1m^3$ 脱硫剂所能吸收的硫 kg 数表示，单位为 kg/m^3。后者以单位质量脱硫剂所吸收的硫 kg 数表示，单位为%。

两者换算式如下：

体积硫容量（kg/m^3）＝质量硫容量（%）×脱硫剂堆积密度（kg/m^3）

氧化锌脱硫剂的硫容量决定于不同脱硫剂产品（不同脱硫剂型号）本身特性、操作温度、空速及汽气比［水蒸气/干气（摩尔比）］

图（1-3-18），图（1-3-19）和图（1-3-20）示出了温度、空速和汽气比与 C7-2 型 ZnO 脱硫剂硫容的关系。

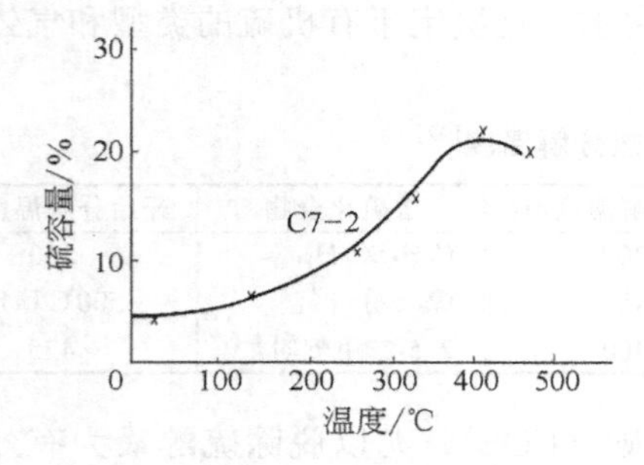

图 1-3-18　温度对 ZnO 硫容的影响
（空速 $900h^{-1}$，0.1MPa）

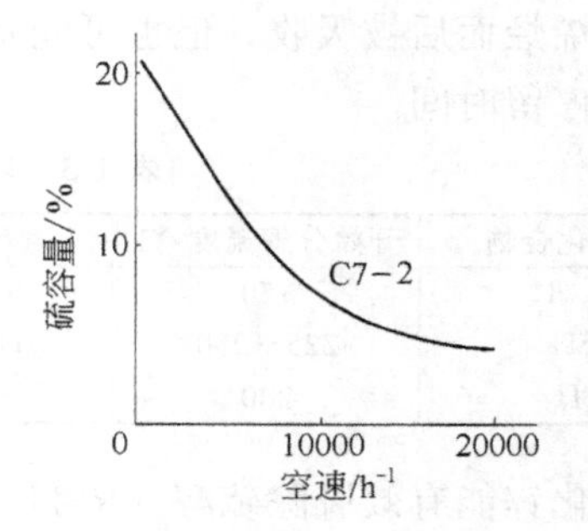

图 1-3-19　空速对 ZnO
硫容的影响（427℃）

从这三个图可以看出，硫容是随着温度的降低、空速的提高和汽气比的增大而减少的。

在实际生产中硫容的变化，可参考图 1-3-21。在工业装置中，首先是靠近气体入口端的 ZnO 被硫化物所饱和，区域 1 称为“饱和区”，这里不再发生吸硫反应。中间为“传质区”，是反应速度快的主要反应区域。最后是“清净区”，仍为新鲜未脱硫的氧化锌。

随着反应时间的推移，床层中“饱和区”和“传质区”顺着气流方向沿着床层而移动。当“清净区”逐渐缩短直至从床层中完全消失时，继而当出口气体中出现 H_2S 时称为“硫穿透”。这时整个床层由“饱和区”和“传质区”两部分组成，此时的床层脱硫剂的硫容称为“穿透硫容”或称“工作硫容”。出口气体中 H_2S 含量逐渐增高，当它相当于床层入口的

H_2S 含量时，则其整个床层全由“饱和区”组成，此时床层脱硫剂的硫容量称为“饱和硫容”。

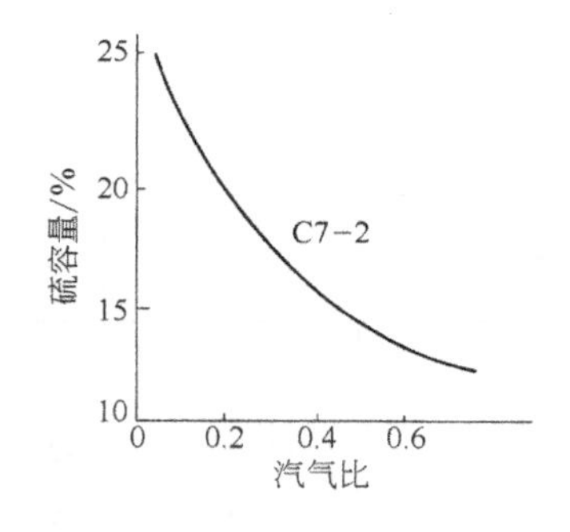

图 1-3-20 汽气比对 ZnO 硫容的影响（空速 $900h^{-1}$，316℃）

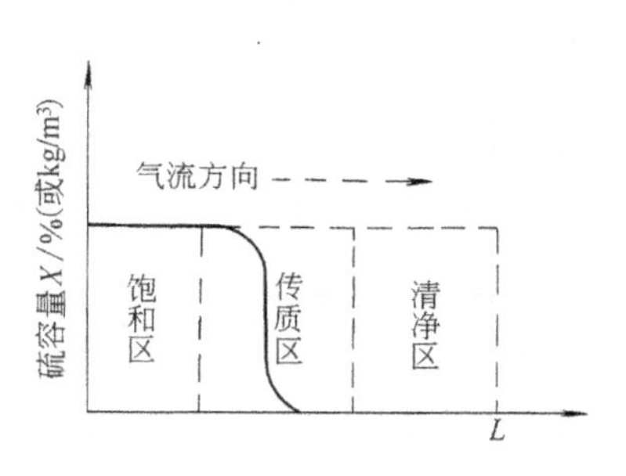

图 1-3-21 氧化锌脱硫剂床层分区

研究证明，只要工业操作条件稳定，床层中的“饱和区”和“清净区”的长度会不断发生变化，惟独“传质区”长度保持不变，只不过其位置向气体出口端推移而已。但若操作条件变化，“传质区”长度也将发生变化。影响“传质区”长度变化因素很多，如脱硫剂结构、硫化氢含量、温度、气流速度以及不同的操作条件等均与之有关。

② 温度。氧化锌脱硫工作温度选择是很重要的。它取决于所处理的有机硫的分子结构及脱硫剂本身的性质。已如上述，一般操作温度以 350～400℃ 为宜，这对合成氨厂的热能综合利用有利。对于那些热分解温度高于 450～500℃ 以上的有机硫，采用 ZnO 脱硫剂脱硫是无效的，不仅消耗剧增，而且副反应增大。

对于新鲜 ZnO 脱硫剂，只要它能满足转化率要求，最好在低于其设计温度 20～30℃ 条件下操作，以保证脱硫剂的低温活性，并有利于延长脱硫剂的使用寿命。

应当特别指出：近年来中国研究成功一系列常温 ZnO 脱硫剂，并且发展迅速。它是在以 ZnO 为主体的配方中，补加了一些对硫亲和力比 ZnO 更大的助剂如 CuO 等金属氧化物，从而大大改善了有机硫催化转化和 H_2S 吸收能力，并对降低能耗起着很大作用。

目前中国使用的常温 ZnO 脱硫剂有英国 ICI 公司的 P200～P2312 系列产品，操作温度为 25 ～ 65℃。中国生产的产品型号有 CT308，CT308，CT-22。该催化剂可在温度 100℃ 以下操作，脱硫精度可达 $0.1cm^3/m^3$。

国内外某些 ZnO 脱硫剂型号及其性能列于表 1-3-14，以供参考。

(3) 工艺流程

工业上为了能够提高和充分利用硫容，采用了双床串联倒换法。如图 1-3-22 所示。一般单床操作质量硫容仅为 13%～18%。而采用双床操作第一床质量硫容可达 25%或更高。当第一床更换新 ZnO 脱硫剂后，则应将原第二床改为第一床操作。

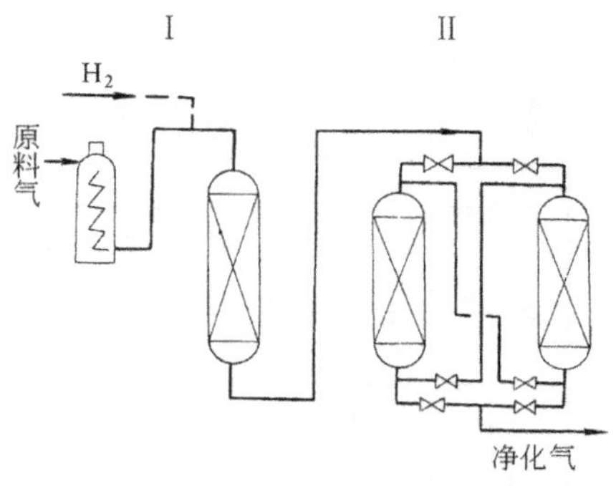

图 1-3-22 加氢转化串联氧化锌流程图

Ⅰ—加氢反应器；Ⅱ—氧化锌脱硫槽

3.1.4.4 钴钼加氢脱硫法[6,14]

以天然气、油田气为原料的工厂，其烃类转化所用的催化剂对硫都十分敏感，要求硫化物脱除到 $0.1cm^3/m^3$ 以下。因此，在烃类转化以前，首先应将烃类原料气中的硫化物脱除。

表 1-3-14　各国 ZnO 脱硫剂型号和性能

国别	脱硫剂型号	主要成分	粒度 mm	堆密度 kg/m³	硫容 %	温度 ℃	压力 MPa	空速 h^{-1}	进口含硫 mg/m³	出口含硫 cm³/m³	用途	备注
美国	G72A	ZnO	1/16 条状	1760	7	250～350			≤200	<1		
	G72B	ZnO+CuO	1/16 条状	1760	10～15	250～350			≤200	<1		
	C7-2	ZnO	5×10 条状	1120±80	18	350～400		1000～1500	≤2000	<1	可脱 H_2S、COS、RSH、RSR′、RS_2R'	用于低变，硫容 3%，空速 $2000h^{-1}$
英国	ICI32-2	ZnO	ϕ4.7×6 球	1850	8	400	0.3～0.4	200～300	180	0.01g/m³	用于保护 ICI22-1	
	ICI32-4	ZnO	ϕ1/8～3/16″球	1190	22～24	400					可脱 H_2S、COS、CS_2、RSH	硫容一般取 18% 作设计依据
	ICI129-2	ZnO+CuO	ϕ5×5 片	1900	24.3	250					用于保护甲烷催化剂	比表面 35.7m²/g，孔率 30.2%
前苏联	ГЦАП-10	纯 ZnO	ϕH2.5～3 片		25～28	350～400	2	500～2000		<1		由 $ZnCO_3$ 制备
	ГЦАП-10-2	ZnO+10%CuO	同上		25～28	350～400	2	500～2000		<1		由 $Zn(OH)_2$ 制备
	ГЦАП-10-2a	ZnO+10%CuO	同上		25～28	350～400	2	500～2000		<1		由 $Zn(OH)_2$ 制备
丹麦	TH2-3	ZnO>99%	ϕ4～6,4×4 条片	1370～1400	20～35	350	0.1～0.5			0.02～0.1		用于低变，硫容仅取 6%～10%
德国	R5-10	ZnO	ϕ4 条状	1400	25	200～400				<1		
中国	T303	ZnO、MnO_2	ϕ4×4～6	1300～1400	>20	200～350	4.0			<0.1	用于大型氨厂	
	T304	ZnO、MgO	ϕ5×5～15	1150～1350	>20	350～380	4.0			0.3	用于大型氨厂	
	T306	ZnO+Al_2O_3	ϕ5×5－10	1160	>25	180～350	常压～3.0	1000～3000		<0.1	用于丁辛醇装置中合成气脱硫	
	T308	ZnO	ϕ4×4～8	1200	>13	25～250		2000		<0.1	低温下活性好，硫容高	

然而，过去采用的一般脱硫方法，其脱硫后只能达到 2～5cm^3/m^3，难以稳定生产。钴钼催化剂问世后解决了这个难题。

（1）化学反应

钴钼催化剂加氢脱硫的基本原理是在 300～400℃温度下，采用钴钼加氢脱硫催化剂，使有机硫与 H_2 反应生成容易脱除的 H_2S 和烃。然后再用 ZnO 吸收 H_2S，即可达到脱硫后在 0.1cm^3/m^3 以下的目的。

在钴钼催化剂作用下，几种典型有机硫与氢反应通式如下所示。

$$RSH + H_2 \longrightarrow RH + H_2S$$

$$RSR' + 2H_2 \longrightarrow RH + R'H + H_2S$$

$$RSSR' + 3H_2 \longrightarrow RH + R'H + 2H_2S$$

$$C_4H_4S + 4H_2 \longrightarrow n\text{-}C_4H_{10} + H_2S$$

$$COS + H_2 \longrightarrow CO + H_2S$$

$$CS_2 + 4H_2 \longrightarrow CH_4 + 2H_2S$$

以上反应除了羰基硫以外，均属放热反应，而且平衡常数都很大。现将最常见的几种有机硫：CH_3SH、COS 和 CS_2 的氢解平衡常数列于表 1-3-15 中。其它一些有机硫的氢解平衡常数参见图 1-3-23。

表 1-3-15　CH_3SH、CS_2 和 COS 的氢解平衡常数[15]

温度/℃ \ 平衡常数	$K_p=\frac{p_{H_2S}\cdot p_{C_2H_4}}{p_{CH_3SH}\cdot p_{H_2}}$	$K_p=\frac{p_{H_2S}^2\cdot p_{CH_4}}{p_{H_2}^4\cdot p_{CS_2}}$	$K_p=\frac{p_{H_2S}\cdot p_{CO}}{p_{H_2}\cdot p_{COS}}$
37.78	1.0646×10^9	1.2263×10^{30}	1.2938
93.33	1.1591×10^7	1.5236×10^{24}	2.6420
148.89	4.0310×10^5	5.9209×10^{18}	4.3670
204.44	2.9926×10^4	2.094×10^{16}	6.2944
260.00	3.7506×10^3	3.966×10^{13}	8.2690
315.56	6.8562×10^2	2.220×10^{11}	1.0179×10^1
371.11	1.669×10^2	2.9192×10^9	1.1957×10^1
426.67	4.9931×10^1	7.392×10^7	1.3567×10^1
482.22	1.7781×10^1	3.1365×10^6	1.4999×10^1
517.78	7.2507	2.1041×10^5	1.6254×10^1
704.44	8.8505×10^{-1}	3.240×10^2	1.9092×10^1

由表 1-3-15 可见，CH_3SH 和 CS_2 的反应平衡常数都随温度的增加而减少。在催化剂的使用温度范围（350～400℃）内，它们的 K_p 值都很大，即它们的转化很完全，不受化学平衡限制。反应均受动力学控制。

应当强调指出，表 1-3-15 中仅的氢解反应是吸热反应。因此，其平衡常数随温度的增高而增大。温度升高对 COS 氢解是有利的。

图 1-3-23 中所列的有机硫的氢解反应均系放热反应。平衡常数都随温度的增高而下降。

由于有机硫加氢分解反应速度随温度的升高而增大，因此操作温度一般选择在 350～430℃范围。而式（1-3-54）的甲烷化反应是最不希望的，不仅一个碳将耗去 4 个氢，严重影响 NH_3 产量，尤其它是个强烈放热反应

$$CO + 3H_2 \longrightarrow CH_4 + H_2O \tag{1-3-54}$$

$$CO + H_2 \longrightarrow CO_2 + H_2O \tag{1-3-55}$$

$$O_2 + 2H_2 \xlongequal{} 2H_2O \tag{1-3-56}$$

将使床层温度剧增。例如，若床层反应温度为380℃，如有0.5%CO存在时，甲烷化反应可使床层温度猛增到416℃。温度增高，上列副反应加剧。如原料烃中混有大量烯烃，烯烃加氢反应又将放出了大量热量（一般其温升在14℃左右）。如原料气中还带有水分和CO，则在钴钼催化剂上将优先进行CO的变换反应，它虽不像甲烷化那样强烈放热，但仍可以引起温升。在这种情况下，钴钼催化剂温度一旦超过430℃，则其析炭的危险性将大大增加，导致操作困难。因此，工业上典型的反应条件是这样来控制：氢和碳氢化物摩尔比为0.25～0.5；氢与有机硫摩尔比是250～1000∶1。在此种条件下有机硫的转化是很完全的。空速一般控制在500～1500h^{-1}，操作压力在0.7～7MPa范围内。

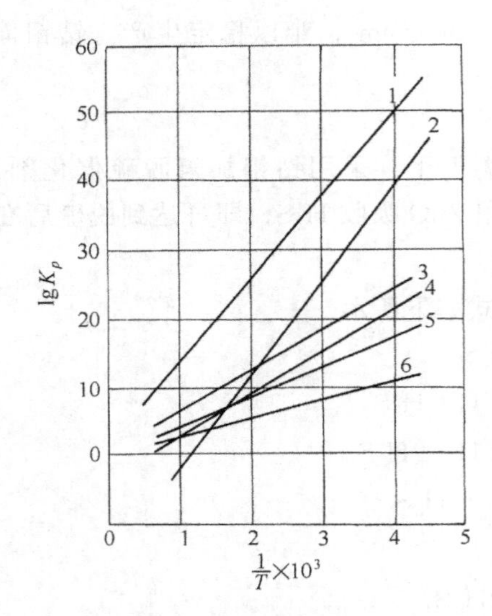

图1-3-23　某些有机硫化合物加氢分解的平衡常数与温度的关系

1—$(CH_3)_2S_2$；2—噻吩；3—$(C_2H_5)_2S$；4—四甲基硫杂环丁烷；5—CH_3SH；6—苯硫酚（SH）

（2）钴钼加氢脱硫动力学[14]

有关这方面的研究目前仍不多。根据已有的研究，对于不含噻吩或四氢噻吩的轻油的加氢脱硫，可借助于1大气压下测得的速度常数来估算加压下脱硫的反应速度

$$k_{op} = k \cdot \frac{p_{HS}}{p_{总}^{1/2}}\left[\frac{p_{H_2}}{p_{HC}}\right]^n \tag{1-3-57}$$

式中　k_{op}——在实际操作压力下的反应速度常数；

k——0.1MPa下的反应速度常数；

p_{H_2}——氢的分压；

p_{HC}——碳氢化合物的分压；

p_{HS}——硫氢化物的分压；

$p_{总}$——总压；

$n=0.5$（对噻吩与四氢噻吩）；

$n=0.25$（对硫醇、硫醚和二硫化碳）。

由上式可知，加氢反应速度是随氢分压的增大而增大，并随碳氢化合物分压的增加而减少。这是由于催化剂表面强烈吸附了碳氢化合物，从而减小了吸附硫化物与氢的表面。但相对分子质量小的碳氢化合物对反应速度的影响要小些。

（3）钴钼加氢催化剂

① 化学成分[14,20]。钴钼加氢脱硫催化剂，是由Co和Mo的混合物分散在大的比表面γ-Al_2O_3载体上而制成的。

实际上新鲜的钼酸钴催化剂是由Al_2O_3、$CoAl_2O_4$、CoO、MoO_3、$CoMoO_4$和结构复杂的钴-钼氧化物所组成。其中γ-Al_2O_3和$CoAl_2O_4$并无活性。CoO、MoO_3和$CoMoO_4$具有中等活性，结构复杂的钴钼氧化物活性最高。

一般工业催化剂含钼约6%～13%，钴为1%～6%。Al_2O_3载体是用以提供较大活性表面来增加催化剂活性，而且它酸性较弱，可减小烃类裂解反应和积炭。

实验证明，大凡比表面在 $100m^2/g$ 以上、孔径在（140～240）$\times 10^{-10}$m（140～240 Å），孔隙率大于 30％的催化剂，一般均具有较好的脱硫性能。

至今属于加氢脱硫催化剂已有很多系列：如钴钼（$CoO-MoO_3$）系，镍钼（$NiO-MoO_3$）系，Ni-Co-Cu 系，Cu-Cr-V 系等。但真正能将有机硫全部转化成 H_2S，仅有钴钼系和镍钼系。倘若为了保护烃类蒸汽转化催化剂，则以采用钴钼系的脱硫催化剂为好。但若原料气中含有较多 CO 和 CO_2 时，则选用镍钼系更佳，因其中甲烷化反应速度低[21]。

② 催化剂预硫化。市售的钴钼催化剂主要是氧化态的 CoO 和 MoO_3，将其新装入床层中，开始时活性并不高，必须将其进行预还原和预硫化，反应如下：

$$MoO_3 + 2H_2S + H_2 = MoS_2 + 3H_2O \qquad \Delta H = -48.15 \times 10^3 J$$

$$MoO_3 + H_2 = MoO_2 + H_2O$$

$$9CoO + 8H_2S + H_2 = Co_9S_8 + 9H_2O$$

经这样处理后催化剂才具有很高的活性。这时主要活性组分为 MoS_2，其次为 Co_9S_8。后者的作用是使 MoS_2 保持具有活性的微晶结构，以免微晶因聚集而活性衰减。

硫化过程并非将全部 CoO 都变成硫化物。因为 CoO 具有能使 MoS_2 晶体保持分离状态，减少其熔结的作用，并能使硫化钼活性表面增大，以增进催化剂的活性。

催化剂硫化前需升温，可以用氮气、天然气作为热载体，通过电热器加热而后进入床层。但不能使用水蒸气，在 300℃温度以下也不能使用含氢气体来加热，因为它会降低催化剂的活性。温度升至 300℃时才开始通入含 H_2 气体。

硫化反应所用的硫化剂常用 H_2S、CS_2 或 CS_2 与 RSH 的混合气。硫化剂用量及其硫化温度与该硫化物是否易被释放出硫的化学稳定性有关。如用 H_2S 作为硫化剂时，当温度升至 200℃则可将其加入载气中，开始时 H_2S 含量应控制低些，因还原和硫化反应均为放热反应，如果反应过于剧烈会烧毁催化剂。随着反应的进行，温度升高，H_2S 的含量也会逐步提高。否则，当 H_2S 分压低时，已硫化的催化剂又会把硫放出来。这就是通常所谓的反硫化过程。

催化剂硫化结束的标志是：床层进出口的硫含量基本相等，床层无温升，床层各点温度≥350℃，并在此温度下恒温 5～6h。

根据硫化时 H_2S 和 H_2 分压之比，硫化态催化剂中硫含量一般只有 1％～3％，最高可达 7％。

如用 CS_2 或 CS_2 与 RSH 和氢混合进行硫化时，开始硫化的温度需相应提高，常在 250℃以上。

硫化可在常压或加压下进行，通常操作压力 0.5～1.5MPa。空速为 $200h^{-1}$，可避免升温、还原和硫化的时间过长。硫化床温升控制在 25～30℃/h。

近年来，以煤为原料的合成氨厂，也有采用含高硫的原料气来直接进行硫化反应的。

③ 再生。钴钼催化剂在正常操作下，使用寿命可在 5 年以上，甚至 7～10 年。但若长期不加循环氢操作，或操作不慎而使床层温度超过 430℃将引起催化剂严重析炭和活性下降，使后继工序 ZnO 脱硫以及一段转化炉操作恶化。因此，必须将积炭的催化剂进行再生，有控制地把积炭烧掉，以恢复其活性。

再生方法是：在 0.2MPa 下，用水蒸汽稀释空气。作为热载体的蒸汽空速为 $800h^{-1}$ 和空气空速为 $20h^{-1}$。相当于混合气体中氧含量约 0.5％左右。温度 350℃时开始燃烧积炭，而

表 1-3-16 各国加氢脱硫催化剂型号和性质

国别	脱硫剂型号	主要成分	粒度 mm	堆密度 kg/m^3	温度 ℃	压力 MPa	液空速 h^{-1}	用途	备注
美国	G35A	CoO+12%MoO_2	1/8×1/8″ 3/16×3/16″片状	960	315～400	0.7～7	1～20	用于重油加氢转化	强度>5.44kg
美国	G51B	CoO+13.5%MoO_2	1/8×1/8″ 8/16×8/16″片状	1040	315～400	0.7～7	1～20	用于轻油加氢转化	强度>13.6078kg
美国	C20-6	Co+Mo+Al			250～430		0.5～10	用于处理C_4以下的烃	
美国	C49-1	Co+Mo+Al	1/8″或1/16″片状	360±32	260～399	0.7～3.6	500～1000(气空速)	用于处理C_4以下的烃	
英国	ICI41-3	Co+Mo+Al	5.4×3.6片状	1000	300～450	0.17	0.5～5		
英国	ICI41-4	Co+3%Mo+Al (3%)(10%)	φ3条状	800～900	300～450	0.17	0.5～5		比表面266m^2/g,孔容0.46L/g
丹麦	CMK-2	Co+Mo+Al	φ2～5球状	800～850	350～400	1～4		用于处理重油和天然气	比表面200m^2/g
中国	T201	CoO_2～3% $MoO_3$11～13%	φ3×4～8条状	650～750	320～400	3.0～4.0	1～6 1000～3000(气空速)	天然气,石油气,轻油	原化工部化肥研究所开发
中国	JT-1	Co+Ni+MoO_3	φ3×4～8条,球	750～950	200～300	常压～2.0	1～6 1000～3000(气空速)	水煤气,合成气,石油馏分等	原化工部化肥研究所开发
中国	T203	Co>1.1% Mo<6.6%	φ3×3～8条状	<900	320～400	3.0～4.0	1～6 1000～3000(气空速)	天气然,轻油	噻吩转化率>60%,辽河化肥厂催化剂厂

后床层温度逐步提高并保持在470℃以下，切勿超过475℃，以防催化剂烧结和钼挥发失活。炭燃烧主要生成CO_2，硫燃烧生成SO_2。燃烧反应直至出口气体中不含炭的氧化物，反应进出口温度几近相等时，烧炭过程即告结束。如催化剂积炭不严重，单用蒸汽吹洗再生即可。再生后催化剂应重新还原和硫化，然后使用。

(4) 工艺流程

当采用高沸点馏分液态烃作为制氢原料时，其中常含有较多的噻吩类有机硫。只能用钴钼催化剂加氢将它们脱除，如图1-3-24所示。

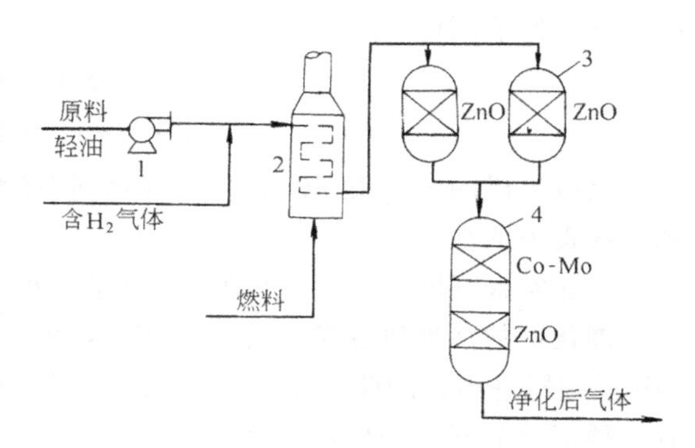

图1-3-24　应用钴-钼加氢法脱硫的典型工艺流程
1—轻油泵；2—预热炉；3—第一段脱硫槽（ZnO）；4—第二段脱硫槽

将轻油或天然气与来自甲烷化以后（见后文）的循环氢气混合而后送入预热炉，预热到350～400℃进入第一段ZnO脱硫，继之进入第二段上层为钴钼催化脱硫、下层为ZnO。第一段ZnO既作催化剂又作吸收剂，预先将RSH、CS_2转化和吸收。剩余难以分解的噻吩类有机硫，再以钴钼加氢催化剂使其转化为H_2S并吸收。现在多数装置已不设第一段ZnO，这是根据有机硫的形态而定的。

中国所用的钴钼加氢脱硫催化剂过去大多依靠进口，价格昂贵。现在中国已能生产，且性能良好。国产的T203已可代替进口产品。在383℃下可将原油中的硫化物从$184cm^3/m^3$最终脱至$0.1cm^3/m^3$以下。

3.1.4.5　硫氧化碳水解催化法[17]

近年来，国内外硫氧化碳（COS）水解脱硫技术发展很快，以期能在更温和条件下，将硫氧化碳催化转化成H_2S而加以清除，同时可兼收节能之利。

(1) 化学反应

硫氧化碳水解的化学反应如下。

$$COS + H_2O = H_2S + CO_2 \qquad \Delta H = -33.53kJ/mol \tag{1-3-58}$$

$$K_p = \frac{p_{CO_2} \cdot p_{H_2S}}{p_{COS} \cdot p_{H_2O}}$$

这是一个放热反应，平衡常数（K_p）与温度的关系见表1-3-17。

表1-3-17　COS水解反应平衡常数与温度的关系[15]

温度/℃	$K_p = \frac{p_{CO_2} \cdot p_{H_2S}}{p_{COS} \cdot p_{H_2O}}$	温度/℃	$K_p = \frac{p_{CO_2} \cdot p_{H_2S}}{p_{COS} \cdot p_{H_2O}}$
100	2.1553×10^4	450	1.3283×10^2
150	1.7128×10^4	500	8.0939×10
200	2.7464×10^3	550	6.1989×10
250	1.648×10^3	600	4.3072×10
300	5.54×10^2	650	3.4572×10
350	3.69×10^2	700	2.6085×10
400	1.8483×10^2		

由表 1-3-18 可见，平衡常数随温度的增高而下降，故低温对硫氧化碳水解反应有利。但低温反应速度较小，通常工业操作选用 150～250℃为宜。

(2) 主要影响因素

研究指出，H_2S 和 O_2 是硫氧化碳（COS）水解反应的重要影响因素。当两者共存时，可能发生如下反应。

$$2H_2S + 3O_2 =\!=\!= 2SO_2 + 2H_2O$$

$$2SO_2 + O_2 =\!=\!= 2SO_3$$

反应生成的 SO_2 和 SO_3，将与催化剂中的活性组分氧化铝进一步生成惰性的铝酸盐，使催化剂丧失活性。

工业实践证明，当煤气中的 O_2 含量体积分数为 0.1%时，随着催化剂工作时间的延长，水解催化剂的活性将逐渐下降。若当 O_2 含量超过 0.5%时，催化剂将难以维持工作，不待 24h 反应器进出口的硫氢化碳含量几近相等，说明此时已无脱硫作用。因受微量 O_2 的限制，故此种催化剂不宜用作粗煤气的脱硫。

气相中 H_2S 含量对平衡反应有一定影响。据测定，当煤气中 H_2S 为 $14g/m^3$ 时，COS 的转化率仅为 65%。若 H_2S 含量降至 $1cm^3/m^3$ 以下，则其转化率可高达 99%以上。

根据中国以煤为原料的中、小型氮肥厂的使用经验，该法用于 CO 变换、碳化以后是较好的。其后接 ZnO 脱硫或常温 ZnO 脱硫，可以保证脱硫精度。

硫氧化碳水解脱硫法与硫氧化碳氢解脱硫法相比可以大大节能（参见表 1-3-18），且无需加氢和增设换热器。当然，两者是各有所长的，有时并不能相互取代。硫氧化碳水解脱硫是今后干法脱硫技术发展的一种方向。

表 1-3-18 硫氧化碳水解法脱硫与氢解法脱硫的比较[17]

方法	转化剂	转化温度/℃	热效应 kJ/mol	降温对平衡转化率影响	转化率 %	残留 COS cm^3/m^3	副反应	设备投资	操作能耗
水解法（用活性 Al_2O_3）	水蒸气	30～250	−35.53	提高	95～99.9	0.1～0.2	无	低	低
氢解法（用 Co-Mo 催化剂）	H_2	350～400	3.49	下降	>99.9	<0.1～0.5	C_4 化	高	高

中国产 852 型水解催化剂脱硫，后串接 KT310 ZnO 脱硫的方法，此法已于 1991 年投入齐鲁二厂年产 10 万 t 甲醇装置中运行，结果羰基硫的转化率、吸附容量、催化剂强度等指标可与 ICI 公司出口的 P2312 同类催化剂媲美。在空速 $1000h^{-1}$、压力 5.0MPa 和温度 40℃条件下，它可将羰基硫由 $1\sim5cm^3/m^3$ 脱到 $0.05cm^3/m^3$，现已取代了进口产品。

近年来，硫氧化碳水解催化法串联常温 ZnO 的精细脱硫新工艺，亦已在中国中、小型联醇厂迅速推广使用。过去中国某些联醇氮肥厂使用的甲醇催化剂的寿命仅为 40～70 天，至今已增至 180 天左右，取得了突破性成就，经济效益十分显著。

各国的硫氧化碳水解催化剂，主要活性组分均为活性氧化铝。现将中国产的几种常用硫氧化碳水解催化剂的型号、性能、使用条件列于表 1-3-19 中，以供参考。

表 1-3-19 硫氧化碳水解催化剂规格性能

型号	γ-906	T-909	851-1	TGH-2	TGH-3	EH-1Q
外观	白色球状	白色条状	白色球状	白色条状	白色条状	白色球状
规格/mm	$\phi3\sim5$	$\phi3\times5\sim10$	$\phi3\sim4$	$\phi3\times3\sim5$	$\phi3\times3\sim5$	$\phi3\sim5$

续表

型　　号		γ-906	T-909	851-1	TGH-2	TGH-3	EH-1Q
堆密度/kg/L		1.0～1.1	0.8～0.9	0.8	0.5～0.6	0.5～0.6	0.8～1.0
强　度		＞55N/粒	＞180N/cm	＞80N/粒	＞180N/cm	＞180N/cm	＞30N/粒
操作条件	温度/℃	50～130	30～50	25～30	80～120	30～50	30～150
	压力/MPa	0～5.0	0～5.0	0～2.0	0～3.0	0～3.0	0.1～8.0
	空速/h^{-1}	1000～2000	1000	1500	1000～3000	1000～3000	2000～4000
	汽/气比	0.05～0.1	＜0.05		0.05～0.5	0.05～0.5	
		在100～130℃下水解转化率可达99%，在50℃以下转化率为95%，转化型催化剂使用中可再生	属转化吸收型水解催化剂 50℃以下转化率为95%		转化型催化剂转化率可达99%	转化型催化剂，30℃时转化率为75%	含COS约30cm³/m³半水煤气在30℃时转化率为89%，50℃时为99.5%

参 考 文 献

1 Catalyst Handbook with Special Reference to Unit Processes in Ammonia and Hydrogen Manu facture. Wolfe Scientific Books, 1976

2 中国科学技术情报研究所重庆分所．国外天然气．轻石油馏分有机硫技术资料选编(第二部分).1975

3 Van Krevelen D W, Hoftizer P J. and Huntijen F J. *Rec. Trav. Chem*, 1949, 63～191

4 化学工业部．小氮肥厂工艺操作规程．北京:化学工业出版社,1979

5 陈五平主编．无机化工工艺学(一)合成氨(第二版). 北京:化学工业出版社,1979

6 Kohl A L. and Riesenfeld F C. Gas Purification. Gulf Pubishing Company Book Division, 1985.476～521

7 瞿治诚,高先培．国外气体脱硫新技术．重庆:科学技术文献出版社,1978

8 国外气体净化技术(译文). 重庆:科学技术文献出版社,1981

9 中国化工学会．全国气体净化分离学术会议论文集,1990

10 谭天恩等．化肥工业(旋流板技术专辑).1978

11 方文骥．氮肥设计.1980,(2):19,(3):35

12 郭树才主编．煤化工工艺学．北京:化学工业出版社,1976,224

13 姜圣阶等编著．合成氨工学(第二卷). 北京:石油化学工业出版社,1977

14 石油化学工业部化工设计院主编．氮肥工艺设计手册(理化数据). 北京:石油化学工业出版社,1976

15 Сеценвой Т А, Лейтеса Очистка, Технлогдпескпх Газов, Издание Второе, Издателъ-Ство, Химия, 1997

16 王祥光等．小氮肥脱硫技术,1992

17 南京林产工业学院主编．林产化学工业手册(上册). 北京:中国林业出版社,1980

18 施亚钧等．气体脱硫．上海:上海科学技术出版社,1986

19 王文兴．工业催化．北京:化学工业出版社,1978.259

20 大连工学院．合成氨生产工艺．北京:石油化学工业出版社,1978.16

21 ICI公司著合成氨催化剂手册．南京化工研究院译．北京:燃料化学工业出版社,1974

3.2 二氧化碳的脱除

3.2.1 概述

粗原料气经一氧化碳变换后，变换气中除氢、氮外，还有二氧化碳、一氧化碳和甲烷等组分，其中以二氧化碳含量最多。二氧化碳既是氨合成催化剂的毒物，又是制造尿素、碳酸氢铵等氮肥的重要原料。因此，变换气中二氧化碳的脱除必须兼顾这两方面的要求。不同原料制氨需要脱除的二氧化碳量差别很大（见表 1-3-20）。

表 1-3-20　不同原料和制气方法脱除的二氧化碳量

原　料	天然气	渣　油	煤
碳氢比	3.0～3.1	7.5～10	20～35
制气方法	蒸汽转化	部分氧化	部分氧化
变换气体积分数/%			
H_2	60.40	63.12	52.96
N_2	20.30	0.48	15.72
CO_2	18.80	32.75	28.62
CO	0.25	3.51	2.14
CH_4	0.25	0.14	0.56
脱除 CO_2 量			
t/tNH_3	1.22	2.40	3.40
比　例	1	1.97	2.79

由表 1-3-20 可见，以天然气为原料生产氨时，脱除的 CO_2 量仅为以渣油或煤为原料的 1/2 至 1/3 左右。对生产尿素而言，分别用天然气、渣油为原料的合成氨厂，在选择脱碳方法时，前者应采用二氧化碳回收率高的，而后者可采用回收率稍低的，但应满足尿素生产对 CO_2 的需求。对生产碳酸氢铵的合成氨厂，则不论采用何种原料，二氧化碳量都嫌不足，这就是中国一些中、小型氨厂存在氨剩余的原因。

脱除二氧化碳的方法很多，一般采用溶液吸收法。根据吸收剂性能不同，主要可分为两大类。

一类是物理吸收法，利用二氧化碳能溶解于水或有机溶剂这一性质完成的。吸收后的溶液可以有效地用减压闪蒸使大部分二氧化碳解吸。

另一类是化学吸收法，利用二氧化碳具有酸性特性可与碱性化合物进行反应而实现。化学吸收法中，靠减压闪蒸解吸的二氧化碳很有限，通常都需热法再生。

还有一些方法介于这两类方法之间，兼有这两类方法的一些特点，称为物理-化学吸收法。

工业上主要的脱除二氧化碳的吸收法如表 1-3-21 所示。

表 1-3-21　工业上主要的脱除二氧化碳的方法[1~3]

方　法	溶　剂
物理吸收法	
加压水洗法	水
低温甲醇洗（Rectisol）法	甲　醇
Selexol（中国称 NHD）法	聚乙二醇二甲醚（DMPEG）
Flour（PC）法	碳酸丙烯酯
Purisol 法	*N*-甲基吡咯烷酮（NMP）
Sepasolv 法	*N*-低聚亚乙基二醇与甲基异丙基醚［*N*-oligolethylene glycol and，methyl isopropyl ethers（MPE）］
化学吸收法	
添加不同活化剂的热钾碱法	
本-菲尔（Benfield）法	碳酸钾溶液加二乙醇胺（DEA）

续表

方　　法	溶　　　　剂
化学吸收法	
复合双活化热钾碱法	碳酸钾溶液加二乙醇胺、氨基乙酸与硼酸
空间位阻胺热钾碱法	碳酸钾溶液加空间位阻胺
氨基乙酸无毒 G-V 法	碳酸钾溶液加氨基乙酸
卡特卡博（Catacarb）法	碳酸钾溶液加烷基醇胺的硼酸盐
活化 MDEA（a-MDEA）法	*N*-甲基二乙醇胺（MDEA）加哌嗪（piperazine）
MEA 法	一乙醇胺
DEA 法	二乙醇胺
DGA（Econamine）法	二甘醇胺
DIPA 法	二异丙醇胺
物理-化学吸收法	
环丁砜（Sulfinol）法	环丁砜，DIPA 或 MDEA 与水
常温甲醇法（Amisol）法	MEA，DEA，二乙基三胺（diethyltriamine）（DETA），二异丙基胺（DI-PAM）与甲醇

3.2.2　物理吸收与化学吸收的比较

物理吸收和化学吸收的根本不同点在于吸收剂与气体溶质分子间的作用力不同。物理吸收中，各分子间的作用力为范德华力；而化学吸收中为化学键力。这二者的区别构成它们在吸收平衡曲线、吸收热效应、温度对吸收的影响、吸收选择性以及溶液再生等方面的不同。

图 1-3-25 为一定温度下，物理吸收和化学吸收中被吸收的组分在气相中的平衡分压与溶液吸收容量间的关系。

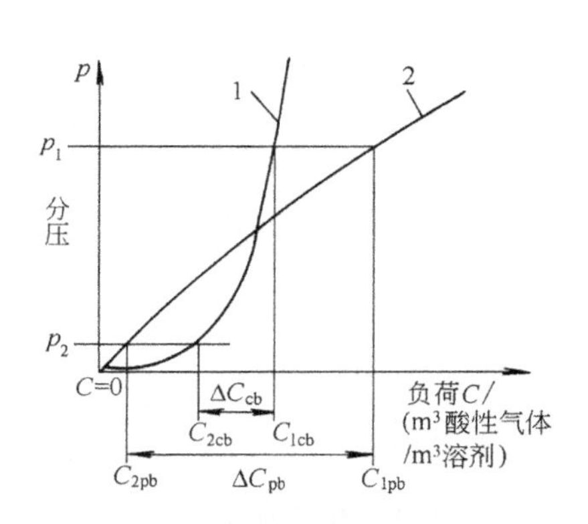

图 1-3-25　气液平衡曲线
1—化学吸收；2—物理吸收

在物理吸收中，气液平衡关系开始时符合亨利定律，溶液中被吸收组分的含量基本上与其在气相中的平衡分压成正比。在化学吸收中，当溶液的活性组分与被吸收组分间的反应达到平衡后，被吸收组分在溶液中的进一步溶解就仅靠物理吸收，其平衡曲线急剧弯曲后就形成线性。

从图 1-3-25 中可以看出，物理吸收对酸性组分分压高时的脱除比较有利，在二平衡线交点以上酸性组分分压 p_1 处，物理吸收的溶液吸收容量高，即 $C_{1pb} > C_{1cb}$，而在酸性组分的分压低时，例如 p_2 处，化学吸收的吸收容量高，即 $C_{2cb} > C_{2pb}$。这表明，化学吸收比较适合于脱除气体中少量的酸性组分，而物理吸收则较适合于在高压下，脱除高含量的二氧化碳。

物理吸收中，吸收剂的吸收容量随酸性组分分压的提高而增加。因此，溶液的循环量基本上与气体中酸性组分的含量无关，而与原料气量及操作条件有关。操作压力提高，温度降低，则溶液循环量减少；而在化学吸收中，吸收剂的吸收容量与吸收剂中活性组分的含量有关。因此，溶液循环量与待脱除的酸性组分的量成正比，即与气体中酸性组分的含量关系很大，但基本上与压力无关。

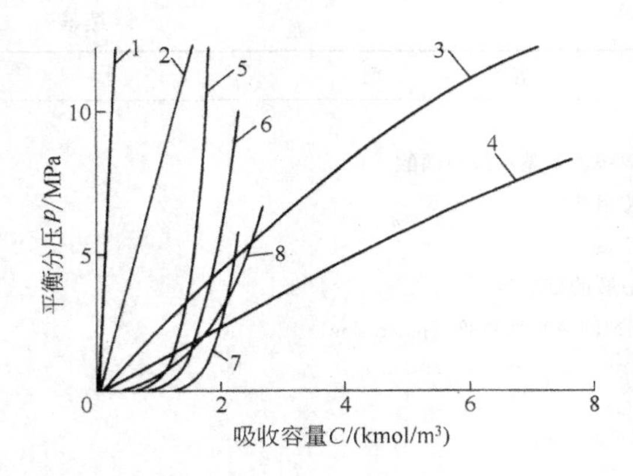

图 1-3-26 不同溶剂中 CO_2 的平衡曲线

1— H_2O（30℃）；2— *N*-甲基吡咯烷酮（110℃）；
3—甲醇（-15℃）；4—甲醇（-30℃）；
5—热碳酸钾溶液（110℃）；6—环丁砜（50℃）；
7—2.5mol/L DEA（50℃）；8—3mol/L Amisol DETA

不同溶剂的吸收容量与气体中二氧化碳分压间的关系，即其气液平衡曲线如图 1-3-26 所示[1]。

化学吸收时，由于进行的是化学反应，吸收的热效应比较大，温度对化学吸收时的溶解度影响也比较大，吸收热随吸收容量的增大而减小也比物理吸收显著[4]。反映在溶液的再生时，化学吸收中往往都需要用再沸器进行热再生，而对物理吸收来说，富液再生时则可以充分利用二氧化碳在溶液中含量与其平衡分压的线性关系，采用简单减压闪蒸即可使所吸收的二氧化碳大部分解吸出来，特别是当吸收时二氧化碳分压较高，如 p_1，减压闪蒸时分压较低如 p_2，解吸量为 ΔC_{pb}，而在化学吸收中，压力降低时解吸的气体量却很少，ΔC_{cb}远低于 ΔC_{pb}（图 1-3-25）。

吸收过程的操作线为一直线，在物理吸收中，吸收塔的设计可使操作线与平衡曲线接近平行；但在化学吸收中，由于平衡曲线的特点，在塔中部的吸收推动力骤然增大，为了减少再生的能耗，可以采用两段吸收方式，即塔顶用少量再生彻底的吸收剂吸收以确保气体的净化度，而在塔的下部，则用大量再生不完全的溶液，即半贫液，以便吸收大量的较高含量的酸性组分。一段、两段化学吸收的平衡曲线与操作线如图 1-3-27 所示。

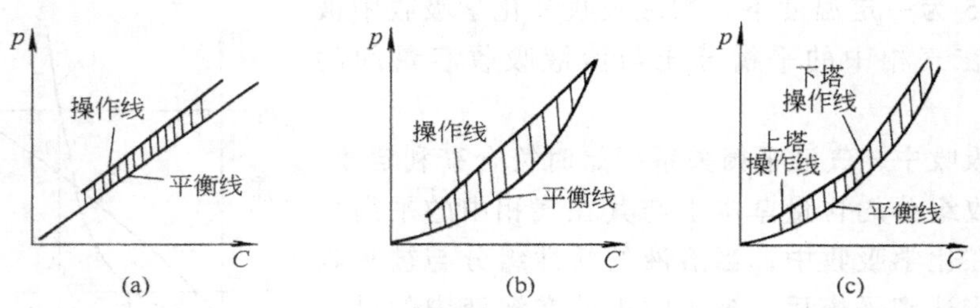

图 1-3-27 物理吸收和化学吸收的平衡线与操作线

(a) 物理吸收；(b) 一段化学吸收；(c) 两段化学吸收

3.2.3 化学吸收法

3.2.3.1 热碳酸钾法

(1) 发展过程[2,6]

早期的热碳酸钾法或称热钾碱法是 20 世纪 50 年代由美国 H.E. 本森（Benson）和 J.H. 菲尔特（Field）开发的。在改进中，添加了活化剂与缓蚀剂，形成了本-菲尔工艺的基础，60 年代后在工业上得到了广泛的应用。

热钾碱法的吸收在 105～130℃下进行。较高温度下吸收可以提高吸收反应的速率，而且可以增加溶液中碳酸氢钾的溶解度，提高溶液的吸收能力。在此温度范围内，吸收温度与溶液再生温度基本相同，有助于降低溶液再生能耗并简化流程，但溶液对设备的腐蚀严重，而且吸收的反应速率仍不能满足生产上的要求，净化度较低。研究反应机理，添加了活化剂后，促进了吸收的反应速率，改进了气液平衡，因而降低了塔的高度，提高了气体的净化度，而且热效率也得到了改善。经对腐蚀机理进行了详尽的研究并加入缓蚀剂后，基本上解决了腐蚀问题，使主要设备可以采用普通的碳钢制造。

由于所添加的活化剂种类不同，因而出现了多种改良的热碳酸钾法，而设备上与流程上的改进，也形成了多种适应于不同要求的组合与工艺。突出的是低热或低能耗本-菲尔工艺（Lo-heat Process），其特点在于再生过程中使溶液在较低的压力下进行闪蒸，而将闪蒸出来的蒸汽用蒸汽喷射泵或压缩机压缩，再送回再生塔作为再生热源的一部分，这就节省了外供蒸汽，减少了再沸器的传热面积，而且贫液的冷却负荷减轻，总体上取得了显著的节能效果。

近年来，本-菲尔工艺还采用了新的活化剂 ACT-1 以取代原来的二乙醇胺（DEA），也可以与 DEA 共用。ACT-1 的主要特点是催化速度比 DEA 快，特别是 CO_2 的分压比较低的部位，即吸收塔的顶部与再生塔的底部。因此，净化气中的 CO_2 含量可降低 28%～85%。ACT-1 还可以改善溶液的气液平衡性能，特别是在 CO_2 的分压比较高的部位，即吸收塔的底部。这就可提高溶液的吸收能力。据介绍，溶液的循环量可降低 5%～25%，再生能耗可降低 5%～15%，通气能力可提高 5%～25%。ACT-1 活化剂比较稳定，它不降解，生产中消耗量很少。

（2）基本原理

① 反应的平衡。碳酸钾水溶液与二氧化碳的反应如下：

$$\begin{array}{l} CO_2\ (g) \\ \uparrow\downarrow \\ CO_2\ (l)\ + K_2CO_3 + H_2O \rightleftharpoons 2KHCO_3 \end{array} \tag{1-3-59}$$

这是一个可逆反应。假定气相中的二氧化碳在气液界面液膜中的溶解符合亨利定律，则上述反应式的气液平衡和化学平衡的关系式为

$$p^*_{CO_2} = \frac{[KHCO_3]^2}{[K_2CO_3]} \times \frac{\alpha^2}{K_w H \beta\gamma} \tag{1-3-60}$$

式中　$p^*_{CO_2}$——气相二氧化碳平衡分压，MPa；

K_w——化学反应平衡常数，可由各组分的标准自由焓计算而得；

α、β、γ——分别为碳酸氢钾、碳酸钾、水的活度系数，可由实验数据计算确定；

$[KHCO_3]$，$[K_2CO_3]$——分别为 $KHCO_3$，K_2CO_3 的浓度，$kmol/m^3$；

H——溶解度系数，$kmol/(m^3 \cdot MPa)$。

设以 F_C 表示溶液中转化为碳酸氢钾的碳酸钾的摩尔分数（常称 F_C 为溶液的转化率或转化度），以 N 表示溶液中碳酸钾的原始含量（即 $F_C=0$ 时单位溶液中碳酸钾的摩尔数），并用 K 表示 $K_w H$，将各参数代入上式得

$$p^*_{CO_2} = \frac{4NF_C}{K(1-F_c)} \times \frac{\alpha^2}{\beta\gamma} \tag{1-3-61}$$

该式表示一定温度、一定气相中二氧化碳分压与溶液中各组分间的平衡关系。由该式也可求得一定含量的碳酸钾水溶液在一定温度和一定转化率下的二氧化碳平衡分压。

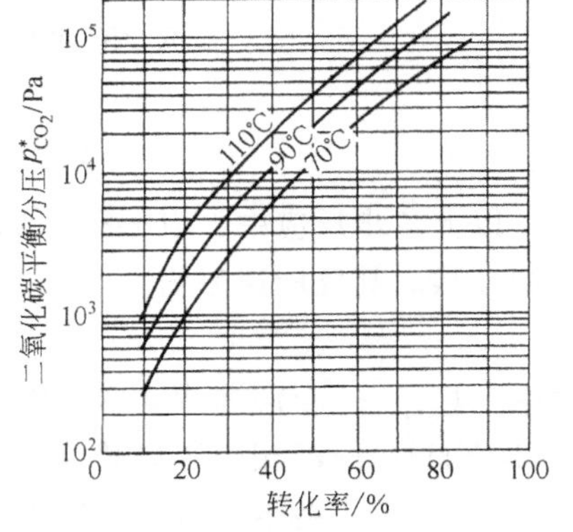

图 1-3-28　30%碳酸钾溶液的二氧化碳平衡分压

图 1-3-28 为本-菲尔法 30%碳酸钾溶液平衡数据的测定结果[6]。转化率越高，溶液中吸收的 CO_2 越多。从图上可以看出，温度降低，CO_2 的分压增加，对提高平

衡转化率有利，但反应速率比较慢。添加活化剂 DEA，可以提高反应速度（已如前述），而且还会改变 CO_2 的平衡分压如表 1-3-22 所示。其它物性可参看文献[8]。

表 1-3-22　DEA 对碳酸钾溶液的 CO_2 平衡分压与吸收系数的影响（相对值）

DEA 含量（质量分数）/%	0	1	2	3
相对吸收系数	0.413	—	0.692	1.00
相对二氧化碳分压	1.94	1.61	—	1.00

② 反应机理和反应速率

A. 碳酸钾水溶液和二氧化碳的反应。当碳酸钾水溶液和二氧化碳接触时，主要按以下途径进行反应。

溶解于液相的 CO_2 与 OH^- 反应

$$CO_2(\text{液相}) + OH^- \xrightleftharpoons{k_{OH}} HCO_3^- \tag{1-3-62}$$

其反应速率可表示为

$$r = k_{OH}[OH^-][CO_2] \tag{1-3-63}$$

式中　k_{OH}——反应速率常数，L/(mol·s)；当 $T=0℃$ 时，$k_{OH}=930$；当 $T=25℃$ 时，$k_{OH}=7.09\times10^3$；

$[OH^-]$、$[CO_2]$——分别为溶液中 OH^- 与 CO_2 的浓度，mol/L。

在生产中常用的溶液中碳酸钾含量范围内，溶液的 pH = 9～11，即 $[OH^-]=10^{-5}\sim10^{-3}$；代入上式得该过程的反应速率为

$$r=(0.1\sim1.0)\times[CO_2]\quad \text{mol/(L·s)}\qquad(\text{当 } T=25℃\text{ 时})$$

B. 含有 DEA 活化剂的碳酸钾水溶液与二氧化碳的反应。纯碳酸钾水溶液与二氧化碳间的反应速率较慢。添加活化剂是加快反应速率的主要途径。

活化剂对整个吸收过程的影响较为复杂，但主要是由于活化剂参与了其中的化学反应，改变了碳酸钾与二氧化碳的反应机理，DEA（R_2NH）的分子中含胺基，可以与液相中的二氧化碳进行反应。当碳酸钾溶液中含有少量 DEA 时，溶液中的反应如下。

$$K_2CO_3 \rightleftharpoons 2K^+ + CO_3^{2-}$$

$$R_2NH + CO_2\ (\text{液相}) \rightleftharpoons R_2NCOOH \tag{1-3-64}$$

$$R_2NCOOH \rightleftharpoons R_2NCOO^- + H^+$$

$$R_2NCOO^- + H_2O \rightleftharpoons R_2NH + HCO_3^-$$

$$H^+ + CO_3^{2-} \rightleftharpoons HCO_3^-$$

$$K^+ + HCO_3^- \rightleftharpoons KHCO_3$$

以上各步反应中，以 DEA 和液相中的二氧化碳反应式（1-3-64）最慢，为整个过程的控制步骤。其反应速率为

$$r = k_{Am}[R_2NH][CO_2] \tag{1-3-65}$$

式中　k_{Am}——反应速率常数，在 $T=25℃$ 时约为10^4L/(mol·s)；

$[R_2NH]$——液相中游离胺浓度（mol/L），可由上述反应的化学平衡及组分间的物料平衡关系求得。计算表明，在 $T=25℃$，总胺浓度为 0.1mol/L 时，溶液中游离胺浓度为 10^{-2}mol/L，代入式（1-3-65）式可得反应速率值：

$$r=10^4\times10^{-2}\times[CO_2]=10^2\times[CO_2]\quad \text{mol/(L·s)}$$

与纯碳酸钾水溶液和二氧化碳的反应速率相比，可以看出，由于加入 DEA，反应速率增加了100～1000 倍。

以上的讨论仅涉及到二氧化碳和碳酸钾之间进行的化学反应。实际上对碳酸钾溶液吸收二氧化碳这一吸收过程而言，除了化学反应外，还存在有气-液传质过程，组分在溶液中的扩散对吸收过程有很大影响。P.V 丹克沃茨（Danckwerts）等在带有搅拌装置的反应器中研究了扩散和化学反应对 DEA-K_2CO_3 水溶液吸收二氧化碳速率的影响[9,10]。该作者引入两个数群：

$$\text{I} = 1 + \frac{[R_2NH]}{C_{CO_2}}$$

$$\text{II} = \sqrt{1 + \frac{D_{CO_2} k_{Am}\ [R_2NH]}{k_L^2}} = \sqrt{1 + \varphi_{Am}}$$

当 I ≫ II 时，吸收为化学反应控制，此时反应速率：

$$r = k_L a C_{CO_2} \sqrt{1 + \varphi_{Am}}$$

当 I ≪ II 时，吸收为扩散控制，此时速率为：

$$r = k_L a C_{CO_2} \sqrt{\frac{D_{CO_2}}{D_{Am}}} \left[1 + \frac{D_{Am}}{D_{CO_2}} \times \frac{[R_2NH]}{C_{CO_2}} \right]$$

式中　r——单位体积溶液吸收二氧化碳的速率，mol/(cm^3·s)；

k_L——液膜吸收系数，cm/s；

a——吸收比表面积，cm^{-1}；

C_{CO_2}——二氧化碳在相界面上的溶解度，mol/cm^3；

D_{CO_2}、D_{Am}——分别为二氧化碳和 DEA 在液相中的扩散系数，cm/s。

吸收的控制步骤和气相二氧化碳分压有关。在实验条件下，当气相二氧化碳分压为0.1MPa，C_{CO_2}=0.02mol/L 时，吸收为扩散控制，与纯碳酸钾溶液吸收二氧化碳相比，加入 DEA 后吸收速率增加了 3 倍；而当气相二氧化碳分压为 0.008MPa，C_{CO_2}=0.002mol/L 时，吸收为化学反应控制，加入 DEA 后吸收速率约提高 12 倍。

C. 碳酸钾溶液对气体中其它组分的吸收。在以煤、渣油为原料制取的变换气或城市煤气中除含有二氧化碳外，往往还含有一定量的硫化氢、氧硫化碳、二硫化碳、硫醇、氰氢酸以及少数的不饱和烃类等等。含有 DEA 的碳酸钾溶液在吸收二氧化碳的同时，也能全部或部分地将这些组分吸收。

a. 吸收硫化氢。硫化氢是酸性气体，与碳酸钾进行下列反应：

$$K_2CO_3 + H_2S \rightleftharpoons KHCO_3 + KHS \qquad (1\text{-}3\text{-}66)$$

溶液吸收硫化氢的速率比吸收二氧化碳的速率快 30～50 倍，因此在一般情况下，即使气体中含有较多的硫化氢，经溶液吸收后，净化气中硫化氢的含量仍可达到相当低的值。

b. 吸收氧硫化碳和二硫化碳。溶液与氧硫化碳、二硫化碳的反应：第一步硫化物在热的碳酸钾水溶液中水解生成硫化氢：

$$COS + H_2O \rightleftharpoons CO_2 + H_2S \qquad (1\text{-}3\text{-}67)$$

$$CS_2 + 2H_2O \rightleftharpoons CO_2 + 2H_2S \qquad (1\text{-}3\text{-}68)$$

第二步水解生成的硫化氢与碳酸钾反应。

氧硫化碳在纯水中很难进行上述反应，但在碳酸钾水溶液中，该反应却可以进行得很完全。其反应速率随溶液温度的提高而加快，温度每提高28℃，反应速率约增加一倍。在生产条件下其吸收率可达75%～99%。

二硫化碳则需经两步水解才能全部被吸收，因此其吸收率比单独吸收氧硫化碳时低。

c. 吸收硫醇和氰化氢。氰化氢是强酸性气体，硫醇也略有酸性，因此可与碳酸钾很快进行反应：

$$K_2CO_3 + RSH \rightleftharpoons RSK + KHCO_3 \tag{1-3-69}$$

$$K_2CO_3 + HCN \rightleftharpoons KCN + KHCO_3 \tag{1-3-70}$$

d. 对烃类的吸收。通常，烃类不与碳酸钾溶液进行反应，但某些烃类可使溶液中的有机胺类降解，而有些低级烃类会被溶液吸收，进入液相后将引起溶液起泡。

e. 对有机酸（主要为醋酸）的吸收[2]。在以煤，特别是劣质煤为原料制得的变换气中，有时会含有机酸，特别是醋酸，这是由原料气中少量的甲醇在变换反应中产生的，进入本-菲尔脱碳系统后，会使溶液变黑，降低溶液脱除二氧化碳的能力。

③ 溶液的再生。碳酸钾溶液吸收二氧化碳以后，需进行再生以使溶液循环使用。溶液的再生反应为：

$$2KHCO_3 \rightleftharpoons K_2CO_3 + H_2O + CO_2\uparrow \tag{1-3-71}$$

加热有利于碳酸氢钾的分解。为了使二氧化碳更完全地从溶液中解吸，就要进行热再生，即在再生塔的下部设置再沸器，用蒸汽间接加热使溶液达到沸点，蒸发出来的水蒸气降低了气相中的二氧化碳分压，增加了解吸的推动力，使溶液得到充分的再生。

再生压力越低对二氧化碳的解吸越有利，但为了简化流程和操作方便，再生多维持在略高于大气压力下进行，而再生温度即该压力下溶液的沸点，吸收也多在此温度下进行，但压力较高。

再生后的溶液中仍含有少量的碳酸氢钾，如前所述，其含量可用转化度（或转化率）F_C表示，溶液的再生程度也用再生度f_C表示，其定义为：

$$f_C = \frac{\text{单位溶液中总二氧化碳（碳酸盐和重碳酸盐）摩尔量}}{\text{单位溶液中总}K_2O\text{摩尔量}}$$

当转化度为F_C时，$F_C$molK_2CO_3变成$2F_C$mol$KHCO_3$，含CO_2 $2F_C$mol，未转化部分的K_2CO_3为（$1-F_C$）mol，含CO_2为（$1-F_C$）mol，因此，$f_C=2F_C+(1-F_C)$

显然，$f_C=F_C+1$

(3) 工艺流程

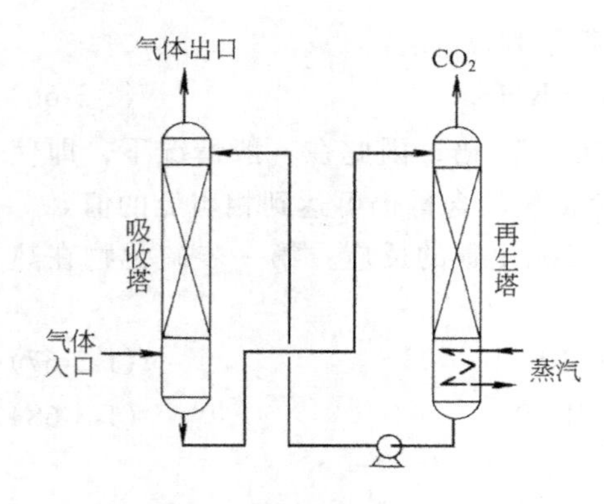

图1-3-29　一段吸收、一段再生流程

① 流程的选择

碳酸钾溶液脱除二氧化碳的流程有多种组合，最简单的是一段吸收、一段再生流程（见图1-3-29）。再生后的溶液从吸收塔顶部加入，吸收二氧化碳后的溶液（富液）由塔底引出进再生塔再生。为提高气体的净化度，再生后溶液（贫液）通常先经冷却后再进吸收塔，如此反复循环。

实际应用较多的是两段吸收、两段再生流程（见图1-3-30）。在吸收塔中、下部，由于气相二氧化碳分压较高，用再生塔中部取出的具有中等转化度的溶液（半贫液）在较高温度下吸收。由于有足够的吸收推动力，又由于温度高，反应速率快，可以将气体中大部分的二氧化碳吸收。在塔的上部，则用再生较彻底并经冷却后的贫液洗涤，以保证气体的净化度。

通常贫液量仅为溶液总量的20%～25%，大部分溶液为半贫液，直接由再生塔中部引入吸收塔。因此，两段吸收两段再生流程基本保持了吸收和再生等温操作的优点，节省了能量、简化了流程，气体又能达到较高的净化度。

实际生产上，工艺流程的设计还应考虑到系统中能量的合理利用，物料的回收，操作的稳定可靠以及开停工操作中溶液的制备、设备的清洗和钝化等问题。图1-3-31给出了以天然气为原料的合成氨厂脱除变换气中二氧化碳的工艺流程。

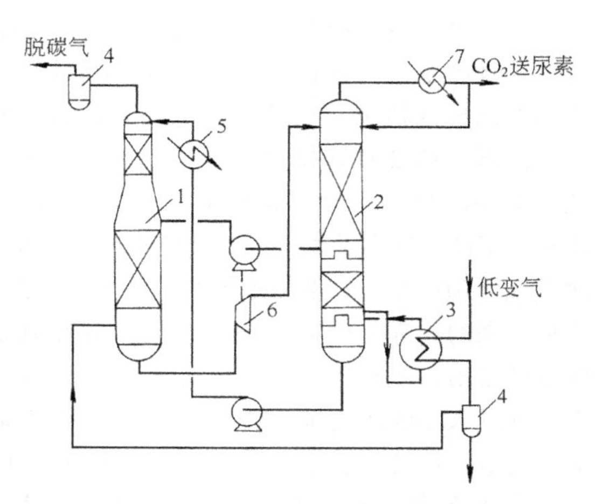

图1-3-30　两段吸收、两段再生流程

1—吸收塔；2—再生塔；3，7—冷却器；4—分离器；5—换热器；6—水力透平

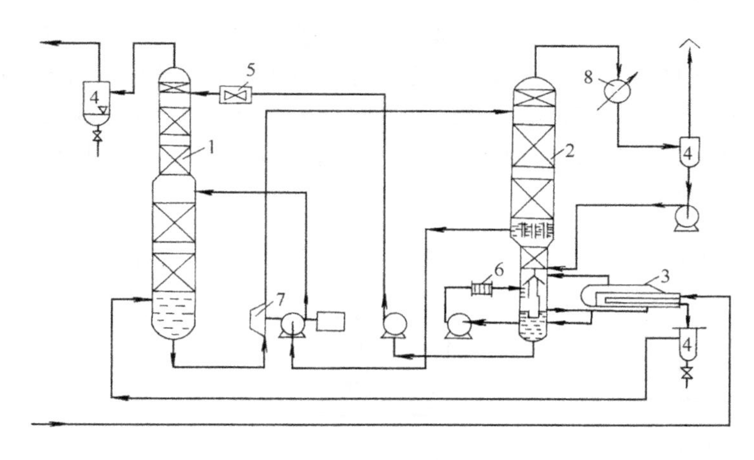

图1-3-31　传统的脱碳流程

1—吸收塔；2—再生塔；3—再沸器；4—分离器；5—冷却器；6—过滤器；7—水力透平；8—冷凝器

含二氧化碳18%左右的变换气于2.7MPa、127℃下经吸收塔底部气体分布管进入塔内。在塔内中部和顶部分别用110℃的半贫液和70℃左右的贫液进行洗涤。出塔的净化气温度约70℃、二氧化碳含量低于0.1%，经分离器将夹带的液滴及少量的冷凝液分离后，进入甲烷化系统。

富液从吸收塔底引出，经水力透平减压膨胀回收能量后，进入再生塔顶部。在塔内，溶液闪蒸出部分水蒸气和二氧化碳后，与由再沸器加热产生的蒸汽逆流接触，同时被加热并放出二氧化碳。由塔中部引出的半贫液，温度约112℃，经半贫液泵送入吸收塔的中部。半贫液泵靠水力透平回收的能量可节省一部分能耗。剩下的溶液在再生塔的下部继续与上升的蒸汽接触进行再生，再生后的贫液温度约120℃，用贫液泵加压经冷却到70℃左右送入吸收塔顶部。

再沸器3所需的热量主要来自低温变换气。由低温变换炉出来的气体，温度约250～260℃。为了防止高温气体损坏再沸器和引起溶液中有机添加剂降解，该气体先经水饱和器（图中未绘出），用喷入的冷凝水冷激到饱和温度（约175℃），然后进入再沸器3。在再沸器内气体与再生溶液换热，冷却到127℃左右的气体，经低温变换气水分离器4将冷凝液分离后进入吸收塔。由低温变换气回收的热量基本上可满足溶液再生的需要，如有不足，可在并联的蒸汽再沸器中，用低压蒸汽补充，以保证达到所要求的转化度。

由再生塔2顶部排出的再生气，温度为105～110℃、水气比（H_2O/CO_2）为1.8～2.0，经冷凝器冷凝、冷却到40℃左右，并在分离器分离出冷凝液后，基本纯净的二氧化碳气即送往尿素工序。在此流程中，由127℃的变换气带入系统的水蒸气量多于再生气（40℃左右）和净化气（70℃左右）带出系统的水蒸气量。为了维持系统的水平衡，在节能改造前的流程中将分离下来的一部分冷凝液（约10t/h）排出系统，其余大部分由再生塔底部返回系统。多余的冷凝液排出系统时会带走一些碱液，为了维持系统的水平衡并减少碱液损失，有的流程在低温变换气进入吸收塔之前，先经锅炉给水预热器回收热量使气体冷却、水蒸气冷凝，温度降至85℃左右，这就防止了大量水蒸气在塔内冷凝使溶液稀释而影响溶液的吸收能力。

② 低能耗脱碳流程。传统的脱碳流程，每1kmol CO_2 的能耗为 10.9×10^4～12.6×10^4kJ，能耗高的原因在于：

A. 常压再生时，大量水蒸气随 CO_2 从再生塔顶部带出，通常 H_2O/CO_2 摩尔比为1.8～2.2，因此在再生气冷凝器中有大量冷凝热损失；

B. 再生塔底部贫液温度约120℃，送吸收塔之前需冷却，这也造成热量的损失。

为降低脱碳工序能耗，可将贫液在更低压力下闪蒸并将闪蒸出来的蒸汽用蒸汽喷射泵或压缩机重新压缩送回再生塔直接用于再生。这样，一方面可使溶液再生更完全，减轻再生塔的负荷；另一方面又降低了溶液温度，减少了冷却负荷。图1-3-32为蒸汽喷射泵法的低能耗本-菲尔脱碳工艺的示意图。

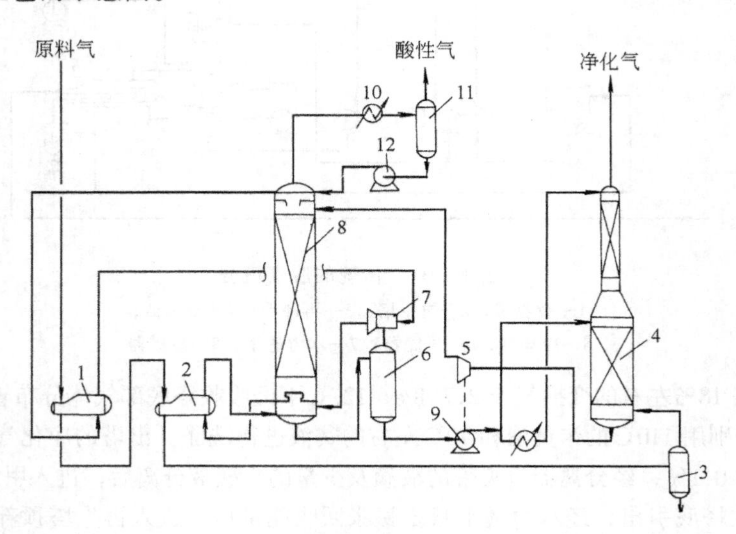

图1-3-32 采用蒸汽喷射法的脱碳流程

1—废热锅炉；2—再沸器；3—分离器；4—吸收塔；5—水力透平；6—闪蒸器；7—喷射器；8—再生塔；9—贫液泵；10—冷却器；11—冷凝器；12—冷凝液泵

采用蒸汽压缩机法的低能耗本-菲尔脱碳示意图如图1-3-33所示，它的节能效果更显著。

近年中国引进的ICI-AM-Ⅴ和Braun深冷净化等节能型的大型合成氨装置，在脱碳工序中既用四级蒸汽喷射、又用蒸汽压缩的技术（见图1-3-34），它的节能效果更好。日产千吨氨

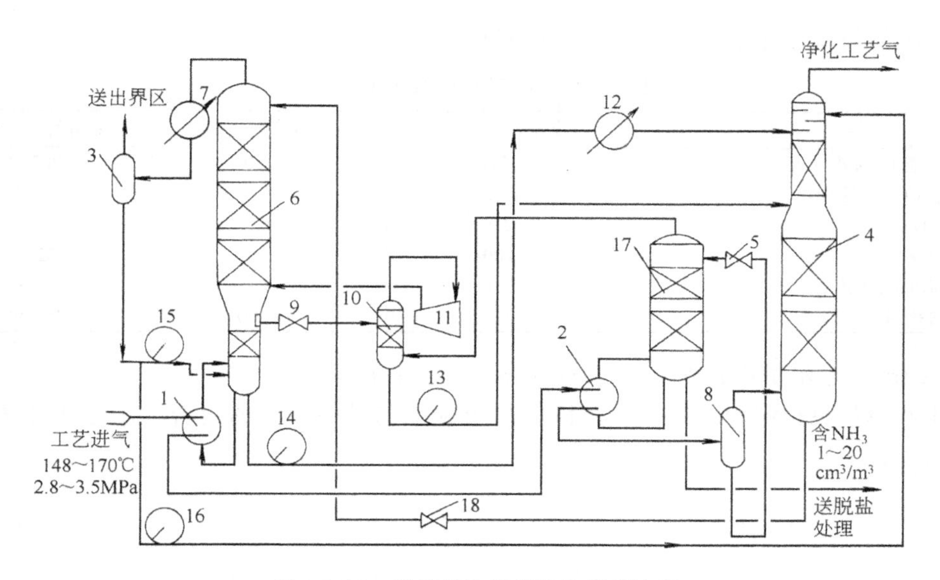

图 1-3-33　采用蒸汽压缩机的脱碳流程

1，2—再沸器；3，8—分离罐；4—CO_2 吸收塔；5，9，18—减压阀；6—再生塔；7—冷凝器；10—闪蒸槽；11—压缩机；12—冷却器；13，14，15，16—泵；17—工艺冷凝液汽提塔

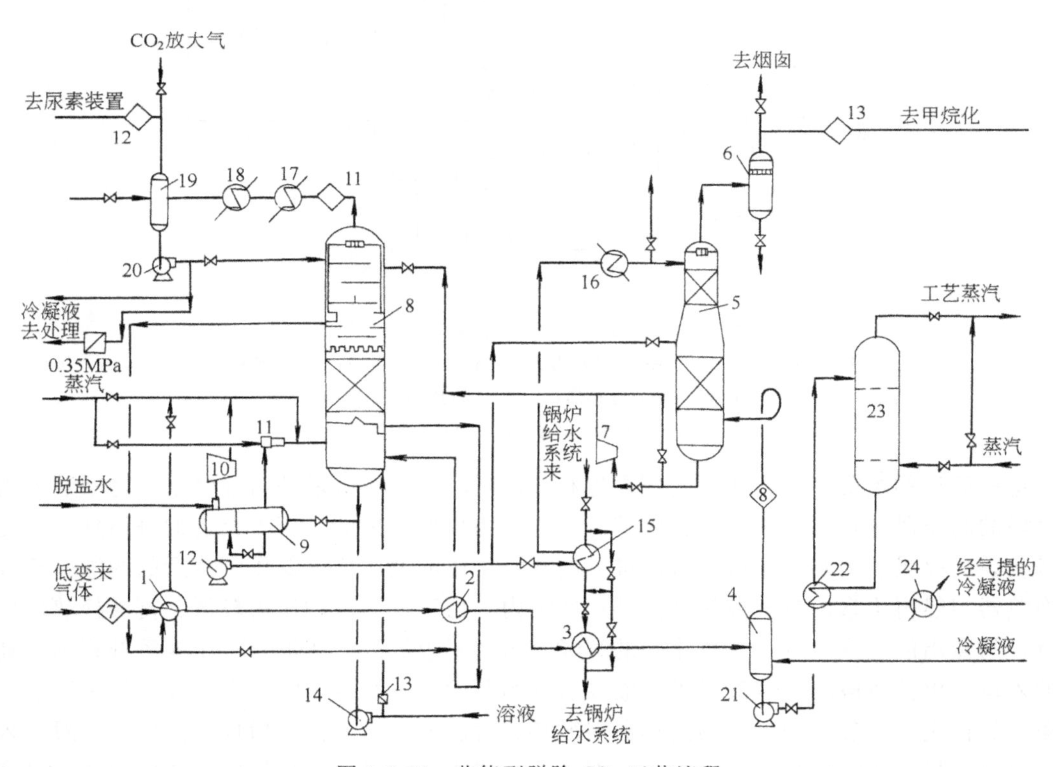

图 1-3-34　节能型脱除 CO_2 工艺流程

1—冷凝液再沸器；2—溶液再沸器；3—预热器；4—分离器；5—吸收塔；6—塔顶分离器；7—水力透平；8—再生塔；9—闪蒸槽；10—蒸汽压缩机；11—喷射器；12—贫液泵；13—溶液过滤器；14—预热器泵；15—冷却器；16—水冷却器；17—热水加热器；18—水冷却器；19—回流分离器；20—回流泵；21—冷凝液泵；22—换热器；23—工艺冷凝液汽提塔；24—冷凝液冷却器

厂采用传统的与低能耗本-菲尔脱碳工艺的对比如表 1-3-23 所示。

表 1-3-23　本-菲尔法脱碳工艺对比

指　　标	传统本-菲尔法	采用多级蒸气喷射	采用蒸汽压缩机
脱除 CO_2 能力(标准状况)/(m^3/h)	28210	28210	28210
净化气中 CO_2 含量/%	0.22	0.22	0.22
热能/(MJ/h)	150	114.3	76.6
电能/kW·h	1200	1175	3290
冷却负荷/(MJ/h)	176	86	72
投资增加费用/美元	0	303000	755000

③ 变压本-菲尔脱碳流程 (pressure swing Benfield) (PSB)

变压本菲尔脱碳流程 (PSB) 是本-菲尔脱碳工艺另一种新的组合，示意图如图 1-3-35 所示[10]。

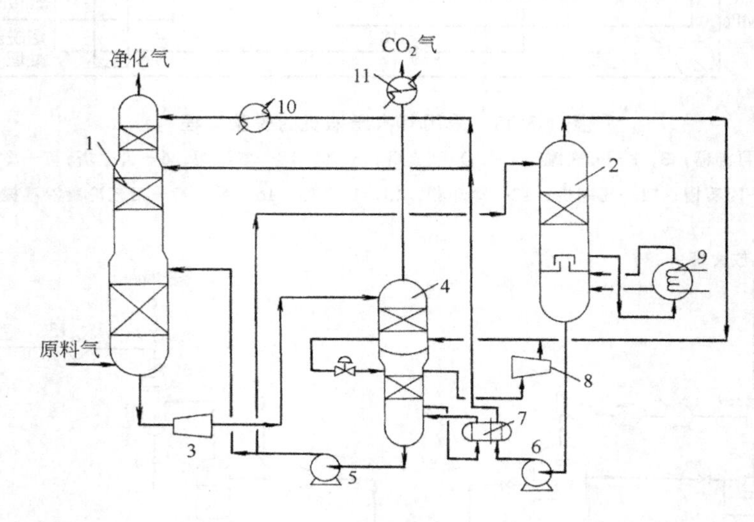

图 1-3-35　变压本-菲尔脱碳 (PSB) 流程

1—吸收塔；2—再生塔；3—水力透平；4—闪蒸再生塔；5—半贫液泵；
6—贫液泵；7—溶液换热器；8—蒸汽压缩机；9—再沸器；
10—贫液冷却器；11—CO_2 冷却器

这一流程的主要特点：两段变压再生和三段吸收。出吸收塔的富液经水力透平进入闪蒸再生塔的高压段进行部分闪蒸，其底部有热再生塔顶部出来的、压力相近的气体加入，促进二氧化碳的解吸。闪蒸后的溶液减压进入闪蒸再生塔的低压段，低压闪蒸后的溶液一部分通过换热器与热再生来的贫液换热并循环返回塔内。由于低压段的压力较低，富液换热后可达沸点，闪蒸出的蒸汽促进了二氧化碳的解吸，再与解吸后的气体汇合，压缩后补充加入高压段的入口。出低压段的半贫液经半贫液泵后分为两股，一股返回吸收塔下段，另一股送热再生塔。热再生后的贫液经上述的换热器与循环、再沸的半贫液换热后也分两股，一股引入吸收塔中部，另一股经冷却后送吸收塔顶部。这种流程组合可使净化气中的二氧化碳含量降至 0.05% 以下，能耗为 $3.6\times10^4\sim4.2\times10^4$ kJ/kmolCO_2。

(4) 工艺条件

① 溶液的组成

A. 碳酸钾的含量。溶液对二氧化碳的吸收能力受溶液中反应平衡的限制，提高碳酸钾的含量可以提高溶液对二氧化碳的吸收能力，同时也可加快反应速率，吸收负荷相同时，溶液循环量可以减少。

但提高碳酸钾含量，受溶液中碳酸钾溶解度的限制，含量太高，容易生成结晶。通常维持碳酸钾的含量（质量分数）为 27%～30%。

B. 活化剂的含量。溶液中除含有碳酸钾外，还含有一定量的活化剂、缓蚀剂和消泡剂。

在改良热钾碱法中，活化剂 DEA 的含量约为 2.5%～5.0%。活化剂含量进一步增加时作用并不明显，不同的 DEA 含量对二氧化碳吸收速率的影响列于表 1-3-24。

表 1-3-24 DEA 含量对吸收速率的影响

DEA 含量 %	进口气 CO_2 含量 %	进口气流量 L/h	溶液流量 L/h	溶液温度 ℃	吸收能力 L_{CO_2}/L 溶液	净化气 CO_2 含量 %
0	19.3	442	3.41	110.0	24.1	0.79
1	20.9	452	3.41	112.5	27.6	0.10
3	19.5	495	3.41	113.0	28.2	0.09

采用新的 ACT-1 活化剂时，单独使用的活化剂含量约 1%～3%，与 DEA 共用时的含量约 0.5%～1.0%。

C. 缓蚀剂含量。本-菲尔法中，HCO_3^- 是造成腐蚀的主要原因。在以 DEA 为活化剂的热钾碱法中，多以偏钒酸盐为缓蚀剂。V^{5+} 会在铁表面上起钒化作用，使铁氧化成 Fe_3O_4，形成牢固而致密的钝化膜，保护钢的表面，使之不遭受腐蚀。

$$V^{5+} + Fe^{2+} \rightleftharpoons V^{4+} + Fe^{3+}$$

当 V^{5+} 含量降低时，应加 V_2O_5 或偏钒酸钾，使 V^{4+} 氧化成 V^{5+}。在系统开车时，为了能在设备表面上生成牢固的钝化膜，溶液中总钒含量应为 0.7%～0.8%（重量以 KVO_3 计）以上；而在正常操作时，溶液中的钒主要用于维持或“修补”已生成的钝化膜，溶液中总钒含量可保持在 0.5%左右，其中五价钒的含量为总钒含量的 10%以上。

D. 消泡剂。目前常用的消泡剂有硅酮型、聚醚型以及高级醇类等。消泡剂的作用是破坏气泡间液膜的稳定性、加速气泡的破裂、降低溶液的起泡高度，因而只是在溶液起泡时才间断或连续地加入。在溶液中消泡剂的含量约为几个到几十个 cm^3/m^3。

② 吸收压力。提高吸收压力可增大吸收的推动力，从而缩小吸收设备的尺寸、提高气体的净化度。但对化学吸收来说，溶液的吸收能力主要受溶液中反应物化学计量的限制，压力的影响并不大，所以具体采用多大压力，主要由原料气组成、要求的气体净化度以及前后工序的压力等来决定。例如以天然气为原料的合成氨流程中，吸收压力多为 2.7～2.8 MPa，以煤、焦为原料的合成氨流程中，吸收压力多为 1.0～2.0 MPa。

③ 吸收温度。提高吸收温度可增大吸收系数，但会降低吸收的推动力。通常在保持有足够推动力的前提下，尽量将吸收温度提高到与再生温度相同或接近的温度，以节省再生能耗。在两段吸收、两段再生流程中，半贫液的温度和再生塔中部温度几乎相等，约为 110～115℃，取决于再生操作压力；而贫液温度则根据吸收压力和所要求的净化气中剩余的二氧化碳含量来确定，通常为 70～80℃。

④ 溶液的转化度。再生后贫液与半贫液转化度的大小是再生好坏的标志。从吸收的角度而言，溶液的转化度越小越好。转化度越小，吸收速率越快，吸收后气体中二氧化碳含量就越低，溶液的吸收能力也越大。而在再生时，为使溶液达到较低的转化度就要多消耗能

量，设备的尺寸也要相应加大。表 1-3-25 为两段吸收、两段再生流程中贫液和半贫液的转化度与气体净化度、再生能耗间的关系（中间实验数据）。

表 1-3-25　溶液转化度与气体净化度和再生能耗间的关系

贫液转化度/%	0.27	0.25	0.24	0.23	0.22
半贫液转化度/%	0.46	0.45	0.46	0.43	0.40
净化气中 CO_2/%	1.87	0.80	0.40	0.20	0.10
再生用蒸汽标准状况/kg/m^3CO_2	2.70	2.70	3.10	3.21	3.58

据介绍[2]，本-菲尔循环溶液中，K_2CO_3 的含量比 $KHCO_3$ 大 2 倍，对二氧化碳的吸收最佳。好处有二：一是转化度为 0.25～0.30 时，净化气中的二氧化碳含量不会超标；另一是因 $KHCO_3$ 的溶解度较小，为防止 $KHCO_3$ 沉淀，系统中 $KHCO_3$ 的含量小于 K_2CO_3 也是必要的。万一出现 $KHCO_3$ 沉淀，就会与铁及钒生成共沉淀，形成悬浮体，污染系统并破坏防腐的保护层。

⑤ 再生温度和再生压力。再生过程中，提高溶液温度可加快碳酸氢钾的分解速度，对再生有利。但生产上再生塔是在沸点下操作的，溶液组成一定时，再生温度仅与操作压力有关。为提高溶液温度而提高压力是不经济的，因压力略为提高，解吸推动力将明显下降，再生能耗与溶液对设备的腐蚀也将增加。而且由于热负荷增加，传热推动力减小，再沸器的传热面也要加大，所以生产上都尽力降低再生塔的操作压力和再生塔的阻力。但再生出来的二氧化碳大多要送下一工序，如尿素工序继续加工。为简化流程，方便操作，降低二氧化碳继续压缩的费用，通常将再生压力保持在略高于大气压力下（如 0.12～0.14 MPa）操作。

⑥ 再生塔顶水气比（H_2O/CO_2）。生产上多以分析再生塔塔顶出口气中的水气比（H_2O/CO_2）来判断再沸器供热是否充足。塔顶出口气中水气比越大，说明从溶液中蒸发出的水分越多，即表明再沸器的热负荷越大。此时再生塔内各点气相中的二氧化碳分压也相应降低，再生速度必然加快。不过再沸器热负荷加大即意味着再生能耗的增加。实践表明，当塔顶出口气中，$H_2O/CO_2=1.8\sim2.2$ 时，通常再生塔可以得到满意的再生效果而再沸器的能耗也不致太大。

⑦ 溶液起泡和对碳钢设备的腐蚀

A. 溶液起泡的原因和防止。用胺-碳酸钾溶液吸收二氧化碳时，操作上的一个重要问题是溶液起泡。操作中，溶液一旦起泡，吸收塔和再生塔的阻力即明显增加，严重时会发生拦液，造成泵的抽空或溶液被气体大量带出。造成起泡的原因主要有二：一是溶液中混入某些有机杂质降低了溶液的表面张力，使气体容易进入液体表面而形成气泡；二是溶液中的某些物质增加了气泡的稳定性。如某些可溶性物质聚附在气泡的液膜表面增加了膜的强度；而某些憎水性固体颗粒（如铁锈、催化剂粉尘等）附着在气泡表面使相邻气泡间的液膜不易粘结，从而使气泡更加稳定，不易破裂。

杂质进入溶液系统可能有下列途径。

a. 随原料气进入的烃类、油类、粉尘、铁锈，以及随化学药品（主要是碳酸钾）和水带进的杂质；

b. 设备的腐蚀产物；

c. 溶液中某些组分（主要是消泡剂和活化剂）的降解产物和溶液与气体中某些杂质的反应产物；

d. 由泵、溶液槽等引进的杂物。

生产上常用的防止起泡的措施是在气体中或者溶液系统中设置过滤装置，保证化学药品不含有杂质，提高软化水的水质，采取良好的防腐措施等等。一旦发现溶液起泡可立即向溶液中注入消泡剂。

B. 溶液对碳钢设备的腐蚀。在以胺-碳酸钾溶液脱除二氧化碳的系统中，除酸性气体及其冷凝液对设备有腐蚀性外，碳酸钾溶液中的组分主要是以 HCO_3^- 形式存在而对设备产生较强的腐蚀性。

溶液对设备的腐蚀是由于电化学作用产生的，当设备表面由于其材质成分不均匀或存在应力集中以及金属晶粒间有微小缺陷等，都会使这些部位电子的逸出电位不同。当设备与电解质溶液接触时，在这些部位之间便形成一个个微电池，这就造成了金属表面的电化学腐蚀。特别是当溶液中含有二氧化碳时，对碳钢的腐蚀更加严重。而在有硫化氢存在的情况下，当溶液吸收一定量硫化氢后，由于硫化氢和铁反应，在金属表面形成一层牢固的薄膜，溶液对碳钢的腐蚀率就急剧下降，如二氧化碳中含有体积分数 0.3%～1.0% 的硫化氢，为气体所饱和的溶液对碳钢的腐蚀率比不含硫化氢的二氧化碳时的溶液腐蚀率降低了 96%。因此，当气体中含有少量硫化氢时，对降低碳酸钾溶液的腐蚀性是有利的。

由于碱液对设备的应力腐蚀，使受压容器的器壁上产生裂缝，并以很快的速度延伸扩大，导致设备的损坏。为防止应力腐蚀，吸收塔与再生塔在制造完成后，应进行认真的消除应力处理，而且在应力消除处理后不能在设备上进行任何焊接。

生产上为降低溶液的腐蚀性，多向溶液中加入缓蚀剂。常用的缓蚀剂为 V_2O_5，五价钒离子和铁、氧原子作用生成牢固的钝化膜附在金属表面上，可有效地防止溶液对碳钢的腐蚀。但必须注意保持保护膜的完整。因此，除以上各种因素外，还应注意防止冲刷腐蚀，防止流速过高引起对保护膜的冲刷，一般流速在 1.5 m/s 以下用碳钢，流速高的部位用不锈钢。

(5) 吸收塔和再生塔

吸收塔和再生塔的型式主要有填充塔和筛板塔。填充塔生产强度较低，填料体积大，但操作稳定可靠，因此大多数工厂的吸收塔和再生塔都采用填充塔。两段吸收两段再生流程中，典型的 McCabe-Thiele 图如图 1-3-36 所示[1]。吸收与再生的平衡曲线实际上是相同的。所用的填充式吸收塔和再生塔简图如图 1-3-37 和图 1-3-38 所示。

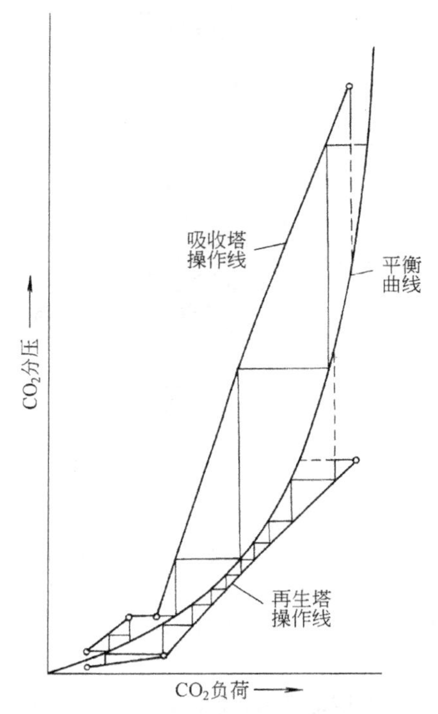

图 1-3-36　两段吸收与两段再生的 McCabe-Thiele 图

① 吸收塔。吸收塔是加压设备，进入上塔的溶液量仅为全部溶液量的四分之一至五分之一，气体中大部分二氧化碳是在塔下部被吸收，因此塔分上下两段，上塔塔径较小而下塔较大。

整个塔内装有填料。为使溶液能均匀润湿填料表面，除在填料层上部装有液体分布器外，上下塔的填料又都分两层，两段中间设液体再分布器。

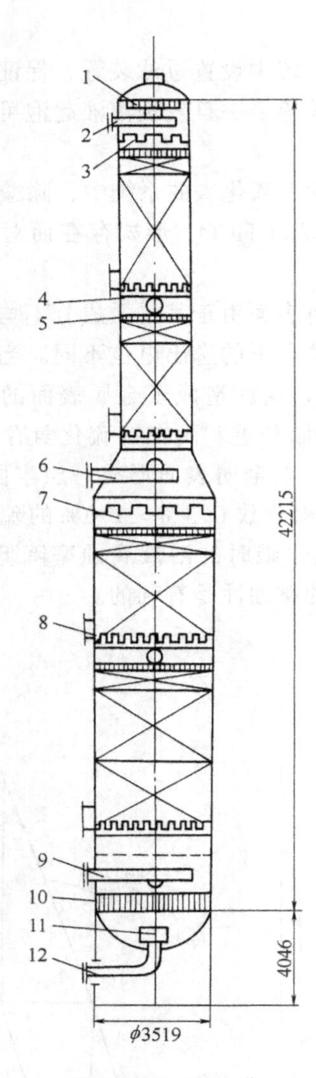

图 1-3-37　吸收塔

1—除沫器；2,6—液体分配管；3,7—液体分布器；4—填料支承板；5—压紧箅子板；8—填料卸出口（4个）；9—气体分配管；10—消泡器；11—防涡流挡板；12—富液出口

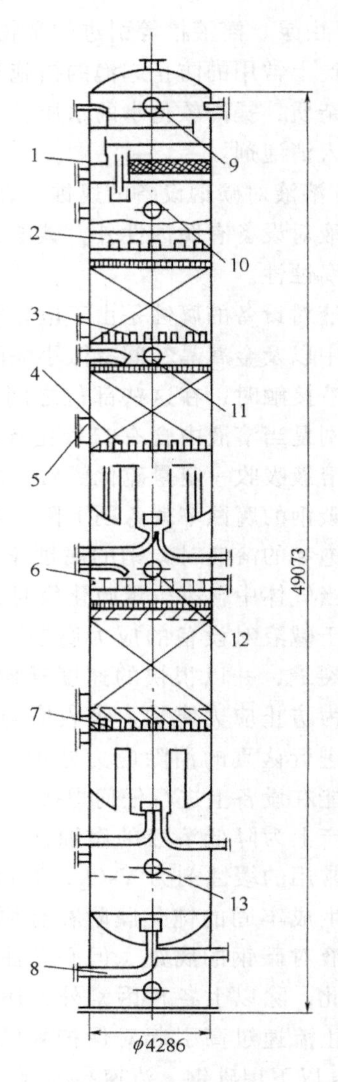

图 1-3-38　再生塔

1—除沫器；2—液体分配器；3,4,7—液体再分布器；5—填料卸出口（3个）；6—液体分配器；8—贫液出口；9～13—人孔

每层填料都置于支承板上，支承板为气体喷射式，呈波纹状，上面有圆形开孔，其自由截面积可与塔的截面积相当。气体由波形板上面和侧面的小孔进入填料，而液体由波形板下部的小孔流出。这样，气液分布均匀，不易液泛，而且刚性较好，承重量大。

在下塔底部存液段中设有消泡器，可消除液体流出时形成的泡沫。为防止溶液产生旋涡而将气体带到再生塔内，在吸收塔下部富液出口管上装有破旋涡装置。

国外引进的大型合成氨装置中，吸收塔的壳体和封头都由含锰的低含金高强度钢制成，而内件则多由不锈钢制成。

② 再生塔。再生塔也分为上、下两段。上下塔的直径可以不同。因其为常压设备，为制作和安装方便，上下塔也可制成同一直径。

上下塔都装有填料。上塔填料分两层，中间设有液体分布器，下塔填料装成一层。溶液经上塔填料层再生后，大部分由上塔底部作为半贫液引出，小部分在下塔继续再生。因此，在上塔底部装有导液盘，下塔来的水蒸气和二氧化碳经盘上的气囱进入上塔，而上塔溶液大部分则由导液盘下部的引出管送至半贫液泵，小部分经降液管流入下塔。导液盘上应保持一定的液面，防止半贫液泵抽空，而降液管的高度和开孔又应保持下流的液体量均匀稳定。

在填料层上部设有不锈钢丝网除沫器，以分离气体所夹带的液滴，除沫器上设有洗涤段，用分离器分离下来的水洗涤再生气，进一步洗涤所夹带的液滴并部分回收其热量，洗水作为再生塔的补充水加到塔下部。

再生塔为常压设备，壳体和底部端盖用碳钢或普通低合金钢制作，塔顶气相空间腐蚀较严重，用不锈钢或复合钢板制作，而内件多由不锈钢制作。

吸收塔和再生塔所用填料可以是陶瓷的，也可以用碳钢、不锈钢或聚丙烯塑料制成。热碳酸钾溶液对普通的陶瓷有腐蚀性，而某些塑料环则可能造成溶液的起泡或当溶液局部过热时发生软化、变形，因此对用于热碳酸钾系统的陶瓷或塑料均有特殊要求。

3.2.3.2 活化 MDEA（a-MDEA）法

（1）概述　MDEA（methyldiethanolamine）即 *N*-甲基二乙醇胺（$R_1R_2R_3R_3N$），其结构式为

$$\mathrm{HO{-}CH_2{-}CH_2{-}N(CH_3){-}CH_2{-}CH_2{-}OH}$$

活化 MDEA 法为德国 BASF 公司开发的一种脱碳方法，1971 年开始用于工业生产，中国也已成功地应用于大型合成氨装置。所用的吸收剂为 35%～50% 的 MDEA 水溶液，添加少量活化剂如哌嗪（piperazine）以加速化学反应速率，其含量约 3% 左右，目前已有 MDEA01～06 六种（专利）吸收剂产品在生产中使用。

活化 MDEA（a-MDEA）法具有化学吸收与物理吸收的优点。活化剂添加量的变化，可以起到调节吸收性能的作用，使溶剂更趋向于化学吸收或物理吸收。例如，活化剂添加量较大的活化 MDEA06 就更具有化学吸收的特性，吸收后的净化气中二氧化碳含量很低，但再生能耗稍大。而活化 MDEA01 吸收剂则较接近于物理吸收，吸收后的净化气中二氧化碳含量稍高，但再生能耗较省。不同活化 MDEA 吸收剂的吸收性能如图 1-3-39 所示[2]。

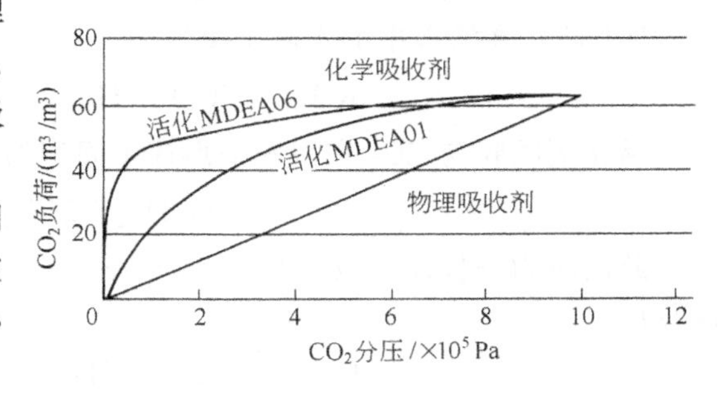

图 1-3-39　不同活化 MDEA 吸收剂的吸收性能

活化 MDEA 吸收剂的性质稳定，对碳钢不腐蚀，溶液不降解。由于它的弱碱性，被吸收的二氧化碳大部分可采用减压闪蒸的办法解吸，再生能耗较省。

表 1-3-26[34] 为相同生产能力下，活化

MDEA法与低热本-菲尔脱碳工艺的比较。

表 1-3-26 活化 MDEA 法与低热本-菲尔脱碳工艺的比较

项目	活化 MDEA 法	低热本-菲尔工艺
溶液组成/%	MDEA35～40	$K_2CO_3$30，DEA3
	哌嗪 3	V_2O_5 0.7～1.0
再生热量/（kJ/m³）	2280	2680
CO_2 回收率/%	99～100	99～100
CO_2 纯度/%	99.70	99.01
净化气中 CO_2/（mg/L）	1.57	1.57
H_2 损失/（m³/h）	71.3	208.8
N_2 损失/（m³/h）	11.4	70.5
溶液毒性	无	无
冷凝液排放/（t/h）	系统自身平衡	4.1
溶液吸收能力/（m³/t）	21.4	24.1
溶液循环量/（t/h）	1335	1160
吸收温度/℃	上塔 53.5	上塔 70
	下塔 66.5	下塔 109
低变气入塔温度/℃	75	104
设备腐蚀	无腐蚀	钒化后腐蚀率小

装置的建设投资二者相当，但活化 MDEA 法操作简单，操作弹性大，对设备不腐蚀，而且净化气质量高。采用活化 MDEA 法时，吸收塔的温度比较低，溶液的密度也比较小(热钾碱溶液的密度约比活化 MDEA 溶液大 25%)。因此，如果由热钾碱法改造成活化 MDEA 法时，冷却能力与泵的能力往往不够，但能耗可降低，而且可不加缓蚀剂，也不必钝化。

(2) 基本原理

① 吸收反应。MDEA 是一种叔胺，其氮原子为三耦合，在水溶液中它与 CO_2 生成不稳定的碳酸氢盐，总的反应可表示为

$$CO_2 + H_2O + R_1R_2R_3N \rightleftharpoons R_1R_2R_3NH^+ + HCO_3^- \qquad (1\text{-}3\text{-}72)$$

具体反应可描述如下。

MDEA 吸收 CO_2

$$R_1R_2R_3N + CO_2 \rightleftharpoons R_1R_2R_3NCO_2 \qquad (1\text{-}3\text{-}73)$$

此反应为活化 MDEA 溶液吸收 CO_2 的主要反应，对 MDEA 来说，当 CO_2 分压不太高、MDEA 含量不太低时，可视为快速拟一级反应。

R_3NCO_2 在溶液中的水解平衡反应

$$R_1R_2R_3NCO_2 + H_2O \rightleftharpoons R_1R_2R_3NH^+ + HCO_3^- \qquad (1\text{-}3\text{-}74)$$

活化剂哌嗪与 CO_2 在液膜中形成中间产物

$$R'(NH)_2 + 2CO_2 \rightarrow R'(NHCO_2)_2 \qquad (1\text{-}3\text{-}75)$$

此反应为一快速反应，与反应（1-3-72）平行，$R'(NHCOO)_2$ 也在溶液中进行可逆水解反应

$$R'(NHCOO)_2 + 2H_2O \rightleftharpoons R'(NH_2^+) + 2HCO_3^- \qquad (1\text{-}3\text{-}76)$$

② MDEA-CO_2-H_2O 系统的相平衡及其简化数学式。文献[12]在 40～100℃，CO_2 分压

1～1000kPa，MDEA 浓度 2.0～4.28kmol/m^3 的条件下，测定了符合工业应用范围的溶解度数据，其结果见图 1-3-40。CO_2 分压 p_{CO_2} 以 kPa 表示，CO_2 在 MDEA 溶液中的溶解度 y 以 1molMDEA 溶液所溶解的 CO_2mol 数表示。

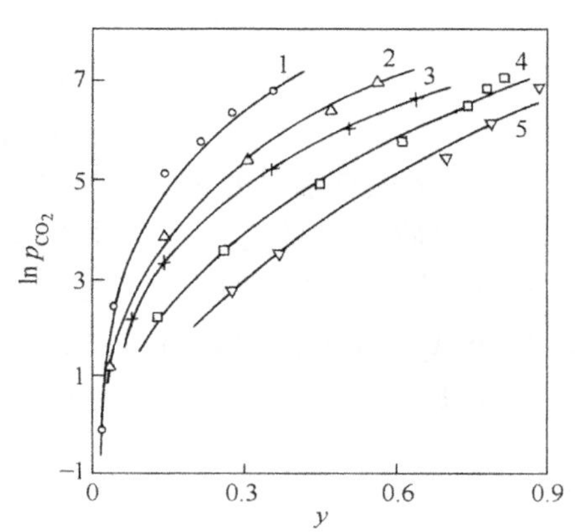

图 1-3-40　CO_2 在 4.28kmol/m^{3}MDEA 溶液中的溶解度

1—100℃；2—80℃；3—70℃；4—55℃；5—40℃

CO_2 在 MDEA 溶液中的溶解度可由以下模型计算：

CO_2 在 MDEA 水溶液中溶解，主要反应为式（1-3-72）。气液平衡按亨利定律，即

$$p_{CO_2} = H_{CO_2} C_{CO_2} \tag{1-3-77}$$

式中　p_{CO_2}——CO_2 平衡分压，kPa；

H_{CO_2}——CO_2 的亨利系数，kPa·m^3/kmol；

C_{CO_2}——CO_2 在 MDEA 溶液中的浓度，kmol/m^3。

反应式（1-3-72）的平衡常数可表示为

$$K_{71} = \frac{C_{R_1R_2R_3NH^+} \cdot C_{HCO_3^-}}{C_{R_1R_2R_3N} \cdot C_{CO_2} \cdot C_{H_2O}} \tag{1-3-78}$$

胺平衡

$$C_{MDEA} = C_{R_1R_2R_3N} + C_{R_1R_2R_3NH^+} \tag{1-3-79}$$

碳平衡

$$C_{MDEA}y = C_{CO_2} + C_{HCO_3^-} \tag{1-3-80}$$

电荷平衡

$$C_{HCO_3^-} = C_{R_1R_2R_3NH^+} \tag{1-3-81}$$

由反应（1-3-67）～（1-3-80），可求得 CO_2 平衡分压与溶解度 y 的函数关系如下。

$$\frac{p_{CO_2}}{H_{CO_2}} = \frac{C_{MDEA}}{2(K_{71}-1)}\left\{\sqrt{K_{68}^2(1-y)^2+4K_{71}y} - [K_{71}(1-y)+2y]\right\} \tag{1-3-82}$$

CO_2 在纯 MDEA 水溶液中的亨利系数 $H^0_{CO_2}$ 可按文献[13]求得：

$$H^0_{CO_2} = 100\exp(A - B/T) \tag{1-3-83}$$

$$A = 12.212 - 0.4815C_{MDEA} - 0.0467C^2_{MDEA} \tag{1-3-84}$$

$$B = 2627.3 - 158.76C_{MDEA} - 15.612C^2_{MDEA} \tag{1-3-84a}$$

溶解度增加时，离子强度 I 也增大，亨利系数 H_{CO_2} 也将随之变化。亨利系数可按电解质溶液计算，即

$$\lg\frac{H}{H^0} = hI \tag{1-3-85}$$

式中　h——$R_1R_2R_3NH^+$ 离子的溶解度下降系数，可用 NH_4^+ 值代替[16]。

反应（1-3-72）的平衡常数 K_{71} 与温度 T、MDEA 含量以及溶液的离子强度 I 有关，根据实验数据关联得下式：

$$\ln K_{71} = -162.15 - 0.08064T + 5710.8/T + 29.912\ln T - 0.3796C_{MDEA} + 2.6431/C_{MDEA} + 1.7448\ln C_{MDEA} + 1.0535I - 5.945\times10^{-3}/I - 0.1500I^2 \quad (1\text{-}3\text{-}86)$$

按以上模型求得的预测值与实测值比较，标准误差小于5%。

③ 吸收CO_2的速率。国外报道对MDEA吸收CO_2的研究，多在较低的温度、MDEA含量和转化度下进行的。近年中国已在接近工业生产的条件下，系统地研究了MDEA、活化MDEA溶液吸收CO_2的动力学，测定了吸收CO_2的速率[16,17]。

MDEA水溶液吸收CO_2的速率可用拟一级快速可逆反应的吸收速率表达式描述，即

$$N_{CO_2} = H_{S,CO_2}\sqrt{D_{CO_2}k_2C_{MDEA}}\,(p_{CO_2} - p^*_{CO_2}) \quad (1\text{-}3\text{-}87)$$

式中

$$k_2 = 5.86\times10^6\exp(-3984/T) \quad (1\text{-}3\text{-}88)$$

求得的表观活化能为33.13kJ/mol。

活化MDEA水溶液中添加的活化剂为哌嗪，此溶液吸收CO_2的速率也可由拟一级快速可逆反应的表达式描述，即

$$N_{CO_2} = H_{S,CO_2}\sqrt{D_{CO_2}(k_2C_{MDEA} + k_{pz}C_{pz})}\,(p_{CO_2} - p^*_{CO_2}) \quad (1\text{-}3\text{-}89)$$

式中

$$k_{pz} = 2.98\times10^{11}\exp(-6424/T) \quad (1\text{-}3\text{-}90)$$

求得的表观活化能为53.41kJ/mol。

式（1-3-87）和（1-3-90）中符号的物理意义：

N_{CO_2}——CO_2吸收速率，kmol/(m^2·s)；

H_{S,CO_2}——CO_2溶解度系数，kmol/(m^3·MPa)；

D_{CO_2}——CO_2液相扩散系数，m/s；

k_2，k_{pz}——分别为反应（1-3-73）和（1-3-75）的反应速率常数，m^3/(kmol·s)；

C_{MDEA}，C_{pz}——分别为MDEA与哌嗪液相浓度，kmol/m^3；

p_{CO_2}，$p^*_{CO_2}$——分别为CO_2的分压与平衡分压，MPa；

T——温度，K。

式（1-3-89）的吸收速率也可以表示为

$$N_{CO_2} = k(p_{CO_2} - p^*_{CO_2}) \quad (1\text{-}3\text{-}91)$$

以气体分压为推动力的吸收速率常数k即为

$$k = H_{S,CO_2}\sqrt{D_{CO_2}(k_2C_{MDEA} + k_{pz}C_{pz})} \quad (1\text{-}3\text{-}92)$$

不同条件下的吸收速率常数，如图1-3-41、图1-3-42和1-3-43所示。

由图中可以看出，吸收速率常数随温度的增加而增大，随转化度的增加而降低。MDEA浓度提高时，吸收速率常数降低，而哌嗪含量增大时，吸收速率常数增大。

④ 哌嗪的活化作用。活化MDEA法中，添加剂哌嗪的作用主要有二：一是加大吸收速率；另一是调节吸收剂的性能，使之趋近于物理吸收或化学吸收，如前所述。

活化剂哌嗪在MDEA溶液中主要通过中间产物$R'(NHCO_2)_2$起到向MDEA快速传递CO_2的作用：

$$R'(NHCO_2)_2 + 2R_1R_2R_3N \rightleftharpoons R'(NH)_2 + 2R_1R_2R_3NCO_2 \quad (1\text{-}3\text{-}93)$$

$R'(NHCO_2)_2$可通过上述反应的平衡关系重新转化为哌嗪$R'(NH)_2$。上述反应的平衡常数为

$$K_a=\frac{[R_1R_2R_3CO_2]^2[R'(NH_2)]}{[R'(NHCO_2)][R_1R_2R_3N]^2} \qquad (1\text{-}3\text{-}94)$$

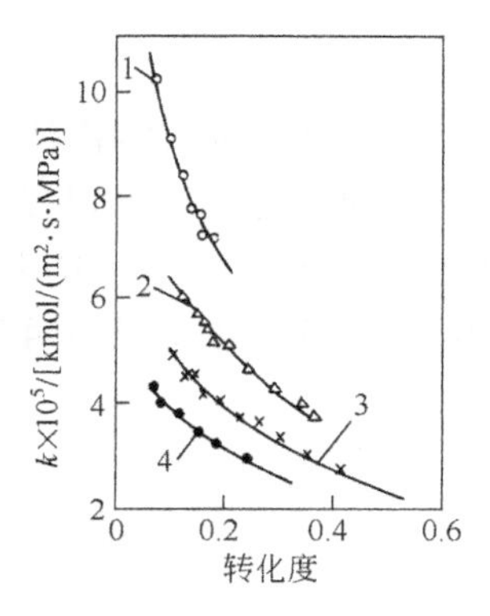

图 1-3-41　不同温度下的吸收速率常数

（$C^\circ_{MDEA}=4.21\text{kmol/m}^3$，$C^\circ_{pz}=0.1\text{kmol/m}^3$）

1—70℃；2—55℃；3—40℃；4—30℃

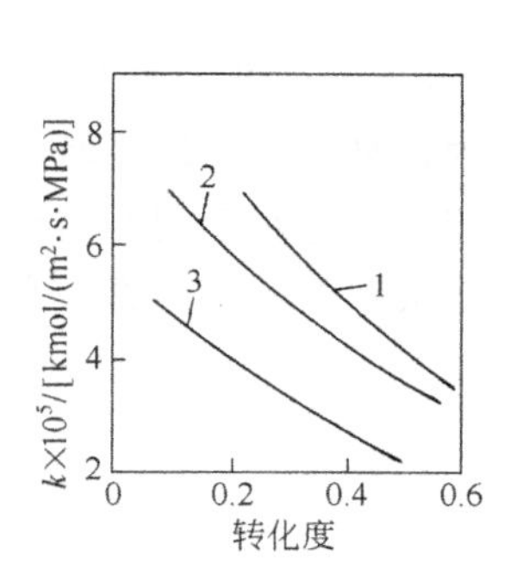

图 1-3-42　MDEA 不同含量下的吸收速率常数

（$T=10$℃，$C^\circ_{pz}=0.1\text{kmol/m}^3$）

1—1.75kmol/m³；2—3.04kmol/m³；3—4.21kmol/m³

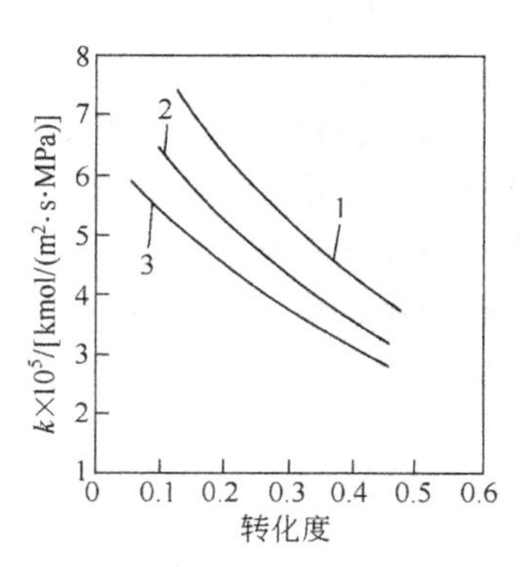

图 1-3-43　哌嗪的不同含量下的吸收速率常数

（$T=55$℃，$C^\circ_{Am}=4.21\text{kmol/m}^3$）

1—0.21kmol/m³；2—0.10kmol/m³；3—0.041kmol/m³

对于反应（1-3-74），$R_1R_2R_3CO_2$ 水解的平衡常数为

$$K_b=\frac{[R_1R_2R_3NH^+][HCO_3^-]}{[R_1R_2R_3NCO_2]} \qquad (1\text{-}3\text{-}95)$$

对于反应（1-3-76），$R'(NHCO_2)_2$ 水解的平衡常数为

$$K_c=\frac{[R'(NH_2^+)][HCO_3^-]^2}{[R'(NHCO_2)_2]} \qquad (1\text{-}3\text{-}96)$$

联合式（1-3-94）、（1-3-95）与（1-3-97），可得

$$\frac{[R_1R_2R_3N]^2}{[R_1R_2R_3NH^+]^2}(K_aK_b^2)=\frac{[R'(NH)_2]}{[R'(NH_2^+)]}(K_c) \qquad (1\text{-}3\text{-}97)$$

设吸收过程中，MDEA 与哌嗪转化后产物的主要形式分别为 $R_1R_2R_3NH^+$ 与 $R'(NH_2^+)$，则式（1-3-97）可改写为

$$\left(\frac{1-y_{MDEA}}{y_{MDEA}}\right)^2W=\frac{1-y_{pz}}{y_{pz}} \qquad (1\text{-}3\text{-}98)$$

$$W=\frac{K_aK_b^2}{K_c}$$

式（1-3-98）表明活化剂哌嗪在溶液中的转化度与 MDEA 的转化度之间有一定的联系关系，反映了溶液中 CO_2 在 MDEA 与哌嗪之间的分配情况，而溶解的 CO_2 总量则为

$$X_{CO_2}=C^\circ_{MDEA}y_{MDEA}+2C^\circ_{pz}y_{pz} \qquad (1\text{-}3\text{-}99)$$

式中　X_{CO_2}——溶液中 CO_2 总浓度，kmol/m³；

C°_{MDEA}，C°_{pz}——分别为 MDEA，哌嗪在液相中的初始浓度，kmol/m³；

y_{MDEA}，y_{pz}——分别为 MDEA，哌嗪的转化度，%。

所以溶液中游离 MDEA 和游离哌嗪的浓度 C_{MDEA}和 C_{pz}是由其转化度及其初始浓度决定的。哌嗪在溶液中是与 MDEA 一起进行相互转化、相互联系的并行吸收过程，即称之为“均匀”活化机理。

(3) 工艺流程

图 1-3-44 为活化 MDEA 法脱碳的工艺流程。变换气在 2.8MPa 下进入两段溶液洗涤的吸收塔，下段用减压闪蒸后的溶液进行吸收，上段用经过热再生后的贫液进行洗涤以提高气体的净化度。从吸收塔出来的富液相继通过两个闪蒸槽进行减压闪蒸。第一次减压时用透平回收能量，所回收的能量用于驱动半贫液循环泵。富液在高压闪蒸时放出的闪蒸气含有较多的氢和氮，可以回收。

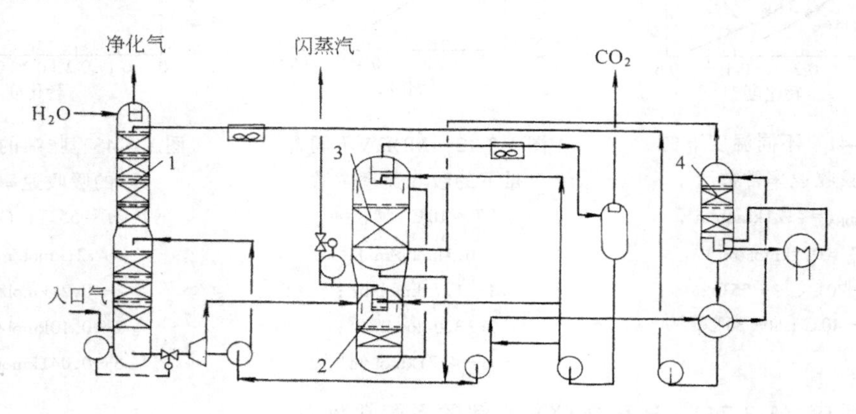

图 1-3-44 活化 MDEA 法脱碳工艺流程

1—吸收塔；2—高压闪蒸段；3—低压闪蒸段；4—再生塔

高压闪蒸槽出口的溶液减压后，在低压闪蒸槽中解吸出绝大部分 CO_2，闪蒸后的半贫液大部分用泵送入吸收塔的下段，小部分送热再生塔再生。再生后的贫液经冷却后送吸收塔上段作吸收剂，净化气中的 CO_2 含量可达 $100cm^3/m^3$ 以下。

3.2.4 物理吸收法

3.2.4.1 低温甲醇洗涤法（简称甲醇洗）

(1) 概述

甲醇是一种无色透明的挥发性液体，有毒，沸点 64.7℃，熔点 -97.80℃，自燃点 473℃（空气中）、461℃（氧气中），相对密度 d_4^{20}0.7910。

低温甲醇洗工艺是 20 世纪 50 年代由德国鲁奇（Lurgi）公司和林德（Linde）公司联合开发的一种原料气净化方法。20 世纪 60 年代后，随着以渣油和煤为原料的大型合成氨装置的出现和发展，低温甲醇洗涤技术在制氨工业中得到广泛的应用。

① 低温甲醇洗涤法的主要特点。

A. 低温甲醇洗涤法可以脱除气体中的多种组分。在 -30℃ 到 -70℃ 的低温下，甲醇可以同时脱除气体中的 H_2S、COS、CS_2、RSH、C_4H_4S、CO_2、HCN、NH_3、NO 以及石蜡烃、芳香烃、粗汽油等组分，并可同时使气体脱水，彻底干燥，所吸收的有用组分可以在甲醇再生过程中回收。

B. 气体的净化度很高。净化气中总硫含量可脱到 $0.1cm^3/m^3$ 以下，CO_2 可净化到 $10cm^3/m^3$以下。低温甲醇洗涤法适用于对硫含量有严格要求的化工生产。

C. 可选择性地脱除原料气中的 H_2S 和 CO_2，并分别加以回收。由于低温时 H_2S、COS 和 CO_2 在甲醇中的溶解度都很大，所以吸收剂的循环量较小，动力消耗较低，特别是当原料气的压力和待脱除的气体组分含量比较高时更为明显。另一方面，在低温下 H_2 和 CH_4 等在甲醇中的溶解度较低，甲醇的蒸气压也很小，这就使有用气体和溶剂的损失保持在较低水平。

D. 甲醇的热稳定性和化学稳定性好。甲醇不会被有机硫、氰化物等组分所降解，在生产操作中甲醇不起泡，纯甲醇对设备和管道也不腐蚀，因此，设备与管道大部分可以用碳钢或耐低温的低合金钢。甲醇的粘度不大，在 -30℃时，甲醇的粘度与常温水的粘度相当，因此，在低温下对传递过程有利。此外，甲醇还比较便宜容易获得。

E. 当低温甲醇洗涤法脱除 H_2S 和 CO_2 与液氮洗法脱除 CO、CH_4 联合使用时，就显得更加合理。液氮洗涤法需要在 -190℃左右的低温下进行，并要求进液氮洗装置的气体彻底干燥，而低温甲醇洗涤法净化后的气体则同时具有干燥和 -50～-70℃低温的特点，这就节省了投资和动力消耗。

低温甲醇洗也存在缺点，主要是工艺流程长，特别是再生过程比较复杂。甲醇的毒性大，当人吸入 10ml 时就会双目失明，吸入 30ml 时就会致命。在空气中甲醇的允许含量为 50 mg/m^3。因此，设备制造和管道安装的质量要求严格，操作应谨慎小心，严防泄漏等事故的发生。还应有安全措施。

② 各种气体在甲醇中的溶解度。低温甲醇洗涤法中，H_2S、COS 和 CO_2 等酸性气体的吸收，吸收后溶液的再生以及 H_2、CO 等溶解度低的有用气体的解吸回收，其基础就是各种气体在甲醇中有不同的溶解度。图 1-3-45 所示为不同温度时，单位质量甲醇中各种气体所溶解的体积（标准状况下）数[19]。

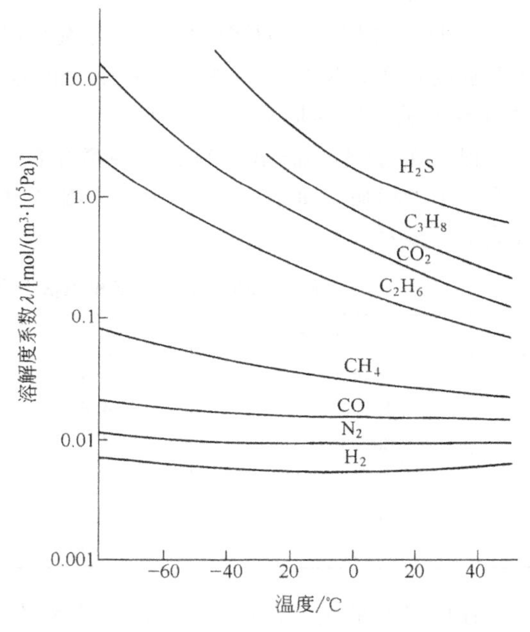

图 1-3-45　各种气体在甲醇中的溶解度系数

从图中可以看出，低温对气体的吸收是很有利的。当温度从 20℃降到 -40℃时，CO_2 的溶解度约增加 6 倍，吸收剂的用量大约也可减少 6 倍。另一方面，H_2、CO、CH_4 等有用气体的溶解度在温度降低时都变化较小。

从图中还可看出，低温下，例如 -40～-50℃时，H_2S 的溶解度差不多比 CO_2 大 6 倍，这样就有可能选择性地从原料气中先脱除 H_2S，而在溶液再生时先解吸回收 CO_2。此外，低温下 H_2S、COS 及 CO_2 在甲醇中的溶解度与 H_2、CO 相比，至少要大 100 倍，与 CH_4 相比，约大 50 倍。因此，如果低温甲醇洗装置是按脱除 CO_2 的要求设计的，则所有溶解度和 CO_2 相当或溶解度比 CO_2 大的气体，例如 C_2H_2、COS、H_2S、NH_3 等以及其它硫化物都将一起脱除，而 H_2 等有用气体则损失很少。

通常，低温甲醇洗涤法的操作温度为 -30～-70℃。各种气体在 -40℃时的相对溶解度如表 1-3-27 所示。

表 1-3-27　-40℃时，各种气体在甲醇中的相对溶解度

气　体	气体的溶解度/H_2的溶解度	气体的溶解度/CO_2的溶解度	气　体	气体的溶解度/H_2的溶解度	气体的溶解度/CO_2的溶解度
H_2S	2540	5.9	CO	5	
COS	1555	3.6	N_2	2.5	
CO_2	430	1.0	H_2	1.0	
CH_4	12				

③ 低温下甲醇洗系统有关组分的基础数据。低温下甲醇洗系统有关组分 CH_3OH、CO_2、H_2、N_2、H_2S、Ar、CH_4、CO、COS 的基础物性数据可参看文献[20]。甲醇溶解 CO_2 后，体积要发生变化，甲醇溶液的摩尔体积可按纯甲醇与纯液体 CO_2 的摩尔分数及其摩尔体积线性加和求得。-26～-45℃的实验表明，偏差不到2%[21]。

(2) 基本原理

① H_2S 在甲醇中的溶解度。硫化氢和甲醇都是极性物质，两种物质的极性越接近，相互溶解度越大，反之，两种物质的极性相差越远，则相互溶解度就越小，甚至完全不互溶。对 H_2S 来说，甲醇是良好的溶剂。

根据实验[22]，低温时 H_2S 在甲醇中的溶解度是很大的。不同温度与 H_2S 分压下，H_2S 在甲醇中的溶解度如表 1-3-28 所示。溶解度单位以单位重量甲醇所溶解的气体体积（标准状况下）表示。

表 1-3-28　不同温度和 H_2S 分压下，H_2S 在甲醇中的溶解度/(m^3/t)

H_2S平衡分压/kPa	0.0℃	-25.6℃	-50.0℃	-78.5℃
6.67	2.4	5.7	16.8	76.4
13.33	4.8	11.2	32.8	155.0
20.00	7.2	16.5	48.0	249.2
26.66	9.7	21.8	65.6	—
40.00	14.8	33.0	99.6	—
53.33	20.0	45.8	135.2	—

在所研究的实验范围内，H_2S 在甲醇中的溶解度可用下式推算。

$$S=\frac{692p_{H_2S}}{1.9p_{H_2S}^0-p_{H_2S}} \tag{1-3-100}$$

$$p_{H_2S}^0=\exp(12.8459-2241.9705/T)$$

式中　S——H_2S 的溶解度，m^3/t；

p_{H_2S}——H_2S 的平衡分压，kPa；

$p_{H_2S}^0$——给定温度下液体 H_2S 的饱和蒸汽压，kPa；

T——温度，K。

按式（1-3-100）计算的溶解度的偏差一般不超过6%，平均约为3%。当气体中有 CO_2 存在时，H_2S 在甲醇中的溶解度约比没有 CO_2 存在时降低10%～15%。溶液中 CO_2 含量越多，H_2S 在甲醇中溶解度的减少也越显著。在有 CO_2 存在时，H_2S 在甲醇中的溶解度可表示为

$$S_{H_2S}=\frac{S_{H_2S}^0}{1+kS_{CO_2}^n} \tag{1-3-101}$$

式中　S_{H_2S}——CO_2 存在时，H_2S 在甲醇中的溶解度，m^3/t；

$S_{H_2S}^0$——其它条件相同时，无 CO_2 的情况下 H_2S 的溶解度，m^3/t；

S_{CO_2}——甲醇中 CO_2 的含量，m^3/t；

k,n——系数，$n=2.4$ 不随温度变化，而 k 值与温度有关（见表 1-3-29）。

表 1-3-29　式（1-3-101）中 k 值与温度的关系

温度/℃	-25.6	-50.0	-78.5
k	1.8×10^{-4}	1.5×10^{-5}	4.0×10^{-7}

② CO_2 在甲醇中的溶解度　不同温度下，CO_2 在甲醇中的溶解度与其平衡分压间的关系如表 1-3-30 所示。

表 1-3-30　不同温度下，CO_2 在甲醇中的溶解度与其平衡分压间的关系[21]

CO_2 平衡分压 MPa	-26℃		-36℃		-45℃		-60℃	
	X_{CO_2}①$\cdot10^2$	S②	$X_{CO_2}\cdot10^2$	S	$X_{CO_2}\cdot10^2$	S	$X_{CO_2}\cdot10^2$	S
0.101	2.46	17.6	3.50	23.7	4.80	35.9	8.91	68.0
0.203	4.98	36.2	7.00	49.8	9.45	72.6	18.60	159.0
0.304	7.30	55.0	10.00	77.4	14.40	117.0	31.20	321.4
0.405	9.95	77.0	14.00	113.0	20.00	174.0	50.00③	960.7
0.507	12.60	106.0	17.80	150.0	26.40	250.0	—	—
0.608	15.40	127.0	22.40	201.0	34.20	362.0	—	—
0.709	18.20	155.0	27.40	262.0	45.00	570.0	—	—
0.831	21.60	192.0	33.80	355.0	100.00	—	—	—
0.912	24.30	223.0	39.00	444.0	—	—	—	—
1.013	27.80	268.0	46.70	610.0	—	—	—	—
1.165	33.0	343.0	100.00	—	—	—	—	—
1.216	35.60	385.0	—	—	—	—	—	—
1.317	40.20	468.0	—	—	—	—	—	—
1.413	47.00	617.0	—	—	—	—	—	—
1.520	62.20	1142.0	—	—	—	—	—	—
1.621	100.00	—	—	—	—	—	—	—

① CO_2 在溶液中的摩尔分数。

② CO_2 的溶解度，m^3/t。

③ CO_2 的平衡分压为 0.42MPa。

在所研究的温度范围（-26～-60℃）内，当甲醇中的 CO_2 含量（摩尔分数）低于 0.20 时，CO_2 在甲醇中的溶解度与其平衡分压间的关系基本符合亨利定律，在一定温度下可以用下式表示[21,23]。

$$N_{CO_2}=0.425\frac{p_{CO_2}}{p_{CO_2}^{\circ}} \tag{1-3-102}$$

$$\ln(p_{CO_2}^{\circ}/p_{CO_2})=(1-X)^{-1}[-6.956X+1.19695X^{1.5}-3.12614X^3+2.99448X^6]$$

$$X=1-\frac{T}{T_{CO_2}^c}$$

式中 N_{CO_2}——CO_2 在甲醇中的溶解度，摩尔分数；

p_{CO_2}——CO_2 的平衡分压，MPa；

$p^{\circ}_{CO_2}$——同一温度下液体 CO_2 的蒸汽压，MPa；

$T^{c}_{CO_2}$——CO_2 的临界压力，MPa；

$T^{c}_{CO_2}$——CO_2 的临界温度，K。

当甲醇中 CO_2 含量比较高时，就超过了亨利定律可应用的范围。在所研究的温度范围内，以单位质量甲醇所溶解的 CO_2 体积（标准状况）表示的溶解度（m^3/t）与温度及其平衡分压的关系可用下式表示：

$$S_{CO_2}=\frac{695.7p_{CO_2}}{2.35p^{\circ}_{CO_2}-p_{CO_2}} \tag{1-3-103}$$

上式的偏差约±2%，最大偏差不超过4%。

从表1-3-31的溶解度数据可以看出，在同一 CO_2 分压下，温度降低时，不仅溶解度增加，而且溶解度随温度降低的变化率 $-\left(\frac{\partial S}{\partial T}\right)_{p_{CO_2}}$ 也增大，说明降低温度对 CO_2 的吸收是很有利的。从表中的数据还可看出，当溶液中的 CO_2 含量比较高时，一定温度下，CO_2 平衡分压的变化渐趋平缓，即趋近于该温度下的 CO_2 饱和蒸汽压，说明对吸收来说，吸收推动力在减小，因而关键是降低温度。

表1-3-31　-20℃下，H_2-CO_2-CH_3OH 体系中 CO_2 在甲醇中的溶解度

总压	气相中 CO_2 含量29%			气相中 CO_2 中含量38%			气相中 CO_2 含量60%		
MPa	S_{CO_2}①	N_{CO_2}②	S_O③	S_{CO_2}	N_{CO_2}	S_O	S_{CO_2}	N_{CO_2}	S_O
0.507	—	—	—	—	—	—	54.5	0.073	55.0
1.013	—	—	—	—	—	—	123.4	0.151	127.0
1.520	—	—	—	—	—	—	208.2	0.230	223.0
2.026	115.4	0.142	121.1	166.7	0.193	173.0	346.4	0.332	385.0
2.533	153.0	0.180	160.9	226.2	0.245	244.0	697.0	0.500	1142.0
3.546	238.6	0.253	273.0	418.2	0.375	504.0	—	—	—
4.559	377.0	0.351	463.5	962.5	0.580	—	—	—	—
5.065	468.6	0.402	725.0	3659.3	0.840	—	—	—	—
5.470	570.3	0.450	2330.0	—	—	—	—	—	—

① S_{CO_2}—含 H_2 混合气中 CO_2 的溶解度，m^3/t；

② N_{CO_2}—溶液中 CO_2 的摩尔分数；

③ S_O—当纯 CO_2 的压力等于混合气中 CO_2 分压时的溶解度，m^3/t。

当气体中有 H_2 存在时，CO_2 在甲醇中的溶解度就会降低，如表1-3-32，表1-3-33所示。

表1-3-32　-45℃时，H_2-CO_2-CH_3OH 体系中 CO_2 在甲醇中的溶解度

总压	气相中 CO_2 含量30%			总压	气相中 CO_2 含量50%		
MPa	S_{CO_2}	N_{CO_2}	S_o	MPa	S_{CO_2}	N_{CO_2}	S_o
1.013	115.4	0.142	117.0	0.507	90.6	0.115	94.0
1.520	196.6	0.220	206.1	1.013	244.8	0.260	250.0
2.026	301.6	0.302	362.0	1.216	351.1	0.335	362.0
2.533	514.7	0.425	754.0	1.520	642.0	0.480	754.0
3.039	989.9	0.575	—	1.722	1197.0	0.632	—

表 1-3-33　各种气体在甲醇中的溶解热[28]/kJ/mol

气　体	H_2S	CO_2	COS	CO	H_2	N_2	CH_4
溶解热	19.228	17.029	17.364	4.412	3.821	0.359	3.347

当甲醇含有水分时，CO_2 的溶解度会降低，甲醇中水分含量对 CO_2 溶解度的影响可用下式表示[25]。

$$\lg \frac{N_{CO_2}^0}{N_{CO_2}} = 1.07 N_{H_2O} \tag{1-3-104}$$

式中　N_{CO_2}——甲醇溶液中 CO_2 的摩尔分数；

$N_{CO_2}^0$——在相同条件下纯甲醇溶液中 CO_2 的摩尔分数；

N_{H_2O}——甲醇溶液中水的摩尔分数。

当甲醇中的水分含量为5%时，其中 CO_2 的溶解度与无水甲醇相比约降低12%。

③ 各种气体在甲醇中的溶解热。根据各种气体在甲醇中的溶解度数据或亨利常数与温度的关系可求得溶解热。表 1-3-33 给出各种气体在甲醇中的溶解热。

④ 净化过程中溶剂的损失。净化过程中甲醇的损失主要是由于挥发，温度越高、气体总压越低，随气体带出的甲醇就越多。甲醇的损失量与其蒸气压有关，可由下式计算[36]：

$$\lg p_s = C_1 + \frac{C_2}{C_3 + T} + C_4 T + C_5 T^2 + C_6 \ln T \tag{1-3-105}$$

式中　T——K；

p_s——甲醇的蒸气压，Pa；

$C_1 \sim C_6$——模型参数，见表 1-3-34。

表 1-3-34　式（1-3-103）中的模型参数

系　数　值	低　温　区	高　温　区
C_1	-56.137716	-56.137716
C_2	-781.158800	-7053.270000
C_3	-93.39204	141.602400
C_4	4.249923×10^{-3}	4.249923×10^{-3}
C_5	-1.490418×10^{-6}	-5.202764×10^{-5}
C_6	10.009790	12.942710
温度范围/℃	-97.6～-33.75	-33.75～+70

⑤ 非理想多组分气液平衡。低温甲醇洗涤法净化系统中，主要含有 CH_3OH、CO_2、H_2、N_2、H_2S、H_2O、Ar、CH_4、CO、COS 等 10 个组分，操作条件所涉及的温度与压力范围较宽（-70～150℃，0.1～8.0MPa）。从热力学上看，是一非理想性较强的多组分气液平衡体系。其气液平衡规律的描述与计算是比较复杂的。文献中关于低温甲醇洗涤法中多元气液平衡方面的报道很少。文献[29]介绍了 CH_4—CO_2—CH_3OH，CH_4—CO_2—H_2S—CH_3OH，N_2—CH_4—CO_2—CH_3OH 及 CO_2—H_2S—N_2—CH_3OH 等体系的气液平衡数据及热力学模型，但适用范围较窄，要满足生产上模拟分析与优化以及工程设计方面的要求，就需有能包括所

有主要组分在内并能适用于实际操作范围的多组分气液平衡模拟体系。这种体系的建立，要以二元体系的实验数据为基础，应用有关的状态方程，建立推算多元气液平衡的热力学模型，有关的模型参数应有实测数据作为基础，计算结果应经生产实践的系统检验。中国已开发成功的《低温甲醇洗流程模拟系统—RPS》[30]以及随后发展的《RPS-96》即具备这种功能，可以用于操作分析与工程设计。

⑥ 低温甲醇洗的吸收动力学。文献[31]中报道了用低温甲醇吸收 CO_2 和 H_2S 的动力学研究，发现吸收速率只取决于 CO_2 的扩散速率，在相同条件下，H_2S 的吸收速率约为 CO_2 吸收速率的 10 倍，温度降低时，吸收速率缓慢降低。实验条件如下：填料塔直径 65mm、高 1m，等温吸收，温度范围 $-21 \sim -60$℃，压力 $6.07\times10^5 \sim 18.25\times10^5$Pa，气体流速 0.145～1.083m/s，喷淋密度1.445～6.77$m^3/(m^2 \cdot h)$，气相雷诺数 Re_g 为 62.5～840，液相普兰德数 Pr_l 为 1345～7210。由于气体中 H_2S 的含量比较小，吸收速率又较快，所以 CO_2 的吸收是控制因素，影响吸收的主要条件是温度和压力。

(3) 低温甲醇洗生产工艺流程及其分析

① 流程配置的基本原则。甲醇洗工艺流程的配置主要应考虑以下问题。

A. 保证净化气的净化指标。为此，精洗段贫液要充分再生，要有必要的冷源使贫液冷却至所要求的低温，要有足够的溶液循环量以及必要的塔板数。吸收过程中放出的吸收热要及时移出。

B. 保证脱硫段的脱硫指标。充分利用甲醇对 H_2S 和 CO_2 吸收选择性的差别，先用一部分饱和有 CO_2 的甲醇富液将 H_2S 脱除干净，洗涤溶液量分配合理。

C. 保证吸收后的甲醇富液充分再生。溶液的再生主要有三种方法，如图 1-3-46 所示。

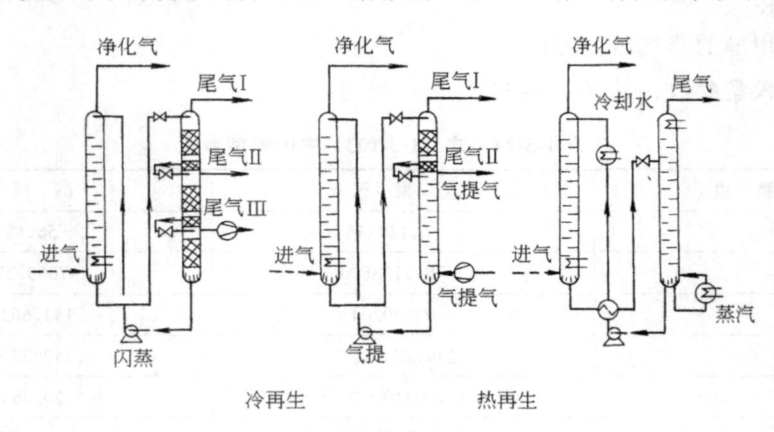

图 1-3-46　甲醇富液再生的三种方法

对这三种方法分述如下。

a. 减压闪蒸解吸，这是最经济的。减压过程中温度降低。气体解吸的量及其组成与压力、温度、溶液的组成有关，由气液平衡决定。减压闪蒸再生受压力的限制，不能很彻底。

b. 气提再生。用一惰性气体进行气提，但气提后尾气中的 CO_2 被气提气所稀释，进一步利用受到限制。气提的效果与尾气的组成受气提气量、温度和压力的影响。

c. 热再生。溶液在热再生塔的再沸器中用蒸汽加热至沸腾，用甲醇的蒸气气提，这种方法再生彻底，但耗用蒸汽。三种再生方法应合理配合，注意 H_2 等有用气体的回收，减少甲醇的损失并节省能耗。

D. 要保证所回收的 CO_2 产品纯度。CO_2 产品的纯度应高于98.5%，以满足尿素生产或下游工序对 CO_2 的要求。硫化物的含量应低于 $1.4cm^3/m^3$，H_2 与甲醇的含量也不应超过规定指标。为此，CO_2 解吸塔的操作条件要控制合理。

E. 溶液热再生时放出的 H_2S 气体要满足下游工序的要求（例如克劳斯硫回收系统），H_2S 含量符合规定指标。

F. 实现能量的合理利用。吸收时溶液要求低温、加压，吸收中由于吸收温度会升高，而解吸中由于解吸热温度又会降低，注意冷量的合理利用，保证必要的冷源实现低温吸收的要求。换热网络匹配合理，总体上应达到投资费用与操作费用最省。

G. 保持系统中水分含量低于规定指标。甲醇水蒸馏塔的分离能力以及吸收塔前分离器的气液分离能力足够，防止甲醇中水分含量增大而影响吸收效果。

H. 排放物要符合规定指标。尾气中的硫化物含量与排放水中的甲醇含量不能超过排放标准。

I. 要有安全防护与防腐措施。

J. 要有一定的操作弹性和操作稳定性以及必要的操作控制手段。

K. 要适应开停工生产操作的特点和要求。

② 工艺流程。渣油制氨中，由于渣油气化所采用的工艺路线不同，对进变换系统的原料气要求不同，净化部分采用的低温甲醇洗流程也有所不同。主要有两种类型，即两步法和一步法。前者适用于渣油制氨的废热锅炉流程，进变换系统的原料气脱硫要求严格，用低温甲醇洗先脱硫，脱硫后进变换，在CO变换后再用低温甲醇洗脱除 CO_2。后者适用于渣油制氨的激冷流程，原料气经耐硫变换后，用低温甲醇洗同时进行脱硫和脱碳。

A. 两步法低温甲醇洗流程。两步法吸收 H_2S 和 CO_2 的流程如图 1-3-47 所示。

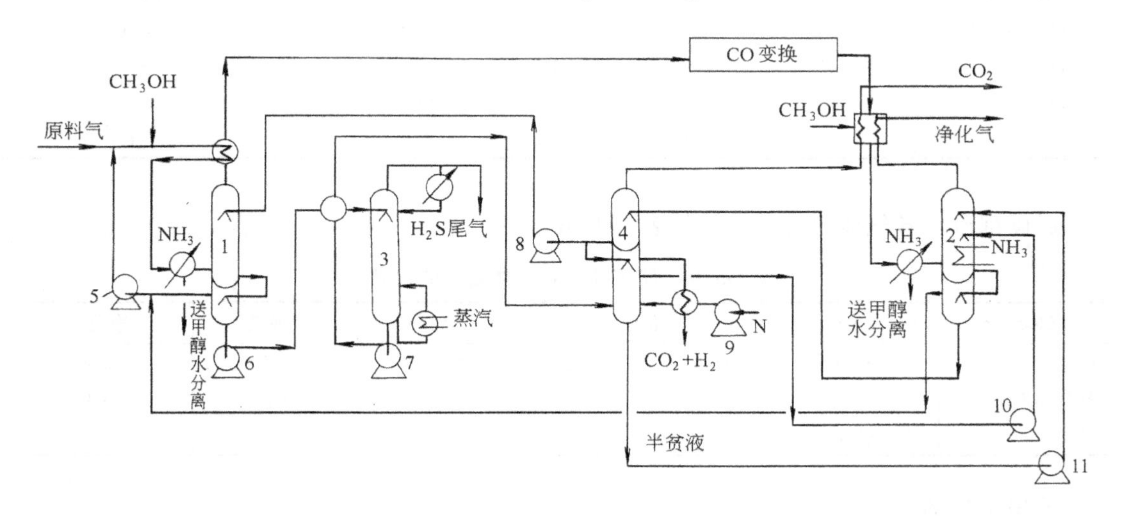

图 1-3-47　两步法吸收 H_2S 和 CO_2 的流程

1—第一吸收塔；2—第二吸收塔；3—H_2S 热再生塔；4—气提再生塔；5，9—压缩机；6，7，8，10，11—泵

原料气经预冷器、氨冷器冷却至吸收温度后进入第一吸收塔1，用含有 CO_2 的甲醇半贫液进行脱硫。原料气预冷时，为防止水分在冷却时冻结和分离气体中水分，往气体中喷入少量甲醇，而冷凝分离出来的含水甲醇可通过蒸馏回收。第一吸收塔顶出来已脱硫至（H_2S+

COS) ＜0.1cm^3/m^3 的气体经回收冷量后送 CO 变换。变换气再经冷却后进入第二吸收塔 2 脱除 CO_2。第一吸收塔出来的甲醇经闪蒸并加热后进入 H_2S 热再生塔 3，用蒸汽加热至沸腾，利用甲醇蒸气气提使溶剂完全再生。再生后的贫液经冷却至要求温度后进入第二吸收塔的顶部精洗段，以保证净化气的指标。此外，经气提再生塔 4 后的半贫液送往第二吸收塔的主洗段，用于脱除大部分的 CO_2。第二吸收塔出来的甲醇富液经闪蒸罐减压闪蒸回收 H_2 后，进入 4 的 CO_2 解吸段闪蒸回收 CO_2，随后再进入 4 的汽提段，用氮气汽提再生。再生后的半贫液大部分进第二吸收塔主洗段，构成一个循环；小部分送第一吸收塔脱硫。第一吸收塔出来的富液经闪蒸罐减压闪蒸回收 H_2 与 CO_2 后送 4 汽提塔，用氮气汽提以提高溶液中 H_2S 的相对浓度。汽提后的气体用半贫液洗涤以控制其中的硫含量，尾气回收冷量后放空。汽提后的溶液则送往热再生塔 3，热再生后的贫液经泵加压并冷却后进入第二吸收塔 2 精洗段，形成溶液的另一循环。热再生塔顶部出去的 H_2S 馏分送硫回收装置。减压闪蒸时回收的 H_2 与 CO_2 用压缩机 5 送回原料气管线。原料气带入的水分在甲醇-水蒸馏塔中除去（图上未表示）。系统中的各种换热器组成换热网络，用以回收冷量并保证必要的操作条件，氨冷器用于补充冷量。

该流程的典型操作指标如下。

原料气压力　~4.7MPa。

原料气流量　1.18×10^{5}m^3/h（5268kmol/h）

脱硫部分　各气体组分的含量见表 1-3-35。

表 1-3-35　脱硫部分各气体组分的含量/%

气体组分	原料气	净化气	H_2S 馏分
CO_2	5.3	5.3	57.3
H_2S+COS	0.7	＜0.1cm^3/m^3	40.1
H_2	44.6	45.0	–
CO	48.4	48.7	–
N_2+Ar	2.0	1.0	1.6

脱碳部分　各气体组分的含量见表 1-3-36。

表 1-3-36　脱碳部分各气体组分的含量/%

气体组分	变换气	净化气	气体组分	变换气	净化气
CO_2	36.1	＜0.1（可达 1cm^3/m^3）	CO	0.5	0.8
H_2S+COS	—	—	N_2+Ar	0.6	0.9
H_2	62.8	98.2			

公用工程部分

轴功率（无动力回收）　2500kW

蒸汽（0.5MPa，饱和）　5.2t

冷却水（24℃，$\Delta T=10$℃）　2060m^3/h

甲醇　80kg/h

B. 同时脱除 H_2S 和 CO_2 的一步法甲醇洗流程[36]。渣油制氨中同时脱除 H_2S 与 CO_2 的一步法低温甲醇洗流程如图 1-3-48 所示。

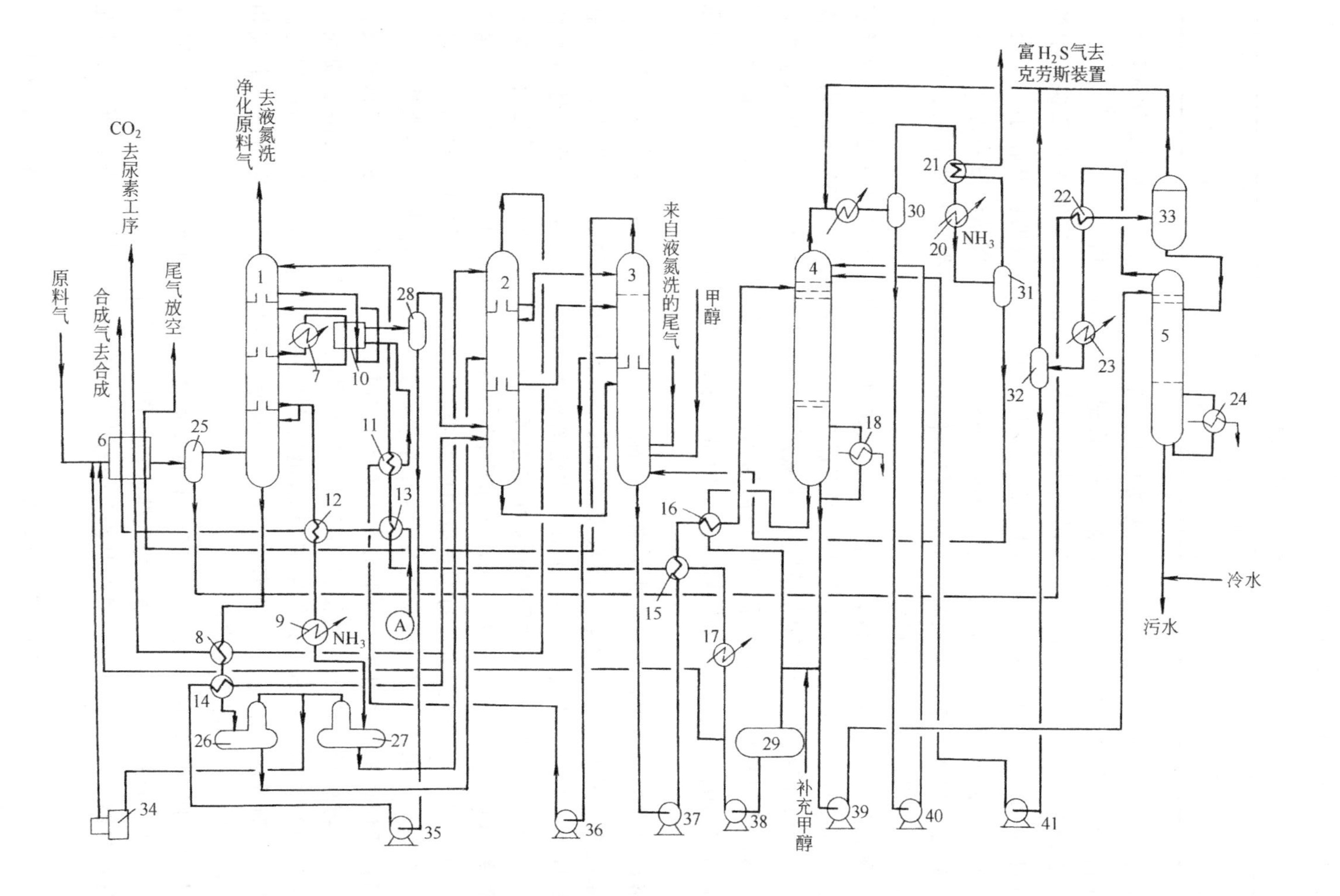

图 1-3-48 一步法吸收 H_2S 和 CO_2 的低温甲醇法流程

1—甲醇洗涤塔；2—二氧化碳解吸塔；3—硫化氢浓缩塔；4—热再生塔；5—甲醇-水蒸馏塔；6～24—换热器；25～33—闪蒸器；34—压缩机；35～41—泵；Ⓐ 来自液氮洗的合成气

渣油气化制得的粗煤气经变换后的组成（干基）列于表1-3-37。

表1-3-37 渣油气化制得的变换气组成（干基）

组分	H_2	CO	CO_2	H_2S	COS	CH_4	N_2+Ar
摩尔分数/%	62.48	2.50	34.10	0.24	0.0051	0.17	0.51

变换气压力为7.77MPa，温度为40℃，为防止水分在冷却时冻结，气体中先注入甲醇。冷凝液在分离器25中分离后送甲醇-水蒸馏塔，气体即进入甲醇洗涤塔。

甲醇洗涤塔分上、下两部分共四段。下塔脱硫段用含CO_2的甲醇富液脱除变换气中的硫化物，使（H_2S+COS）＜0.1cm^3/m^3，同时吸收少量的CO_2，溶液的温升较小。上塔三段，用于脱除CO_2，使净化气中CO_2含量小于10cm^3/m^3。为此，塔顶精洗段中加入再生彻底的低温（－57℃）甲醇贫液。为及时移出吸收热，使CO_2的吸收得以有效进行，吸收过程中又两次将溶液引出，冷却至－44℃。

吸收硫化物及CO_2后的甲醇富液，从下塔与上塔的底部引出，前者含硫化物，后者基本不含硫化物，都冷却至－33℃，然后分别在闪蒸器26、27中减压（～2.3MPa）闪蒸回收H_2，再分别送入CO_2解吸塔的中部和顶部进一步减压（～0.3MPa），闪蒸解吸出CO_2产品气。含硫的甲醇解吸时释放出来的硫化物用顶部加入的不含硫的甲醇吸收，以保证CO_2产品气中的硫含量＜1.0cm^3/m^3。在闪蒸器26、27闪蒸出来的H_2、CO_2用压缩机压缩送回原料气管线。

CO_2解吸塔出来的甲醇靠自身压力进入硫化氢浓缩塔，进一步用氮气气提再生，使溶液中的H_2S含量提高，同时，靠解吸热使溶液温度降低。降低温度后的溶液，即为系统中有关物流的冷却提供了冷源。从浓缩塔中部出来的溶液温度最低（－62℃），而且还含有约20%的CO_2，可用于控制洗涤塔精洗段甲醇贫液的温度（到－57℃）。回收冷量后溶液本身温度提高，再送CO_2解吸塔底部，进一步闪蒸解吸回收CO_2。含硫的甲醇在硫化氢浓缩塔汽提再生时放出H_2S，可用塔顶加入的不含硫的甲醇吸收，以使排放尾气中的硫含量达标。由硫化氢浓缩塔底部出来的溶液，用泵送出，经2个换热器回收冷量后进入热再生塔。

热再生塔用于使甲醇彻底再生，同时分离出H_2S。热再生塔底部设有再沸器，顶部设有冷却冷凝器。再沸器中用蒸汽加热使溶液沸腾，产生的甲醇蒸汽用于气提，使溶液彻底再生。塔底出来的甲醇贫液，一小部分送甲醇-水蒸馏塔作为回流液，大部分经冷却后送洗涤塔顶部精洗段。塔顶出来的气体，经冷却、冷凝、分离后，液相甲醇用作回流液，而气相H_2S馏分回收冷量后可送往硫回收装置。

甲醇-水蒸馏塔用于分离甲醇和水。塔底排出的废水基本上不含甲醇。塔顶出去的甲醇蒸汽也可不经冷却，直接送往热再生塔作为气体介质（图上未表示）。

系统中各换热器组成换热网络，用以保证有关的操作条件并回收冷量，氨冷器用于补充冷量。

与两步法流程相比，一步法流程的操作条件更加苛刻。这主要是由于原料气中（H_2S+COS）/CO_2的比值显著降低。（H_2S+COS）/CO_2的比值由两步法流程的1∶7.5左右变为一步法的1∶139。流程中气体只冷却一次而且压力较高，有利于物理吸收，但基本建设投资与操作费用与两步法流程相比相差不大。主要原因有二：一是脱硫段处理的气体量增大；二是所有的甲醇都要进行热再生，耗能较多。不过当与液氮洗联合时，经济性可以得到改善，氨冷负荷比两步法流程小。两种流程的共同缺点是 CO_2 的回收率不高，仅约65%。这是由于有相当一部分的 CO_2 随氮气汽提后的尾气一起放空。

（4）低温甲醇洗工艺条件确定的主要依据

① 吸收压力。吸收压力主要是由渣油气化所采用的技术路线决定。甲醇洗吸收部分的压力，实际上即接近原料气制备的压力。当渣油气化采用德士古（Texaco）激冷流程时，甲醇洗净化的压力约7.7MPa；采用谢尔（Shell）废热锅炉流程时，甲醇洗净化压力约5.5MPa。

② 吸收温度。吸收温度对酸性气体在甲醇中的溶解度影响很大。温度降低，不仅酸性气体在甲醇中的溶解度增加，而且溶解度随温度的变化率也增大。压力与溶液的流量及其组成确定后，净化气的最终净化指标取决于吸收温度。吸收温度由气液平衡决定，但甲醇贫液温度又与系统内部所能提供的冷源温度有关，即与汽提再生后溶液所能达到的温度有关。例如一步法流程中，汽提后溶液最低温度约 -62℃，甲醇贫液温度即维持在约 -57℃，留有一定的传热温差。

脱硫段溶液的温度，对一步法来说，实际即上塔底部出口的甲醇富液温度。进口溶液温度太低，由于吸收 CO_2 放出的溶解热会使溶液温度急剧升高，反而对硫化物的吸收不利。

③ 溶液的最小循环量和吸收塔的液气比。溶液的最小循环量 L_{min}（kmol/h）是指平衡时能将气体中待脱除的组分完全吸收时的吸收剂最小用量。设气体总压为 p（$\times 10^5$Pa），待脱除的组分含量为 Y（摩尔分数），其在吸收液中的溶解度系数为 λ [kmol/(t甲醇·10^5Pa)]，液体与气体的流量分别为 L 与 G（kmol/h），则

$$GY = L_{min}\frac{M}{1000}\lambda pY$$

即

$$L_{min} = \frac{1000G}{Mp\lambda} \tag{1-3-106}$$

式中　M——吸收剂分子量。

最小循环量主要决定于原料气量、吸收的压力与温度，即溶解度系数 λ 值的大小，而与原料气中待脱除气体的含量无关。原料气中待脱除气体的含量越大，用于单位待脱除气体的能耗就越小，此即为物理吸收的优点。实际吸收过程中，吸收液出口处一般不易达到真正的平衡，设 η 为接近平衡的程度（分率），则实际循环量 L(kmol/h)：

$$L = \frac{1000G}{Mp\lambda\eta} \tag{1-3-107}$$

即实际吸收过程的液气比（L/G）还与接近平衡程度有关。实际生产中，吸收热会影响溶液的温度分布。为使吸收有效地进行，即尽量使溶解度维持在较大值，及时将吸收热移出。液气比应在满足净化气指标的前提下，尽量维持在较低值。液气比太大，吸收负荷下移，会导致塔内温度分布失常，影响到有关换热器的热负荷分配，而且会使溶液中待脱除组分的含量降低，进而影响 CO_2 的解吸过程。

④ 净化气中有害组分的含量与再生条件。净化气中有害组分的最小含量 Y_1^* 决定于溶液的再生程度或再生条件，以及吸收塔顶部的压力与温度。吸收塔顶部平衡时

$$p_1 = p_1^* = pY_1^* = HX_1 \tag{1-3-108}$$

式中　p_1，p_1^*——有害组分的分压与平衡分压，$\times 10^5$Pa；

p——气体总压，$\times 10^5$Pa；

H——吸收塔顶部亨利常数，$\times 10^5$Pa/摩尔分数；

X_1——溶液中待脱除组分的含量，摩尔分数；

Y_1^*——气体中待脱除组分的平衡含量，摩尔分数。

再生塔下部平衡时，

$$X_1 = X_{1,rg}^* = p_{1,rg}/H_{rg} \tag{1-3-109}$$

式中 $p_{1,rg}$——再生塔溶液出口，溶液中有害组分的分压，$\times 10^5$Pa；

H_{rg}——再生塔溶液出口的亨利常数，含量$\times 10^5$Pa/摩尔分数。

因此，净化气中有害组分的最终含量 Y_1 受其平衡含量 Y_1^* 的限制。由式（1-3-108）和式（1-3-109），得，

$$Y_1 = Y_1^* = \frac{1}{p} H X_1 = \frac{p_{1,rg}}{p} \times \frac{H}{H_{rg}} \tag{1-3-110}$$

可以看出，净化气出口有害组分的含量与再生条件、吸收塔塔顶的压力和温度有关。实际上 $Y_1 > Y_1^*$，如果再生是在加热条件下进行，考虑到亨利常数 H 与温度的关系：

$$\ln H = A - \frac{\Delta H}{RT} \tag{1-3-111}$$

式中 ΔH——气体的溶解热，kJ/mol。

实际式（1-3-110）可采取如下形式：

$$\log Y_1 > \log Y_1^* = \log \frac{p_{1,rg}}{p} \times \frac{\Delta H}{2.303R} \times \left(\frac{1}{T_1} - \frac{1}{T_{rg}}\right) \tag{1-3-112}$$

式中 T_1——吸收塔顶部溶液入口温度，K；

T_{rg}——再生塔溶液出口温度，K。

⑤ 气体中有用组分的损失。从吸收塔引出的饱和溶液中，同时含有溶解度较小的气体组分，如 H_2 等，当平衡时，其损失量 G_{H_2}：

$$G_{H_2} = L X_{H_2} = \frac{1000G}{Mp\lambda\eta} \times \frac{p_{H_2}}{H_{H_2}} \tag{1-3-113}$$

式中 X_{H_2}——溶液中溶解度较小的组分 H_2 的含量，摩尔分数；

H_{H_2}——H_2 的亨利常数，$\times 10^5$Pa/摩尔分数。

溶液循环量增加，H_2 的损失量加大。

⑥ 再生解吸的工艺条件。中间解吸压力与温度的选择，其准则是：在 CO_2、H_2S 等待脱除组分的解吸量最小的情况下，使 H_2 等有用组分尽可能完全地解吸出来；同时，解吸后溶液的温度条件要符合系统中冷量利用的要求。即必要时，闪蒸前溶液要冷却到使解吸或气提后溶液的温度能满足甲醇贫液冷却的要求。

CO_2 解吸压力低，对多回收 CO_2 是有利的。但考虑到下游工序如尿素生产等对 CO_2 气体产品压力的要求，CO_2 解吸压力一般在 0.18～0.3MPa。CO_2 解吸的温度条件还与甲醇的损失有关。

热再生时的能耗为解吸组分的解吸热与溶液加热及其蒸发所需热量的总和。在加热条件下，甲醇中溶解的 H_2S、CO_2、N_2 等会同时解吸，这就会影响到热再生时的能耗与再生后 H_2S 的含量；而热再生入口的溶液组成主要又取决于氮气汽提的条件。不同的再生方法应合理组合。

（5）影响能耗的主要因素及降低能耗的主要途径　低温甲醇洗系统的能耗可应用热力学

第一定律按下式计算。

$$\sum H_o - \sum H_i = \sum Q_i - \sum W_o \qquad (1\text{-}3\text{-}114)$$

式中 $\sum H_o$——所有离开系统的物流焓的总和，kJ/h；

$\sum H_i$——所有进入系统的物流焓的总和，kJ/h；

$\sum Q_i$——进入系统的热量总和，kJ/h；

$\sum W_o$——系统所做功的总和，kJ/h。

式中$\sum W_o$包括泵、压缩机及透平所做各项功，如有透平回收动力对系统外做功，则透平所做的功取正号，由系统外提供的供输送甲醇循环液及有用气体再压缩的动力消耗取负号；$\sum Q_i$中，从系统移出热量时取负号，如水冷器和氨冷器；而向系统内输入热量时取正号，如蒸汽再沸器。计算系统能耗时，热再生与甲醇精馏塔再沸器中耗用的蒸汽以及移出的吸收热或降低溶液温度所需的氨冷器冷量，泵与压缩机的功耗等均属能耗。

甲醇洗系统的能耗主要包括：A. 热再生与甲醇-水蒸馏塔再沸器的蒸汽消耗；B. 低温下将CO_2等酸性气体的吸收热取出或保证溶液及原料气所需的低温而消耗的氨冷器冷量。C. 输送甲醇溶液与压缩回收气体以及必要时建立真空所需要的动力消耗。D. 补充损失于周围环境的冷损失，这一般约占总能耗的10%以下。

进一步降低能耗的主要途径：A. 流程结构的优化，换热网络的合理匹配，换热器传热温差，特别是出系统的低温物流与原料气间的冷端传热温差以及热再生进出物流间的热端传热温差的合理设定。B. 操作条件的优化。C. 改善原料气进入系统时气液分离器的分离效果，减少进入系统的水分含量。D. 回收甲醇富液减压再生时的动力。E. 减少散失于周围环境的冷量损失。

(6) 关于低温甲醇洗系统中的防腐蚀问题　低温甲醇洗系统中出现腐蚀的部位，往往是在气体通路中换热器处。腐蚀现象的出现，主要是由于生成羰基铁，特别是$Fe(CO)_5$和含硫的羰基铁，后者是生成$Fe(CO)_5$过程的中间产物。H_2S的存在会明显地促进CO与Fe的反应。羰基铁的生成对生产是不利的，这不仅是因为羰基铁的生成直接引起设备部件的腐蚀，而且也由于含硫羰基铁的分解产物会形成元素硫、硫化铁等沉淀，在甲醇洗系统的管线及设备中引起堵塞。

为了防止碳钢设备的腐蚀，可以加入碱性溶液。已经发现，加入碱性物质以后，腐蚀可得到完全抑制或可大大减轻，林德公司提出为实现防腐的要求，碱性物质的浓度可维持在0.005～0.2mol/L。

3.2.4.2 聚乙二醇二甲醚（Selexol或NHD）法

(1) 概述　聚乙二醇二甲醚（即Selexol，中国开发了一种与它类似的方法，1990年该法获得中国发明专利，称NHD）是一种物理吸收溶剂，实际是经筛选后的聚乙二醇二甲醚同系物。分子式为$CH_3—O\ (C_2H_4O)_n—CH_3$，式中$n=2～9$，平均分子量为250～280。20世纪60年代后在工业原料气净化领域中得到了广泛的应用，中国在1993年后也已成功地应用于中、小型化肥厂。该法的主要特点：A. 吸收H_2S与CO_2的选择性较好，净化度可达10^{-6}级。B. 能耗低。C. 无腐蚀性，设备基本上可用碳钢。D. 溶剂不起泡、不降解，化学稳定性和热稳定性好。E. 蒸汽压低，溶剂损失少。F. 溶剂无毒，对人、畜无害，不污染环境。

NHD溶剂的主要物性如表1-3-38所示。

表 1-3-38 NHD 溶剂的主要物性

平均分子量	250～270	凝固点/℃	－22～29
密度(25℃)/(g/cm^3)	0.998	导热系数(25℃)/[W/(m·K)]	0.15
蒸汽压(25℃)/Pa	0.093	闪点/℃	151
比热容(25℃)/[(kJ/kg.K)]	2.11	燃点/℃	157
表面张力(25℃)/(N/m)	0.034	毒　性	无
粘度(25℃)/(Pa·s)	0.004		

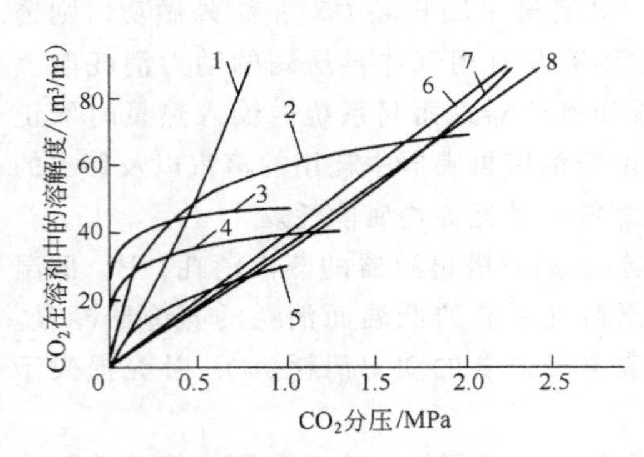

图 1-3-49 不同溶剂中 CO_2 的吸收平衡
1—甲醇，－15℃；2—MDEA，75℃；3—MEA，75℃；4—热碳酸钾，110℃；5— TEA，75℃，2.5mol/L；6—NMP，20℃；7—碳酸丙烯酯，25℃；8—Selexol

(2) 基本原理

CO_2 在 Selexol 溶剂中的溶解度与其分压的关系以及与其它溶剂的比较如图 1-3-49 所示。从图上可以看出：CO_2 在 Selexol 溶剂中的溶解度关系在较宽的压力范围内都符合亨利定律。H_2S 等气体在 Selexol 溶剂中的溶解度也能较好地符合亨利定律。压力升高、温度降低气体的溶解度增加，成线性关系。

20℃，气体分压 1.013×10^5Pa 下，H_2 与 CO_2 在 NHD 溶剂中以及其它溶剂中的溶解度如表 1-3-39 所示。

从表中可以看出，H_2S 在 NHD 中的溶解度约比 CO_2 大 8 倍，说明当 H_2S 与 CO_2 共同存在时，可以先脱硫后脱碳，溶剂选择性吸收的性能较好，避免 CO_2 气在进 CO_2 洗涤塔之前就大量吸收掉。

表 1-3-39 20℃，1.013×10^5Pa 分压下的溶解度/cm^3/cm^3

	水	*N*-甲基吡咯烷酮	碳酸丙烯酯①	NHD
H_2S	2.58	48.80	12.0	30.5
CO_2	0.85	3.95	2.6	3.4
H_2S/CO_2	3.03	12.35	4.62	8.97

① 25℃，1.013×10^5Pa 时的数据。

Selexol 与 NHD 的溶解性能基本相同，表 1-3-40 列出了以氢在这两种溶剂中的溶解度为基准，其它各种气体的相对溶解度。

表 1-3-40 各种气体在 Selexol 与 NHD 中的相对溶解度

组　分	H_2	N_2	CO	CH_4	CO_2	COS	H_2S	CS_2	H_2O
Selexol	1.0	1.5	2.2	5	76	175	670	—	55000
NHD	1.0	—	2.2	5	77	179	687	1846	73300

可以看出：CO_2 与 H_2S 在 Selexol 与 NHD 中的溶解度都远大于 H_2、CO 等有用气体，生产上可以将 CO_2、H_2S 等酸性气体脱除干净，而有用气体损失很少。

(3) 工艺流程

① Selexol 法脱除 CO_2 及其在合成氨生产中的流程组合见图 1-3-50[34]。

从低温变换来的变换气在 CO_2 吸收塔中，用从上部加入的 Selexol 溶剂吸收 CO_2。吸收 CO_2 后的富液从塔底出来，经水力透平回收能量后进入循环气闪蒸罐 3，在水力透平中减压所回收的机械能可使溶液主循环泵的能耗节省～50%。在循环气闪蒸罐3中，基本上可将脱碳中同时吸收的H_2与N_2解吸出来。闪蒸气经分离、压缩返回吸收塔或原料气管线。循环气闪蒸罐3的压力与所要求的CO_2产品气的纯度有关，提高CO_2产品气的纯度，必须降低循环气闪蒸罐的压力。

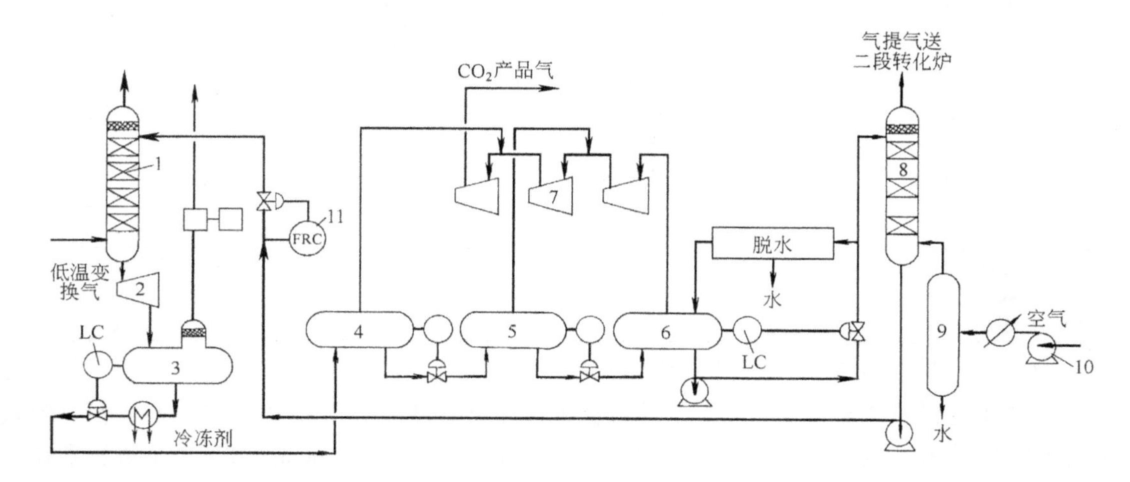

图 1-3-50　Selexol法脱碳（100%CO_2回收）流程

1—CO_2吸收塔；2—水力透平；3—循环气闪蒸罐；4—中间闪蒸罐；5，6—低压闪蒸罐；7—CO_2压缩机；8—汽提塔；9—分离罐；10—鼓风机；11—FRC流量控制器

从循环气闪蒸罐出来的溶液进一步在低压闪蒸罐5中减压闪蒸，将大部分（65%～75%）CO_2解吸出来。

另一个可供选择的方案是在循环气闪蒸罐和低压闪蒸罐5之间加一中间闪蒸罐4，其操作压力为0.34～0.48MPa，使CO_2在较高的压力下回收。这一措施可以降低CO_2压缩机7的投资费用与操作费用，所增加的闪蒸罐费用一般两年内可得到回收。

要使CO_2的回收率进一步提高到97%，低压闪蒸罐6出来的溶液还可进一步在真空下闪蒸（图上未表示），其操作压力与所要求的CO_2回收率有关，即闪蒸的压力越低，CO_2的回收率越高。真空闪蒸的级数，完全由经济效益决定。

此工艺曾在3.3kPa（25mmHg）的压力下经过检验，证明在较广的压力范围内，溶剂都是稳定的，真空操作对溶剂或对该工艺都无不利影响。此外，由于溶剂的蒸汽压很低[25℃时为0.93Pa（0.0007mmHg）]，即使是真空操作，溶剂的损失也不大。

CO_2解吸后的溶剂在气提塔用空气气提再生。采用空气作气提介质是这一方法能在合成氨厂中成功应用的一个重要原因。气提塔为填料塔，如果CO_2不要求全部回收，气提后的气体可以放空（图上未表示）。

一般还有一小的脱水设备，用以维持系统的水平衡，对于日产1000t的氨厂来说，蒸汽耗用量一般为1100kg/h。

在CO_2回收率100%的流程中，气提气不放空，而是送往二段转化炉作为燃烧空气的一部分（如图所示）。由于这一部分空气量还不足二段转化炉所需空气量的2.5%，因此，对空气压缩机、二段转化炉、高变炉、低变炉、CO_2吸收塔及气提塔等设备的大小实际上都无影响。

② 总的物料平衡表。对于以天然气为原料的日产1000t氨厂，上述流程中Selexol脱碳装置的总物料平衡列于表1-3-41。

表 1-3-41 Selexol 脱碳装置总物料平衡表

基准：日产 1000t 氨厂（天然气为原料）

组成(体积分数)/%	原料气	净化气	CO_2 产品气
CO_2	18.0	$500cm^3/m^3$	99.5
H_2	61.0	74.4	0.3
N_2	20.1	24.4	0.2
Ar	0.3	0.4	—
CH_4	0.3	0.4	—
CO	0.3	0.4	—
	100.0	100.0	100.0
干气(标准状况)/m^3/h	144800	118600	26200*
水分/kg/h	饱和	0.2	3.3
压力(表压)/MPa	2.84	2.76	0.11

* CO_2 回收率为 96.6%时，CO_2 产品为 $25340m^3/h$

③ 基本建设投资与操作费用。Selexol 法的基本建设投资及其操作费用与低能耗热钾碱法及活化 MDEA 法的比较，如表 1-3-42 所示。表中所列的两种 Selexol 方案，主要区别在于 CO_2 回收率不同。比较的基准为以天然气为原料日产 1000t 氨厂的变换气净化系统。基本建设投资按美国 1986 年第一季度的数据估算，误差 ±20%。Selexol 装置的费用包括低变炉后的热量回收与冷却系统。

表 1-3-42 基本建设投资与操作费用比较

基准：日产 1000t 氨厂变换气净化（天然气为原料）

指　　标	Selexol Ⅰ	Selexol Ⅱ	低能耗热钾碱	活化 MDEA
CO_2 回收率/%	96.6	99.5	99.5	96.0
H_2 回收率/%	99.9	99.9	数据缺	数据缺
基建投资/MM $	8.35	8.49	8.66	12.02
溶剂费用/MM $	已计及	已计及	数据缺	数据缺
总计/MM $	8.35	8.49	8.66+	12.02+
公用工程				
电力/kW	2446	2605	2060	1231
热负荷/kW	0.67	0.67	14.36	13.59
冷却水/(m^3/h)	829	829	1226	1090
操作费用/(1000 $ /a)				
电力	1743.5	1856.8	1468.4	877.5
热负荷	72.9	72.9	1552.3	1470.0
冷却水	121.4	121.4	179.6	159.7
补充溶剂	62.0	62.0	25.0	数据缺
总计/(1000 $ /a)	1998.8	2113.1	3225.3	2507.2+
操作费用/($ /t)	6.06	6.40	9.77	7.60+
基建投资/($ /t)	1.27	1.29	1.31+	1.82+
总计/($ /t 氨)	7.33	7.69	11.08+	9.42+

注：估价单位，美元

3.2.4.3 脱碳方法的选择

脱碳方法的选择，主要应考虑：A. 原料气的压力、流量，待脱除的酸性组分种类及其含量；B. 所要求的净化度或酸性组分的残余含量；C. 所要求的 CO_2 气产品的压力，CO_2 的纯度，CO_2 回收率，CO_2 气产品中 H_2 与溶剂蒸气的含量；D. 有用气体 H_2、N_2 等的损失情况；E. 溶剂的化学稳定性与热稳定性、腐蚀性、起泡性、毒性以及溶剂的来源与价格；F. 公用工程的消耗量；G. 操作的可靠性与操作弹性；H. 上、下工序的工艺流程安排、设备配置及其结构，以及操作条件。I. 全部基本建设投资。

总之，要根据基本建设投资，操作费用等整体的经济效益分析做出选择。根据原料气和净化气中各酸性组分的分压等条件选择净化方法的案例参见图 1-3-51 和图 1-3-52。

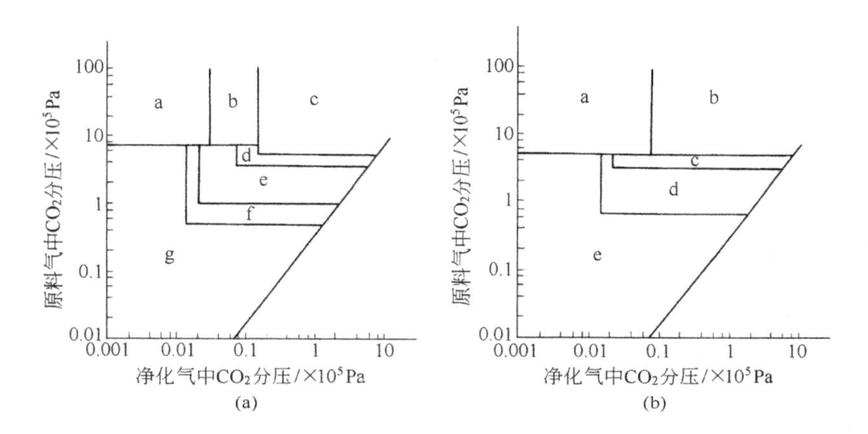

图 1-3-51 按酸性组分分压选择净化方法的案例

(a) 无 H_2S 时，净化方法的选择：

a—物理溶剂加胺；b—物理溶剂加胺或热钾碱加活化剂；c—物理溶剂；d—物理溶剂或热钾碱加活化剂；e—热钾碱加活化剂或浓胺；f—热钾碱加活化剂或胺；g—胺

(b) 同时脱除 H_2S 与 CO_2 时净化方法的选择：

a—高负荷胺（DEA），Selexol，Rectisol；b—物理溶剂；c—物理溶剂或二甘醇胺；d—热钾碱加活化剂，环丁砜，胺；e—胺，环丁砜

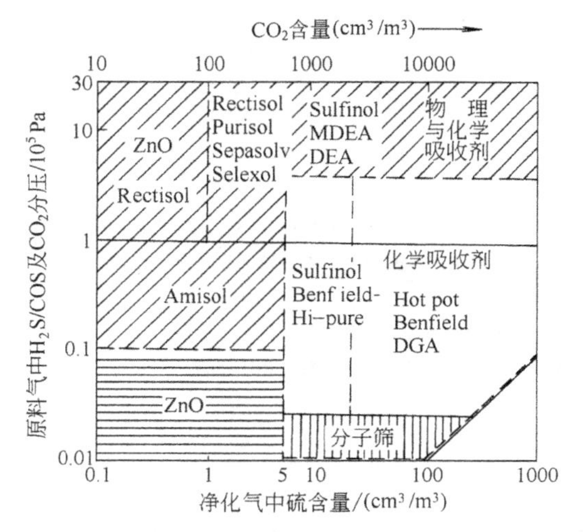

图 1-3-52 同时脱除 H_2S、COS 和 CO_2 时净化方法的选择

（英文名称译名见表 1-3-21）

当原料气中酸性组分的分压很低时，推荐选择干法吸附，如氧化锌法、活性炭法或分子筛法等。

参 考 文 献

1 Ullmann's Encyclopedia of Industrial Chemistry. 5th ed. Vol. A12. New York: VCH Publishers, 1989. 252
2 *Nitrogen*. 1997, (229): 37
3 Ullmann's Encyclopedia of Industrial Chemislry. 5th ed. Vol. B3. New York: VCH Publishers, 1989. 8-7
4 Jou F.Y. et al. *Ind. Eng. Chem. Process Des. Dev*. 1982, **21**(4): 539
5 Bartoo R.K. *Chem. Eng. Prog*. 1984, **80**(10): 35
6 Tosh J.S. et al. U.S. Bureau of Mines Report of Investigations. 1959. 5484
7 Bocard J.P. et al. *Hydrogen. Process*. 1962, **41**(4): 128
8 Danckwerts P.V. et al. *The Chemical Engineer*, 1966, **44**(202): 244
9 Shrier A.L. et al. *I.E.C. Fundamentals*, 1969, **8**(3): 415
10 *Nitrogen*. 1989, (180): 240
11 Xu G.W. et al. *Ind. Eng. Chem. Res*. 1992, **31**(3): 921
12 徐国文等. 化工学报. 1993, **44**(6): 677
13 Haimour N. et al. *Chem. Eng. Sci*. 1987, **42**(6): 1393
14 朱炳辰主编. 化学反应工程. 北京: 化学工业出版社, 1993. 201
15 王挹薇等. 华东化工学院学报. 1991, **17**(1): 39
16 王挹薇等. 化工学报. 1991, **42**(4): 466
17 张成芳等. 高校化学工程学报. 1994, **8**(1): 55
18 Xu G.W. et al. *Ind. Eng. Chem. Res*. 1995, **34**(3): 874
19 Ullmann's Encyclopedia of Industrial Chemistry. 5th ed. Vol. A12. New York: VCH Publishers, 1989. 253
20 Beaton C.F. et al. Physical Property Data for the Design Engineer. New York: Hemisphere Publishing Co., 1989.
21 Щендереи Е.Р. et al. *Хим. Пром*. 1959, (4): 50
22 Зельенсяии я. et al. *Газ. Пром*. 1960, (1): 42
23 Reid R.C., Prausnife J.M. and Poling B.E. The Properties of Gases and Liquids. 4th ed. New York: McGraw-Hill Book Company, 1987. 657
24 Щендерей Е.Р. et al. *Хим. Пром*. 1961, (5): 13
25 Зелбвенский Я.Д. et. al. *Газ. Пром*. 1960, (2): 47
26 Зелбвенский Я.Д. et. al. *Газ. Пром*. 1960. (10): 47
27 Косяков Н.Е. et al. *Хим. Пром*. 1991, (4): 36
28 Vetere A. *Fluid Phase Equilibria*. 1986, **28**(3): 265
29 张述伟等. 氮肥设计. 1994, **32**(1): 25
30 Гелбперий и.и. et al. *Газ. Пром*. 1961, (4): 39
31 Mohr V.H., Ranke G. *Chem. Eng. Prog*. 1984, (10): 27
32 Ullmann's Encyclopedia of Industrial Chemistry. 5th ed. Vol. A13. New York: VCH Publishers, 1989. 379
33 Shah VA, McFarland J. *Hydrocarbon. Processing*. 1988, **67**(3): 43
34 亢万忠. 大氮肥. 1998, **21**(1): 50
35 Lazalde-Crabtree H. et al. *AICHE J*. 1980, **26**(3): 462
36 沈浚主编. 化肥工学丛书. 合成氨. 北京: 化学工业出版社, 2001. 547

3.3 原料气的最终净化

3.3.1 概述

经 CO 变换和 CO_2 脱除后的原料气中尚含有少量残余的一氧化碳和二氧化碳。为了防止它们对氨合成催化剂的毒害，规定 CO 和 CO_2 总含量不得大于 $10cm^3/m^3$。因此，原料气在合成工序以前，还有一个最终净化的步骤。

由于CO不是酸性，也不是碱性的气体，在各种无机、有机液体中的溶解度又很小，所以要脱除少量CO并不容易。这个问题的解决，最初是引用气体分析以铜盐氨溶液测定一氧化碳的方法。以后，又研究成功了深冷分离法和甲烷化法。

① 铜氨液吸收法。这是在高压和低温下用铜盐的氨溶液吸收CO的方法。通常是先吸收CO并生成新的络合物，然后已吸收CO的溶液在减压和加热条件下再生。通常把铜氨液吸收CO的操作称“铜洗”，铜盐氨溶液称为“铜氨液”或简称“铜液”，净化后的气体称为“铜洗气”或“精炼气”。

② 深冷分离法。20世纪20年代以后，制氨原料扩大到焦炉气。在空气液化分离技术的基础上，在低温下逐级冷凝焦炉气中各个高沸点组分，最后用液体氮把少量CO和CH_4脱除。这是一个典型的物理方法，可以净化制得比铜洗法纯度更高的氢氮气。通常把用液体氮洗涤CO的操作称为“氮洗”。现在，此法主要用在焦炉气分离以及重油部分氧化、煤纯氧气化的制氨流程中。

③ 甲烷化法。这是60年代开发的新方法。虽然在催化剂上用氢气把一氧化碳还原成甲烷的研究工作早已完成，但因反应中要消耗氢气，生成无用的甲烷，所以此法只能适用于CO含量甚少的原料气，直到实现低温变换工艺以后，才为CO的甲烷化提供了条件。与铜洗法相比，甲烷化法具有工艺简单、操作方便、费用低的优点。

1965年以后，各国以天然气、石脑油为原料的新建氨厂几乎全用甲烷化法和深冷分离法代替铜氨液吸收法，而节能型的天然气制氨流程，在二段转化过程加入过量空气的，也可用深冷分离法脱除过量的氮。在以重油和煤为原料的部分氧化法大型装置，采用低温甲醇洗脱除CO_2后，也采用深冷分离法脱除残余的CO，但中国有相当多的中小型氨厂仍在继续使用铜氨液吸收CO。

3.3.2 铜氨液吸收法

铜氨液是铜离子、酸根及氨组成的水溶液。为了避免设备遭受腐蚀，工业上不用强酸，而用蚁酸、醋酸或碳酸等弱酸的铜氨溶液。

蚁酸亚铜在氨溶液中溶解度较大，亦即在单位体积的铜液中吸收CO能力大。但蚁酸易挥发，再生时容易分解而损失，需经常补充，以致提高了生产成本。碳酸铜氨液容易取得，合成氨原料气中的CO_2被吸收后便成碳酸，与铜氨溶液结合即成吸收液，但其缺点是溶液吸收能力差，而且净化后气体中残余的CO和CO_2较多。醋酸铜氨液的吸收能力与蚁酸铜氨液接近，且铜液组成比较稳定，再生时损失较少。所以国内铜氨液吸收法大多采用醋酸铜氨液。

3.3.2.1 铜氨液的组成

铜氨液组成比较复杂。以醋酸铜氨液为例，铜氨液由金属铜溶于醋酸、氨和水中而成，所用的水应该不含氯化物和硫酸盐，以免由于水质不纯而引起设备腐蚀。因为金属铜不易溶于醋酸和氨中，制备新铜氨液时必须加入空气，这样金属铜就被氧化为高价铜。其反应式如下：

$$2Cu + 4HAc + 8NH_3 + O_2 \longrightarrow 2Cu(NH_3)_4Ac_2 + 2H_2O \quad (1\text{-}3\text{-}115)$$

生成的高价铜再把金属铜氧化成低价铜。从而使铜逐渐溶解：

$$Cu(NH_3)_4Ac_2 + Cu \longrightarrow 2Cu(NH_3)_2Ac \quad (1\text{-}3\text{-}116)$$

铜液中各组分的作用如下。

(1) 铜离子

铜氨液内有低价铜与高价铜离子两种。前者以Cu $(NH_3)_2^+$ 形式存在，是吸收CO的活性组分；后者以$Cu(NH_3)_4^{2+}$形式存在，没有吸收 CO 的能力，但溶液内必须有它，否则就使反应式（1-3-116）向左进行而有金属铜析出。

低价铜离子含量与高价铜离子含量的总和称为“总铜”，用 T_{Cu}表示，$T_{Cu}=[Cu^+]+[Cu^{2+}]$，二者之比$\frac{Cu^+}{Cu^{2+}}$称为“铜比”，用 R 表示。从吸收 CO 角度来讲，低价铜含量应该高一些好，若以 A_{Cu}表示低价铜含量，则

$$\frac{A_{Cu}}{T_{Cu}}=\frac{Cu^+}{Cu^+ + Cu^{2+}}=\frac{RCu^{2+}}{RCu^{2+}+Cu^{2+}}=\frac{R}{R+1}$$

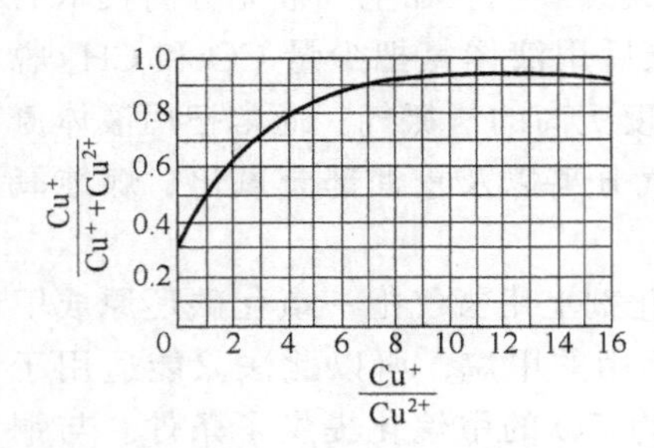

图 1-3-53　铜比与总铜内低价铜含量的关系

或 $A_{Cu}=\frac{R}{R+1}T_{Cu}$。即铜比一定时，铜液中低价铜含量与总铜含量成正比，并随着铜比的增加而增大。但是，铜液中的总铜量有一极限值，这个极限值可由铜在铜液内的溶解度决定。不同的铜比与总铜内低价铜含量的关系如图 1-3-53 所示。

由图可知，铜比较低时，提高铜比，低价铜浓度显著增加。但当铜比超过 10 时已不显著。而铜比很高，又会按式（1-3-116）向左进行生成金属铜沉淀。因此，这里还存在着一个极限铜比（用 R_M 表示）的问题，而 R_M 是随 T_{Cu}增大而减小的，计算结果[1]列入表 1-3-44。

总铜一般维持 2.2～2.5mol/L。由表 1-3-43 可见，极限铜比应在 8～10 之间。但实际生产中为了有较高的吸收能力，同时又要防止金属铜的析出，铜比一般控制在 5～8 范围内。

表 1-3-43　极限铜比与总铜的关系

总铜/(mol/L)	0.5	1	1.5	2	2.5	3	3.5
极限铜比	37.4	18.5	12.6	9.69	8.06	6.17	5.88

低价铜离子无色，高价铜离子显蓝色。由于铜氨液中同时存在两种离子，所以铜氨液呈蓝色。高价铜离子越多，铜氨液颜色就越蓝。操作中可以从铜氨液颜色来判断铜比的高低。

（2）氨

氨也是铜氨液中的主要组分，它以络合氨、固定氨和游离氨三种形式存在。

所谓“络合氨”，就是与低价铜、高价铜络合在一起的氨。所谓“固定氨”，就是与酸根结合在一起的氨，例如：NH_4Ac、$(NH_4)_2CO_3$ 中的铵离子。所谓“游离氨”，就是物理溶解状态的氨。这三种氨量之和称为“总氨”。由于络合氨和固定氨的值随铜离子及酸根而定，所以总氨增加，游离氨也增加。

因为原料气中含有 CO_2，而 CO_2 在溶液中与 NH_3 可建立下列反应的平衡：

$$NH_3+CO_2+H_2O \rightleftharpoons NH_4^+ + HCO_3^- \quad (1\text{-}3\text{-}117)$$

$$NH_3+HCO_3^- \rightleftharpoons NH_2COO^- + H_2O \quad (1\text{-}3\text{-}118)$$

$$NH_3+HCO_3^- \rightleftharpoons NH_4^+ + CO_3^{2-} \quad (1\text{-}3\text{-}119)$$

所以，CO_2 在溶液中可以有 CO_3^{2-}、HCO_3^- 及 NH_2COO^- 三种形式离子存在，但以何者为主要，说法尚不一致。有的认为主要是以 CO_3^{2-} 形式[2]，也有的认为主要是以 HCO_3^- 形式存在[3]，还有的认为主要是以 NH_2COO^- 形式存在，并由反应式（1-3-118）的平衡常数

K 计算得到证明。

$$K=\frac{[NH_2COO^-]}{[NH_3]_{游}[HCO_3^-]} \tag{1-3-120}$$

不同温度下的 K 值列于表 1-3-44[4]。

表 1-3-44　不同温度下式（1-3-116）的 K 值

温度/℃	20	40	60	80	90
K	3.4	2.2	1.5	1.1	0.95

在 20℃时，反应式（1-3-117）的平衡常数 K 为 3.4，只要（NH_3）$_{游}$ >0.3mol/L，由式（1-3-120）知（NH_2COO^-）>1mol/L。实际生产中，铜液吸收温度比 20℃低，而游离氨保持 2mol/L 左右，则 NH_2COO^- 的形式可以占多数。

由于铜氨液中有游离氨存在，因而具有强烈的氨味。

铜氨液对人的眼睛有强烈的伤害作用，操作时应严加防护。

（3）醋酸

不论何种铜氨液，溶液中的络离子$Cu(NH_3)_2^+$、$Cu(NH_3)_4^{2+}$ 都需要酸根与之相结合。为了确保总铜含量，醋酸铜氨液中需有足够的醋酸。操作中醋酸含量以超过总铜含量10%～15%较为合适，一般选用 2.2～3.0mol/L，但有些工厂提高到 3.5mol/L。

（4）残余的 CO 和 CO_2

铜液再生后，总还有少量 CO 和 CO_2 存在。为了保证铜液吸收 CO 的效果，要求再生后的铜液中 CO<0.05m^3/m^3 铜液，CO_2<1.5mol/L。

中国工厂所用醋酸铜氨液的组成列于表 1-3-45。

表 1-3-45　醋酸铜氨液的组成/(mol/L)

组　分	总铜	低价铜	高价铜	铜比	总氨	醋酸	二氧化碳	一氧化碳
范　围	2.0～2.6	1.8～2.2	0.3～0.4	5～7	9～11	2.2～3.5	<1.5	<0.051
碳化流程	2.37	2.04	0.33	6.2	9.14	2.27	0.96	—
水洗流程	2.37	2.04	0.33	6.2	10.1	2.27	1.74	—

铜氨液的物理性质和其组成有关。铜氨液的密度、比热容、粘度等理化数据可参阅文献[5]。

3.3.2.2　铜氨液吸收一氧化碳的基本原理

不论何种铜氨液，吸收一氧化碳的反应都按下式进行：

$$Cu(NH_3)_2^+ + CO + NH_3 \rightleftharpoons Cu[(NH_3)_3CO]^+ + 52754kJ \tag{1-3-121}$$

这是一个包括气液相平衡和液相中化学平衡的吸收反应。

（1）吸收一氧化碳反应的平衡

在铜氨液吸收 CO 的过程中，平衡关系要考虑气液相平衡和液相中的化学平衡，因为溶液是非理想的，反应式（1-3-121）的平衡常数 K 需用活度或活度系数来表示。

$$\begin{aligned} K &= \frac{\alpha_{Cu[(NH_3)_3CO]^+}}{\alpha_{Cu(NH_3)_2^+}\cdot\alpha_{co}\cdot\alpha_{NH_3}} \\ &= \frac{c_{Cu[(NH_3)_3CO]^+}}{c_{Cu(NH_3)_2^+}\cdot c_{CO}\cdot c_{NH_3}}\times\frac{\gamma_{Cu[(NH_3)_3CO]^+}}{\gamma_{Cu(NH_3)_2^+}\cdot\gamma_{CO}\cdot\gamma_{NH_3}} \end{aligned} \tag{1-3-122}$$

式中　α——各组分的活度；

c——各组分的含量；

γ——各组分的活度系数。

设
$$K_\gamma=\frac{\gamma_{Cu[(NH_3)_3CO]^+}}{\gamma_{Cu(NH_3)_2^+}\cdot\gamma_{CO}\cdot\gamma_{NH_3}} \tag{1-3-123}$$

并设一氧化碳的溶解遵守亨利定律，即
$$C_{co}=Hp_{co} \tag{1-3-124}$$

式中　p_{co}——铜氨液上方的CO平衡分压；

H——亨利系数。

将式（1-3-123）和（1-3-124）代入式（1-3-122），得
$$K=\frac{c_{Cu[(NH_3)_3CO]^+}}{c_{Cu(NH_3)_2^+}\cdot Hp_{CO}\cdot c_{NH_3}}\times K_\gamma$$

令
$$K'=\frac{KH}{K_\gamma}=\frac{c_{Cu[(NH_3)_3CO]^+}}{c_{Cu(NH_3)_2^+}\cdot c_{NH_3}\cdot p_{co}} \tag{1-3-125}$$

式中　K'——综合了气液相平衡和化学平衡的总平衡常数，它与温度、铜氨液性质和组成有关，其函数式[6]如下：
$$\lg K'=\frac{-\Delta H}{2.3RT}=0.040J-C \tag{1-3-126}$$

式中　ΔH——络合物的反应热；

R——气体常数；

J——铜氨液的离子强度，或 $J=\frac{1}{2}\sum_i C_iZ_i^2$，$C_i$ 为第 i 种离子的含量，Z_i 为第 i 种离子的价数；

C——常数。

（2）铜氨液的吸收能力

铜氨液吸收CO的过程，即$Cu(NH_3)_2^+$ 逐渐转变为 $Cu[(NH_3)_3CO]^+$的过程，由式（1-3-124）可以计算出铜液的吸收能力。

设 A 为铜液中低价铜盐的浓度 mol/L；B 为吸收前铜氨液中游离氨的浓度，mol/L；m 为吸收达到平衡时每摩尔离子$Cu(NH_3)_2^+$ 转变为 $Cu[(NH_3)_3CO]^+$的分数、即每摩尔低价铜离子吸收CO的摩尔数（$m<1$）。铜氨液中各组分含量关系如表1-3-46。

表1-3-46　铜氨液各组分含量的关系

组分 / 含量	$Cu(NH_3)_2^+$	NH_3	$Cu[(NH_3)_3CO]^+$
原始时	A	B	0
平衡时	$A-Am$	$B-Am$	Am

将以上各组分的含量代入式（1-3-125），得
$$K'=\frac{KH}{K_r}=\frac{Am}{A(1-m)(B-Am)p_{co}}$$
$$=\frac{m}{(1-m)(B-Am)p_{co}} \tag{1-3-127}$$

根据式（1-3-126）和（1-3-127）可计算出达到平衡时铜液吸收的 CO 与一氧化碳平衡分压、温度及铜液组成之间的关系。

当 $B \gg Am$，可视为 $B - Am \approx B$，因而可把 K' 与 $B - Am$ 两项合并为一个系数 α，于是式（1-3-127）可简化为

$$\alpha = \frac{m}{(1-m)p_{co}}$$

或
$$m = \frac{\alpha p_{co}}{1+\alpha p_{co}} \tag{1-3-128}$$

式中　α——吸收系数，它随铜氨液组成及温度而定。表 1-3-45 所列两种流程中醋酸氨液的 α 值示于图 1-3-54。

规定单位体积铜液所能吸收 CO 的体积数为“吸收能力”，单位一般用 m^3/m^3，它代表铜液吸收 CO 达到平衡时吸收 CO 的量，常以 V_{co}来表示。V_{co}与 m 的关系为

$$V_{co} = 22.4Am \tag{1-3-129}$$

把式（1-3-128）代入式（1-3-129），得吸收能力计算式

$$V_{co} = 22.4A\left(\frac{\alpha p_{co}}{1+\alpha p_{co}}\right) \tag{1-3-130}$$

由式（1-3-130）可知，铜液吸收 CO 的能力随 A、α、p_{co}的增大而提高，但 α 随温度的升高而降低。因此，增大低价铜含量、降低温度和提高压力都能增大铜液的吸收能力。

应该注意，操作中 CO 吸收只达平衡时的 60%～70%。所以，实际吸收能力低于按式（1-3-130）计算的结果。

(3) 铜洗气中 CO 残留量

经铜液吸收后，铜洗气中 CO 残留量或其含量 y_{co}可用下式表示：

$$y_{co} = \frac{p_{co}^*}{p} \tag{1-3-131}$$

式中　p_{co}^*——达平衡时铜洗气中 CO 分压；

p——系统的总压。

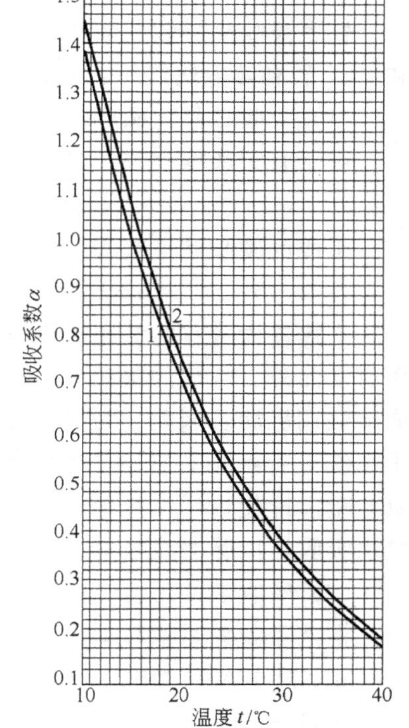

图 1-3-54　醋酸铜氨液的吸收系数 α 值

1—碳化流程；2—水洗流程

已知氢氮混合气进入合成系统时，要求 CO 和 CO_2 总含量低于 $10cm^3/m^3$。铜洗气中 CO 分压 p_{co}^*由关系式（1-3-128）和（1-3-131），得

$$y_{co} = \frac{p_{co}^*}{p} = \frac{m}{\alpha p(1-m)} \tag{1-3-132}$$

此 y_{co}值就是铜洗气中 CO 含量的最低值。由此可知，铜洗气中 CO 残留量随着温度降低、压力增高和铜液中残余 CO 量的减少而减少。

实际生产中 CO 吸收不能达到平衡。为了防止铜洗气中 CO 含量过高，除了选用较低温度、较高压力外，还应要求再生后铜液中残余 CO 含量低。

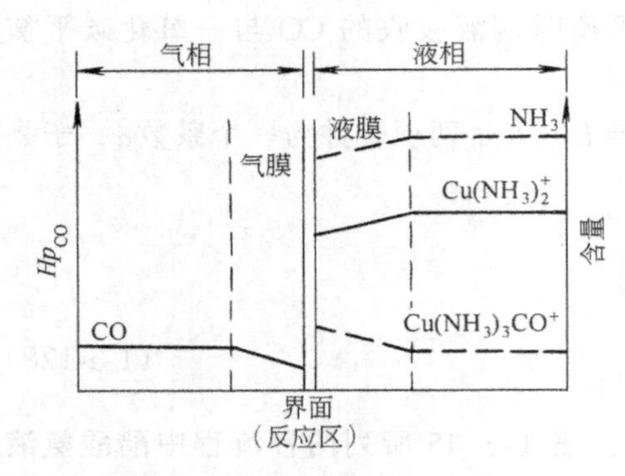

图 1-3-55　铜氨液吸收 CO 机理示意图

(4) 铜液吸收 CO 的反应速率

铜液吸收 CO 的反应为瞬间可逆反应，其吸收机理仍按双膜理论。如图 1-3-55 所示，CO 自气相主体通过气膜扩散到气液两相界面，$Cu(NH_3)_2^+$ 和 NH_3 则从液相主体通过液膜扩散到气液两相界面。由于反应式（1-3-121）是一个飞速的化学反应，在两相界面上就可建立反应平衡，生成的 $Cu[(NH_3)_3CO]^+$ 从两相界面扩散回液相主体。

据研究[6]，当游离氨浓度较大时，影响吸收速率的主要是气膜阻力。

3.3.2.3　铜氨液吸收二氧化碳、氧和硫化氢

铜氨液除能吸收一氧化碳外，还可以吸收二氧化碳和硫化氢，所以铜洗是脱除少量 CO 和 CO_2 的有效方法之一，而且在铜洗流程中也可以起到脱除硫化氢的最后把关作用。

(1) 吸收二氧化碳的反应

由于有游离氨存在，吸收 CO_2 的反应如下：

$$2NH_4OH + CO_2 = (NH_4)_2CO_3 + H_2O - 41356kJ \quad (1\text{-}3\text{-}133)$$

生成的碳酸铵继续吸收 CO_2 而生成碳酸氢铵：

$$(NH_4)_2CO_3 + CO_2 + H_2O = 2NH_4HCO_3 - 70128kJ \quad (1\text{-}3\text{-}134)$$

上述反应进行时放出大量热量，使铜液温度上升，从而影响吸收能力，同时还要消耗游离氨。此外，生成的碳酸铵和碳酸氢铵在低温时容易结晶，甚至当醋酸和氨不足时，还会生成碳酸铜沉淀。因此，为了保证铜洗操作能正常进行，就需保持有足够的醋酸和氨含量。对于水洗 CO_2 流程，进铜洗系统的原料气中 CO_2 含量可高达 2%，更应注意维持较高的醋酸和氨含量。即使这样，经铜洗后的气体中 CO_2 仍有可能高达 $150cm^3/m^3$，还需在铜洗后加设氨水吸收塔以除去残余的 CO_2。

(2) 吸收氧的反应

铜液吸收氧是依靠低价铜离子的作用：

$$4Cu(NH_3)_2Ac + 4NH_4Ac + 4NH_4OH + O_2 = 4Cu(NH_3)_4Ac_2 + 6H_2O - 113729kJ \quad (1\text{-}3\text{-}135)$$

这是一个不可逆的氧化反应，能够很完全的把氧脱除。但在吸收氧后，低价铜氧化成高价铜，1mol 氧可以使 4mol 的低价铜氧化，因此铜比会下降，而且还消耗了游离氨。所以，当原料气中氧含量过高时，能出现铜比急速下降的情况。水洗流程必须严加注意，因为溶解在水中的氧将会在水洗塔中逸出，反而使出塔原料气中氧含量增加。为此，水洗流程中注意防止铜比下降就成为一个十分重要的问题。

(3) 吸收硫化氢的反应

铜液吸收 H_2S 是依靠游离氨的作用：

$$2NH_4OH + H_2S = (NH_4)_2S + 2H_2O \quad (1\text{-}3\text{-}136)$$

而且溶解在铜液中的 H_2S，能与低价铜进行下列反应生成溶解度很小的硫化亚铜沉淀：

$$2Cu(NH_3)_2Ac + 2H_2S = Cu_2S\downarrow + 2NH_4Ac + (NH_4)_2S \quad (1\text{-}3\text{-}137)$$

因此，在铜液除去 CO 的同时，也有脱除 H_2S 的作用。但当原料气中 H_2S 含量过高，由于生成 Cu_2S 沉淀，易于堵塞管道、设备，还会增大铜液粘度和使铜液发泡。这样既增加铜

耗，又会造成带液事故。为此，要求进铜洗系统的 H_2S 含量愈低愈好。

总之，在正常生产情况下，铜液吸收 CO_2、O_2 及 H_2S 处于次要矛盾地位，但在特殊情况或处理不当时，往往会使次要矛盾上升为主要矛盾。因此，对进入铜洗系统的 CO_2、O_2、H_2S 含量必须予以足够重视。

3.3.2.4 铜洗操作条件

用铜液将 CO 脱除到符合要求的含量是不成问题的。在吸收操作中需要考虑的是选定适宜的条件及铜液组成，以达到基本上能脱除 CO_2 而又不妨碍 CO 的脱除，同时还要防止系统内产生沉淀。如前所述，在铜液组成一定条件下，降低温度、增加压力，对铜液吸收是有利的。

（1）压力

由式（1-3-131）可知，铜液吸收能力与 CO 分压有关。在 CO 含量一定时，提高系统压力，CO 分压也随之增加。从图 1-3-56 看出，在一定温度下，吸收能力随 CO 分压增加而增加，但超过 0.5MPa 后，吸收能力随 CO 分压的升高而增大的效果已不显著。而过高压力操作会增大输送铜液的动力消耗，吸收设备的耐压强度也要增大。所以在这种情况下脱除 CO 并不经济。在不采用低温变换的净化流程中，进塔气体中 CO 含量一般为 3%～4%，因此，实际生产多在 12～15MPa 压力下操作。

（2）温度

降低铜液吸收温度，既可提高吸收能力，又有利于铜洗气中 CO 含量的降低。

由图 1-3-56 可知，在一定 CO 分压下，温度愈低，吸收能力愈大，这是因为 CO 在铜液中的溶解度随温度的降低而增加。同时，铜液上方的 CO 平衡分压随温度的降低而减少，这样又有可能降低铜洗气中 CO 含量。温度与铜洗气 CO 含量关系如图 1-3-57 所示，此图试验条件为：铜液中总氨与总铜之比为 3.83，原料气中 CO 含量 2.88%，气液比 55.6～37.2，接触时间 3.94s。由图 1-3-57 可见，当温度超过 15℃ 以后，铜洗气中 CO 含量升高甚快。

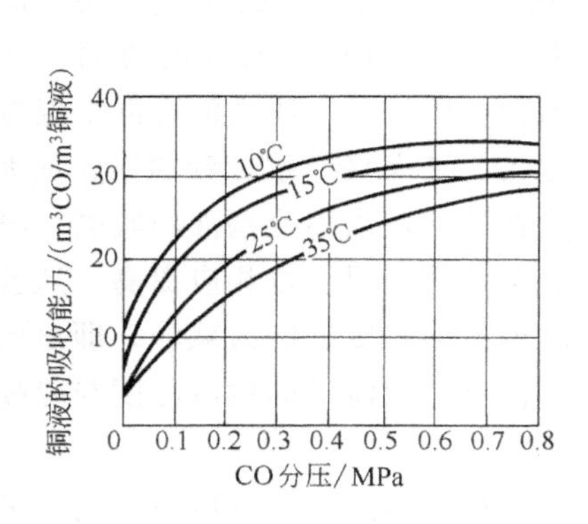

图 1-3-56 压力和温度对铜液吸收能力的影响

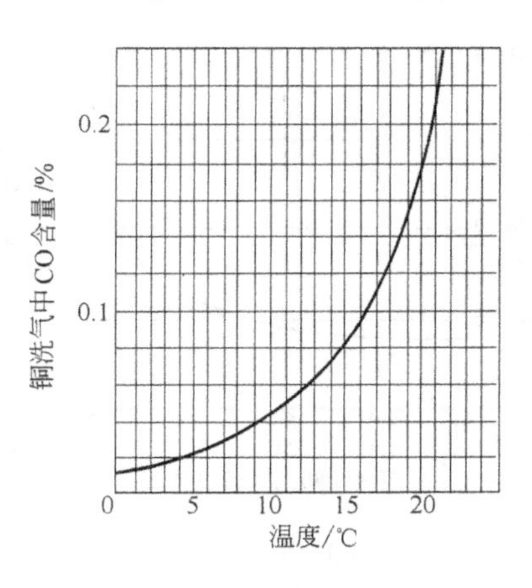

图 1-3-57 温度与铜洗气中 CO 含量的关系

铜液吸收 CO、CO_2 等气体都是放热反应，所以，在塔中的铜液温度是随着吸收的进行而升高的，一般约升高 15～20℃。理论上铜液进塔的温度应该低一些好，但温度过低，铜液粘度将增加很多，同时还有可能析出碳酸氢铵堵塞设备，从而增加系统阻力。因此，温度又不能过低，一般以 8～12℃ 为宜。

3.3.2.5 铜氨液的再生

为了使吸收 CO、CO_2、O_2 后的铜液能循环使用，必须经过再生处理。铜液的再生比吸收复杂，因为再生过程不仅是把吸收的 CO、CO_2 完全解吸出来，而且要把被氧所氧化成的那部分高价铜还原成低价铜以恢复到适宜的铜比。此外，铜液在使用过程中所消耗的氨和铜在再生时加以补充，将氨的损失控制到最低。

(1) 再生的化学反应

铜液再生是在低压和加热下按反应式（1-3-121）和式（1-3-117）的逆向进行

$$Cu[(NH_3)_3CO]^+ \longrightarrow Cu(NH_3)_2^+ + CO\uparrow + NH_3\uparrow \tag{1-3-138}$$

$$NH_4HCO_3 \longrightarrow NH_3\uparrow + CO_2\uparrow + H_2O\uparrow \tag{1-3-139}$$

除此以外，还有高价铜还原成低价铜，但它不是低价铜氧化反应的逆过程，而是利用 CO 在一定温度下与低价铜作用，将低价铜还原成金属铜，然后金属铜与高价铜作用再被氧化成低价铜，其反应式如下：

$$2Cu(NH_3)_2Ac + CO + H_2O \longrightarrow 2Cu\downarrow + CO_2\uparrow + 2NH_3\uparrow + NH_4Ac \tag{1-3-140}$$

或简记为 $Cu^+ \xrightarrow{CO,\ H_2O} Cu\downarrow$

反应式（1-3-140）好比是溶解 CO 的燃烧过程，故称为湿法燃烧反应。

因此，铜液再生还同时包括还原过程。

(2) 再生的操作条件

铜液中 CO 残余量是再生操作的主要指标之一。影响 CO 残余量的因素有压力、温度和铜液在再生器内停留时间等。

① 再生压力。降低再生系统压力对 CO、CO_2 气体解吸有利。但在减压下真空再生，流程与操作都比较复杂，因此多用常压再生。通常只要保持再生器出口略有压力，以使再生气能够克服管路和设备阻力达到回收系统即可。

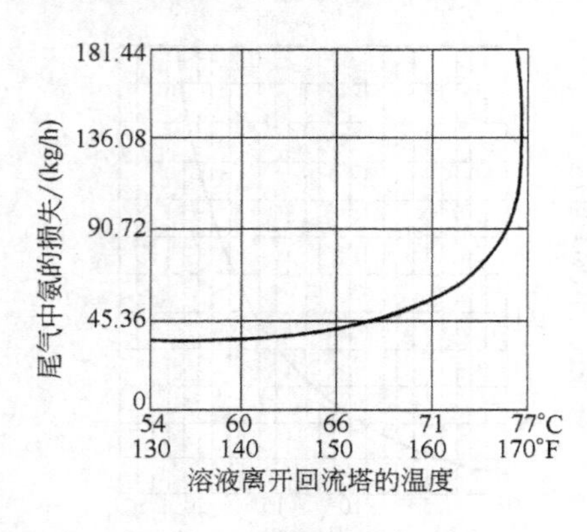

图 1-3-58 离开回流塔的铜液温度与氨损失的关系

② 再生温度。温度对于再生影响很大，提高温度，可使反应（1-3-138）、（1-3-139）的速度加快，同时在较高的温度下，反应（1-3-140）也是很快的，从而有利于 CO、CO_2 全部解吸出来。但过高的再生温度，氨和醋酸的蒸汽压增大，结果将导致二者的损失加大。由于再生气中的氨是在回流塔内用冷铜液回收的，再生温度高时，回流塔底出口铜液温度也相应提高，这就使回流塔顶喷淋下来的铜液回收氨的能力减弱，即氨的损失增大。据工厂数据，离开回流塔的铜液温度与氨损失的关系如图 1-3-58 所示。

但是再生温度高低与压力有关。压力一定，最高再生温度也不会超过铜液的沸点。所以，在兼顾铜液再生及氨的损失的条件下，接近沸腾情况的常压再生温度以 76～80℃ 为宜，而离开回流塔的铜液温度不应超过 60℃。

③ 再生时间。铜液在再生器内的停留时间即为再生时间。据文献报道，在 79℃ 以下单凭反应式（1-3-138）尚不能将 CO 彻底赶完，还需依靠反应（1-3-140）把 CO 氧化为 CO_2。这样，就需铜液在再生器内有一定的停留时间和蒸发面积。表 1-3-47 列出了 77℃ 时铜液上

方 CO 分压与再生停留时间的关系[8]。

表 1-3-47 温度 77℃ 时铜液上方 CO 分压与再生停留时间的关系

时间/min	0	10	20	30	60
CO 分压/kPa	3	2.5	0.8	0.2	0.1

由表可见，停留时间愈长，铜液再生愈完全。实际生产中，铜液在再生器内停留时间不要低于 20min。停留时间由再生器的容积和铜液的循环量决定。在铜液循环量一定时，铜液的停留时间，用再生器的液位来控制，一般以控制在$\frac{1}{2}$～$\frac{2}{3}$高度比较合适。

(3) 还原操作条件

前面讲到，只要原料气中有氧存在，铜液吸收过程中低价铜含量就会下降、高价铜含量就会上升。尽管不同的脱碳方法，原料气含氧量可以不同，但在溶液再生时都有一个被氧化的那部分铜需要还原的问题，办法就是利用溶解态的 CO 把高价铜还原。

溶解态 CO 只是高价铜还原的必要条件，关键却是反应 (1-3-135) 的还原速度。表 1-3-48 为 65℃ 时还原时间与铜比的关系。

表 1-3-48 温度 65℃ 时还原时间与铜比的关系

还原时间/h	0	0.5	1	1.5
铜比$\frac{Cu^{+}}{Cu^{2+}}$	3.	9.69	11.42	12.11

影响高价铜还原速度的因素如下。

① 还原温度。同绝大多数的反应一样，反应 (1-3-140) 的速度随温度的升高而加快。但温度过高，溶解的 CO 迅速解吸，这样反而减弱了高价铜的还原。所以，在一定温度范围内，提高温度，可加快还原速度，超过某一温度，却对还原不利。实际操作时，采用 55～65℃ 为宜。

② 高价铜和液相中的 CO 含量。实验结果表明，反应 (1-3-140) 的速度与高价铜和液相中的 CO 含量的乘积成正比，即属于二级反应，所以提高高价铜含量及液相中的 CO 含量都会增快还原速度，但在总铜浓度一定时，提高高价铜含量，就意味着低价铜含量降低，这样却又降低了铜液对 CO 的吸收能力。由于液相中 CO 含量是高价铜还原一个重要因素，它与铜液还原前的温度 (即离开回流塔的铜液温度) 有关，工厂数据示于表 1-3-49 中。

表 1-3-49 离开回流塔铜液温度与 CO 含量的关系 (进塔时 CO 含量 10L/L)

温度/℃	52	54	56	58	60
CO 含量/(L/L)	5.2	4.3	3.4	2.6	1.7

由表可知，随着回流塔出口铜液温度的提高，铜液中 CO 含量减少。因此，回流塔中 CO 解吸量将直接影响铜比的高低。操作中可通过调节回流塔出口铜液温度来控制铜比，而这个温度高低则与铜液再生温度有关。一般情况下，再生温度每提高 1℃，回流塔出口铜液温度可提高 2℃，所以控制再生温度是控制回流塔 CO 解吸和调节铜比的重要手段。

有时，在生产中会碰到高价铜还原过度、铜比过高的情况，为使系统中保持适宜的铜比，可加入空气直接使一部分低价铜氧化为高价铜。

3.3.2.6 工艺流程

铜洗流程由吸收和再生两个部分组成。在流程中必须考虑如下因素。

① 再生过程氨的回收。再生是在加热条件下进行，使氨易于挥发。流程中多采用回流塔进行氨的回收，未回收的少量氨于塔后设水吸收塔吸收。尽管如此，氨仍有损耗，只有在流程中适当部位加氨补充。

② 再生气的处理。再生气中含有CO应加以回收，一般送往变换系统。

③ 能量回收。吸收在高压下操作，再生在常压下进行，将CO吸收后的铜液减压时可回收一部分能量。铜液再生需加热到76～78℃，而吸收在8～12℃进行，这样可利用铜液余热进行换热。

④ 回流塔、再生器和还原器位置的安排。回流塔的作用是回收再生过程放出的氨，预热铜液和使铜液中的大部分CO在此解吸。再生器的作用是使铜液中的络合物完全分解和CO、CO_2全部解吸。还原器的作用是加热铜液，利用溶解的CO将一部分高价铜还原为低价铜。铜液再生的路线按照回流塔、还原器、再生器依序进行，生产中多将三个设备叠合在一起，而把回流塔放在最上面、再生器居中，还原器置于最低位置。这是因为回流塔将从再生器解吸的氨加以回收并先使铜液中一部分CO、CO_2解吸，所以把它放在还原器之上，同时因位置较高，再生完毕的铜液自动流入水冷器。

⑤ 铜液的清理。吸收过程中可能产生沉淀，也可能从铜液泵中带来油污而将铜液玷污。若铜液在吸收塔前不加清理，有可能引起铜液吸收塔堵塞，发生带液和出塔气体中微量指CO不合格。有的流程在铜液泵前设置过滤设备来处理铜液。

⑥ 不同脱碳方法所引起的特殊问题。采用水洗流程时，原料气中CO_2和O_2含量稍高，铜洗以后的气体中CO_2可能高达150cm^3/m^3。这样，需加设碱洗（用氢氧化钠溶液）或氨洗（用稀氨水）进一步除去CO_2。由于氧高，会使铜比降低，这就需要再生时提供有利于高价铜还原的条件。对碳化流程的小厂则是另一情况，因为进铜洗系统的CO_2和O_2含量都较低，经过铜洗后，CO和CO_2含量一般都可合乎要求，这样在流程设计与操作中可以和水洗流程有所区别。

现在中国绝大多数的小型氨厂仍在用铜洗法，其典型流程示于图1-3-59。

脱碳后，压缩到12MPa以上的原料气经过油分离器除去油分，送入铜洗塔底部，气体在塔内与塔顶喷淋下来的铜液逆流接触，CO、CO_2、O_2及H_2S被铜液吸收，精制后的氢氮混合气从塔顶出来，经铜液分离器除去夹带的铜液，送往压缩。

铜液由泵加压至12MPa以上打入铜洗塔，吸收了CO等气体后，由塔底经减压后，送往回流塔顶部，向塔内喷淋，在回流塔内吸收了大部分的氨和热量，从回流塔的下侧流出，再生气从回流塔顶部出塔，放空或用水吸收后，送往变换系统。

根据铜比的高低，铜液进入还原器的下加热器底部（此路称主线）或上加热器底部（此路称副线），铜液先在下加热器加热至60℃左右，以调节铜比，经上加热器加热至76～78℃后进入再生器，在此停留约15min，温度维持在78℃左右，以保证CO、CO_2全部解吸出来。若铜比过高，在用温度调节还不能恢复铜比时，可在还原器底部加入压缩空气以调节之。

再生后的铜液，根据含铜量高低决定其流动路线，如总铜含量低，先经化铜桶溶化一些金属铜以提高总铜，再进入水冷器用水冷却，如总铜符合要求，铜液就可由近路管直接去水冷器，再经铜液过滤器滤去杂质，然后进入氨冷却器，利用液氨蒸发吸热，使铜液温度降低到8～12℃，然后经泵加压送往铜洗塔循环使用。

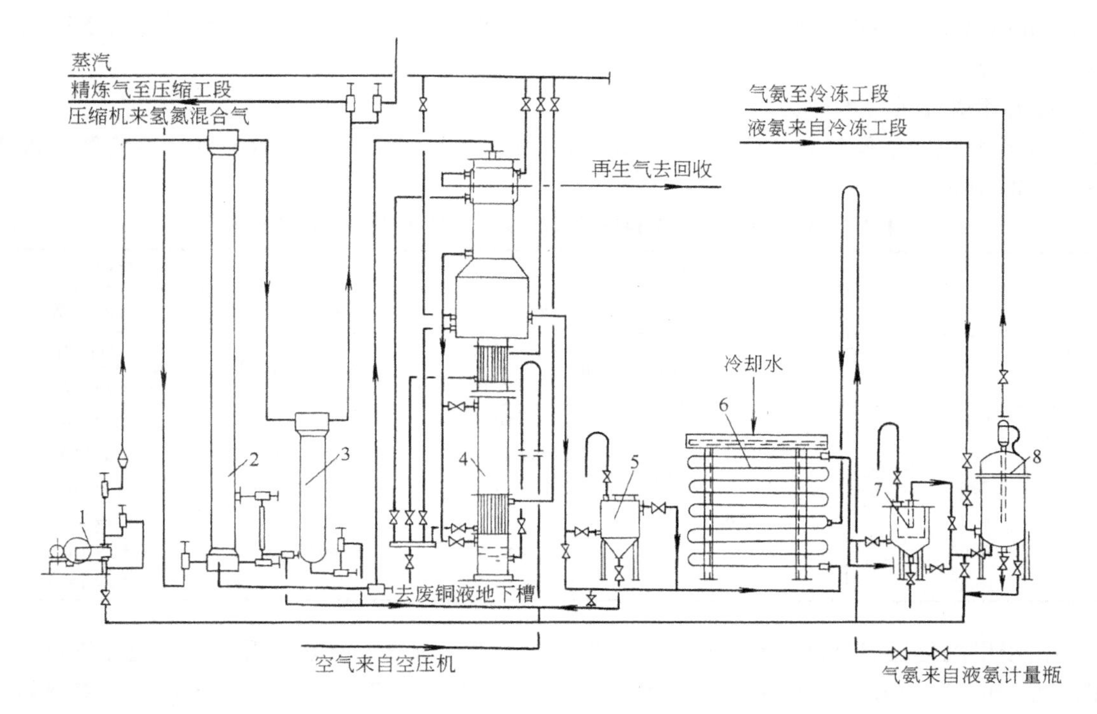

图 1-3-59　铜氨液吸收和再生流程

1—铜液泵；2—铜洗塔；3—铜液分离器；4—再生塔；5—化铜桶；6—水冷却器；7—过滤器；8—氨冷却器

在循环过程中铜液损失的一部分氨，在水冷却器后或中间部位用气氨补充。在中间部位补充氨可以增大吸氨效率。

3.3.3　甲烷化法

甲烷化法是在催化剂存在下使少量CO、CO_2与氢反应生成CH_4和H_2O的一种净化工艺。甲烷化法可将气体中碳的氧化物（$CO+CO_2$）的含量脱除到$10cm^3/m^3$以下。根据所用催化剂的不同，由于床层绝热温升的限制，入口原料气中的碳的氧化物的含量（体积分数）一般应小于0.7%。20世纪60年代初开发了低温变换催化剂以后，为这种操作方便、费用低廉的甲烷化工艺提供了应用的条件。

3.3.3.1　基本原理

(1) 化学反应

碳的氧化物与氢的反应如下。

$$CO+3H_2 = CH_4+H_2O \tag{1-3-141}$$

$$\Delta H_{298}^{\ominus} = -206.16 kJ/mol\ CO$$

$$CO_2+4H_2 = CH_4+2H_2O \tag{1-3-142}$$

$$\Delta H_{298}^{\ominus} = -165.08 kJ/mol\ CO_2$$

在一定条件下，还有以下副反应发生。

$$2CO = C+CO_2 \tag{1-3-143}$$

此外，CO也会与催化剂中的镍反应成羰基镍：

$$Ni+4CO = Ni(CO)_4 \tag{1-3-144}$$

从脱除碳的氧化物的角度，希望反应（1-3-141）和（1-3-142）进行，而副反应（1-3-

143）和(1-3-144)不进行或进行很少。也就是说，在选择操作条件时，必须考虑力求有利于甲烷化的反应。

（2）甲烷化反应的热力学

① 热效应和平衡常数。反应式（1-3-141）和式（1-3-142）的热效应和平衡常数，列于表 1-3-50 中。

表 1-3-50　反应式（1-3-141）和式（1-3-142）的热效应和平衡常数

温度/K	$CO+3H_2$ ══ CH_4+H_2O		CO_2+4H_2 ══ CH_4+2H_2O	
	热 效 应	平 衡 常 数	热 效 应	平 衡 常 数
	$-\Delta H$/kJ/kmol	$K_p=\dfrac{p_{CH_4}p_{H_2O}}{p_{CO}p_{H_2}^3}$	$-\Delta H$，kJ/kmol	$K_p=\dfrac{p_{CH_4}p_{H_2O}^2}{p_{CO_2}p_{H_2}^4}$
500	214711.66	1.6×10^9	174853.33	8.69×10^7
600	217973.18	1.98×10^6	179061.06	7.30×10^4
700	220656.92	3.72×10^3	182762.19	4.13×10^2
800	222796.38	3.21×10	185944.16	7.936
900	224454.35	7.66×10^{-1}	188648.83	3.51×10^{-1}
1000	225681.08	3.78×10^{-2}	190884.59	2.74×10^{-2}

由于甲烷化反应是强放热反应，催化剂床层会产生显著的绝热温升。若反应器进口气体组成为：0.4% CO，0.05% CO_2，0.45% CH_4，74.5% H_2，24.3% N_2，0.3% Ar，绝热温升的数值为

1%CO……………72℃

1%CO_2…………59℃

反应器中催化剂床层的总温升可由下式计算：

$$\Delta T=72\ [CO]_\lambda+59\ [CO_2]_\lambda \tag{1-3-145}$$

式中　ΔT——反应器的总温升，℃；

$[CO]_\lambda$、$[CO_2]_\lambda$——分别为进口气中 CO、CO_2 的体积分数，%。

此外，以煤为原料，气化所得的粗原料气含有氧时，每 1%O_2 的绝热温升值为 159℃。

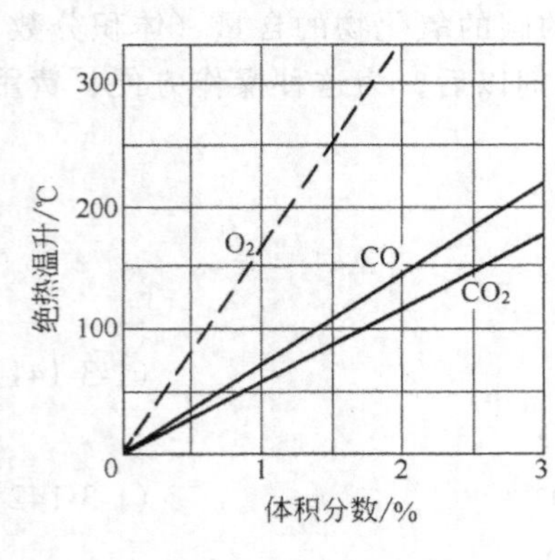

图 1-3-60　CO、CO_2 和 O_2 含量与绝热温升的关系

图 1-3-60 示出了甲烷化反应器绝热温升和进口气中 CO、CO_2 含量之间的关系，利用图 1-3-60 和式(1-3-145)可以校核甲烷化工序的操作情况。

② 温度对平衡的影响。从表 1-3-50 的数据看出，甲烷化反应的平衡常数随温度的降低而迅速增大。当原料气中含有少量水蒸气，而 H_2 为 75%、N_2 为 24% 时，可以根据甲烷化反应的平衡常数，按下列公式计算出达到预期的 CO 和 CO_2 所需要的条件。

对 CO
$$y_{CO}=\frac{3(y+y_{CH_4})(y+y_{H_2O})}{0.75^3p^2K_{p_{CO}}}\times10^{-6} \tag{1-3-146}$$

对 CO_2
$$y_{CO_2}=\frac{4(y+y_{CH_4})(y+y_{H_2O})^2}{0.75^3p^2K_{p_{CO_2}}}\times10^{-6} \tag{1-3-147}$$

式中　　y——原料气中 CO〔对式 1-3-146〕或 CO_2〔对式 1-3-147)〕含量，cm^3/m^3；

y_{CH_4}，y_{H_2O}——分别为原料气中的 CH_4 及水蒸气含量，cm^3/m^3；

y_{CO}，y_{CO_2}——分别为 CO 和 CO_2 的平衡含量，cm^3/m^3；

$K_{p_{CO}}$，$K_{p_{CO_2}}$——分别为 CO 和 CO_2 甲烷化反应的平衡常数；

p——系统压力，MPa。

③ 压力对平衡的影响　甲烷化是体积缩小的反应，在一定温度下，提高压力，反应混合物中碳氧化物的平衡含量减少。由式（1-3-146）和式（1-3-147）可知，碳的氧化物的平衡含量与压力的平方成反比。因为反应物中 H_2 过量很多，即使在压力不高的条件下这两种碳的氧化物的平衡含量仍然很低。

根据上面所举的反应器进口气体组成，计算反应器出口温度为 400℃ 和操作压力为 2.452MPa 时，CO、CO_2 的平衡含量都小于 $10^{-4}cm^3/m^3$。所以，要求出口气体中 CO 和 CO_2 含量达到低于 $10cm^3/m^3$ 是很容易的。

因此，从热力学角度，CO 和 CO_2 的甲烷化反应可以看做不可逆反应。

(3) 副反应

① 一氧化碳的分解。反应（1-3-143）为析炭反应，这是一个有害的副反应，会影响催化剂的活性。析炭反应的发生与气体中 H_2/CO 的比值有关。图 1-3-61 示出了析炭界限。由图看出，由于合成氨原料气中 H_2/CO 比值很高，所以析炭反应是不会发生的。

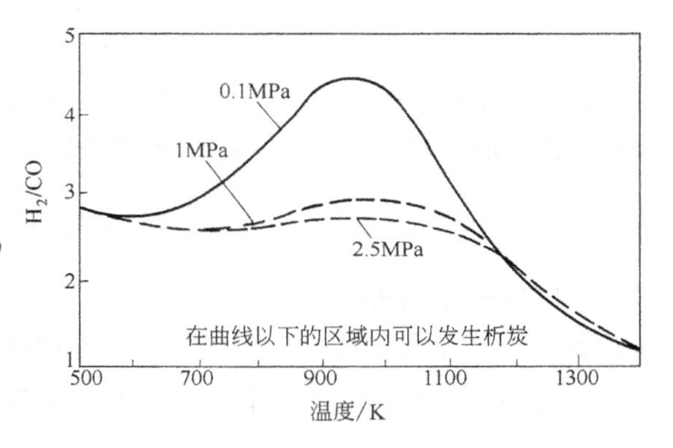

图 1-3-61　一氧化碳析炭反应的界限

② 羰基镍的生成。羰基镍为剧毒物质，空气中允许的最高含量为 $0.001mg/m^3$。中毒症状为头痛、昏迷、恶心呕吐、呼吸困难。羰基镍的生成还会造成催化剂活性组分镍的损失，为此实际生产上必须引起注意，采取适当预防措施。

反应式（1-3-144）为放热和体积缩小的反应，在压力 1.4MPa 下，不同温度和不同 CO 含量时羰基镍的平衡含量如表 1-3-51 所示。

表 1-3-51　压力为 1.4MPa 时，不同温度和 CO 含量下羰基镍的平衡含量[8]/$\times10^{-6}$

温度/℃ \ CO%	0.2	0.5	1.0	2.0	3.2
65	0	12	190	3000	2000
94	0	0.2	3	49	320
121	0	0	0.1	1.6	11
149	0	0	0	0.1	0.5
177	0	0	0	0	0.02
205	0	0	0	0	0

由表 1-3-51 可知，在压力 1.4MPa，1% CO 条件下，理论上生成羰基镍的最高温度为 121℃，由于在正常的甲烷化操作条件下，甲烷化反应温度都在 300℃ 以上，生成羰基镍的可能性很小。只是当发生事故停车，甲烷化反应器温度低于 200℃ 时，应防止催化剂和 CO

接触而发生生成羰基镍的反应，此时可用氮气或不含 CO 的氢氮混合气置换原料气。

(4) 甲烷化反应动力学

甲烷化反应的机理和动力学比较复杂，文献［8］认为在镍催化剂上的甲烷化反应速度相当快，CO_2 甲烷化反应并不影响 CO 甲烷化反应，只有当 CO 含量大为减少时，CO_2 甲烷化反应开始进行。这就是说，CO_2 甲烷化反应比 CO 甲烷化反应困难。设计甲烷化反应器时，由于在出口温度下 CO 和 CO_2 的平衡含量甚微，可将反应作为假一级不可逆反应处理。因此，对 CO 或 CO_2 甲烷化反应速率与浓度关系，可表示为：

$$\frac{dN_{CO}}{dV_k}=k[CO] \tag{1-3-148}$$

式中　N_{CO}——一氧化碳体积流量，m^3/s；

V_k——催化剂体积，m^3；

k——因催化剂型号而变化的反应速率常数。

以 $g_{co入}$ 和 $g_{co出}$ 分别代表进出口气体中的 CO 含量，反应所需时间为 τ 或以空间速度 V_s 表示，则由式（1-3-148）可得 CO 甲烷化的动力学关系式：

$$k=V_s\lg\frac{g_{co入}}{g_{co出}} \tag{1-3-149}$$

因此，在考虑碳氧化物甲烷化总的反应速率时，将 CO_2 的进口含量 $g_{co_2入}$ 加倍以抵消两者反应速率的不同，从而用下式表示反应速率常数：

$$k=V_s\lg\frac{g_{co入}+2g_{co_2入}}{g_{co出}+g_{co_2出}} \tag{1-3-150}$$

式中　V_s——空间速度；

$g_{co入}$、$g_{co_2入}$——分别为入口气体中 CO、CO_2 的摩尔分数；

$g_{co出}$、$g_{co_2出}$——分别为出口气体中 CO、CO_2 的摩尔分数。

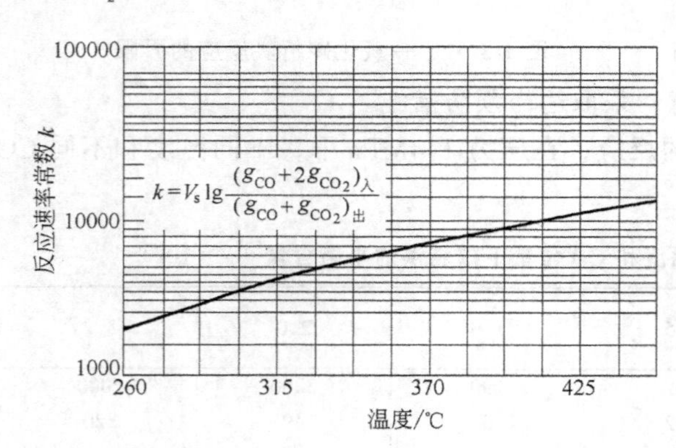

图 1-3-62　常压下甲烷化催化剂 G-65 的反应速率常数 k 与温度的关系

甲烷化的反应速率不仅是温度、进出口气体中碳的氧化物的含量的函数，而且也与压力有关。提高压力，可以加快甲烷化的反应速率。所以，在计算反应速率时，需要加以压力校正。图 1-3-62 表示在甲烷化催化剂 G-65 的作用下，常压下反应速率常数与温度的关系，图 1-3-63 为同样型号催化剂的压力校正系数[8]。

但需要注意，传质过程对在镍催化剂上甲烷化反应速率有显著影响。通常认为，当 CO 含量在 0.25%以上时，反应属于内扩散控制，而低于 0.25%时，属于外扩散控制。因此，在实际操作条件下，减小催化剂粒径，提高床层中的气流线速度都能提高甲烷化的反应速率。

井上博爱等根据试验结果提出了 CO 加氢、CO_2 加氢及 CO、CO_2 混合物加氢的反应机理和本征动力学[9]。

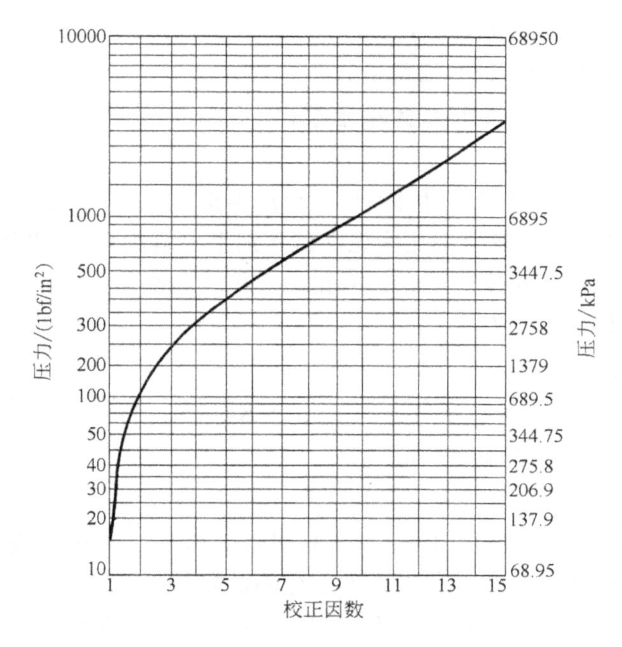

图 1-3-63　甲烷化催化剂 G-65 的压力校正系数

（1 $1bf/in^2 = 6894.8Pa$）

① CO 加氢甲烷化反应机理

$$CO+(K)\xrightleftharpoons{K_{CO}}(K)CO \tag{1-3-151}$$

$$(K)CO+(K)\xrightleftharpoons{K_S}(K)C+(K)O \tag{1-3-152}$$

$$(K)C+H_2\xrightleftharpoons{k_m}(K)CH_2\xrightleftharpoons{快速}CH_4+(K) \tag{1-3-153}$$

$$(K)O+H_2\xrightleftharpoons{k_h}H_2O+(K) \tag{1-3-154}$$

式中　K_{CO}——CO 的吸附平衡常数；

K_S——式（1-3-152）的反应平衡常数；

k_m，k_h——分别为式（1-3-153）、(1-3-154) 的反应速率常数；

（K）——催化剂。

根据上述机理并结合试验，推导出 CO 加氢甲烷化的本征动力学方程为：

$$r_{CH_4}=-\frac{dN_{CO}}{dW}=\frac{k_{CO}p_{CO}^{0.5}p_{H_2}}{(1+K_{CO}p_{CO})}\text{mol CO/(s·m}^3) \tag{1-3-155}$$

式中　N_{co}——一氧化碳体积流量，m^3/s；

W——催化剂体积，m^3。

② CO_2 加氢甲烷化反应机理

$$CO_2+(K)\xrightleftharpoons{K_{CO_2}}(K)CO_2 \tag{1-3-156}$$

$$(K)CO_2+(K)\xrightleftharpoons{K_s'}(K)CO+(K)O^* \tag{1-3-157}$$

$$(K)O^*+H_2\xrightleftharpoons{k_s'}H_2O+(K) \tag{1-3-158}$$

式中　K_{CO_2}——CO_2 的吸附平衡常数；

K_s'——式（1-3-157）的平衡常数；

k_s'——式（1-3-158）的反应速率常数；

（K）——催化剂。

式（1-3-157）中生成的活性吸附态的（CO）再按式（1-3-152）、（1-3-153）和（1-3-154）进行反应。所以 CO_2 加氢甲烷化为先在催化剂上分解成 CO，再按 CO 加氢甲烷化反应机理进行反应。因此，甲烷化反应时，二氧化碳、氢气和水蒸气吸附必须计入，由此推导出 CO_2 加氢甲烷化的本征动力学方程为

$$r_{CH_4} = -\frac{dN_{CO_2}}{dW} = \frac{k_{CO_2} p_{CO_2}^{1/3} p_{H_2}}{(1 + K_{CO_2} p_{CO_2} + K_{H_2} p_{H_2} + K_{H_2O} p_{H_2O})} \text{ mol } CO_2/(s \cdot m^2) \quad (1\text{-}3\text{-}159)$$

式中　N_{CO_2}——二氧化碳体积流量，m^3/s。

3.3.3.2　甲烷化催化剂

由于反应式（1-3-141）和式（1-3-142）是甲烷蒸汽转化的逆反应，所以以镍作为活性组分，用于甲烷蒸汽转化的催化剂，对碳的氧化物的甲烷化也都有催化作用。这两种催化剂的区别在于：A. 要求离开甲烷化反应器的碳的氧化物的含量是极小的，这就要求甲烷化催化剂有很高的活性，而且在更低的温度下进行。B. 碳的氧化物与氢的反应是强放热反应，要求甲烷化催化剂能承受很大的温升。

满足上述要求的甲烷化催化剂必须是活性组分高度分散，以求获得具有良好的表面积和孔隙容积，而且载体能耐高温。现在甲烷化催化剂都由载于耐火材料载体上的氧化镍组成，镍含量要比甲烷转化催化剂高，一般为 15%～30%（以 Ni 计）。催化剂可压片、挤条或做成球形。颗粒大小一般在 6mm 左右。中国产甲烷化催化剂的化学组成与物理性质见表 1-3-52。

表 1-3-52　中国产甲烷化催化剂

型　号		J101	J103H	J105
化学组成/%	Ni	≥21.0	≥12	≥21.0
	Al_2O_3	42.0～46.0	余量	24.0～30.5
	MgO			10.5～14.5
	Re_2O_3			7.5～10.0
外观		灰黑色圆柱体	黑色条	灰黑色圆柱体
尺寸/mm		$\phi5\times5\pm0.5$	$\phi5\times5\sim8$	$\phi5\times4.5\sim5$
堆密度/kg/L		0.9～1.2	0.8～0.9	1.0～1.2
比表面/m^2/g		～250	130～170	～100
孔容/ml/g			0.24～0.30	0.31

除了预还原型外，甲烷化催化剂中的镍都以 NiO 的形式存在。使用前先以氢气或脱碳后的原料气还原，其反应式如下：

$$NiO + H_2 \Longrightarrow Ni + H_2O \qquad \Delta H_{298}^{\ominus} = -1.26 kJ/mol \quad (1\text{-}3\text{-}160)$$

$$NiO + CO \Longrightarrow Ni + CO_2 \qquad \Delta H_{298}^{\ominus} = -38.5 kJ/mol \quad (1\text{-}3\text{-}161)$$

这些还原反应的热效应不大。催化剂一经还原以后就有活性。在用原料气还原时，为了避免床层温升过高，必须尽可能控制碳的氧化物的含量在 1% 以下。还原后的镍催化剂会自

燃，要防止与氧化性气体接触。当前面工序出现事故，有高浓度的碳的氧化物进入甲烷化反应器时，床层温度会迅速上升，这时应立即采取措施，切断原料气。

还原后的催化剂不能用含有 CO 的气体升温，以防止低温时生成羰基镍。

除羰基镍为甲烷化催化剂的毒物以外，硫、砷和卤素也能使它中毒，即使这些元素微量也会大大降低催化剂的活性和寿命。硫对甲烷化催化剂的危害要比对甲烷蒸汽转化催化剂大得多，因其操作温度较低。催化剂一旦中毒，改用无硫气体继续操作也不能使催化剂活性恢复。因为，硫对甲烷化催化剂的危害是累积的。当吸附 0.5% 的硫（以催化剂质量分数计）就会使甲烷化催化剂的活性完全丧失，硫吸附量与活性的关系如表 1-3-53 所示。对砷来讲，吸附量达到 0.1% 时，催化剂活性即可丧失。在采用低温变换的流程中，不会有硫进入甲烷化反应器。但当脱碳系统采用砷碱法时，必须小心操作，以免把砷的溶液带入。

表 1-3-53　甲烷化催化剂中硫吸附量与活性的关系[10]

硫吸附量(质量分数)/%	相对活性(以新催化剂为 100)	硫吸附量(质量分数)/%	相对活性(以新催化剂为 100)
0.1	80	0.3～0.4	20～30
0.15～0.12	50	0.5	0

由于上游工序对原料气进行严格的精制，以及对进口气体中碳的氧化物含量的限制，在正常情况下，不会发生甲烷化催化剂的中毒和烧结，而且催化剂本身强度较高，其寿命可达 3～5 年。取出或者还准备再用时，催化剂应该有控制地用预先氧化的方法，使之钝化，反应式如下。

$$Ni + \frac{1}{2}O_2 = NiO \qquad \Delta H_{298}^{\ominus} = 240.7kJ/mol \tag{1-3-162}$$

3.3.3.3　工艺条件和流程

(1) 工艺条件

A. 操作压力　因与上下游工序压力关系密切，通常随变换、脱碳压力而定。

B. 操作温度　因为甲烷化反应是强放热反应，每 1% CO 的绝热温升为 72℃，每 1% CO_2 的绝热温升为 60℃，总的温升 ΔT 可由下式计算：

$$\Delta T = 72[CO]_{\lambda} + 60[CO_2]_{\lambda}$$

式中　$[CO]_{\lambda}$，$[CO_2]_{\lambda}$——进口气中 CO，CO_2 体积分数，%。

而甲烷化的镍催化剂在 200℃ 已有活性，也能承受 800℃ 的高温，但操作温度不是根据催化剂的性能来确定，而是温度低限应高于生成羰基镍的温度，一般在 230～450℃。

甲烷化操作的典型气体组成见表 1-3-54。

表 1-3-54　甲烷化操作的典型气体组成/%

组　分	CO	CO_2	H_2	N_2	CH_4	Ar
进　口	0.4	0.05	74.5	24.3	0.45	0.3
出　口	＜5cm³/m³	＜5cm³/m³	74.1	24.7	0.9	0.3

甲烷化操作虽然简单，但仍需特别注意催化剂的使用情况。如果其它条件正常，而反应器进出口温差逐渐由大变小，这就意味着催化剂活性衰减。如突然变小或床层热点下移，则为催化剂中毒的象征。

(2) 工艺流程

根据计算，只需原料气中碳氧化物的含量在 0.5%～0.7%，甲烷化反应放出的热量就可足够将进口气体预热到所需要的温度。因此，流程中只有甲烷化反应器、进出气体换热器和水冷却器，但考虑到催化剂升温还原以及原料气中碳氧化物含量的波动，尚需其它热源补充，按外加热量多少而分为两种流程［见图 1-3-64（a）和（b）］。

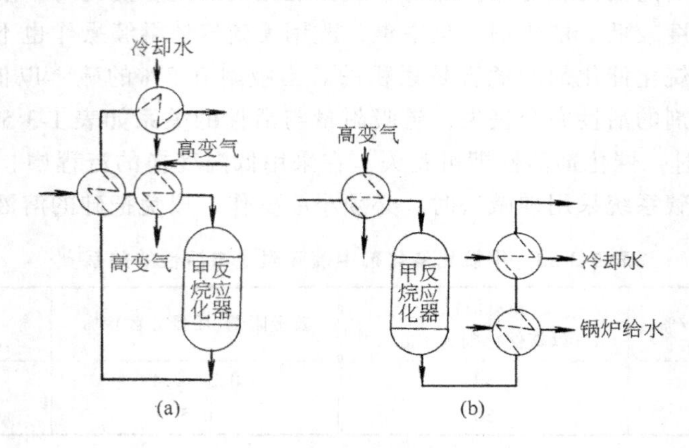

图 1-3-64 甲烷化工艺流程

图 1-3-64（a）流程中原料气预热部分系由进出气换热器与外加热源（例如烃类转化流程用高变气或回收余热后的二段转化气）的换热器串联组成，该流程的缺点是开车时进出气换热器不能一开始就发挥作用，升温比较困难。图 1-3-64（b）流程则全部利用外加热源预热原料气，此反应器的气体用来预热锅炉给水。

3.3.4 深冷分离法

前面介绍的两种方法都是利用化学反应把碳的氧化物脱除到 $10cm^3/m^3$ 以下，净化后的氢氮混合气尚含有 0.5%～1% 的甲烷和氩。虽然这些气体不会使合成氨催化剂丧失活性，但它们能降低氢、氮气体的分压，从而影响氨合成的反应速率。深冷分离法是在深度冷冻（<－100℃）条件下用液氮吸收分离少量 CO，而且也能脱除甲烷和大部分氩，这样可以获得只含有惰性气体 $100cm^3/m^3$ 以下的氢氮混合气。这是此法的一个突出优点。对于采用节能型的天然气二段转化工艺由于添加过量空气而带入过量的氮，用深冷分离法也可脱除。

深冷分离法需要液体氮，从全流程的经济性考虑，应与设有空气分离装置的重油部分氧化、煤纯氧气化制备原料气或与焦炉气分离制氢的流程结合使用。

3.3.4.1 基本原理

气体混合物的冷凝系由气液两相平衡决定，即由冷凝液组成与其气相各组分的平衡分压决定。图 1-3-65 为一些气体在低温下的蒸汽压。

分离气体混合物中某些组分，可以利用各种气体的沸点（即冷凝温度）不同，以部分冷凝或精馏方法实现。表 1-3-55 列出一些气体在不同压力下的沸点和蒸发热。由表中可见，氢的沸点最低，最不易冷凝，其次是氮、一氧化碳、氩、甲烷。

气体混合物中每一组分的冷凝温度由其分压决定，但在冷凝过程中并非每一组分都达到它的纯态冷凝温度就会全部冷凝下来，必须把气体混合物冷却到比要除去该组分沸点低得多的温度。以某些气体为例，这个温度可从图 1-3-65 所示纯组分的蒸汽压估算（假定该组分遵守理想气体行为）。例如：在压力 0.8MPa 下，为了从 70%H_2 和 30%CH_4 的混合物中使甲

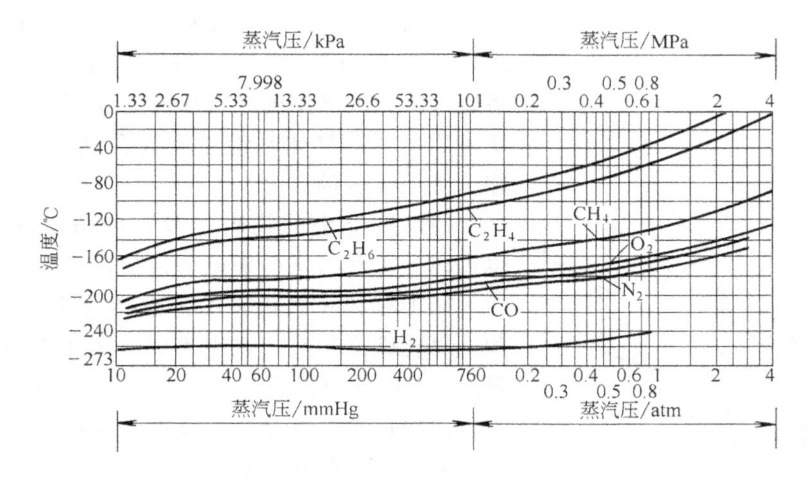

图 1-3-65　一些气体在低温下的蒸汽压

(1 atm=101.325kPa；1 mmHg=133.322Pa)

表 1-3-55　一些气体在不同压力下的沸点和蒸发热

温度/℃ 气体	压力（绝对）/MPa				0.1MPa 下的蒸发热/(kJ/kg)
	0.101	1.01	2.03	3.01	
甲烷	-161.4(111.7K)	-129	-107	-95	244.51
氩	-185.8(87.3K)	-156	-143	-135	152.42
一氧化碳	-191.5(81.7K)	-166	-149	-142	216.04
氮	-195.8(77.4K)	-175	-158	-150	199.71
氢	-252.8(20.4K)	-244	-238	-235	456.36

烷完全冷凝，温度必须降到-190℃。虽然甲烷分压为0.24MPa，由图1-3-65知道，开始冷凝温度为-150℃，但当开始有甲烷冷凝时，气相中甲烷分压就要低于0.24MPa。如果只把混合物冷却到-150℃，是不能把甲烷全部分离的。反之，在气体混合物虽未冷却到每个组分的冷凝温度，但由于各个组分具有溶解在其它组分的冷凝液中性能，这时却已有一部分分离出来。因此，要把混合气体中的少量CO完全除净，就需将气体冷却到比CO沸点要低得多的温度。

考虑到氮是合成氨的直接原料之一，而CO具有比氮的沸点高以及溶解于液体氮的特性，于是20世纪60年代开发了用液体氮作洗涤剂来脱除少量CO的方法。

3.3.4.2　液氮洗涤一氧化碳

(1) 洗涤过程说明

液氮洗涤是用高纯度氮在-190℃（83K）左右将原料气中所含的少量一氧化碳的分离过程，由于甲烷和氩的沸点都比一氧化碳高（见表1-3-55），所以在脱除一氧化碳的同时，也可将这些组分除去。

一氧化碳在液氮中的溶解度遵守亨利定律，图1-3-66和图1-3-67为各种温度下一氧化碳的溶解度和亨利系数H_{CO}。溶解度系数即亨利系数的倒数$m^3/(K\cdot mmHg)$。

如果略去氢气的影响，可按二元混合物的数据进行[10]工艺计算。图1-3-66列出了在各种温度下CO在溶液上的分压与CO在液氮中含量的关系，从图可见CO在液氮中的溶解度基本符合亨利定律，亨利系数与温度的关系如图1-3-67所示[11]。

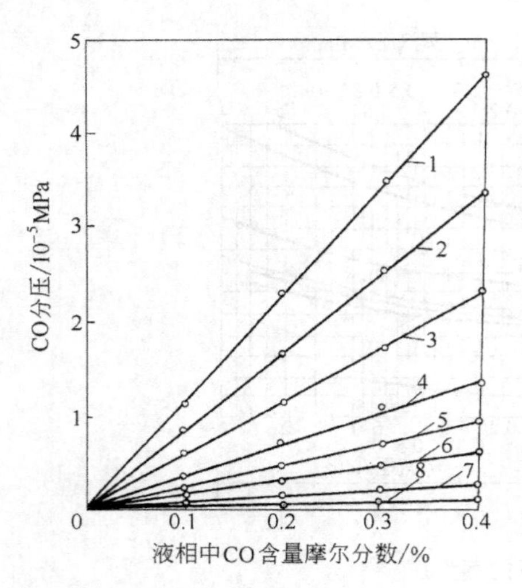

图 1-3-66　各种温度下一氧化碳在液氮溶液上的压力

1—110K；2—105K；3—100K；4—95K；5—90K；6—85K；7—80K；8—75K

液氮洗涤 CO 为一物理过程，这个过程是在液氮洗涤塔（图 1-3-68）中进行的。含有 CO 的原料气 G 由塔底进入，洗涤用的纯液体氮 L 由顶部加入。洗涤后，从塔顶出去的气体是纯氢氮混合气 D，底部排出的液体 A 是含 CO 的馏分。

通过洗涤塔的物料衡算，可确定洗涤氮的用量，也可以计算洗涤塔的理论塔板数。

因为氮和一氧化碳的沸点相差不多，液氮蒸发热和一氧化碳冷凝热相差也不大（表 1-3-55），故可将液氮洗涤 CO 的操作看做在恒压恒温下进行。设 m 代表各进出口混合物的量，x 表示混合物中 CO 含量，对全塔作 CO 物料平衡，得

$$x_G m_G + x_L m_L = x_A m_A + x_D m_D \tag{1-3-163}$$

因液氮中不含 CO，故 $x_1 = 0$，再把全塔看做为恒温操作，这就是说，CO 的冷凝和液氮的蒸发摩尔数可看做相等，故近似地认为：

$$m_A = m_L, \qquad m_G = m_D$$

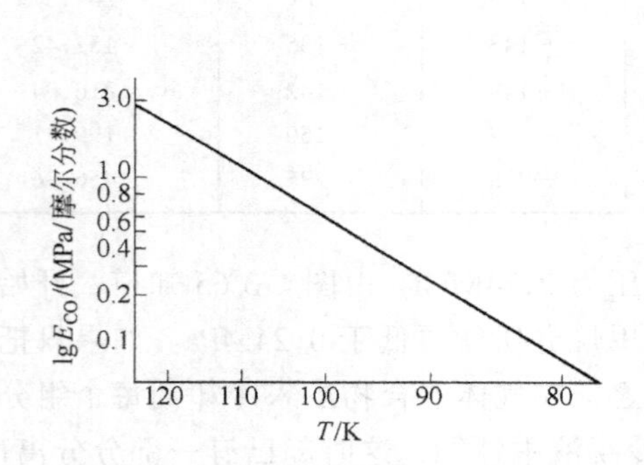

图 1-3-67　一氧化碳的亨利系数与温度的关系

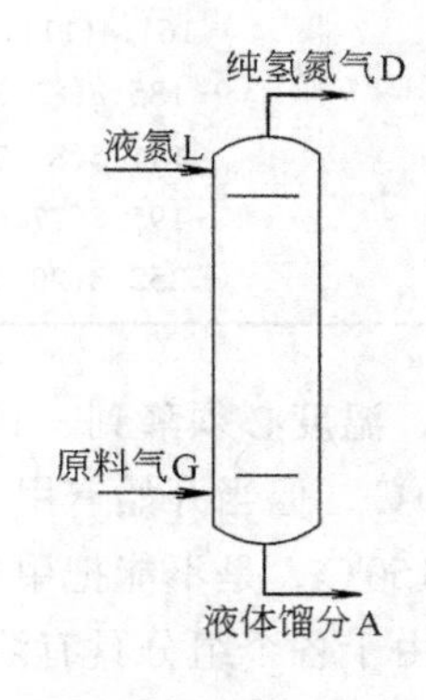

图 1-3-68　液氮洗涤塔气液体进出物料示意图

于是从式（1-3-163）得

$$x_A = \frac{m_G}{m_L}(x_G - x_D) \tag{1-3-164}$$

x_D 与 x_G 相比，$x_D \ll x_G$，可忽略 x_D，式（1-3-164）可简化为

$$x_A = \frac{m_G}{m_L} x_G$$

或

$$m_L = m_G \frac{x_G}{x_A} \tag{1-3-165}$$

在其它条件一定时，此式可用来计算液氮的理论用量。图 1-3-69 为在 −190℃ 下，CO 含量不同或操作压力不同洗涤 100m^3 的原料气，所需的液氮量[12]。

也可以利用 N_2-H_2-CO 三元混合物的平衡相图来判断液氮洗涤过程能否进行。图 1-3-70 中曲线 a，b 分别代表饱和蒸汽线与液相线，GF 直线是连接组成（如 G）以及与它成平衡

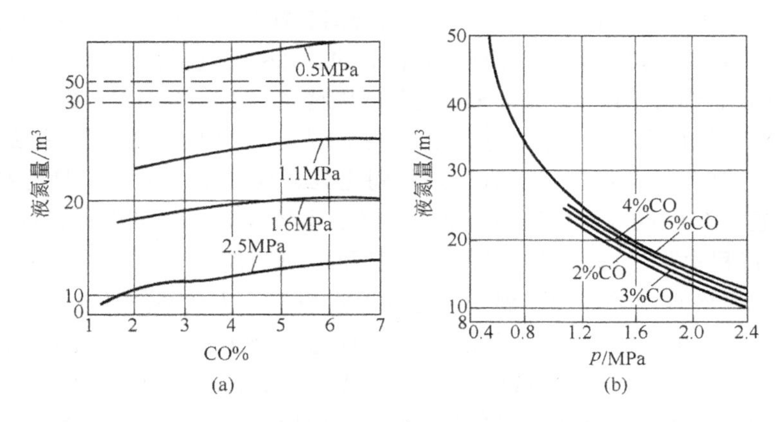

图 1-3-69　洗涤 $100m^3$ 原料气的液氮用量

的液相组成（如 F）的平衡连接线。若用液氮量为 m_L、洗涤原料气中 CO 含量为 x_G、原料气量为 m_G，可由前式计算出塔底液体馏分中的 CO 含量 x_A。根据液氮量是否足够可以有下述三种情况：

① A 点位于 F 点左端（如图 1-3-70 的位置），表示液体馏分中 CO 未达到饱和，过程可以进行。

② A 点位于 F 点右端，表示液氮量太少，即洗涤过程不能进行。

③ A 点与 F 点重合，表示液氮用量为理论最小量，洗涤后液氮中 CO 达到饱和。

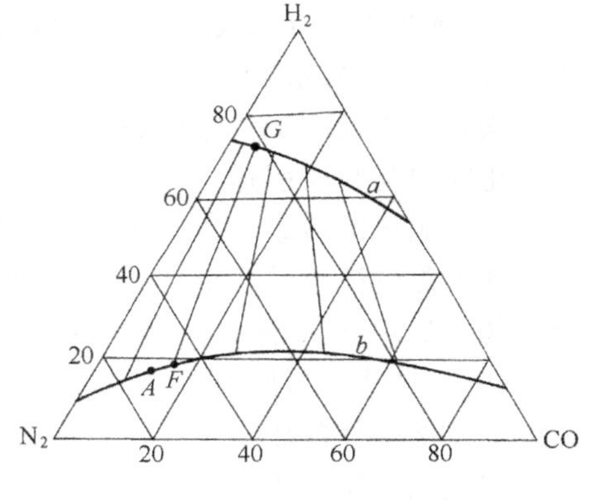

图 1-3-70　$CO-H_2-N_2$ 三元相图

(2) 流程设计需考虑的问题

① 氮的来源。氮由空气分离（简称空分）装置以气态或液态形式提供。氮中的氧含量必须控制到与氢氮混合气中要求的氧含量（即少于 $10cm^3$/

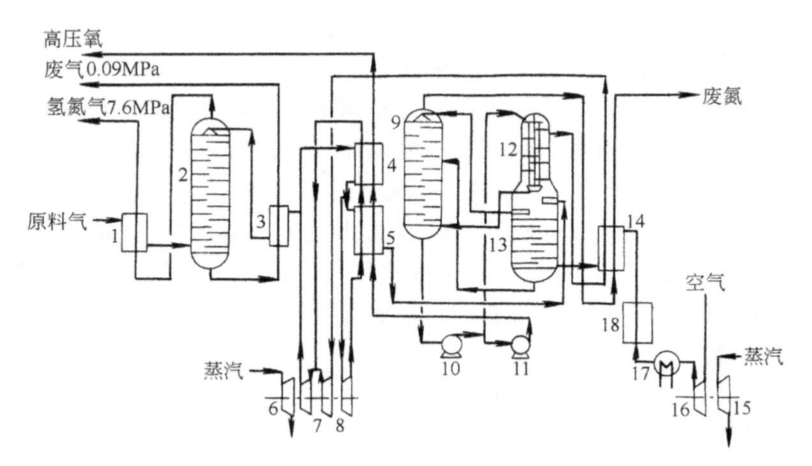

图 1-3-71　日产 1000t 氨的氮洗空分联合流程

1，3，4，5，13，14—换热器；2—氮洗塔；6，15—蒸汽透平；7，16—离心压缩机；8—透平膨胀机；9—低压精馏塔；10，11—分别为低压和高压液氧泵；12—冷凝蒸发器；13—中压精馏塔；17—氨冷却器；18—吸附器

m^3）一致，或液氮中最多含氧 $20cm^3/m^3$。在空气分离装置中要制取如此高纯的氮，用简单的单塔蒸馏将液体空气多次冷凝蒸发操作是不能达到目的的。必须把过程分为两个步骤，将液体空气在两个不同压力下的精馏塔中进行。关于液体空气双塔精馏原理，可参阅有关空气分离的著作。

20 世纪 50 年代以前，氮洗和空分装置各自独立。之后，由于二者都在深度冷冻 -100℃以下操作，在气体分离技术上有许多共同之处，现在工业上有将氮洗和空分结合在一起组成联合装置。其优点可简化流程，减少设备，节省投资，降低消耗指标和易于管理。

② 冷源。流程中除考虑回收冷量外，由于开车初期需冷却设备、补充正常操作时从环境漏入的热量以及各种换热器两端温差引起的冷量损失，为此必须补充冷量。提供所需冷量的方法通常有：A. 利用焦耳-汤姆逊效应，将用作洗涤剂的氮气压缩到足够高的压力（例如 20MPa），再经冷却将其减压到氮洗的操作压力以获得冷量；B. 利用等熵膨胀，把一部分冷却后的高压氮通过膨胀机或膨胀透平使压力降低而制冷。C. 与氮洗装置联合的空分装置直接将液态氮送入液氮洗涤塔以提供所需的冷量。

③ 预处理。由于低温会使水和二氧化碳凝结成固体，影响传热及堵塞管路与设备。因此，进入氮洗系统的原料气必须完全不含水蒸气和 CO_2，这样就需先将原料气进行预处理。

焦炉气以及合成气常常含有微量氮氧化物和不饱和烃，在低温下二者共同沉积的树脂状氮氧化物很易自燃引爆。因此，除了设有脱除气体中的水分和 CO_2 设备外，还有一个装有活性炭等固体的吸附器以求最终脱除微量杂质，确保安全生产。

各种氮洗流程的主要区别在于洗涤操作压力、冷源的补充方法以及是否与空分装置联合。其中氮洗压力随原料气的来源而异，早期氮洗多用于焦炉气分离，一般采用 1.4～2.8MPa。自从制氨原料采用重油以来，由于从经济上考虑，重油部分氧化向较高压力方向发展，氮洗操作的压力也相应提高，现在多数氮洗装置在 2.1～8.5MPa 压力下操作。

（3）流程实例[12]

图 1-3-71 为法国液化空气公司的日产 1000t 氨的氮洗空分联合流程。经过除尘的空气由离心压缩机加压到 0.57MPa，经氨冷却器 17 预冷到 5℃，再通过装有分子筛和硅胶的吸附器 18 把残余的 CO_2 和水分除去进入“器内”（这是一个绝热良好的大冷箱的通称）的换热器 14，再去中压空分精馏塔。空气经过一次精馏后，塔顶可得压力为 0.51MPa、氧含量小于 $20cm^3/m^3$ 的纯氮，塔底为 35% 的富氧液体。

富氧液体经过节流膨胀后加入到低压空分精馏塔，在此得到的一部分液氧用低压液氧泵送到冷凝蒸发器管间，吸收管内侧氮蒸气冷凝热而气化；另一部分液氧再经高压液氧泵加压到 10.7MPa 通过换热器 4 和 5 回收冷量后作为产品氧气送出。

已经预处理的原料气在 5℃和 8.28MPa 压力下进入“器内”，首先在换热器 1 内冷却到 -190℃，再去氮洗塔。塔顶有液氮加入，将原料气中的 CO、CH_4 和 Ar 等脱除后，即可得到 CO 含量在 $5cm^3/m^3$ 以下的氢氮混合气，塔底为含有 CO 的液氮。

在这个流程中氮有三个作用：

A. 作为除去 CO 等杂质的洗涤剂；

B. 作为配制氢氮混合气的原料；

C. 冷冻量的主要补充来源。图中可以看到从中压空分塔所得纯氮经过离心压缩机加压到 8.16MPa，除一部分作为洗涤剂以外，另一部分先经换热器 4 冷却，然后在透平膨胀机 8 内膨胀至 2.25MPa 而获得冷量，于换热器 4、5 中冷却另一部分氮。

此联合装置的物料情况和公用工程消耗指标分别列于表 1-3-56 和表 1-3-57。

表 1-3-56　氮洗空分联合装置的物料情况

组　分	原料气	氢氮混合气	废　气	氧　气
H_2/%	94.10	75.00	16.14	
N_2/%	0.05	25.00	43.79	
CO/%	4.85	5cm^3/m^3	33.28	
Ar/%	0.50	60cm^3/m^3	3.29	
CH_4/%	0.50	1cm^3/m^3	3.50	
COS+H_2S/(cm/m^3)	10	无		
H_2O/(cm/m^3)	3	无		
NO/(cm/m^3)	0.01	无		
O_2/(cm/m^3)		<10cm^3/m^3		
压力/MPa	8.28	8.07	0.05	107
温度/℃	5	30	30	30
流量(标准状况)/(m^3/h)	90900	111000	13250	23950

表 1-3-57　氮洗空分联合装置公用工程的消耗指标

项目	指标
动力	
空气离心压缩机轴功率/kW	10200
氮气离心压缩机轴功率/kW	13000
电	
5000V/kW	400
380/220V/kW	290
冷却水(温升 10℃)/(m^3/h)	2000
冷冻剂(在 0℃ 蒸发)/(GJ/h)	5.65
蒸汽	
3.24MPa/(t/h)	1.7
0.2MPa/(t/h)	0.2

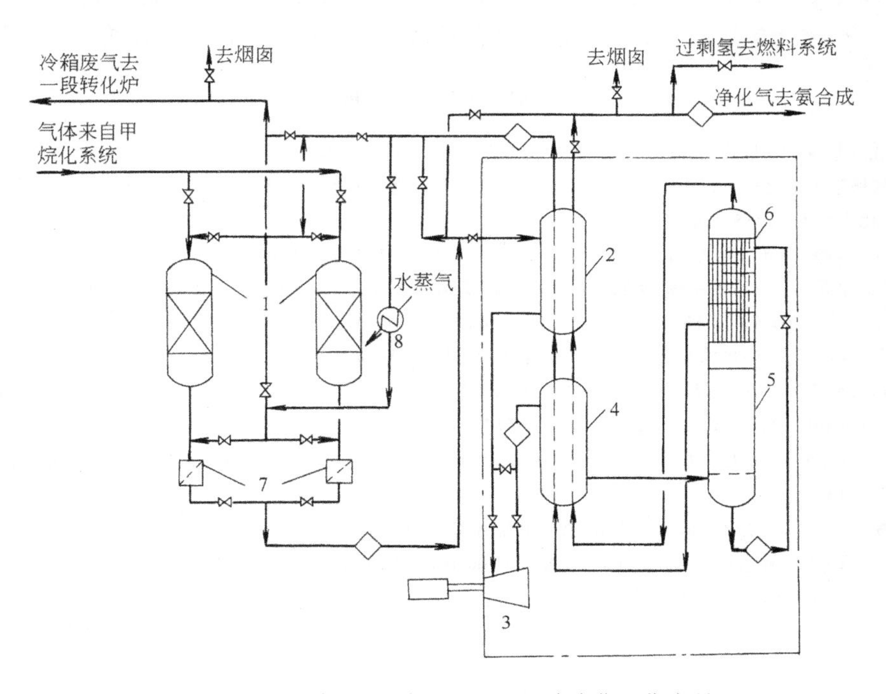

图 1-3-72　日产 1000t 氨的 Braun 深冷净化工艺流程

1—干燥器；2—第一换热器；3—透平膨胀机；4—第二换热器；5—精馏塔；
6—冷凝器；7—过滤器；8—再生加热器

3.3.4.3 深冷脱除过量氮

20世纪60年代布朗（Braun）公司开发的深冷净化工艺，其特点就是在氨合成工序之前设置深冷净化工序，在深冷条件下将原料气部分冷凝，然后再经精馏分离，在塔顶得到纯净的氢氮气。

表1-3-58，图1-3-72分别为日产1000t氨的布朗深冷净化器进出口气体组成和深冷脱除过量氮的工艺流程。

表1-3-58 深冷净化器进出气体组成

位 号	进口气16	氢氮气19	废气18
H_2	64.81%	74.81%	4.72%
N_2	32.38%	24.94%	77.08%
Ar	0.45%	0.25%	1.65%
CH_4	2.36%		16.55%
流量（标准状况）/$\times 10^3 m^3$	136.69	115.55	19.50
温度/℃	4.4	2.2	2.2
压力/MPa	2.65	2.35	0.14

甲烷化炉出口气经分离器后进入干燥器1以除去微量二氧化碳和水分。干燥器出口气体在第一换热器2与净化的合成气及排放气换热，自身被冷却到－129℃，然后通过透平膨胀机3，再经第二换热器4被进一步冷却到－175℃，然后进入精馏塔5。精馏塔上部冷凝器顶部的氢氮气与原料气在第一、第二换热器中换热2，4而被加热到2℃，塔底液体含有来自二段转化炉的过量氮，以及来自二段转化炉和甲烷化炉的甲烷、50%的氩和一半左右的残余一氧化碳，经换热、气化后作为排放废气送往一段转化炉作燃料。

这种深冷脱除过量氮的净化方法可制取高纯度（无水、无二氧化碳、甲烷含量低于0.02%、一氧化碳含量低于$5cm^3/m^3$，氩含量低于0.3%）的H_2/N_2比为3的氢氮气。

参 考 文 献

1 施亚钧、陈五平编．无机物工学(一)．北京:中国工业出版社,1965.174

2 (法)R.依格隆等．化学肥料译丛．第二辑．中译本．北京:化学工业出版社,1959

3 张成芳．化学世界．1965,214

4 Krevelen DW, Van Hoftijzer PJ, Humtjens EJ, *Rec.trav.chim*. 1949,(68):191

5 石油化学工业部化工设计院主编,氮肥工艺设计手册·理化数据．北京:石油化学工业出版社,1977

6 Krevelen DW, Van Baans, C.M.E.*J.Physical & colloid chem*. 1950,**54**(3):370

7 姜圣阶等．合成氨工学·第二卷．北京:石油化学工业出版社,1976

8 Allen DW, Yen WH, *Chem.Eng.Prog*.1973,**69**(1):75～79

9 Inoue H, Funakoshi M.*J.Chem.Eng.Japan*.1984(17):6

10 Гедьнерин ии, Зееикон ГМ. Справочник по Разделению Газовых смесей методом гудАокото охлаждения. Госхимцздат 1963.512～513

11 沈浚主编．化肥工学丛书合成氨．北京:化学工业出版社,2001.627

12 Honti GD. The Nitrogen Industry. Part I. Budapest: Akademiai Kiado, 1976.341～352

13 Joly A. et al. *Nitrogen*.1968,(52):30～34

第四章　氨　合　成

4.1　氨的合成

氨的合成为提供液氨产品的工序，是整个合成氨生产过程中的核心部分。氨合成反应是在较高压力和催化剂存在下进行的。由于反应后气体中氨含量不高，一般只有 10%～20%，故采用分离氨后的氢氮气体循环的回路流程。

4.1.1　热力学基础

4.1.1.1　氨合成反应的化学平衡

氨合成是放热和摩尔数减少的可逆反应，反应式为

$$\frac{1}{2}N_2+\frac{3}{2}H_2 \longrightarrow NH_3(g) \qquad \Delta H_{298}^{\ominus}=-46.22\text{kJ/mol} \tag{1-4-1}$$

化学平衡常数 K_p 可表示为

$$K_p=\frac{p_{NH_3}^*}{(p_{N_2}^*)^{1/2}(p_{H_2}^*)^{3/2}}=\frac{1}{p}\ \frac{y_{NH_3}^*}{(y_{N_2}^*)^{1/2}(y_{H_2}^*)^{3/2}} \tag{1-4-2}$$

式中　p、p_i^*——分别为总压和各组分平衡分压，MPa；

y_i^*——平衡组分的摩尔分数。

$$\lg K_{p(p\to 0)}=\lg K_f=\frac{2001.6}{T}-2.69112\lg T-5.5193\times10^{-5}T+1.8489\times10^{-7}T^2+2.6899 \tag{1-4-3}$$

式中　T——温度，K。

加压下的化学平衡常数 K_p 不仅与温度有关，而且与压力和气体组成有关，需改用逸度表示。K_p 与 K_f 之间的关系为：

$$K_f=\frac{f_{NH_3}^*}{(f_{N_2}^*)^{1/2}(f_{H_2}^*)^{3/2}}=\frac{p_{NH_3}^*\gamma_{NH_3}}{(p_{N_2}^*\gamma_{N_2})^{1/2}(p_{H_2}^*\gamma_{H_2})^{3/2}}=K_pK_\gamma \tag{1-4-4}$$

式中 f 和 γ 为各平衡组分的逸度和逸度系数。若已知各平衡组分的逸度系数 γ，由式(1-4-4)可计算加压下的 K_p 值。

如将各反应组分的混合物看成是真实气体的理想溶液，则各组分的 γ 值可取“纯”组分在相同温度及总压下的逸度系数，由普遍化逸度系数图可查得 γ 值。有人将不同温度、压力下的 K_γ 值算出并绘成图 1-4-1。

因为高压下气体混合物为非理想溶液，各组分的 γ 不仅与温度、压力有关，而且还取决于气体组成。

不同温度、压力下纯氮氢气的 K_p 值如表 1-4-1 所示。

若氨、惰性气体的平衡含量分别为 $y_{NH_3}^*$和 $y_{惰}^*$，原始氢氮比为 r，总压为 p，则氨、氮、

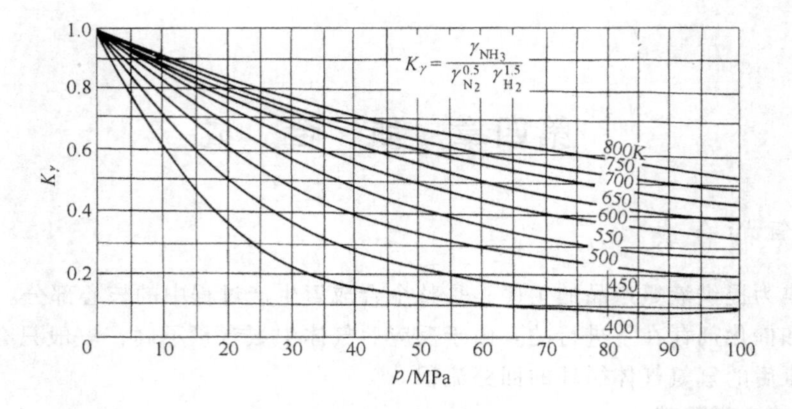

图 1-4-1 氨合成反应的 K_γ 值

表 1-4-1 不同温度、压力下氨合成反应的 K_p 值

温度/℃	压力/MPa					
	0.1013	10.13	15.20	20.27	30.39	40.53
350	2.5961×10^{-1}	2.9796×10^{-1}	3.2933×10^{-1}	3.5270×10^{-1}	4.2346×10^{-1}	5.1357×10^{-1}
400	1.2540×10^{-1}	1.3842×10^{-1}	1.4742×10^{-1}	1.5759×10^{-1}	1.8175×10^{-1}	2.1146×10^{-1}
450	6.4086×10^{-2}	7.1310×10^{-2}	7.4939×10^{-2}	7.8990×10^{-2}	8.8350×10^{-2}	9.9615×10^{-2}
500	3.6555×10^{-2}	3.9882×10^{-2}	4.1570×10^{-2}	4.3359×10^{-2}	4.7461×10^{-2}	5.2259×10^{-2}
550	2.1302×10^{-2}	2.3870×10^{-2}	2.4707×10^{-2}	2.5630×10^{-2}	2.7618×10^{-2}	2.9883×10^{-2}

氢等组分的平衡分压为

$$p_{NH_3}^*=py_{NH_3}^*$$

$$p_{N_2}^*=p\ \frac{1}{1+r}(1-y_{NH_3}^*-y_{惰}^*)$$

$$p_{H_2}^*=p\ \frac{r}{1+r}(1-y_{NH_3}^*-y_{惰}^*)$$

将各分压代入式（1-4-2）得到：

$$\frac{y_{NH_3}^*}{(1-y_{NH_3}^*-y_{惰}^*)^2}=K_p p\ \frac{r^{1.5}}{(1+r)^2} \tag{1-4-5}$$

当 $r=3$ 时，上式可简化为 $\frac{y_{NH_3}^*}{(1-y_{NH_3}^*-y_{惰}^*)^2}=0.325K_p p$ （1-4-6）

应用式（1-4-3）～式（1-4-6）可求出平衡氨含量 $y_{NH_3}^*$。$y_{NH_3}^*$ 值随压力的升高、温度的降低、惰性气体含量的减少而增大。

表 1-4-2 纯 $3H_2$-N_2 混合气体的平衡氨含量 $y_{NH_3}^*\times10^2$

温度/℃	压力/MPa					
	0.1013	10.13	15.20	20.27	30.40	40.53
350	0.84	37.86	46.21	52.46	61.61	68.23
360	0.72	35.10	43.35	49.62	58.91	65.72
380	0.54	29.95	37.89	44.08	53.50	60.59

续表

温度/℃	压　力/MPa					
	0.1013	10.13	15.20	20.27	30.40	40.53
400	0.41	25.37	32.83	38.82	48.18	55.39
440	0.24	17.92	24.17	29.46	38.18	45.26
460	0.19	15.00	20.60	25.45	33.66	40.49
480	0.15	12.55	17.51	21.91	29.52	36.03
500	0.12	10.51	14.87	18.81	25.80	31.90
520	0.10	8.82	12.62	16.13	22.48	28.14
540	0.08	7.43	10.73	13.84	19.55	24.75
550	0.07	6.82	9.90	12.82	18.23	23.20

由式（1-4-6）可知，氢氮比 r 对平衡氨含量有显著影响。如不考虑组成对平衡常数的影响，$r=3$ 时平衡氨含量具有最大值。考虑到组成对平衡常数 K_p 的影响，具有最大 $y^*_{NH_3}$ 的氢氮比略小于 3，随压力而异，约在 2.68～2.90 之间。

从式（1-4-6）也可看出惰性气体含量对氨平衡含量的影响，$y^*_{NH_3}$ 总是随惰性气体平衡含量 $y^*_{惰}$ 的增大而减小。氨合成反应过程中物料的总摩尔随反应进行而减小，起始惰性气体含量不等于惰性气体平衡含量 $y^*_{惰}$。为便于计算，令 $y^0_{惰}$ 为氨分解基（或称零氨基）惰性气体含量，即气体中的氨分解为氢氮气以后的惰性气体含量，$y^0_{惰}=y_{惰}/(1+y_{NH_3})$。计算表明，当 $y^0_{惰}<0.20$ 时，若不含惰性气体的平衡氨含量为 $(y^0_{NH_3})^*$，则相同温度、压力下含有惰性气体的平衡氨含量 $y^*_{NH_3}$ 与其有如下近似关系式：

$$y^*_{NH_3} \doteq (y^0_{NH_3})^* / b \qquad (1\text{-}4\text{-}7)$$

式中
$$b=\frac{1+y^0_{惰}}{1-y^0_{惰}} \qquad (1\text{-}4\text{-}8)$$

根据表 1-4-2 及式（1-4-7）、式（1-4-8）计算出具有不同惰性气体含量的 $y^*_{NH_3}$ 值，示于图 1-4-2。

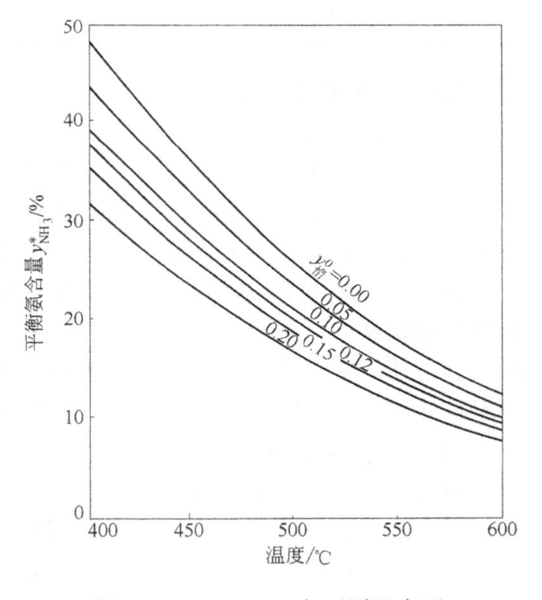

图 1-4-2　30.4MPa 与不同温度下平衡氨含量（$H_2/N_2=3$）（无氨基惰性气体含量）

综上所述，提高平衡氨含量的途径为降低温度，提高压力，保持氢氮比为 3 左右，并减少惰性气体含量。

4.1.1.2　氨合成反应的热效应

氨合成反应的热效应，不仅取决于温度，而且与压力、气体组成有关。

纯氢氮混合气完全转化为氨，在不同温度、压力下的反应热（ΔH_F）可由下式计算。

$$-\Delta H_F = 38338.8+\left[0.23131+\frac{356.61}{T}+\frac{159.03\times10^6}{T^3}\right]p + 22.3864T + 10.572\times10^{-4}T^2 - 7.0828\times10^{-6}T^3 \quad \text{kJ/kmol} \qquad (1\text{-}4\text{-}9)$$

工业生产中，反应产物为氮、氢、氨及惰性气体的混合物，热效应应是上述反应热与气体混合热之和。由于混合时吸热，实际热效应较式（1-4-9）计算值小。表 1-4-3 列出氨含量为 17.6% 的混合热 ΔH_M。混合热是气体混合物非理想性的标志，它随压力的提高、温度的降低而增大。当反应压力较高时，总反应热效应 ΔH_R 应为 ΔH_F 与 ΔH_M 之和。

表 1-4-3　由纯氢氮气生成 17.6% NH_3 系统的 ΔH_F、ΔH_M 和 ΔH_R 值/kJ/kmol NH_3

温度/℃		压　力/MPa				
		0.1013	10.13	20.27	30.40	40.53
300	ΔH_F	-51129	-53026	-55337	-57518	-59511
	ΔH_M	0	419	2470	5091	7398
	ΔH_R	-51129	-52607	-52867	-52427	-52113
400	ΔH_F	-52670	-53800	-55316	-56773	-58238
	ΔH_M	0	251	1993	2742	4647
	ΔH_R	-52670	-53549	-54123	-54031	-53591
500	ΔH_F	-53989	-54722	-55546	-56497	-57560
	ΔH_M	0	126	356	1193	3098
	ΔH_R	-53989	-54596	-55150	-55304	-54462

4.1.2　氨合成催化剂

4.1.2.1　化学组成和结构

长期以来，人们对氨合成催化剂作了大量的研究工作，发现对氨合成有活性的一系列金属为 Os，U，Fe，Mo，Mn，W 等，其中以铁为主体并添加有促进剂的铁系催化剂，价廉易得、活性良好、使用寿命长，从而获得了广泛应用。

目前，大多数铁系催化剂都是用经过精选的天然磁铁矿通过熔融法制备的，习称熔铁催化剂。从磁铁矿制备的催化剂活性，优于共沉淀法制备的催化剂。铁系催化剂活性组分为金属铁。未还原前为 FeO 和 Fe_2O_3，其中 FeO 质量分数占 24%～38%，Fe^{2+}/Fe^{3+} 约为 0.5，一般在 0.47～0.57 之间，成分可视为 Fe_3O_4，具有尖晶石结构。作为促进剂的成分有 K_2O、CaO、MgO、Al_2O_3、SiO_2 等多种。

加入 Al_2O_3 能与 FeO 作用形成 $FeAl_2O_4$，同样具有尖晶石结构，所以 Al_2O_3 能与 Fe_3O_4 形成固熔体，在 Fe_3O_4 中均匀分布。当铁系催化剂用氢还原时，氧化铁被还原为 α-Fe，而未还原的 Al_2O_3 仍保持着尖晶石结构起到骨架作用，从而防止铁细晶长大，增大了催化剂表面，提高了活性。由图 1-4-3（a）可见，Al_2O_3 的加入使催化剂的表面积增大，氨含量亦随之增加，二者有相似的变化趋势。所以 Al_2O_3 为结构型促进剂，是通过改善还原态铁的结构而呈现出促进作用。MgO 的作用与 Al_2O_3 相似，也是结构型促进剂。

K_2O 的作用与 Al_2O_3 不同，在 Fe-Al_2O_3 催化剂中添加 K_2O 后，催化剂的表面积有所下降，然而活性反而显著增大，如图 1-4-3（b）。K_2O 为电子型促进剂，它可以使金属电子逸出功降低。氮活性吸附在催化剂表面上形成偶极子时，电子偏向于氮，电子逸出功降低有助于氮的活性吸附，从而提高其活性。CaO 也属于电子型促进剂，同时 CaO 能降低熔体的熔点和粘度，有利于 Al_2O_3 与 Fe_3O_4 固熔体的形成。此外，还可以提高催化剂的热稳定性。SiO_2 一般是磁铁矿的杂质，具有“中和” K_2O、CaO 等碱性组分的作用，SiO_2 还具有提高催化剂抗水毒害和耐烧结的性能。

过高的促进剂含量对活性反而不利，图 1-4-4 为催化剂活性与促进剂含量的关系，可作为选择催化剂适宜成分时参考。

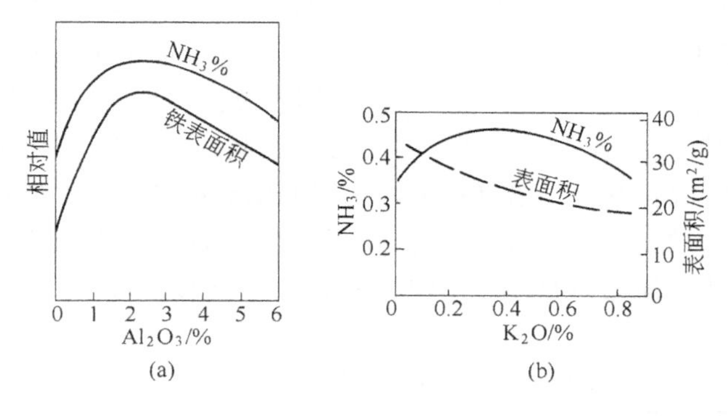

图 1-4-3　添加 Al_2O_3、K_2O 对铁系催化剂表面积及活性的影响

（a）$Fe\text{-}Al_2O_3$ 催化剂的铁表面积、氨含量与 Al_2O_3 含量的关系；
（b）$Fe\text{-}Al_2O_3$ 催化剂的表面积、氨含量与 K_2O 含量的关系

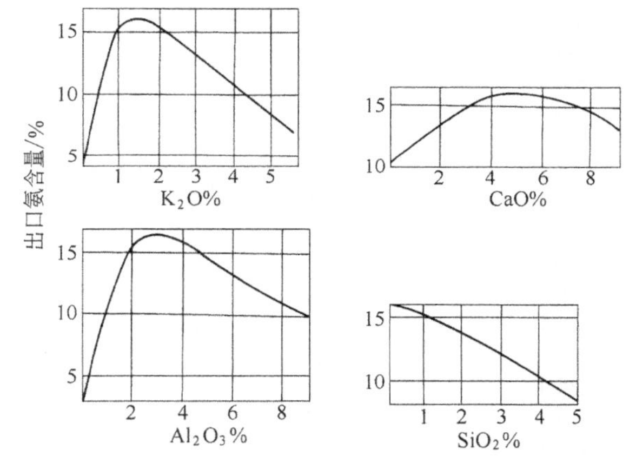

图 1-4-4　促进剂添加量与出口氨含量的关系

通常制成的催化剂为黑色不规则颗粒，有金属光泽，堆密度约 2.5～3.0kg/L，空隙率约为 40%～50%。

催化剂还原后，Fe_3O_4 晶体被还原成细小的 α-Fe 晶体，还原前后表观体积并无显著改变，因此除去氧后的催化剂便成为多孔的海绵状结构。催化剂的颗粒密度与纯铁的密度（$7.86g/cm^3$）相比要小得多，这说明孔隙率是很大的。一般孔呈不规则树枝状，还原态催化剂的总表面积约为 $4～16m^2/g$。

早在 1951 年，中国南京化学工业公司研制成功双促进剂的 A102 型氨合成铁催化剂，这是中国自行研制的第一个氨合成催化剂。1956 年和 1967 年该公司又分别研制成功 A106 和 A109 型氨合成催化剂。1979 年浙江工业大学研制成功 A110-2 型氨合成催化剂。至此形成了中国 20 世纪 80～90 年代广为应用的 A110 系列催化剂，具有起始还原温度低、低温活性高的特点，达到了世界同类产品的质量水平。由于发现在铁催化剂中加入钴可增加活性的启示，英国 ICI 公司开发了铁-钴系的 ICI74-1 型氨合成催化剂，其特点是低温、低压活性好。1982 年福州大学以福建铁砂为原料，研制成功 A201 型的铁-钴系氨合成催化剂，在同样生产条件下取得比用 A110 系列催化剂提高生产能力 5%～10%，而且其活性、耐热性、抗毒性均能达到国外同类型铁钴催化剂的水平。

1986 年，浙江工业大学经历了七年时间在铁催化剂研究中取得重大突破，发明了 Fe_{1-x} 基催化剂新体系，于 1992 年研制成功第一个 $Fe_{1-x}O$ 基 301 型低温低压氨合成催化剂，超过国外同类催化剂技术水平，并在工业上得到应用。英国和美国联合开发成功非铁基的在低温、低压下活性高的钌基氨合成催化剂，它是由含石墨的碳载体上负载 5% Ru 组成，常压下比熔铁催化剂的活性高 10～20 倍（在最好的钌催化剂和最差的铁催化剂相比得出的），起始反应温度为 300℃，在压力 8.5MPa，H_2/N_2 为 2.5 条件下氨合成率可达 20%。预计使用寿命 15 年。钌基与铁基催化剂的性能比较见表 1-4-4。各国主要型号的氨合成催化剂的组成及性能见表 1-4-5。

表 1-4-4　钌基与铁基氨合成催化剂的比较

压力/MPa	空速/h^{-1}	不同温度下出口氨含量/%		
		491℃	464℃	437℃
钌基催化剂				
6.9	20000	8.4	10.3	10.3
	10000	8.6	10.3	11.7
	5000	8.6	10.3	11.8
3.5	20000	5.2	6.0	6.8
	10000	5.2	6.2	7.7
	5000	4.9	6.2	7.9
0.7	20000			1.9
	10000			2.0
	5000			2.0
工业熔铁催化剂				
6.9	20000	7.4		4.8
	10000	8.3		6.0
	5000	8.9		7.2
3.5	20000	4.6		1.7
	10000	5.1		2.4
	5000	5.4		3.4
0.7	20000	1.5		0.3
	10000	1.5		0.6
	5000	1.5		0.9

注：钌基催化剂组成为：$Ru^{-}K^{+}/C$，含 Ru16.6%，K^{+}9.6%；$H_2:N_2=3:1$。

表 1-4-5　各国主要型号的氨合成催化剂的组成和性能

国别	型号	组成	外形	堆密度/(kg/L)	使用温度/℃	主要性能
中国	A110-1	Fe_3O_4、Al_2O_3、K_2O、CaO、SiO_2	不规则颗粒	2.7～2.8	380～500	还原温度 350℃
	A110-2	同上，但不加 BaO	同上	2.7～2.8	380～490	
	A201	Fe_3O_4、Al_2O_3、Co_3O_4、K_2O、CaO	同上	2.6～2.9	360～490	易还原，低温活性高
	A301	$Fe_{1-x}O$、Al_2O_3、K_2O、CaO	同上	3.0～3.25	320～500	低温低压高活性，还原温度 280～300℃，极易还原
丹麦	KMⅠ	Fe_3O_4、Al_2O_3、K_2O、CaO、MgO、SiO_2	同上	2.5～2.85	380～550	390℃还原明显，耐热及抗毒性较好
	KMⅡ	同上	同上	2.5～2.85	360～480	370℃还原明显，耐毒及抗毒性比 KMⅠ稍差
	KMR	KM 预还原型	同上	1.95～2.20		全部性能与相应的 KM 型催化剂相同

续表

国别	型　号	组　成	外形	堆密度/(kg/L)	使用温度/℃	主 要 性 能
英国	ICI35-4	Fe_3O_4、Al_2O_3、K_2O、CaO、MgO、SiO_2	同上	2.65～2.85	350～530	530℃以下活性稳定
	ICI73-1	Fe_3O_4、Al_2O_3、CaO、K_2O、CoO	同上		350～460	
美国	C73-1	Fe_3O_4、Al_2O_3、K_2O、CaO、SiO_2	同上	2.88	370～540	570℃以下活性稳定
	C73-2-03	Fe_3O_4、Al_2O_3、Co_3O_4、K_2O、CaO	同上	2.88	360～500	500℃以下活性稳定

4.1.2.2 催化剂的还原和使用

氨合成催化剂的活性不仅与化学组成有关，在很大程度上还取决于制备方法和还原条件。

催化剂还原反应式为

$$Fe_3O_4 + 4H_2 \xlongequal{} 3Fe + 4H_2O(g) \qquad \Delta H_{298}^{\ominus} = 149.9\text{kJ/mol} \tag{1-4-10}$$

Fe_3O_4 还原为金属铁的平衡关系可参见第二章铁—氢—氧体系平衡图（图 1-2-69），或者根据化学平衡常数计算。还原反应式（1-4-10）的化学平衡常数 K_p 与温度的关系见式(1-4-11)：

$$\lg K_p = 4\lg \frac{p_{H_2O}}{p_{H_2}} = -5500/T + 4.89 \tag{1-4-11}$$

确定还原条件的原则一方面是使 Fe_3O_4 充分还原为 α-Fe，另一方面是还原生成的铁结晶不因重结晶而长大，以保证有最大的比表面积和更多的活性中心。为此，宜选取合适的还原温度、压力、空速和还原气组成。

还原温度对催化剂活性影响很大。只有达到一定温度还原反应才开始进行，提高还原温度能加快还原反应的速率、缩短还原时间；但催化剂还原过程也是纯铁结晶体组成的过程，要求 α-Fe 晶粒越细越好，还原温度过高会导致 α-Fe 晶体长大，从而减小催化剂表面积使活性降低。实际还原温度一般不超过正常使用温度。

降低还原气体中的 p_{H_2O}/p_{H_2} 有利于还原，为此还原气中氢含量宜高，水汽含量宜低，尤其是水汽含量的高低对催化剂活性影响很大。水蒸气的存在可以使已还原的催化剂反复氧化还原，造成晶粒变大使活性降低，为此要及时除去还原生成的水分，同时尽量采用高空速以保持还原气体中的低水汽含量，至于还原压力以低一些为宜，但仍要维持一定的还原空速($10000h^{-1}$以上)。

工业上还原过程多在氨合成塔内进行，还原温度借外热（如电加热器或开工加热炉）维持，并严格按规定的温度与时间的关系曲线进行。一般温度升到 300℃左右即开始出水，以后升温与维持温度出水先后进行。最后还原温度在 500～520℃左右，视催化剂类型而定。

催化剂的还原也可以在塔外进行，即催化剂的预还原。采用预还原催化剂不仅可以缩短合成塔的升温还原时间，而且也避免了在合成塔内不适宜的还原条件对催化剂活性的损害，使催化剂得以在最佳条件下进行还原，有利于提高催化剂的活性，为强化生产开辟了新的途径。还原后的活性铁，遇到空气后会发生强烈的氧化反应致使催化剂烧结失去活性。为此，预还原后的催化剂必须进行“钝化”操作，即在 100～140℃下用含少量氧的气体缓慢加以氧化，使催化剂表面形成氧化铁保护膜。使用预还原催化剂的氨合成塔，只需稍加还原即可投入生产操作。

还原结束后的催化剂初活性高，床层温升快，容易过热。进行一段时间的较低负荷生产可以避免催化剂早期衰老，延长其使用寿命。

催化剂在使用中活性不断下降，其原因不外是：细结晶长大改变了催化剂的结构；催化剂中毒以及机械杂质遮盖而使比表面积下降，尤其是上层催化剂的活性下降最为明显。表1-4-6列出催化剂在工业塔中使用13个月后各层催化剂的性态改变。

使用前后，促进剂成分的改变甚微，而上中层表面积显著下降，孔隙率增加，平均孔径增大。这说明使用中由于结晶长大，其结构趋向于一种活性很低的稳定状态。结构变化导致的活性下降是不可逆的。为此，生产中要严格控制催化剂床层温度，尽量减少温度波动，特别是避免超越催化剂所允许的使用温度范围。

表 1-4-6　催化剂使用前后的性态改变

试样		促进剂含量/%					表面积 /(m^2/g)	氨含量① /%	反应速率常数 k②	总孔隙率 /%	平均孔径 /$\times 10^{-10}$m
		Al_2O_3	CaO	SiO_2	K_2O	SO_3					
使用前		3.82	3.55	0.9	1.2	痕量	13.0	13.1	609.6	32.5	107.0
使用后	上层	3.92	3.55	0.93	1.28	0.08	9.2	0.1	0.025	37.4	166.0
	中层	3.92	3.55	0.98	1.29	0.01	10.0	4.6	79.16	35.8	150.0
	下层	3.92	3.55	0.98	1.29	0.01	13.0	5.9	110.3	35.4	107.0

① 氨含量的试验条件：压力30.4MPa，空速30000h^{-1}，温度400℃。

② 反应速率常数k，按式（1-4-28）计算。

从表1-4-6还可以看出，使用后硫含量明显增高，尤其是上层催化剂更为严重，说明含硫化合物对催化剂的毒性作用。能使催化剂中毒的物质有氧及氧化合物（CO、CO_2、H_2O等），硫及硫的化合物（H_2S、SO_2等），磷及磷的化合物（PH_3）、砷及砷化合物（AsH_3）以及润滑油、铜氨液等。硫、磷、砷及其化合物的中毒作用是不可逆的。氧及氧化合物是可逆毒物，中毒是暂时性的，一旦气体成分得到改善，催化剂的活性可以得到恢复。气体中夹带的油类或高级烃类在催化剂上裂解析炭，起到堵塞微孔、遮盖活性中心的作用，中毒作用介于可逆与不可逆之间。另外，润滑油中的硫分，同样可引起催化剂的中毒。采用铜洗净化工艺的合成氨系统，若将铜氨液带入氨合成塔中，则催化剂的表面被其覆盖，也会造成催化剂活性降低，在生产中应十分注意。因此，氢氮原料气送往合成系统之前应充分清除各类毒物，以保证原料气的纯度，一般规定（$CO+CO_2$）$\leqslant 10cm^3/m^3$。

此外，氨合成塔停车时降温速度不能太快，以免催化剂粉碎，卸出催化剂前一般进行钝化操作。

如果对催化剂使用得当，维护保养得好，使用数年仍能保持相当高的催化活性。

4.1.3　氨合成反应动力学

4.1.3.1　*反应机理和动力学方程式*

氨合成反应过程由气固相催化反应过程的外扩散、内扩散和化学反应动力学等一系列连续步骤组成。

当气流速度相当大及催化剂粒度足够小时，外扩散和内扩散的影响均不显著，此时整个催化反应过程的速率可以认为等于化学反应动力学速率。

有关氮与氢在铁催化剂上的反应机理，存在着不同的假设。一般认为，氮在催化剂上被活化吸附、离解为氮原子。然后逐步加氢，连续生成NH、NH_2和NH_3。

1939年，捷姆金（Темкин）和佩热夫（Пыжев）根据以上机理，认为氮的活化吸附是反应速率的控制步骤，并假设催化剂表面活性不均匀、氮吸附的遮盖度中等、气体为理想气体以及反应距离平衡不很远等因素，推导出微分动力学方程式。

$$r_{NH_3}=k_1 p_{N_2}\left(\frac{p_{H_2}^3}{p_{NH_3}^2}\right)^{\alpha}-k_2\left(\frac{p_{NH_3}^2}{p_{H_2}^3}\right)^{1-\alpha} \tag{1-4-12}$$

式中　r_{NH_3}——过程的瞬时速率，即正逆反应速率之差；

k_1, k_2——分别为正反应和逆反应的速率常数；

$p_{N_2}, p_{H_2}, p_{NH_3}$——分别为氮，氢，氨气体的分压；

α——常数，视催化剂性质及反应条件而异，由实验确定。

对于一般工业铁催化剂，α 可取 0.5。于是上式变为

$$r_{NH_3}=k_1 p_{N_2}\frac{p_{H_2}^{1.5}}{p_{NH_3}}-k_2\frac{p_{NH_3}}{p_{H_2}^{1.5}} \tag{1-4-13}$$

k_1，k_2 与温度及平衡常数 K_p 的关系为

$$k_1=k_1^0 e^{-\frac{E_1}{RT}}；\ k_2=k_2^0 e^{-\frac{E_2}{RT}} \tag{1-4-14}$$

$$k_1/k_2=K_p^2 \tag{1-4-15}$$

正逆反应的活化能 E_1 和 E_2 之值随催化剂而异，对于一般铁催化剂 E_1 约在 58620～75360kJ/kmol 之间，而 E_2 约在 167470～192590kJ/kmol 之间。

式（1-4-13）适用于理想气体，在加压下是有偏差的。加压下 k_1 和 k_2 为总压的函数，并随压力的增大而减小。

当反应距平衡甚远时，式（1-4-13）不再适用，特别当 $p_{NH_3}=0$ 时，由式（1-4-13）$r_{NH_3}=\infty$，这显然是不合理的。为此，捷姆金曾提出远离平衡的动力学方程式。

$$r_{NH_3}=k' p_{N_2}{}^{(1-\alpha)} p_{H_2}^{\alpha} \tag{1-4-16}$$

1963 年，捷姆金等人推导出新的普遍化的动力学方程式。在推导中假设反应速率分为两步。第一步为氮的活化吸附，吸附方程式：$N_2 \xrightleftharpoons{\text{活性表面}} (N_2)$，（1）。第二步为氮加氢的活化吸附，吸附方程式：（N_2）＋$H_2 \rightleftharpoons$（N_2H_2），（2a）；（N_2H_2）＋$2H_2 \xrightleftharpoons{\text{活性表面}}$ $2NH_3$（2b）。同时认为（2b）阶段速率处于平衡状态，整个反应速率取决于（1）和（2a）阶段的速率。根据上述两段反应，得出

$$r_{NH_3}=\frac{k_-^* p_{N_2}{}^{1-\alpha}\left(1-\frac{p_{NH_3}^2}{K_p^2 p_{N_2} p_{H_2}^3}\right)}{\left(\frac{1}{p_{H_2}}+\frac{1}{K_p^2}\times\frac{p_{NH_3}^2}{p_{N_2}p_{H_2}^3}\right)^{\alpha}\left(\frac{1}{p_{H_2}}+1\right)^{1-\alpha}} \tag{1-4-17}$$

式中　$\dfrac{l}{p_{H_2}}$为吸附态 N_2 的脱附速度与氢化速度之比，实验测得：$l=0.173\times10^{-2}$MPa（450℃），因而$\dfrac{l}{p_{H_2}}\ll 1$。

式（1-4-17）在下列两种极端情况下可做如下简化：

① 当系统接近平衡时，$(1/K_p^2)\cdot[p_{NH_3}^2/(p_{H_2}^3 p_{N_2})]\longrightarrow 1$，而 $l/p_{H_2}\ll 1$，即此时 $l/p_{H_2}\ll$

$(1/K_p^2) \cdot [p_{NH_3}^2/(p_{H_2}^3 p_{N_2}]$，因此可将式（1-4-17）分母中 l/p_{H_2} 项略去，于是：

$$r_{NH_3} = k^* K_p^{2\alpha} \cdot p_{N_2} \left(\frac{p_{H_2}^3}{p_{NH_3}^2}\right)^{\alpha} - \frac{k^*}{(K_p^2)^{(1-\alpha)}} \left(\frac{p_{NH_3}^2}{p_{H_2}^3}\right)^{1-\alpha}$$

若令 $k^* \cdot K_p^{2\alpha} = k_1$；$k^*/(K_p^2)^{1-\alpha} = k_2$，即为式（1-4-13）。

② 当系统远离平衡时，$(1/K_p^2) \cdot [p_{NH_3}^3/(p_{H_2}^3 p_{N_2})] \to 0$，式(1-4-18)可写成：

$$r_{NH_3} = \frac{k^*}{1^{\alpha}} p_{N_2}{}^{1-\alpha} p_{H_2}^{\alpha}。$$

若令 $k^*/l^{\alpha} = k'$，即为式（1-4-16）。

采用式（1-4-17）计算各种情况下的反应速率均能取得满意结果，然而计算较繁。还有一些其他形式的氨合成反应动力学方程，但在一般工业操作范围内，使用式（1-4-13）还是比较满意的。

式(1-4-13)中的 r_{NH_3} 是瞬时速率，它可以定义为单位催化剂表面上瞬时合成氨的 hmol 数，即

$$r_{NH_3} = dn_{NH_3}/dS \tag{1-4-18}$$

式中 r_{NH_3}——瞬时速率，kmol/(m² 催化剂表面积·h)；

S——催化剂表面积（即总表面），m²；

n_{NH_3}——单位时间内合成氨的千摩尔数，kmol/h；

而
$$n_{NH_3} = N y_{NH_3} \tag{1-4-19}$$

N——混合气流量，kmol/h；

y_{NH_3}——混合气中氨的摩尔分数。

为了统一物料基准，采用氨分解基流量 N_0，则

$$N = \frac{N_0}{1 + y_{NH_3}} = \frac{V_0}{22.4(1 + y_{NH_3})} \tag{1-4-20}$$

式中 V_0——标准状况下，氨分解基体积流量，m³/h。

联立式（1-4-19）、(1-4-20)，而后微分得：

$$dn_{NH_3} = \frac{V_0}{22.4(1 + y_{NH_3})^2} dy_{NH_3} \tag{1-4-21}$$

又因
$$S = \sigma V_k \tag{1-4-22}$$

式中 σ——比表面积，m²/m³；V_k——催化剂堆积体积，m³。

所以
$$r_{NH_3} = \frac{dn_{NH_3}}{dS} = \frac{V_0}{22.4\sigma} \cdot \frac{1}{(1 + y_{NH_3})^2} \cdot \frac{dy_{NH_3}}{dV_k} \tag{1-4-23}$$

取氢氮比 $r = 3$，联立式（1-4-23）和（1-4-13），且取 $L = \dfrac{y_{NH_3}^*}{(1 - y_{NH_3}^* - y_{惰}^*)^2} = 0.325 \times K_p p$，$b = (1 + y_{惰}^0)/(1 - y_{惰}^0)$，$k_1/k_2 = K_p^2$，得到

$$V_0 \frac{dy_{NH_3}}{dV_k} = k_2 p^{-0.5} \left(\frac{4}{3}\right)^{1.5} \frac{22.4\sigma(1 + y_{NH_3})^2 (1 - y_{惰}^0)^{-1.5} [L^2 (1 - y_{惰}^0)^4 (1 - b y_{NH_3})^3 - y_{NH_3}^2]}{y_{NH_3}(1 - b y_{NH_3})^{1.5}} \tag{1-4-24}$$

若令
$$k=\left(\frac{4}{3}\right)^{1.5}\times 22.4\sigma k_2 \tag{1-4-25}$$

则式（1-4-24）可简化为

$$\frac{dy_{NH_3}}{d\tau_0}=\frac{V_0 dy_{NH_3}}{dV_k}=kp^{-0.5}(1-y_{惰}^0)^{-1.5}\frac{[L^2(1-y_{惰}^0)^4(1-by_{NH_3})^3-y_{NH_3}^2](1+y_{NH_3})^2}{y_{NH_3}(1-by_{NH_3})^{1.5}} \tag{1-4-26}$$

式中　$\tau_0=\frac{V_k}{V_0}$——氨分解基虚拟接触时间，h。

将上式移项积分：

$$k = p^{0.5}V_{os}\int_0^{y_{NH_3}}\frac{y_{NH_3}(1-by_{NH_3})^{1.5}(1-y_{惰}^0)^{1.5}}{(1+y_{NH_3})^2[L^2(1-y_{惰}^0)^4(1-by_{NH_3})^4-y_{NH_3}^2]}dy_{NH_3} \tag{1-4-27}$$

式中　V_{os}——氨分解基空间速度，h^{-1}。

式（1-4-26）、式（1-4-27）为工程上常用动力学方程的形式。其中 k 为反应速率常数，单位是［$MPa^{0.5}\cdot h^{-1}$］或［$MPa^{0.5}\cdot s^{-1}$］。

根据催化剂活性实验数据，利用式(1-4-25)可以计算反应速率常数 k，k 值因催化剂不同而变化。由不同温度、压力下的 k 值可以计算出不同温度、压力和气体组成时的反应速率 $dy_{NH_3}/d\tau$。表 1-4-7 为中国 A 型催化剂反应速率常数。

表 1-4-7　A 型催化剂的反应速率常数

型　号	压力/MPa	k 值/$MPa^{0.5}$/s	450℃时 k 值
A_9	29.42	$k=2.416\times10^{12}\exp(-19980/RT)$	2.419
A_{110}	20.27	$k=1.9621\times10^{11}\exp(-17040/RT)$	11.49
A_{201}	20.27	$k=1.0946\times10^{11}\exp(-16536/RT)$	12.85

4.1.3.2　内扩散对氨合成速率的影响

前面讨论的动力学方程并未考虑外扩散、内扩散过程对反应速率的影响，因此是纯化学动力学方程。在工业反应器中的实际氨合成速率尚需考虑到扩散的阻滞作用。大量的研究工作表明，工业反应器的气流条件足以保证气流与催化剂颗粒外表面的传递过程能够强烈地进行，外扩散的阻力可以略而不计；但内扩散的阻力却不容忽略，内扩散速度对反应有影响。

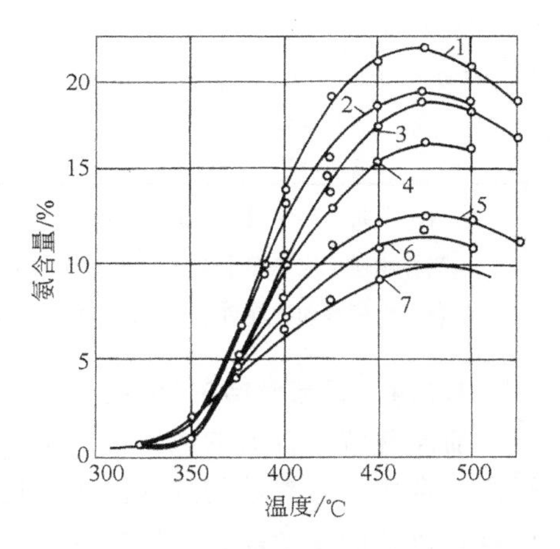

图 1-4-5　不同粒度催化剂出口氨含量与温度的关系（30.4MPa，30000h^{-1}）

1—0.6mm；2—2.5mm；3—3.75mm；4—6.24mm；5—8.03mm；6—10.02mm；7—16.25mm

图 1-4-5 为 30.4MPa 下对不同温度及不同粒度的催化剂所测得的出口氨含量。温度低于 380℃时，出口氨含量受催化剂粒度影响较小，超过 380℃。在催化剂活性温度范围内，温度愈高、出口氨含量受粒度影响愈显著。内扩散的阻滞作用通常以内表面利用率 ξ 表示，实际的氨合成速率应是 ξ 与化学动力学速率 r_{NH_3} 的乘积。内表面利用率 ξ 的数值与催化剂粒度及反应条件有关。由表 1-4-8 可见，通常情况下，温度愈高，内表面利用率愈小；氨含量愈大，内表面利用率愈大；

催化剂粒度增加，内表面利用率大幅度下降。

总的说来，采用小颗粒催化剂是提高内表面利用率的有效措施。

表 1-4-8　30.4MPa，某催化剂内表面利用率与温度、粒度、氨含量的关系

温度/℃	氨含量/%	催化剂颗粒平均直径/mm			
		4	6	8	10
400	3	0.4041	0.2865	0.2214	0.1802
	6	0.6578	0.5048	0.4043	0.3358
	9	0.7958	0.6587	0.5497	0.4675
	12	0.8696	0.7606	0.6599	0.5755
	15	0.9112	0.8272	0.7406	0.6613
425	3	0.3522	0.2470	0.1899	0.1541
	6	0.5945	0.4448	0.3520	0.2905
	9	0.7425	0.5946	0.4867	0.4093
	12	0.8285	0.7017	0.5945	0.5104
	15	0.8796	0.7759	0.6778	0.5939
450	3	0.3086	0.2146	0.1644	0.1331
	6	0.5351	0.3925	0.3078	0.2527
	9	0.6863	0.5337	0.4302	0.3586
	12	0.7812	0.6403	0.5313	0.4502
	15	0.8399	0.7175	0.6116	0.5270
475	3	0.2714	0.1876	0.1433	0.1158
	6	0.4801	0.3467	0.2700	0.2208
	9	0.6283	0.4763	0.3792	0.3139
	12	0.7268	0.5769	0.4700	0.3942
	15	0.7898	0.6510	0.5420	0.4603
500	3	0.2398	0.1650	0.1257	0.1014
	6	0.4297	0.3064	0.2373	0.1935
	9	0.5695	0.4224	0.3329	0.2741
	12	0.6650	0.5120	0.4107	0.3414
	15	0.7266	0.5767	0.4699	0.3940

注：1. 原始气体组成：$y_{CH_4}=4\%$，$y_{Ar}=8\%$，$H_2:N_2=3$。

2. 氨合成逆反应速率常数 $k_{450}=3.14MPa^{0.5}\cdot s^{-1}$；活化能 $E_2=172287kJ/mol$。

3. 颗粒平均直径为筛析平均直径，形状系数 $\varphi_s=0.66$。

4.1.4　工艺参数的选择

前面曾就氨合成的热力学、动力学及催化剂进行了讨论。实际生产中，反应不可能达到平衡，合成工艺参数的选择除了考虑平衡氨含量外，还要综合考虑反应速率、催化剂使用特性以及系统的生产能力、原料和能量消耗等，以期达到良好的技术经济指标。氨合成的工艺参数一般包括温度、压力、空速、氢氮比、惰性气体含量和初始氨含量等。

4.1.4.1　温度

与其他可逆放热反应一样，氨合成反应存在着最佳温度 T_m（或称最适宜温度），它取决于反应气体的组成、压力以及所用催化剂的活性。

T_m 与平衡温度 T_e 及正逆反应的活化能 E_1、E_2 的关系为

$$T_m = \frac{T_e}{1 + \frac{RT_e}{E_2 - E_1}\ln\frac{E_2}{E_1}} \tag{1-4-28}$$

图 1-4-6 为 A106 型催化剂的平衡温度曲线和最佳温度曲线。在一定压力下，氨含量提高，相应的平衡温度与最佳温度下降。惰性气体含量增高，对应于一定氨含量的平衡温度下降，如图中曲线 1，2 所示；相应的最佳温度亦下降，如图中曲线 6，7 所示。氢氮比对最佳温度的变化规律同于对平衡温度的影响。

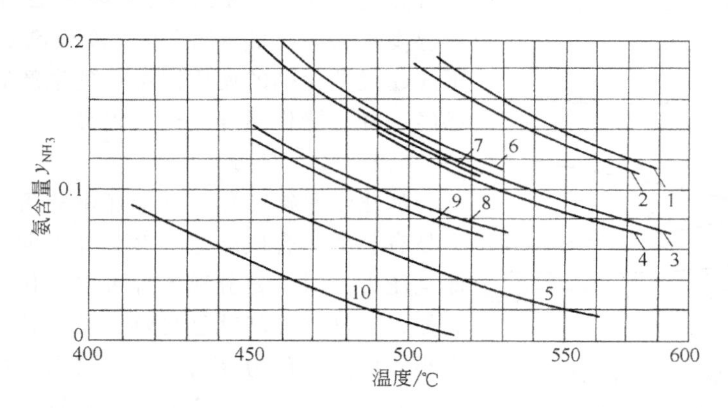

图 1-4-6 $H_2:N_2=3$ 的条件下，某三促进铁催化剂平衡温度线和最佳温度线

1，6—30MPa $y^0_{惰}=0.12$ 下平衡温度线和最佳温度线；

2，7—30MPa $y^0_{惰}=0.15$ 下平衡温度线和最佳温度线；

3，8—20MPa $y^0_{惰}=0.15$ 下平衡温度线和最佳温度线；

4，9—20MPa $y^0_{惰}=0.18$ 下平衡温度线和最佳温度线；

5，10—15MPa $y^0_{惰}=0.13$ 下平衡温度线和最佳温度线

压力改变时，最佳温度亦相应变化，气体组成一定，压力愈高，平衡温度与最佳温度愈高。

一定系统的平衡温度与最佳温度有相应的变化关系；但压力、气体组成都不影响 T_m 与 T_e 之间的相对关系，只要催化剂的活性不变，E_1 和 E_2 一定，T_e 与 T_m 之间的相对关系即不会改变。

催化剂活性高时（性能良好或使用初期），E_1 和 E_2 均低，由于二者的差值不变，E_2/E_1 比值增大，由式（1-4-28）T_e 与 T_m 差值增大，最佳温度下降。反之，活性差时（性能差，衰老或中毒）最佳温度上升。

式（1-4-28）可以通过对动力学方程式（1-4-6）求极值得到。而式（1-4-28）以及图 1-4-6仅指化学动力学控制时反应系统的最佳温度，并未计及内扩散的影响。内扩散控制时，表观反应速率常数远较动力学的反应速率常数小，而且当温度升高时，表观反应速率常数比动力学反应速率常数增加得少。但反应的平衡与扩散无关，温度升高相对地突出了平衡的影响，所以内扩散控制时，最佳温度较图 1-4-6 中的数值为低。

从理论上看，合成反应按最佳温度曲线进行时，催化剂用量最少、合成效率最高。但由于反应初期，合成反应速率很高，故实现最佳温度不是主要问题，而实际上受种种条件的限制不可做到这一点。例如，氨合成塔进气氨含量为 4%（$p=30.4$MPa，$y^0_{惰}=12\%$），由图

1-4-6 可知，T_m 已超过 600℃，也就是说催化剂床层入口温度应高于 600℃，而后床层轴向温度逐渐下降。此外，温度分布递降的反应器在工艺实施上也不尽合理，它不能利用反应热使反应过程自热进行，需额外用高温热源预热反应气体以保证入口的温度。所以，在床层的前段不可能按最佳温度操作。在床层的后段，氨含量已经比较高，反应温度依最佳温度曲线操作是有可能的。

氨合成反应温度，一般控制在 400～500℃之间（依催化剂类型而定）。催化剂床层的进口温度比较低,大于或等于催化剂使用温度的下限，依靠反应热床层温度迅速提高，而后温度再逐渐降低。床层中温度最高点，称为“热点”，不应超过催化剂的使用温度。到生产后期，催化剂活性已经下降，操作温度应适度提高。

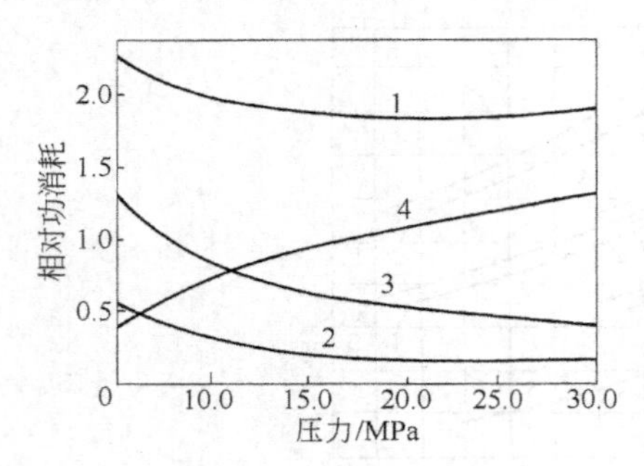

图 1-4-7 合成系统能量消耗与操作压力的关系（15MPa 原料气的压缩功为比较的基准）

1—总能量消耗；2—循环气压缩功；3—氨分离冷冻功；4—原料气压缩功

4.1.4.2 压力

从化学平衡和化学反应速率的角度看，提高操作压力是有利的。合成装置的生产能力随压力提高而增加，而且压力高时，氨分离流程可以简化。例如，高压下分离氨，只需水冷却就已足够，设备较为紧凑，占地面积也小。但是，压力高时对设备材质、加工制造的要求均高。同时，高压下反应温度一般较高，催化剂使用寿命较短。

生产上选择操作压力的主要依据是能量消耗以及包括能量消耗、原料费用、设备投资在内的所谓综合费用，也就是说主要取决于技术经济效果。

能量消耗主要包括原料气压缩功、循环气压缩功和氨分离的冷冻功。图 1-4-7 表示出合成系统能量消耗随操作压力的变化关系。提高操作压力，原料气压缩功增加，循环气压缩功和氨分离冷冻功却减少。总能量消耗在 15～30MPa 区间相差不大，且数值较小。压力过高则原料气压缩功太大；压力过低则循环气压缩功、氨分离冷冻功又太高。

综合费用是综合性的经济技术指标，它不仅取决于操作压力，还与生产流程（主要指氨分离时的冷凝级数）、装置的生产能力、操作条件、原料及动力以及设备的价格、热量的综合利用等因素有关。图 1-4-7 为装置能力日产 1500t 氨采用三种不同流程时综合费用与操作压力的关系。

通常原料气和设备的费用对过程的经济指标影响较大，在 10～35MPa 范围内，压力提高、综合费用下降，主要原因是低压下操作设备投资与原料气消耗均增加。对于不同的流程来说，低于 20MPa 时，三级冷凝流程的综合费用较低；20～28.5MPa 时，二级冷凝流程（一级水冷、一级氨冷）的综合费用也较低；更高压力时采用一级冷凝（仅一级水冷）的流程综合费用最低。见图 1-4-8。

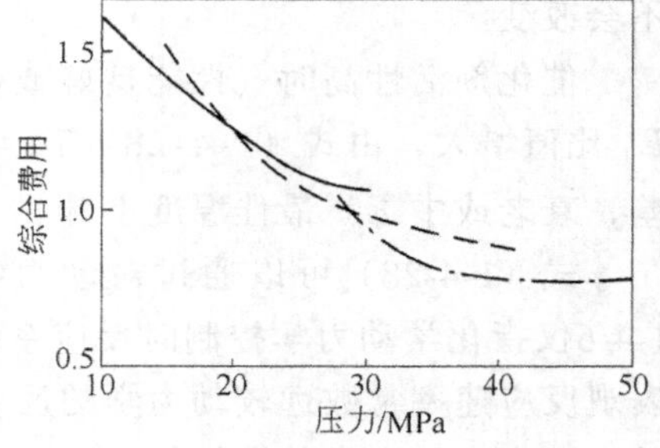

图 1-4-8 综合费用与操作压力的关系（以 30MPa，二级冷凝流程的综合费用为基准）

实线—三级冷凝流程；虚线—二级冷凝流程；点划线——级冷凝流程

总的说来，将压力从 10MPa 提高到 35MPa 时，综合费用可下降 40％左右，继续提高压力效果不显著。

从能量消耗和综合费用分析，可以认为 30MPa 左右仍是氨合成比较适宜的操作压力。

关于操作压力，几十年来变动甚大，第二次世界大战后各国普遍采用 30～35MPa，到 20 世纪 50 年代提高到 40～50MPa。此后，采用蒸汽透平驱动的离心压缩机、合理利用余热的大型生产装置出现，操作压力降至 15～24MPa。中国中小型氨厂大多采用20～32MPa。

4.1.4.3　空间速度

选用空间速度即涉及氨净值（进出塔气体氨含量之差）、合成塔生产强度、循环气量、系统压力降，也涉及反应热的合理利用。

当操作压力及进塔气体组成一定时，对于既定结构的氨合成塔，提高空速，出口气体的氨含量下降即氨净值降低。但增加空速，合成塔的生产强度（指单位时间、单位体积催化剂生成氨的量）有所提高。

若已知空间速度和合成塔进出口含量，由式（1-4-29）和（1-4-30）可以计算合成塔的产氨速率 n_a 以及催化剂的生产强度 G：

$$n_a = n_2 y_{2NH_3} - n_1 y_{1NH_3} = \frac{n_0(y_{2NH_3} - y_{1NH_3})}{(1+y_{1NH_3})(1+y_{2NH_3})}$$

$$= \frac{n_0 \Delta y_{NH_3}}{(1+y_{1NH_3})(1+y_{2NH_3})} = \frac{n_1 \Delta y_{NH_3}}{1+y_{2NH_3}} = \frac{n_2 \Delta y_{NH_3}}{1+y_{1NH_3}} \tag{1-4-29}$$

$$G = \frac{17V_{0s}(y_{2NH_3} - y_{1NH_3})}{22.4(1+y_{1NH_3})(1+y_{2NH_3})} = \frac{17V_{0s}\Delta y_{NH_3}}{22.4(1+y_{1NH_3})(1+y_{2NH_3})}$$

$$= \frac{17V_{s_1}\Delta y_{NH_3}}{22.4(1+y_{2NH_3})} = \frac{17V_{s_2}\Delta y_{NH_3}}{22.4(1+y_{1NH_3})} \tag{1-4-30}$$

式中　n_s——合成塔的产氨速率，kmol/h；

n_1，n_2——分别为进、出塔气体摩尔流量，kmol/h；

n_0——氨分解基气体流量，kmol/h；

V_{0s}——氨分解基的空间速度，h^{-1}；

y_{1NH_3}，y_{2NH_3}——分别为进出塔气体的氨含量，摩尔分数；

V_{s_1}，V_{s_2}——分别为进出塔的空间速度，h^{-1}；

G——催化剂生产强度，$kgNH_3/(m^3 \cdot h)$；

Δy_{NH_3}——氨净值。

表 1-4-9 中的出口氨含量是在 30MPa、进口氨含量为零、$H_2:N_2$ 为 3、惰性气体含量为零的条件下，500℃时等温反应的数据。

表 1-4-9　空间速度的影响

空间速度/h^{-1}	1×10^4	2×10^4	3×10^4	4×10^4	5×10^4
出口氨含量/%	21.7	19.02	17.33	16.07	15.0
生产强度/$kgNH_3/(m^3 \cdot h)$	1350	2417	3370	4160	4920

由表 1-4-9 和式（1-4-30）可知，在其他条件一定时，增加空速能提高催化剂生产强度，但加大空速将使系统阻力增大、循环功耗增加，氨分离所需的冷冻负荷也加大。同时，单位

循环气量的产氨量减少，所获得的反应热也相应减少。当单位循环气的反应热降低到一定程度时，合成塔就难以维持“自热”。

一般操作压力为 30MPa 的中压法合成氨，空速在 20000～30000h^{-1}之间，氨净值 10%～15%。大型合成氨厂为充分利用反应热，降低功耗并延长催化剂使用寿命，通常采用较低的空速。如操作压力 15MPa 的轴向冷激式合成塔，空速为 10000h^{-1}，氨净值 10%；而操作压力 26.9MPa 的径向冷激式合成塔，空速为 16200h^{-1}，氨净值 12.4%。

4.1.4.4 合成塔进口气体组成

合成塔进口气体组成包括氢氮比、惰性气体含量与初始氨含量。

如前所述，当氢氮比为 3 时，对于氨合成反应，可得最大平衡氨含量。但从动力学角度分析，最适宜氢氮比随氨含量的不同而变化。反应初期，离平衡甚远，采用（1-4-16）动力学方程式，并设惰性气体为零，$\alpha=0.5$，

$$r_{NH_3}=k'y_{N_2}^{0.5}y_{H_2}^{0.5}p=k'(1-y_{NH_3})\left(\frac{1}{1+r}\right)^{0.5}\left(\frac{r}{1+r}\right)^{0.5}p \tag{1-4-31}$$

对上式求极值：

$$\left(\frac{\partial r_{NH_3}}{\partial T}\right)=\frac{\partial}{\partial r}\left(\frac{r^{0.5}}{1+r}\right)=0 \tag{1-4-32}$$

解：$r=1.0$，即反应初期最适宜氢氮比 r 为 1。随着反应的进行，如欲保持 r_{NH_3} 为最大值，最适宜氢氮比将不断增大，氨含量接近平衡值时，最适宜氢氮比趋近于 3。生产实践表明，控制进塔气体的氢氮比略低于 3，如 2.8～2.9 比较合适。

如果略去氢及氮在液氨中溶解损失的少量差异，氨合成反应中氢与氮总是按 3∶1 消耗，新鲜气氢氮比应控制为 3，否则循环系统中多余的氢或氮就会积累起来，造成循环气中氢氮比的失调。

惰性气体（CH_4、Ar）来源于新鲜原料气，它们不参与反应因而在系统中积累。惰性气体的存在，无论从化学平衡还是动力学上考虑均属不利。但是，维持过低的惰性气体含量又需大量排放循环气，导致原料气消耗量增加。如果循环气中惰性气体含量一定，新鲜气中惰性气体含量增加，根据物料平衡关系，新鲜气消耗随之增大。因此，循环气中惰性气体含量应根据新鲜气惰性气体含量、操作压力、催化剂活性等条件而定。由于原料气制备与净化方法不同，新鲜气中惰性气体含量也各不相同，循环气中所控制的惰性气体含量也有差异。

当其他条件一定时，进塔气体中氨含量越高，氨净值越小，生产能力越低。初始氨含量的高低取决于氨分离的方法。对于冷冻法分离氨，初始氨含量与冷凝温度和系统压力有关。为过分降低冷凝温度而过多地增加氨冷负荷在经济上并不可取。操作压力 30MPa 时，一般进塔氨含量控制在 3.2%～3.8%；15MPa 时为 2.0%～3.2%。中国有些厂采用水吸收法分离氨，初始氨含量可在 0.5%以下。

4.1.5 工艺流程

4.1.5.1 氨的分离方法

因受到氨合成反应平衡温度的限制，氨合成时只能有一部分氮气和氢气合成为氨。所以出氨合成塔气体中有氨、氮气、氢气和惰性气体（甲烷、氩气），如何将氨从气体混合中分离呢？工业生产上有两种方法：

（1）水吸收法

氨在水中溶解度很大，与溶液成平衡的气相氨分压很小。因此，用水吸收法分离氨效果

良好。但气相亦为水蒸气饱和，为防止催化剂中毒，循环气需严格脱除水分后才能进入合成塔。

水吸收法得到的产品是浓氨水。从浓氨水制取液氨尚需经过氨水蒸馏及气氨冷凝等步骤，消耗一定的热量，故工业上采用此法者很少。

(2) 冷凝法

该法是冷却含氨混合气，使其中大部分气氨冷凝以便与不冷凝的氢氮气分开。加压下，气相中饱和氨含量随温度的降低、压力的增高而减少。若不计及惰性气体对氨热力学性质的影响，饱和氨含量可依下式计算。

$$\lg y_{NH_3}^0 = 4.1856 + \frac{1.9060}{\sqrt{p}} - \frac{1099.5}{T} \qquad (1\text{-}4\text{-}33)$$

式中 $y_{NH_3}^0$——气相氨平衡含量，%；

p——混合气总压力，MPa；

T——温度，K。

若考虑到其他气体组分对气相氨平衡含量的影响，其值可由手册中查取[13]。

如操作压力在 45MPa 以上，用水冷却即能使氨冷凝。操作压力在 20～30MPa 时，水冷仅能分出一部分氨，气相尚含氨 7%～9%，需进一步以液氨做冷冻剂冷却到 0℃以下，才可能使气相中氨含量降至 2%～4%。

含氨混合气的冷却是在水冷却器和氨冷却器中实现的。冷冻用的液氨由冷冻循环系统供给，或为液氨产品的一部分。液氨在氨分离器中与气体分开，减压送入贮槽。贮槽压力一般为 1.6～1.8MPa。液氨冷凝过程中，部分氢氮气及惰性气体溶解其中，溶解气体大部分在液氨贮槽中减压释放出来，称之为“贮槽气”或“弛放气”。

气体在液氨中的溶解度（标准状况），可按亨利定律近似计算，其亨利常数与温度 t（℃）的关系为

氢：　$0.4547 + 7.6 \times 10^{-3} t$，$m^3/(m^3$ 液氨·MPa)

氮：　$0.509 + 7.6 \times 10^{-3} t$，$m^3/(m^3$ 液氨·MPa)

甲烷：　$1.589 + 2.4 \times 10^{-2} t$，$m^3/(m^3$ 液氨·MPa)

氩：　$0.722 + 8.55 \times 10^{-3} t$，$m^3/(m^3$ 液氨·MPa)

4.1.5.2 氨合成回路流程

氨合成的工艺流程，包括氨的合成，氨的分离，氮、氢原料气的压缩与循环系统，反应热回收利用，排放部分弛放气以维持循环气中惰性气体的平衡，从而构成一个回路流程。

回路流程设计在于合理地配置上述几个步骤。其中主要是合理地确定循环压缩机、新鲜原料气补入及弛放气排放的位置，以及确定氨分离的冷凝级数（冷凝法）、冷热交换的安排和热能回收的方式。

采用有油的往复式压缩机的氨合成系统，由于压缩后气体中夹带油雾，新鲜气补入及循环压缩机的位置均不宜在氨合成塔之前。同时循环压缩机还应尽可能设置在流程中气量较少、温度较低的部位，以降低功耗。

采用离心式压缩机的氨合成系统，由于气体中无油雾，因此没有上述的限制。而且新鲜气与循环气的压缩往往是在同一压缩机的不同段里进行，有的甚至新鲜气与循环气直接在压缩机的缸内混合。因此，新鲜气的补入与循环压缩机在流程中可以是同一部位。

至于弛放气体的排放，应设在惰性气体含量高、氨含量较低的部位。氨分离冷凝级数以及冷

热交换的安排都以节省能量为原则，同时也应尽量回收合成反应热以降低系统的能量消耗。

由于采用压缩机的型式、氨分离冷凝级数、热能回收形式以及各部分相对位置的差异，而形成不同的流程。

（1）中小型氨厂流程

在该类流程中，新鲜气与循环气均由往复式压缩机加压，设置水冷器与氨冷器两次冷却，氨合成反应热仅用于预热进塔气体。

如图 1-4-9 所示。合成塔出口气经水冷器冷却至常温，其中部分氨被冷凝，液氨在氨分离器中分出。为降低惰性气体含量，循环气在氨分离后部分放空，大部分循环气进循环压缩机补充压力后进滤油器，新鲜原料气也在此处补入。而后气体进冷凝塔的上部热交换器与分离液氨后的低温循环气换热降温，经氨冷器冷却到 0～－8℃，使气体中绝大部分氨冷凝下来，在氨冷凝塔的下部将气液分开。分离出液氨的低温循环气经冷凝塔上部热交换器与来自循环压缩机的气体换热，被加热到 10～30℃进氨合成塔，从而完成循环过程。

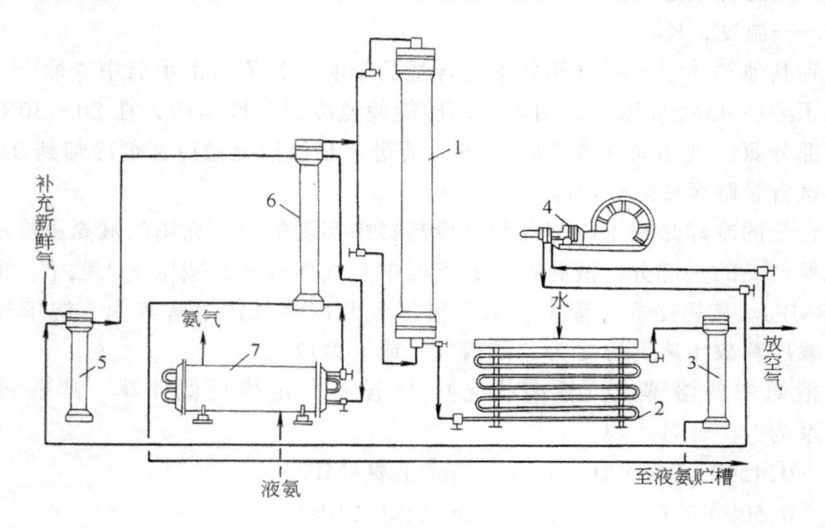

图 1-4-9　中小型氨厂流程

1—氨合成塔；2—水冷器；3—氨分离器；4—循环压缩机；5—滤油器；6—冷凝塔；7—氨冷器

该流程的特点：

A. 放空气位置设在惰性气体含量最高、氨含量较低的部位以减少氨损失和原料气消耗；

B. 循环压缩机位于第一、第二氨分离之间，循环气温度较低有利于压缩作业；

C. 新鲜气在滤油器中补入，在第二次氨分离时可以进一步达到净化目的，可除去油污以及带入的微量 CO_2 和水分。

对 15MPa 下操作的小型合成氨厂，因为操作压力低，水冷后很少有氨冷凝下来，为保证合成塔入口氨含量的要求，设置有两个串联的氨冷器和氨分离器。

（2）大型氨厂流程

在该类流程中采用蒸汽透平驱动的带循环段的离心式压缩机，气体中不含油雾可以直接把它配置于氨合成塔之前。氨合成反应热除预热进塔气体外，还用于加热锅炉给水或副产高压蒸汽，热量回收较好。

图 1-4-10 为凯洛格传统流程，反应热用于加热锅炉给水。新鲜气在离心压缩机的第一

缸中压缩，经新鲜气甲烷化气换热器、水冷却器及氨冷却器逐步冷却到8℃。除去水分后新鲜气进入压缩机第二缸继续压缩并与循环气在缸内混合，压力升到15.3MPa，温度为69℃经过水冷却器，气体温度降至38℃。而后，气体分为两路，一路约50%的气体经过两级串联的氨冷器6和7。一级氨冷器6中液氨在13℃下蒸发，将气体进一步冷却到1℃。另一路气体与高压氨分离器来的－23℃的气体在冷热换热器内换型，降温至－9℃，而来自氨分离器的冷气体则升温到24℃，两路气体汇合后温度为－4℃，再经过第三级氨冷器，利用－33℃下蒸发的液氨进一步冷却到－23℃，然后送往高压氨分离器。分离液氨后的含氨2%的循环气经冷热交换器和热热换热器预热至141℃进轴向冷激式氨合成塔。

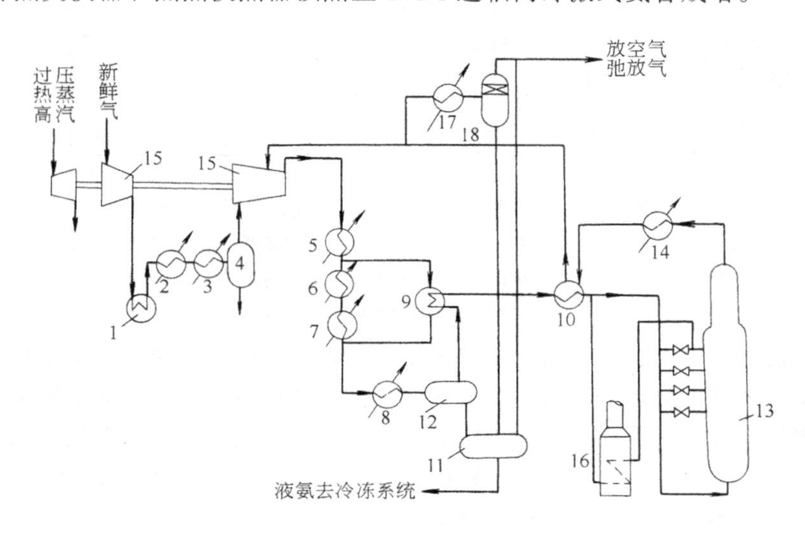

图 1-4-10 凯洛格大型氨合成回路流程

1—新鲜气甲烷化气换热器；2，5—水冷却器；3，6，7，8—氨冷却器；4—冷凝液分离器；9—冷热换热器；10—热热换热器；11—低压氨分离器；12—高压氨分离器；13—氨合成塔；14—锅炉给水预热器；15—离心压缩机；16—开工加热炉；17—放空气冷却器；18—放空气分离器

高压氨分离器中的液氨经减压后进入冷冻系统，弛放气与回收氨后的放空气一并用作燃料。

该流程除采用离心式压缩机并回收氨合成反应热预热锅炉给水外，还具有如下一些特点：采用三级氨冷，逐级将气体降温至－23℃，冷冻系统的液氨亦分三级闪蒸，三种不同压力的氨蒸气分别返回离心式氨压缩机相应的压缩级中，这比全部氨气一次压缩至高压、冷凝后一次蒸发到同样压力的冷冻系数大、功耗小；流程中弛放气排放位于压缩机循环段之前，此处惰性气体含量最高，但氨含量也最高，由于回收排放气中的氨，故对氨损失影响不大；此外，氨冷凝在压缩机循环段之后进行，可以进一步清除气体中夹带的密封油、CO_2等杂质，缺点是循环功耗较大。

图 1-4-11 为布朗三个合成塔、三个废热锅炉的氨合成回路流程。由于粗原料气的最终净化是采用深冷分离法，所以新鲜氢氮气纯度很高，与循环气混合后换热可直接进入第一合成塔。反应热用于副产12.5MPa高压蒸汽，氨合成压力为15MPa，第三氨合成塔出口气体中含氨（体积分数）可达21%[14]。

4.1.5.3 弛放气回收

在原料气的最终净化过程中，除深冷分离法外，采用甲烷化或铜氨液吸收法，随新鲜氮

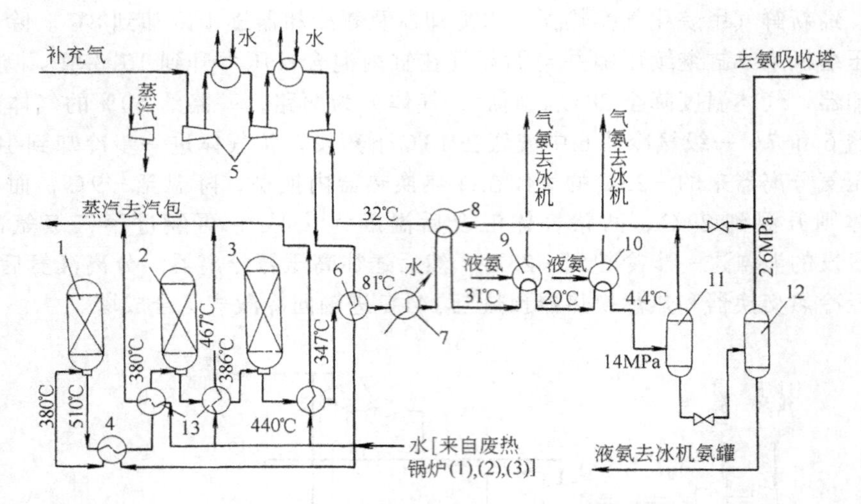

图 1-4-11　布朗三塔三废热锅炉氨合成回路流程

1，2，3—分别为第一，第二，第三合成塔；4—预热器；5—合成气压缩机；6—换热器；7—水冷器；8—冷交换器；9，10—氨冷器；11—分离器；12—减压罐；13—废热锅炉（1），（2），（3）

氢气进入循环系统的甲烷和氩，因其不参与反应，在循环中不断累积，为了保持这些惰性气体的合理浓度，需要排放部分循环气，还有从氨贮槽中排放出一部分溶解在液氨中的氮氢气，通称贮槽气，这些从合成系统中排出的气体，称其为弛放气，一般组成（体积分数）为氢 60%～70%，氮 20%～25%，甲烷 7%～12%，氩 3%～8%。

弛放气带出的氢气损失，一般约占合成氨厂氢损失的 10%，如采取措施回收，即可节能 0.5～0.7GJ/t NH_3。

20 世纪 80 年代以来开发成功中空纤维膜分离、变压吸附和深冷分离技术，用来回收氢气。

（1）中空纤维膜分离法[15]

1979 年美国孟山都（Monsanto）公司开发了选择性渗透膜技术，或称普里森（Prism）中空纤维渗透技术，并成功应用于合成氨工业。现在中国也能制作中空纤维膜分离器，已在大、中、小型氨厂推广使用。

中空纤维膜是以聚砜、二甲基乙酰胺为原料加工成内腔中空的纤维丝，再涂以高渗透性聚合物，具有选择性渗透特性。由于水蒸气、氢、氨和二氧化碳渗透较快，而甲烷、氮、氩、氧和一氧化碳等渗透较慢，这样就使渗透快的与渗透慢的分离。中空纤维丝的外径通常是 500～600μm、内径为 200～300μm，做成 3～6m 长的纤维束装入高压金属壳体内，纤维束一端被密封，另一端用特殊配方的环氧树脂粘结在一起。此膜分离器直径为 10～20cm（图 1-4-12），加压排放气从侧面入口进入分离器壳程，由于不同气体分子在中空纤维丝内外壁两侧压差的差异，使

未渗透气体
4
3
2
1
混合气
渗透气

图 1-4-12　中空纤维膜分离器

1—碳钢外壳；2—分离器；3—中空纤维；4—纤维群塞

氢通过膜壁并渗透入中空腔内，从中空丝口敞开一端排出，其他气体由分离器顶部出口，从而回收了大部分的氢气。

图 1-4-13 为排放气膜分离系统流程。由于中空纤维丝暴露在＞$200cm^3/m^3$ 氨的气氛中会失效，故在回收氢气前先将排放气用水进行洗涤处理，使气体的氨含量降至 $200cm^3/m^3$ 以下。然后经加热器加热到 30～40℃左右，进入串联排列的膜分离器。分离器台数取决于排放气量，氢回收率可达 95%，氢气纯度为 90%以上。中国已应用于一部分大、中、小型氨厂。

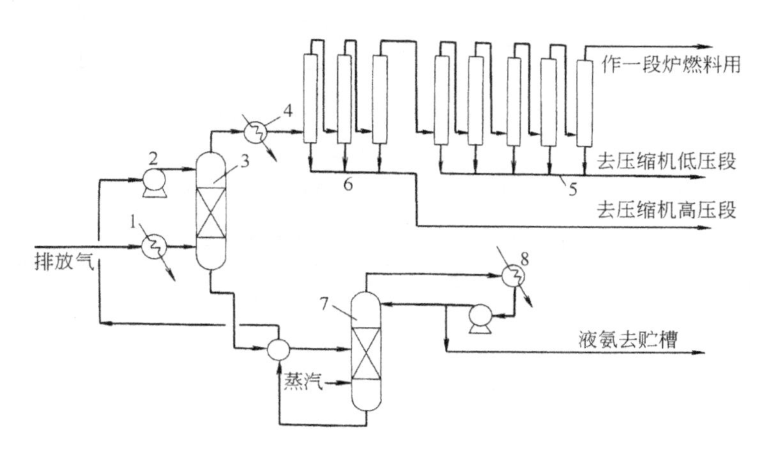

图 1-4-13　中空纤维膜回收氢装置

1—排放气加热器；2—水泵；3—水洗塔；4—加热器；5，6—分别为第一列膜分离器和第二列膜分离器；7—氨蒸馏塔；8—氨冷凝器

（2）变压吸附分离法[16]

此法为利用沸石型或碳分子筛在不同压力下对各气体组分的吸附和解吸。当排放气通过分子筛床层时，除 H_2 以外的其他气体，如 N_2、CH_4、Ar、NH_3、CO 等都被吸附，而获得纯度高达 99.9%的氢气。一个完整的变压吸附循环由吸附、减压、解吸和再加压四个步骤组成（见图 1-4-14）。大型装置一般有 5～10 塔，以自动控制阀切换而构成上述循环。中国已建成 4.9MPa 压力水洗脱氨、吸附干燥除去饱和水和微量氨而获得纯 H_2 的四塔的变压吸附装置。

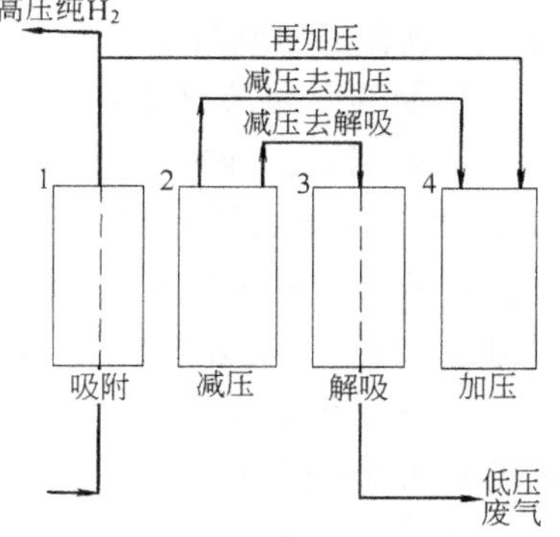

图 1-4-14　四塔变压吸附工艺流程

（3）深冷分离法[17]

此法为根据氢和排放气中其他组分的沸点相差较大，在深冷温度下逐次部分冷凝，分离出甲烷、氩以及部分氮的冷凝液，而获得含氢 90%的回收气。对于 ICI AMV 流程二段转化炉添加过量空气的情况下，为了脱除过量氮，在合成回路流程中也可采用深冷分离法。首先经氨回收后再进行氢回收。

图 1-4-15 为用深冷分离法回收氢的流程。排放气进入深冷装置前必须脱除氨和水分，氨用水洗涤，然后气体通过分子筛干燥，进入冷箱，在进入板翅式换热器中与排出气进行冷交换，温度降至 -190℃左右，甲烷、氩冷凝在分离器中而被除去，出口气体中含 H_2 约 92%。

现将三种分离方案比较列于表 1-4-10。

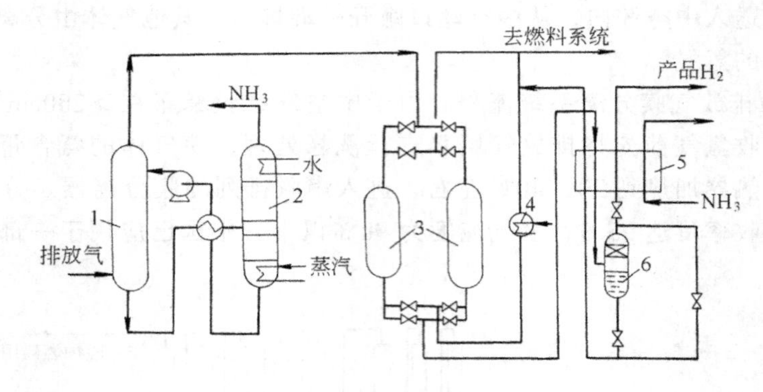

图 1-4-15　深冷法回收氢流程

1—氨吸收塔；2—氨水蒸馏塔；3—分子筛吸附器；
4—加热器；5—板翅式换热器；6—分离器

表 1-4-10　从弛放气中回收氢气方法的比较

项　　目	中空纤维膜分离法	变压吸附分离法	深冷分离法
过程简易程度	一步完成	一步完成	几步完成
操作压力/MPa	3～12	1.4～3	4～6
产品氢浓度/%	98	99	99
氢气回收率/%	＞85	80	95
单位产品能耗	最少	较少	较少
占地面积	最小	较小	较大
弛放气处理要求	简单	简单	严格
相对投资	1.00	1.40	1.44

从表 1-4-10 可以看出，中空纤维膜分离法显示出明显的优势。

4.1.6　氨合成塔

4.1.6.1　结构特点及基本要求

氨合成塔是合成氨生产的主要设备之一。

氨在高温、高压和催化剂存在的条件下由氢氮气合成。氢、氮对碳钢有明显的腐蚀作用。造成腐蚀的原因如下。

① 氢脆。氢溶解于金属晶格中，使钢材在缓慢变形时发生脆性破坏。

② 氢腐蚀。即氢渗透到钢材内部，使碳化物分解并生成甲烷，$Fe_3C + 2H_2 \longrightarrow 3Fe + CH_4$，反应生成的甲烷聚积于晶界微观孔隙中形成高压，导致应力集中沿晶界出现破坏裂纹。若甲烷在靠近钢表面的缺陷中聚积还可以出现宏观鼓泡。氢腐蚀与压力、温度有关，温度超过 221℃，氢分压大于 1.4MPa，氢腐蚀就开始发生。

③ 在高温、高压下，氮与钢中的铁及其他很多合金元素生成硬而脆的氮化物，导致金属机械性能的降低。

为了适应氨合成反应条件，氨合成塔通常都由内件与外筒两部分组成，内件置于外筒之内。进入合成塔的气体先经过内件与外筒之间的环隙，内件外面设有保温层，以减少向外筒的散热。因此，外筒主要承受高压（操作压力与大气压力之差），但不承受高温，可用普通低合金钢或优质低碳钢制成。在正常情况下，寿命可达四、五十年以上。内件虽然在 500℃左右的高温下操作，但只承受环隙气流与内件气流的压差，一般仅 1～2MPa，从而可降低对内件材料的要求。内件一般可用合金钢制作。内件使用寿命一般比外筒短得多。内件由催化剂筐（触媒筐）、热交换器、电加热器三个主要部分构成，大型氨合成塔的内件一般不设电加热器，开工时由塔外加热炉供热还原催化剂。

合成塔内件的催化剂床层因换热形式的不同，大致分为连续换热式、多段间接换热式和多段冷激式三种塔型。此外，也有绝热式合成塔内件，在催化剂床层不进行热量的交换。不论何种塔型，在工艺上对氨合成塔的要求是共同的。主要要求如下：

① 在正常操作条件下，反应能维持自热；塔的结构要有利于升温、还原，保证催化剂有较大的生产强度。

② 催化剂床层温度分布合理，充分利用催化剂的活性。

③ 气流在催化剂床层内分布均匀，塔的压力降小。

④ 换热器传热强度大、体积小，高压容器空间利用率（催化剂体积/合成塔总容积）高。

⑤ 灵活稳定，调节灵活，具有较大的弹性。

⑥ 结构简单可靠，各部件的连接和保温合理，内件在塔内有自由伸缩的余地以减少热应力。

上述要求在实施时有时是矛盾的。合成塔设计就在于分清主次妥善解决这些矛盾。

氨合成塔内件结构繁多，目前主要有冷管式和冷激式两种塔型。前者属于连续换热式，后者属于多段冷激式。近年来将传统的塔内气流轴向流动改为径向流动以减小压力降、降低循环功耗而普遍受到了重视。

4.1.6.2 冷管式氨合成塔

在催化剂床层中设置冷管，利用在冷管中流动的未反应的气体移出反应热，使反应比较接近最适宜温度线进行。中国小型氨厂多采用冷管式内件，早期为双层套管并流冷管，1960年以后开始采用三套管并流冷管和单管并流冷管。

冷管式氨合成塔的内件由催化剂筐、分气盒、换交换器和电加热器组成。

催化剂床层顶部不设置绝热层，反应热在此完全用来加热气体，温度上升快。在床层的中、下部为冷管层，并流三套管由并流双套管演变而来。二者的差别仅在于内冷管一为单层，一为双层，如图 1-4-16。双层内冷管一端的层间间隙焊死，形成“滞气层”，“滞气层”增大了内外管间的热阻，因而气体在内管温升小，使床层与内外管间环隙气体的温差增大，改善了上部床层的冷却效果。

并流三套管的主要优点是床层温度分布较合理，催化剂生产强度高，如操作压力为 30MPa，空速 $20000\sim30000h^{-1}$，催化剂的生产强度可达 $40\sim60t/(m^3\cdot d)$，结构可靠、操作稳定、适应性强。其缺点是结构较复杂，冷管与分气盒占据较多空间，催化剂还原时床层下部受冷管传热的影响升温困难，还原不易彻底。在中国此类内件广泛用于 $\phi800\sim1000mm$ 的合成塔。

并流三套管氨合成塔在工艺设计中主要考虑的问题有如下几个方面。

① 绝热层高度。该高度应根据空速、气体入床层温度、进塔气氨含量、惰性气体含量及催化剂活性等条件而定。一般地说，当其他条件一定时，空速高，气体流过单位长度床层的时间短，床层温升慢，绝热层宜选高些；进床层温度高、进气氨含量及惰气含量低，催化剂活性高，床层温升快，绝热层应该低些。同时要考虑到催化剂床层的下沉，生产后期热点下移以及顶部催化剂易中毒等因素。一般绝热层高度占床层总高度的 10%～20%。

② 冷管比传热面，即 $1m^3$ 催化剂所需冷管的传热面积。双套管及三套管的比传热面一般只计算外管面积。该值过小不能将床层热量移走，造成床层温度分布不合理；该值过大，移出热量过多，床层温度升降过大对反应不利。操作压力为 30MPa、$\phi800\sim\phi1000mm$ 的氨合成塔，冷管比传热面一般取 $11\sim15m^2/m^3$。冷管根数及冷管排列以同平面温差小为原则。

③ 换热器比传热面，即每立方米催化剂所需换热器的传热面积。该值与冷管比传热面有关，其值过小，催化剂活性下降时难以维持自热；其值过大，常需开启冷气副线以维持塔温，同时又占去较多的高压容器空间。其适宜值以确保催化剂活性下降或提高空速、调整负荷时，过程能自热进行为准。对螺旋板、波纹板换热器其比传热面在 $25\sim40m^2/m^3$ 之间，列管换热器在 $40\sim60m^2/m^3$ 之间。

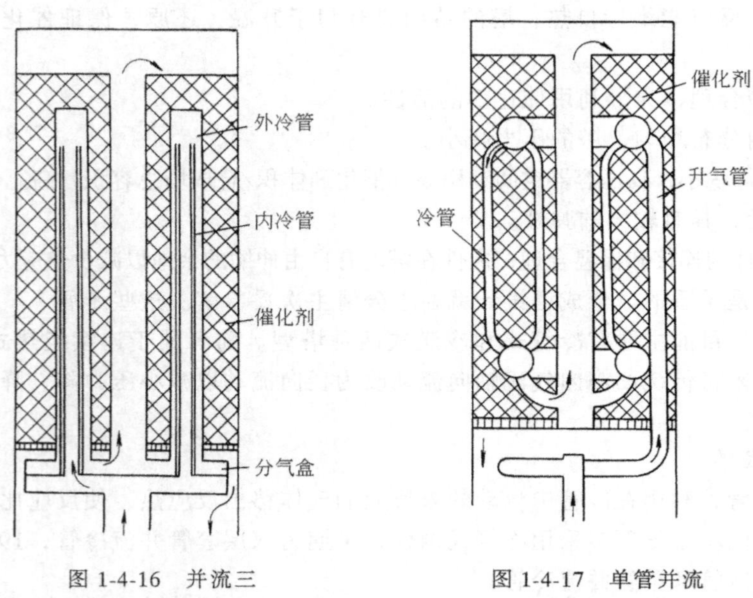

图 1-4-16　并流三套管内件示意图

图 1-4-17　单管并流式内件示意图

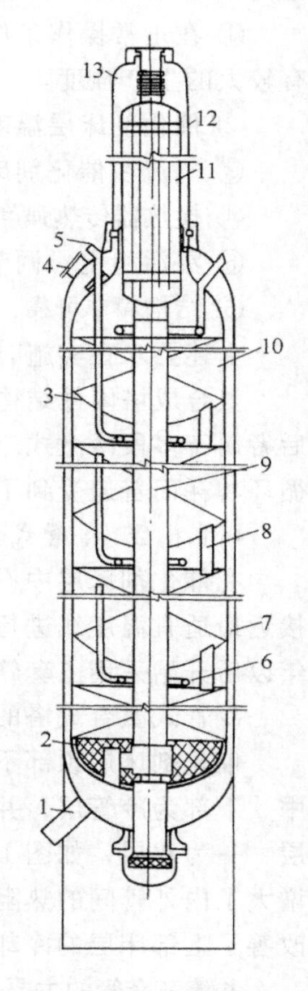

图 1-4-18　轴向冷激式氨合成塔

1—塔底封头接管；2—氧化铝球；3—筛板；4—人孔；5—冷激气接管；6—冷激管；7—下筒体；8—卸料管；9—中心管；10—催化剂筐；11—换热器；12—上筒体；13—波纹连接管

④ 塔的压力降亦应给予重视，空速的提高往往受到压力降的制约。塔的压力降大部分集中在催化剂床层，空速一定时，床层压力降约与床层高度的三次方成正比。据此，床层不宜过高。催化剂颗粒形状对压力降亦有影响，应设法改善形状系数。催化剂粒度在压力降允许的前提下应选择较小的粒度，或于床层高度上分层装填粒度不同的催化剂，使其既能满足减少内扩散阻力的要求，又能降低催化剂床层阻力。

从催化剂床层换热的角度讲，单管并流式与并流三套管式类似。如图 1-4-17，以单管代替三套管，以几根直径较大的升气管代替三套管中几十根双层内冷管，从而使结构简化，取消了与三套管相适应的分气盒。因此，塔内部件紧凑，催化剂筐与换热器之间间距小，塔的容积得到有效利用。此外，冷管为单管不受管径和分气盒的限制，便于采用小管径多管数的冷管方案，有利于减小床层径向的温差。

单管并流式内件的缺点是结构不够牢固，由于温差应力大，升气管、冷管焊缝容易裂开。

单管并流式内件在中国应用比较普遍，结构形式颇多。冷管形状有圆管、扁平管和带翅片的冷管三种；来自换热器的气体有的是先经中心管而后入冷管，有的是先经冷管而后入中心管，后者如图 1-4-18 所示。

4.1.6.3 冷激式氨合成塔

冷激式氨合成塔有轴向冷激和径向冷激之分。图 1-4-18 为大型氨厂立式轴向四段冷激式氨合成塔（凯洛格型）。

该塔外筒形状为上小下大的瓶式，在缩口部位密封，以便解决大塔径造成的密封困难。内件包括四层催化剂、层间气体混合装置（冷激管和挡板）以及列管式换热器。

气体由塔底封头接管进入塔内，向上流经向外筒之环隙以冷却外筒。气体穿过催化剂筐缩口部分向上流过换热器与上筒体的环形空间，折流向上穿过换热器的管间，被加热到400℃左右入第一层催化剂。经反应后温度升至 500℃左右，在第一、二层间反应气与来自冷激气接管的冷激气混合降温，而后进第二层催化剂。以此类推，最后气体由第四层催化剂层底部流出，而后折流向上穿过中心管与换热器的管内，换热后经波纹连接管流出塔外。

该塔的优点是：用冷激气调节反应温度，操作方便，而且省去许多冷管，结构简单，内件可靠性好，合成塔筒体与内件上开设人孔，装卸催化剂时，不必将内件吊出，外筒密封在缩口处。

但该塔也有明显缺点：瓶式结构虽便于密封，但在焊接合成塔封头前，必须将内件装妥。日产 1000t 的合成塔总重达 300t，运输与安装均较困难，而且内件无法吊出，因此设计时只考虑用一个周期。维修上也带来不便，特别是催化剂筐外的保温层损坏后更难以检查修理。

图 1-4-19 为不带底部换热器的 S-200 型径向氨合成塔，也用于大型合成氨厂，进塔反应气体从塔底接口 A 进入，向上流经内外筒之间的外环隙，再入床间换热器冷却旁路（冷副线）气体由塔底 B 进入，二者混合经进入第一催化剂底层沿径向是辐射状流经催化剂层再进入第二催化剂底层，从外部沿径向向内流动，最后由中心管外面的环形通道下流，经塔底接口 C 流出塔外。

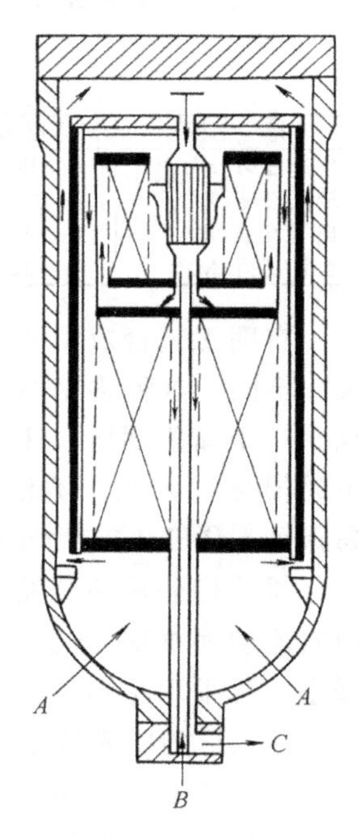

图 1-4-19 不带底部换热器的 S-200 型径向氨合成塔

A—主气体进口；B—冷却旁路进口；C—气体出口

与轴向冷激式合成塔比较，径向合成塔具有如下优点：

A. 气体呈径向流动，流速远较轴向流动为低，使用小颗粒催化剂时，其压力降仍然较小，因而合成塔的空速较高，催化剂的生产强度较大；

B. 对于一定的氨生产能力，催化剂装填量较少，故塔直径较小，采用大盖密封便于运输、安装与检修。该塔存在的问题是如何有效地保证气体均匀流经催化剂床层而不会发生偏流。目前采取的措施是在催化剂筐外设双层圆筒，与催化剂接触的一层均匀开孔、且开孔率高，另一层圆筒开孔率很低，当气流以高速穿过此层圆筒时，受到一定的阻力，以此使气体均匀分布。另外，在上下两段催化剂床层中，仅在一定高度上装设多孔圆筒，催化剂装填高度高出多孔圆筒部分，以防催化剂床层下沉时气体走短路。

虽然径向流动合成塔在结构上比轴向流动合成塔稍为复杂，但气体通过催化剂床层的压力降要小得多，因而允许采用小粒度的催化剂。为了避免径向合成塔未反应的气体走短路，采取催化剂床层顶部留有一段死气层。瑞士卡萨里（Casale）制氨公司针对凯洛格轴向合成塔存在的缺点，开发了轴-径向混流型或称混合流动型合成塔，它在结构上有如下特点。

① 几个催化剂床按一定尺寸制造，一个催化剂床叠加在另一个催化剂床的顶部，二者之间密封简单，又可拆开，使装卸催化剂床缩短了时间。

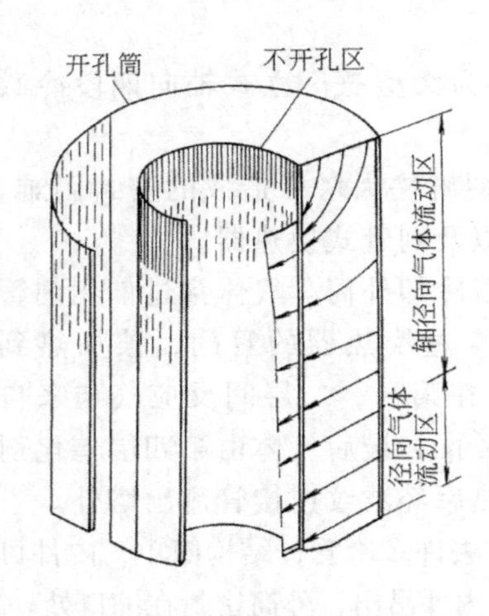

图 1-4-20　轴-径向氨合成塔内件

② 催化剂床是由筒体内壁与外壁组成，在其间装填催化剂，而沿内外筒壁一定间距钻孔（图 1-4-20），约 5%～10%的气流进入轴-径向流动区，其余进入径向流动区，高压空间利用率可达 70%～75%，床层顶部不封闭。

③ 催化剂床的筒壁为气流分布器，由三层组成。远离催化剂的一层为圆孔多孔壁，气流均匀分布是通过分布器的阻力来实现的。催化剂床筒壁的第二层为桥型多孔壁，板上冲压成许多等间距排列像桥型的凸型结构，此多孔壁不仅起机械支撑作用，而且对气流起缓冲和均匀作用，第三层即为与催化剂接触的一层金属丝网。由这三层组成的气流分布器，经焊接成弧形板，然后拼接成圆筒。

表 1-4-11 为凯洛格四床层轴向合成塔改为三床层轴-径向合成塔的数据。

表 1-4-11　凯洛格塔改造前后比较

指　标	四床层轴向塔	三床层轴-径向塔	指　标	四床层轴向塔	三床层轴-径向塔
生产能力/t/d	1000	1000	塔压力降/MPa	0.6	0.3
进塔/NH_3%	2.5	2.5	氨净值/%	11.1	19
出塔/NH_3%	13.6	21.5	节能/$\times 10^6$kJ/tNH_3	—	1.51
操作压力/MPa	22	22			

布朗工艺合成氨装置（参见图 1-4-11）采用的合成塔形式都是绝热型的，结构相同，仅尺寸不同。这种多塔式的优点是塔径小，制造方便，每塔只有一个催化剂床，床中无冷管与冷激管，内件结构简单，不易损坏。因此，不设置敞口大盖，仅设检修人孔，密封易保证。图 1-4-21 为布朗的绝热型合成塔[18]。

凯洛格公司还开发卧式合成塔（图 1-4-22）。这种塔为径向流动而横卧设置，具有径向合成塔的优点，床层压力降小，可采用小颗粒催化剂。

该塔分为冷激型和中间换热式的卧式合成塔两种。图 1-4-22 为三段中间换热式的，由耐压壳体、封头和内件三大部件构成。内件配置有第一、第二和第三的三段催化剂以及两个中间换热器，各段均设有支架、筛板、导流管及隔板。

进塔氮氢气总管分为三段，其流程：第一股经外壳和内件间的环隙在预热及沿导管进第一换热器后的 U 型管入口，同从一床出来的合成气换热后进入第一床。第二股通过导管进入第二换热器的 U 形管入口与管外第二床出口合成气换热，再经导管与一股进料气汇合后进入第一床，约有 50%总量的氨在此生成。出第一床的合成气经第一中间换热器换热后进入第二床。出第二床的合成气经第二中间换热器壳程进第三床，第三床为两个串联的催化剂床。第三股氮氢气用作开工时通过开工加热炉将催化剂预热到活性温度。还常用来调节床层温度。

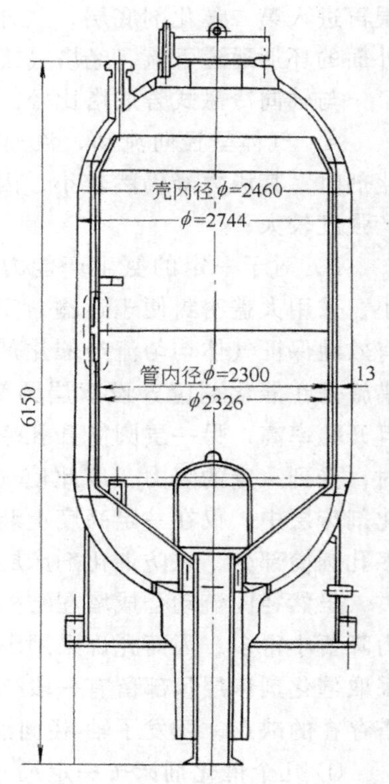

图 1-4-21　布朗绝热式合成塔

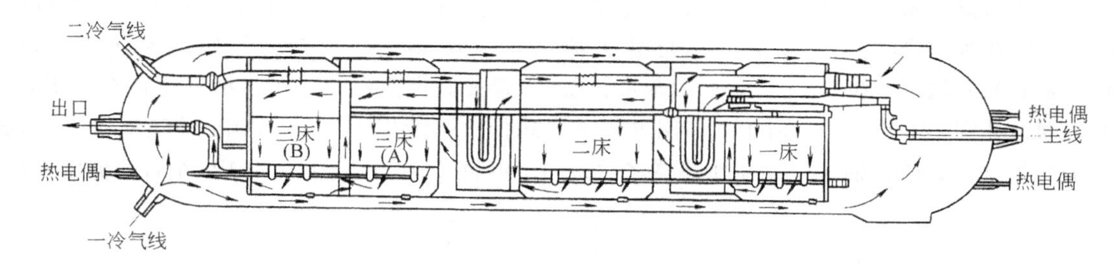

图 1-4-22　Kellogg 卧式氨合成塔工艺流程示意图

4.1.7　反应热的回收利用

回收余热，采用如下措施。

（1）提高合成塔进气温度

合成塔进气 1 点的温度高，相应的出塔温度必然也高。出塔温度高，有利于余热的回收利用。随着抗氮氢腐蚀钢的研制成功，允许出口气体温度提高到 350℃，而提高合成塔进气的温度，最简便的措施是加设换热器，利用合成塔出口气体的余热预热合成塔进口气体，如图 1-4-23 所示。图 1-4-23（a）为不设热热换热器的例子，假定合成塔进 a 气体温度 24℃，合成塔出口气体温度 166℃，经余热回收，温度 100℃离开系统，则余热的温度范围为 100～166℃。图 1-4-23（b）为加设热热换热器后的情况，进系统的温度仍为 24℃，经预热至 141℃进合成塔，出塔温度为 284℃，经余热回收后温度为 166℃，再经过热热换热器，43℃离开系统，余热的温度范围为 166～284℃。显然后者不仅余热温度高，而且余热回收量也大得多。

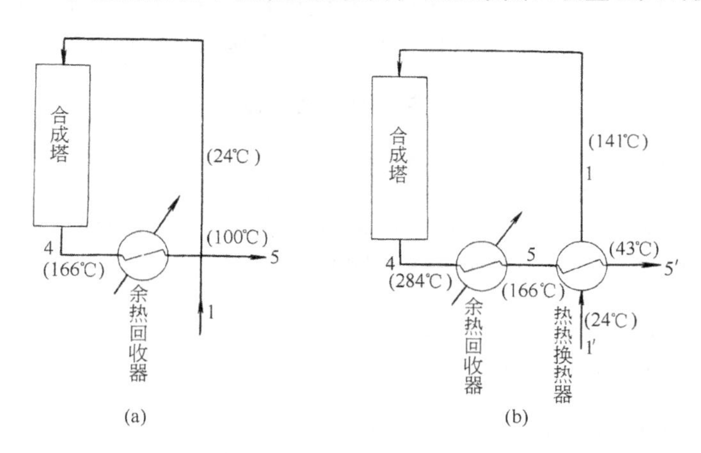

图 1-4-23　氨合成余热回收流程示意图

（2）热能回收的方法

从余热回收来看，其方法不外有两种：一是用来加热锅炉给水；一是直接利用余热副产蒸汽。目前大型氨厂两者均有采用，而一些中型氨厂多用后者。如用于副产蒸汽，按废热锅炉安装的位置又可分为两类：塔内副产蒸汽合成塔（内置式）和塔外副产蒸汽合成塔（外置式）。

内置式副产蒸汽合成塔，是在塔内几层催化剂层间设冷却盘管，高压循环水作热载体在锅炉与盘管间自然环流，高压循环水的压力与塔出口气体压力相等。此类塔型，直接从催化剂床层取出热量，能产生较高压力的蒸汽，热能利用好；催化剂床层调温方便、稳定。但塔的结构复杂，冷却盘管容易损坏，塔的容积利用系数也低。此外，对高压循环水水质要求高，目前已很少采用。

外置式副产蒸汽合成塔，根据反应气抽出位置的不同分为：A. 前置式副产蒸汽合成塔，抽气位置在换热器之前，反应气出催化剂床层即入废热锅炉换热，然后回换热器，如图1-4-24（a),此法可产生2.5～4MPa的蒸汽；B. 中置式副产蒸汽合成塔，抽气位置在Ⅰ、Ⅱ换热器之间，如图1-4-24（b)，由于气体温度较前置式低，可产生1.3～1.5MPa的蒸汽；C. 后置式副产蒸汽合成塔，抽气位置在换热器之后，图1-4-24（c)。可产生0.4MPa左右的低压蒸汽。

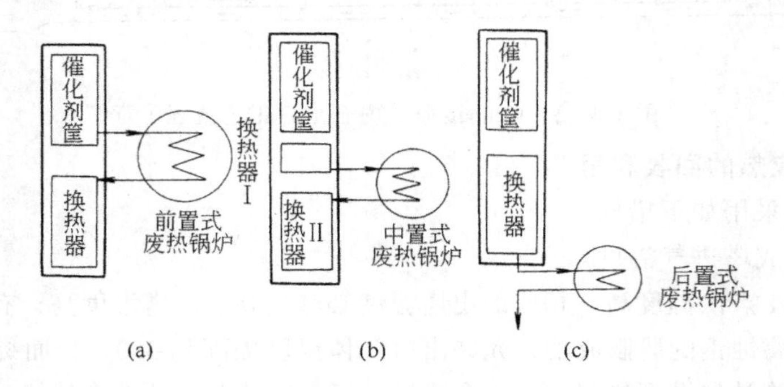

图1-4-24 外置式副产蒸汽合成塔示意图

外置式与内置式比较，具有结构简单、附属设备少、制造检修方便等优点。但外置式由于从塔内移出一部分热量，为了维持自热，塔内换热器传热面积大（后置式除外)，空速不能提高，因而催化剂生产强度较低，而且对材质耐高温、耐腐蚀性能的要求亦较高。

大型氨厂根据本身的特点，采用预热锅炉给水或副产蒸汽的方法回收热能。此法与后置式废热锅炉相似，但对大型氨厂更为合适。其优点是锅炉给水预热后再由天然气蒸汽转化系统的高温废热产生高压蒸汽或在合成回路直接产生高压蒸汽，而高压蒸汽使用价值高。

参 考 文 献

1 Gilespie, L.J., Beattle, J.A. *Phys.Rev*.1930,(36):743

2 Nielsen, A. An Investigation on Promoted Iron Catalysts for the Synthesis of Ammonia. third edition. Jul. Gjellerups Forlag. 1968

3 Симупин Н А,ИМеепъников,Е.Я.Справочник Азотника,том1.《Хиния》,Москва.1967

4 南京化学工业公司催化剂厂.A110－1型氨合成催化剂使用说明书

5 魏可镁等.化肥工业.1985,(3):10

6 刘化章等.化工学报.1994,(**45**),(4):385～392

7 江崎正直.化学装置(日).1972,**14**(9):11

8 同[3]

9 Темкин М И Пыжев В М. *Жнз.Фим*. 1939, (13):851

10 Темкин М И.и лр. *Кин.и Кат*.1963,**4**,(260):565

11 Темкин М И.и лр. *Кин.и Кат*,1965,**4**

12 Еритина Г А. и лр. *Хим. Пром*, 1976,(11):842

13 石油化学工业部化工设计院主编.小氮肥工艺设计手册.北京:石油化学工业出版社,1979

14 Low G. *Nitrogen*. 1984, (147):32

15 Maclean, D.L., Chae, Y.C. *Chem. Eng. Prog*. 1980,(3): 103

16 Corr F. *Hydrocarbon Process*. 1979, **58**(3): 119

17 *Nitrogen*. 1976, (102):35

18 Appl M. *Nitrogen*. 1992,(200):31

19 董子丰,蒋国梁.低温与特气.大连:光明化工研究所.1993,(4):57～61

20 Гельперин,ИИ.Зеликон,Г.М.Снравочник по Разделснио Газовых смесей методом глудокото охдаждения.Госхииздат,1963.512～513

第五章　合成氨生产综述

合成氨是一个产量吨位大、与国民经济关系密切，特别是对发展农业具有重要意义的化工产品，现在全世界氨的生产能力和年产量都以亿吨计，主要用作肥料和生产其他氮肥的原料。以上各章是按工艺过程从粗原料气制取、净化，到氨的合成分别介绍的。从二战结束以后，随着科技进步和原料路线的转变，机械和设备制作、冶金材料和新催化剂的开发，合成氨生产面貌有了重大的变化，有必要对前面没有讲到的问题，例如生产总流程、能量消耗和能量的回收利用等加以综述。

5.1　生产总流程

合成氨的生产流程是根据不同的原料，对各工序应采用的生产方法，经过技术经济比较及综合平衡制订的。

因为原料气中硫化物的形态及含量、CO_2 及 CO 的含量，随原料不同而异，除多量一氧化碳总是在较高温度下通过变换反应除去以外，脱硫、脱碳方法甚多。为了区别起见，把采用像低温甲醇洗涤法脱硫、脱碳，深冷分离法脱除少量一氧化碳的操作称为“冷法净化”流程，而采用像热钾碱法脱碳、甲烷化法脱除少量一氧化碳与二氧化碳的操作称为“热法净化”流程。

一个氨厂究竟选用什么原料，这要取决于来源和价格。选用什么方法净化，应根据原料、工艺要求及技术经济比较，以求操作可靠和经济合理。目前，就大型氨厂而言，基本上可归纳为两种类型：以烃类为原料的蒸汽转化、热法净化总流程；以重油、煤为原料的部分氧化、冷法净化总流程。

5.1.1　三种原料制氨物料流程

图 1-5-1，图 1-5-2 和图 1-5-3 分别为天然气、重油、煤制氨的物料流程，图中注有各工艺过程的气体组成以及吨氨的气量。

5.1.2　大型氨厂的消耗

天然气（包括油田气）制氨是非常理想的原料，是世界合成氨生产的主要原料，而大型氨厂的动力主要是蒸汽，利用它来驱动蒸汽透平。在此介绍一个日产 1000t 氨的天然气蒸汽转化法总流程的功耗、余热回收及利用实例。

整个装置只有天然气、工艺空气、合成气和氨等 4 台离心压缩机，加上主要机泵，蒸汽与动力消耗如表 1-5-1。

表 1-5-1　日产 1000t 氨装置的蒸汽与动力消耗分配[1]

蒸汽和动力设备		用　　量	%	蒸汽和动力设备		用　　量	%
合成气压缩机	功率/kW	20750	52	脱碳溶液泵	功率/kW	1340	3.3
	耗汽/(t/h)	230.5			耗汽/(t/h)	19.3	
	压力/MPa	10.1		烟道气引风机	功率/kW	1040	2.6
	温度/℃	510			耗汽/(t/h)	8.25	
工艺空气压缩机	功率/kW	6680	17	锅炉给水泵	功率/kW	2×910	4.5
	耗汽/(t/h)	35			耗汽/(t/h)	12.4/7.74	
天然气压缩机	功率/kW	3710	7.9	发电机	功率/kW	2500	6.2
	耗汽/(t/h)	12.5			耗汽/(t/h)	14.9	
氨压缩机	功率/kW	2610	6.5	合　计	功率/kW	40070	100
	耗汽/(t/h)	15.8					

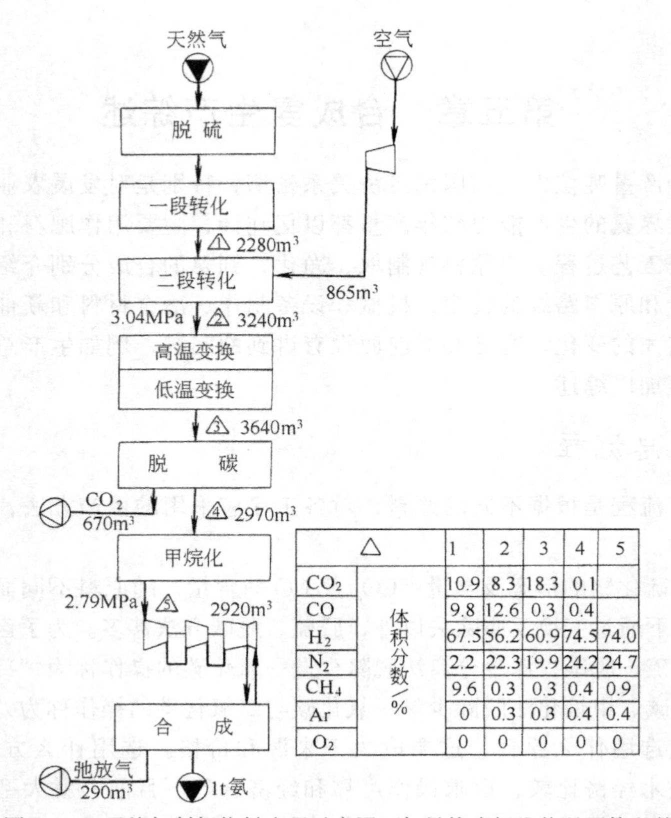

△		1	2	3	4	5
CO_2	体积分数/%	10.9	8.3	18.3	0.1	
CO		9.8	12.6	0.3	0.4	
H_2		67.5	56.2	60.9	74.5	74.0
N_2		2.2	22.3	19.9	24.2	24.7
CH_4		9.6	0.3	0.3	0.4	0.9
Ar		0	0.3	0.3	0.4	0.4
O_2		0	0	0	0	0

图 1-5-1 天然气制氨物料流程示意图（气量均为标准状况下体积数）

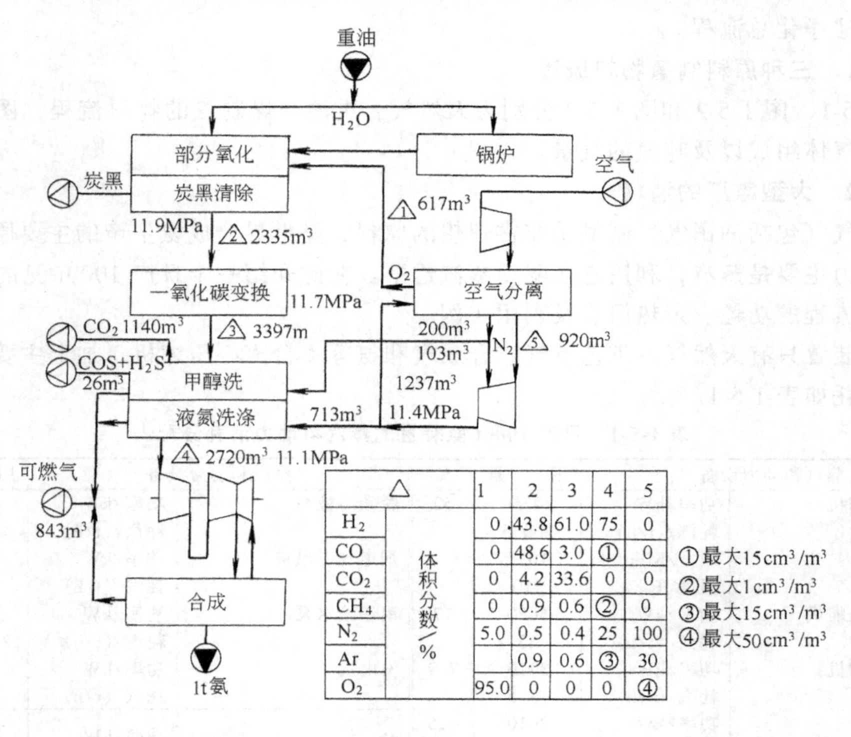

△		1	2	3	4	5
H_2	体积分数/%	0	43.8	61.0	75	0
CO		0	48.6	3.0	①	0
CO_2		0	4.2	33.6	0	0
CH_4		0	0.9	0.6	②	0
N_2		5.0	0.5	0.4	25	100
Ar			0.9	0.6	③	30
O_2		95.0	0	0	0	④

①最大15 cm^3/m^3
②最大1 cm^3/m^3
③最大15 cm^3/m^3
④最大50 cm^3/m^3

图 1-5-2 重油制氨物料流程示意图（气量均为标准状况下体积数）

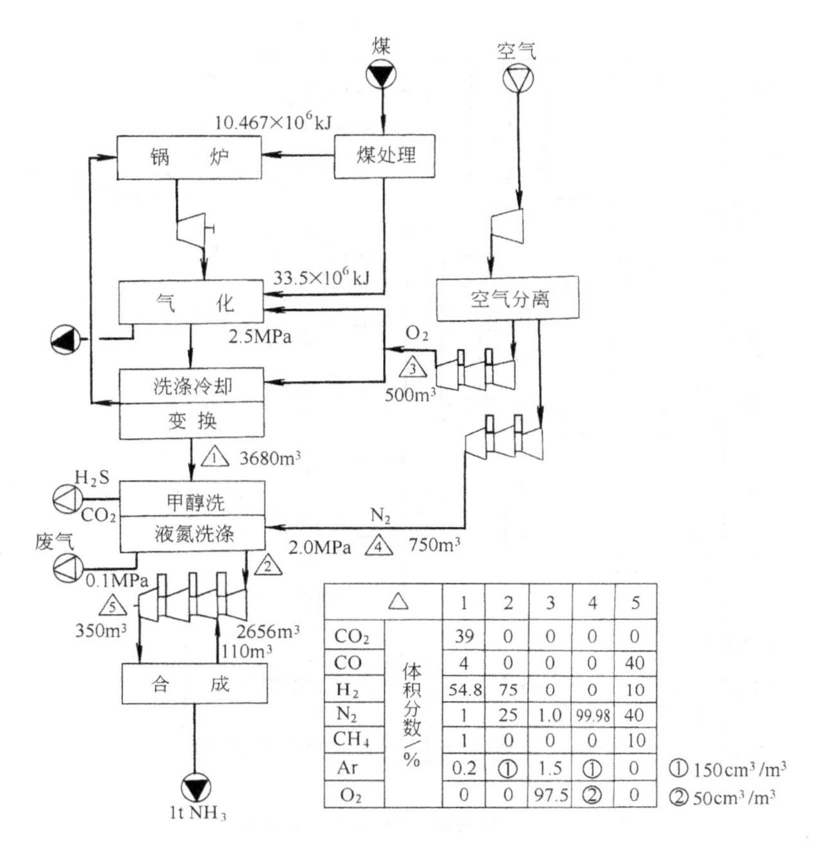

△		1	2	3	4	5
CO_2	体积分数/%	39	0	0	0	0
CO		4	0	0	0	40
H_2		54.8	75	0	0	10
N_2		1	25	1.0	99.98	40
CH_4		1	0	0	0	10
Ar		0.2	①	1.5	①	0
O_2		0	0	97.5	②	0

图 1-5-3　煤制氨物料流程示意图

（气量为标准状况下体积数；能耗按 1kcal＝4.1868kJ 换算而来）

以上蒸汽和动力设备所需的蒸汽主要靠回收转化、变换及合成工艺过程的余热，外加辅助锅炉提供。

余热回收及利用如图 1-5-4 所示。锅炉给水经水处理系统后送出，一路去合成塔出口气体水加热器加热，另一路去低变炉出口气体水加热器加热，然后两路汇合，送入高变炉出口气体水加热器进一步加热。高压蒸汽主要通过二段转化气废热锅炉发生，产汽量为 166t/h。辅助锅炉产高压蒸汽 63.5t/h。绝对压力为 10MPa 的高压蒸汽再经过对流段过热到 510℃。

过热的高压蒸汽首先全部（230.5t/h）送入合成气透平，此透平为背压式，出汽绝对压力为 3.95MPa、温度为 390℃，蒸汽送入中压蒸汽管网，其中抽出 85t/h 作为工艺原料送一段转化炉，其余送入中压透平，用来驱动机泵。中压透平大多为凝汽式，也有背压（绝对压力）0.46MPa的背压式透平，低压蒸汽作为加热介质。因此，大型装置余热利用比一般中小型装置优越之处就在于逐级降压降温，而首先用作动力。

为了说明合成氨的能量输入、输出情况，可以用能量流程图加以表示。图 1-5-5 为日产 1200t 的合成氨装置能量流程图[3]，产品氨具有的能量占输入能量的 49%：

$$\frac{18400}{37300+200}\times 100\% = 49\%$$

若加上外输蒸汽，则能量利用率将近 60%：

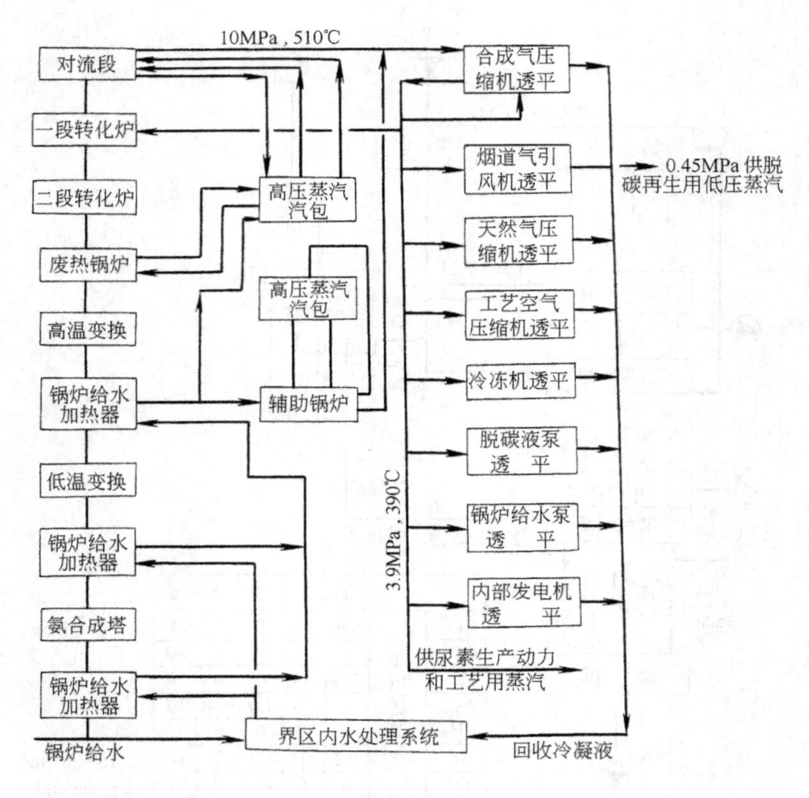

图 1-5-4　大型氨装置余热回收及利用示意图

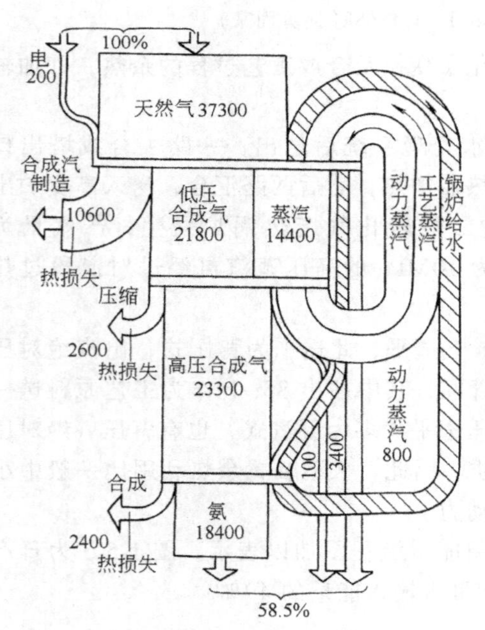

图 1-5-5　日产 1200t 氨装置的能量流程图

（图内所有数字均为 GJ/t 氨）

$$\frac{18400+100+3400}{37300+200}\times100\%=58.5\%$$

各种原料、各种方法的合成氨装置能量利用率如图 1-5-6 所示[4]。从图可见，以煤为原料制氨的能量利用率比天然气、石脑油、重油的要低，而同一天然气原料，则加压转化比常压转化要高。

从图 1-5-6 知道，各种原料制氨的能量利用率为 40%～60%。据计算，天然气蒸汽转化法制氨流程中，吨氨的能量损失如下：

蒸汽动力系统……………………6.74×10^6kJ

脱碳系统……………………3.94×10^6kJ

燃料气系统……………………3.94×10^6kJ

冷凝式透平……………………1.17×10^6kJ

合计 ……………………13.94×10^6kJ

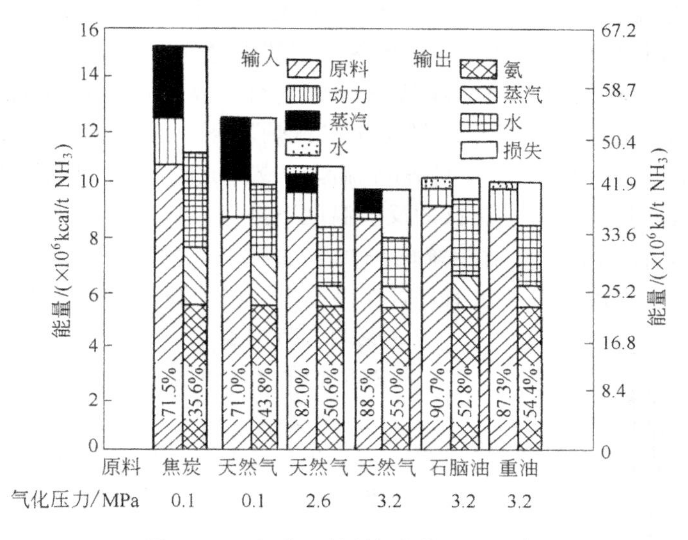

图 1-5-6　各种原料制氨的能量利用率

5.2　合成氨的能耗与节能

5.2.1　吨氨理论能耗

根据理论计算，不同原料的合成氨理论能耗，如表 1-5-2 所示。

表 1-5-2　不同原料的合成氨理论能耗（吨液氨计）[8]

原　　料	总化学反应式	反应热 GJ	原料热值 GJ	理论能耗 GJ
纯煤,空气,水蒸气	$0.884C+1.5H_2O+0.5N_2+0.134O_2 \rightarrow 0.884CO_2+NH_3$	0.79	20.49	21.28
天然气,空气,水蒸气	$0.442CH_4+0.616H_2O+0.134O_2+0.5N_2 \rightarrow 0.442CO_2+NH_3$	−1.88	23.16	21.28
轻油,氮气,水蒸气	$7.1452C + 15.0872H_2 + 14.2904H_2O + 7.278N_2 \rightarrow 7.1452CO_2 - 14.566NH_3$	1.82	19.46	21.28
纯重油（C88.235% H11.765%）纯氧,纯氮,水蒸气	$C_{15}H_{24}+15H_2O+9N_2+7.5O_2 \rightarrow 15CO_2+18NH_3$	−8.52	29.80	21.28
纯氢,纯氮	$1.5H_2+0.5N_2 \rightarrow NH_3$	−3.95	25.23	21.28

每生产 1t 液氨无论用什么原料和生产方法，理论能耗均近似为 21.28GJ。而实际生产的吨氨综合能耗因原料、生产工艺和管理水平的不同而有较大差异。由于合成氨生产是一个大量消耗能源的工业部门，已经以极大的努力进行节能降耗，并开发了节能新工艺、新设备和新催化剂。现以天然气为原料的大型氨厂为例说明。

5.2.2　大型氨厂的节能措施

5.2.2.1　转化系统

该系统的能源消耗占有很大比重，主要是原料天然气和燃料天然气两个方面。从原料天然气的消耗而言，各厂情况基本相同，都已接近理论用量。因此，转化系统的能耗主要是在燃料天然气上，目前已开发应用的主要节能技术分述如下。

① 降低烟道气排放温度。传统的转化流程中烟道气排放温度为 250℃，为了回收烟道气显热，可采用旋转蓄热换热器或热管换热器以加热燃烧空气，而把烟道气排放温度降低至 120℃时，可回收热量 1.17GJ/t。

② 采用低水碳比操作。开发活性更好和更能抗析炭的新型催化剂，使原料气中 H_2O/C

(摩尔比)由传统流程的 3.5 降至 2.75 或更低。据报道，H_2O/C 每降低 0.1 可节能 0.12GJ/t。从而有效地减少一段转化炉的传热负荷和炉管的压降以节省燃料气的消耗。

③ 调整一、二段转化炉负荷。降低一段炉负荷，放宽出口甲烷含量，由传统流程的 10%提高到 30%左右，使较多的甲烷转移至二段炉转化。因此往二段添加过量空气，多余的氮采用深冷分离法于合成工序前（Braun 流程）或合成回路（ICI AMV 流程）中除去。这样就使一段转化处于比传统流程更低的反应温度下操作，从而减少燃料气的消耗。

④ 采用换热型转化器。取消传统的一段炉而将一段转化在立式的管式换热型转化器（图 1-5-7）中进行，管内充填催化剂，管外热源由二段炉高温出口气体提供，从而取消现有庞大、结构复杂又昂贵的一段炉。由于在水碳比 2.5 下操作，热能消耗减少[5]。

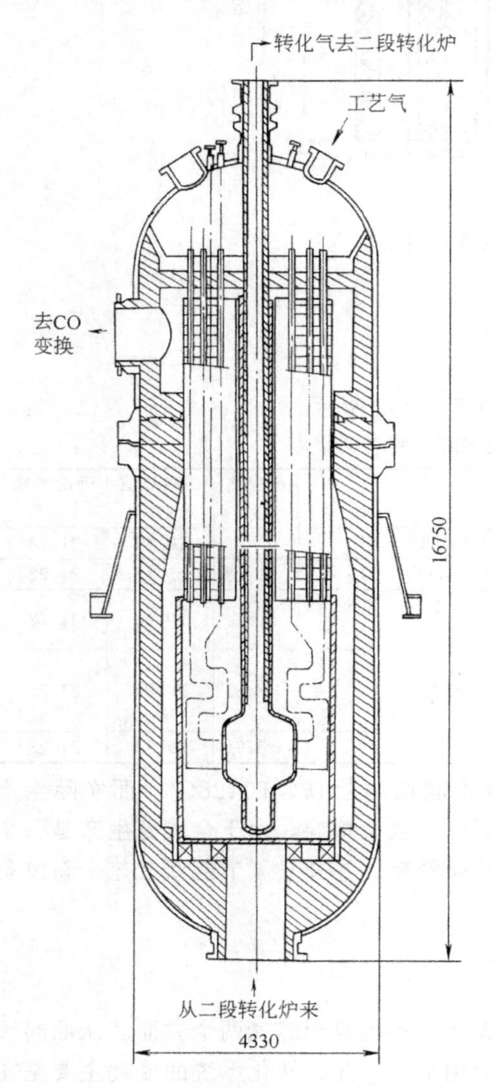

图 1-5-7 管式换热型转化器[5]

项 目		管程	壳程
进口	温度/℃	520	1000
	压力/MPa	3.5	3.1
出口	温度/℃	700	620
	压力/MPa	3.2	3.1

5.2.2.2 降低气体压缩的动力消耗

在合成氨功耗中，压缩功占相当大的比例，降低总的压缩功耗的主要措施如下。

① 提高转化压力，降低氨合成压力。近年来一段转化炉的进口压力已提高到 4.41MPa，而合成塔入口压力则降低至 6.66～7.84MPa，经计算转化压力提高至 4.5MPa，可节能 0.191GJ/t。

氨合成压力降低，可减少合成气压缩机的功耗，同时也会影响氨压缩机的功率，获得明显的节能效果。

② 采用燃气轮机驱动空气压缩机。虽然燃气轮机的热效率只有 24%左右，而凝汽轮机的热效率一般约为 25%，但从燃气轮机排出的高温乏气送一段转化炉作助燃空气而被再次利用，使得总热率最高可达 85%以上，采用燃气轮机可使燃料天然气能耗降低 2.093GJ/t。

③ 采用新型氨合成塔。近年开发的 S-200 型径向型、轴径向和卧式氨合成塔，可以降低氨合成回路阻力，有效的降低循环气压缩机和氨压缩机的功耗。

目前有代表性的四种节能型工艺有：Braun 公司的深冷净化工艺，ICI 公司的 AMV 工艺，TopsΦe 公司的节能工艺以及 Kellogg 公司的 KRES(即 Kellogg Reforming Exchanger System 的简称)工艺[6]。前面三种吨氨能耗对比均可达到 29GJ/t，可见表 1-5-3。

5.2.2.3 脱碳系统

脱碳能耗约占合成氨生产能耗的 10%左右，对节能也有重要意义。

① 传统的本菲尔法脱碳。每 1 摩尔 CO_2 能耗为 $0.9 \sim 12.6 \times 10^4$kJ，若采用多级蒸汽喷射泵以从

半贫液中闪蒸出水蒸气，而后该水蒸气返回再生塔以再生本菲尔富液，这样可将所需能耗降低至 7.5×10^4kJ；也可采用蒸汽压缩机的方法代替蒸汽喷射泵，而将所需能耗降至 4.4×10^4kJ[7]。

② 选用活性 MDEA 法。能耗比低能耗本菲尔法还低，1kmolCO_2 能耗为 $3.2\sim4.25\times10^4$kJ，但溶剂价昂。

5.2.2.4 合成系统

降低能耗的主要措施如下。

① 选用低温低压高活性的 Fe-Co 系氨合成催化剂。操作压力可降低到 8～10MPa，仍然有高的氨净值。

② 开发压降低、小粒度催化剂的氨合成塔。例如径向塔、卧式塔等。

③ 新鲜氢氮气采用分子筛干燥。干燥后的气体直接进入合成塔，这样可节省冷冻量，降低进塔气体中的氨含量。

④ 回收弛放气中氢、氮气。中国国内较多的大中型氨厂已采用中空纤维膜分离器，流程简单，操作方便，经济效益显著。

5.2.2.5 蒸汽动力系统

采取如下一些措施可以降低蒸汽动力系统的能耗。

① 提高动力蒸汽的初参数。计算表明，当动力蒸汽初参数由绝对压力 10.5MPa、温度 510℃ 提高至 14MPa、540℃，吨氨能耗可以由 39.36×10^6kJ 降至 37.79×10^6kJ。

② 降低表面冷凝器热量损失。可以采用加大冷凝器表面积和降低冷凝压力来实现。

③ 采用小型动力设备。由蒸汽透平改为蒸汽发电机发电，再用电机驱动。

5.3 节能型合成氨工艺

5.3.1 凯洛格工艺进展

从上世纪 40 年代开始，凯洛格公司就已从事合成氨的工程设计和建设工作。所开发的第一个天然气蒸汽转化、热法制氨工艺流程见图 1-5-8。

5.3.1.1 低能耗工艺

该公司设计的低能耗工艺制氨示意流程见图 1-5-9。1983 年 4 月第一套装置建成投产，吨氨能耗为 29.3×10^6kJ。

表 1-5-3 列出该公司四十多年来氨厂工程发展的几个阶段[9]：

表 1-5-3 氨厂工程发展的 9 个阶段（原料、燃料和动力消耗）

发展阶段	时 间 年	转化压力（表压） 10^4Pa	原料和燃料 10^6kJ/st⑤	电能 kWh/st	总计④ 10^6kJ/st	总计④ 10^6kJ/Mt
1	1940～1952	3.45	38.51	1150	42.62	46.89
2	1953	41.37	39.77①	50	39.88	43.96
3	1955	86.19	33.76②	840	36.82	40.62
4	1958	86.1	39.04①	40	39.14	43.12
5	1960～1962	189.61	32.18②	710	34.71	38.10
6	1963	189.61	39.04③	185	39.67	43.95
7	1964	275.79	31.65②	730	34.29	37.68
8	1965～1976	310.27～330.5	31.65～34.82	15～24	31.65～34.82	35.59～38.52
9	1983	344.7	<28.49	—	<28.49	<31.4

①气体发动机驱动；②电机驱动；③采用燃气透平；④包括将电能换算成气体消耗；⑤st 为短吨。

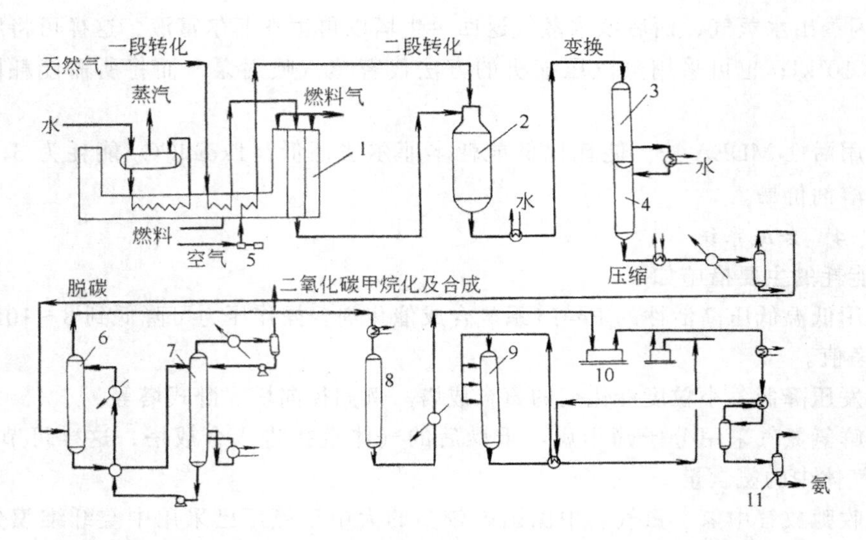

图 1-5-8 凯洛格公司天然气蒸汽转化、热法净化制氨工艺流程

1，2—分别为一段和二段转化炉；3，4—分别为高温变换炉和低温变换炉；5—空气压缩机；6—CO_2 吸收塔；7—再生塔；8—甲烷化炉；9—合成塔；10—压缩机；11—氨分离器

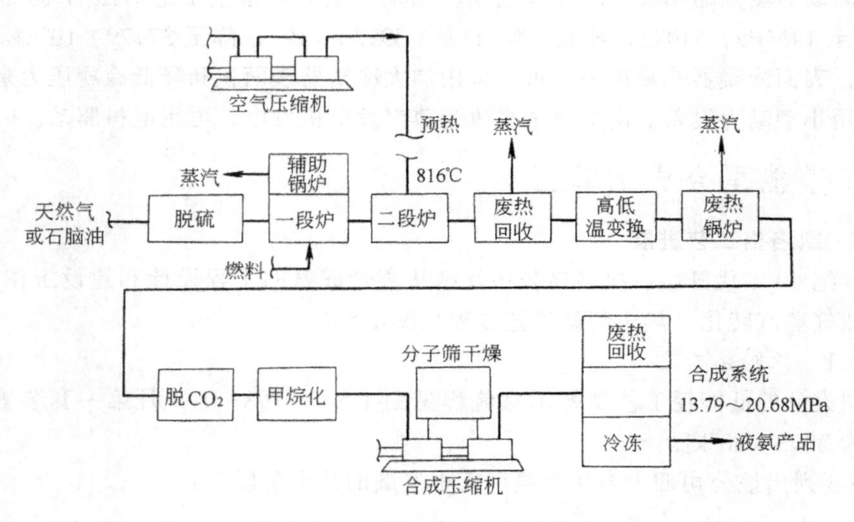

图 1-5-9 凯洛格公司低能耗工艺制氨示意流程[8]

5.3.1.2 KRES 和 KAAP 技术[6]

凯洛格公司建设的大型氨厂共有 150 多个，占世界氨生产能力的一半以上，最近与英国石油公司（BP）经过长达十年合作开发出 KAAP 工艺（Kellogg Advanced Ammonia Process 的简称，即先进合成氨工艺）和 KRES 技术（Kellogg Reforming Exchanger System 的简称，即转化换热系统为代表的第二代合成氨工艺），被评价为合成氨工艺的重大突破。

KAAP 技术采用低温、低压下高活性的合成催化剂，1996 年对美国日产 1310t 氨的装置进行改造，改造后的能力增加至 1635t 氨，可使吨氨能耗降低 1GJ，若用 KAAP 技术建设新厂，可使投资减少 10%。

KRES 技术为自热式转化技术，设备由一台换热式一段转化炉和一台绝热式二段转化炉组成，从来自绝热式二段转化炉的出口热转化气通过换热可提供一段转化过程转化炉所需的全部热量，从而在生产过程中取消外部加热的一段转化炉。

据资料介绍，用 KAAP 和 KRES 组合技术建设新厂，吨氨能耗将降至 25.96～27.21GJ 的水平。

回顾合成氨装置从上世纪 60 年代大型化以后，以天然气为原料的吨氨能耗水平为 43.96～46.05GJ，70 年代为 37.68～39.77GJ，80 年代开始，凯洛格公司、布朗公司、ICI 公司和托普索公司等先行推出了节能型流程，使吨氨能耗降至 29.31GJ 水平，进入上世纪 90 年代，凯洛格公司又开发成功 KAAP 和 KRES 技术，将吨氨能耗降到 25.96～27.21GJ，说明 40 年以来国外合成氨工业的技术进展是一部能耗不断降低的发展历史。

5.3.2 布朗深冷净化工艺

早在 1964 年，布朗公司就已开发了深冷净化工艺，并于 1966 年建厂，其流程见图 1-5-10。

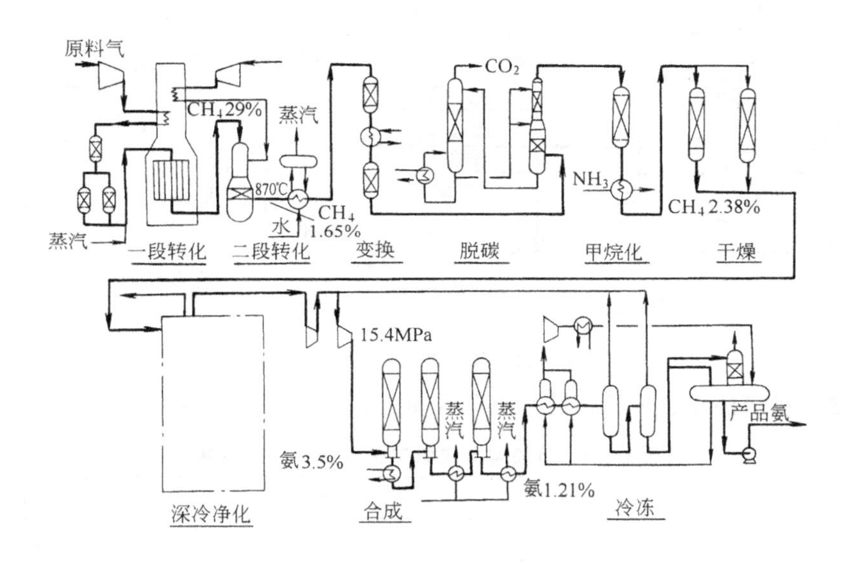

图 1-5-10　布朗工艺合成氨装置流程示意图

布朗公司降低能耗的重要措施之一是减少燃料天然气用量，采用了减少一段转化炉负荷、增大二段转化炉负荷，以及采用燃气透平驱动工艺空气压缩机。这样，在二段转化炉加入过量空气，以使过量空气与氢、甲烷作用产生大量反应热，满足残余甲烷转化反应需要的热量。在甲烷化工序以后加设深冷分离装置，即可脱除过量氮，又能制取高纯度的新鲜氢氮气（含 0.2%Ar）。

为了进一步降低能耗，中国引进的布朗装置的一段转化炉还采用低水碳比节能措施，氨合成采用三塔三废热锅炉回路流程，余热用来产生高压蒸汽。

5.3.3 ICI AM-V 工艺

ICI 公司的 AM-V 流程，也是 20 世纪 80 年代开发的节能型合成氨工艺之一，除了采用与布朗深冷净化工艺的一些节能措施，例如改变一段、二段蒸汽转化条件，二段转化炉加入过量空气，采用燃气透平以外，其主要特点是采用新开发的低温低压下活性好的氨合成催化剂，操作压力为 8～10MPa。脱除过量氮也是采用深冷分离法，但冷箱配置不是像布朗流程中在氨合成回路以前、甲烷化工序之后，而是在氨合成回路中。图 1-5-11 为 ICI AM-V

流程[10]。

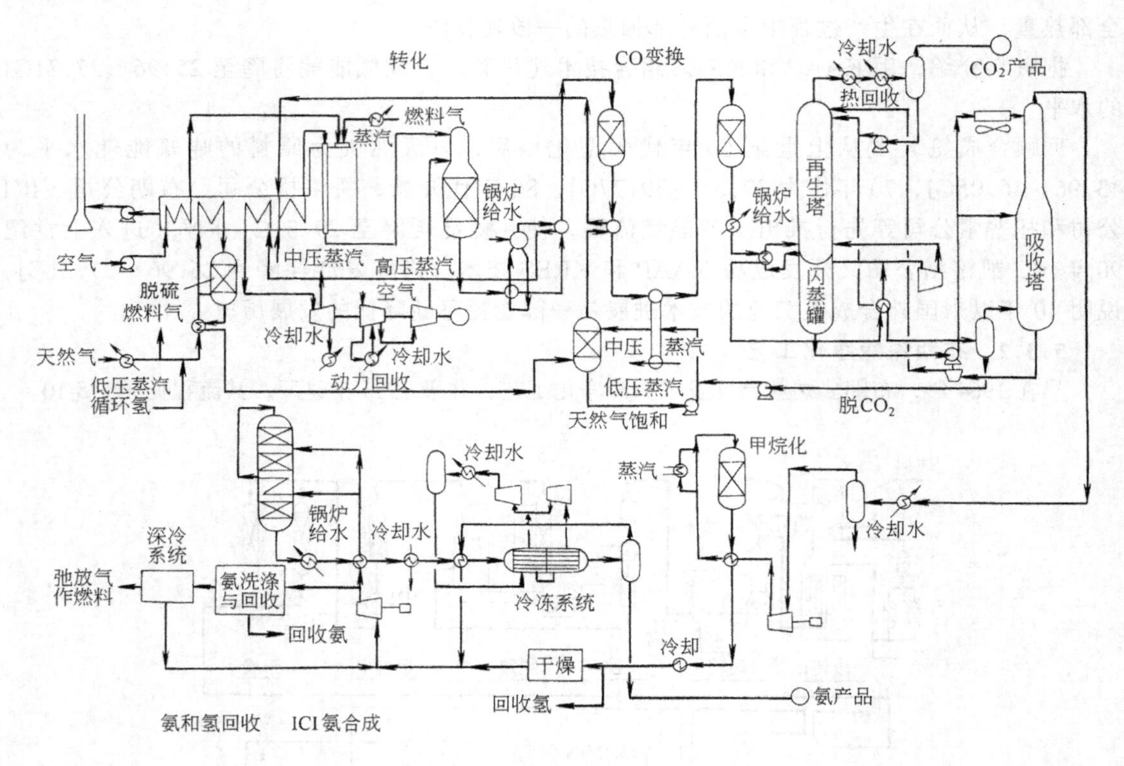

图 1-5-11　ICI 的 AM-V 工艺流程

现在将这三种节能型合成氨工艺特点和吨氨能耗汇总成表 1-5-4。

表 1-5-4　节能型合成氨工艺特点和吨氨能耗

公司		凯洛格	布朗	ICI
工艺		MEAP	深冷净化	AM－V
一段转化	水碳比 温度/℃ 压力/MPa	3.2 805 3.6	2.7 700 3.1	2.75 740 3.4
		① 提高原料天然气温度至600℃ ② 提高过热蒸汽温度至510℃ ③ 回收烟气余热供预热燃烧空气用	温和转化，出口残余 CH_4 达 30%	① 中度转化，出口残余 CH_4 达 16% ② 用水饱和原料天然气 ③ 回收烟气余热供预热燃烧空气
燃透气平	驱动工艺空气压缩机	可采用	采　用	采　用
二段转化	残余 CH_4/% 添加过量空气/%	＜0.5 —	1.6 50	1.0 20～30
		提高工艺空气温度，至816℃		
脱碳	物理吸收 化学吸收	Selexol 法 低热耗本菲尔法	低热耗本菲尔法或 MDEA 法	Selexol 法 低热耗本菲尔法或 MDEA 法

续表

公司		凯洛格	布朗	ICI
工艺		MEAP	深冷净化	AM-V
最终净化	过量氮		合成回路前深冷分离	合成回路中深冷分离
氨合成	分子筛干燥	采用	采用	采用
	合成塔	卧式（带换热器）	三个绝热塔	径向塔
	压力/MPa	14.5	15	8～10
	催化剂	Fe系	Fe系	Fe-Co系
	弛放气回收	中空纤维膜分离器或深冷分离	深冷分离	合成回路设氢回收
	反应热利用	副产高压蒸汽	副产高压蒸汽	副产高压蒸汽或预热锅炉给水
吨氨能耗GJ		28.4～30.0	28.4～29.3	28.4～29.3

除了以上三种节能型的合成氨工艺外，1988年英国ICI公司采用了“技术概念上领先的合成氨工艺”（Leading Concept in Ammonia Process，简称LCA），建成两套日产450t氨的装置。生产实践证明，在中型生产规模的合成氨装置也可做到与当代大型合成氨装置相当的节能水平，吨氨能耗为29.31×10^6kJ。这是继60年代凯洛格公司实现单系列、大型化、低能耗装置后的又一次重大突破。

5.3.4 LCA工艺

LCA工艺与传统的大型合成氨工艺的区别在于改进工艺，简化流程，缩小规模。图1-5-12为LCA工艺流程。

LCA工艺的主要特点如下。

① 采用新型的催化剂。一段转化采用适应低水碳比的转化催化剂。一氧化碳变换采用ICI公司的71-3/71-4型催化剂，以确保在低汽气比变换反应过程不产生其他副反应。氨合成采用ICI公司开发的Fe-Co系高活性催化剂，在7～8MPa压力下完成氨合成反应和氨的分离。

② 采用二段转化气返回一段转化炉的表程提供一段转化反应所需热量的转化器（Gas Heated Reformer，简称GHR）代替结构复杂、体积庞大以辐射传热为主的一段转化炉。在转化器的管内充填转化催化剂，管外利用二段转化炉加入过量空气后的高温转化气加热，既可节省大量耐压4MPa的高Ni-Cr合金钢，也省略了传统流程的烟气余热回收系统。

③ 采用水冷列管式变换炉代替传统流程高、低温变换炉。并通过饱和热水器的方式回收变换反应热，天然气的增湿，转化及变换反应等所需蒸汽的大部分由此供给。

④ 采用分子筛变压吸附工艺脱除过量的氮以及二氧化碳、一氧化碳、甲烷及氩，代替常规的溶液脱碳与深冷分离脱除过量氮，从而简化气体净化流程。

⑤ 流程中采用较少的传动设备，而且是用电机驱动机泵，因而没有像大型氨厂具有的高压蒸汽系统、只有蒸汽产量足够稳定后才能开好合成氨工艺装置。

⑥ 操作容易，ICI公司的第二套装置建成投产时，从导入原料天然气到产出产品氨仅需19h。正常操作从冷态开车到产氨为12h[10]。

由于LCA工艺突破了传统工艺的框框，在经济上也带来很大效益，表1-5-5为LCA工

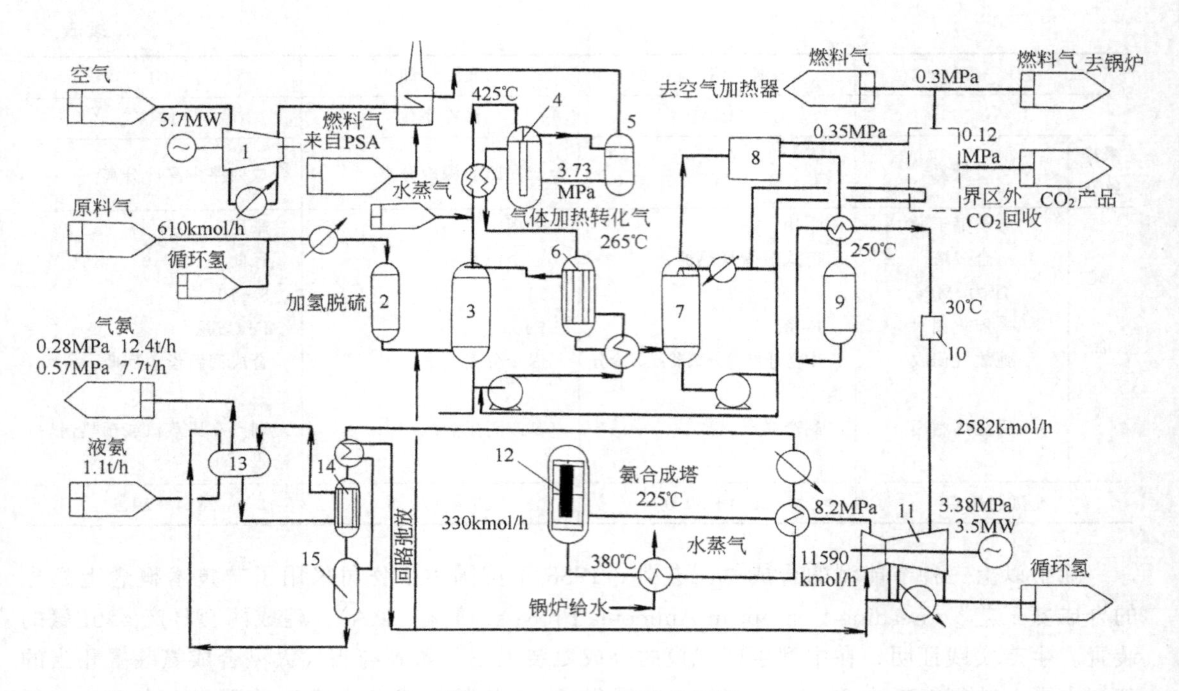

图 1-5-12 LCA 工艺流程图

1—工艺空气压缩机；2—加氢脱硫器；3—饱和器；4，5——段和二段转化炉；
6—减湿器；7—变换炉；8—PSA 系统；9—甲烷化炉；10—气体干燥器；
11—压缩机；12—合成塔；13—闪蒸槽；14—冷却器；15—氨分离器

艺与凯洛格工艺的比较。

表 1-5-5 LCA、凯洛格合成氨工艺的比较

项 目	LCA 工艺	凯洛格工艺	
		传 统	MEAP
规模，tNH_3/d	450	1000	1000
一段转化炉型式	管壳式	方箱炉	方箱炉
转化管承受的压差，MPa	<0.2	3.2	3.7
天然气一段转化 H_2O/C	2.5	3.5	3.2
燃料天然气，kJ/tNH_3	0	16.74×10^6	10.47×10^6
二段转化空气过量系数，%	20	0	0
原料气净化	变换、变压吸附、甲烷化	热法净化	热法净化、分子筛干燥
氨合成压力，MPa	8.2	15	15
氨合成反应热回收	副产蒸汽	预热锅炉冷水	副产蒸汽
高压蒸汽压力，MPa	6	10	12.2
吨氨能耗，kJ	29.3×10^6	$37.66\sim39.77\times10^6$	29.3×10^6

5.3.5 KPK 工艺[11]

所谓 KPK 工艺是 KRES/PURIFIER/KAAP 的简称，这是新的合成氨工艺之一。该工艺包括了 Kellogg，Braun 公司独特的技术，就是用换热式转化炉代替传统的一段转化炉，采用非铁的钌系催化剂以及深冷净化技术制取高纯氮氢气，具有投资低，开车快，能设计蒸汽平衡型或蒸汽输出型。由于 KRES 技术和 KAAP 技术已分别在 1994 年、1992 年投入运行。

Kellogg Brown Root（简称 KBR）公司近年开发的 KPK 工艺的流程如图 1-5-13 所示。

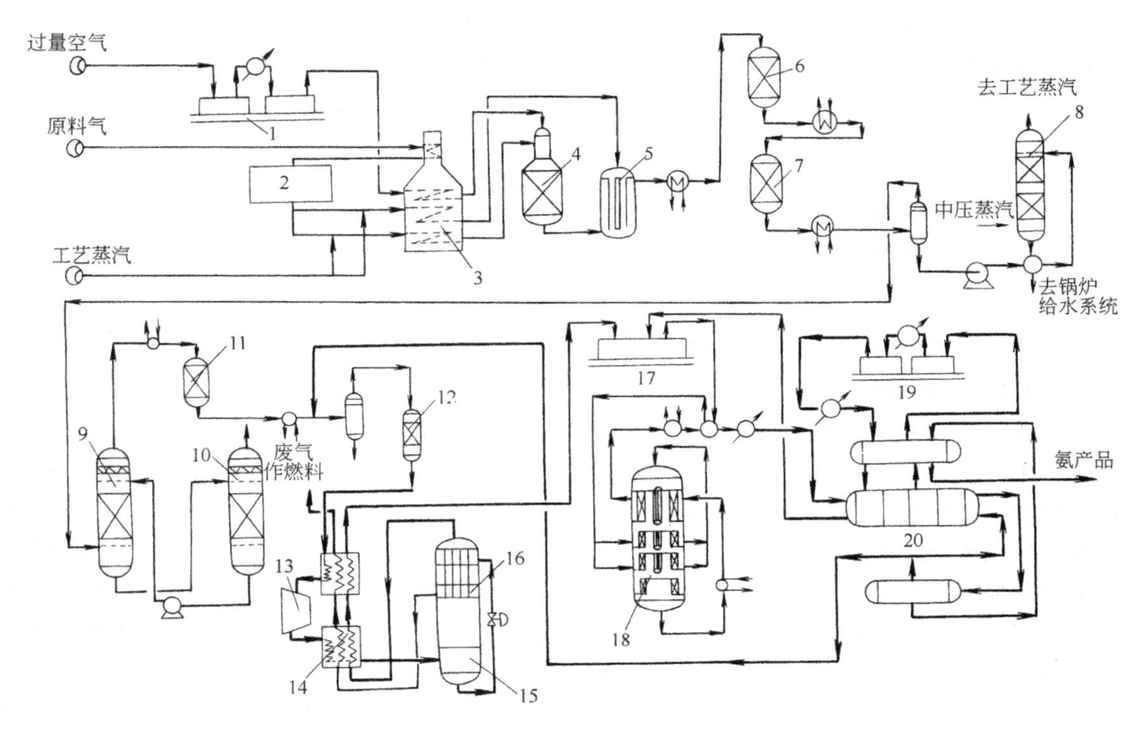

图 1-5-13　KPK（KRES/PURIFIER/KAAP）工艺流程

1—空气压缩机；2—脱硫系统；3—工艺气体加热器；4—自热式转化炉；5—转化换热器；6—高温变换炉；7—低温变换炉；8—冷凝液气提塔；9—吸收塔；10—气提塔；11—甲烷化炉；12—干燥器；13—膨胀机；14—进出口物料换热器；15—精馏塔；16—冷凝器；17—合成气压缩机；18—KAAP 合成塔；19—冰机；20—换热器

5.4　对中国合成氨工业的展望

中国是世界上人口最多的农业大国，1949 年新中国成立时合成氨厂只有三个，生产能力不到 6000t，经过 50 多年的努力，到 2000 年合成氨总产量达到 3363.7 万 t，比 1995 年增产 22.7%，从生产能力和产量讲都位居世界第一位。氨作为氮肥和其他氮肥的基本原料，2000 年中国氮肥已达到基本自给。

5.4.1　生产规模[14]

中国按合成氨生产装置规模大小分为大、中、小型三类。

大型厂是指每年生产能力为 30 万 t，迄今为止共引进了 31 套装置，加上两套国产化装置，其中除 1 套配 90 万 t 硝酸磷肥，1 套配氯化铵和磷铵以及正在新建的规模日 45 万 t 最大引进外，其他都是配尿素的。

小型厂是指每年生产能力在 6 万 t 以下，到 1997 年小型厂有 729 家，占 815 家氨厂总数的 89%，是以煤焦为主要原料，氨加工品种绝大部分是碳酸氢铵，从 80 年代开始一部分厂改产尿素。

生产规模在大、小型间的称为中型厂，现有 55 家，除少数以天然气和重油为原料，其他为煤，产品为尿素、硝酸铵和氯化铵等。

如果用大型厂取代现有的小型厂，就得新建 80 多个厂，从目前我国经济条件是不可取的，所以对中、小型氨厂，只有很好地予以利用和进行技术改造。中国已有一些小型厂实现了以煤为原料的合成氨生产蒸汽自给，连续七年吨氨能耗一直保持在较低的水平，平均达到 44.25GJ。400 多家采用蒸汽自给技术，节能效果显著，采用前后的能耗水平如表 1-5-6 所示。

表 1-5-6 中国小型氨厂蒸汽自给吨氨能耗[13]

年　份	原料煤/kg	燃料煤/kg	电/kWh	吨氨能耗/GJ
1987～1990（采用前）	1341	439	1402	68.74
1991～1994（采用后）	1255	283	1301	60.45
能耗下降/%	6.41	35.54	7.2	12.06

5.4.2 原料结构

天然气作为洁净能源，在国外第一大量用户用作燃料，第二大量用户生产合成氨。采用天然气生产合成氨与其他原料相比，投资、能耗均为最低，新建一个年产 30 万 t 氨、52 万 t 尿素的大型氮肥厂，以天然气为原料，投资约为 20 多亿元，吨氨能耗 29.3GJ；以渣油为原料，30 多亿元，吨氨能耗 37.7GJ；以煤为原料 40 多亿元，吨氨能耗 50.2GJ。天然气厂不需储备原料、流动资金占用少，加之能耗低，基建投资省，比以煤为原料的厂生产尿素成本低得多，所以以天然气为原料的大型合成氨装置是最佳选择。目前世界各国用天然气为原料占 80%，美国和前苏联分别占 98.2% 和 92.2%，而中国仅占 22%～25%[14]。中国天然气产地基本集中在四川、新疆、陕甘宁和海南，中国石油资源并不丰富，近年受世界石油价格攀升的影响使中国合成氨尿素生产成本增高。我国煤炭资源丰富，分布地区广，用煤为原料生产合成氨约占氨总产量的 67%。预期中国合成氨原料在一段时间内仍然是煤、油、气并存的态势。

参 考 文 献

1 山东胜利石油化工总厂设计院等编译．国外石油化工概况．北京：石油化学工业出版社，1978

2 大氮肥（增刊）.1984.29

3 *Notrogen*. 1976,(100):47

4 Honti G.D. The Nitrogen Industry Part I. Akademiai Kiado Badapest. 1976

5 Migasugi T. et al. *Chem*. *Eng*. *Process*, 1984, July, 45

6 牛继舜．大氮肥．1996,**19**(5):329

7 Low G. *Nitrogen*. 1984, Jan/Feb. supplement

8 化肥工业大会编辑委员会编．化肥工业大全．北京：化学工业出版社，1988.238

9 大氮肥（增刊）.1984.35

10 顾宗勤．化工技术经济．1999.**17**(4):23

11 姚晓明编，化肥设计，2000.**38**(4): 60

12 *Nitrogen*, 1989.(182):30

13 高恩元．化肥设计，1997.35(4):4

14 潘连生著．关于化学工业发展的探讨．北京：化学工业出版社，1999.135

第二篇　尿　　素

第一章　绪　　论[1~6]

1.1　尿素的性质

尿素，又称脲，分子式 CH_4ON_2，相对分子质量 60.056，结构式 $CO(NH_2)_2$ 或 $NH_2—CO—NH_2$，可展开写成

$$\begin{array}{c} H \\ | \\ H—N \\ \diagdown \\ C=O \\ \diagup \\ H—N \\ | \\ H \end{array} \quad 或 \quad NH_2—\overset{\overset{O}{\|}}{C}—NH_2$$

在人类及哺乳动物的尿液中含有这种物质，故称尿素，是蛋白质新陈代谢后元素氮的最终产物。尿素在许多生物过程中起着重要的作用。

尿素可以看做是碳酸的二酰胺。碳酸 H_2CO_3 是含有一个羰基的二元羧酸，所以尿素又称为碳酰二胺。

纯尿素在室温下是无色、无味、无臭的针状结晶体，在一定条件下也呈斜方棱柱结晶状。

尿素在常压下的熔点是 132.7℃，在高压（几千大气压）下尿素转变为其他晶型，熔点也有所变化。在真空下加热尿素可直接升华为气体。

尿素易溶于水和液氨，也溶于甲醇、乙醇、甘油，不溶于乙醚和氯仿。尿素在水或液氨中的溶解度均随温度的升高而增加。

尿素的主要物理化学性质见表 2-1-1。

不同温度下尿素在各种溶剂中的溶解度见表 2-1-2。

表 2-1-1　尿素的主要物理化学性质

摩尔质量/(g/mol)	60.056
熔点/℃	132.7(101325 Pa)，150(300MPa)
密度/(kg/m³)	1335 (25℃结晶)，1247(135℃液体)
堆积密度/(kg/m³)	750(颗粒)，630～710(结晶)
标准摩尔生成焓/(kJ/mol)	−333.3
标准摩尔生成自由焓/(kJ/mol)	−197.3
标准摩尔燃烧热/(kJ/mol)	632.5
比热容/(kJ/(kg·K))	1.55 (25℃结晶)，2.09(135℃液体)
熔融热/(kJ/kg)	251(132.7℃)(吸热)
在水中溶解热(无限稀)/(kJ/kg)	230 (25℃)(吸热)
结晶热(自饱和水溶液)/(kJ/kg)	197 (25℃)(放热)

表 2-1-2　尿素在不同温度下各种溶剂中的溶解度（g 尿素/100g 溶液）

溶剂	温度/℃					
	0	20	40	60	80	100
水	39.5	51.8	62.3	71.7	80.2	88.1
氨	34.9	48.6	67.2	78.7	84.5	90.4
甲醇	13.0	18.0	26.1	38.6		
乙醇	2.5	5.1	8.5	13.1		

固体尿素在常温常压下是稳定的，受热升华的尿素可转变为同分异构物氰酸铵 NH_4CNO，并分解为氨和氰酸：

$$NH_2CONH_2 = NH_4CNO = NH_3 + HNCO$$

熔融态尿素在高温下缓慢放出 NH_3 而可缩合成多种化合物，最主要的是缩二脲（biuret）$NH_2CONHCONH_2$：

$$H_2N—CO—NH_2 + H—NH—CO—NH_2 = H_2N—CO—NH—CO—NH_2 + NH_3$$

缩二脲为固体结晶，熔点 190℃，难溶于水。在低压高温下长期加热尿素将促进缩二脲的生成。在压力下缩二脲与氨共热又可以复原为尿素。过量氨的存在可抑制缩合反应。缩二脲会烧伤植物的叶和嫩枝，对于作为肥料的尿素产品，其缩二脲含量不得过高。

尿素的缩合产物还有多种。常压下熔融态尿素可转变为缩二脲、缩三脲（triuret）$NH_2CONHCONHCONH_2$、三聚氰酸[（氰脲酸，cyanuric acid；分子式为$(HNCO)_3$]，温度更高还生成胍[guanidine；分子式 $CNH(NH_2)_2$]，三聚氰酸一酰胺[氰尿酰胺，ammelide；分子式 $C_3N_3(OH)_2NH_2$]、三聚氰酸二酰胺[氰尿二酰胺，ammeline；分子式$C_3N_3OH(NH_2)_2$]和三聚氰酸三酰胺［即三聚氰胺，又称蜜胺，melamine；分子式 $C_3N_3(NH_2)_3$]等。

缩二脲　　缩三脲　　三聚氰酸

三聚氰酸一酰胺　　三聚氰酸二酰胺　　三聚氰胺

尿素缩合产物的组成与温度、压力、加热速度以及催化剂有关。

尿素在水溶液中缓慢水解，变为氨基甲酸铵，再变为碳酸铵，最终成为氨和二氧化碳，

$$NH_2CONH_2 + H_2O = NH_4COONH_2$$

$$NH_4COONH_2 + H_2O = (NH_4)_2CO_3$$

$$(NH_4)_2CO_3 = 2NH_3 + CO_2 + H_2O$$

在通常温度，无论在酸、碱或中性条件下尿素水溶液的水解反应基本不进行，仅当温度超过 100℃时才开始明显加快。这在尿素生产的后续工序中需注意防止。常温下的尿素水溶液，在一种生物酶（尿素酶）的作用下，其水解反应显著加速。

高浓度的尿素水溶液受热也可以生成缩二脲及其他缩合物。

尿素水溶液呈微碱性，它与强酸作用生成盐，如与硝酸作用生成微溶于水的硝酸脲（$NH_2CONH_2 \cdot HNO_3$），与磷酸作用生成易溶于水的磷酸脲（$NH_2CONH_2 \cdot H_3PO_4$）。尿素与盐类相互作用生成络合物，如$Ca(NH_3)_2 \cdot 4NH_2CONH_2$ 和 $NH_4Cl \cdot 2NH_2CONH_2$ 等。尿素与磷酸一钙作用生成磷酸脲（$NH_2CONH_2 \cdot H_3PO_4$）和磷酸氢钙（$CaHPO_4$）。尿素与无机酸或盐相互作用的性质，在复合肥料的生产中具有重要意义。

尿素溶解于液氨中，形成不稳定的氨合物 $NH_2CONH_2 \cdot NH_3$。氨合物在 45℃ 以上即分解。氨合物能生成碱金属盐，如 NH_2CONHM，$CO(NHM)_2$ 等。

尿素能与多种有机化合物进行化学反应，几乎能与所有的直链有机化合物（如烃类、醇类、酸类、醛类等）作用。

尿素与甲醛在酸性条件下反应生成亚甲基脲（methyleneurea），进而生成二亚甲基脲乃至多亚甲基脲。产物是一种缓效化学肥料。

$$H_2N{-}CO{-}NH_2 + HCHO = CH_2{=}N{-}CO{-}NH_2 \qquad CH_2{=}N{-}CO{-}N{=}CH_2$$

尿素　　甲醛　　亚甲基脲　　二亚甲基脲

在碱性条件下，尿素与甲醛反应首先生成羟甲基脲（methylolurea），进而成为二羟甲基脲乃至聚合物。本反应广泛用于生产脲甲醛树脂。

$$H_2N{-}CO{-}NH_2 + HCHO = HOCH_2{-}NH{-}CO{-}NH_2 \qquad HOCH_2{-}NH{-}CO{-}NH{-}CH_2OH$$

尿素　　甲醛　　羟甲基脲　　二羟甲基脲

1.2 尿素生产技术发展

尿素存在于人类和动物的尿中。人体每天排出尿素 20～30g。1773 年，化学家 Rouelle 将人尿蒸发得到固体残渣，再用酒精抽提并蒸干，首次制得尿素结晶。1828 年，德国化学家维勒（F.Wöhler）将氰酸与氨的水溶液反应，产生一种白色结晶，这种结晶不是氰酸铵，经确定其性质与从尿中提取的尿素一样，证明为同一物质。这个反应是：

$$NH_4CNO = NH_2CONH_2$$

这是第一次在人类历史上用人工方法从无机物制得人体排泄出来的有机化合物尿素，成为现代有机化学兴起的标志。

在维勒之后，又出现了制备尿素的其他方法，多达五十多种。但是这些方法由于种种原因，或原料难得，或有毒，或反应难以控制，或经济上不合理，都未能工业化。惟一成为当代尿素工业基础的反应，是 1868 年俄国化学家 A. И. 巴札罗夫（Базаров）发现的。他在融封的玻璃管中长时间加热氨基甲酸铵而得到尿素：

$$NH_4COONH_2 = NH_2CONH_2 + H_2O,$$

NH_3 和 CO_2 相遇即成为氨基甲酸铵。

到 20 世纪初，开始出现工业规模的合成氨生产。第一座以氨和二氧化碳为原料生产尿素的工业装置于1922年建成于德国法本工业公司的Oppau工厂。

由于尿素合成反应受到反应平衡的限制而总有未反应的氨存在，早期的尿素工厂均将未反应的氨加工成为其他产品，所以尿素生产一定要与其他生产联合，不够方便。在20世纪30年代相继建成了第一批具有相当规模的连续不循环法尿素工厂，也称一次通过法。不循环法将未反应的氨回收为铵盐，每生产1t尿素要副产7t硫铵或相当量的其他产品。尿素工厂必须附设庞大的副产品车间。到了50年代，开发出半循环法、高效半循环法和全循环法生产工艺，可将未反应的过剩氨和二氧化碳循环回收。全循环工艺依未反应物的循环回收方法的不同而分为热气循环法、气体分离（选择性吸收）循环法、浆液循环法、水溶液全循环法等，这是尿素生产原料获得回收利用的飞跃。经过竞争，到了20世纪60年代初，尿素生产均采用水溶液全循环法工艺，即将未反应的氨和二氧化碳用水吸收，并以水溶液形式返回系统。20世纪70年代初期，在回收循环过程中引入气提技术，是水溶液全循环法工艺的一项较大的突破并得到发展，这是尿素生产发展过程又一次的飞跃。

随着合成氨生产的大型化，与之配套的尿素生产也进入了大型化时代，单套装置的日产能力达到500t至2000t。获得应用的几种尿素的生产技术基本上都采用水溶液全循环法，但在不同工序又各有特点。总的方向是：闭路循环、能量综合利用、单系列、大机组，不断朝向进一步降低成本，提高质量，减少污染的方向努力。

早期的尿素产品主要作为化工产品的原料。在20世纪50年代以前，尿素工业的发展较为迟缓。1950年，全世界尿素产量不过20万t。在发现不锈钢用氧防腐，解决了设备的严重腐蚀问题后，尿素工业得到了迅速发展，尿素进入了化肥市场。到了1960年，世界尿素产量达到150万t左右。在此以后的十年中，随着水溶液全循环法的实现及推广，尿素生产急剧上升。到1970年，尿素化肥已占氮肥总产量的百分之二十，1980年上升到百分之三十。以下是世界尿素产量逐年增长的统计数据。

年份	1950	1960	1970	1980	1990	1997
产量/万t	20	150	936	4680	7550	9130

中国尿素工业的发展始于20世纪50年代，当时即进行了有关尿素生产的实验室基础研究，并建成了循环法工业装置。20世纪60年代中国自行设计和自制设备的年产11万t尿素全循环法工业装置投产成功。20世纪70年代以来，引进技术和自行设计的大、中型尿素工厂迅速建设遍布全国，从根本上改变了中国化肥生产的格局。目前中国氮肥总产量中（以氮计），尿素已占30%。大、中、小型尿素工厂，遍及各省，年总生产能力达2500万t以上，在全世界居于前列。

1.3 尿素生产原则流程

尿素的工业生产系以氨和二氧化碳为原料，在高温的高压下进行化学反应：

$$2NH_3 + CO_2 = NH_2CONH_2 + H_2O$$

反应过程中首先是NH_3和CO_2混合物形成液相，并大部分以氨基甲酸铵NH_4COONH_2形式存在；其次，氨基甲酸铵脱水成为尿素。尿素合成反应只有在较高温度（140℃以上）下，其反应速度才较快而具有工业生产意义。由于反应物的易挥发性，而尿素反应又必须在液相进行，所以在较高的温度下要求压力也高。工业生产的条件范围为温度160～210℃和压力13～24MPa。

氨基甲酸铵的脱水并转化为尿素的反应是可逆的而且是不完全的。投入的原料氨和二氧化碳仅部分地（通过氨基甲酸铵）转化为尿素和水，而未反应的原料则溶解于这一水溶液中。一般，以二氧化碳计的转化率为50%～70%。因原料氨和二氧化碳的配比均高于化学计量比，即NH_3/CO_2摩尔比大于2，所以以氨计的转化率则更低。从物料平衡来说，回收或利用未反应的原料是一重要问题。从能量平衡来说，即如何充分利用反应热量以降低能耗，是提高生产经济性的关键。

现代的尿素生产均采用全循环法。即将每次通过反应器（在尿素工业中称为合成塔）而未转化为尿素的NH_3和CO_2回收并送回合成塔。为此，合成塔排出液（它是含有尿素、氨和二氧化碳的水溶液）要先进行组分的分离，使成为多少较为纯净的尿素水溶液和未反应的NH_3、CO_2和H_2O的混合物。前者通过蒸发、浓缩、结晶或造粒而制成颗粒状尿素产品。后者经过循环回收，以较方便的溶液形式送回合成塔。

目前工业上的尿素生产虽都属于水溶液全循环法，而在具体细节上有所不同，出现了多种流程和技术。图2-1-1是典型的水溶液全循环法原则流程。NH_3和CO_3在高压合成塔中进行反应，部分地转化为尿素，接着进入分离循环回收系统。一般，回收系统按压力分为几个等级，各自形成循环，每一循环包括液相反应物的分解和分离，以及气相未反应物的吸收和冷凝。含有尿素的物流从较高压力流入下一压力等级进行分解分离，直至成为基本不含NH_3和CO_2的尿素溶液。从各压力等级循环中分出的气态未反应物则通过吸收、冷凝等方式转为液相，再逐级逆向地从低压送往高压，最后返回合成塔，从新参与反应而得到利用。

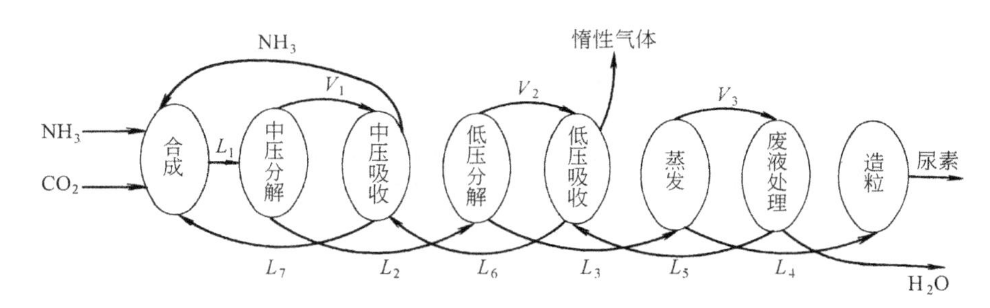

图2-1-1 水溶液全循环法尿素生产原则流程

L_1，L_2，L_3，L_4——液相流（含NH_3，CO_2，H_2O，尿素）；

L_5，L_6，L_7——液相流（含NH_3，CO_2，H_2O）；

V_1，V_2，V_3——气相流（含NH_3，CO_2，H_2O）

气提技术的采用是水溶液全循环法的一个重要发展。气提法的实质是：在与合成压力相等的压力条件下，使用一种气体介质通过反应物系，一般还同时伴有加热，只要气相中NH_3或CO_2分压（或二者兼有）低于液相中相应的平衡分压，就会使该组分从液相转入气相，也就可部分地将未反应物进行分离。作为气提介质，可以用原料本身CO_2或NH_3。这样，被气提出来的气体只需冷凝下来即可不借任何输送机械而回到合成塔。利用气提进行未反应物的循环，流程简单，能耗节省，得到广泛采用。图2-1-2是气提法尿素生产的部分原则流程。

无论通过哪种循环方式得到的多少纯净的尿素水溶液，都需进一步加工。一般是送往蒸发工序，浓缩为几乎无水的熔融尿素，再通过造粒工序得到尿素产品。这种产品往往含有质量分数≤1%的缩二脲，作为化学肥料是合于要求的产品。对于要求缩二脲更低含量（0.3%）的尿素产品，则将尿素水溶液通过冷却结晶的方式得到纯净的结晶，而含有缩二脲

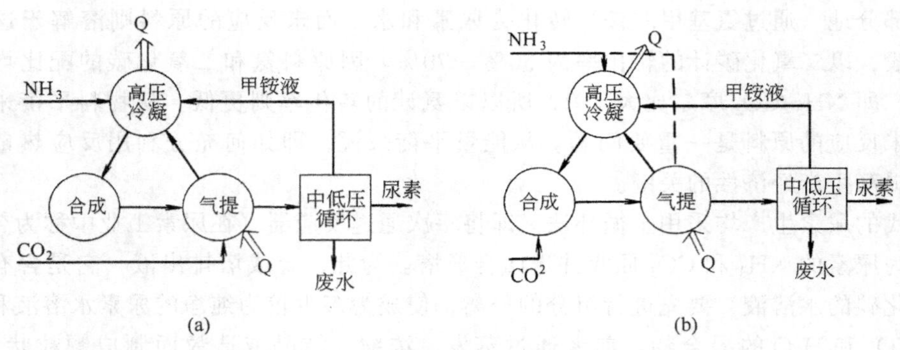

图 2-1-2　气提法尿素生产原则流程（高压圈）

（a）二氧化碳气提；（b）氨气提

⇒Q—热流

的母液返回合成。缩二脲与氨反应重又变为尿素。尿素结晶可重新融化，再行造粒，得到低缩二脲的尿素产品。

在蒸发工序得到的冷凝液，以及由其他来源得到的工艺废液，含有氨和少量的尿素。在专门的废液处理工序，尿素被水解为氨和二氧化碳，它们从液相被气提出来而返回系统。这样，构成了生产的整个循环。

大体上，现代尿素生产可分为以下几个互相连接的部分：

NH_3 →　CO_2 →　合成 → 分离 → 蒸发 → 造粒 → 尿素

NH_3　CO_2　H_2O　回收 ← 废液处理 → H_2O

第二章　尿素生产方法原理

2.1　尿素的合成

2.1.1　化学平衡

氨和二氧化碳合成尿素的反应分两步进行，首先 NH_3 和 CO_2 合成为中间产物氨基甲酸铵 NH_4COONH_2，然后氨基甲酸铵脱水成为尿素 NH_2CONH_2，

$$2NH_3(g)+CO_2(g) \longrightarrow NH_4COONH_2(l) \qquad (2\text{-}2\text{-}1)$$

$$\Delta H=-100500\ J/mol(167℃,14MPa)$$

$$NH_4COONH_2(l) \longrightarrow NH_2CONH_2(l)+H_2O(l) \qquad (2\text{-}2\text{-}2)$$

$$\Delta H=27600\ J/mol(180℃)$$

总的反应式为

$$2NH_3+CO_2 \longrightarrow NH_2CONH_2+H_2O \qquad (2\text{-}2\text{-}3)$$

NH_3 和 CO_2 气体在常温常压下相遇，立即生成 NH_4COONH_2 结晶。它是一种不稳定的化合物，遇热随即分解。基于这个反应，在一定温度下，NH_4COONH_2 存在有一定的分解压力。当系统压力低于其分解压力时，NH_4COONH_2 即行分解而成为气态 NH_3 和 CO_2。

氨基甲酸铵结晶不能直接脱水变成尿素，此反应只有在液相中才能进行。纯 NH_4COONH_2 的熔点在 156℃，此时的分解压力很高。所以，为保持物系处于液态，必须在高压下进行。实际上，若在 NH_3 和 CO_2 存在的条件下，系统的熔点将比纯 NH_4COONH_2 有所降低。但大体说来，合成尿素的过程仍必须在高温高压下于液相中进行反应。现在，不同的尿素生产工艺的温度为 180～210℃ 和压力在 13～24MPa 范围内。

在此条件下，反应（2-2-1），即 NH_4COONH_2 合成的反应速度极快，而且反应相当完全，反应为强放热反应。反应（2-2-2），即 NH_4COONH_2 脱水转化为尿素是弱吸热反应，反应速度慢，而且平衡转化率不高，一般不超过 50%～75%。因此，有必要仔细研究本系统的化学平衡条件。

首先作相律分析。据组分（独立组分）的定义，组分数是所有存在的物种数减去独立反应数。如上述，尿素的生产过程涉及两个独立反应（2-2-1）和（2-2-2），存在 5 种不同的物种：NH_3、CO_2、H_2O、NH_2CONH_2（尿素，以下简写作 Ur）和 NH_4COONH_2（氨基甲酸铵，以下有时简称甲铵，写作 Am）。所以，本系统的组分数为 5－2＝3，是三元系统。

在生产反应条件下，除液相外总还存在气相，故相数为 2。

因此，根据相律，得

$$自由度=组分数-2+相数=3-2+2=3,$$

这样，系统的自由度为 3。为完全确定物系所处的状态，需要而且只需要 3 个独立变量。从理论上说，选作自由度的变量可以是任何 3 个独立的强度性质的变量。

反应平衡的状态条件需要由实验确定。早在 19 世纪末就开始有人进行这一实验。由于当时实验条件十分困难，所得结果往往不相一致。这些困难是高温、高压、介质的强腐蚀

性、取试样易于结晶堵塞、平衡需要较长时间、分析和称量不准，等等。为了避免在平衡状态下取样，几乎所有实验都是在封闭试管或热压釜中进行的，将精确称量的纯试剂（一般为甲铵结晶加液氨，或再加水，也有从反方向开始的，则是以尿素结晶为原料）放入一抽空的封闭容器中，保持恒温足够时间，到达平衡后测定尿素的生成量。

前已指出，系统的自由度为3。从实际方便来说，以系统的氨碳比和水碳比及温度作为三个独立变量是合适的。所谓氨碳比和水碳比，是将原始配料折算为NH_3、CO_2和H_2O三种物质，算出NH_3/CO_2和H_2O/CO_2两个配料比，通常以摩尔比计算。在尿素工业中，普遍采用CO_2转化率来表示反应的完全程度，即原料CO_2转化为尿素的百分率。

很早就通过实验证实，在同样的氨碳比、水碳比和温度条件下，测得的平衡转化率并非定值。只有再加上一个条件，当实验装置的物料充填密度（原始配料总量与反应总体积之比）也固定，结果才是惟一的。这并不违反相律，因为原始配料比（氨碳比和水碳比）并不是某一个相的组成，而是平衡时气液两相之和，而它显然与两相的相对数量多少有关。只有当充填密度一定，两相的数量比才一定。所以，在这样的条件下，平衡转化率是4个独立变量的函数，即

$$x = f(t, A, B, d) \tag{2-2-4}$$

式中　x——CO_2平衡转化率；
t——温度；
A——系统总氨碳比；
B——系统总水碳比；
d——系统充填密度。

早期的关于尿素合成反应平衡的研究大都将测定数据整理成4参数关系。这些实验结果对生产工艺条件的确定有其指导意义，但难以据此作理论分析，对于连续型反应器更不便于应用。

更为合理的处理方法是以液相组成（液相的氨碳比和水碳比）和温度作为自由度的独立变量。即

$$x = f(t, a, b) \tag{2-2-5}$$

式中　a——液相组成的氨碳比；
b——液相组成的水碳比。

a和b与式（2-2-4）中总体组成的A和B不同。只有当体系所处状态只存在一相（液相），两者才一致。

1948年，Frejacques最早对尿素反应平衡应用化学热力学理论进行分析，并将结果整理成算图形式，可以很方便地由给定的t，a，b查得x。其后，1971年，Mavrovic又做出新的算图。这两张算图曾被广为利用。但是，无论其中的哪一张图，在理论上都有缺陷。下边将对此做出说明，并指出正确的方法将是怎样的。

图2-2-1是Frejacques算图。图的横坐标是氨碳比a，纵坐标的原点以上是水碳比b，原点以下是温度坐标。图中有一系列等温线和等转化率线。图的用法是，由已知原料的氨碳比和水碳比，在图上找到进料点的位置，将该点与温度纵坐标上的温度点连一直线，延长并与图中的等温线相交，此交点的平衡转化率读数即为所求。图内右上角有一小图，表示反应式(2-2-3)的化学平衡常数与温度的关系。作者以纯氨基甲酸铵的转化率实验结果为依据（即$a=2$，$b=0$的情况），算出化学平衡常数，再推广到任意氨碳比和水碳比的一般情况。

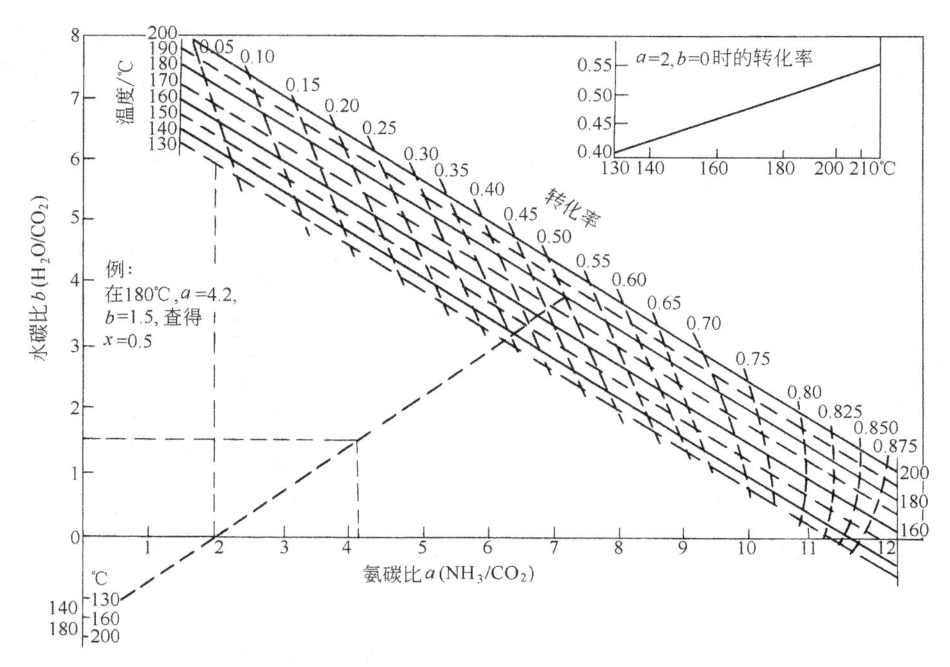

图 2-2-1 Frejacques 平衡转化率算图[7]

Mavrovic 发表了经过修改的平衡常数计算平衡转化率的算图，见图 2-2-2。该图有 5 根标尺线，一组参考线 b 和一个参考点 p。其用法是，在标尺线 1 找到温度点，与参考点 p 相连，延长与标尺线 3 相交，交点为在该温度下反应式（2-2-3）的化学平衡常数的值。再在标尺 2 和标尺 5 分别找到水碳比和氨碳比，联结这两点成一直线，此直线与参考线 b 上相应的水碳比处有一交点。将此点与标尺线 3 上已得到的平衡常数点相连，再延长至与标尺线 4 相交，即为所求的平衡转化率。该图所依据的实验数据有所更新，所得平衡转化率的数值较 Frejacques 算图为高。

Frejacques 算图和 Mavrovic 算图由于使用方便而曾被广泛采用，但是在理论上有错误，其结果最多只可作为定性的估计之用。下边予以说明。

现以液相配料组成（氨碳比 a 和水碳比 b）为出发点，设原料 CO_2、NH_3、H_2O 分别为 1、a、b mol。当到达平衡时 CO_2 转化率为 x，则生成 Ur 为 x mol，并消耗 CO_2，x mol，NH_3 $2x$ mol。假定原料 CO_2 以游离 CO_2 形式存在为 c mol，则以 Am 形式存在的当为 $(1-x-c)$ mol。与此同时还有 x mol 的 H_2O 生成。于是，得出物料变化如下。

	原始量/mol	平衡量/mol
CO_2	1	c
NH_3	a	$a-2+2c$
H_2O	b	$b+x$
Ur	0	x
Am	0	$1-x-c$
合计	$1+a+b$	$a+b+2c+x-1$

这样，得到用 a，b，c，x 表示的平衡组分的摩尔分数，

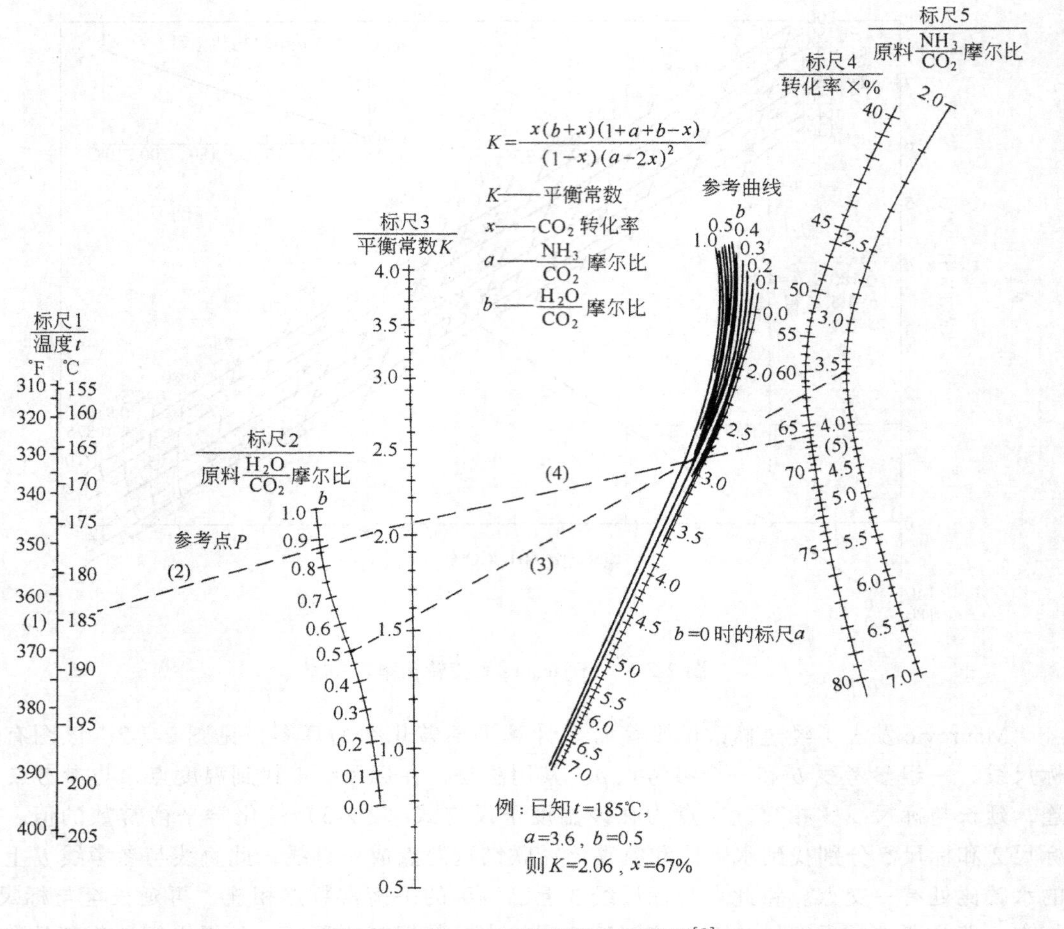

图 2-2-2 Mavrovic 平衡转化率算图[8]

$$
\begin{aligned}
x_{CO_2} &= c/(a+b+2c+x-1) \\
x_{NH_3} &= (a-2+2c)/(a+b+2c+x-1) \\
x_{H_2O} &= (b+x)/(a+b+2c+x-1) \\
x_{Ur} &= x/(a+b+2c+x-1) \\
x_{Am} &= (1-x-c)/(a+b+2c+x-1)
\end{aligned}
\quad (2\text{-}2\text{-}6)
$$

式中 x_i 是液相组分 i 的摩尔分数。

化学反应式（2-2-1）和式（2-2-2）的平衡常数如用摩尔分数表示，分别是

$$K_1 = (x_{Am})/(x_{CO_2})(x_{NH_3})^2 \quad (2\text{-}2\text{-}7)$$

$$K_2 = (x_{Ur})(x_{H_2O})/(x_{Am}) \quad (2\text{-}2\text{-}8)$$

把式（2-2-6）的各个 x_i 代入，

$$K_1 = (1-x-c)(a+b+x+2c-1)^2/c(a-2+2c)^2 \quad (2\text{-}2\text{-}9)$$

$$K_2 = x(b+x)/(1-x-c)(a+b+x+2c-1) \quad (2\text{-}2\text{-}10)$$

平衡常数的值需通过实验确定。这两个表达式中，a 和 b 作为原料配比是已知的，x 可

由尿素含量的测定而得出。唯有 c（游离 CO_2）无法或很难测定。因此，这两个平衡常数难以算出。另一方面，如果甲铵含量得以测定，即得到 $(1-x-c)$，问题也可以解决，但甲铵含量也难以测定。

Frejacques 试图用下述方法来解决此问题。将反应式（2-2-1）和反应式（2-2-2）相加，得到总反应式（2-2-3），反应式（2-2-3）的化学平衡常数是

$$K_3=(x_{Ur})(x_{H_2O})/(x_{CO_2})(x_{NH_3})^2 \tag{2-2-11}$$

K_3 是前两个平衡常数的乘积。因此

$$K_3=x(b-x)(a+b+x+2c-1)/c(a-2+2c)^2 \tag{2-2-12}$$

但其中仍含有未知量 c。

Frejacques 误认为，既然式（2-2-11）中不出现甲铵，因而它的含量也就是 0，于是 $(1-x-c)=0$，即 $c=1-x$，代入上式，得

$$K_3=x(b+x)(a+b-x+2)/(1-x)(a-2x)^2 \tag{2-2-13}$$

这样，K_3 只是 a，b，x 的函数。这个公式也记在图 2-2-1 和图 2-2-2 中。当 a，b，x 为已知，即可算出 K_3。当以纯氨基甲酸铵为原料，则 $a=2$，$b=0$，上式成为

$$K_3=x^2(4-x)/4(1-x)^3$$

显然，认定甲铵量为 0，这是明显的错误。平衡常数 K_3 的表达式不出现甲铵，并不意味着甲铵含量为零。据此错误理论而计算出来的平衡常数以及由此编制的算图自然也就不可能是正确的了。Mavrovic 重新做了实验测定，更新了算图。但是他的热力学模型重复了 Frejaques 的错误。由于理论上的缺陷，他们的算图只在与实验条件相近的条件下应用才合适，任何外推都不足为凭。热力学错误另一个明显的证明，反应式（2-2-3）是强放热反应，而他们推导出来的 K_3 的数值反而随温度的升高而增大，显然是错误的。

处理这一问题的最好方法，是将化学平衡与气液相平衡统一解决。从相平衡原理可知，气相 CO_2 与液相游离 CO_2 之间存在相平衡关系。所以，通过气相 CO_2 分压即可算出液相中游离 CO_2 含量而不必直接测量后者。

尿素合成系统完整的热力学模型用图 2-2-3 表示。

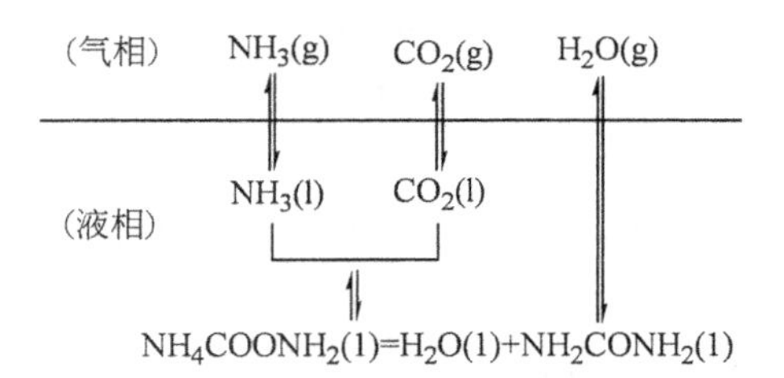

图 2-2-3　尿素合成系统热力学模型[9]

系统存在两个化学平衡和三个相平衡关系。化学平衡关系已由式（2-2-7）或式（2-2-8）示出。气液相平衡的最简单表示形式是假设液相为理想溶液，气相为理想气体，则根据拉乌尔定律和亨利定律，

$$y_{NH_3}p=x_{NH_3}p^{\circ}_{NH_3} \tag{2-2-14}$$

$$y_{CO_2}p=x_{CO_2}H^{\circ}_{CO_2} \tag{2-2-15}$$

$$y_{H_2O}p = x_{H_2O}p^{\circ}_{H_2O} \tag{2-2-16}$$

式中 y_{NH_3}，y_{CO_2} 和 y_{H_2O} 是各相应组分的气相摩尔分数，$p^{\circ}_{NH_3}$、$p^{\circ}_{H_2O}$ 以及 H_{CO_2} 分别是各相应纯组分在系统温度下的饱和蒸汽压和亨利系数。由于系统温度远超过纯 CO_2 的临界温度，所以式（2-2-15）采用 CO_2 的亨利系数 $H^{\circ}_{CO_2}$ 代替饱和蒸汽压。

化学平衡关系式（2-2-7）、式（2-2-8），相平衡关系式（2-2-14）、式（2-2-15）、式（2-2-16），再加上下列组成的归一方程式（2-2-17）、式（2-2-18）：

$$x_{CO_2} + x_{NH_3} + x_{H_2O} + x_{Ur} + x_{Am} = 1 \tag{2-2-17}$$

$$y_{XO_2} + y_{NH_3} + y_{H_2O} = 1 \tag{2-2-18}$$

共计 7 个方程式，而变量是 10 个：

$$x_{CO_2},\ x_{NH_3},\ x_{H_2O},\ x_{Ur},\ x_{Am},\ y_{XO_2},\ y_{NH_3},\ y_{H_2O},\ P,\ t$$

（化学平衡常数和相平衡常数是温度的函数，不是独立变量），所以只需给定 3 个变量，则全部变量即可解出。

CO_2 平衡转化率由液相组成求得：

$$x = x_{Ur}/(x_{CO_2} + x_{Ur} + x_{Am}) \tag{2-2-19}$$

从上边的分析可知，可以任意给定哪 3 个变量作为已知量。但为实用方便，仍以给出液相配料比 a、b 及温度为宜。这时，只要有该温度下的化学平衡常数 K_1 和 K_2 的值，代入式（2-2-9）和式（2-2-10），再据已知的 a 和 b 即可解得 c 和 x。从式（2-2-6），由 a，b，c，x 算出全部液相组成。接着再由相平衡关系式（2-2-14）～（2-2-16）得到气相组成和压力，由式（2-2-19）得到平衡转化率。

图 2-2-3 这个准确的热力学系统框架虽然正确，但由于系统的高度非理想性，迄今物性常数（化学平衡常数和相平衡常数）尚没有足够的精确数值，所以尚不能应用于实际。在此仅将有关数据列出，可以在数量级上有一概念。数据中各平衡常数，其中压力单位是 atm，含量用摩尔分数表示。

t/℃	140	160	180	200	附注
K_1	738	295	128	60	
K_2	0.29	0.41	0.55	0.67	
K_3	215	120	70	40	
$p^{\circ}_{NH_3}$	128	180	240	335	
$H^{\circ}_{CO_2}$	1400	2600	3800	5000	
$p^{\circ}_{H_2O}$	3.57	6.10	9.90	15.35	纯水饱和蒸汽压

对于这一非理想物系，公式中必然要引入活度和逸度代替浓度和分压，所以即使数据十分准确，计算亦甚复杂。

在此，直接将实验数据回归而得出的经验图表和公式，也可供工程计算之需，实用价值很大。下边是文献中给出的计算 CO_2 平衡转化率的几个经验式。这几个式子的计算结果相近，在生产条件下是足够准确的。式中平衡转化率 x 以百分数表示，温度 t 以℃表示，氨碳比 a 和水碳比 b 以摩尔比表示，压力 p 以 MPa 表示。

经验式 1（Kucheryavyi，1969）[10] 适用范围 $a = 2 \sim 6$，$b = 0 \sim 1.6$，$t = 160 \sim 230$，$p = 10 \sim 100$：

$$x = 34.28a - 1.77a^2 - 29.3b + 3.699ab + 0.9129t - 0.07482at - 5.395\left(\frac{t}{100}\right)^3 + 0.02344p - 112.1 \quad (2\text{-}2\text{-}20)$$

经验式 2（大冢英二，1972）[11]适用范围 $a=3\sim5$，$b=0\sim1$，$t=170\sim220$：

$$x = 26.16a - 1.945a^2 + 3.82ab - 11.6b - 0.02732at - 0.103bt + 1.64t - 13.94\left(\frac{t}{100}\right)^3 - 186.9 \quad (2\text{-}2\text{-}21)$$

经验式 3（上海化工研究院，1979）适用范围 $a=2.5\sim4.5$，$b=0.2\sim1.0$，$t=175\sim195$：

$$x = 14.87a - 1.322a^2 + 20.7ab - 1.83a^2b + 167.6b - 1.217bt + 5.908t - 0.01375t^2 - 591.1 \quad (2\text{-}2\text{-}22)$$

经验式 4（Gorlovski，1980）[10]从新回归经验式 1 和经验式 2 的数据：

$$x = 94.31a - 139.9a^{0.5} - 4.284a^2 - 26.09b + 2.664ab + 1.54t - 0.09346at - 0.1059\left(\frac{t}{100}\right)^3 - 97.82 \quad (2\text{-}2\text{-}23)$$

尿素合成条件下还可能发生其他反应。副反应主要有三个，即尿素的水解、缩合和异构化。这三个副反应在尿素生产的后加工中也一直存在，共同特点是它们均构成了尿素的分解损失，故应力求减至最小程度。以下分别讨论这些副反应。

尿素的水解就是合成尿素的逆反应：

$$NH_2CONH_2 + H_2O \rightleftharpoons 2NH_3 + CO_2 \quad (2\text{-}2\text{-}24)$$

在合成塔的出口，这个反应几近平衡。但在所有的下游工序中，由于液相中 NH_3 和 CO_2 含量的不断减少，导致反应向右进行，而反应进行的程度主要取决于温度。已经生成的尿素在60℃以下的温度基本不进行水解反应，100℃以上才显著，145℃以上水解速度剧增。这就是说，应力求减少尿液在高温下的停留时间。此外，水解速度还与溶液中尿素和氨的浓度有关。NH_3 是水解产物之一，故氨含量高的尿素溶液的水解速度将减慢。

尿素的缩合反应主要是生成缩二脲：

$$2NH_2CONH_2 \rightleftharpoons NH_2CONHCONH_2 + NH_3 \quad (2\text{-}2\text{-}25)$$

该反应在合成塔内也是几乎达到平衡。从反应式可见，温度高，尿素浓度高，氨浓度低，均使缩二脲增加，而氨含量的增加则能抑制缩二脲的生成。由于缩合时有 NH_3 生成，所以当溶液中有过量氨存在时反应向左进行，故在合成塔内缩二脲的数量不多。在合成条件下缩二脲平衡含量与温度和氨碳比的关系如图 2-2-4。在后续的高温、缺氨的条件下，促使缩合反应向右进行。

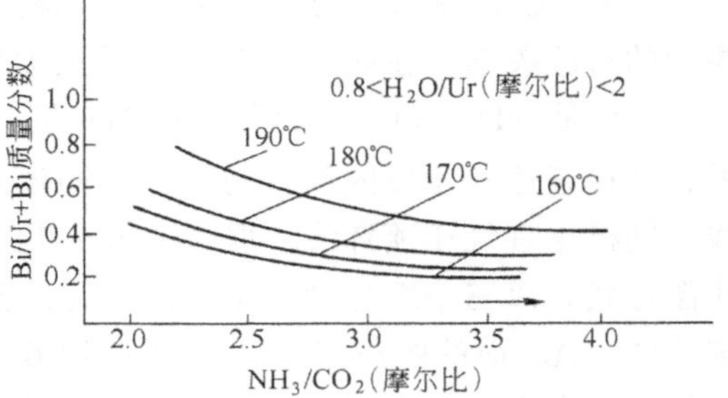

图 2-2-4 尿素合成溶液中缩二脲平衡含量（Ur—尿素，Bi—缩二脲）

尿素的异构化反应是生成氰酸铵：

$$NH_2{-}CO{-}NH_2 \rightleftharpoons NH_4{-}N{=}C{=}O \rightleftharpoons NH_3 + HNCO \quad (2\text{-}2\text{-}26)$$

这个反应在合成条件下几乎完全偏于向左进行，氰酸铵几乎不存在。与前两个副反应一样，氨浓度的减小和温度的升高有利于反应向右进行。在后续的蒸发工序，此时溶液处于减压下，NH_3 和 HNCO 均转入气相，再加上蒸发的温度较高，促进了尿素的损失。

2.1.2 相平衡

尿素合成过程的相平衡关系对于合成和回收未转化物的工艺条件的确定是十分重要的。我们需要研究在尿素合成反应进程中的相平衡及相应的温度压力条件，以及反应物系进一步加工时的相平衡及相应的温度压力条件。

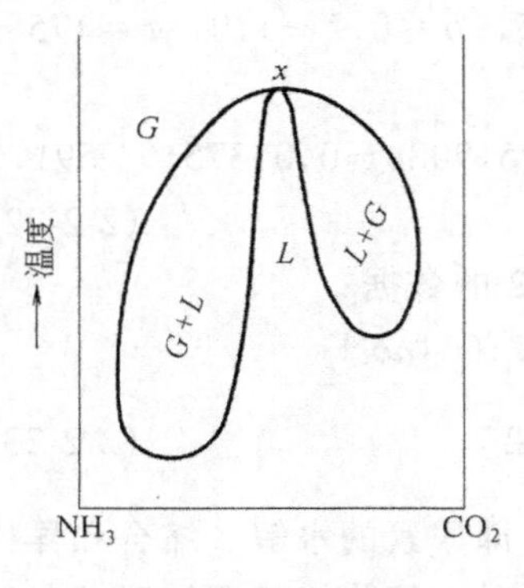

图 2-2-5 恒压下 NH_3-CO_2 二元气液相图（示意）

G—气相；L—液相

相图是研究物系相平衡的有力工具。尿素生产物系的相图有其不同于一般物系的特点。我们先从 NH_3-CO_2 二元体系相图开始。图 2-2-5 示意地表示 NH_3-CO_2 二元体系在一较高压力下的恒压气液相图，纵坐标为温度，横坐标为气液相的组成。尿素合成的温度和压力条件已超过原料 NH_3 和 CO_2 的临界状态（NH_3 的临界温度和临界压力分别为 132.4℃ 和 11.35MPa，CO_2 的临界温度和临界压力分别为 31.0℃ 和 7.38MPa）。图中显示，纯 NH_3 和纯 CO_2 已处于超临界状态，而 NH_3 和 CO_2 的混合物在相当大的一部分组成范围内并非超临界流体，可以存在互相平衡的气液两相。又由于 NH_3 和 CO_2 的互相作用，使得二者的混合物具有极强的共沸性，如图中点 X 是共沸点，它既是此系统在一定压力下的最高沸点，也是此系统在一定温度下的最低压力点。在共沸点的气液两相组成相同，其位置大致相当于 NH_3/CO_2 摩尔比为 2，即 NH_4COONH_2，但共沸物并非是严格的化合物。不同压力下共沸物组成还有一定变化。

NH_3-CO_2 物系加入较难挥发的第 3 种组分 H_2O，即成为三元系统。现在三元相图也只讨论气液平衡。图 2-2-6（a）示意地表示恒压恒温下 NH_3-CO_2-H_2O 三元气液平衡相图，根据相律，三元系统的两相平衡时的自由度为 3，故在任一温度和任一压力下均有这样的一幅图。图中有液相线和气相线，将全图分为三区，各相当于液相区、气相区和气液两相区。在气液两相区还绘出若干条结线，以表示平衡的两相组成的一一对应关系。由于 NH_3-CO_2 二元系统存在共沸点，导致三元相图中出现一个特点：液相线和气相线上都有一最远离第三顶点 B 的点 LX 和 GX 点。在该点，NH_3+CO_2 总含量最大，H_2O 含量最少。也可以说，在该点，NH_3+CO_2 在水中的溶解度最大。该点称为顶脊点。图 2-2-6（b）说明三元相图与二元相图的对应关系。在此恒压三元相图上绘出若干条液相等温线，顶脊点的出现开始于温度 t_3，它正是 NH_3-CO_2 二元相图的共沸点。随第三组分的加入，出现更高温度的液相等温线，并逐渐往三角形内部移动。将不同温度的顶脊点相连，得到顶脊线。这是液相的顶脊线。同样也有气相顶脊线，但图中未示出。图 2-2-6（c）仍是同一体系，但表示为三棱柱立体图形式，以三个组分的三角坐标为底，温度轴作为三棱柱的高。三棱柱的三个面是二元系统相图，AC 面的图与图 2-2-5 或图 2-2-6（b）的侧图完全一致。第三组分加入的越多，图形越向更高温度方向移动。在温度轴的不同高度可做出不同温度的三元相图。把不同温度相图的液相顶脊点相连，得出液相顶脊线。同样也有气相顶脊线。我们还可以从另一个角度来研究。在三角形的底上可以画出平行于 AC 边的“等水”线，在立体图中成为等水面。每一等水面上的气液平衡相图与 AB 面的二元 NH_3-CO_2 相图类似，但相应温度更高。将不同等水面上的图中的最高点相连，也同样得出液相和气相两条顶脊线。这样，三元立体相图把空间划分为 3 个区。上边是气相区，下边是液相区。中间有一气液两相区，它的形状类似于一个沙袋，但在其中部抬高，好像分为两袋。将立体图做出水平截面，就是等温图，标绘在 ABC 底面上，图形与图 2-2-6（b）相同。

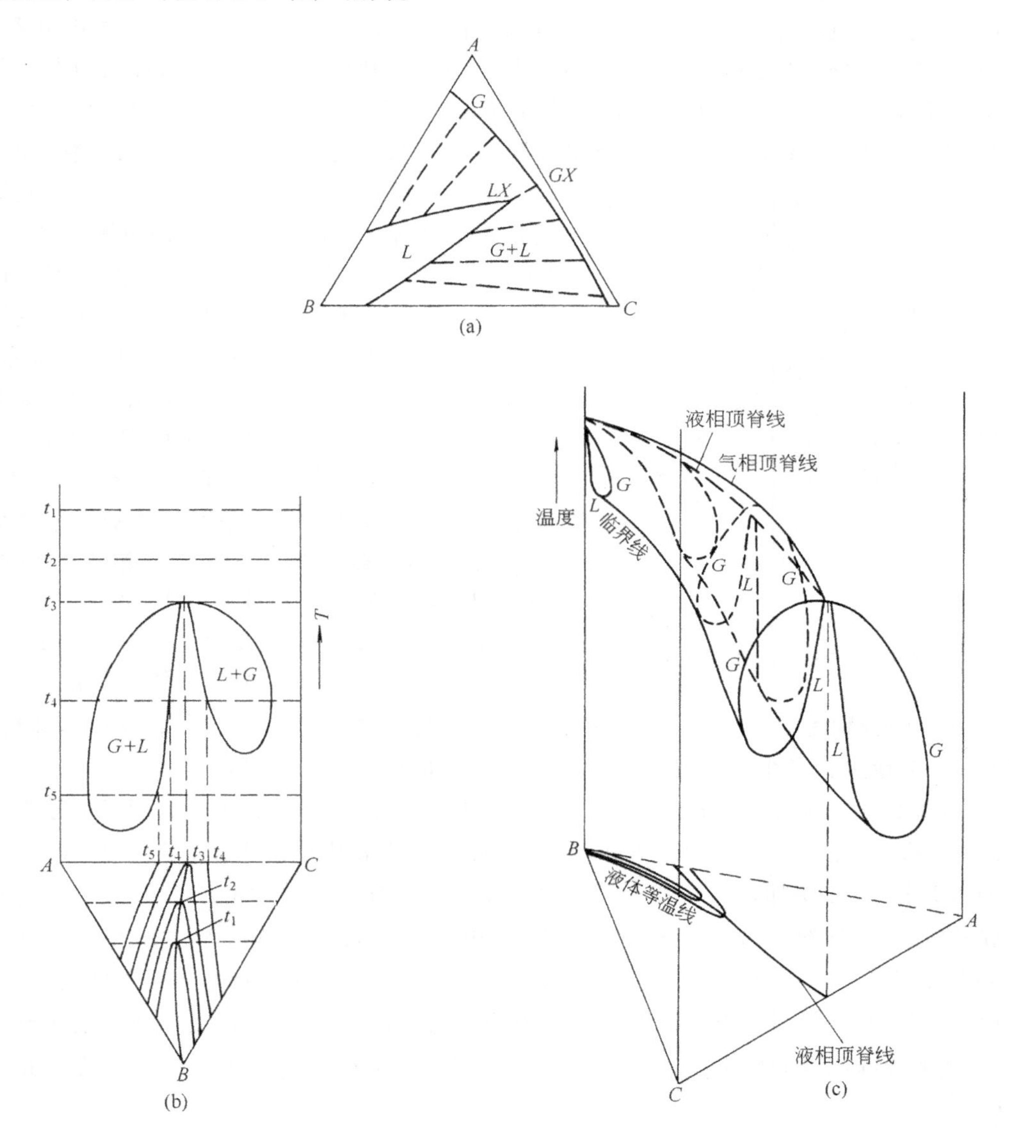

图 2-2-6　具有二元共沸物的三元气液相图（示意）

（a）恒温恒压相图；（b）恒压相图（只画出液相线）；（c）恒压立体相图

A—NH_3；C—CO_2；B—H_2O

应注意顶脊点并非是三元系统的共沸点。共沸点具有如下特征：第一，当温度一定，则以该组成的混合物的饱和蒸汽压为最低。第二，当压力一定，则以该组成的液体混合物的沸点为最高。第三，气液平衡组成相同。以上是对具有最高沸点的共沸混合物而言，对于具有最低沸点的共沸混合物则前两个特点相反。

顶脊点具有以下特性：第一，当压力和溶剂（水）含量一定，则以组成为顶脊点时的温度为最高。第二，当温度和溶剂（水）含量一定，则以组成为顶脊点时的压力为最低。第三，顶脊点并不是三元系统的共沸点，与液相顶脊点处于平衡的气相组成并不与液相组成相同。

顶脊点的这些特点对于确定合成的工艺条件具有重要意义。

现在来考察尿素合成过程的相平衡。为了方便，我们以尿素转化到一固定程度的物系作为对象。此时，虽然所面对的物系与上节在研究化学平衡时并无不同，但是需要将物系视为 4 组分而不是 3 组分。这是因为，此时不考虑尿素合成的化学反应，所以物种数仍为 5 个（NH_3、CO_2、H_2O、Ur、Am），但独立反应只有 1 个，即 $2NH_3 + CO_2 \longrightarrow NH_4COONH_2$。所以，组分数为 5－1＝4，是 4 元系统。这 4 个组分是 NH_3、CO_2、H_2O、Ur，它们是彼此独立的。

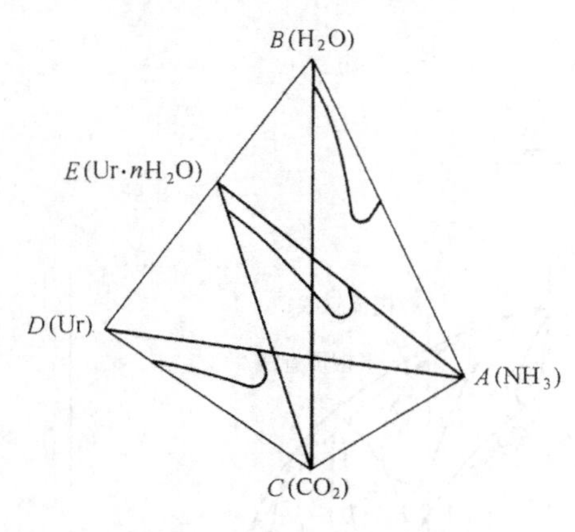

图 2-2-7　NH_3-CO_2-H_2O-Ur 四元相图和 NH_3-CO_2-Ur·nH_2O 似三元相图

从相图原理可知，为全面表示一个 4 元体系的相图需要立体图形，如图 2-2-7 的四面体，四个顶点代表 4 种纯物质，混合物将是四面体内的一点。整个体积将划分为气相、液相和气液共存 3 部分。主体图使用不便。为此，可将体系简化为一个似三元体系。例如，仍取 NH_3 和 CO_2 各为一个组分，又将水和尿素合并为一个组分。这种处理，是因为水和尿素较之 NH_3 和 CO_2，均为难挥发的物质，在一定程度上性质相近。这个似三元相图可以看作是四面体的一个截面，如图 2-2-7 中所示。截面为一三角形，第三个顶点可写作 Ur·nH_2O，n 是系统中 H_2O 和 Ur 的摩尔比。

具体的似三元相图见图 2-2-16。这是一幅 NH_3-CO_2-Ur·H_2O 恒压（13.2MPa）似三元相图。3 个顶点 E、A、C 分别为 Ur·H_2O，NH_3 和 CO_2。该图绘出 7 条液相等温线。气相等温线未绘出，因 H_2O 含量少，气相线几与 AC 边重合。图中还标出液相顶脊线。

注意似三元相图与 NH_3-CO_2-H_2O 三元相图一样，每条等温线具有明显的顶脊形状。等温线在 EA 边上的始点表示纯 NH_3 在 Ur＋H_2O 混合物中的溶解度，随着 CO_2 组分的加入，NH_3 的溶解度也增加，一直到一最大溶解度，即顶脊点。继续增加 CO_2 含量，溶解度又复急剧降低。在顶脊点的 NH_3 和 CO_2 含量比例高于 NH_4COOCO_2（摩尔比为 2，质量比为 34/44 或 43.6/56.4），这反映了 NH_3 和 CO_2 在纯水中溶解度的差异，因 NH_3 在水中易溶而 CO_2 难溶。每一等温线以顶脊点为界分为明显的两段，在富 NH_3 侧的曲线是张开的，而富 CO_2 侧的曲线则急剧向定点 E 靠拢，表示除了氨基甲酸铵之外的过剩 CO_2 在液相中的溶解度是很小的。

本图可用以求尿素合成液组成与温度压力关系，具体应用见后。

2.1.3　合成工艺条件的确定

尿素的合成反应是可逆反应，在确定工艺条件时应力求提高反应转化率，以使物料每一次通过反应器可以得到更多的产品，从而减少未反应物的循环量。实际上，合成的工艺条件与后续的回收循环息息相关。合成的工艺条件也决定着整个尿素生产过程的技术路线。以下先对影响反应转化率的各个条件分别地进行研究。

（1）温度

当氨碳比和水碳比一定，二氧化碳平衡转化率将只决定于温度。图 2-2-8 是按前述平衡转化率经验式 4 作出的。可见，在通常的操作条件范围内，平衡转化率随温度的升高而增加，但增加幅度越来越小，当到达某一温度后，转化率反而下降。出现这一现象的原因，是由于同时存在的两个反应式（2-2-1）和式（2-2-2）的平衡常数随温度的变化不同。前一个反应是甲铵的生成，是强放热反应，第二个反应是已生成的甲铵的脱水，是弱吸热反应。在一般条件下，第一个反应平衡几乎完全趋向右方，液相中的 CO_2 几乎全部都变成甲铵，而很少呈游离状态。接着进行第二个反应即尿素的生成，这个反应进行不完全，且因是吸热反应，故反应的平衡随温度的升高而向右移动。因此，提高温度有利于尿素的生成，所以 CO_2 转化率是随着温度的升高而增加的。但当温度升高到一定程度后，前一反应逆向进行的趋势亦不可忽略。它是一个放热反应，随温度的升高而向左移动。这就是说，在平衡时，将存在越来越多的游离 CO_2，而原料 CO_2 只有部分变成甲铵。这样，尽管在高温下第二个反应仍是有利于甲铵转化为尿素，但以游离形式存在的 CO_2 也随温度的升高而增加。前一反应的热效应的绝对值远大于后一反应，所以前一反应的平衡常数随温度降低的程度要快于后一反应的平衡常数随温度增加的程度。换言之，氨基甲酸铵一方面脱水成为尿素，另一方面又分解为 NH_3 和游离 CO_2，两方面都随温度的提高而加大，但后者的增加趋势更快。在这样的条件下，CO_2 平衡转化率随温度的升高而下降。实验也证实了转化率随温度的变化存在一极值温度 t_{opt}，大约在 190～210℃范围内。图 2-2-8 中虚线表示不同氨碳比时的 t_{opt}变化，可见达到最高转化率的温度随氨碳比的增加而有所降低。水碳比对 t_{opt}影响不大。

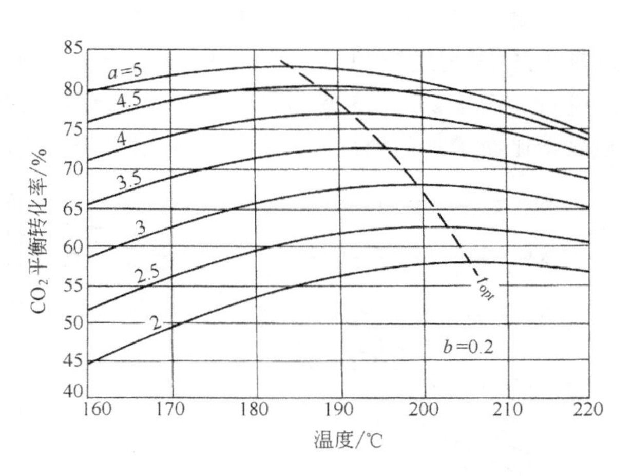

图 2-2-8　CO_2 平衡转化率与温度的关系

另一方面，温度升高有利于加快反应速度，使之更快地接近平衡。一般来说，温度每升高 10℃，反应速度增加 2～4 倍。这样，在当前工业生产所采用的工艺条件下，无论从反应平衡和反应速度来看，提高温度均是有利的。

但是，反应温度的选择并非只是追求高转化率。提高温度还有其不利的一面。反应需要在液相进行。为此，物系的压力需保持不低于物系的饱和蒸汽压，它随温度的升高而升高。这样，提高反应温度将不得不同时提高压力，这样将增加二氧化碳压缩机和液氨泵的功耗，且提高了对这些机械的性能要求。

另外，反应物系具有强烈的腐蚀性，而腐蚀性随温度的升高而加剧。所以，如果采用较高的反应温度，则合成塔以及高压圈内其他设备必须采用更昂贵的材质。当温度超过 190℃，一般不锈钢材料会遭受严重腐蚀，需采用特殊材料作合成塔的衬里，如钛、锆等。即使如此，操作温度亦不宜超过 220℃。

目前不同的尿素流程中采用合成温度为 180℃至 220℃，基本上存在着两条技术路线。一种是高温、高压、高转化率的路线，优点是一次通过的转化率高，所以分离循环的负荷较小，因而能耗较低，但设备费高。另一条路线是适当的低温、低压、低转化率，这样可以减少动力消耗和设备投资，但同时必须在降低分离循环的能量方面上采取措施。

（2）氨碳比

当其他条件相同，提高进料的氨碳比，则 CO_2 平衡转化率增大。这可以用化学平衡移动原理来说明。增加反应物 NH_3，必然会提高另一反应物 CO_2 的转化率。反之亦然。此外，过量 NH_3 还与反应的另一产物 H_2O 结合成 NH_4OH，更有利于尿素生成反应（甲铵水解）的进行。图 2-2-9 中 3 幅图是根据 CO_2 平衡转化率经验式 4 绘出的，清楚表明了 CO_2 转化率随氨碳比而增加的情况。大体上，a 值每增加 0.1，可使平衡转化率增加 0.5～1.0 个百分点。当氨碳比增加到一定程度，随氨碳比的继续增高，或温度的升高，或水碳比的下降，其效果将逐渐降低。

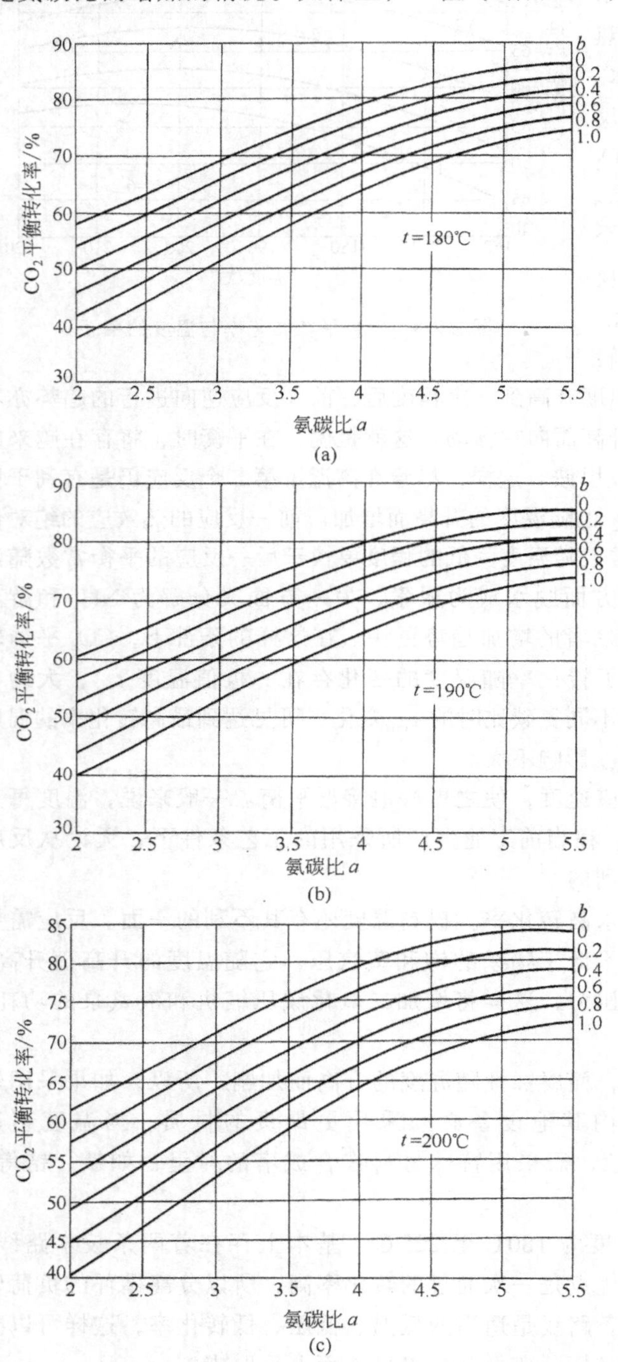

图 2-2-9 CO_2 平衡转化率与氨碳比和水碳比的关系

(a) 温度为 180℃；(b) 温度为 190℃；(c) 温度为 200℃

过剩氨还可以抑制生成缩二脲的副反应。从缩二脲的生成反应式（2-2-25）可见，NH_3 是反应产物之一，当它的数量增加时将使反应向左进行。

提高氨碳比的另一个重要优点是降低物系介质的腐蚀性。高温下尿素溶液具有强烈的腐蚀性，原因之一是由于尿素的异构化而生成氰酸铵，后者水解成为游离酸，而氰酸铵和氰酸能够破坏不锈钢表面的防腐氧化膜。

$$NH_2CONH_2 = NH_4CNO = NH_3 + HCNO$$

过剩氨的存在，部分地中和了溶液的酸性，减少了氰酸的生成，从而减轻了腐蚀。

提高氨碳比还有利于调节操作的热平衡。尿素合成的总反应是放热的。作为一个绝热反应器，为使反应出口温度达到期望值，除了控制进料温度外，加入过量氨以带走反应热，是调节和控制合成塔正常温度的有效方法。

由上述可知，高氨碳比的优点是多方面的。但是，提高氨碳比亦有其不利的一面。第一，当其他条件相同，物系的饱和蒸汽压随氨碳比的升高而升高，因此需要提高合成的操作压力才能保持物系处于液态。这必然加重了机、泵的负荷。第二，增高氨碳比虽然提高了 CO_2 转化率，但不言而喻，对 NH_3 来说，转化率是下降了。图 2-2-10 同时表示了 CO_2 和 NH_3 的平衡转化率的变化情况。该图还示出反应液中尿素浓度的变化。所以，当增高氨碳比的同时，增加了未反应氨的循环量。这些未反应氨

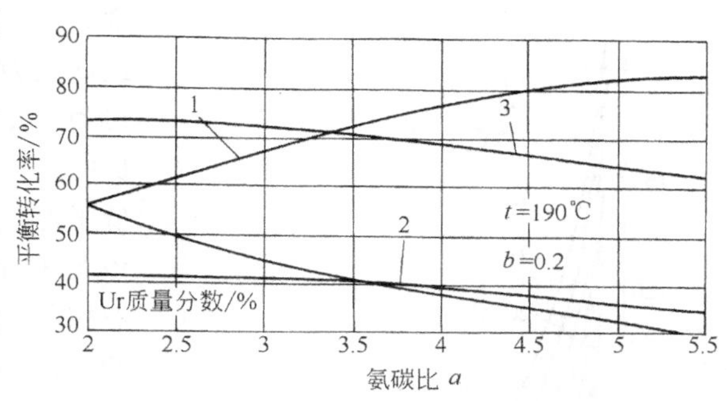

图 2-2-10 CO_2 平衡转化率和 NH_3 平衡转化率与氨碳比的关系

1—CO_2 平衡转化率；2—NH_3 平衡转化率；3—尿素含量

通过反应器时占有反应空间，减小了合成塔的处理能力。未反应氨的循环回收，增加了输送设备的负荷，加大了回收工序的负荷和能耗。

试作一简单的估算。CO_2 气提法工艺采用低氨碳比 $a=2.85$，CO_2 转化率为 57%。因每 mol 尿素耗 NH_3 2mol，可见过剩氨循环量（对单位产品尿素）是

$(2.85-2\times0.57)/0.57=3.0$mol NH_3/mol Ur

NH_3 汽提法工艺采用高氨碳比 $a=3.5$，CO_2 转化率可达 66%，因此过剩氨循环量为

$$(3.5-2\times0.66)/0.66=3.3\text{mol NH}_3/\text{mol Ur}$$

可见，一方面，高氨碳比导致未反应氨循环量的增加，另一方面，还要看转化率变化的幅度。必须综合、全面地加以考虑，以达到全局的优化。

（3）水碳比

水是尿素合成反应的产物之一，因此水分的加入总是不利于尿素的生成的。图 2-2-9 示出了这一影响。大体上，水碳比每增加 0.1，转化率要下降 1.5～2 百分点。还可以看出，水对尿素合成的不利作用随氨碳比的增加而有所减弱（即过量氨在一定程度可抑制水对平衡转化率的不利影响），并与温度关系不大。但也有研究认为，在温度较高时水碳比影响变小。

对于全循环法尿素生产，未反应 NH_3 和 CO_2 经回收循环返合成塔，不可避免地总伴有一定数量的水分，并使得 CO_2 转化率有所下降。所以应当力求降低返回系统的水量。另一方面，在同样的温度和氨碳比条件下，加大水碳比可降低平衡压力，即可在较低压力下操作，这是有利的。此外，当压力一定，水的存在提高了液相物系的沸点，也提高了气相物系的冷凝温度，这将有利于回收热能的利用（如高压回路中高压甲铵冷凝器可以副产较高压力的蒸汽）。这些是高水碳比的有利因素，也不可忽略。

（4）压力

前已指出，当原料配比和温度一定，则平衡压力即为定值，所以压力不是独立变量。在生产中的保持系统处于液态，要求压力不得低于平衡压力。但由于“惰性”气体的存在，实际压力还要控制得更高一些。合成压力的高低直接影响压缩动力的消耗和有关设备的结构。合成压力的选择是尿素生产经济性的重要决定因素之一。

平衡压力与上述三个独立变量的关系：温度升高时，平衡压力也升高。在每一温度下，平衡压力又随氨碳比而有变化，并存在一最低平衡压力。图 2-2-11 示出的几条等温线是 $b=0$的系统的平衡压力与氨碳比之间的关系。可见，在每一温度下都有一最低压力，与之相应的氨碳比称为最低压力氨碳比 a_{min}。图中示出不同温度的 a_{min}点的连线。出现最低压力点的原因，是本系统在平衡时可看做是 NH_3 和 CO_2 溶解于尿素水溶液中，NH_3 和 CO_2 在液相结合成氨基甲酸铵，因而互相降低对方的平衡分压，也就是增加对方的溶解度。由图 2-2-11 可见，在曲线的左侧，氨碳比低于 a_{min}时，有过剩 CO_2 存在于溶液中，它在尿素水溶液中的溶解度很小，所以平衡压力随氨碳比的降低而上升很快。在曲线的另一侧，氨碳比高于 a_{min}，溶液中存在过剩 NH_3，也有逸出液相的趋势，所以平衡压力也上升，但 NH_3 的溶解

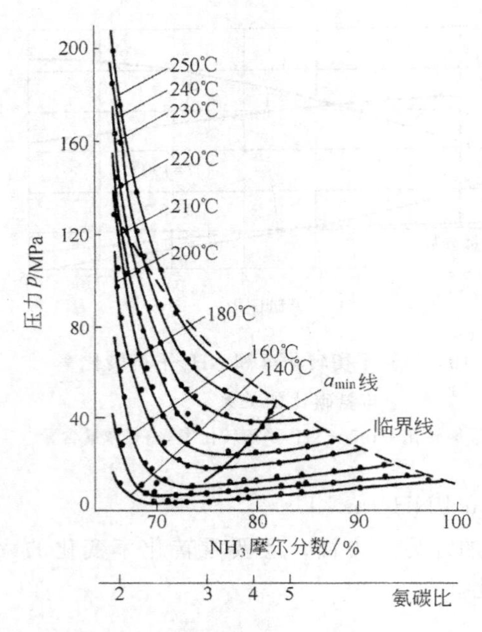

图 2-2-11　NH_3-CO_2 尿素平衡体系压力

度大于 CO_2 的溶解度，所以曲线的上升较为缓慢。最低压力氨碳比 a_{min}的数值与温度有关，如图 2-2-11 所示，温度升高时，最低压力点朝向更高的氨碳比的方向移动。图中的点划线画出了不同温度下最低压力点的轨迹。a_{min}大体在 2.5 至 4.0 范围内。该图还有一条虚线是临界点的轨迹。该线是等温线右枝的终点。至于水碳比对平衡压力的影响，则有两方面的作用。一方面，由于水量增加，可以溶解更多的 NH_3 和 CO_2 而使平衡压力下降；但另一方面，过剩水分的存在导致平衡转化率降低，因而未转化的 NH_3 和 CO_2 有所增加，又使压力上升。两个趋势在一定程度互相抵消，但在高氨碳比区，过量水分使平衡压力有所下降。水碳比还影响最低压力氨碳比的数值。随着水碳比的增加，a_{min}朝向更大的方向移动，同时最低压力的大小也有所降低。

尿素合成均采用过量 NH_3，氨碳比大于 a_{min}。但不同工艺路线有着不同的考虑。一种见解是，氨碳比不可过高，保持在 a_{min}附近，此时压力接近最低点，动力消耗少，且设备的机械强度要求也低。但是在较低的氨碳比下，二氧化碳转化率也低，所以未反应物的循环量大。另外一种考虑是采用高氨碳比，此时虽合成压力高，但转化率高了，又带来一系列优点。大体上，斯太米卡朋（Stamicarbon）CO_2 气提法采用前者，而斯那姆（Snamprogetti）NH_3 气提法和其他非汽提流程则属后者。

（5）反应时间

对于不能进行到底的反应，延长反应时间有利于反应趋近平衡，并以平衡为极限。反应时间就是反应物料在合成塔内的停留时间。停留时间越长，出口物料的转化率自然越接近平衡转化率。但是，单位时间通过合成塔的物料相应减少，而设备的生产能力是进入合成塔的二氧化碳量与实际转化率的乘积，反应速度随着趋向于平衡转化率而越来越慢。所以，缩短反应时间，虽然转化率降低，但生产能力可以提高。确定反应时间应当兼顾这两方面，一般的工业装置，大体上保持出口转化率达到平衡转化率的 90%～95%。反应时间太短，出口转化率明显降低；但时间过长，转化率也并无太大的提高。在此条件下，反应物料在合成塔内的名义停留时间约为 40～50min。但这与其他反应条件有关，如高温操作的合成塔的停留时间可以短一些。塔内设有挡板的合成塔，在较短的停留时间内也可以达到较高的转化率。

设备的生产强度表示为单位体积单位时间内的尿素产量。例如，设每吨尿素需合成塔进料 3300kg，而反应熔融物的密度约为 1100kg/m^3，停留时间 0.8h，则生产强度以单位反应体积单位时间的尿素产量计，为

$$(1100/3300)\times(24/0.8)=10\text{t}/(\text{m}^3\cdot\text{d})$$

通常，合成塔的生产强度大约为10～15t/(m^3·d)。

（6）原料纯度

尿素合成的原料为氨和二氧化碳。通常两者都来自合成氨装置。

原料液氨的纯度一般都很高，要求质量分数不低于99.5%，其中含有的水分和溶解气体（N_2，H_2 等）含量不高于0.5%。液氨中含油量应不大于10mg/kg，以免污染设备或在高温下氧化、燃爆。

原料二氧化碳是合成氨装置中脱除 CO_2 工序的再生气体，视再生方法之不同而含有不同数量的 N_2、H_2、CH_4、Ar、CO不参与反应的“惰性”气体。这些气体的存在将增加二氧化碳压缩机的负荷。这些气体不能溶解于反应液体中，将作为气相与反应液相产物一同排出合成塔。但气相中不仅仅是这些气体，还有 NH_3、CO_2、H_2O 亦均按其平衡分压转入气相。这些气体的量越大，气相带走的 NH_3 和 CO_2 也越多，不利于合成反应（在液相）的进行，降低了转化率。大体上，“惰性”气体含量每增加1%，转化率约降低0.6%。此外，“惰性”气体最后作为放空气排于大气，也不可避免带有 NH_3 和 CO_2 等。通常，要求二氧化碳原料气的 CO_2 体积分数应不低于98.5%（干基）。

为了保护生产装置不锈钢的防腐钝化膜，在二氧化碳压缩机入口需配入一定数量的空气或氧气。这样，二氧化碳气体中的少量氢气和氧气混合，在一定条件下有成为爆炸性气体的危险。爆炸性的大小与 CO_2 气体的氢含量有关，也与配入的防腐空气量有关。液氨原料也会带入少量的氢。有的方法设有二氧化碳气体脱氢装置，通过铂催化剂进行选择性燃烧反应，可降低氢气体积分数至0.2%以下，从而从根本以确保安全。

原料二氧化碳气体中如果含有 H_2S 或有机硫化物，由于其还原作用而会破坏金属表面的氧化膜。因此，原料 CO_2 中的硫化物要尽量少，一般不允许超过（以总硫计）$15mg/m^3$。

还须提及的是两种原料的数量配比。尿素生产每消耗1t氨需消耗二氧化碳1.3t，而合成氨厂能回收的二氧化碳量随氨厂采用不同原料和不同净化方法而不同。用煤为原料的工厂，用水洗法脱除二氧化碳，1t氨可回收二氧化碳1.2～1.4t，而用化学吸收法则可回收2.4t;用天然气为原料，1t氨可回收二氧化碳1.2～1.3t；用石脑油或重油为原料，则为1.6～1.7t。可见，以天然气或油田气为原料的合成氨厂所提供的二氧化碳量略显不足，其他情况则有富余。在平衡产品产量时，必须考虑到这一点。

现将现代主要生产尿素的工业公司的尿素合成过程工艺条件列于表2-2-1。

表 2-2-1　尿素合成过程的工艺条件

技　　术	压力/MPa	温度/℃	氨碳比(摩尔比)	水碳比(摩尔比)	CO_2 转化率/%
传统全循环法	20～23	185～200	4～4.1	0.6～0.7	62
TEC公司改良C法	～25	～200	～4	0.4	72
TEC公司ACES法	17	185～190	4	0.6	68
Stamicarbon公司 CO_2 气提法	13～14	180～185	2.8～2.9	0.4	57
Snamprogetti公司 NH_3 气提法	15～16	185～190	3.5～3.6	0.6	65
Montedison公司IDR法	18.7	185	3.7	0.58	71
UTI公司HR法	20.6	193	4.2	0.86	74

2.1.4　尿素合成塔结构的研讨

合成塔内流动的自始至终都是气液两相混合物。中小型厂的合成塔为空筒，不设置内件，其高径比在20左右，基本呈平推流。自装置大型化以来，合成塔内均装上数目不等的多孔挡板。设置多孔挡板的目的是有助于防止物料返混并加强两相的接触，从而提高反应效率。物流的返混将减慢反应速度，降低出口物料中的尿素含量，设置塔板可以减少返混。图

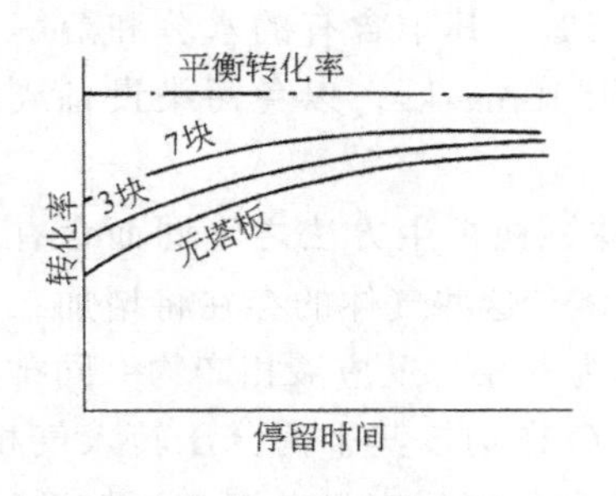

图 2-2-12 合成塔设置塔板的效果

2-2-12 示出了安装塔板的效果。大型装置由于安装了塔板，才有可能将合成塔的塔径增大，降低高径比到 10 以下。

合成塔要有足够容积以保证反应时间。NH_3 和 CO_2 生成甲铵的反应瞬时即可完成，而甲铵脱水生成尿素的反应较慢。但这并不是说，反应物料一进入合成塔内，甲铵的生成过程即告结束，随后只是进行甲铵的脱水反应。实际上，整个的过程包括几步：首先，气相中的 CO_2 和 NH_3 通过传质过程进入液相，其次，液相中的 CO_2 和 NH_3 化合生产甲铵，然后，液相中甲铵转化为尿素和水（其中又可能分为几步），以及反应产物（H_2O）部分地转入气相。在整个过程中，一直有两相共存。虽然合成甲铵的反应是瞬时的，但气相 CO_2 和 NH_3 的传质并非即刻完毕，而是随着液相反应的进行，不断地转入液相，并不断反应。正由于此，物料在合成塔内的温度变化，并不是一开始就达到最高（气体溶解和甲铵生成要放出大量的热量），而是逐渐上升达到最高，在溢流管处由于气体挥发，又略有降低而流出反应器。

内设挡板的合成塔，可视为由多个串联的小室组成，彼此之间有挡板隔开。反应物自下而上通过。每一个小室内都存在气液两相，气体以鼓泡形式穿过液层。由于充分的扰动，可认为两相均处于完全混合状态。气相通过挡板上的小孔进入上一反应器，液相则沿挡板与塔壁之间的环隙进入上一反应器。挡板在很大程度上阻止上一小室的流体回流入下一小室，因而提高了反应转化率。挡板数越多，塔内的物流流动越接近于理想平推型流动。

2.2 合成液未反应物的分离和回收

2.2.1 概述

从尿素合成塔排出的合成反应液除了生成的尿素和水外，还含有大量未反应的原料 NH_3 和 CO_2。例如，设合成塔进料的氨碳比和水碳比各为 3.5 和 0.6，CO_2 转化率是 65%，现以 1kmol CO_2 为基础，将生成尿素和水各 0.65kmol，而未转化的 NH_3 为 $3.5-2\times0.65=2.2$kmol，未转化的 CO_2 为 $1-0.65=0.35$kmol。可见，进塔原料中 CO_2 有 35%，NH_3 有 60%以上未参与反应，数量是相当大的。将未反应的 NH_3 和 CO_2 从反应液中分离并回收返回系统，是尿素工业装置的重要组成部分，对提高原料利用率和经济效益起着关键作用。

目前工业上从合成液分离未反应物的方法，均根据 NH_3 和 CO_2 相对于尿素和水的易挥发性和氨基甲酸铵及各种碳酸铵盐类的易分解性来考虑的。液相中未转化为尿素的 NH_3 和 CO_2 虽有可能结合为碳酸铵、碳酸氢铵、氨基甲酸铵等化合物，但它们均不稳定而极易分解。通过减压、升温、解吸、气提等手段即可使之从液相转入气相。这一分离过程通常称之为分解。从分解过程分出的气体将再使之转入液相，重新作为合成原料。为此而采用的手段有加压、降温、吸收、冷凝等。包括气液分离、精馏、吸收、冷凝等步骤的循环方式，都是化工生产中常见的单元操作。难度在于本体系物系的特点：气液分离的温度不可太高，以免生成的尿素又重新分解，以及高温引起腐蚀的加剧；液体吸收气体的温度不可太低，以防出现固体结晶；返回系统的水量必须控制最少，否则进入合成塔的原料中水分会降低尿素合成率，造成大量溶液循环。这些因素互相关联但又互相矛盾，需妥善安排。此外，分离回收又是尿素生产中消耗能量最多的工序，必须最大限度地提高能量的利用效率，才能取得生产的经济效益。

在尿素工业中，习惯把含有 NH_3 和 CO_2 的水溶液称为甲铵液或碳铵液，而甲铵液指较浓的溶液，碳铵液指稀溶液。这个区分自然是不清晰的，也并不代表溶液的真实组成。另外，为了便于计算和理解，凡含有 NH_3 和 CO_2 的水溶液或含有 NH_3 和 CO_2 的尿素水溶液，往往将其中未转化为尿素的 CO_2 均认定为甲铵 NH_4COONH_2，而将剩余的 NH_3（NH_3 摩尔含量减去 CO_2 摩尔含量的二倍）叫做游离氨或过剩氨。当然这也并不代表溶液的真实组成。

未反应物的回收循环主要包括分解和回收两部分。尿素合成液的分解，目的是将液相中 NH_3 和 CO_2 尽可能转入气相，往往是减压和加热两个手段同时采用。单独减压而不加热，或单独加热而不减压，仍会有相当多的 NH_3 和 CO_2 保留在液相中。NH_3 本身在溶液中的溶解度很高。CO_2 单独在溶液中的溶解度本不大，但当有 NH_3 同时存在，二者互相增大了对方的溶解度。所以，应当选择适当的温度和压力条件，以使最大限度地将未反应的 NH_3 和 CO_2 从液相中逐出。在此，还需注意尽量减少水蒸气也同时逐出。

在确定分离方法的同时，还要考虑如何把已转入气相的 NH_3 和 CO_2 送回合成塔。将 NH_3 和 CO_2 以气态形式返回是不可取的，因气体压缩功将很高，而且还有在气体中出现固体结晶（氨基甲酸铵或碳酸盐类）等技术困难。目前均是将 NH_3 和 CO_2 混合气（其中不可避免还有水蒸气）通过一定条件使之重新冷凝，或用水吸收成为液体，再用泵把液体（甲铵液）送回合成塔，构成回收循环。

出于技术和经济上的考虑，回收循环采取多级原则，反应液依次减压和受热将 NH_3 和 CO_2 分离出去，最后得到基本不含 NH_3 和 CO_2 的尿素水溶液，送往蒸发浓缩。每级的分解气通过冷凝或吸收成为液体，再逐级用泵送到更高压力的一级，最后得到高浓度的甲铵液返回合成塔。采用多级的理由是，若希望一次降压而把未反应物全部逐出，而降压后的压力仍很高，那么就需加热到很高的温度，对设备材质提出过高的要求，并可能引起尿素的水解或其他不利的副反应。反之，如一次降压到很低的压力，虽然可以达到分离效果，但得到的低压 NH_3 和 CO_2 气体转入液相又十分困难，或需冷却到很低温度，或需加入大量的水来吸收，导致回收液浓度太低。采用多级回收，合成塔出液逐级减压分离，较多数量的 NH_3 和 CO_2 是在中间压力下回收的，只有少量在低压下回收，这样可使吸收用水量不致太多。而如此得到的溶液可以以逆流方式用泵送到更高一级压力作为吸收液，最后返回高压合成系统的是高浓度的甲铵液。

将气提技术引入尿素的分离过程，使部分未反应物在不减压的条件下自行返回系统，使得尿素生产的技术经济指标有了进一步改善。以下依次先研讨高压气提过程，再研讨压力更低的分解循环。

2.2.2 高压气提分离和高压圈循环

气提又称解吸，是一种分离液相混合物的操作，用一种气体通过待分离的液体混合物，把易挥发的组分携带出来。尿素装置采用气提，即在与合成压力相同的压力下将合成液中的一部分 NH_3 和 CO_2 气提出来，随后再冷凝为液体，可以不用泵而直接返回合成塔。其次，气提出来的 NH_3 和 CO_2 混合气体所含有的水蒸气较之减压循环返回的甲铵液中的水含量少，因而有利于提高合成反应转化率。再次，气提出来的 NH_3 和 CO_2 混合气在高压下冷凝，冷凝温度较高，放出热量可以回收利用，这也是气提法回收较之减压回收的主要优点。

在不减压的条件下，能否将合成塔出液中未反应的 NH_3 和 CO_2 转入气相？用一种惰性气体气提，虽然是可能的，但这将给随后的气提气的冷凝回收造成困难；用 NH_3 和 CO_2 本身作为气提气是否可行，这需要研究这一物系的气液平衡，特别是通过相图。图 2-2-13 示意地表示在合成塔出口温度压力下的似三元相图，3 个顶点 A、C、E 分别为 NH_3，CO_2 和 $Ur \cdot nH_2O$。$l_1 l_1'$ 线为液相线，表现出顶脊线的特性。与液相线各点平衡的气相几乎不含 H_2O，所以气相线几乎与 AC 边重合，在图中未示出。

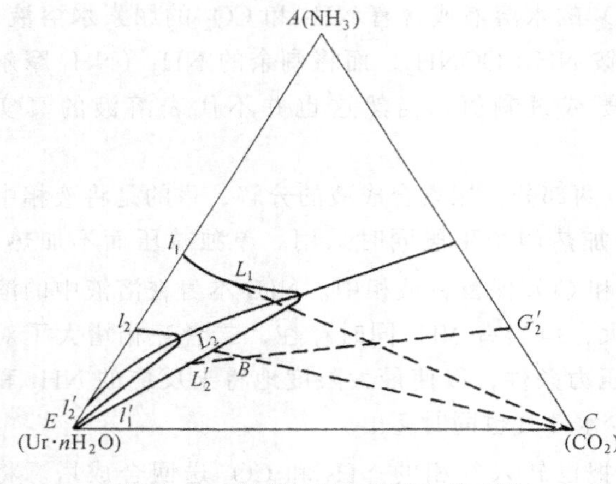

图 2-2-13 气提过程在相图上的表示

合成塔出口溶液组成应为液相线上的一点，先设为在顶脊线的富 NH_3 侧，如 L_1。考虑二氧化碳气提，根据相图的基本原理，过程在图上表示为从 L_1 点向表示 CO_2 的 C 点移动。此时系统组成点进入液相区，即 CO_2 将溶解而不能将液相中的 NH_3 和 CO_2 逐出，这可称为“反气提”。反之，如合成塔出口溶液组成位于顶脊线的富 CO_2 侧，如 L_2，当通入 CO_2，系统总组成点沿 L_2C 移动，可见处于气液两相区。当总组成点到达 B，气液两相组成位于结线的两端 L_2' 和 G_2'。L_2'比 L_2 点更接近 E 点，表示其 CO_2 和 NH_3 含量均降低，达到了气提的目的。目前的气提过程均采用气液逆流流动方式，分离效率将更高，液相点可沿液相线 $L_2 l_1'$ 继续向下移动，气相点则沿气相线 CA 向上移动。极限情况的液相点可达 l_1'，非常靠近顶点 E，气提效率是很显著的。

以上讨论的是二氧化碳气提的条件。现再讨论氨气提。如合成塔出口溶液组成位于顶脊线的富 NH_3 侧的 L_1 点，总组成将沿 L_1A 移动。从图 2-2-13 可见，这时不会出现反气提，但注意富 NH_3 侧液相线的形状与富 CO_2 侧不同，气提的液相线沿 $L_1 l_1$ 移动，其组成并不向 E 点靠近，气提效果不明显。这自然是由于 NH_3 本身在尿液中的溶解度远大于 CO_2 在尿液中的溶解度之故。

为了提高氨气提的效率，现代的氨气提工艺采用了气提与加热并举的方法。图中线 $l_2 l_2'$ 表示更高温度的液相线。这样，液相组成所含 NH_3 和 CO_2 量较少，达到了气提的目的。还可看出，由于提高温度的结果，即使不通入 NH_3，合成塔出口溶液点 L_1 本身已经处于两相区而有气相出现，不必再另外引入 NH_3 气提剂。所以 NH_3 气提也叫热气提，在气提塔不引入 NH_3。

自从 20 世纪 60 年代，首先是二氧化碳气提法工艺取得工业化。实践表明，在与合成等压的条件下分离和回收一部分未反应物是可能的，且显著节省能耗。其后又出现了氨气提法。凡是气提法流程，处于高压下的设备从一台尿素合成塔扩充为一个回路，在回路中完成三项任务：一是合成反应本身即合成塔，二是部分未反应物的分离即气提塔，三是余热能量的回收即高压甲铵冷凝器。这一回路构成了高压圈。

以下讨论高压甲铵冷凝器。

气提塔排出的 NH_3 和 CO_2 混合气（并含少量水蒸气）经冷凝液化，即可作为原料自行返回合成塔。气提气的冷凝既是合成塔自热平衡的要求，又提供了能量回收的有利条件。高压冷凝器可视为合成塔的前导，在其中主要进行甲铵的合成反应，放出大量温度较高的热能。从热力学原理可以论断，不论是纯蒸气还是气体混合物，冷凝温度总是随压力的增加而升高，所以高压圈的气体冷凝热较之中低压下回收气体的冷凝热可以得到最有效的利用，如副产蒸汽等。完成这一任务的设备就是高压甲铵冷凝器。

从气提塔出来的气体混合物中 H_2O 含量很低。我们暂用 NH_3-CO_2 二元相图来研究气提塔出口气体的冷凝。在此应当指出，从气提塔来的物料在高压甲铵冷凝器中的停留时间很短，基本上只是进行冷凝而不进行尿素的合成反应。为此，需要研究不进行尿素合成反应的条件下的相平衡关系，所以这个相图应是一种介稳相图。图 2-2-14 是压力 13.2MPa 时的

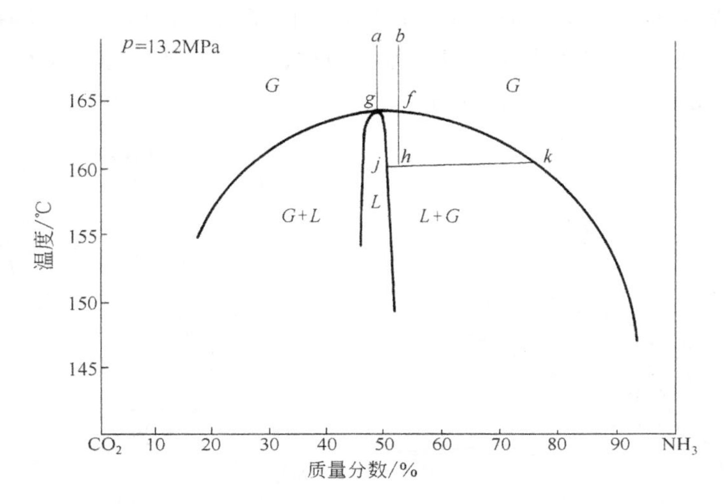

图 2-2-14　高压甲铵冷凝过程在 NH_3-CO_2 恒压相图上的表示

NH_3-CO_2 恒压相图。根据需要，该图只画出高温下的气液平衡相图。本系统在较低温度下还会出现甲铵固相（150℃）和互不相溶的两液相等复杂情况，在此不作研究。本图表明系统存在最高共沸点 g，在此压力下的共沸温度为 165℃，共沸物组成（质量分数）为 NH_3 48%，CO_2 52%，相当于氨碳比 2.38。如果气提塔来的气体恰为共沸组成，则当冷却到这一温度即行开始冷凝，在图中表示为线段 ag。在冷凝过程中温度始终不变，直至全部液化以后，温度重又下降。如果原始气体组成偏离共沸点，无论 NH_3 过量还是 CO_2 过量，开始冷凝温度（露点）都更低，而且温度随冷凝过程而不断下降。以图中的 b 点为例，冷却到 f 点开始冷凝，此时温度略低于共沸温度。随着冷凝过程的进行，温度不断降低，气液两相组成各沿液相线和气相线变化，两相的数量比可由杠杆规则求得。例如，当温度到达 160℃，总组成点在 h，液相和气相各达到 j 和 k 点，液相质量分数是 hk/jk。此时要放出大量冷凝热，而冷却到什么程度取决于合成塔的自热平衡要求。高压甲铵冷凝器出口液体并未达到全部冷凝，而是气液混合物。

从热回收的角度来说，共沸组成点的冷凝最为有利，因全部冷凝过程所提供的热量都在最高温度，便于它的回收利用，但是在整个高压圈中，高压甲铵冷凝液的出料乃是合成塔的进料，物料氨碳比还需要服从尿素合成的要求。

以上的分析是就 NH_3-CO_2 二元系统而言的。实际的气提塔出口气体是 NH_3-CO_2-H_2O 三组分混合气，与 NH_3-CO_2 二元系统相比，由于 H_2O 的存在，共沸点演化为顶脊点，且组成稍向更高 NH_3/CO_2 比的方向移动，而且温度有所上升。从这一点来说，H_2O 的存在对热能的利用有利。

以上分别对高压循环圈三个组成部分：反应器（合成塔）、分离器（气提塔）、热回收器

（高压甲铵冷凝器）作了说明。下面以高压圈作为一个整体探讨工艺条件。

尿素合成过程在相图的表示在图 2-2-15（a），仍是似三元相图，Ur 和 H_2O 合为一个组成，写作 Ur·nH_2O。如果合成塔进料中 NH_3 和 CO_2 按化学计量数，即氨碳比为 2，换算为质量分数则 NH_3 含量是$2\times17/(2\times17+44)=43.6\%$，标为图中 AC 边上的 F 点。如反应进行到底，将只有 Ur 和 H_2O，即顶点 E。但由于反应平衡的限制，反应进行到 FE 线上某点 G 即停止，此为化学平衡组成点。因此，反应过程在图中示为 FG 线。一般，合成进料的氨碳比大于2，如图中 F'点。若反应完全，最终产物除了 Ur 和 H_2O 外，还有过剩的 NH_3，如图中 AE 边上某点E'。$F'E$ 线与 FE 线平行。同样，因反应不完全，化学平衡组成点是 $F'E'$线上某点 G'，反应过程表示为 $F'G'$线。

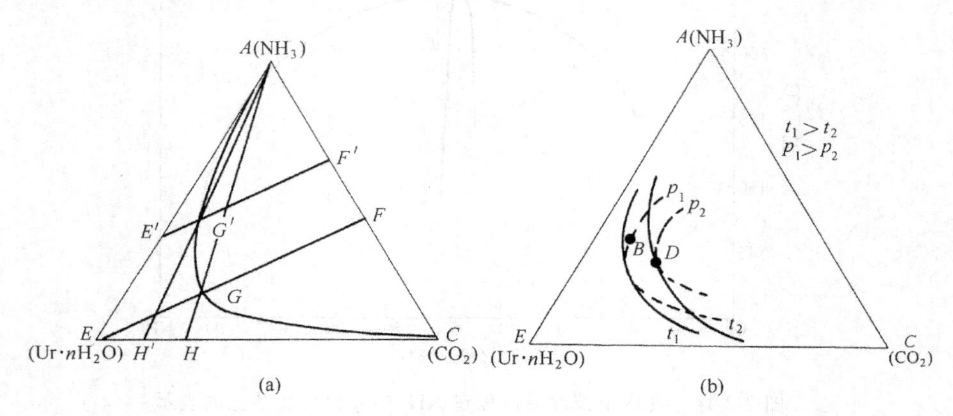

图 2-2-15　尿素合成过程在 NH_3-CO_2-Ur·H_2O 似三元相图上的表示

（a）合成反应过程；（b）化学平衡等温线（实线）和化学平衡等压线（虚线）

对应于任一氨碳比，在一定温度下均有一平衡组成点。这样，就可以得到一条化学平衡等温线 $AG'GC$。化学平衡等温线上任何一点相当于某一氨碳比的反应原料达到平衡时的合成塔出口溶液组成。例如，氨碳比为 F'点的原料，其平衡组成为 G'。

化学平衡组成点越靠近 E 点，表明反应液中的尿素含量越高。但是，这并不意味着平衡转化率越高。为求得某一化学平衡组成点，如 G'点的二氧化碳平衡转化率，从 A 点作 AG'线，延长到 EC 边上的H'点。根据杠杆规则，EH'和$H'C$ 的长度之比为未转化为尿素的 CO_2 量与 Ur.nH_2O 量之比，它与 CO_2 转化率相当。可见，虽然 G'点与G 点相比，离 E 点更远，但比较 H'点和H 点即可知，前者的 CO_2 平衡转化率更高。

图 2-2-15（b）标出两条不同温度下的化学平衡等温线。一般，化学平衡等温线随温度的升高而越靠近顶点 E。在任一等温线上，各平衡组成点还与一定的平衡压力相对应。在前节已讨论了平衡压力随组成而变化的情况，在某一氨碳比下有一压力最低点。将不同等温线上具有相同压力的各点相连，得到了化学平衡等压线，如图 2-2-15（b）中的两条虚线就是化学平衡等压线。该图显示，每一条化学平衡等温线上都有一最低压力点。该点也就是气液平衡相图中液相线的顶脊点。

研究化学平衡等温线和化学平衡等压线的走向，可以对尿素合成条件更多一层理解。试比较图 2-2-15（b）中的 D，B 两点，它们均是合成塔的完成液。D 处于顶脊线上，压力较低，温度也较低，采用进料氨碳比低，可达到一定的二氧化碳转化率。B 点不在顶脊点，采用更高的氨碳比，此时系统的压力高，温度也高，但二氧化碳转化率也更高。这两点代表了当代尿素生产工艺的两种取向。

有了以上的理解，我们可以在似三元相图上将高压圈各过程表示出来。图 2-2-16 是前边已介绍的 13.2MPa 下 NH_3-CO_2-Ur·H_2O 似三元系统气液相图，图中有从 160℃ 到 190℃ 的数条液相线，并标绘出顶脊线。图中的虚线是化学平衡等压线。现用此图分析二氧化碳气提法的高压循环。二氧化碳气提法要求合成液的组成位于顶脊点，以便在较低温度和较低压力下操作。由图 2-2-16 读得，在 13.2MPa 压力下，化学平衡等压线与液相顶脊线的交点大约在 187℃ 等温线上。考虑反应不能达到完全平衡，取合成塔出口溶液为顶脊线上温度 183℃ 的点 L。可读得组成（质量分数）为 NH_3 29%，CO_2 16%，(H_2O + Ur) 55%。

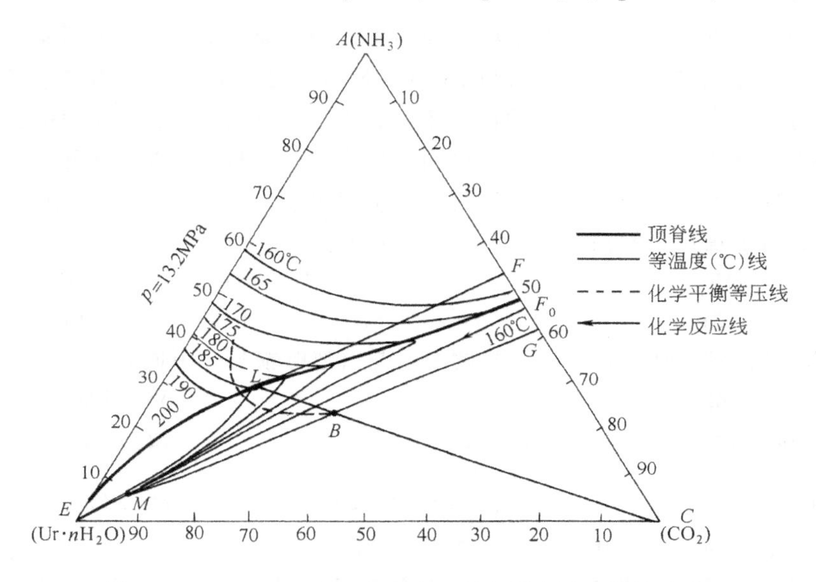

图 2-2-16　NH_3-CO_2-Ur·H_2O 似三元相图中高压圈的图示

图中 F_0E 是氨碳比为 2 的反应线。现过 L 点作 F_0E 的平行线，交 AC 边于 F 点，这就是合成塔进料组成点，读得 NH_3 52.7%，CO_2 47.3%，氨碳比 $a=2.88$。这也是高压甲铵冷凝器的进料组成，但当时为气相，在三元相图上不能反映高压甲铵冷凝过程，在图中始终是 F 点。

二氧化碳气提过程在图上表示为 LC，其物料比例按杠杆规则将合成塔出料与气提气 CO_2 之和标为总组成点 B。设气提塔出口液体温度 180℃，其组成是 180℃ 液相线上某点 M，含 NH_3 6%，CO_2 8%，(Ur + H_2O) 86%。连 MB，延长到 AC 边相交于 G 点，即气提塔的出口气体组成点，NH_3 40%，CO_2 60%，氨碳比 1.73。气提气和气提液的数量比由 MB 和 BG 的长度比得出。

气提气和原料 NH_3 混合，过程从 G 回到 F 点。

这样，高压圈在相图中表示为 $F \rightarrow L \rightarrow B \rightarrow G \rightarrow F$。

由于实际过程中返回高压圈的甲铵液含有水，所以体系的 H_2O/Ur 比大于 1，用此相图进行分析有一定误差，但主要结论是可用的。

尿素生产引入气提技术（二氧化碳气提或氨气提），使得高压设备从一台合成塔转变为包括几台设备的高压圈。对工艺条件的选择，将不能只单独考虑合成塔。如合成压力的选择，过高的压力显然不利于气提氨和二氧化碳。另外，实际上气提塔操作条件比合成塔更为苛刻。这样，在确定合成压力和温度条件时，有并不追求高限的趋势。

2.2.3 中低压分离回收循环

尿素合成塔出来的反应液含有大量未反应的氨和二氧化碳，如采用高压气提技术，那么气提塔出来的溶液仍含有相当数量的氨和二氧化碳。这样的溶液要经减压加热将 NH_3 和 CO_2 转入气相，使液相成为较为纯净的尿素溶液以便进行蒸发，而气相则经吸收、冷却冷凝等方式再次转为液相而返回高压系统。中低压循环系统的总要求是：将未转化的 NH_3 和 CO_2 完全回收，并尽量减少回收物料中的水含量，且避免尿素的分解和有害的副反应的发生。

中低压循环根据压力而分为若干级。为便于控制和简化流程，通常采取 2 级，即中压级和低压级，压力分别在 1.8～2MPa 和 0.3～0.4MPa 左右。以下就压力的选择作一论证。

几乎所有的尿素生产工艺流程的循环工序都有压力为 1.8～2MPa 的中压级，其原因可从回收物的返回方式来理解。通过循环返回高压系统的 NH_3 和 CO_2 量可以由合成塔出口溶液组成得出，而对于有高压气提的生产流程则由气提塔出口溶液得出。试以一典型的氨气提法流程为例，合成塔出口溶液的组成（质量分数）为

NH_3	CO_2	Ur	H_2O	合计
32.31	14.46	33.57	19.66	100.00

每制 1t 尿素，需要返回的 NH_3 和 CO_2 物料量是（忽略损失，下同）

NH_3：$1000\times32.31/33.57=962.5\text{kg}$　　58.98%

CO_2：$1000\times14.46/33.57=430.7\text{kg}$　　14.44%

H_2O：$1000\times\left(24.51-45.45\times\dfrac{18}{60}\right)\Big/45.45=239.3\text{kg}$　　26.58%

氨碳比　$a=(962.5/430.7)/(44/17)=5.78(\text{mol/mol})$

作为全循环流程，这些 NH_3 和 CO_2 应全部返回系统。由于采用气提技术，有一部分 NH_3 和 CO_2 在高压圈即被回收，气提塔出口溶液的组成（质量分数）为

NH_3	CO_2	Ur	H_2O	合计
24.13%	5.91%	45.45%	24.51%	100.00

可见，每制 1t 尿素，需通过中低压循环返回的回收物料量是

NH_3：$1000\times24.13/45.45=530.9\text{kg}$　　58.98%

CO_2：$1000\times5.91/45.45=130.0\text{kg}$　　14.44%

H_2O：$1000\times\left(24.51-45.45\times\dfrac{18}{60}\right)\Big/45.45=239.3\text{kg}$　　26.5%

在图 2-2-17（a）上示出上述组成的点 G。

返回的 NH_3 和 CO_2 以水溶液形式（通称甲铵液）用泵送回高压系统。该甲铵液中总含有一定量的水。从合成反应来说，返回水将降低反应转化率，是不利的。但为了有利于 NH_3 和 CO_2 的吸收，加水是不可避免的。另外，加水也为了防止结晶析出而堵塞管道设备。为此，需要利用 NH_3-CO-H_2O 三元体系的气液和液固平衡相图来讨论极限加水量的工艺条件。

图 2-2-17 给出两幅 NH_3-CO_2-H_2O 三元系统恒压气液相图，压力各为 1.8MPa 和 0.3MPa。图中有若干液相等温线（与之平衡的气相线未示出）。这些液相等温线只给了处于顶脊线的富氨侧的分支，图中的压力边缘线即顶脊线。实际上，富 CO_2 侧的液相线几乎即

与顶脊线相重。较低温度下的液相等温线中断于固相的出现，在图中用固相饱和线示之。固相饱和线分为若干段，各自与一种固相相当。这两幅图中的等压饱和线分为两段，表示析出的固相分别是 NH_4COONH_2 或 $(NH_4)_2CO_3$。以上几条线即成为在该压力下的液相区的边

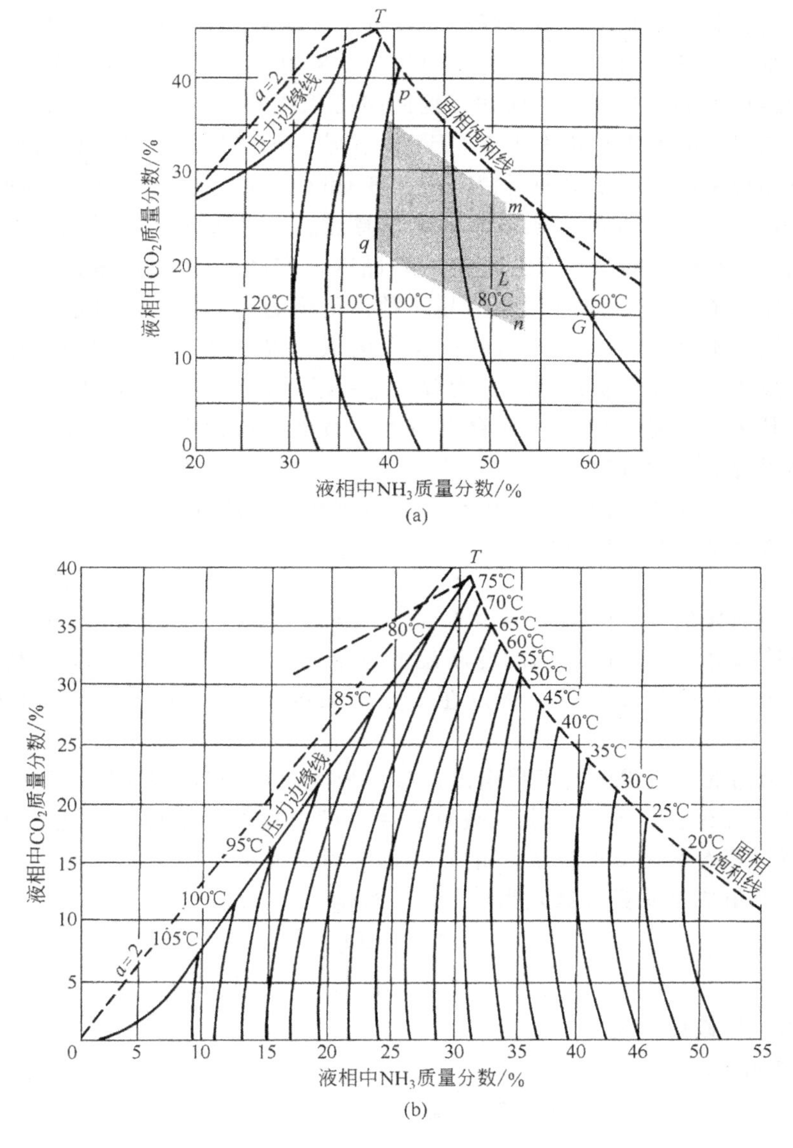

图 2-2-17　恒压 NH_3-CO_2-H_2O 气液相图

(a) 压力 1.8MPa；(b) 压力 0.3MPa

界，也就是返回甲铵液可能的组成。从图 2-2-17（a）可见，在液相区中有一点的水含量最低，记为 T 点，它既是固相饱和线的一个转折点，又是固相饱和线与压力边缘线的交点，也是该压力下气液固三相共存的最高温度点。在 T 点，H_2O 含量最低，CO_2 含量最高。所以，当选此点为返回系统的甲铵液组成，对于相同数量的 NH_3 和 CO_2 来说，所携带的水量为最少。从图 2-2-17（a）还可见，T 点又是顶脊线之始点。从这两图读得 T 点组成（质量分数）。

系统压力	NH_3	CO_2	H_2O	氨碳比	水碳比	温度
1.80MPa	39%	45%	16%	2.24	0.87	112℃
0.30MPa	32%	28%	30%	2.18	1.93	76℃

可见，在不同压力下，T 点的氨碳比几乎相同，均在 2.2～2.4 范围内，而水含量随压力的降低而升高，其温度则随压力的降低而降低。在生产实际中，选取 T 点附近的一个区域作为返回系统的甲铵液组成。称为适宜回收区，见图 2-2-17（a）的阴影 $PQmn$。

现研究中压压力的选择。正如前述，返回高压系统的甲铵液以接近 T 点或即顶脊点最为有利，顶脊点组成的氨碳比稍大于 2。但实际上应返回高压系统的 NH_3 和 CO_2 量已固定，就是进入分解循环系统的尿素溶液所带入的 NH_3 和 CO_2 量。例如前例，返回物料的氨碳比为 10 左右，远大于 2。这样的组成显然远离顶脊点。如果按此比例形成甲铵液，在水碳比相同时，高氨组成点熔点较低，有可能进入结晶区，本例 G 组成虽未进入结晶区但离结晶线较近，若操作右 G 点，需十分注意结晶问题，传统的水溶液全循环法中压循环返回液组成已进入结晶区，不分离 NH_3 是不行的；G 点的操作温度低，致使热量利用差，设备传热面积大；回液量大，甲铵泵负荷增大。为解决这一矛盾，采取了分流的方法，将回收物料分为两个流股，其中之一是组成位于顶脊点附近甲铵液，包含全部的 CO_2 及相应量的 NH_3，而过剩的氨则以纯 NH_3 形式返回。

现进一步考虑，因两个回收流股中有一个为纯氨，它必须冷凝为液氨才能返回到高压系统。为将氨冷凝下来，其冷凝温度与压力有关：

温度/℃	0	10	20	30	40	50
饱和蒸汽压/MPa	0.43	0.62	0.86	1.17	1.55	2.03

当用冷却水作冷却介质，可能达到的冷凝温度将不低于 40℃，这样，氨冷凝压力不得低于 1.55MPa。再加上惰性气体分压，所以在工业上采取 1.8～2.0MPa 作为中压循环的压力等级。

仍以前边给出的氨气提法的气提塔出口溶液为例，在相图 2-2-17（a）上将 NH_3 方顶点与物料点 G 相连并延长，若选取中压吸收底液（即上述循环返回液）之操作温度为 75℃，则延长线与 75℃ 等温度之交点为 L，此 L 点即为返回液组成点。

在图上 L 点组成（质量分数）为

NH_3	50.3%
CO_2	17.5%
H_2O	32.2%

则 1t 尿素，甲铵液量是：

$$130/0.175 = 742.9 \text{ kg}$$

其中 NH_3 量：$742.9 \times 0.503 = 373.7$ kg

而以纯 NH_3 形式返回的量为：$530.9 - 373.7 = 157.2$ kg

此值也可在相图上用杠杆规则求得。

综合上述，为将返回物料分为纯氨和甲铵液两个流股必须采取循环压力在 1.8～2MPa 左右。在多种尿素生产流程中，只有二氧化碳气提法没有中压这一循环，气提液直接减压到低压段。这通过上述的论证即不难理解，因该方法的气提液的氨碳比为 2 左右，已接近顶脊点，不必再分流出纯氨流股。所以二氧化碳气提法不设中压循环。

至于低压循环的压力，一般取为 0.3～0.4MPa 左右。压力越低，越容易从尿液中将 NH_3 和 CO_2 逐出，但返回的回收液浓度将更低，温度也降低。这也可以从 NH_3-CO_2-H_2O 相图得到解释。如前述，返回的甲铵液应力求处于顶脊点，即图 2-2-17 中的 T 点。从图 2-2-17（a）和（b）的比较可见，压力越低，T 点的温度也越低，而其中 NH_3 和 CO_2 含量也越低。这就是说，需要有更多的水将它们吸收，而且必须在更低的温度下将吸收时放出的热量

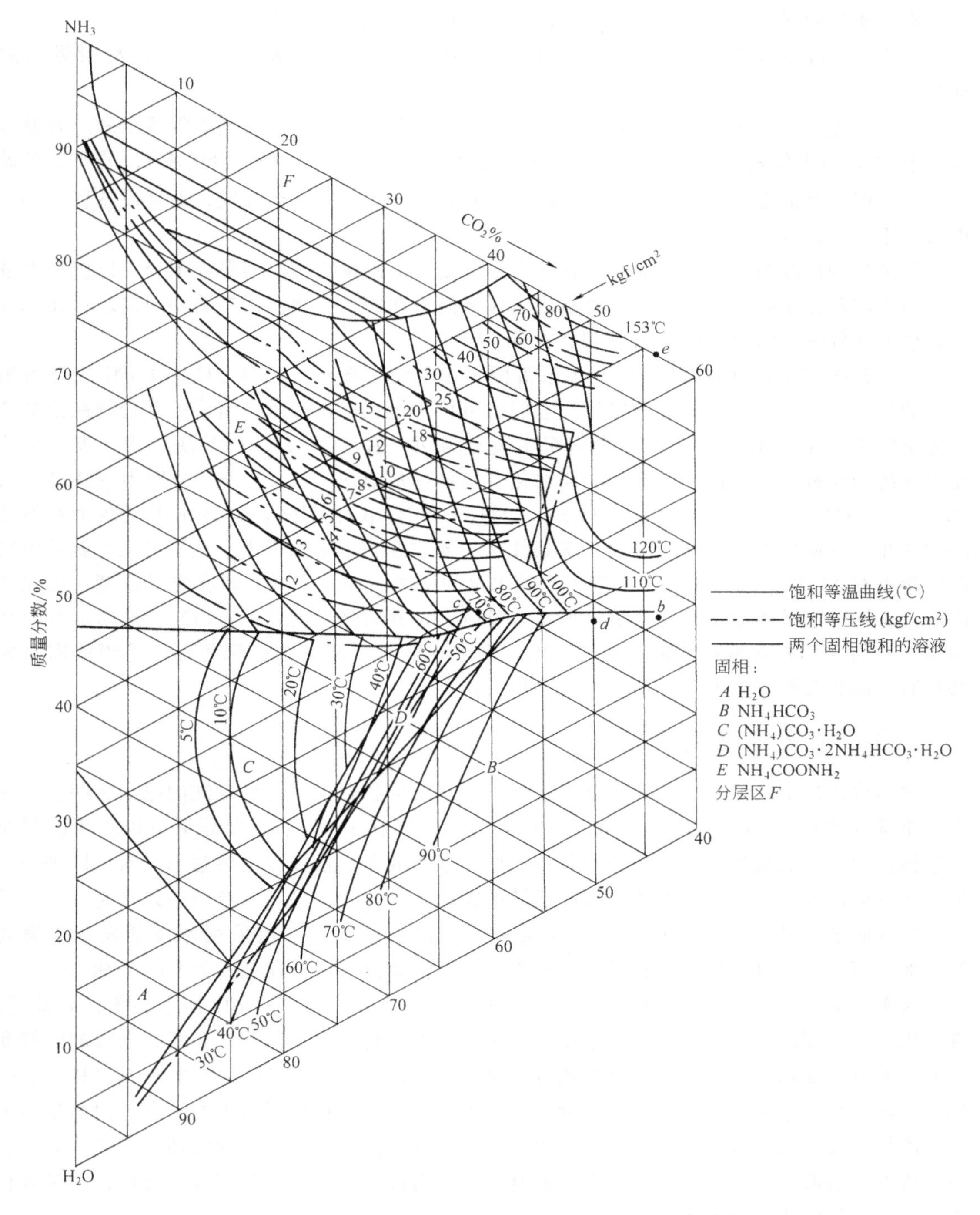

图 2-2-18　NH_3-CO_2-H_2O 三元液固平衡相图

$1kgf/cm^2 = 98066.5Pa$

排走。当压力为0.3MPa时，T点温度为76℃。此时为获得该甲铵液的吸收塔所放出的热量尚不难用冷却水带走。如压力更低，T点温度也需更低，不利于吸收热的排出。另外，压力为0.3MPa时，经水吸收得到的甲铵液的水含量是30%，如果压力更低，就需要加更多的水才能将同样多的NH_3和CO_2吸收下来，也是不利的。

无论中压或低压循环，均包括合成尿素溶液的减压加热分解和分解气的冷凝吸收两部分。

尿液首先进入分解器或称分解塔。由于压力降低而立即有大量的气体闪蒸出来。为提高NH_3和CO_2转入气相的分率（在工业中有时称之为总氨蒸出率和甲铵分解率），需要加热提高温度。但此时需要考虑在高温下尿素的分解和缩二脲的生成均会加快，而且设备腐蚀也将更为严重，所以温度不宜过高。

分解气的冷凝吸收条件，应力求在压力、温度和加水量之间取得最佳配合，以使加水量少，而吸收和冷凝要完全，而且不要析出固体结晶。在此，必须利用有关相图以求这几个互相矛盾的条件适当解决。图2-2-18可供选用。[1,12]

图2-2-18是NH_3-CO_2-H_2O三元体系液固平衡相图。图中绘出从5℃到130℃的与固相平衡的液相组成线，也就是溶解度线。它们也可称为熔点线，表示该组成的混合物在该温度下完全转为液相（或称融化）。图中用粗实线分为A、B、C、D、E几块面积，表示与液相平衡的固相种类。在图中也标出相应的化合物的组成点b、c、d、e，分别为NH_4HCO_3，$(NH_4)_2CO_3 \cdot H_2O$，$(NH_4)_2CO_3 \cdot 2NH_4HCO_3 \cdot H_2O$和$NH_4COONH_2$。$F$区则出现两个互不相溶的液相。在确定中压和低压吸收工艺条件时，要注意防止结晶析出。从图可见，氨基甲酸铵的熔点在153℃，当有水加入，则熔点随水量的增加而不断降低，即在更低温度才出现结晶。从不同温度的等温线可见，溶液的水含量越多，其结晶温度越低；CO_2含量增加时，结晶温度升高。NH_3含量对溶解度几无影响。图中在氨基甲酸铵结晶区还标出了当液固两相共存时（固相是氨基甲酸铵）的平衡气相压力。

2.3 尿素溶液的蒸发

尿素合成反应液经过减压加热分解循环以与未反应物分离，得到较纯的尿素水溶液，尿素（质量分数）为70%～75%，NH_3和CO_2含量之和在1%左右。此尿液可以直接配制作为液体氮肥和混肥施用，但一般均经蒸发工序，浓缩成含水量极少的熔融态尿素，以进一步加工为固体产品。蒸发到多大浓度应随后续的固化工序方式而异。生产结晶尿素时，经一段蒸发到（质量分数）80%即可。对于通常采用的造粒塔造粒，须采用两段蒸发，浓缩到99.7%。当采用各种机械造粒机时又有所不同，可只采用一或二段蒸发到96%～98%。

尿素溶液的蒸发涉及尿素和水二元体系平衡。图2-2-19是Ur-H_2O体系相图，涉及气、液、固三相。图的下部表示了液固平衡，给出尿素的溶解度线和冰的饱和线。尿素的溶解度随温度的升高而增加，尿素溶解度线最终结束于尿素的熔点132.7℃。图中在不饱和溶液区标出的压力线表示尿素溶液在一定温度下的压力，亦即溶液在该压力下的沸点，因而是系统的气液平衡线。压力线表明，在一定压力下，溶液的沸点随尿素含量的增加而升高，而对于一定浓度的溶液，沸点则随压力的升高而升高。压力线结束于与溶解度线的交点，此时液相浓度达到了与固相饱和而不可能再增加。

从图2-2-19可见，在较高压力下的气液平衡系统可以在整个浓度范围内无固相出现。压力越低，则压力线越下移，以至与液固平衡线相交，出现气液固三相共存的情况。值得注意的是，这类二元系统的饱和溶液还有双沸点现象，即在同一压力下，固相饱和溶液可有两个不同的沸点，浓度也不相同。双沸点现象可以用图 2-2-20 解释。图中给出液固平衡线和气液平衡线（示意）。气液平衡的液相线与液固平衡的液相线有两个交点 K_1 和 K_2。K_1 和 K_2 点是三相平衡点（气、液、固），也就是在该压力下的两个沸点。两点温度不同，所相应的溶液浓度也不同。在两个沸点之间的温度区域中，处于平衡的两相是气相和固相而不存在液相。这就是说，液相将自动分离为气相和固相（结晶）。蒸发操作应避免在这样的条件下进行，以免结晶堵塞设备和管线。

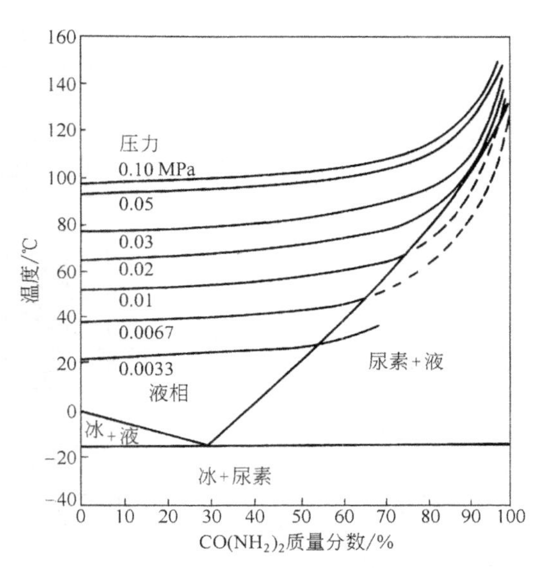

图 2-2-19　$CO(NH_2)_2$-H_2O 体系相图

图 2-2-21 用另外一种形式更为精确地给出 Ur-H_2O 系统高温高浓度的平衡情况。该图用温度和压力作为坐标，图中每一条直线表示出一定浓度的尿素溶液的蒸汽压和沸点关系，其下限是有固相析出的饱和溶液的蒸汽压有一最高点，是为存在双沸点的极限。在更低压力时，每一压力有两个与固相尿素饱和的溶液的沸点，分别与两种浓度不同的尿素溶液相对应。在更高压力时，在所有浓度和温度范围内均不出现固相。出现双沸点的最高压力限是 0.033MPa，温度 105℃，溶液中尿素质量分数为 90%。

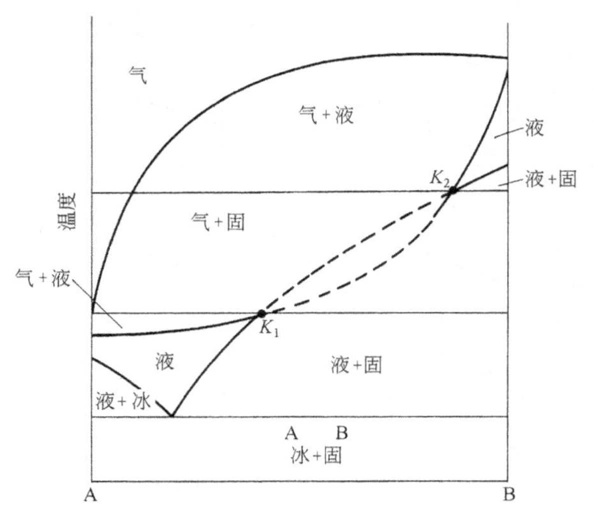

图 2-2-20　双沸点相图（示意）

根据相图的分析，对尿液蒸发工序的工艺条件作如下考虑。由相图可知，在常压下蒸发尿素溶液，沸点将随浓度的增加而上升，浓度（质量分数）为 90% 时沸点已达近 140℃，尿素水解和缩合等副反应急剧加快。因此，为蒸发到 90% 以上，必须采用真空蒸发。但在较高的真空下蒸发又可能出现尿素结晶。为此，采用两段减压蒸发。典型的两段蒸发条件是：一段压力 0.033MPa，温度 130℃，溶液浓缩到 95%；二段压力 0.0033～0.0067MPa，温度 140℃，溶液浓缩到 97%。在第一段，尿素溶液在不低于 0.033MPa 的压力下进行蒸发，此时不会有结晶析出。随着浓度的提高，温度也不断上升，第一段只蒸发到一定的浓度，温度保持 130℃，此时溶液尿素浓度（质量分数）大约 95%，大量水分均在此蒸出。第二段蒸发在更低得多的压力 0.0033MPa 下进行，一直将溶液蒸发到所要求的浓度（质量分数）99.7%～99.8%，温度保持在不高于 140℃。此时过程在高于第二沸点（大约为 132℃）的温度下操作，所以也不会有结晶析出。

蒸发设备采用长管升膜式蒸发器，以尽量缩短停留时间，防止副反应。尿液从设备底部

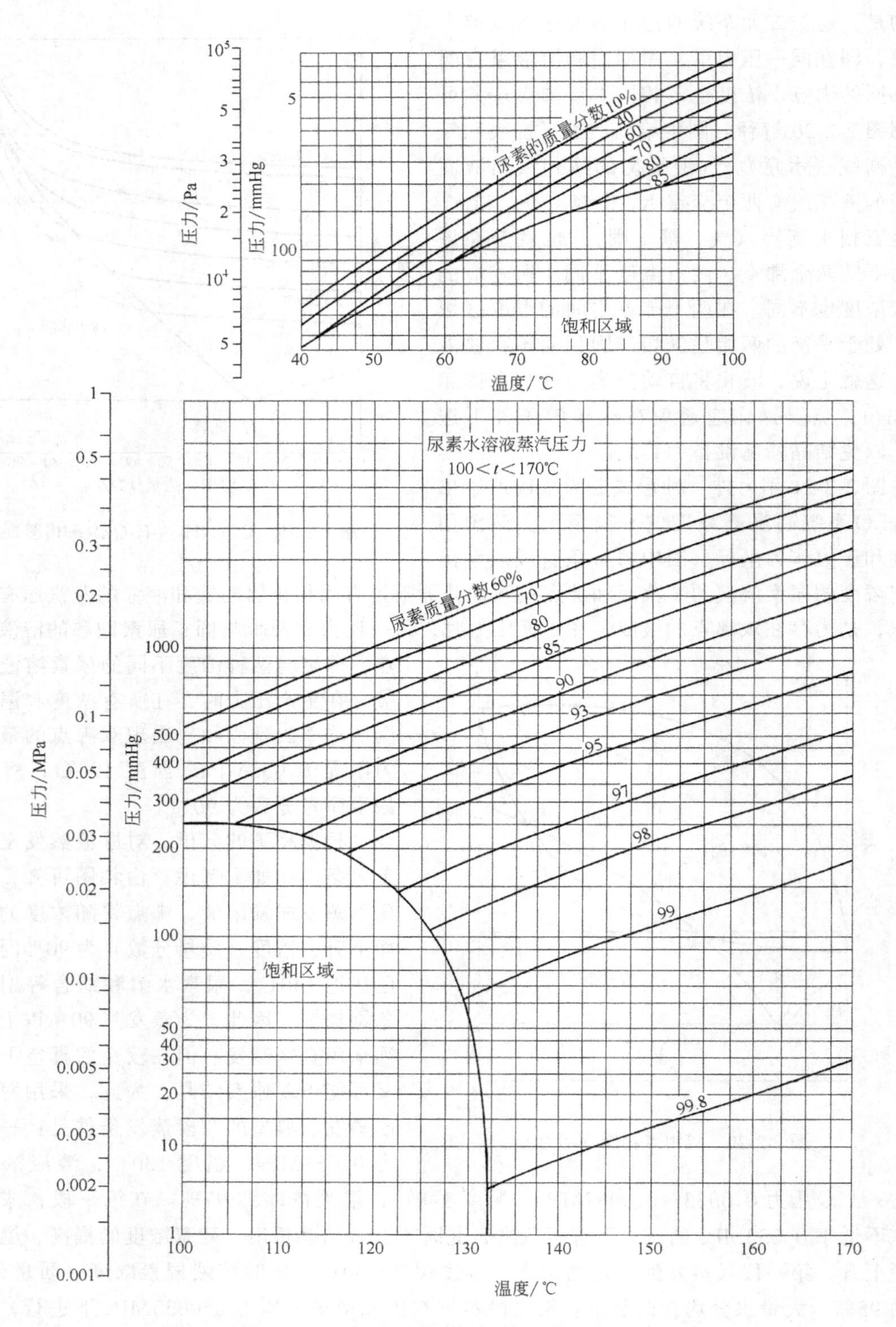

图 2-2-21　尿素水溶液浓度、蒸汽压与温度的关系

进入，经受热气化，在真空下迅速向上流动，未气化的尿液在管内壁形成薄膜，在高速气流的抽携下，也以极快速度上升并继续气化。管内气速可高达 100m/s 以上甚至超过音速。

在尿素生产装置中，除设置两段蒸发外，还有在其前设置一台预蒸发器，也在真空下操作，利用溶液本身闪蒸（或者同时加热），将来自低压分解循环的尿液预先浓缩，然后再进入一段蒸发。这种设置预蒸发器（也称闪蒸器或预浓缩器）的蒸发流程可减少加热蒸汽的耗量。

一、二段蒸发的减压条件借助多级蒸汽喷射器获得，蒸发二次蒸汽在表面冷凝器中冷凝。蒸发器产生的二次蒸汽除了水蒸气外，带有少量 NH_3 和 CO_2。它们除来自进液中含有的少量氨和二氧化碳以外，在蒸发时还进行着生成 NH_3 和 CO_2 的副反应。此外，在蒸发条件下，由于尿素本身的挥发性，气相具有一定的尿素分压。另外，尿素分解为 NH_3 和异氰酸：

$$NH_2CONH_2 \rightleftharpoons NH_4NCO \rightleftharpoons NH_3 + HNCO$$

所以，与尿素溶液平衡的气相会含有一定的 NH_2CONH_2 和 HNCO。这种蒸发损失与由于设备不完善而引起的物理夹带损失不同，是一种化学夹带损失，有时达产量的1%～2%。这样，二次蒸气冷凝液总含有 NH_3，CO_2 和溶解的尿素。气相带出的异氰酸转入冷凝液中也重新转化为尿素。蒸发冷凝液用于吸收生产尾气中的 NH_3 和 CO_2，过剩的送往工艺冷凝液处理工序。

2.4 尿素的结晶和造粒

2.4.1 尿素的结晶

利用尿素的溶解度随温度的降低而降低的关系，将在较高温度下的尿素溶液冷却，即可析出结晶，再通过离心分离、干燥，得到尿素结晶产品。由于在制取结晶尿素的加工过程中温度较低，副反应少，所以产品的缩二脲含量低，可作为低缩二脲含量的化肥使用，也用于工业。但结晶尿素呈粉末或细晶，不便于施用，且易结块。

结晶尿素的生产分为常压和真空结晶法。

常压结晶法在常压下将尿素溶液浓缩至质量分数80%～85%接近饱和，即送入结晶器。结晶器有冷却水夹套。液体冷却至50～65℃，即有尿素结晶析出。随着冷却继续进行并停留一段时间，同时加以缓慢搅拌，促使结晶长大。浆液经离心分离机使结晶与母液分离，再经干燥器干燥，获得水含量（质量分数）小于1%的结晶尿素产品。常压结晶法的设备少，流程简单，但结晶时放出的结晶热被冷却水带走而未得到利用，蒸汽和冷却水消耗大。

真空结晶法可以有效地利用结晶热，并在低温下蒸发水分。来自低压回收循环的尿素含量（质量分数）约75%的尿液直接进入真空结晶器内，同时进行蒸发与结晶，在0.01MPa和60℃下，水分蒸发而使溶液进入过饱和区，于是有结晶析出。水分蒸发的热量由溶液的显热和尿素结晶热提供。真空结晶器本身是绝热的。如果物料本身不能自热进行，可设一外循环的加热器以补充热量，在此可利用低温位的余热。结晶器排出的料浆的液固比约为3比1,送离心机使结晶与母液分离，此时缩二脲不会结晶出来而存留在母液中。结晶经过气流干燥，得到含0.1%缩二脲和0.1%～0.3%水分的结晶尿素产品。它也可再熔融进行塔式造粒制得低缩二脲的颗粒尿素产品。母液返回结晶器。一部分母液返回到中低压循环作为吸收液，最后循环至尿素合成塔，缩二脲与氨作用重新生成尿素，这样可防止缩二脲在结晶循环过程中的积累。

2.4.2 尿素的造粒

农业使用的尿素产品绝大多数均加工成具有一定粒度的颗粒。粒状尿素产品的流动性能好，不易吸潮和结块，便于散装贮存和运输。

造粒的方法可分为造粒塔造粒和造粒机造粒。

喷淋造粒塔造粒方法，是将温度约140℃的尿素质量分数达99.7%的高浓溶液（称尿素融体）送往几十米的高空，通过喷头的小孔喷洒出来，形成液滴自高空滴落，在下降过程中与自下而上的空气逆流直接接触，后者作为冷却介质，融体得到凝固并冷却且将少量水分蒸发，待落到地面即成为温度60～70℃、粒度均匀的颗粒尿素产品。通常颗粒的粒度为1～2mm。

造粒塔为圆筒形混凝土结构，内部有防腐涂层。塔直径18～20m，生产能力1500～1700t/d。造粒塔的高度应保证颗粒在空气中有足够的降落时间。塔顶装有多个固定喷头或一个旋转喷头，保证喷洒均匀。空气通风量及其温度和湿度影响设备的运行。可以采用强制通风（机械通风），也可以自然通风。自然通风利用烟囱效应使空气自然流动，较为简便，被广泛采用。强制通风可加大风量，延长颗粒的下落时间，强化冷却，因而可适当降低塔的高度。但塔顶排风速度过大，将夹带尿素粉尘，不仅浪费，而且造成环境的污染。为此，在塔顶设置粉末洗涤回收装置。自然通风的通风量（按标准状况下计）每吨尿素约为6000～10000m^3，机械通风的通风量还要大一些。自然通风造粒塔有效高度约35m，强制通风造粒塔为50m左右。

造粒塔降低高度的另一方法是在塔底设置流态化床。在床中空气与颗粒之间的传热得到强化，使颗粒继续冷却。

尿素产品的物理性质的一个重要指标是颗粒的机械强度。提高颗粒机械强度的方法是采用晶种造粒。在造粒塔底部送入磨碎的尿素粉末，粉末在塔内上升的过程中与下降的尿素熔融体接触，成为晶种，再长大成粒。晶种是小于2μm的粒子，粉末加入量约为15kg/h，其中尿素粉末占99%，硬脂酸钙占1%。这样得到的尿素颗粒粒度均匀，抗冲击强度得到提高。需要说明的是，尿素颗粒的强度包括抗冲击强度和抗压强度两个不同的性能。通常所说的颗粒强度多是指抗压强度，以单个颗粒所能承受的压力来衡量。抗冲击强度指颗粒下落到地面（或其他规定的一种冲击动作）后不致破碎的分率。晶种造粒有助于提高抗冲击强度，但实际效果有时并不明显且增加了操作困难。

另外一个方法是在尿液中加入少量甲醛（不大于0.2%），也可提高产品抗冲击强度和抗压强度，且有助于防止结块。

造粒塔造粒是尿素生产的最后一道加工工序。造粒塔生产能力大，操作简单，生产费用低。但有其缺点：造粒塔顶排出的气体不可避免地带有一些尿素粉尘和氨气。由于排出空气量大，而且气体携带的粉尘十分纤细，NH_3含量极低，难于处理，污染环境。尿素颗粒强度不高，不适于长途散装运输。造粒塔不能制出大于2.5mm又有足够强度的颗粒，因为对于质量太大的熔融液滴，在降落过程中其表面张力难以使成为真正的球形。另外，颗粒的固化时间太短，也难以形成致密坚实的颗粒。

由于喷淋造粒方法的缺点，出现了几种机械造粒的方法。造粒机械也称为造粒机或成粒器。造粒机造粒技术已广泛应用于硝酸铵、硝酸钙、复混肥料及尿素的生产中，造粒机形式有许多种，造粒机的成型原理与造粒塔根本不同，尿素熔融物在稍高于其固化温度下被喷洒在已有的颗粒（最初的粒子称为晶种）之上，使颗粒逐渐长大，直至达到所要求的粒度。固化热的排出是用冷却空气带走，有些则借助于水分的蒸发。在造粒机中，液体尿素与空气的接触时间比造粒塔要短得多，形成的粉尘粒子较粗，故易于从冷却空气中除去。

造粒机的类型有多种，大致分为盘式造粒、转鼓造粒和流化造粒 3 种类型。

流化床造粒机的生产原理如图 2-2-22 所示。尿素质量分数为 96％的熔融料液通过雾化喷嘴得以雾化，均匀喷洒在流化床层中。流化床层高度 0.5～2m，下有多孔分布板支撑。空气分为两路，一路是雾化空气，进入雾化喷嘴使尿液雾化，雾化空气在进入喷嘴前需要预热到高于尿素的结晶温度以防堵塞喷嘴。更大量的空气是流化空气，从多孔板下方送入，使床层保持流化状态。雾化的尿素熔融液包覆在尿素晶种粒子的表面而凝固，利用放出的结晶热用于进一步蒸发，最终产品的水分含量可低于 0.2％。流化床由多个室组成。利用流化空气的作用和多孔板的结构，尿素粒子在推力的推动下从一室进入下一室，粒子不断长大，最后到一定尺寸，从末室排出。

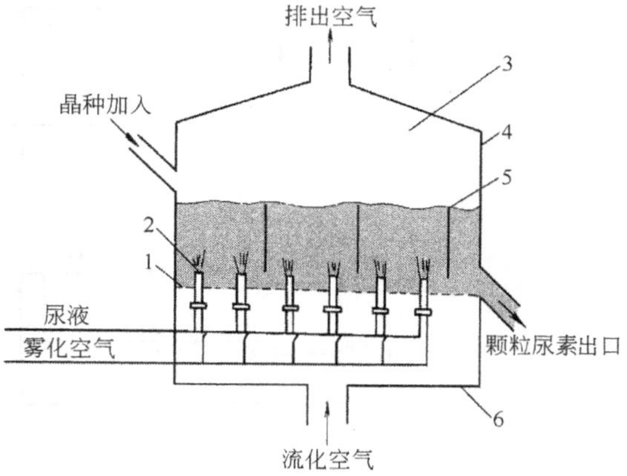

图 2-2-22　流化床造粒机原理图

1—多孔板；2—喷嘴；3—分离空间；4—上机箱；5—下机箱；6—挡板

在造粒机中，存在着颗粒长大的三种机理：第一，团块，几个粒子利用溶液作为粘结剂而互相附着在一起，这种作用产生的颗粒不够均匀，机械性能差；第二，层化，颗粒的成长是在粒子表面进行一层一层的涂覆，得到类似于“洋葱”的结构，这种方法是每经过一时间间隔就涂上一层溶液，而在两次涂覆之间的时间内使涂层固化；第三，累积，即大量的微小溶液液滴连续地喷洒在颗粒表面并不断蒸发固化。累积机理是连续的长大和干燥的过程，而不是如层化机理那样分层成长的，最终的颗粒实际上是由大量微粒构成的粒子。

许多造粒机的操作是几种造粒机理同时发生，而流化床造粒是惟一完全由累积机理使颗粒长大的。这就是说，在造粒机内停留的全部时间内，每一个晶核反复地受到微细尿素液滴的撞击，所以颗粒的长大是均匀的，水分的蒸发和颗粒的长大也是同时进行的。累积机理提供了致密均匀的结构，并促进了水分的蒸发和颗粒的干燥。为使液体喷洒在大量颗粒之上而不发生团块，必须避免颗粒与颗粒的接触。颗粒流态化是避免颗粒长时间接触的惟一方法。

在造粒机内，雾化喷嘴将熔融尿素雾化为极微细的雾滴。整个喷嘴埋在流化床层之内，可避免雾滴进入上边的分离空间而被气流携带出去。而且，这样也可以防止尿素的器壁堆积。

流化床造粒工艺流程如图 2-2-23 所示。从造粒机最末室出来的粒子进入冷却器，它也是流化床结构，通入冷却空气使冷却到 40℃左右。物料再由斗式提升机送到筛分机，合格产品送往仓库，筛下细粉回到造粒机，筛上的超大颗粒经破碎机研磨也返回造粒机。返料与成品的比例约 0.5∶1。返料在造粒机中作为晶种，其数量和粒子大小对产品质量是有影响的。

尿素产品的颗粒粒度是可以调整的，只需选用适当筛孔尺寸的筛分机和调整粉碎机操作，颗粒粒度可在 2～8mm 范围内变化。

尿素熔融液加入少量甲醛（0.5％左右），可以提高产品强度，减少粉尘。

造粒机和冷却器的空气送入洗涤塔，用工艺冷凝液洗涤后放入大气。尿素粉末被回收为尿素含量达 45％的洗涤液，回到蒸发系统。由于造粒机通过的空气量少于造粒塔，尿素的携带量也少得多。

除流化床造粒机外，还有喷浆转鼓造粒机，后经改进又称帘幕涂布法。主要设备为一水

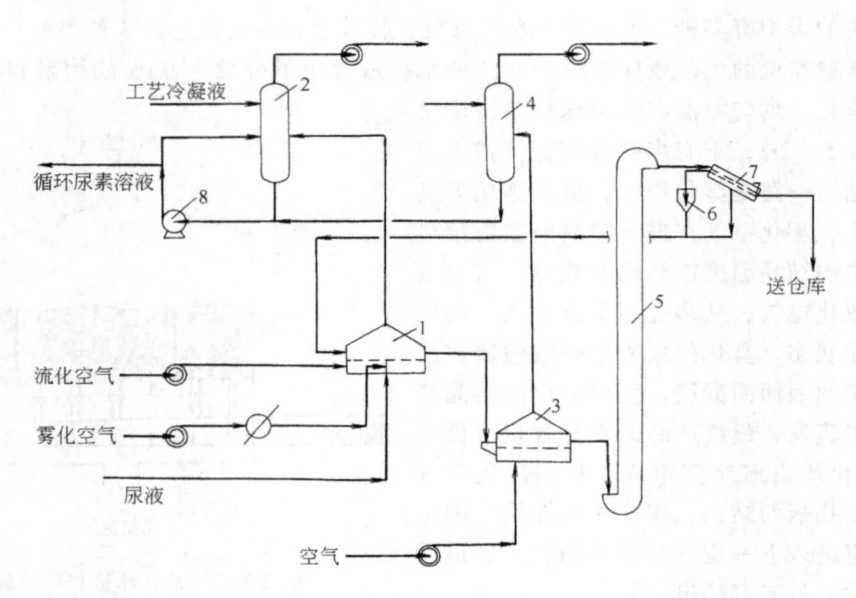

图 2-2-23　流化床造粒工艺流程图

1—造粒机；2—造粒机洗涤塔；3—冷却器；4—冷却器洗涤塔；
5—斗式提升机；6—破碎机；7—筛分机；8—泵

平放置的旋转圆筒，分为造粒段和冷却段。颗粒尿素在筒内转动时呈现帘幕状跌落，熔融尿素（含量99.0%～99.7%）通过喷嘴连续喷洒在造粒段的滚动粒子表面上，粒子被熔融物包涂而长大。长大的颗粒通过内堰流进造粒机的冷却段，被逆流导入的空气所冷却和固化，同时除去粉尘。颗粒尿素经筛分得到合格产品，不合格的粒子用作返料。含有粉尘的热空气经湿法洗涤除尘后放空。

盘式造粒机主要构件是一与水平成60～65°的旋转圆盘，盘上有颗粒滚动。有返料从靠近转盘的最高点处加入，在盘上不断滚动。尿素含量在98%以上、温度145℃的熔融物经喷嘴雾化为级细的雾滴，喷洒在滚动着的返料层上，将细粒子层层包覆而逐渐长大。由于受到离心力和重力，颗粒越长大，随盘转动而上升的高度越降低，最后滚到转盘的下边缘而落到下面的冷却器中。冷却器用空气流将颗粒冷却，再经筛分得到规定粒度的合格产品。过大的粒子经破碎，连同筛出的碎末用作循环返料。盘式造粒机可以制得2～12mm范围内任一粒度的颗粒。

造粒机造粒一般都加入甲醛作为添加剂。

造粒机产品颗粒大于造粒塔产品，一般为2.0～4.0mm，而且产品颗粒的大小可以调节。

造粒机所得产品在许多方面显然优于造粒塔产品。造粒机所得产品的水分和缩二脲含量低于造粒塔产品。产品颗粒较大且可调节。颗粒抗压强度高，为造粒塔产品的5～6倍，而且不易吸湿、结块，更适于散装输送。所有造粒机对环境污染均小于造粒塔，一般所用空气量为造粒塔的1/3，且尾气含尘量又低于后者，环保效果是十分明显的。但造粒塔仍因其造价低而占有其一定地位。此外，造粒机设备的单机能力较小，一般不超过400t/d。

2.5　尿素生产过程中副反应的防止

合成塔出口溶液中已经生成的尿素，在后续的各个工序还会由于副反应而损失，其中主要是尿素的缩合和水解反应，这在论述合成尿素工艺条件时已作说明。

在合成塔内，缩二脲和尿素之间建立平衡关系，其含量0.3%～0.4%，在后续的气提、分解、蒸发、造粒的各个阶段，缩二脲不断增加。缩二脲的生成速度取决于温度、尿素浓度、氨浓度和气相分压，以及停留时间等因素。温度越高，反应速度越快。在同一温度下，尿素浓度越高，氨含量越低，缩二脲生成越多。在高温、缺氨的条件下停留时间越久，反应也进行越多。以下为典型的缩二脲的生成量分布（缩二脲与缩二脲和尿素总量之比）

合成	分解循环	蒸发	造粒
0.3%	0.1%～0.2%	0.3%～0.4%	0.1%～0.2%

缩二脲增加最为显著的部位是气提塔、一段分解器和蒸发工序。为减少缩二脲的生成，在这些设备中应避免采用过高的温度，液体停留时间应力求缩短，如蒸发采用真空操作，设备为膜式蒸发器，使尿液快速通过，均有利于减少缩二脲。

正常情况下，经蒸发、造粒得到的尿素颗粒产品的缩二脲的含量约为0.9%，可满足一般农业使用。对于要求缩二脲含量低于0.3%者，需要用结晶法制出尿素结晶。缩二脲在水中有相当小的溶解度。控制结晶的温度和浓度，可以使尿素结晶析出而缩二脲存留于母液中，再将结晶洗涤脱去附着的母液，即可得到低缩二脲含量的产品。

在合成的后续工序中，另一副反应是尿素的水解，即尿素生成的逆反应。在温度60℃以下时，已生成的尿素几乎不进行水解。温度100℃时水解速度明显加快。145℃以上，水解速度剧增。与缩合反应一样，尿素浓度越高，氨浓度越低，停留时间越久，尿素的水解量越多。

在CO_2气提法工艺中，尿素分解率分布如下：

气提	一段蒸发	二段蒸发
4%	0.5%	0.5%

2.6 尿素生产过程中的三废处理

尿素生产中的排出物主要是含有少量氨、二氧化碳和尿素的废液；分解循环系统连续放空的工艺排放气；造粒工序的含有尿素粉尘的排放空气。以下所列排出物的处理，力求达到回收有用物质和保护环境的双重目的。

2.6.1 废液的处理

尿素工厂连续排放的废液主要的蒸发过程得到的冷凝液，通称为工艺冷凝液。从合成尿素的化学反应式可知，每生成1mol尿素将伴有1mol的水生成，即每制得1t尿素产生副产物水0.3t。此外，再加上分离回收循环工序中加入的补充水，真空蒸发系统的蒸汽喷射器用驱动蒸汽的冷凝水，以及设备、仪表、管线的冲洗水，生产每t尿素产品的总排水量可达0.5t。工艺冷凝液中氨、二氧化碳和尿素的含量大约为NH_3 3%～6%，CO_2 1%～3%，尿素0.5%～2%。

20世纪70年代以前的尿素装置，对工艺冷凝液进行简单的解吸处理，用蒸汽直接通入解吸塔，将氨和二氧化碳解吸（气提）出来。解吸压力0.3MPa，塔底最高温度达140℃。废液经解吸后，氨和二氧化碳的含量分别降到0.1%以下，随即排放，而废液中的尿素无法回收。这种处理方法实际仍会污染环境，而且大量水白白流失，大型厂每天近1000t之巨。

现代尿素生产通常对废液采用二次处理，称解吸-水解法或气提-水解法。其原则流程是先将工艺冷凝液中的NH_3和CO_2用气提（解吸）方法除去，然后进入水解器，使尿素水解

成为 NH_3 和 CO_2。水解后的液体再次用水蒸气气提（解吸），逐出其中残余的氨和二氧化碳。这样处理后的工艺冷凝液中氨及尿素的含量低于5μg/kg，直接排放对环境无污染，而且尚可回收作为工厂循环水的补充水或锅炉给水，彻底解决了污染问题，又提高了原料的利用率。以下阐述水解和解吸原理和方法。

解吸是吸收的逆过程。处理尿素生产的废液，一般在解吸塔底通入直接蒸汽，塔顶将废液送入，只要其 NH_3 和 CO_2 的平衡分压大于气相的相应分压，即可将 NH_3 和 CO_2 逐出。高温和低压有利于解吸。解吸塔的操作压力最好稍高于分解回收系统的低压循环压力，以使解吸气直接进入低压回收。如果利用副产蒸汽作为气提剂，而其压力较低，不足以将气提气直接送入吸收循环，则需将气提气先冷凝下来，再用泵送回循环。解吸塔顶有液体回流，降低出气温度，以免带出水分过多，不利于系统的水平衡。

解吸是物理过程，只能回收废液中的 NH_3 和 CO_2。为回收废液中的尿素，需要进行尿素的水解反应，即尿素合成的逆反应

$$NH_2CONH_2 + H_2O \xlongequal{} 2NH_3 + CO_2$$

高温、低压有利于尿素的水解。图 2-2-24 的两幅图表示了水解温度、进料组成和水解时间等因素的影响。可以看出，溶液中存在的高 NH_3 和 CO_2 含量对水解不利，这是由于化学平衡的移动所致。只有保持低 NH_3 和 CO_2 含量才有利于水解的彻底进行。因此，通常将解吸塔分为两段，废液先进入第一段，将大部分 NH_3 和 CO_2 逐出，然后进入水解塔或水解器，在较高压力和温度下停留足够的时间，使尿素水解。溶液再进入解吸塔的第二段，将水解生成的残留 NH_3 和 CO_2 脱除。

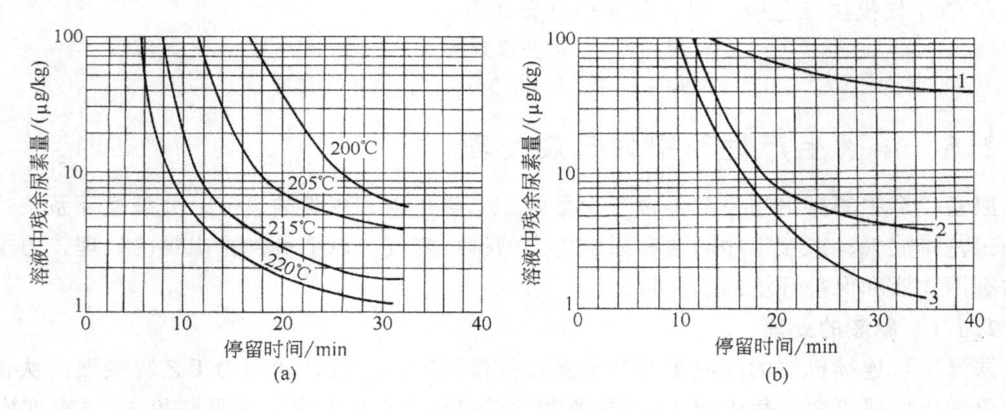

图 2-2-24　NH_3-CO_2-H_2O 溶液中尿素水解的影响因素

(a)与水解温度的关系，进料组成(质量分数)NH_3 0.6%～0.9%；CO_2 0.18%～0.25%；尿素 0.82%～0.94%；

(b)与进料组成的关系，进料组成/(μg/kg)

NH_3	37000	6100	2500
CO_2	15000	1800	800
尿素	1300	8800	8800

温度均为 205℃

图 2-2-25 示出解吸-水解法的两种流程，基本上是相同的。解吸塔均采用两段式。图中（a）采用塔式水解器，而图中（b）采用槽式水解器，a，b 中均设有多台换热器以充分利用热量。水解器底通入直接蒸汽，保持压力 2～4MPa，温度 170～240℃。解吸（气提）塔压力保持在更低压力 0.1～0.5MPa。在解吸塔的第二段底一般通入副产蒸汽作为气提剂，第二段顶出来的气体直接进入第一段底作为气提剂，其顶部出来的气提气有一部分冷凝作为回

流，其余与水解气一起送回循环回收系统。

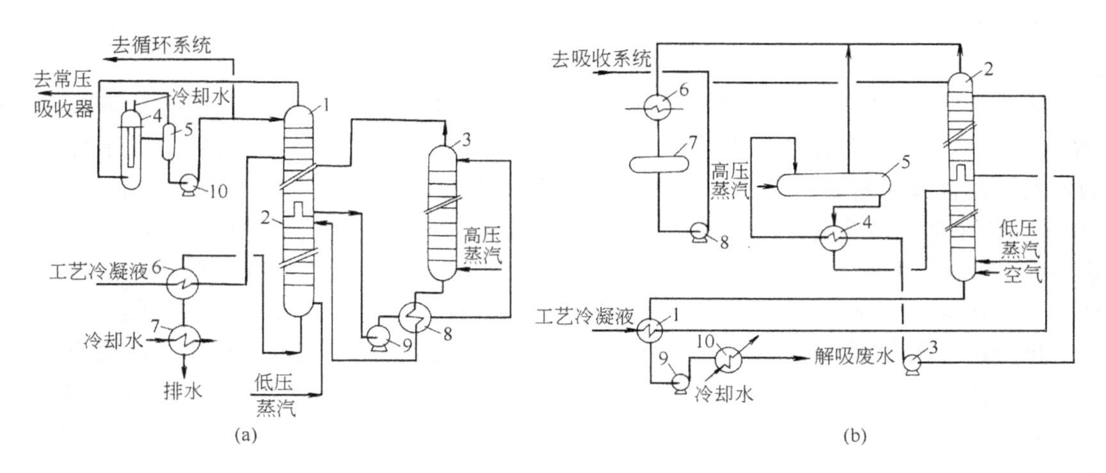

图 2-2-25　工艺冷凝液处理解吸-水解流程图

(a) Stamicarbon 法：1—解吸塔第一段；2—解吸塔第二段；3—逆流式水解塔；4—回流冷凝器；5—液位槽；6—解吸塔换热器；7—废水冷却器；8—水解塔换热器；9 水解塔给料泵；10—回流泵

(b) Snamprogetti 法：1—解吸塔换热器；2—解吸塔；3—水解器给料泵；4—水解器换热器；5—水解器；6—解吸冷凝器；7—回流液贮槽；8—回流泵；9—解吸废水泵；10—废水冷却器

尿素装置的废液处理，除解吸水解法外，还有生化净化法。用经筛选的尿素酶和微生物处理废液，在常温常压下即可使尿素分解为氨和二氧化碳，不消耗蒸汽，也可降低尿素含量至 20～100μg/kg。另外，如工厂有足够的低温余热，还可使用多级闪蒸法、离子交换法、反渗析法，以及与合成氨装置联合处理的方法等。但目前这些方法使用较少。

2.6.2　废气的处理

尿素生产中的废气主要是造粒塔排放气。造粒塔排放气中含有氨和尿素粉尘，是尿素装置的一个主要污染源。排出气中的尿素，来自尿素的蒸发和升华，也有化学反应生成的，即气相中的 NH_3 和 HCNO 在较冷的空气中化合生成尿素。这样得到的尿素粉尘颗粒极细，粒度仅 0.5～2μm，极难除去。此外，如果造粒喷头设计或加工不善，尿素颗粒受到机械力破碎，均导致粉尘增多。粉尘量还与大气条件有关。在较好条件下，排气的尿素粉尘含量为 $100mg/m^3$ 左右，相当于每吨尿素损失氨 0.8kg。对于尿素粉尘，通常的干式旋风除尘难以奏效，一般使用湿式设备和填料塔，用工艺冷凝液洗涤，洗涤液经蒸发浓缩返回尿素生产系统。在局部车间，如包装车间，使用特制的布袋过滤器（适当升温，防止排气冷凝）或电除尘，也有较好效果。

许多新的尿素厂采用各种类型的机械造粒机代替传统的造粒塔，主要目的是改善产品粒度和强度而减少粉尘，也是其优点之一。与造粒塔相比，在流化床和转鼓造粒机中的液体尿素与空气的接触时间要短得多，尿素粉尘颗粒粗，空气量也少，用简单的湿式洗涤塔处理即可。

2.6.3　尾气的防爆

在分离回收系统中含有 NH_3 和 CO_2 的工艺气体通过吸收、冷凝等进行回收，而系统中不冷凝的惰性气体为尾气，将排放至大气中。进入尿素系统的惰性气体有：原料氨和二氧化碳中存在的惰性气体，专门加入的防腐蚀空气，以及真空设备漏入的空气。这些不凝气在适当处放空，在放空前用水或稀溶液吸收洗涤，氨的放空损失可减少到 1t 尿素 0.2kg 以下。

但在此还要特别注意避免爆炸性气体的生成。

无论是传统水溶液全循环法还是气提法，都存在尾气爆炸性的问题，对安全生产构成威胁。

从尿素生产中尾气的组成来看，原料氨本身是爆炸性物质，而且原料液氨溶解有少量“惰性”气体，其中含有爆炸性的 H_2 和 CH_4。来自合成氨装置的 CO_2 气随所用原料及工艺的不同而总含有一定量的“惰性”气体，其中往往有数量不等的爆炸性组分如 H_2，CH_4，CO 等。出于防止设备腐蚀的目的，CO_2 原料气还配入空气或氧气。这样的气体混合物在尿素生产的分离回收循环中不会爆炸，因其中爆炸性组分和氧的浓度都很低，处于爆炸限以外。只有在待排放的尾气中，爆炸性组分达到了相当高的程度，才有爆炸的可能。

排放尾气通常是含有 NH_3、H_2、CH_4、CO、N_2、O_2 和水蒸气等多种组分的混合物。这种混合气体在一定温度、压力下存在一个爆炸范围区。发生爆炸必须有两个条件，即其组成在爆炸范围区内，而且又存在引爆源。火花、静电、雷击、摩擦、撞击等等都可以是引爆源。

并非任何可燃气体与氧或空气的混合物都可以爆炸，而是与其含量有关，一般存在有爆炸上限和爆炸下限。当爆炸性组分含量高于上限或低于下限，均不会发生爆炸。表 2-2-2 是常温常压下几种常见可燃气体在空气和氧气中的爆炸限。

表 2-2-2 常温常压下可燃气体在空气和氧气中的爆炸限（体积分数/%）

可燃气体		在空气中的爆炸上下限		在氧气中的爆炸上下限	
		下 限	上 限	下 限	上 限
氢	H_2	4.0	74.2	4.0	94.0
一氧化碳	CO	12.5	74.2	15.5	94.0
氨	NH_3	15.5	27.0	15.0	79.0
甲烷	CH_4	5.3	15.0	5.1	61.0
甲醇	CH_3OH	7.3	36.0	—	—

由表可见，可燃气体在纯氧中的爆炸范围大于在空气中的爆炸范围，这是因为空气引入了非爆炸性的氮气。不仅是氮气，如其他非爆炸组分 CO_2、水蒸气等的引入，都可能将爆炸性气体转入非爆炸性范围。从表也可看出，NH_3 的爆炸范围远小于 H_2、CO 等气体。

气体爆炸限由实验确定，但还与温度、压力、引爆方法有关。压力或温度增高，爆炸范围随之扩大。

多组分气体混合物的爆炸范围可用三角形图表示。图 2-2-26 为尿素生产中最为常见的 H_2-NH_3-N_2-空气体系在 150℃ 和 17.5MPa 下的爆炸范围。图中 3 个顶点分别代表可燃气 (H_2+NH_3)、N_2（包括其他不可燃组分）和空气。该图用一组曲线表示可燃组分为 H_2 和 NH_3 混合物时的爆炸范围，每条曲线的 R 值代表 $H_2/(H_2+NH_3)$摩尔比。另外，图中还有一组辐射线，表示除爆炸组分外的气体中 $O_2/(空气+N_2)$ 摩尔比。该图清楚表明，NH_3 的加入缩小了爆炸范围。

利用本图可近似判断一种气体混合物的爆炸性。例如，二氧化碳气提法的合成塔排出气体的典型组成为（体积分数/%）：

NH_3	CO_2	O_2	H_2	N_2	H_2O
67.82	21.51	1.02	1.86	4.12	3.67

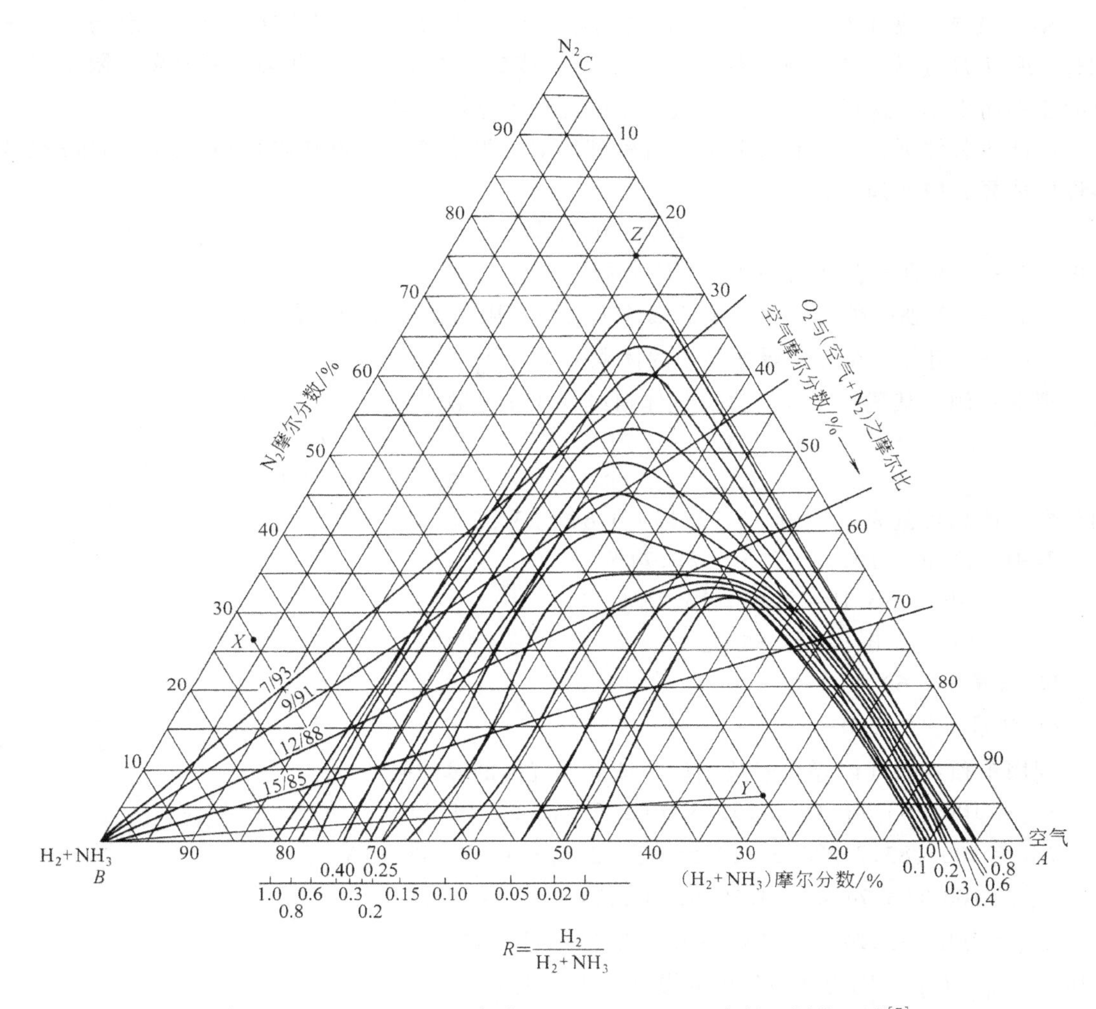

图 2-2-26　NH_3-H_2-N_2-空气在 150℃和 17.5MPa 条件下爆炸区域[7]

在图中取组成点为（体积分数/%）

（H_2+NH_3）　　1.86 + 67.82 = 69.68

且　　$H_2/(H_2+NH_3)=1.86/69.68\approx0.02$mol/mol

空气　　1.02/0.21 = 4.86

N_2（包括 CO_2、H_2O 和除空气外的氮气）

$$21.51+3.67+4.12-0.79\times4.86=25.46$$

在图上标作 X 点，该点位于可燃组成的爆炸线之外，无爆炸危险。

设该气体经高压洗涤器将 NH_3 和 CO_2 完全吸收，气体组成（体积分数/%）将变成：

H_2	1.86	26.57
空气	4.86	69.43
N_2	$4.12-0.79\times4.86=0.28$	4.00
合计	7.00	100.00

在图中，该点为 Y，位于可燃组成为纯 H_2 的爆炸区之内，有爆炸危险，必须采取措施避免。一种可行的方法，是在气体中保留有较多的 NH_3 和 CO_2，即可使组成点落在爆炸限之

外（NH_3 虽亦有爆炸性，但 NH_3+H_2 的爆炸限小于纯 H_2 的）。在图中，将 Y 点与（H_2+NH_3）顶点 B 连接。当增加气体中的 NH_3 量，线成点即沿 YB 线移动，同时爆炸限由于 R 值的变小而变小，这样即可将混合气体组成迁移到爆炸限之外。

中低压条件下，当没有实验数据可资利用时，混合气体的爆炸限可用 Le Chatelier 公式作近似估算。该式如下：

$$L = 100/[\Sigma(p_i/L_i)]$$

式中　L——混合气合格的爆炸上（下）限；

L_i——单独一种可燃气体 i 的爆炸上（下）限，均以体积分数计；

p_i——组分 i 在混合爆炸气中的体积分数 $\left[\sum p_i = 100\right]$。

现举一例。某尾气吸收塔排出气体组成（体积分数/%）：

H_2	CH_4	CO	N_2	O_2
19.72	3.19	0.64	62.35	14.10

则可燃气体总含量为　　$19.72+3.19+0.64=23.55\%$

其中　H_2 占　$19.72/23.55=83.74\%$

CH_4　$3.19/23.55=13.55\%$

CO　$0.64/23.55=2.71\%$

N_2 含量　　62.35%

O_2 含量　　14.10%

利用单独可燃气体爆炸限数据计算该混合气体的爆炸限

$L_{LA}=100/(83.74/4+13.55/5.3+2.71/12.5)=4.22\%$

$L_{HA}=100/(83.74/74.2+13.55/15+2.71/74.2)=48.35\%$

$L_{LO}=100/(83.74/4+13.55/5.1+2.71/15.5)=4.21\%$

$L_{HO}=100/(83.74/94-13.55/61-2.71/94)=87.58\%$

式中　L_{LA}、L_{HA}分别为在空气中的爆炸下限和上限；

L_{LO}、L_{HO}分别为在纯氧中爆炸下限和上限。

利用这 4 个数据在可燃气-O_2-N_2 三角组成图中画出爆炸限，如图 2-2-27。混合气体组成在图中为点 X，可见在爆炸范围内。为防止爆炸，在其中加入氮气或其他惰性气体，组成点移至 X'点，即为非爆炸性气体。

在尿素生产中防止尾气爆炸的主要措施有：

① 一般的防爆措施。如装设雷电防护措施、设置静电消除器，尾气放空管防止回火等等。

② 采用惰性气体稀释。氮气、二氧化碳、水蒸气均可以作为爆炸性气体的稀释气体。二氧化碳的防爆效应最大，水蒸气和氮气的效应相近。

③ 对于高压设备中的爆炸性气体，可在设备上采用防爆措施，将容器的气相空间分为大小两个空间，其间有隔板分开。当小空间的气体一旦发生爆炸，则隔板破裂，大小空间串通，可避免设备壳体被破坏。

④ 减少防腐用空气的加入量。

⑤ 预先将原料二氧化碳中的氢脱除。这可从根本上不形成爆炸性尾气。为此，在原料二氧化碳压缩机出口设置一台脱氢反应器，以铂为催化剂，利用催化燃烧反应使氢燃烧成为

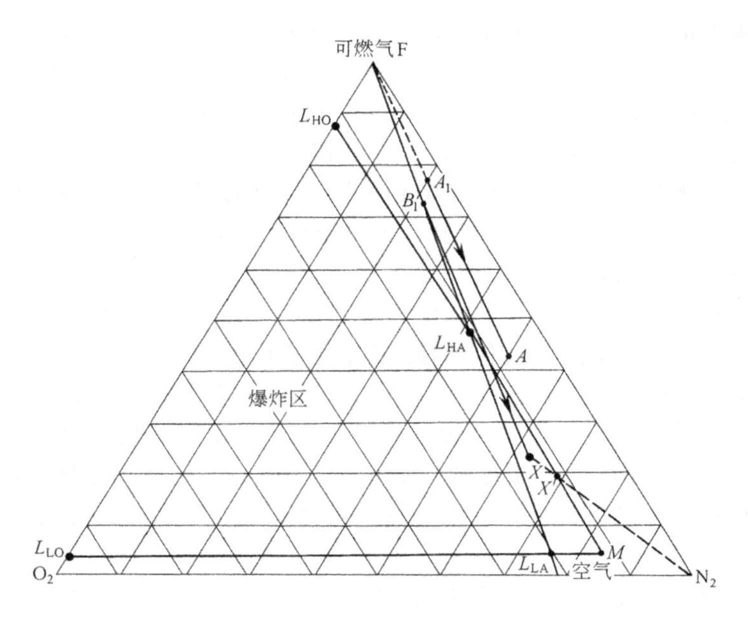

图 2-2-27　混合爆炸性气体的爆炸区域图

水。此时，其他少量可燃组分如 CH_4、CO、甲醇等也同时除去。为防止催化剂中毒，要求原料二氧化碳不含 H_2S。

2.7　尿素生产中的腐蚀与防腐

尿素生产中物料具有很强的腐蚀性，尿素的发展在很大程度上与腐蚀材料的研究开发有关。20 世纪初曾使用纯银、纯铅作合成塔的衬里，价格既贵，机械性能、耐腐蚀性能和耐热性能均差，妨碍了尿素的发展。直到 20 世纪 50 年代发现了氧可以防止铬镍不锈钢在尿素-甲铵液中的腐蚀，使得尿素生产取得了来源广、价格便宜的各种耐蚀不锈钢作为设备材料，从而得以快速发展。

尿素生产所用的原料氨和二氧化碳以及产品尿素的腐蚀性都不严重。生产过程中对钢材具有强烈腐蚀性的工艺介质主要来自溶液中的氨基甲酸铵，即溶解有 NH_3 和 CO_2 的溶液，特别是高温高浓度的甲铵液、尿素甲铵液和熔融尿素，对大多数金属都具有强烈的腐蚀作用。主要的腐蚀根源在于氨基甲酸根 $COONH_2^-$ 的还原性，破坏了不锈钢金属表面的氧化膜。此外，高温下尿素水溶液中存在尿素异构化反应，

$$NH_2CONH_2 \Longrightarrow NH_4CNO \Longrightarrow NH_3 + HCNO$$

氰酸根 CNO^- 也是强还原性酸根，对不锈钢的氧化膜也具有很强的破坏作用。

不锈钢在腐蚀介质中之所以抗腐蚀，是由于金属表面形成一层保护性的氧化膜。只要这层氧化膜不被破坏，金属的腐蚀速度是很低的。在介质无氧的情况下，不锈钢处于活化腐蚀状态。只有当溶液溶解有足够的氧，溶液由还原性转变为氧化性，形成组织致密的钝化膜，不锈钢处于钝化状态，才能大大降低腐蚀速度。

影响腐蚀的因素有以下几个方面。

① 材料材质。合金元素铬使钢基体表面生成组织致密的氧化膜，在尿素-甲铵溶液中使用的不锈钢的铬含量应大于 16%。合金元素镍的主要作用是形成均匀的奥氏体组织，以及改善不锈钢的综合机械性能，但在尿素-甲铵溶液中却会降低其耐蚀性，这是由于形成镍氨

络合物或羰基镍而优先溶解。合金元素钼能起到稳定不锈钢氧化膜的作用。

尿素生产常用的不锈钢材，用量最大的是含铬18%级的不锈钢，如超低碳铬镍钼奥氏体不锈钢00Cr17Ni14Mo2（即牌号316L）和00Cr17Ni14Mo3（317L）。含碳量较多的0Cr17Ni13Mo2Ti（316）和0Cr17Ni13Mo3Ti（317）的抗腐蚀要差一些。其成分、性能和检验除符合一般标准规范外，还应满足尿素工业专用材料的特殊要求。如使用得当，正常情况下腐蚀速度小于每年0.1～0.2mm。在更苛刻的条件下，使用专用的含铬25%的不锈钢，如二氧化碳气提塔列管采用00Cr25Ni22Mo2不锈钢。

工业纯钛（如TA1，TA2）及其合金如（TC4）、钽、锆，近年也在尿素工业中得到应用。钛及其合金耐腐蚀性能好，钝化所需临界氧含量比不锈钢低，耐硫化氢性能也很高。用钛材衬里的尿素合成塔，其年腐蚀率为0.01mm，仅为不锈钢的十分之一，允许使用温度可比不锈钢高10～15℃，为改进工艺及设备提供了条件。改良C法合成塔用钛衬里，出口溶液温度为200℃。氨气提塔列管使用钛，温度允许205℃。锆使用温度可提高到230℃，而且不需要通氧保护（钛材仍需通氧），或通入极少量即可。氨气提塔已经用衬锆的气提管代替钛气提管。

② 氧含量。不锈钢表面为了维持氧化膜使呈钝态，必须保持溶液有一定的含氧量。已形成的钝化膜的质量也和溶液中溶解氧量有密切关系。最低限视情况而在10×10^{-6}上下。溶液中含有硫化物时，氧还能抑制硫化氢的腐蚀。通常，在原料二氧化碳气体中加入纯氧或空气。在CO_2气提法要使氧含量（体积分数）达到0.6%～0.8%。氨气提法因溶液的氨碳比高和其他因素，允许降低原料二氧化碳中氧含量到0.25%。不同的非气提法生产其值一般保持在0.4%～0.6%。除在二氧化碳中加氧外，也有采用在液氨中加氧，使氧溶解于液相。

除加氧外，也有在流程中某些部位加入氧化性化学试剂，以达到保护氧化膜的目的，如双氧水。使用双氧水有一定的优点。对于气相中的氧难以到达的不锈钢部位，即可将双氧水注入到流经该部位的液相介质中。双氧水在高温下分解出活性氧原子，使局部部位的氧化膜得到修复。但活性氧原子［O］在介质中只能存在几秒到十几秒即变成分子态O_2而失去其强氧化性。所以双氧水需要不间断地注入几个部位，且不适于物料停留时间很长的合成塔防腐。除双氧水外，也有加NH_3NO_2、碱金属或碱金属的亚硝酸盐，或有机过氧化物。也有同时加氧气与加双氧水的。加双氧水时可以降低氧气的加入量。

③ 温度。升高温度会强化电化腐蚀的电极过程，尿素水解和甲铵的离解程度也增加，而氧在溶液中的溶解度降低，故明显加剧尿素-甲铵溶液对金属的腐蚀。各种金属材料在尿素-甲铵溶液中有一使用温度极限。通常的尿素级不锈钢在165℃以下时腐蚀尚不显著，温度超过165℃，腐蚀速度成倍增长，超过195℃则极为严重，故其使用温度极限是195℃。工业钛及其他金属的使用温度极限可以更高。

④ 介质组成。溶液中的氨能中和溶液的酸性，抑制氨基甲酸或氰酸的生成。所以，提高溶液的氨碳比，能减轻腐蚀速度，而提高水碳比则溶液变稀，增加铵盐（如NH_4COONH_2或NH_4CNO）的解离，强还原性离子（$COONH_2^-$，CNO^-）增多，从而加剧腐蚀。从防腐角度，氨碳比不得低于2.8，水碳比不得高于0.8。干二氧化碳气体对碳钢无腐蚀性，但湿二氧化碳冷凝液中的游离$CO_3^{=}$能引起腐蚀。介质中微量硫能破坏不锈钢表面的氧化层，有些合成氨厂提供的原料二氧化碳气体含有杂质硫化物，要求先脱除至不高于10μg/kg数量级。

第三章　尿素生产技术

以氨和二氧化碳为原料的尿素生产技术流程有多种。最早实现工业化的方法是不循环法和部分循环法；后来即被水溶液全循环法所代替；其后，又出现了各种气提法流程。这些不同方法的生产原理是相同的，但在其实现的流程和工艺条件上有所不同。本节将介绍主要的尿素生产技术的工艺流程、主要设备和操作条件。

3.1　不循环法和部分循环法

尿素生产工业化早期实现的是不循环和部分循环流程。原料液氨和压缩到高压的二氧化碳气混合进入尿素合成塔进行反应。合成塔出口溶液经一次减压分解，得到较为纯净的尿素水溶液并加工成尿素产品。未反应的 NH_3 和 CO_2 气体不再返回，而是送往氨加工车间，将未转化的氨加工为硫酸铵、硝酸铵等其他产品。这种原料一次通过，未反应物不循环返回合成塔的方法称为不循环法流程。后来出现了部分循环法，但还有一部分未反应的 NH_3 和 CO_2 不返回，仍需加工为其他产品。

无论不循环法或是部分循环法，在生产尿素时必定伴有大量副产物生成。这种流程现已不再采用。

3.2　水溶液全循环法

合成反应物未转化成尿素的 NH_3 和 CO_2，经几次减压和加热分解，从尿素溶液中分离出来，然后又全部返回高压合成塔，从而提高原料氨和二氧化碳的利用率，这就是全循环法。依照未转化物的循环返回形式的不同，曾有水溶液全循环法、气体分离（选择性吸收）法、浆液循环法、热气循环法等等。这里只介绍目前工业上应用的水溶液全循环法的几种有代表性的流程。

当代各种尿素生产流程基本上是以传统水溶液全循环法流程为基础的，以下对该流程作较详细介绍。

3.2.1　传统水溶液全循环法

图 2-3-1 是传统水溶液全循环尿素生产流程。原料液氨和二氧化碳同循环甲铵液一起进入合成塔 5，压力 20～22MPa，温度 185～190℃，氨碳比 4～4.5，水碳比 0.6～0.7。原料二氧化碳中配入防腐用空气或氧气，使其中氧含量（体积分数）达 0.5%～0.8%，经压缩机 1 加压，温度约 125℃。液氨用高压氨泵 3 加压并经液氨预热器 4 预热到约 50℃。从回收循环返回的甲铵液由甲铵泵加压也送入合成塔，温度约 100℃。合成塔 5 为一个中空的高压容器，三股物料混合，自下而上通过合成塔。物料在塔内的停留时间约 1h，出料的 CO_2 转化率约 62%～64%。

合成塔出口溶液通过三级分解，即中压、低压和闪蒸分解。压力分别为1.8～2.5MPa，0.2～0.5MPa 和 0.05MPa。出口溶液先减压到中压，在预分离器 6 进行气液分离，温度有所下降。预分离器是一个空的气液分离罐。预分离器的液相进一段分解塔 7。塔下部设有加热器，进行加热分解，温度达 160℃。一段分解塔出口气体也引入预分离器。预分离器有改造为预精

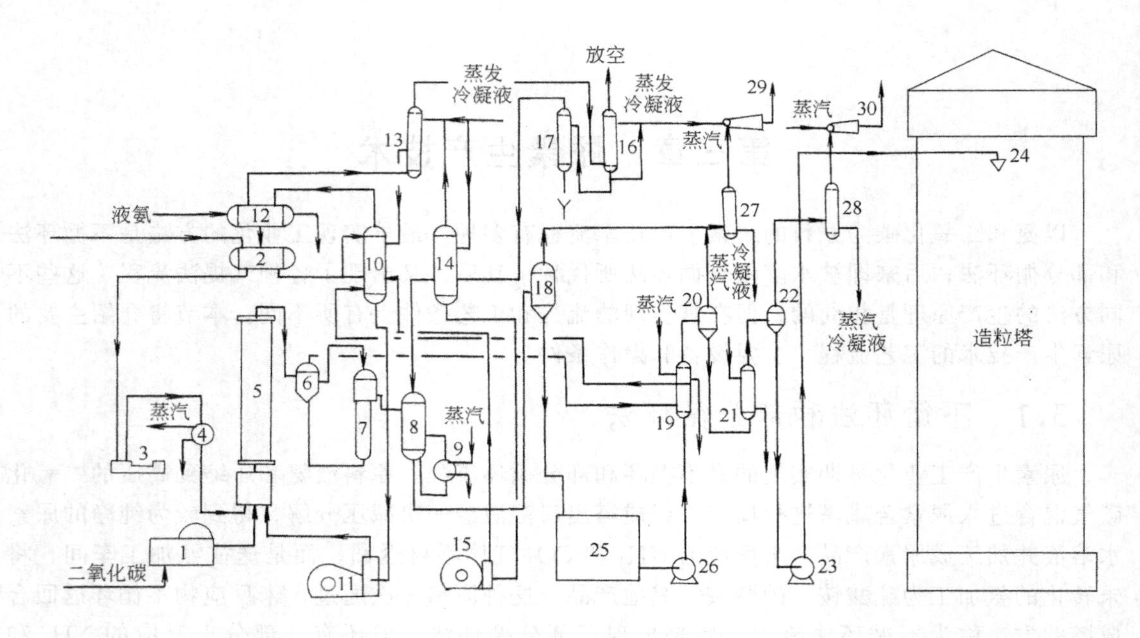

图 2-3-1 传统水溶液全循环法尿素生产流程

1—二氧化碳压缩机；2—液氨缓冲槽；3—高压氨泵；4—液氨预热器；5—合成塔；6—预分离器；7——段分解塔；8—二段分解塔；9—二段分解加热器；10——段吸收塔；11——段甲铵泵；12—氨冷凝器；13—惰性气体洗涤器；14—二段吸收塔；15—二段甲铵泵；16—尾气吸收塔；17—解吸塔；18—闪蒸槽；19——段蒸发加热器；20——段蒸发分离器；21—二段蒸发加热器；22—二段蒸发分离器；23—熔融尿素泵；24—造粒喷头；25—尿液贮槽；26—尿液泵；27——段蒸发表面冷凝器；28—二段蒸发表面冷凝器；29——段蒸发喷射器；30—二段蒸发喷射器

馏塔的，内装填料，气液逆流接触，可降低出口气体的温度和水分。为利用预分离器出口气体的冷凝热，将其送入一段蒸发加热器 19 下部，部分气体冷凝并放出热量，供尿液蒸发用。气液混合物再导入一段吸收塔 10 的底部。一段吸收塔分为两段，下段为鼓泡段，上段为精洗段。气液混合物在鼓泡段用低压循环来的稀甲铵液吸收，在此将气体中绝大部分二氧化碳和几乎全部水蒸气以及一部分氨气均吸收下来而转入液相。未被吸收的气体在塔内上升，与由液氨缓冲槽 2 来的回流液氨和清洗液与其配成的浓氨水逆流接触，使气体中的 CO_2 和水蒸气完全得到吸收。纯的气态氨进入氨冷凝器 12，冷凝下来的液氨流入液氨缓冲槽 2。一段吸收塔起着精馏的作用，塔顶得到纯 NH_3 气，塔底则是高浓度 NH_3 和 CO_2 的水溶液，即甲铵液。在所选用的中压压力下，冷却水的温度即可使吸收塔顶出来的氨冷凝。液氨如果混有少量二氧化碳会生成氨基甲酸铵结晶而堵塞设备和管道，因此一段吸收塔要保证将 CO_2 完全吸收。冷凝下来的液氨除部分回流外，其余与新鲜原料液氨汇合，经高压氨泵送回合成塔。甲铵液则是通过甲铵泵返回合成塔。这样，未反应的两种原料均得以回收。但 CO_2 是以甲铵液形式返回，因而带有一定数量的水，而水是不希望的。NH_3 是以纯氨和甲铵液两种形式送回。所以，在生产中减少 CO_2 返回量（即提高 CO_2 转化率）远比减少 NH_3 返回量重要得多。

在氨冷凝器中未冷凝的惰性气体送入惰性气洗涤器 13，用二段蒸发冷凝液将其中的氨吸收，出来的溶液送入一段吸收塔顶。

由一段分解塔出来的溶液再一次减压进入低压循环。二段分解塔 8 的底部有加热器，再次进行加热分解，温度约 150℃。分离出来的液体送入闪蒸槽 18，气体则进入二段吸收塔的底部，用加入塔顶的二段蒸发冷凝液来吸收。二段吸收塔顶出来的惰性气体与惰性气体洗涤器出来的气体混合，进入尾气吸收塔，用一段蒸发冷凝液进行循环回收后放空。溶液循环达到一定浓度后进入解吸塔，自塔底引入直接蒸汽进行解吸，解吸气也引入二段吸收塔底部。解吸塔出来的溶液可以排弃。

闪蒸槽在真空下操作，使液体闪蒸，除去残余的溶解 NH_3 和 CO_2，以及一部分水，尿液得到进一步净化和浓缩，得到质量分数约 75% 的尿液，即流入尿液贮槽，再用尿液泵送入蒸发系统。

尿液进行两段蒸发，一段蒸发将尿液蒸发到约 95%，二段蒸发蒸浓至 99.7%，均在真空下操作，压力分别为 0.033MPa 和 0.003MPa。一段蒸发加热器所需的热量有一部分来自中压循环的分解气的冷凝，不足的数量及二段蒸发加热器的热量由中压管网蒸汽提供。一段蒸发分离器出来的蒸汽与闪蒸槽的蒸汽一并进入一段蒸发表面冷凝器进行冷凝，二段蒸发分离器出来的蒸汽进入二段蒸发表面冷凝器进行冷凝。蒸汽喷射器将真空蒸发系统不凝气排入大气，以保持系统真空。一段蒸发冷凝液和二段蒸发冷凝液均含有少量 NH_3、CO_2 和尿素，送到中低压吸收—解吸系统适当位置作为吸收液，并回收其中的 NH_3 和 CO_2。

二段蒸发得到的温度约 140℃ 的尿液用熔融尿素泵送至造粒塔顶，经造粒喷头喷洒造粒。粒状尿素再经皮带运输、包装即成为产品。

在大型化以前的 20 世纪 50 年代，尿素合成塔多为双套筒式。承受压力的外壳为碳钢制，内有两个不锈钢套筒，内套筒的下端装有折流板。塔内套筒不受压力。进料液氨依次通过外壳与外筒及外筒与内筒之间的两个环隙，再进入内筒内，与二氧化碳反应。这样，外筒不与腐蚀介质接触。这种设备的容积利用率低，且不锈钢耗量大，现已很少使用。

大中型尿素工厂使用的尿素合成塔为衬里的高压容器。合成塔的外筒为多层卷焊受压容器，也可以整体锻造。内部衬有一层耐腐蚀的 316L 不锈钢板，使筒体和尿素甲铵腐蚀介质隔离。外壳保温，防止热量外散。这种设备的容积利用率高，耐腐蚀材料用量少，操作方便可靠。几股反应物料一般从底部进入，呈气液两相混合物的形式自下而上，边反应边流动，不断生成尿素，尿素浓度不断上升。反应后的熔融物从塔顶排出，或者通过一个溢流管，将液体从塔的底部引出。衬里式尿素合成塔最初采用空塔，不设置内件，塔的高径比较大。对于高径比小的衬里合成塔，通常设置混合器或筛板等内件，以减少返混的影响。

传统水溶液全循环法中，未反应物经三段分解、三段吸收，流程较长，分解消耗热能较多；分解气冷凝温度低，在吸收冷凝循环中放出的热量均须用冷却水移出，未能得到利用(仅有一段分解气的少量热量用于一段蒸发)，所以传统全循环法的能耗高。

3.2.2 改良 C 法

日本三井东压/东洋工程全循环改良 C 法，是传统水溶液全循环法的改进，如图 2-3-2 所示。本流程是生产低缩二脲含量的尿素产品的，但改良 C 法也生产常规尿素产品。

加压的二氧化碳、液氨和循环甲铵液三股物流进入合成塔 1。合成塔工艺操作条件是温度 190～200℃，压力 23～25MPa，氨碳比和水碳比分别为 4 和 0.37，转化率约 72%。

合成反应液经三段分解，即高压分解（1.7～1.9MPa）、低压分解（0.3～0.4MPa）和常压分解（0.1～0.15MPa）。高压分解部分包括高压分解塔 3 和再沸器 2，合成反应液通过高压分解塔，由塔外的热虹吸式再沸器和塔内的列管式降膜加热器保持分解温度 165℃。有 90% 以上的 NH_3 和 CO_2 被分离出来。高压分解塔的上部设有几层筛板，上升的气体与下降的低温液体逆流接触，进行热量和质量交换，使出气温度降低到约 125℃，既回收了热量又降低了出气中的水分。低压分离部分包括低压分解塔 5、加热器 4 和再沸器 6，分解温度

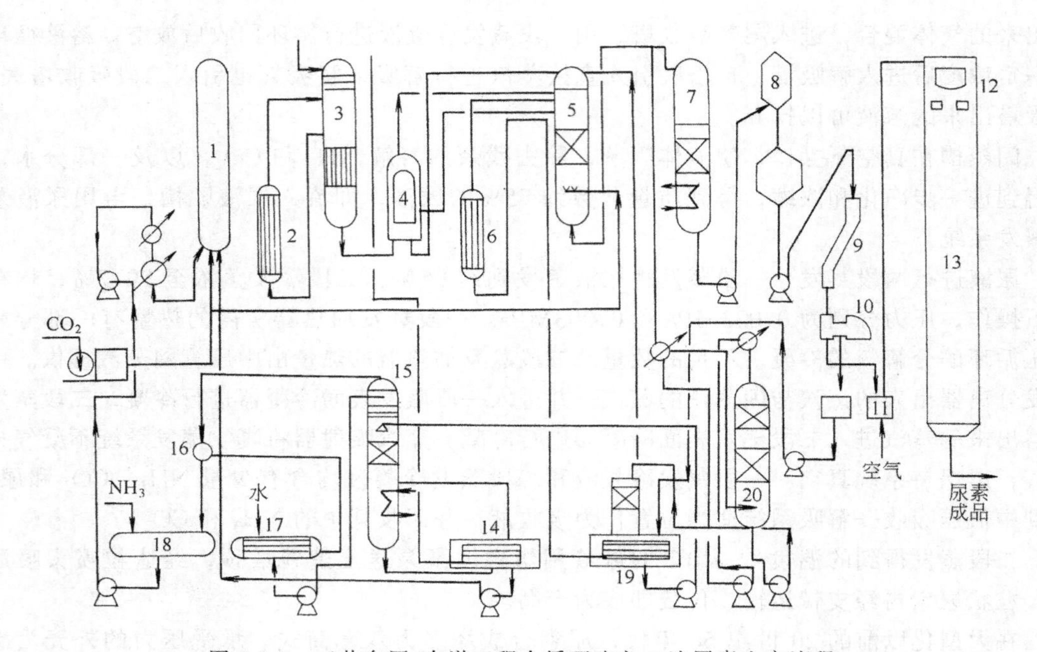

图 2-3-2　三井东压/东洋工程全循环改良 C 法尿素生产流程

1—合成塔；2—高压分解塔再沸器；3—高压分解塔；4—低压分解塔加热器；5—低压分解塔；6—低压分解塔再沸器；7—闪蒸分解塔；8—结晶器；9—增稠器；10—离心分离机；11—熔融槽；12—造粒喷头；13—造粒塔；14—高压吸收塔冷却器；15—高压吸收塔；16—氨冷凝器；17—氨回收吸收塔；18—液氨贮槽；19—低压吸收塔；20—尾气吸收塔

130℃，塔底通入少量二氧化碳气（占原料 CO_2 总量的 4%），有助于 NH_3 和 CO_2 的气提，并调整溶液的氨碳比。常压分解在闪蒸分解塔 7 进行，溶液通过减压闪蒸进一步将 NH_3 和 CO_2 分离，塔下部设有加热器提高温度到 92℃，并且通入空气进行气提，促使 NH_3 和 CO_2 的彻底分离。

经三次分解得到 NH_3 和 CO_2 含量极低、尿素含量为 74%的溶液，送真空结晶器 8，在减压下进行绝热蒸发结晶。结晶尿素经离心分离机 10 分离和热风干燥，送到造粒塔 13 顶上熔融槽 11，再次熔融后喷洒造粒。

各段分解气在相应吸收塔内冷凝吸收，并依次逐段循环返回。高压分解塔出来的气体先进入浸没式高压吸收塔冷却器 14，进行鼓泡吸收，吸收热通过冷却介质带出。循环液达到一定浓度后经高压甲铵泵送至合成塔，未被吸收的 NH_3 和 CO_2 进入高压吸收塔 15，与来自低压吸收系统的稀甲铵液和来自氨回收吸收塔 17 的氨水逆流接触，以保证 CO_2 被吸收。出塔气体几为纯氨，CO_2 含量低于 0.005%，在氨冷凝器 16 冷凝后，与原料液氨一起进入液氨贮槽 18 并送到合成塔。氨冷凝器的不凝气在氨回收吸收塔 17 用水吸收其中的氨，然后放空。低压分解气进入低压吸收塔 19，上部用尾气吸收塔 20 来的稀甲铵液吸收，下部是一卧式换热器，用离心分离机分出的结晶母液进行吸收。低压吸收塔未能被吸收的气体和闪蒸分解塔的气体均送尾气吸收塔 20 处理。尾气吸收塔出口溶液作为低压吸收液。

改良 C 法采用较高的合成压力和温度，并取较高的氨碳比和较低的水碳比，因此转化率高，降低了分解循环吸收的负荷。采用结晶重熔方法，可制得缩二脲低于 0.35%的产品。但热回收利用不高，总能耗虽优于传统水溶液全循环法，但不及各种气提法流程。

改良 C 法的尿素合成塔是高径比为 18 的空塔，用钛衬里，耐高温腐蚀。

3.2.3 热循环（HR）法

美国尿素技术公司（Urea Technologies，Inc；UTI）开发的热循环尿素工艺（Heat Recycle；HR），是新一代尿素工艺中惟一不采用气提技术的生产工艺。它称为热循环，主要特点是指充分利用反应热使大部分工艺物流与工艺物流换热，而不借助于蒸汽作为中间介质。流程见图 2-3-3。

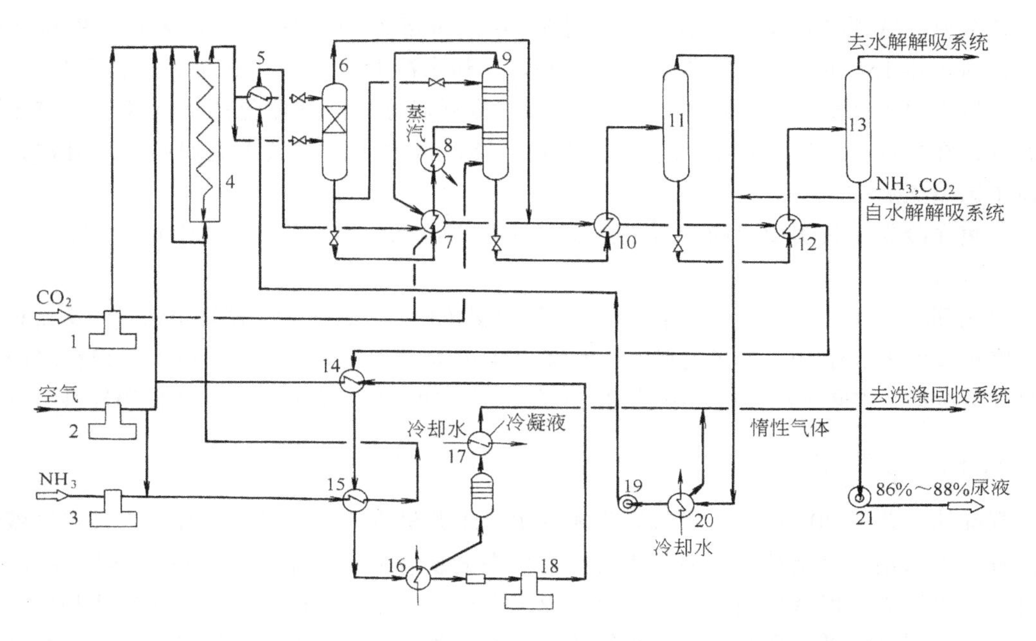

图 2-3-3 UTI 热循环法（HR）尿素生产流程

1—CO_2 压缩机；2—空气压缩机；3—高压氨泵；4—合成塔；5—回流冷却器；6—液体分布器；7—第一分解器；8—第一加热器；9—第一分离器；10—第二分解器；11—第二分离器；12—尿液浓缩器；13—浓缩器分离器；14—甲铵加热器；15—氨回热器；16—第一冷凝器；17—惰性气体洗涤器；18—高压甲铵泵；19—低压甲铵泵；20—第二冷凝器；21—尿素产品泵

尿素合成塔 4 的操作条件是：压力 20MPa，温度 190℃，氨碳比 4～4.2，水碳比 0.86。二氧化碳转化率可达 74%。合成塔结构独具特色，它是一个内部换热式的反应器。二氧化碳气、预热了的液氨（含有钝化用空气）和返回的甲铵液一起自塔顶进入设于塔内的盘管中，进行合成甲铵的反应，并放出热量传到盘管以外。盘管的下端形成开口的罩式分布器，反应物自此流出，又与一部分液氨混合，再从下而上流动，此时进行甲铵脱水的吸热反应。这样，盘管内外热量匹配，有利于管内甲铵的生成和管外尿素的生成，最后到达塔顶时，CO_2 转化率可达 74%。这种合成塔型又称等温反应器。

原料二氧化碳有 60% 进入合成塔，其余 40% 则送入中压系统，起气提剂的作用，最后以甲铵液形式送入合成塔。这不仅有利于热量的回收和物料的循环，而且节省压缩功耗。

原料液氨在泵出口处加入少量钝化空气，经预热后有 70% 自合成塔顶进入盘管，其余 30% 则从合成塔底引入，以保持全塔的热平衡。

合成塔出料减压至 2.6MPa 进入液体分布器 6，进行闪蒸，将合成出料先行气液分离，液体则再减压到 2.3MPa，进入第一分解器 7，第一加热器 8 和第一分离器 9，气液再次分离。第一分离器采用 CO_2 气提。出第一分离器的液体减压到 0.2MPa，进入第二分解器 10

和第二分离器11。此处得到已相当纯净的70%的尿液，再进入尿液浓缩器12，被蒸发浓缩到86%～88%。从分离器即可得到液体尿素产品，或继续加工成固体尿素。

从第二分离器出来的气体进入第二冷凝器，将不凝气中微量氨回收后，惰性气体排入大气。出第二冷凝器的液体是稀甲铵液，经回流冷却器5放出一部分热量，再至第一分解器壳侧，与第一分离器来的气体混合。这个气液混合物经一系列换热器进行冷凝、吸收并放热以供工艺需要。这些换热器是：第一分解器7、第二分解器10、尿液浓缩器12、甲铵加热器14、氨回热器15。最后在第一冷凝器16中用冷却水冷凝成为浓甲铵液，由高压甲铵泵18加压，再经甲铵加热器14返回合成塔。从第一冷凝器分出的气体包括惰性气体及与之平衡的氨气，在惰性气体洗涤器17中被冷凝吸收。冷凝吸收下来的氨水返回第一冷凝器，回收气体中微量氨后放空。

收集在冷凝液收集槽中的冷凝液送水解解吸系统回收其中 NH_3 和 CO_2，废液达到排放标准后排放。

热循环法尿素工艺采用等温合成塔，二氧化碳转化率高，减少了循环甲铵量和下游设备尺寸。原料二氧化碳有40%直接进到中压系统，节省压缩功耗。另外，采用工艺物料之间互相换热，不借助于中间蒸汽，所以热量利用充分，只有第一分解器这一个设备使用外供蒸汽。

3.3 气提法

气提法工艺是20世纪60年代以来尿素生产工艺最重要的改进。气提法也是水溶液全循环流程，但采用了气提技术，使尿素合成塔出来的反应液中大部分未转化的 NH_3 和 CO_2 在与合成同等压力下即从尿液分出，并重新返回合成塔。与传统的水溶液全循环法相比，能耗及生产费用明显降低，而且具有流程简化等一系列优点。当代的各种尿素生产工艺几乎都采用二氧化碳气提或氨气提以及它们的变型。

3.3.1 二氧化碳气提法

荷兰Stamicarbon公司于1967年创建二氧化碳气提法技术，首次将气提技术应用于尿素生产并取得成功。Stamicarbon二氧化碳气提法是现在世界上建厂最多、生产能力最大的尿素生产技术。图2-3-4是二氧化碳气提法的简略流程。

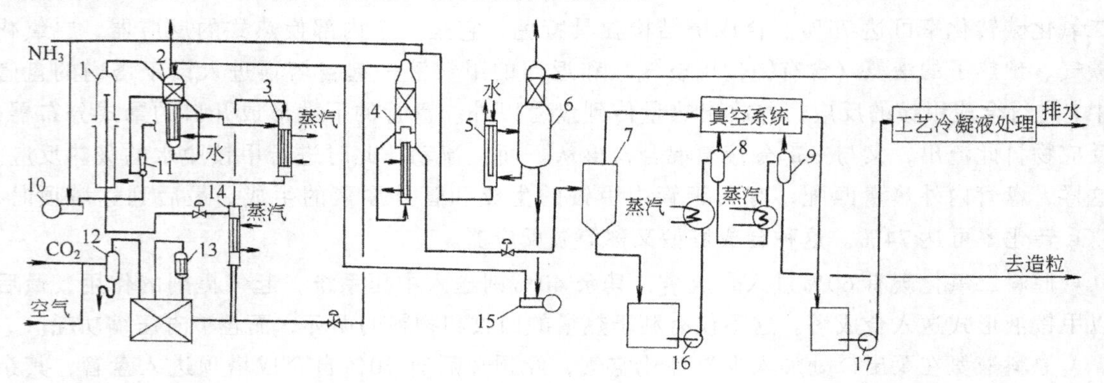

图2-3-4 Stamicarbon二氧化碳气提法尿素生产流程

1—合成塔；2—高压洗涤器；3—高压甲铵冷凝器；4—精馏塔；5—低压甲铵冷凝器；6—低压洗涤器；7—闪蒸槽；8—一段蒸发器；9—二段蒸发器；10—高压氨泵；11—高压喷射器；12—二氧化碳压缩机；13—脱氢反应器；14—二氧化碳气提塔；15—高压甲铵泵；16—尿液泵；17—工艺冷凝液泵

合成塔1的工艺操作条件为氨碳比2.8～2.9，水碳比0.4～0.5，温度180～185℃，压力14MPa。CO_2 转化率57%～58%。合成塔出口溶液进入二氧化碳气提塔14，自下通入二氧化碳气进行气提。原料二氧化碳气先配入空气4%作为防腐之用，经二氧化碳压缩机12压缩后，进脱氢反应器13，将气体中少量氢经催化氧化而脱去，以防止可能发生爆炸，然后进入气提塔。气提塔为一列管式换热器，气提时所需分解和气化热由2.45MPa蒸汽提供。通过气提作用，合成反应液中相当大量的未转化为尿素的 NH_3 和 CO_2 被气提出来，NH_3 和 CO_2 的气提率分别达85%和70%，同时还有一些水蒸气也被气提气带出。气提塔出来的溶液温度约160～170℃，出来的气体温度180～185℃。气提塔出来的气体进入高压甲铵冷凝器3，同时还有原料液氨和循环甲铵液也一起进入该高压甲铵冷凝器，在此进行气体冷凝、吸收和甲铵的合成反应，放出热量用以发生低压（0.45MPa）蒸汽，高压甲铵冷凝器为一废热锅炉。高压甲铵冷凝器流出的气液混合物自流进入合成塔。高压甲铵冷凝器的排热量需进行控制，以使合成塔达到自热平衡，所以高压甲铵冷凝器出料保留部分气体，以使其在合成塔内冷凝，补偿合成塔内甲铵转化为尿素的吸热反应。从合成塔顶排出的气体进入高压洗涤器2，用来自低压系统的甲铵液洗涤，以回收其中的 NH_3 和 CO_2，然后放空，而甲铵液浓度得到进一步提高，然后流入高压甲铵冷凝器。

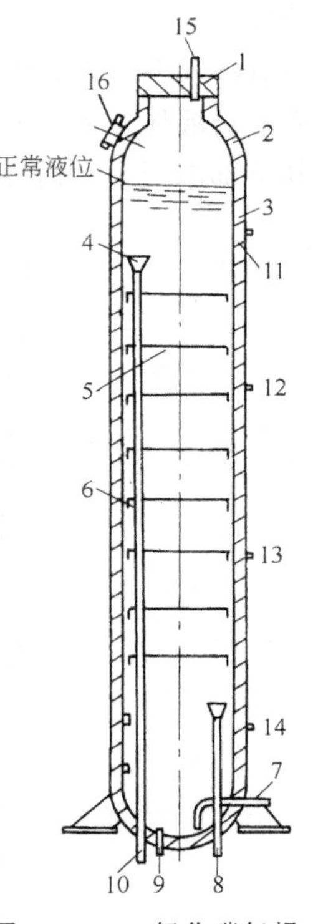

图2-3-5 二氧化碳气提法尿素合成塔

1—上盖；2—塔壁；3—衬里；4—旋涡消除器；5—多孔板；6—溢流管；7—来自高压甲铵冷凝器的气体进口；8—去高压喷射泵的甲铵液出口；9—来自高压甲铵冷凝器的液体进口；10—合成塔液体出口；11～14—塔壁温度指示孔；15—液位传送器孔；16—合成塔气体出口

合成塔、二氧化碳气提塔、高压甲铵冷凝器和高压洗涤器4台设备构成了系统的高压圈。整个高压系统作成立面布置，安置在高层框架中，液体流股利用液位差自流流动。原料液氨用高压液氨泵加压至15～16MPa，再作为动力通过喷射器将来自高压洗涤器的甲铵液一起送入高压甲铵冷凝器。由于高压圈的自流循环，节省了设备投资和动力消耗。

气提塔出口溶液减压至0.25～0.35MPa，进入低压精馏塔。由于压力的降低，有 NH_3 和 CO_2 闪蒸出来，液体接着通过填料层的精馏作用将溶解的 NH_3 和 CO_2 进一步加热分解并蒸出。离开精馏塔的液体进入真空闪蒸槽，压力降到0.45MPa，进一步逐出 NH_3 和 CO_2，得到尿素含量高于72%、NH_3 和 CO_2 含量均低于1%的尿液。尿液经尿液泵送入串联的两台真空蒸发器，得到99.7%的尿素熔融物，送造粒塔造粒。

低压精馏塔出来的气体送入低压甲铵冷凝器，在此被冷凝，未冷凝的气体在低压洗涤塔用稀的回收溶液吸收，得到的浓溶液用高压甲铵泵打回高压系统。

真空蒸发系统得到的冷凝液及其他废水在工艺冷凝液处理系统进行解吸水解处理，回收的氨和二氧化碳送回循环，净化后的水作为锅炉给水或冷却水的补充。

二氧化碳气提法的合成塔结构如图2-3-5所示，总高约33m，内径2.8m，内衬8mm厚的316L不锈钢板。反应物料从底部进入，自下而上流动，最后合成反应液由塔内的溢流管自塔底引出，直接进入气提塔，不夹带气体，可保证气提塔的进料稳定。不凝气从塔顶排出。塔内等距安放 8 块多孔筛板，将反应器分为 9 个串联的小室。气液混合物自底部进塔，边反应边向上流动。气体穿过筛板小孔向上运动，筛板开孔率很小，在每块筛板下形成一气相层。气体以高速通过小孔，在筛板上的液相空间形成剧烈扰动以加快反应速度。液体从筛板与筒体的环隙通过，然后在上一个小室再与气体混合反应。安装筛板的目的是防止返混并增大气液接触混合作用。

二氧化碳气提塔结构如图 2-3-6（a）所示。它是一个直立降膜式列管热交换器。由于气提塔是全过程中工艺条件腐蚀最为苛刻的设备，加热管采用耐蚀性优于一般 316L 的 Cr25Ni22Mo2 低碳不锈钢，以抗高温、强腐蚀介质。合成液呈膜状沿管壁流下，与 CO_2 气逆流流动，同时由管外加热蒸汽冷凝提供热量，合成液中未转化成尿素的氨基甲酸铵被分解，溶解于反应液中的 NH_3 和 CO_2 被气提出来。液体均匀分布到每根加热管十分重要。如液体分配不匀，各管的进液量和气液比偏离正常值，将使气提效率下降，甚至造成部分管壁没有液膜并过热，引起腐蚀。为保证液体的均匀分布，在上管板上装了液体分布器，从合成塔来的液体进入受液槽，然后流到上管板上，保持一定的液面。每根管的上端装一分配头，其下部沿圆周方向均布 3 个小孔，合成液通过小孔平稳地沿管内壁流下，形成液膜。液体分

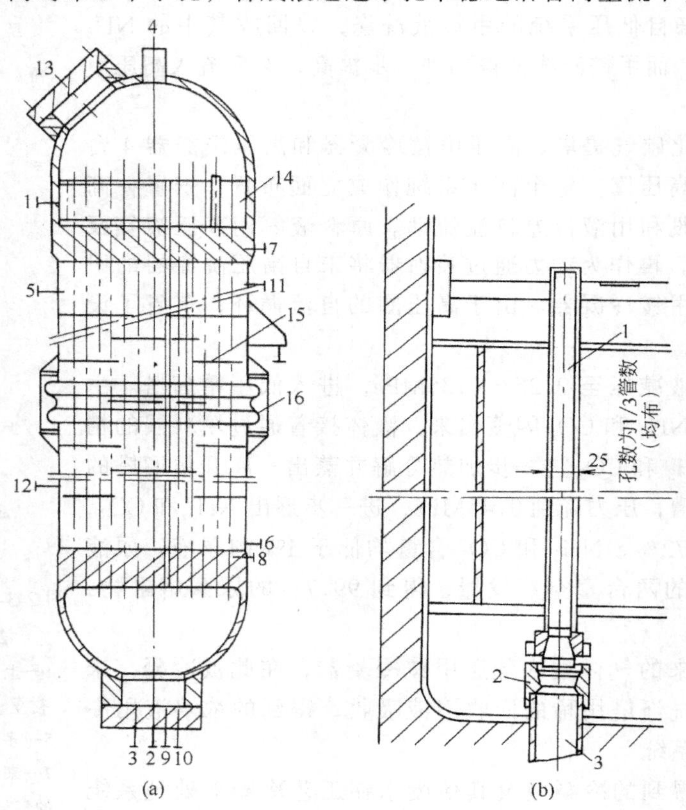

图 2-3-6　二氧化碳气提法的气提塔

（a）总图：1—合成液进口；2—气提液出口；3—CO_2 气进口；4—气提气出口；5—加热蒸汽进口；6—冷凝液排出口；7—加热室不凝气排出口；8—加热室残液出口；9—液位传送器；10—高液位报警；11—爆破板；12—“惰性”气体出口；13—人孔；14—分布器；15—挡板；16—膨胀节

（b）液体分布器：1—升气管；2—衬套；3—工艺气体管

布器详细结构见图 2-3-6（b）。

二氧化碳气提工艺的特点：用原料 CO_2 气提，气提效率高，使未转化物大部分直接返回，少量残余物在一次低压分解循环即可回收，省去中压循环，简化流程。其次，合成压力低，节省压缩机和泵的动力。高压圈内高压冷凝器的余热温度高，用来副产蒸汽，有利于能量的利用，降低蒸汽和冷却水消耗。

二氧化碳气提采用低氨碳比、低温、低压的合成条件，具有明显的优点，但也有其不足之处：合成反应的 CO_2 转化率较低，增大了循环量。低氨碳比下介质的腐蚀性较严重，因此多用防腐氧气，并需注意爆炸问题。

3.3.2　氨气提法

意大利 Snamprogetti 公司在 20 世纪 60 年代开发了氨气提法尿素工艺，用氨气作为合成反应液的气提剂。由于氨与二氧化碳的性质不同，在合成液中的溶解度很大，经过气提的液相仍含有大量的氨，气提效果不佳。Snamprogetti 公司在 20 世纪 70 年代中期改进了设计，取消了通入氨气的作法，而是利用提高温度增强气提的效果，是为第二代氨气提工艺，又称为自气提或热气提。Snamprogetti 氨气提法工艺现在是仅次于 Stamicarbon 二氧化碳气提的世界上最主要的生产技术。

氨气提工艺流程如图 2-3-7，合成塔的操作压力 15MPa，温度 185～190℃，氨碳比

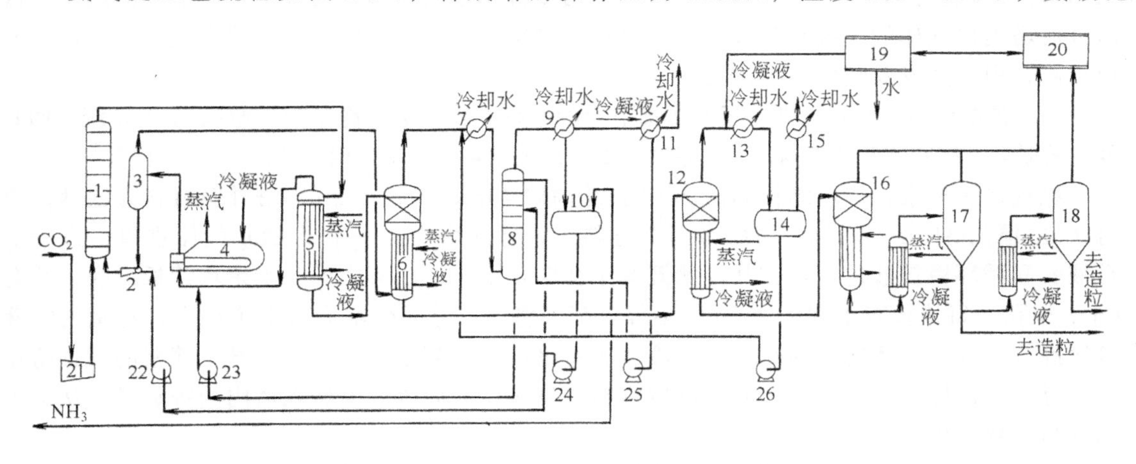

图 2-3-7　Snamprogetti 氨气提尿素工艺流程

1—合成塔；2—甲铵喷射器；3—气液分离器；4—高压甲铵冷凝器；5—氨气提塔；6—中压分解塔；7—中压冷凝器；8—中压吸收塔；9—氨冷凝器；10—液氨贮槽；11—中压尾气洗涤塔；12—低压分解塔；13—低压冷凝器；14—低压碳铵液收集槽；15—低压尾气洗涤塔；16—真空预浓缩器；17——段蒸发器；18—二段蒸发器；19—解吸-水解系统；20—真空冷凝系统；21—CO_2 压缩机；22—高压氨泵；23—高压甲铵泵；24—低压氨泵；25—氨水泵；26—低压甲铵泵

3.4～3.6，水碳比 0.4～0.6。转化率达 65％左右。合成塔物料全部进入氨气提塔。该塔是一降膜式加热器，合成液沿加热管呈膜状流下，因受热而有 NH_3 气化，氨气向上流动，与液体逆流接触，即作为气提剂而将液相 CO_2 和 NH_3 带出。气提液温度达 200～210℃，NH_3 和 CO_2 的气提率分别约为 45％和 70％。气提塔出口气体进入高压甲铵冷凝器 4。该冷凝器为一卧式废热锅炉，气提气在此冷凝并被来自中压循环的甲铵液吸收，放出的冷凝热和吸收热用以产生中压蒸汽供后续工序之用。流出高压甲铵冷凝器的物料进气液分离器 3，液体回合成塔。这样，合成塔—气提塔—高压甲铵冷凝器—分离器—合成塔形成高压循环。液体的

自动循环利用原料液氨驱动的喷射器 2 即可完成。整个高压系统无需高层框架。

气提塔出口溶液中的未反应物分三级回收，依次通过中压分解塔、低压分解塔和真空预浓缩器。中压循环的压力为 1.8MPa。气提液首先减压进中压分解塔 6，在此进行甲铵的分解和氨的气化及精馏，出口气体经冷却冷凝进入中压吸收塔 8，通过精馏将氨和甲铵液分离，塔顶得到纯 NH_3 气，塔底得到甲铵液。塔顶排出的纯 NH_3 气在氨冷凝器 9 冷凝并流入液氨贮槽 10，一部分作为回流，其余用高压氨泵 22 送往高压系统。中压吸收塔底的甲铵液用高压甲铵泵 23 送回高压循环。中压吸收塔的回流除液氨外还引入浓氨水，防止出现结晶。氨冷凝器出口气体经洗涤塔 11 后排空。

中压分解塔出口液体送入低压分解塔 12，压力为 0.45MPa，进一步分解甲铵和将 NH_3 和 CO_2 排入气相。出口气体经冷凝和吸收后用低压甲铵泵 26 送到中压系统。低压分解塔出口液体再进入真空预浓缩器 16，在 0.03MPa 的真空下分离，得到更为纯净的尿素溶液，即送去蒸发。

尿素溶液的蒸发，根据后续加工工序的要求而采用一段或两段。如果为造粒塔，则需两段蒸发，得到 99.7% 的尿素熔融体。如采用流化床造粒，则只采用一段蒸发，得出 96% 溶液即可。

在整个工艺中，不同阶段进行着不同温度的放热和吸热过程。通过换热进行能量匹配，从而降低能耗。例如，中压分解塔出口气体的冷凝和吸收热即作为真空预浓缩器的热源，低压分解塔出口气体的冷凝和吸收热用于原料氨的预热，而高压甲铵冷凝器发生中压蒸汽，温位更高，用于蒸发及其他多项用途。

真空预浓缩和蒸发系统排出蒸汽在真空冷凝系统冷凝，工艺冷凝液送解吸-水解系统，回收其中的尿素、氨和二氧化碳返回工艺系统，处理后的水可用作锅炉给水或冷却水的补充。

氨气提法尿素合成塔结构如图 2-3-8。总高约 40m，内径 2.2m。塔外筒材料为碳钢，内衬 7mm 厚的 316L 不锈钢。塔底有两个进料管，伸入塔内，一个是 CO_2 气体进口，另一个是液氨和循环甲铵液进口。在其环侧开有小孔数百个，塔内等距安装十余块筛板，板上开有 8mm 小孔，每块板有 1000～2000 孔不等。筛板将塔内空间分割为若干个小室，每室内气液接触混合良好。气体通过筛孔上升，液体通过筛板与内筒之间的环隙上升。筛板的设置防止液体返混。这样，物料逐室上升，反应物越来越多，最后进入安装在塔内的排料管，从塔下部适当位置排出。

氨气提塔结构如图 2-3-9。该气提塔为一直立管壳式换热器。内有钛或锆制加热管 2000 多根。从合成塔来的物料从上引入，通过液体分配系统均匀进入每根加热管。每根加热管在露出管板上端套上一段套管（液体分配头），套管与加热管之间有聚氟乙烯填料密封。在管板上一定距离处，每根套管侧壁开有 3 个小孔，与管子内表面相切。进料液从小孔进入，沿切线流下形成液膜。液膜向下流动时受热而部分气化。生成的气体向上流动，与下降的液膜逆流接触而产生气提作用。最后气体通过加热管和套管，汇合后从塔顶排出，送往高压甲铵冷凝器。经过气提的液体从塔底排出。

氨气提工艺的特点：提高合成氨碳比，提高原料 CO_2 转化率，并有助于提高气提效率。通过热气提方式，使相当多的未转化物直接返回。高压圈内高压冷凝器副产蒸汽，有利于能量的利用。合成系统采用高氨碳比，还有助于减轻设备腐蚀，少加防腐空气。

与二氧化碳气提流程相比，氨气提采用高氨碳比、高温、高压的合成条件，具有一定的优点，合成反应的 CO_2 转化率较高，系统的腐蚀问题较轻。但氨气提（热气提）效率不如二氧化碳气提，需要设中压分解循环，流程长，设备较多。

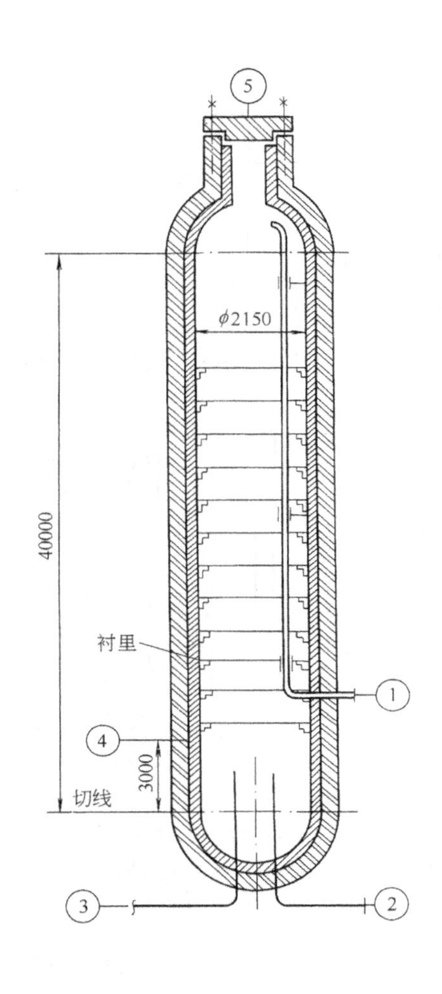

图 2-3-8 氨气提法尿素合成塔
1—合成物料出口；2—二氧化碳气体入口；
3—液氨入口；4—热电偶插入口；5—人孔

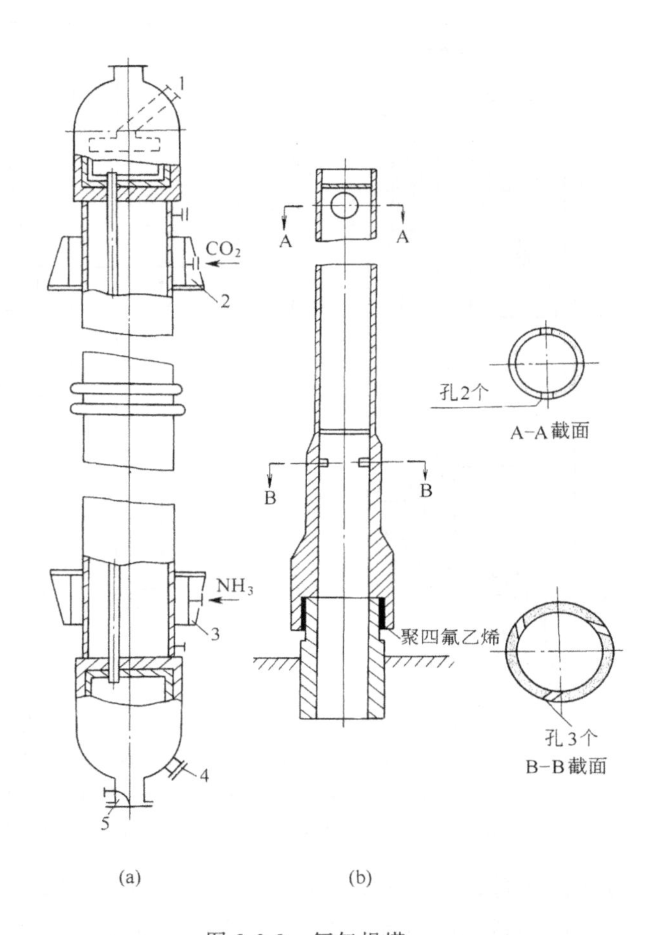

图 2-3-9 氨气提塔
（a）总图：1—尿液入口；2—加热蒸汽入口；3—冷凝液出口；4—尿液出口；5—气体出口
（b）液体分配头结构图

3.3.3 ACES 法

日本三井东压公司和东洋工程公司于1979年开发ACES（Advanced Process for Cost and Energy Saving）法，在其原来的全循环改良C法的基础上引入二氧化碳气提技术。见图2-3-10。

高压回路包括合成塔1、气提塔4、两台并列的高压甲铵冷凝器5和一台高压洗涤塔6，在17.5MPa压力操作。合成塔工艺条件为190℃，氨碳比4，水碳比0.6。原料液氨直接进入合成塔。原料二氧化碳先进入气提塔作为气提剂。合成塔 CO_2 转化率可达68%～70%，自流进入气提塔顶。气提塔分为上下两部分。塔上部有塔盘，下部是降膜加热器。在塔盘段，来自合成塔的料液与从下部上来的气体逆流接解，其中的过剩氨有一部分即被气体带出去。这种预气提作用有助于塔的下部的 CO_2 气提。塔的下部为降膜加热器，由于 CO_2 的气提作用，有大量未反应的 NH_3 和 CO_2 转入气相。气提塔出液进入两台并列的高压甲铵冷凝器，气提气分别用来自高压洗涤塔和中压吸收塔的甲铵液吸收。由于甲铵的生成和氨的冷凝

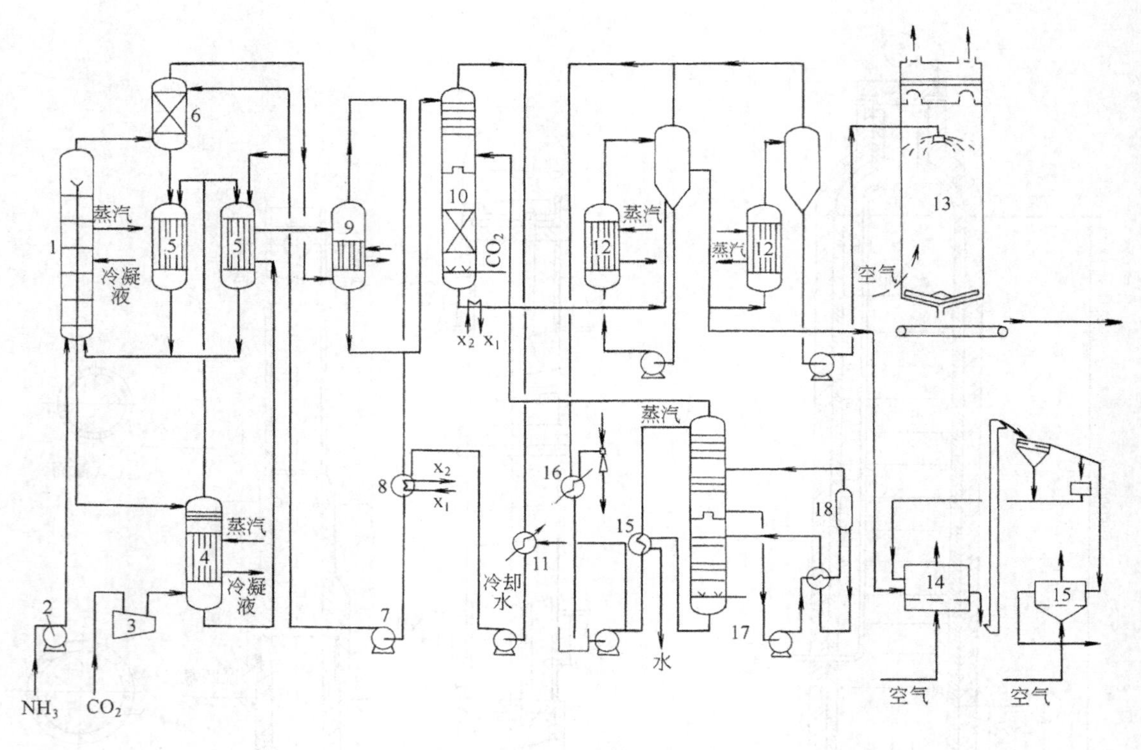

图 2-3-10 ACES 法尿素工艺流程

1—合成塔；2—高压氨泵；3—CO_2 压缩机；4—气提塔；5—高压甲铵冷凝器；6—高压洗涤塔；7—高压甲铵泵；8—中压吸收塔；9—中压分解塔；10—低压分解塔；11—低压吸收塔；12—蒸发器；13—造粒塔；14—造粒机；15—造粒机冷却器；16—表面冷凝器；17—工艺冷凝液气提塔；18—水解器

放出的热量，在其中的一台用于发生 0.5MPa 低压蒸汽，另一台用于加热气提塔出液减压闪蒸后的物料。出两台高压冷凝器的气液混合物靠重力返回合成塔。合成工序的惰性气体从合成塔排至高压洗涤塔，回收其中的 NH_3 和 CO_2。离开高压洗涤塔的惰性气体减压后进入中压分解塔 6，其中的氧作钝化剂，其他惰性气体又作为气提剂。

气提塔出口溶液相继在中压分解塔 9 和低压分解塔 10 中与未反应物分离，压力分别为 1.8～2.0MPa 和 0.2～0.4MPa。分离出来的 NH_3 和 CO_2 分别在中压吸收塔 8 和低压吸收塔 11 回收。这部分流程与原改良 C 法相同。在中压吸收塔放出的甲铵生成热和氨冷凝热直接用于蒸发液的预热。在蒸发工序，或经两段蒸发器 12 得到 99.7％尿液去造粒塔 13，或通过一段蒸发器得到 98.5％尿液去造粒机 14。真空蒸发系统的工艺冷凝液一部分送到回收循环，其余在水解和气提后排放。

ACES 工艺也可不经蒸发而代以结晶，制取低缩二脲的产品。

ACES 法继承原改良 C 法高温高压高氨碳比的合成条件，以求得到较高的转化率。但此时工艺参数不在相平衡的顶脊线上，对二氧化碳气提不利。为此，在气提塔的上部进行“预气提”，先将游离氨逐出，即可使溶液组成接近顶脊线，有助于气提效果。为弥补气提之不足，设置了中压分解工序。ACES 法将高压甲铵冷凝器分为两台，有一台不是用来发生低压蒸汽而是直接加热气提塔出液，相当于将两次换热合并为一次，减少了传热不可逆损失。此外，减少副产蒸汽还有利于装置的蒸汽平衡。

3.3.4 等压双气提法（IDR 法）

意大利 Montedison 公司开发等压双循环工艺，称 IDR 技术（Isobaric Double Recycle），其最主要的特点是将合成塔出口溶液串联经过两次气提，如图 2-3-11。合成塔压力 18～20MPa，温度 185～190℃，氨碳比 4～5，水碳比 0.58，转化率可达 70%～75%。在这样高的氨碳比下，出液含有较多的未反应氨。第一气提塔 5 用预热的氨气气提，将大量的游离氨逐出并直接返回合成塔。第一气提塔出口液体继续进入第二气提塔 6，用压缩二氧化碳气气提，进一步分解甲铵和蒸出游离氨。第二气提塔出口溶液含 NH_3 13.5%，CO_2 14%，再经常规的两级分解循环，最后送真空蒸发和造粒。

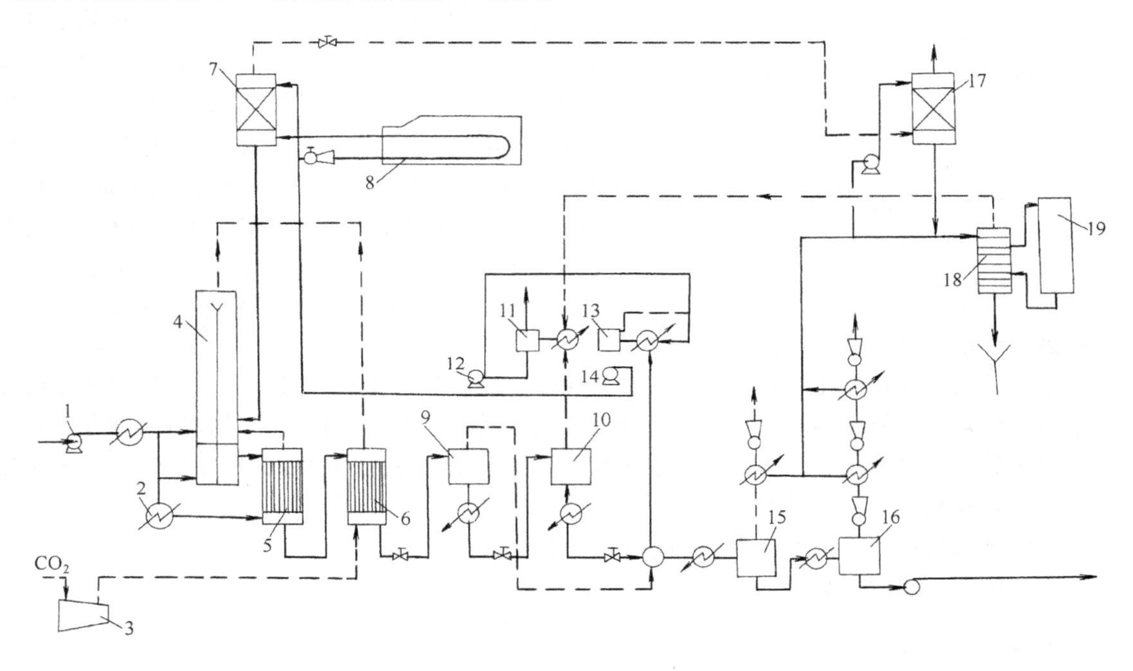

图 2-3-11 IDR 法尿素生产流程

1—高压氨泵；2—氨预热器；3—二氧化碳压缩机；4—合成塔；5—第一气提塔；6—第二气提塔；7—高压洗涤塔；8—高压甲铵冷凝器；9—中压分解塔；10—低压分解塔；11—低压甲铵冷凝器；12—中压甲铵泵；13—中压甲铵冷凝器；14—高压甲铵泵；15—一级蒸发器；16—二级蒸发器；17—低压洗涤塔；18—解吸塔；19—水解塔

IDR 法合成塔分为上下两段，用隔板隔开，各有 9 块和 4 块塔板。反应物，包括原料液氨、第一气提塔出气、高压甲铵冷凝器出口液体，从上段的底部进入，穿过多层塔板上升到顶部后，再由降液管流到塔下段的底部，在此与更多液氨汇合，更进一步提高氨碳比，使 CO_2 转化率又有所提高，最后从塔下段的顶部流出，进第一气提塔。这样可避免合成塔和气提塔的高差布置，合成塔和气提塔均可布置在地面上，节省投资。

原料液氨分为 3 股。总量的 40% 经预热到 140℃ 后进合成塔上段，另外的 40% 预热到 180℃ 进合成塔下段。还有 20% 液氨进入第一气提塔作为气提剂。

第二气提塔出口气体和合成塔顶排出的气体以及循环返回的甲铵液（用高压喷射泵注入）一起进入高压甲铵冷凝器，分两级副产压力各为 0.7MPa 和 0.35MPa 的低压蒸汽，供后续过程之用，多余送入管网。

IDR 法的高压圈包括两段合成，两段气提和高压甲铵冷凝，过程可以用图 2-3-12 来表

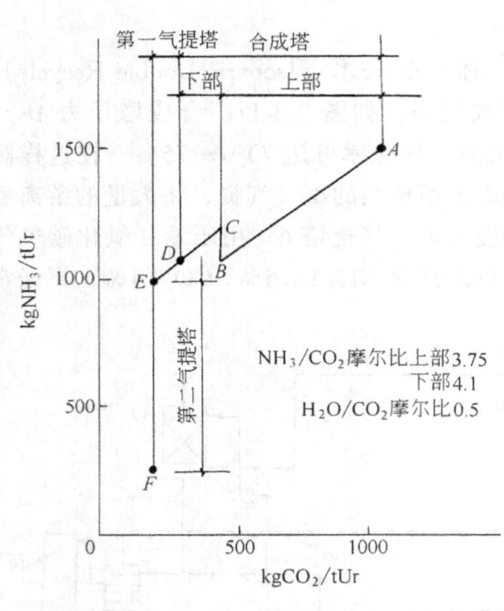

图 2-3-12　IDR 法过程特性图

示。图中的横坐标和纵坐标分别为每吨尿素所需相应的 NH_3 和 CO_2 量，图中各点表示。

A 点：合成塔上段进料

B 点：合成塔上段出料

C 点：合成塔下段进料

D 点：合成塔下段出料

E 点：第一气提塔出料

F 点：第二气提塔出料

在合成塔上段进口，进料的氨碳比是 3.75。随着尿素合成反应的进行，状态点 *A* 沿 $NH_3/CO_2=34/44$ 减少的方向移动到 *B* 点。*A*，*B* 两点的位移表明了反应进度。在 *B* 点有氨补充，状态点垂直向上移动到 *C* 点，氨碳比增加到 4.1，尿素合成反应又得以继续进行。总的 CO_2 转化率达到 71％以上。图中还显示，在第一气提塔内主要进行的是未转化为尿素的甲铵的分解，而第二气提塔内主要是游离氨的蒸出。

本法采用高的氨碳比，可得到较高的转化率，因而可减少循环量。由于高氨碳比导致合成液的游离氨多，故利用两次气提，使未反应物在较为有利的条件下尽量多地回到合成。

本法的设备腐蚀较轻。为防止设备的腐蚀，除在数处注入防腐用的压缩空气外，还在几个部位注入双氧水作为防腐剂。

本法每吨尿素的蒸汽消耗为 600kg，比现有方法要少 40％。

本方法的流程较为复杂。

3.4　联尿法

尿素生产的两种原料氨和二氧化碳，通常均来自合成氨生产，合成氨装置和尿素装置往往是一个工厂的两个车间。合成氨装置和尿素装置有许多联合的可能性。总的说来，合成氨装置有过剩的能量输出，而尿素装置则需要有能量输入，一般均共用一套蒸汽动力系统。此外，这两套装置均有工艺冷凝液处理工序，均用水蒸气将挥发性组分气提出去，所以两套装置也可共用一套工艺冷凝液处理系统。更进一步的集成，是合成氨和尿素装置在不同工艺环节的集成，形成一有机整体，这种生产工艺通称为联尿工艺。

1966 年日本三井东压公司建成 5t/d 中间试验车间。如图 2-3-13。合成氨原料天然气经脱硫、蒸汽转化和变换工序后，压力 2.5MPa、温度 200℃ 的变换气进入尿素系统，以其热能提供给尿素系统的高压分解器 2 和低压分解器 4，然后加压到 30MPa，送入二氧化碳吸收塔 13，用来自尿素分解吸收系统的稀甲铵液和来自氨合成系统的产品液氨脱除变换气中的 CO_2，并在随后的氨洗涤塔 14 洗去可能带有的 NH_3，随即进入常规甲烷化和氨合成系统生产液氨产品。在二氧化碳吸收塔得到的浓甲铵液以及在尿素分解吸收系统得到的回收液氨即成为在 25MPa 压力下操作的尿素合成塔 1 的进料。尿素生产的后续系统是常规的两段减压加热分解，加工成颗粒尿素。

本法属变换气吸收法联尿，它省去了常规合成氨生产中的脱除二氧化碳系统，免除 CO_2

再生所需能耗，而尿素系统则省去了二氧化碳压缩机和液氨泵。总投资较合成氨和尿素单独建设低5%～10%，单位操作成本低6%～7%。

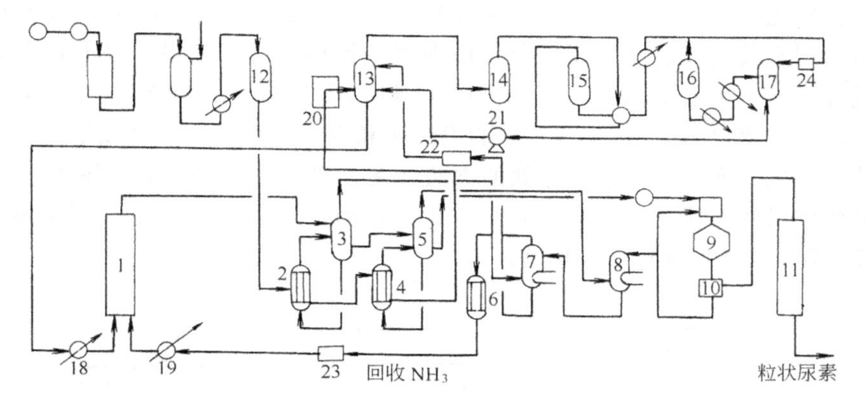

图 2-3-13　三井东压联尿工艺流程

1—尿素合成塔；2—高压分解器；3—高压分离器；4—低压分解器；5—低压分离器；6—氨冷凝器；7—高压吸收塔；8—低压吸收塔；9—结晶器；10—离心机；11—造粒塔；12—二氧化碳变换炉；13—二氧化碳吸收塔；14—氨洗涤塔；15—甲烷化炉；16—氨合成塔；17—氨分离器；18—甲铵液预热器；19—氨预热器；20—变换气压缩机；21—液氨泵；22—甲铵泵；23—回收液氨泵；24—循环气压缩机

20 世纪 70 年代初 Snamprogetti 公司提出联尿流程，也是变换气吸收法。合成氨中间产品加工为氨水，作为合成尿素的原料。如图 2-3-14 增压到 18～20MPa 的变换气进二氧化碳

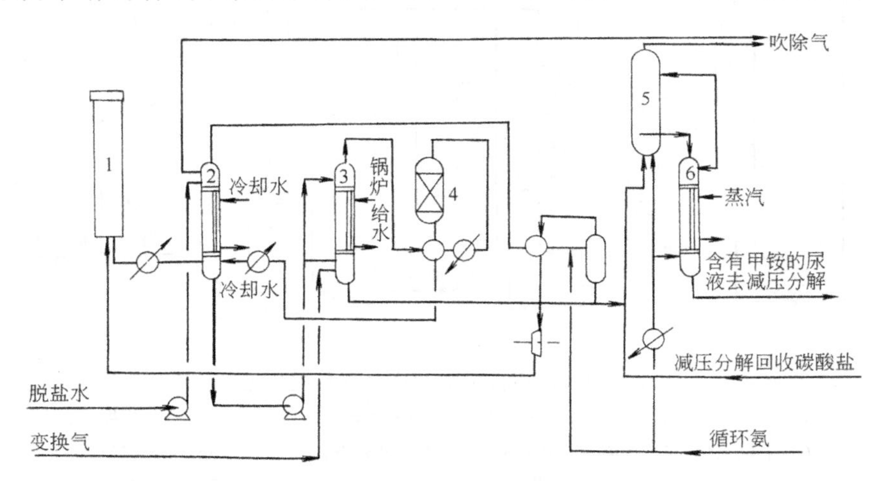

图 2-3-14　Snamprogetti 联尿变换气吸收法流程

1—氨合成塔；2—降膜式氨吸收塔；3—降膜式二氧化碳吸收塔；4—甲烷化炉；5—尿素合成塔；6—甲铵分解塔

吸收塔 3，用 80%浓氨水将 CO_2 吸收，放出热量用于预热锅炉给水。脱除了 CO_2 的变换气进甲烷化炉 4，然后与氨合成塔出气汇合进降膜式氨吸收塔 2，进入合成回路。氨吸收塔用水将氨洗去，得到 80%浓氨水。出气用液氨急冷干燥脱水。合成压力 23～27MPa。

尿素合成塔的进料来自二氧化碳吸收塔的浓甲铵液和尿素减压分解循环的碳铵液，合成压力 19MPa，温度 185℃，氨碳比和水碳比分别为 5 和 1～1.1，转化率 70%。出料进甲铵分解塔 6 即氨气提塔，再进入常规中、低压分解循环。

1978 年 Snamprogetti 提出联尿新流程，是变换气气提法。合成氨系统也是采用高压水洗分离氨，制得浓氨水吸收变换气中的 CO_2 并合成尿素。如图 2-3-15。合成氨原料天然气经脱硫、蒸汽转化和变换工序后，压缩到 20MPa，进入变换气气提塔 11，在此用变换气将尿素反应液（尿素反应液已经过高压分解塔即氨气提塔）进行气提，逐出其中的残留 NH_3 和 CO_2。气提气再依次进二氧化碳吸收塔 10 和氨吸收塔 9，与含有 NH_3 和 CO_2 的稀溶液逆流接触，脱除 CO_2 和 NH_3 后即进入常规的甲烷化和合成氨系统。氨合成塔 3 出口气体不是用常规的冷冻分氨，而是采用水洗分氨的方法，在合成氨系统的氨吸收塔中制得 80% 的氨水。离开氨吸收塔的气流与补充的新鲜气（甲烷化后的气流）合并，进入用液氨冷冻方法的脱水装置 2。脱水后的气体回合成回路。

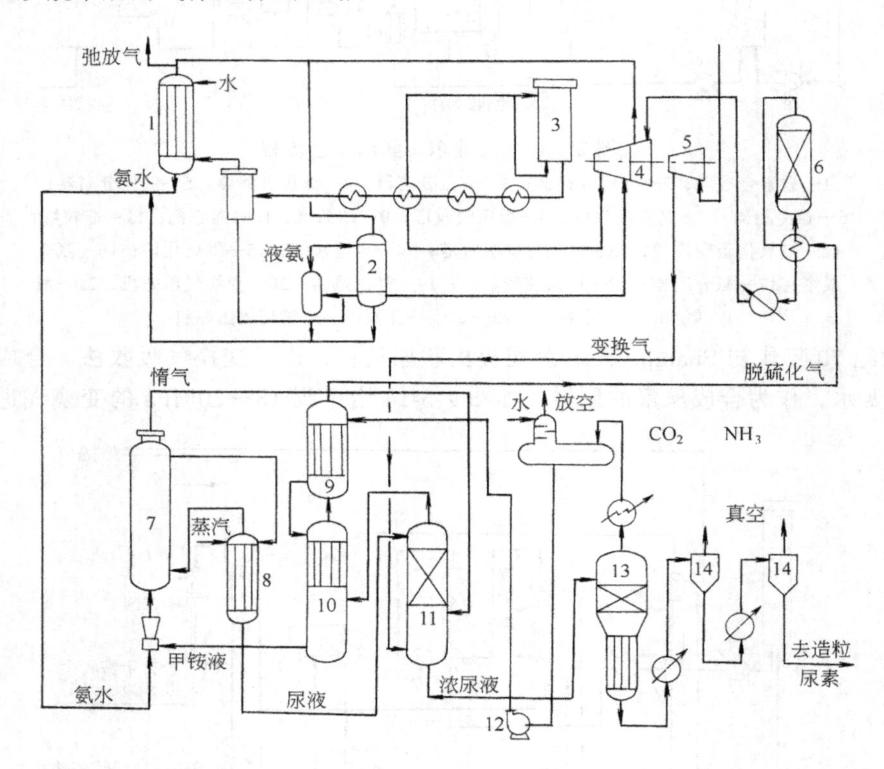

图 2-3-15 Snamprogetti 联尿变换气气提法工艺流程

1—氨吸收塔；2—脱水器；3—氨合成塔；4—循环气压缩机；5—变换气压缩机；6—甲烷化炉；7—尿素合成塔；8—高压甲铵分解塔；9—氨吸收塔；10—二氧化碳吸收塔；11—变换气气提塔；12—碳铵液泵；13—低压分解塔；14—蒸发器

在尿素系统，以合成氨系统的氨水和从二氧化碳吸收塔流出的浓甲铵液作为尿素合成塔 7 的进料。氨碳比和水碳比分别为 5 和 1.1，CO_2 转化率达 70%。从尿素合成塔出来的尿液进入高压甲铵分解塔 8，即 Snamprogetti 型氨气提塔，加热到 210℃，使部分甲铵和大部分氨被气提而回到尿素合成塔。从高压甲铵分解塔底部出来的尿液进入尿素气提塔 11，用变换气将 NH_3 和 CO_2 气提出去，再继续送至低压分解塔 13（压力 0.45MPa），将残余的 NH_3 和 CO_2 逐出，得到 65% 的尿液，随后进入常规的蒸发、造粒工序，得到最终产品颗粒尿素。

合成氨系统省去了脱除二氧化碳及再生系统，也省去高压回路的冷冻系统。尿素系统省去了 CO_2 压缩、高压氨泵等设备，节省了能耗。以天然气为原料的联尿法生产，与一般合成氨生产及配套氨气提法尿素装置比较，投资节省15%，尿素生产成本降低17%。

联尿的生产形式需要考虑合成氨和尿素的产量匹配，这与合成氨所用原料有关。当原料是天然气、油田气，产出的NH_3与副产CO_2的量基本上可满足合成尿素的要求。Snamprogetti公司提出一种称之为“灵活性”联尿流程。当用其他原料，例如重油和煤为原料，将有CO_2过剩，故在合成氨净化系统增大脱二氧化碳装置以脱除多余的CO_2。另外，在氨合成系统增设蒸氨装置，以便于同时生产尿素和液氨两种产品。

中国上海化工研究院等单位于60年代开发了合成氨与尿素联合工艺，称为中压变换气气提联尿法，其部分流程如图2-3-16[13]。合成氨系统经造气、变换等工序得到的变换气，压缩到4.5～6.0MPa，进入变换气气提塔，将尿素合成塔出口溶液进行气提，带出未转化的NH_3和CO_2，进入二氧化碳吸收塔，与来自氨回收塔的高氨稀甲铵液和合成氨系统的液氨产品的部分回流氨逆流接触，将其中的CO_2完全吸收，接着通过过剩氨冷凝器和氨回收塔，使脱除了NH_3的氮氢气转回常规的合成氨系统。

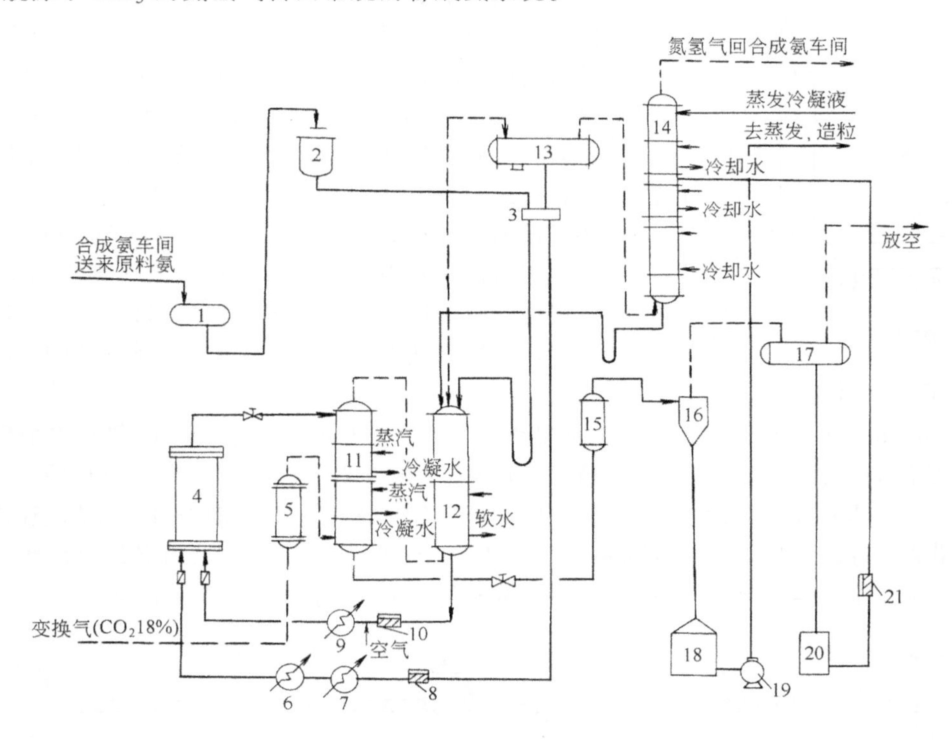

图2-3-16　4.5～6.0MPa变换气气提联尿流程

1—液氨槽；2—NH_3过滤器；3—NH_3中间槽；4—尿素合成塔；5—变换气加热器；6—NH_3加热器；7—NH_3预热器；8—液NH_3泵；9—甲铵加热器；10—甲铵泵；11—变换气气提塔；12—CO_2吸收塔；13—过剩氨冷凝器；14—氨回收塔；15—闪蒸加热器；16—闪蒸分离器；17—闪蒸冷凝器；18—尿液槽；19—稀尿液泵；20—闪蒸冷凝液槽；21—闪蒸冷凝液泵

尿素合成塔的进料来自二氧化碳吸收塔的甲铵液和合成氨系统送来的大部分液氨产品。尿素合成塔出口溶液经减压后进入变换气气提塔，在加热的同时用变换气气提。气提后的尿液再经闪蒸、蒸发造粒等工序得到尿素产品。

中压变换气气提联尿法已经工业化。本法与其他联尿技术一样，省去了合成氨系统的二氧化碳脱除和再生装置，以及尿素系统的CO_2压缩机等。尿液在中压下用变换气气提，有

利于逐出未转化的 NH_3 和 CO_2，脱除率几近完全，所以经变换气气提后的尿液只需加热闪蒸即可送去蒸发浓缩。流程短，投资节省，用于我国现有生产碳酸氢铵的小型氮肥厂改产尿素，较单独新建小型尿素装置更为合理。本法缺点是能耗较高。其中气提的压力根据合成氨所用原料的不同而确定一合理的数值。

各种不同的联尿流程，可以减少基建投资和原料消耗。但这种高度集成工艺的实现尚有待进一步完善。

3.5 其它尿素生产技术[14,15]

在当前的经济形势下，为增加尿素的生产，将现有装置进行改造以提高产量和降低能耗，比新建厂更为有利。瑞士 Ammonia Casale 公司开发了两段合成流程，称 SRR 法（分流反应循环法，Split Reaction Recycle）适用于现有厂（二氧化碳气提法或氨气提法）的增产改造，只需增设少量设备即可提高生产能力 20%～30%，而蒸汽耗量可降低 40%。如图2-3-17。合成塔出料用加压泵（单级离心泵）在原压力的基础上再增压 5～7MPa，进入增设的一台小的第二合成塔，由于在高压（20～22MPa）和高氨碳比（4～5）的条件下，转化率可以进一步提高到 70%～75%。第二合成塔出料经一加热器加热后进辅助分解器，分解出的 NH_3 和 CO_2 返回第二合成塔，用以提高其中物流的氨碳比，液体再进入原系统的气提塔。由于增设第二合成塔，原来的设备负荷可适当减轻，例如原气提塔负荷可降低为原额定值的 60%，从而节省了蒸汽消耗。

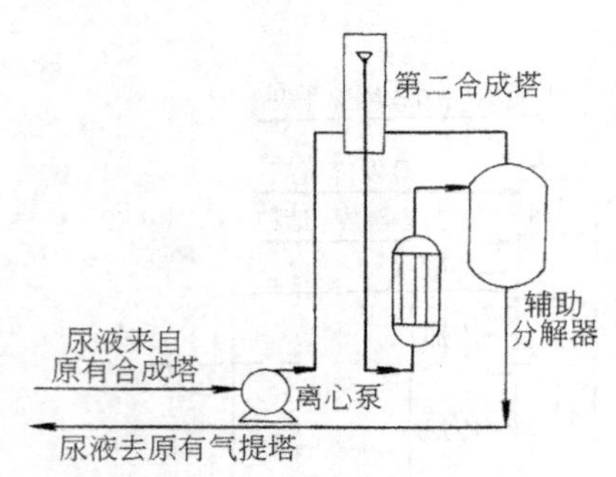

图 2-3-17 SRR 法流程

Ammonia Casale 公司还提出尿素合成塔板的一种改进形式。如图 2-3-18。塔板由平板改为槽形，每层塔板由若干个倒 U 型横槽组成，槽底部开有较大的孔作为液体通道，在槽的凸出部分开有小孔作为气体通道。大量的细小气泡大大增加了气液接触面积，有助于两相的传质和传热。这样也可获得很好的再混合效果。Casale 塔板曾用于二氧化碳气提、氨气提和传统全循环法合成塔的改造，使用 10～14 块改造的塔板，可使合成转化率在原有水平再提高 2%～4%。

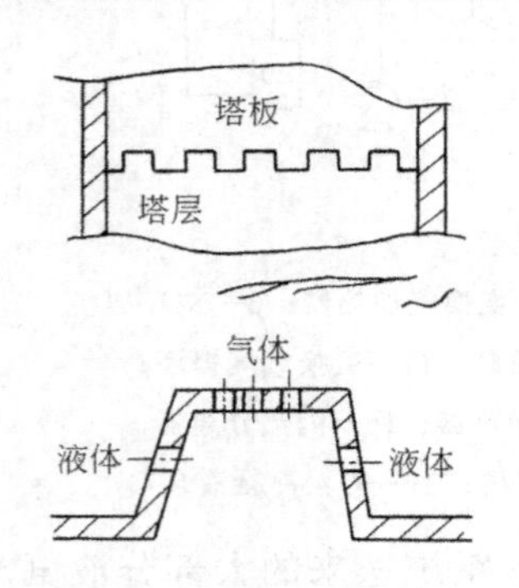

图 2-3-18 Casale 合成塔板

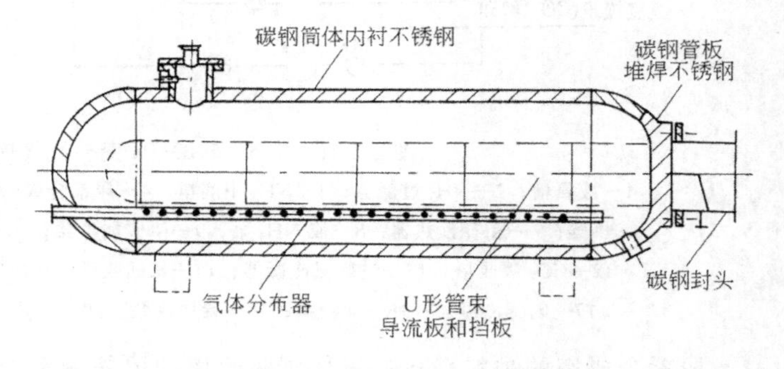

图 2-3-19 池式甲铵冷凝器结构示意图

近年国外开发成功用卧式结构的池式冷凝器代替立式降膜冷凝器，结构如图 2-3-19。该冷凝器为高压筒体，内衬 316L，筒体内设 U 形管束。工艺介质由原来走管程改为走壳程。管程改走蒸汽和蒸汽冷凝液（用泵强制循环）。

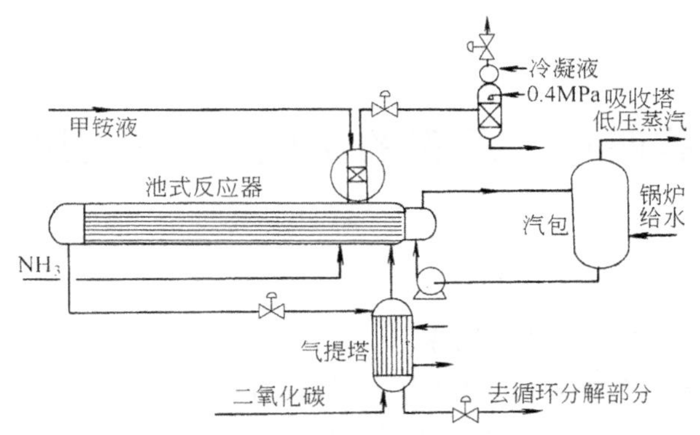

图 2-3-20　池式反应器合成回路图

由于 CO_2 气提工艺和氨气提工艺都非常成熟可靠，原料消耗已接近理论值，公用物料消耗已降到较低水平，为此 Stamicarbon 公司又开发出尿素 2000^{+TM}新工艺，其改进内容包括尿素高效塔板，池式甲铵冷凝器和池式反应器流程（如图 2-3-20 所示），即将甲铵冷凝器，尿素合成塔和高压洗涤器三台设备合而为一，称之为池式反应器，这样可大大简化流程，降低投资。

3.6　尿素新品种和新技术的开发

近年来，尿素生产工艺的发展没有突破性的变化，但现行的生产技术和设计不断有所改革和创新，其目标是进一步减低能耗，降低生产成本，减少生产对环境的污染。其主要方向是提高二氧化碳转化率，增强能量的回收和降低公用工程消耗，回收排放物中的氨和尿素，操作控制的计算机化，等等。单系列最大规模已达 2100～3000t/d。

为满足不同用途之需，各种专用和改性尿素产品不断有新的发展。

涂层尿素是在尿素颗粒表面包裹一层物质薄膜，通过选择膜的适当材料和厚度，可使具有缓释、除草、多养分等不同作用。生产工艺一般为：首先根据产品所需的配方比例和特定工艺条件，制备具有较强渗透性和稳定性的饱和涂层溶液，在尿素造粒过程中，用泵将涂层溶液气动喷雾成雾化状，在热态与下落的尿素颗粒逆流接触，即均匀分布于颗粒的外表面，并快速渗透进入颗粒内部，借助反应余热完成整个涂层过程。干燥后即成产品。涂层所用涂料有很多种，如腊、松香、虫胶、复合薄膜等。涂层生产工艺简便、产品效果显著，适于尿素产品的进一步加工。研究表明，施于土壤中的氮肥只有 50%～60%的氮素为作物所吸收，最主要的缓效尿素品种是涂层尿素，提高其吸收率，效果显著。有的品种还兼有除草、多养分等作用。

尿素-甲醛肥料也是一种缓效肥料，是尿素和醛类的缩合物。

以尿素为原料的化工产品有几十种，遍及多种领域。其中尿素用量最大，产品用途最广的是三聚氰胺。三聚氰胺 $C_3H_3(NH_2)_3$ 是具有 3 个氨基的杂环化合物，又称蜜胺，常温下为白色结晶，是重要的有机合成单体。从尿素生产三聚氰胺，有高压和低压两种方法。高压法是在 6.1～8.1MPa、380～450℃和有氨存在的条件下，熔融尿素在液相中进行缩聚反应，不使用催化剂。低压法是在 0.2～0.8MPa、380～450℃，有氨存在条件下，在气相通过催化剂（硅胶、氧化铝及少量其他助催化剂）进行缩聚反应。然后都是将反应物料用稀甲铵液或母液急冷，生成的三聚氰胺溶于水中，尾气送回尿素装置，再用于生产尿素。三聚氰胺副产的氨和二氧化碳又作为尿素生产的原料，所以尿素与三聚氰胺联合生产是比较合适的。

第四章　尿素的用途及产品规格

4.1　尿素的用途

尿素在农业和工业上都有广泛的用途。

1997年全世界尿素生产能力约5300万t（以氮计），产量为4200万t。

尿素总产量中有90%以上用作化学肥料。尿素已成为最重要的氮素化学肥料。在化学肥料的氮肥诸品种中，尿素的发展是比较晚的，但是自投入工业生产以来，即得到迅速发展。自20世纪70年代以来，尿素生产的速度和规模远超过其他氮肥。目前，全世界尿素产量占氮肥总产量（以氮计）的三分之一以上，跃居首位，且还有继续增长的趋势。

尿素施于土壤中后，在水分和微生物作用下，转变成铵的碳酸盐，再进一步水解为 NH_3 和 CO_2，而 NH_3 在细菌的作用下硝化为硝酸盐而被植物吸收。分解出来的 CO_2 也能被植物吸收。因此在土壤中不留下无用物，也不会酸化土壤。

尿素作为化肥，具有一系列的优点。尿素的含氮量在46%以上（纯尿素含氮46.65%），超过任何其他固体氮肥，如硝酸铵 NH_4NO_3（35%），硫酸铵 $(NH_4)_2SO_4$（21%），氯化铵 NH_4Cl（26%），碳酸氢铵 NH_4HCO_3（18%）等，节省了以吨氮营养物计的运输、贮存、施用等费用。尿素是中性速效肥料，施于土壤中以后不残留使土壤恶化的酸根，而且分解出来的二氧化碳也可为植物所吸收。尿素的施用及贮藏性能好，不分解、不吸潮、不结块、流动性好、无爆炸性。尿素还可以配成多营养成分的混合肥料和复合肥料，以满足不同土质、不同作物之需。

尿素生产的两种主要原料为氨和二氧化碳，而二氧化碳是合成氨厂的副产物，所以尿素的生产只需与合成氨厂配合，因而建厂选址方便，投资也省。现代的尿素生产每单位氮的成本已低于硝酸铵、硫酸铵等化学肥料。

尿素还可作为牛、羊等反刍动物的辅助饲料。在这些动物的胃内尿素与发酵的碳水化合物作用，铵态氮直接转化为蛋白质，因而增产肉、奶。

尿素的主要工业用途是作为高聚物合成材料。工业尿素的总消耗量约一半是作为尿素甲醛树脂和三聚氰胺。尿素甲醛树脂用于生产塑料、喷漆、粘结剂，以及纸张、织物、皮革的浸渍剂。

尿素还作为多种用途的添加剂，如用于油墨颜料、粘结剂（液化剂）、炸药（稳定剂）、染料（助剂）、纺织（处理剂、软化剂），选矿（起泡剂），炼油（脱蜡剂），林业（木材处理剂）等各种工业部门中。尿素还用于医药（如四环素、苯巴比妥、镇静剂、止痛剂、洁齿剂等）和试剂生产中。近年尿素还用于脱除烟道气中的氮氧化物，机场跑道除冰等。

4.2　尿素的产品规格

中国颁布的工农业用尿素产品现行标准如表2-4-1。

尿素产品的吸湿性低于 NH_4NO_3 而高于 $(NH_4)_2SO_4$。结晶尿素的吸湿点（与尿素饱和

表 2-4-1　尿素产品标准（GB 2440—91）

指标名称	指标					
	工业用			农业用		
	优等品	一等品	合格品	优等品	一等品	合格品
颜色	白色			白色或浅色		
外观:颗粒或结晶						
总氮(N)含量(以干基计)/%≥	46.3	46.3	46.3	46.3	46.3	46.0
缩二脲含量/%≤	0.5	0.9	1.0	0.9	1.0	1.5
水分含量/%≤	0.3	0.5	0.7	0.5	0.5	1.0
铁含量(以 Fe 计)/%≤	0.0005	0.0005	0.0010	—	—	—
碱度(以 NH_3 计)/%≤	0.01	0.02	0.03	—	—	—
硫酸盐含量(以 SO_4 计)/%≤	0.005	0.010	0.020	—	—	—
水不溶物含量/%≤	0.005	0.010	0.040	—	—	—
粒度(0.85～2.80mm)/%≥	90	90	90	90	90	90

注：结晶状尿素不控制粒度指标。

溶液平衡的空气相对湿度）与温度的关系是：

温度/℃	10	15	20	25	30	35	40
吸湿点/%	81.8	79.9	80.0	75.8	72.5	68.0	62.5

当空气中相对湿度大于尿素的吸湿点时，尿素吸收空气中水分而潮解，贮存包装时需注意。

除一般作为氮肥的产品外，还有一些其他类型的尿素产品以满足不同用途的需求。

低缩二脲级尿素要求产品缩二脲含量在0.3%以下。主要用于柑橘作物的叶部施肥。

饲料级尿素要求不含任何添加剂，颗粒粒度较小，大约0.5mm。饲料级尿素直接用作牛、羊等反刍动物的饲料。

近年，世界对大颗粒高强度尿素的需求日益增加。粒度最大可以达到15mm，用于农田深施和森林施肥。以下是各种粒径尿素颗粒的用途。

颗粒直径/mm	用途
1～3	单一肥料
2～4	制造掺混肥料，以防止尿素与其他颗粒肥料在贮存、运输、施用过程中发生不同粒度的粒子的分级和离析（磷肥、钾肥均采用造粒机制成较大的颗粒）
3～5	用于森林和草原
6～8	用于森林中飞机播撒施肥，大粒不易挂在树上而可落至地面
8～12	用于水稻深施作为基肥，以提高氮利用率

为减低尿素产品的结块性，可在尿素融体中加入少量甲醛（不大于0.6%），或在固体颗粒中添加表面活性剂。

尿素产品还可以液体即溶液形式提供，作为混合液体化肥的组分之一。最常见的是与硝酸铵混合的水溶液，氮含量32%～35%。

参考文献

1　袁一主编，王文善副主编．尿素．北京：化学工业出版社，1997

2　陈五平主编．无机化工工艺学·（三）化学肥料．第二版．北京：化学工业出版社，1989

3　张开坚．见：化工百科全书·尿素·第12卷．北京：化学工业出版社，1996．367～390

4　化肥工业大全编辑委员会编．化肥工业大全．北京：化学工业出版社，1988．363～430

5 Ullmann's Encyclopedia of Industrial Chemistry. 5th ed, Vol A27. Weinheim: Verlag Chemie GmbH, 1996. 333～365
6 Kirk-Othmer Encyclopedia of Chemical Technology. 3rd ed, Vol 23. New York: Wiley & Sons, 1983. 556～575
7 化学工业部图书编辑室编．化学肥料译丛第六辑．北京:中国工业出版社,1962
8 Mavrovic, I. *Hydrocarbon Processing*. 1971, **50**(4): 161
9 Lemkowitz, S. M. et al. *J Chem Tech Biotechnol*. 1971, 21:229; 1972, 22:727; 1973, 23:63; 1975, 25:769; 1977, 27, 327, 335, 349; 1980, 30:85.
10 Горловский, Д. М., Алътщулер, Л. Н, КучерявЫй, В. И. Технология карбамида. Москва: Химия, 1981
11 上海化工研究院尿素车间．尿素译文集．北京:化学工业出版社,1979
12 苏裕光,王向荣主编．无机化工生产相图分析·(二)化学肥料．北京:化学工业出版社,1992
13 施树良,余秉量．化工学报．1979,**30**(2):195～203
14 张震．大氮肥．2000,**23**(5): 289
15 池树增．大氮肥．2000,**23**(1):38～41

第三篇 硝　　酸

硝酸是重要的无机酸。1985 年世界硝酸产量为 3022 万 t（以 100%HNO_3 计），大部分用于制造硝酸铵，氮磷或氮磷钾等复合肥料。硝酸铵还大量用作矿山、铁路和公路、建筑施工等民用爆破工程上的安全炸药。

浓硝酸广泛用于有机化工。作为染料生产中最重要的中间体之一的苯胺，以及染料和塑料工业应用的邻苯二甲酸及其酸酐均需用浓硝酸。

硝酸除用于制造梯恩梯（TNT）炸药外，苦味酸、硝化纤维、硝化甘油、雷汞均需用到硝酸，N_2O_4 正是浓硝酸生产过程中的中间产品，它与其他燃料组成双组元液体，用于火箭的推进剂。

由此可知，硝酸工业在国民经济、国防工业和航天事业中占有重要地位。根据国家原石油和化学工业局 1998 年度统计公报，目前中国浓硝酸产量为 71.52 万 t（折 100%未包括台湾省）。

第一章 稀硝酸的生产

用氨制取稀硝酸的过程，系以铂铑贵金属作为催化剂将氨氧化成 NO，然后将 NO 氧化成 NO_2，再用水吸收 NO_2，即得稀硝酸产品。

1.1 氨催化氧化[1,2]

1.1.1 氨氧化反应

氨与氧作用可以有下列的反应：

$$4NH_3 + 5O_2 = 4NO + 6H_2O \qquad \Delta H = -907280J \tag{3-1-1}$$

$$4NH_3 + 4O_2 = 2N_2O + 6H_2O \qquad \Delta H = -1104900J \tag{3-1-2}$$

$$4NH_3 + 3O_2 = 2N_2 + 6H_2O \qquad \Delta H = -1269019J \tag{3-1-3}$$

以上均为强烈放热反应。与此同时，也还可能进行下列一些副反应：

$$2NH_3 = N_2 + 3H_2 \qquad \Delta H = 91.690J \tag{3-1-4}$$

$$2NO = N_2 + O_2 \qquad \Delta H = -180618J \tag{3-1-5}$$

$$4NH_3 + 6NO = 5N_2 + 6H_2O \qquad \Delta H = -1810791J \tag{3-1-6}$$

反应式（3-1-1）～（3-1-3）的平衡常数 900℃ 时为：

$$K_{p_1} = \frac{p_{NO}^4 \cdot p_{H_2O}^6}{p_{NH_3}^4 \cdot p_{O_2}^5} = 1 \times 10^{53} \tag{3-1-1a}$$

$$K_{p_2} = \frac{p_{N_2O}^2 \cdot p_{H_2O}^6}{p_{NH_3}^4 \cdot p_{O_2}^4} = 1 \times 10^{61} \tag{3-1-2a}$$

$$K_{p_3} = \frac{p_{N_2}^2 \cdot p_{H_2O}^6}{p_{NH_3}^4 \cdot p_{O_2}^3} = 1 \times 10^{67} \tag{3-1-3a}$$

由此可见，在工业操作温度为900℃时，三个反应的平衡常数都很大，实际上都可视为是不可逆反应，反应物几乎完全转变为生成物。

比较三个反应的平衡常数，以反应式（3-1-3）为最大。也就是说当该系统处于平衡状态下，最终仅有氮生成。因此，对此多向性反应体系，若想只得到目标产品NO，就不能只从改变热力学平衡条件着手，而应从反应动力学方面去考虑。最好的方法是寻求一种选择性良好的催化剂，使它只能加快式（3-1-1）的反应而抑制其他反应的进行。通过大量催化剂筛选实验，至今可供工业使用的选择性良好的催化剂归纳起来有两大类。一是铂系催化剂，二是以铁、钴、铬等金属的非铂系催化剂。后者虽然价格低廉，但其活性周期短，且氨氧化率低，仅为80%～87%，由催化剂节省的费用并不能抵偿由于原料氨耗增大所产生的费用。所以，现在国内外的硝酸工厂几乎都采用铂系催化剂。

1.1.2 氨氧化用铂系催化剂

1.1.2.1 化学组成

以纯铂作为氨氧化催化剂，在温度为800～900℃的操作条件下，纯铂催化活性并不高，且在强大气流连续冲击下铂表面变得松弛不平，铂表面疏松的铂微粒易被气流带走。若采用含铑（Rh）的铂合金，不仅可提高反应活性，且能增加其机械强度，减少铂的损失。但铑的价格昂贵，所以工业上大多采用含铑为5%～10%的铂合金。

也有以较价廉的钯来代替部分铑的，一般含铂在90%以上，钯和铑各占3.5%～4%。20世纪60年代后，其中钯用量还在提高。例如采用含钯在50%以下、铑10%以下，并掺入钍0.01%～10%的铂合金。据说这种铂催化剂活性和机械强度也是较好的。

1.1.2.2 物理性状

铂催化剂通常不用载体，以利于铂的回收；而且载体容易破裂，外露的载体会促使氨分解，降低氨氧化率。工业上要求催化剂单位重量的接触表面积应尽可能大，而铂合金具有较好的延展性和机械强度，因而工业上利用这一特性，都将其拉成细丝织成网状。由于铂的导热性好、开工时一经点火即能投入生产，而且铂网也便于再生和回收，还可使氧化炉的结构简化。

通常所用的铂丝直径为0.045～0.09mm。铂网的自由面积约占整个面积的50%～60%。现今铂网尺寸已规范化，常见的铂网直径规格有1.1、1.6、2、2.4、2.8、3.0m的。工业铂网规格，参见表3-1-1。

表 3-1-1 铂网规格

线径 d	孔数 n	线数/cm	S_s	g	s_g	f_s	f
cm	孔/cm^2		m^2/m^2	g/cm^2	cm^2/g	%	%
0.006	1024	32	11.206	0.0389	31.0	65.3	69.8
0.007	1024	32	1.407	0.0529	26.6	60.2	64.8
0.008	1024	32	1.608	0.0691	23.2	55.4	59.8
0.009	1024	32	1.809	0.0875	20.7	50.7	54.8
0.010	1024	32	2.009	0.1080	18.6	46.3	49.7
0.004	3600	60	1.507	0.0324	46.5	57.8	62.3
0.005	3600	60	1.884	0.0506	37.2	49.0	52.9
0.006	3600	60	2.251	0.0729	31.1	41.0	43.4
0.007	3600	60	2.638	0.0995	26.5	33.6	34.0

注：S_s—铂网单位总截面上的接触表面，m^{2}表面/m^{2}截面；

g—单位截面积铂网的质量，g/cm^2；

s_g—单位质量铂网的接触面积，cm^2/g；

f_s—铂网的自由面积百分率，即自由面积占总面积的百分率，%；

f—铂网的容积百分率，即自由空间占网总体积的百分率，%。

以上规格均与线数、线径 d (cm)、单位网截面积中的孔数 n，以及铂网密度$\rho(g/cm^3)$等有关。

如图 3-1-1 所示，若取 $1cm^2$ 的正方形网，则每 cm^2 中共有孔数为 n，由此可以求得在每 $1cm^2$ 面积中构成孔数为 n 时，所需纵向和横向的总线数为 $2\sqrt{n}$。据此，可求得每 $1cm^2$ 截面中的总线数（$2\sqrt{n}$）的表面 S

$$S=2\sqrt{n}\cdot\pi\cdot d=6.283\sqrt{n}d \tag{3-1-7}$$

相应的每 $1cm^2$ 的网的质量（g）应为：

$$g=2\sqrt{n}\times\frac{\pi}{4}d^2\cdot\rho=1.571\cdot\rho\cdot d^2\sqrt{n} \tag{3-1-8}$$

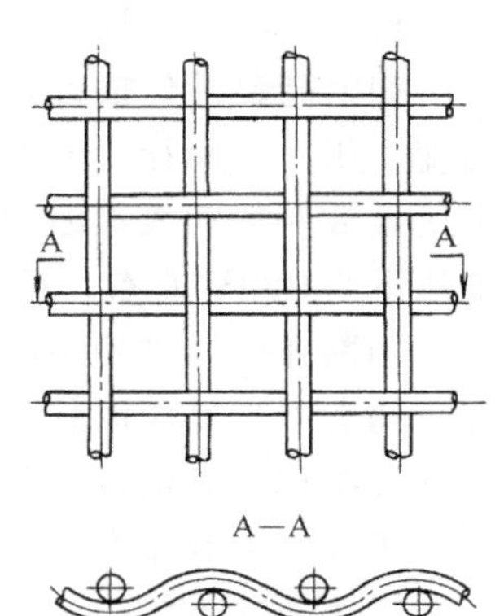

图 3-1-1 铂网示意图

f_s 为网的自由面积百分数。设在 $1cm^2$ 面积中有网孔为 n 个，每两根线间的距离为$\frac{1}{\sqrt{n}}$cm，故正方形孔的每边长度为$\left(\frac{1}{\sqrt{n}}-d\right)$，由此可得：

$$f_s=\frac{n(1/\sqrt{n}-d)^2}{1}\times100\%=(1-d\sqrt{n})^2\times100\% \tag{3-1-9}$$

设 f 为网的容积百分数，则：

$$f=\frac{\left(1^2\times d-2\sqrt{n}\times1\cdot\frac{\pi}{4}d^2\right)}{1^2\times d}\times100\%=(1-1.571\times d\sqrt{n})\times100\% \tag{3-1-10}$$

现以表 3-1-1 中第一行为例：已知线径为 0.006cm，若 1cm 长度中有线数为 32 根，由此可求得孔数共为 $n=1024$ 个（按 $2\sqrt{n}=2\times32$ 求得）。再将 d 和 n 数值代入式（3-1-9）和（3-1-10），则可分别求得 $f_s=65.3\%$ 和 $f=69.8\%$。

1.1.2.3 铂网的活化、中毒及再生

新的铂网表面光滑且有弹性，使用时不能立即获得高的 NO 得率，需经一段活化时间才能提高。如在 600℃时，其活性需经数昼夜方能升高。在 900℃时，活化时间则可缩短到8～16h。活化一般用氢焰烘烤，使铂表面变得疏松和粗糙，从而增大其反应接触表面。

铂网对杂质非常敏感，很易中毒。能使铂网中毒物质有：

PH_3：它对铂具有强烈中毒作用，属于永久性中毒。气体中含 0.00002% PH_3 时，NH_3 氧化率可降至 80%。当含量为 0.02%时，氧化率会降至 3.9%。

H_2S：当气体中含 H_2S 浓度很小时，会使铂网暂时中毒。若气体中含 1% H_2S 时，铂的活性就会降低百分之几。

C_2H_2：乙炔也能使铂网中毒。可使氨的氧化率降至 70%左右。故硝酸车间禁止用乙炔焊接。

苛性碱对铂网亦有毒害作用，并能腐蚀铂网。

水蒸气虽对铂网无毒，但会降低铂网温度。

为了防止铂催化剂中毒，必须先将原料气严格净化。即使如此，随着工作时间增长，铂网仍会逐渐中毒，故一般使用 3～6 个月后，就应将它进行再生处理。

再生方法是先将铂网取出，在温度 60～80℃下，用浓度为 10%～20%盐酸浸渍 1～2h，然后取出，用蒸馏水洗涤至无氯离子和溶液中性为止。干燥后再用氢焰灼烧，而后活化，活化时间可比新网短些。如此，活性即可恢复正常。

1.1.2.4 铂网损失和回收

铂因高温升华损失并不大，当温度为900℃时，其蒸气压仅为8Pa。铂的损失量与反应温度、压力、网径、气流方向及工作时间等因素有关。当温度高、网径细、气流方向由下而上所导致网振动大等因素均会使铂网损失加大。一般在常压下氨氧化温度常取为800℃，而加压下为880℃左右。铂网正常使用1～2年后则需更新。

铂网在使用过程中随气流带走的铂微粒，一般沉积在氧化炉后面的废热锅炉进口管处较多，约有1/2呈胶泥状沉积在硝酸贮槽中，应定期清理加以回收。尚有约1/4随废气排出，少部分沉积在其他设备和管道中。

工业上回收铂有下列几种方法。

① 机械过滤法。在废热锅炉后面设置一个以玻璃纤维作为过滤介质的过滤器，用以回收铂，但使系统压力降较大。也有将ZrO_2、Al_2O_3、硅胶、白云石或沸石等混合物制成5～8mm片层，共4层，层总高为2～3cm，置于铂网之后，以回收铂粒。

② 捕集网法。此法是在铂网后面设置一张或几张与铂网直径相同的合金网。该合金网含有钯80%、金20%。在温度750～850℃下，铂能置换合金中的钯。在常压下，一张捕集网约可回收60%～70%的铂。

③ 大理石不锈钢筐法　在置于铂网后面的不锈钢筐中盛入粒度为3～5mm的大理石，在600℃时大理石开始分解成CO_2和CaO。在750～850℃时，CaO能吸收铂微粒而形成淡绿色的$CaO \cdot PtO_2$。此法的铂回收率可高达80%～97%。

1.1.3 氨催化氧化的反应动力学

由式(3-1-1)可见，氨氧化生成NO的反应，需有4个分子氨与5个分子氧碰撞一起才能产生NO。事实上9个分子同时碰撞在一起的概率是极小的。所以，该式只不过是反映参与反应的反应物之间的一种量化关系，并不代表真实的反应机理。

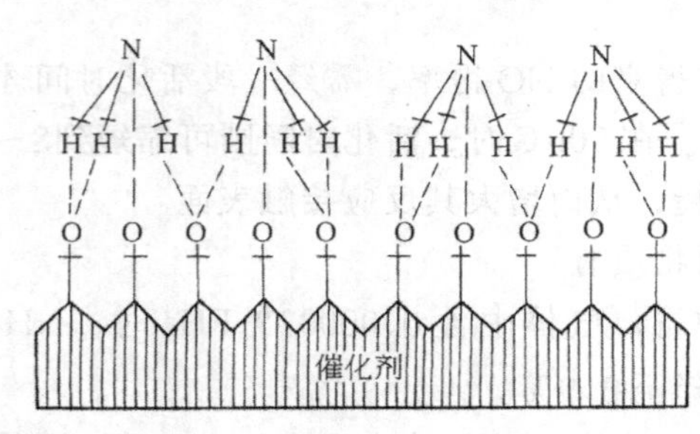

图3-1-2　铂催化剂表面生成NO的图解

氨氧化生成NO的反应机理曾有许多学者做过研究，但至今仍无一致共识。不管如何，它总是遵循一般气固催化反应的基本规律。包括反应物分子先从气相扩散到催化剂表面，而后在催化剂表面进行反应，然后反应物从催化剂表面扩散到气相中去。曾有人认为，在铂网表面上氨的氧化，按如图3-1-2所示机理进行。

① 从氨氧化的反应理论来说，欲使这个反应得以进行，首先应使以强大共价键相结合的氧分子（键能为498kJ/mol）能够解离出氧原子。但是即使在200℃，其解离度仍不到1%。工业上，利用铂表面活性中心具有能首先吸附氧分子的强大吸附力，从而大大削弱了氧分子的键能，降低了该反应活化能的能峰，为反应创造了首要的良好条件。

② 在铂催化剂表面靠范德华力吸附O_2而形成第一层吸附层后，剩余的范德华力仍再可吸附氨分子以形成第二层吸附层。

③ 吸附在催化剂表面的氧原子与被吸附的NH_3分子中的三个氢分别结合，通过分子重排生成NO和水蒸气。

④ 由于铂对NO和水蒸气的吸附力较弱，两者则从催化剂表面脱附（解吸）出来，向气相进行扩散。

研究认为，在上述各阶段中，以氨分子至铂网表面的扩散速度为最慢的一步，因而整个反应速度是受外扩散所控制。

氨分子向铂网表面扩散的时间，遵循下列公式

$$\tau=\frac{Z^2}{2D} \tag{3-1-11}$$

式中　Z——氨分子扩散途径的平均长度；

D——氨在空气中的扩散系数。

据有关资料介绍，设氨在700℃下氧化，所用铂丝为0.009cm。若1cm长的铂网中铂丝数为32根，而Z等于0.01cm，D等于$1cm^2/s$时，按上式计算则可求得

$$\tau=\frac{0.01^2}{2\times1}=5\times10^{-5}\ s$$

由此求得的扩散时间τ与氨空气混合气体通过铂网自由空间的时间、或称接触时间甚为接近。说明氨氧化成NO的反应速度极快，而一般在$10^{-5}s$即可完成。

气体通过催化剂的接触时间τ_0

$$\tau_0=V_{自由}/V_{气} \tag{3-1-12}$$

式中　$V_{自由}$——催化剂的自由空间，m^3；

$V_{气}$——操作条件下的气体体积流量，m^3/s。

网的自由空间为：

$$V_{自由}=\frac{f\cdot S'\cdot d\cdot m}{100} \tag{3-1-13}$$

式中　f——铂网的自由空间占网总体积的百分率，$f=(1-1.571d\sqrt{n})\times100\%$；

S'——网的截面积，m^2；

d——铂丝的直径，cm；

m——铂网数；

n——$1cm^2$面积内的孔数。

在操作条件下的气体体积流量为：

$$V_{气}=\frac{V^{\ominus}\times T_k\times0.1}{273\times p_k} \tag{3-1-14}$$

式中　$V^{\ominus}$——在标准状况下的气体体积流量，m^3/s；

T_k——操作温度，K；

p_k——操作压力，MPa。

1.1.4　氨氧化的物料和热量衡算

1.1.4.1　物料平衡[2]

为了简化氨氧反应的物料平衡计算，可近似地根据主要反应式（3-1-1）和式（3-1-3）进行。

取氨和空气的混合气体为1mol，其中氨和氧的起始含量分别为c_0，b_0摩尔分数，则N_2（包括少量的其他气体）为$(1-c_0-b_0)$摩尔分数。并设氨氧化生成NO的氧化度为α。设反应最终氨全部消耗尽，混合气体总压为$p_{总}$，水蒸气分压为p_{H_2O}。

计算如下：

$$4NH_3 + 5O_2 = 4NO + 6H_2O$$

反应前：　c_0　　b_0　　0　　$\dfrac{p_{H_2O}}{p_{总}-p_{H_2O}}$

反应后：　$c_0-c_0\alpha$　　$b_0-\dfrac{5}{4}c_0\alpha$　　$c_0\alpha$　　$\dfrac{p_{H_2O}}{p_{总}-p_{H_2O}}+\dfrac{6}{4}c_0\alpha$

反应剩余的 NH_3 为（$c_o-c_o\alpha$）和剩余的氧为$\left(b_0-\dfrac{5}{4}c_0\alpha\right)$，即作为 NH_3 与氧作用生成 N_2 的下列的反应的起始浓度

$$4NH_3 \quad + \quad 3O_2 \quad = \quad 2N_2 \quad + \quad 6H_2O$$

反应前：$c_0-c_0\alpha$

反应后：　0　　$\left[\left(b_0-\frac{5}{4}c_0\alpha\right)-\frac{3}{4}(c_0-c_0\alpha)\right]$　　$\left[(1-c_0-b_0)+\frac{1}{2}(c_0-c_0\alpha)\right]$　　$\left[\frac{6}{4}(c_0-c_0\alpha)+\left(\frac{p_{H_2O}}{p_{总}-p_{H_2O}}\right)\right]$

则得

反应的总气量（$V_{总}$）为：

$$V_{总}=\left[\left(b_0-\frac{5}{4}c_0\alpha\right)-\frac{3}{4}(c_0-c_0\alpha)\right]+\left[(1-c_0-b_0)+\frac{1}{2}(c_0-c_0\alpha)\right]+\left[\frac{6}{4}(c_0-c_0\alpha)+\left(\frac{p_{H_2O}}{p_{总}-p_{H_2O}}\right)\right]=1+\frac{1}{4}c_0+\frac{p_{H_2O}}{p_{总}-p_{H_2O}} \tag{3-1-15}$$

故得

反应后各气体的分压：

$$p_{NO}=\frac{c_0\alpha}{1+\frac{1}{4}c_0+\frac{p_{H_2O}}{p_{总}-p_{H_2O}}}p_{总} \tag{3-1-16}$$

$$p_{O_2}=\frac{b_0-\frac{3}{4}c_0-\frac{1}{2}c_0\alpha}{1+\frac{1}{4}c_0+\frac{p_{H_2O}}{p_{总}-p_{H_2O}}}p_{总} \tag{3-1-17}$$

$$p_{H_2O}=\frac{\frac{p_{H_2O}}{p_{总}-p_{H_2O}}+\frac{3}{2}c_0}{1+\frac{1}{4}c_0+\frac{p_{H_2O}}{p_{总}-p_{H_2O}}}p_{总} \tag{3-1-18}$$

$$p_{N_2}=\frac{1-\frac{1}{2}c_0(1+\alpha)-b_0}{1+\frac{1}{4}c_0+\frac{p_{H_2O}}{p_{总}-p_{H_2O}}}p_{总} \tag{3-1-19}$$

表 3-1-2 列出了反应前后物料量的变化。

表 3-1-2　反应前后物料量的变化

组　分	反应前的 mol 数	反应后的 mol 数
NH_3	c_o	0
O_2	b_o	$b_o-\frac{3}{4}c_o-\frac{1}{2}c_o\alpha$

续表

组　分	反应前的 mol 数	反应后的 mol 数
N_2	$1-c_0-b_0$	$1-\frac{1}{2}c_0(1+\alpha)-b_0$
H_2O	$\frac{p_{H_2O}}{p_{总}-p_{H_2O}}$	$\frac{p_{H_2O}}{p_{总}-p_{H_2O}}+\frac{3}{2}c_0$
NO	0	$c_0\alpha$
总　计	$1+\frac{p_{H_2O}}{p_{总}-p_{H_2O}}$	$1+\frac{1}{4}c_0+\frac{p_{H_2O}}{p_{总}-p_{H_2O}}$

1.1.4.2　反应温升的计算

氨氧化为 NO 和 N_2 均属放热反应，两者热效应与温度的关系如下：

$$\Delta H_1 = 219180 - 11.20T + 0.01007T^2 - 2.13\times10^{-6}T^3 \tag{3-1-20}$$

$$\Delta H_2 = 305495 - 11.30T + 0.011327T^2 - 2.173\times10^{-6}T^3 \tag{3-1-21}$$

在理想条件下，忽略各项热损失，即反应热全部用于使反应后气体温度升高。若反应前气体温度为 T_0，反应后的温度为 T_f，则反应前后的气体温升 $\Delta T = T_f - T_0$。

现取 1mol 原料混合气为计算基准，并假定氨在反应中全部消耗。按盖斯定律，可将总过程视为：

① 原料气在 T_0 时进行等温反应并放出热量。

从而得

$$C_0Q_{T_0} = c_0\alpha Q_{1(T_0)} + c_0(1-\alpha)Q_{3(T_0)} \tag{3-1-22}$$

式中　α，$Q_{1(T_0)}$——分别为氨氧化成 NO 的氧化率和反应热；

$(1-\alpha)$，$Q_{3(T_0)}$——分别为氨氧化成 N_2 的氧化率和反应热。

② 反应后气体等压加热，从 T_0 升至 T_f 所需的热量为(Q_p)：

$$Q_p = \Delta H = \int_{T_0}^{T_f}(\sum C_p)\mathrm{d}T = (\sum\overline{C_p})(T_f - T_0) \tag{3-1-23}$$

$\overline{C_p}$为反应后各组分气体在 T_f 和 T_0 之间的平均等压摩尔热容[J/(mol)·℃]，故得

$$\sum\overline{C_p} = \left(b_0 - \frac{3}{4}c_0 - \frac{1}{2}c_0\alpha\right)\overline{C}_{p_{O_2}} + \left[1 - \frac{1}{2}c_0(1+\alpha) - b_0\right]\overline{C}_{p_{N_2}} + C_0\alpha\,\overline{C}_{p_{NO}} + \left(\frac{3}{2}c_0 + \frac{p_{H_2O}}{p_{总}-p_{H_2O}}\right)\overline{C}_{p_{H_2O}} \tag{3-1-24}$$

按热平衡得

$$c_0Q_{T_0} = Q_p = (\sum\overline{p})(T_f - T_0) \tag{3-1-25}$$

从而得

$$\Delta T = T_f - T_0 = \frac{c_0Q_{T_0}}{\sum\overline{C_p}} \tag{3-1-26}$$

通过计算可知，每氧化了 1% 的氨，理论上平均温度升高约为 70℃ 左右。反应中实际热损失取决于氨氧化炉大小及其绝热保温情况的好坏。其热损失约占总反应热的 3%～8%。

反应温度 T_f 取决于起始温度（T_0）和 ΔT，一般在 800～900℃ 温度范围之间。

1.1.4.3　工艺条件

原料氨在硝酸生产成本中占有很大的比重，故在生产过程中必须保证氨的高氧化率（α）。按现今技术水平，常压下 α 可达 97%～98.5%，在加压氧化下可达 96%～97%。

其次，应有尽可能高的生产强度；在生产条件下的铂耗量为最小；最大限度地保证铂网有效工作时间，以达到稳产、高产、安全生产的目的。以下讨论氨氧化的一些主要工艺条件。

(1) 温度、压力和接触时间

如果温度低则催化剂活性低；过高则铂损耗大。故温度选择应适当。同时，还应考虑操作压力和接触时间的影响。一般常压下氧化温度取 760～850℃。中压下取 850～900℃，高压下取 900～930℃。

常压下氨的氧化用 3～4 层铂网即可。但在 0.5～0.8MPa 的加压操作时，应将网数增加到 16～20 层，同时还应将反应温度适当提高一些，这样氨的氧化率仍可达到 96%～98%。

表 3-1-3 列出了氨的氧化压力和它的影响[7]。

表 3-1-3　氨的氧化压力和它的影响

氧化压力	常　压	中压(0.4～0.6MPa)	高压(0.8～1MPa)
氧化率	98%	97%	96%
氧化温度	850℃	850～900℃	900～930℃
铂网层数	3～4 层	6～8 层	15～20 层
NH_3 处理量(折成 N)	2.5～3t/m^3	8～10t/m^3	25～35t/m^3
铂损耗(mg Pt/t HNO_3)	45～60	100～130	250～300
催化剂寿命	6 个月	4 个月	2 个月

总的来说,加压氧化的优点:处理同样生产负荷的气体体积比常压法为小,因而设备紧凑,设备投资少。缺点:氧化率略低,铂损耗较大。究竟采用常压或加压氧化,应视具体的生产条件而定。

接触时间应适当。太短则气氨来不及氧化,氧化率低。若太长也会使氨在铂网前的高温区停留过久,容易引起氨的分解。同样也会导致氧化率降低。

$V_{自由}$和 $V_{气}$ 的数值可分别由式(3-1-13)、(3-1-14)来求得。将此两式代入式(3-1-12)便可求得 τ_0。考虑到铂网丝有弯曲度,因此还需乘上一个校正系数 1.1,则得:

$$\tau_0=\frac{1.1f\cdot S'\cdot d\cdot m\cdot p_k\cdot 273}{100\cdot 1\cdot V_0\cdot T_k}=\frac{3f\cdot S'\cdot d\cdot m\cdot p_k}{V_0\cdot T_k} \tag{3-1-27}$$

由式(3-1-27)可见,当铂网规格一定时,接触时间与面积、网的层数、压力成正比,而与处理气量及操作温度成反比。

为了避免氨过早氧化,常压下气体在接触网区的流速不低于 0.3m/s。在加压操作时,由于炉内反应温度较高,铂网前的温度也较高,为了避免氨过早分解,宜采用大于常压的气流速度,以能很快地通过网前非接触区。但最佳的接触时间一般不因压力而改变。这样从式(3-1-27)可知,当 V_0 增大时,而欲保持接触时间不变,故在加压操作时势必要增加网数(m),其原因即在于此。

生产强度是评价氧化炉优劣的重要指标之一。其定义是以 1m^2 催化剂表面上每昼夜氧化的氨 A(kgNH$_3$/m^2·d)来表示。若气体中氨起始含量为 c_0(%)。则每秒处理的氨量为 $V_0\cdot c_0$,M^{3}NH$_3$/s;相当于日处理量为$\frac{V_0\cdot c_0\times 17}{22.4}\times 86400$,kgNH$_3$/d。

设铂网的单位总截面上的接触表面为 S''(m^2 表面/m^2 截面),故铂网数为 m 层的接触总面积为 $m\cdot S'\cdot S''$,由此可求得催化剂的生产强度 A。

$$A=\frac{V_0\cdot c_0\cdot 17}{22.4}\times 86400/(m\cdot S'\cdot S'') \tag{3-1-28}$$

联解式（3-1-27）和式（3-1-28）方程，可得 A_0 与 τ_0 的关系式如下：

$$A = 1.97 \times 10^5 \frac{c_0 \cdot f \cdot d \cdot p_k}{S'' \cdot \tau_0 \cdot T_k} \tag{3-1-29}$$

由此可见，在其他条件为一定时，生产强度与接触时间成反比，而与气流速度成正比。

为了提高设备的生产能力，采取较大的气流速度是适宜的。即使此时的氧化率比最佳气流速度下稍为减少，但从总的经济效果来衡量仍是值得的。据文献资料[1]，在 900℃ 和 $O_2/NH_3=2$ 的条件下，对于不同起始氨含量 c_0，α 和生产强度 A 的关系示于图 3-1-3。

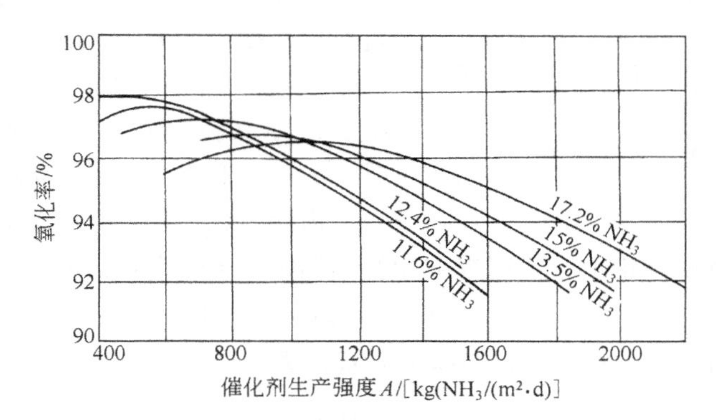

图 3-1-3　在 900℃ 时，氧化率与催化剂生产强度、混合气中氨含量的关系

由图可见，对应某一氨含量 c_0，存在着一个氧化率最大时的催化剂生产强度 A。通常选取催化剂生产强度还应比此值稍大一些，一般控制在 600～800kgNH_3/(m^2·d)之间。

有的数据表明，当采用 Pt－Rh－Pd 三元合金催化剂时，即使催化剂生产强度高达900～1000kgNH_3/(m^2·d)时，氨氧化率仍可在 98.5%左右，参见图 3-1-4。

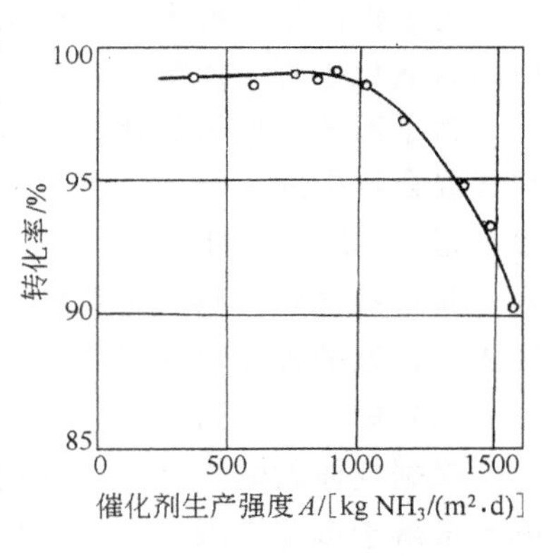

图 3-1-4　在 700℃ 左右时，氨氧化率与催化剂生产强度的关系

(2) 混合气体组成

选择混合气体的组成时，最重要的是氨的起始含量 c_0。同时也应考虑到氧的起始含量 b_0，其次是水蒸气等，因它们对反应也有一定的影响。

就提高催化剂的生产强度而言，增加氨的浓度诚然是有利的。但当由空气来提供反应所需的氧时，同时也带入大量的 N_2 气，故又限制了氨浓度的提高。

根据式（3-1-1）可知，1molNH_3 需消耗 1.25molO_2。因此，理论上氨的最大含量

$$c_0 = \frac{1}{1 + 1.25\dfrac{1}{0.21}} \times 100\% = 14.4\% \tag{3-1-30}$$

研究表明，当氧氨比为 1.25 时，氨的氧化率并不高。故通常混合气体中的氧氨比 $r=\dfrac{b_0}{c_0}$应大于 1.25。这就是说当 O_2 过量时，在铂催化剂表面的活性吸附中心上所吸附 O_2 的比例增大。倘若 O_2 量不足，氨就会在未被 O_2 所覆盖的铂催化剂表面上直接分解。故当氧氨比 r 值大于

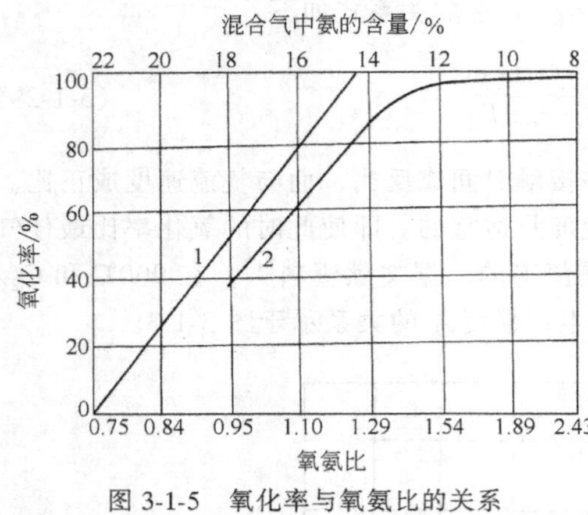

图 3-1-5 氧化率与氧氨比的关系

1—理论情况；2—实际情况

1.25 时，则所对应的 c_0 将小于 14.4%。

实践证明，当氧氨比 $r=1.7\sim2$ 时，相当于 O_2 比理论用量过量 30%以上最为适宜。但在催化剂活性较好时或氧化温度高时，则氧的过量可以少些。

对应于 $r=1.7\sim2.0$ 时，可求得起始氨含量在 11.5%～9.5%的范围。

图 3-1-5 中氨的氧化率与氧氨比的关系曲线是根据温度为 900℃时所得的数据绘成的。直线 1 表示完全按式（3-1-1）进行时的理想情况，曲线 2 表示实际情况。由图可知，当 r 小于 1.7 时，α 急剧下降。而当 $r>2$ 时，α 增加极小。

由氨氧化所得的 NO，尚需 O_2 再氧化成 NO_2 才能制成 HNO_3。所以理论上由氨制成 HNO_3 所需的总 O_2 量由下式决定

$$NH_3+2O_2 \longrightarrow HNO_3+H_2O$$

因而，当氧氨比 $r=2$ 时，混合气体中的氨含量应为

$$\frac{1}{1+2\frac{1}{0.21}}\times100\%=9.5\%$$

为了提高生产能力，一般工厂中均采用比 9.5%较高的氨含量。显然，这样在氨氧化以后的氨氧化过程中尚需补充适当的空气，此称为二次空气。

为了不致降低氧氨比，同时又能提高氨含量，以能制得更高含量的 NO 气体，可以在氨空气混合物中加入纯氧，配成氨-富氧空气混合物。但是无论如何，不可使混合气体中的氨含量超过 12.5%～13%，否则会有发生爆炸的危险。不过，如在氨-富氧空气混合物中，加入一些水蒸气则可减少爆炸的危险性，从而可以提高 NH_3 和 O_2 的含量。如有水蒸气的混合气体进行氨的催化氧化时，工艺上则称为湿式催化氧化。

（3）爆炸及其防止

根据气体的爆炸理论，任何爆炸气体都存在着与爆炸界限所相应的爆炸浓度。当易爆气体含量落于爆炸界限内，其爆炸危险性极大，若爆炸气体含量低于或高于爆炸界限范围则其爆炸危险性就小了。若氨空气或氨氧混合物含量大于 14%，温度为 800℃以上时则有爆炸危险。

影响气体爆炸界限的因素较多，但主要有如下几点。

① 爆炸前的温度。温度愈高则爆炸界限愈宽，也即说，在此种情况下愈易发生爆炸。表 3-1-4 是氨-空气混合物的爆炸界限与温度关系的实验测定值。

表 3-1-4 氨-空气混合物的爆炸极限

气体火焰方向	爆炸极限（以 NH_3%计）				
	18℃	140℃	250℃	350℃	450℃
向上	16.1～26.6	15～28.7	14～30.4	13～32.2	12.3～33.9
水平	18.2～25.6	17～27.5	15.9～29.6	14.7～31.1	13.5～33.1
向下	不爆炸	19.9～26.3	17.8～28.2	16～30	13.4～32.0

② 混合气体的流向。由表 3-1-4 可见，气体由下而上通过时，因这种情况易引起氧化炉发生振动，故爆炸界限放宽。

③ 氧含量。由表 3-1-5 可知，氧含量愈高，爆炸界限愈宽。

④ 压力。氨-氧混合物的压力愈高，愈容易发生爆炸。如果爆炸界限的下限在0.1MPa时为13.5%，0.5MPa 时为 12%。而当 1MPa 及 2MPa 时，则分别降至 10.8%和 10%。但对于氨-空气混合气体来说，压力的影响则不大，在 0.1～1MPa 之间，其爆炸气体含量的下限没有变化，均为 15%。

表 3-1-5　NH_3-O_2-N_2 混合气体的爆炸界限

(O_2+N_2) 混合气中的氧含量/%		20	30	40	50	60	80	100
爆炸极限 NH_3/%	最低	22	17	18	19	19	18	13.5
	最高	31	46	57	64	69	77	82

⑤ 容器的表面和容积之比。这对容器的散热速度有影响。比值愈大，则散热速度愈快，愈不容易发生爆炸。

⑥ 当混合气体中有可燃性杂质存在时，其爆炸速度和爆炸的威力增强。例如，当氨-空气混合物中含有 2.2%H_2 时，则氨的着火下限自 16%降至 6.8%。

⑦ 水蒸气的影响。完全干燥的混合气体失去爆炸能力。当混合气体中含有大量水蒸气时，氨的爆炸界限可变得狭窄。因此，在氨-空气混合物中加有一定量的水蒸气时，则可减少爆炸的危险性。

总而言之，氨的氧化过程必须注意防爆，且应有一些必要的安全措施。例如，严格控制操作条件，使气流均匀地通过铂网和在设备上设置防爆措施等。

1.1.5　氨催化氧化的流程

氨催化氧化流程有常压和加压之分。但基本原则相同，都必须考虑到如下几点。

(1) 空气和氨的净化

为了防止铂催化剂中毒，必须将空气和氨加以净化，以除去其中的尘埃、铁锈、油污及某些有害气体。这是保证氧化率及安全生产的重要条件。净化空气的设备类型很多，国内硝酸生产中多采用三段净化法。第一段在填料塔或筛板塔内用水洗涤。水洗后空气经过气液分离器；第二段用粗毛呢做成袋式过滤器过滤；第三段则与氨混合后一起用纸板或多孔素瓷管制成的过滤器进一步除去机械杂质。生产实践证明，现今大多厂已不用水洗，只用二段干法过滤即可。

为防止铁锈对铂网的污染，位于氧化炉以前的系统管线全部采用铝或镍铬不锈钢等材质制成。

(2) 混合气体的配制

氨和空气送到铂网以前务必混合均匀。这是保证氧化率和防爆的必要条件。配制混合气体的方法有干式和湿式两种。

① 干式。将 NH_3 和空气按比例分别送入用同一电机或汽轮机带动的氨气和空气送风机，再经混合器制成氨-空气混合气。这样，既便于调节混合气的组成，又可在电机或汽轮机停转时，同时自行停止氨和空气的输送，从而防止一旦混合气中 NH_3 含量过大而引起爆

炸。也可将 NH_3 和空气先经适当混合后直接送入风机，但这种配制方法，必须要求配有氨含量自动控制装置。

② 湿式。先将氨气制成浓氨水，再在发生塔内用空气气提氨，即使氨解吸以制成氨-空气混合气。留下的稀氨水则用泵送到吸氨塔循环使用。此法的优点是操作稳定，但氨水循环流程复杂，开工时需先制得一定浓度的氨水，不如干式法简便。

③ 反应热的利用。在氨氧化流程中必须考虑反应热的回收利用问题。氨氧化是强烈放热反应，从氧化炉出来的气体温度约在800℃左右，而后继工序NO的氧化以及 NO_2 的吸收都要求在低温下进行，因而必须设法将反应热加以回收。其方法是使高温气体通过废热锅炉用以产生动力蒸汽，使之驱动蒸汽透平或产生饱和蒸汽以作他用。此外，根据工艺流程不同，可将部分热量用来预热空气或 NO_2 吸收后的尾气，以节省蒸汽透平的动力。

由于气体的净化设备配置和热利用的方式不同，可以有多种不同的氨氧化流程。这里介绍一种常用的常压法氨氧化流程，见图3-1-6。

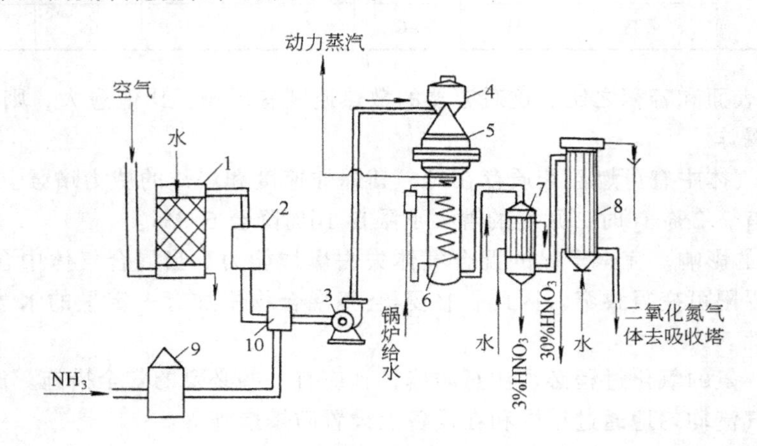

图3-1-6　常压下氨的接触氧化流程

1—水洗涤塔；2—呢袋过滤器；3—鼓风机；4—纸板过滤器；
5—氧化炉；6—废热锅炉；7—快速冷却器；8—普通冷却器；
9—氨过滤器；10—氨空气混合器

空气先进入洗涤塔1以除去机械与化学杂质，然后通过呢袋过滤器2与来自气柜的氨，在氨过滤器9中除去杂质后进入混合器10，经过净化的空气和氨气混合后一起由鼓风机送入纸板过滤器4和氧化炉5，温度为800℃左右的氨氧化物气体从氧化炉出来直接进入废热锅炉6，在此产生动力蒸汽，气体冷却到180℃，然后在快速冷却器7中冷却到40℃。在这里大量水蒸气被冷凝下来，并有少量的NO被氧化成 NO_2，而溶入水中，形成2%～3%的稀硝酸排出系统。

1.1.6　氨催化氧化的设备[3]

氨催化氧化过程的核心设备是氧化炉。它的基本要求如下。

① 保证反应气体能够均匀地通过整个催化剂截面。

② 在能保证气固接触最大反应面积前提下，宜尽可能缩小设备体积，以减少热损失。

③ 设备结构简单，装卸催化剂方便。

早期的氨氧化炉结构比较单一和简陋，随着硝酸工业技术的进展，至今工业上已有能适从不同操作压力的多种氨氧化炉投产运行。这类装置的特点是：设备设计紧凑、生产强度大、热能回收效率高，这对改善硝酸生产的技术经济性起着重要作用。

目前工业应用氧化炉有常压式、中压式、高压式。下面介绍几种。

(1) 氧化炉-直流式废热锅炉联合装置[18]

这种装置适用于中压氨氧化流程，现今中国采用较为普遍，如图 3-1-7 所示。氧化炉直径为 3m，采用 5 张铂铑钯网和一张纯铂网，操作压力为 0.45MPa，设计氧化率为 96%，联合装置上部为氧化炉，中部为过热器，下部为立式废热锅炉。

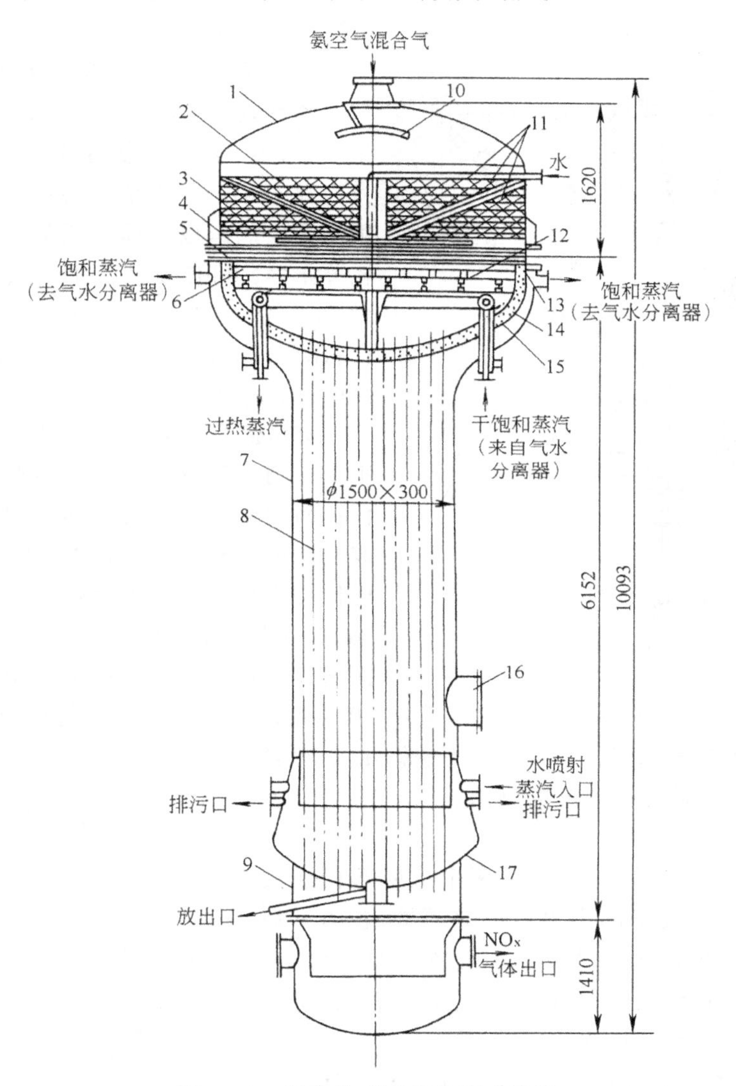

图 3-1-7 氧化炉-废热锅炉联合装置

1—氧化炉炉头；2—铝环；3—不锈钢环；4—铂铑钯网；5—纯铂网；
6—石英管托网架；7—换热器；8—列管；9—底；10—气体分布板；
11—花板；12—蒸汽加热器（过热器）；13—法兰；14—隔热层；
15—上管板（凹形）；16—人孔；17—下管板（凹形）

氨空气混合气由氧化炉顶部通入，经气体分布板、铝环和不锈钢环填充层，使气体均布于铂网上。为了充分利用氨的反应热，在中部过热器中，温度高达 800℃ 的氨氧化物与干饱和蒸汽进行间接换热，生产 390℃、2.5MPa的过热蒸汽。氮氧化物气体温度降至 745℃，进入下部换热器的列管内，与列管间的水进行换热，产生饱和蒸汽，而气体温度降至240℃。换热器间的水与锅炉汽包形成自然对流循环。汽包分离出来的水仍回到锅炉。废热锅炉的管板采用椭圆形结构，以改善热补偿能力。

该设备生产能力大，铂网生产强度高，压力降小，操作方便。

(2) 双加压法氧化炉与废热锅炉联合装置

此种装置首由法国 Gande Paroise 公司开发，见图 3-1-8。该装置操作温度为 800℃，操作压力为 0.45MPa。其结构特点是氧化炉与废热锅炉不等径地组成一体。顶部采用多层折板式多孔分布器，可使氨空气混合气流在铂网上分布均匀。分布器采用抗蠕变性能较强的 1Cr18Ni12Mo2Ti 材质，能有效地防止热变形。炉中设有电动旋转的开工点火装置。

废热锅炉为强制循环水管型。炉管呈蛇形垂直排列。蒸发器上部为过热盘管组，同时兼作铂网的支架为弹性支承，以抗热膨胀。紧靠废热锅炉内壁，设有锅炉水盘管，构成水冷壁，以代替绝热材料，可使炉壁及法兰处温度降到300℃以下，藉以保护氧化炉不致因法兰圈烧坏而漏气，并可降低炉体的辐射热损失。炉管为20号钢，而过热盘管选用铬钼合金材质。炉管支架为铬镍硅耐热不锈钢，下封头为不锈钢-锅炉钢复合材料，以防开车前后冷凝酸的腐蚀。

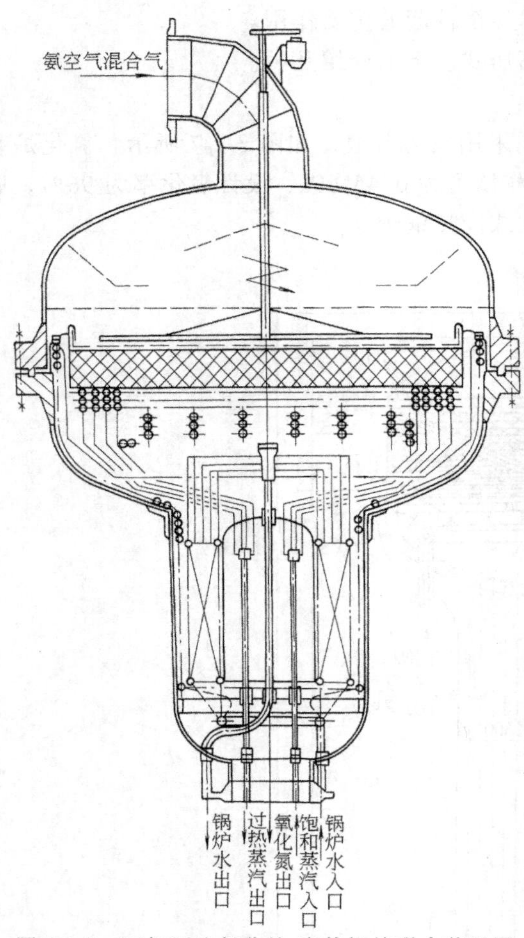

图 3-1-8 双加压法氧化炉-废热锅炉联合装置图

(3) 高压法氧化炉

如图 3-1-9 所示。该装置是由两个从底部相连接的圆锥体组成。在设备的中央部分水平放置 16～25 层铂网，气体由上而下通过设备。设备的网径约 1m 左右，操作压力为 0.8～1MPa。反应区温度高达 900～930℃，氧化率为 96%。

预热至 300℃、含 10%氨的混合气体通过反应器的上部，这部分设备采用镍制成，从而消除了氨热解的可能性。反应器下部用不锈钢制成。其外部有一水冷壁夹套。冷却水不断流动冷却。从氧化炉出来的氮氧化物气体温度为 880℃，经大管自然循环式换热器冷却至 240℃。

由图可见，该设备相当小而紧凑。其生产能力的提高并非其重大优点，而是后系统因加压使 NO 氧化

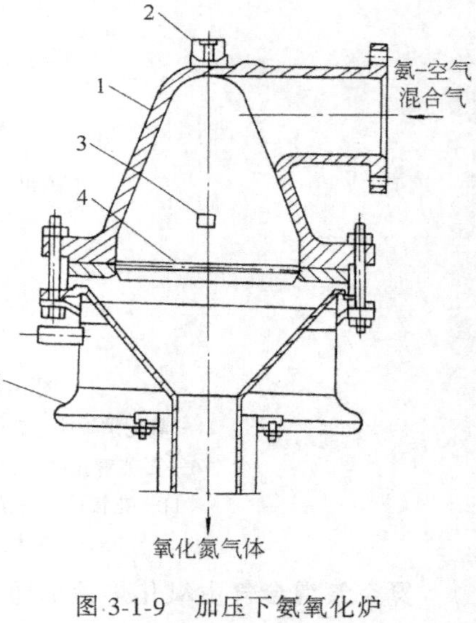

氨-空气混合气

氧化氮气体

图 3-1-9 加压下氨氧化炉

1—设备的上部；2—观察玻璃；3—点火口；4—催化剂网；5—水套

速度急剧加快更具有吸引力。而且事前将空气加压，比起在以后将氨氧化物和水蒸气混合气加压更为简单。现今工业上采用氨加压氧化，渐趋增多。

1.2 一氧化氮的氧化[1,2]

氨氧化生成的NO继续氧化便可得高价的氮氧化物NO_2、N_2O_3和N_2O_4。

$$2NO+O_2 = 2NO_2 \qquad \Delta H=-112.6kJ \tag{3-1-31}$$

$$NO+NO_2 = N_2O_3 \qquad \Delta H=-40.2kJ \tag{3-1-32}$$

$$2NO_2 = N_2O_4 \qquad \Delta H=-56.9kJ \tag{3-1-33}$$

NO是无色气体、微溶于水。NO_2是棕红色气体，与水作用生成硝酸。气态的NO_2在低温下会部分叠合成无色的N_2O_4，在常压下冷却到21.5℃时，便会冷凝成液体；冷却到－10.8℃时则成固体。

氮的氧化物有毒，规定$1m^3$空气中不得超过5mg。

上述三个反应都是可逆的放热反应，反应后体积减少，因而降低温度和增加压力，均有利于反应的进行。

式（3-1-32）和（3-1-33）的反应速度较快。NO和NO_2生成N_2O_3的速度0.1s内便可达到平衡。NO_2叠合成N_2O_4的速度更快，在10^{-4}秒内便可达到平衡。

NO氧化成NO_2是硝酸生产中重要的反应之一，与其他反应相比，它是硝酸生产中最慢的一个反应。因此该反应就决定了全过程进行的速度。

NO_2被水吸收生成HNO_3时，仍有部分NO放出，所以在吸收过程中尚需考虑NO的再氧化、再吸收的问题。

如何提高NO的氧化度及其氧化速度是硝酸生产中一个重要问题，而影响两者的因素有温度、压力、NO的初始质量和O_2含量等。

1.2.1 一氧化氮反应化学平衡

反应式（3-1-31)、(3-1-32）和（3-1-33）的平衡常数如下所示：

$$K_{p_1}=\frac{p_{NO}^2 \cdot p_{O_2}}{p_{NO_2}^2} \tag{3-1-31a}$$

$$K_{p_2}=\frac{p_{NO} \cdot p_{NO_2}}{p_{N_2O_3}} \tag{3-1-32a}$$

$$K_{p_3}=\frac{p_{NO_2}^2}{p_{N_2O_4}} \tag{3-1-33a}$$

平衡常数K_{p_1}与温度的关系如下所示。

$$\lg K_{p_1}=\lg\frac{p_{NO}^2 \cdot p_{O_2}}{p_{NO_2}^2}=-\frac{5749}{T}+1.78\lg T-0.0005T+2.839 \tag{3-1-34}$$

K_{p_1}的上式计算值和实验测定值，参见表3-1-6。

表3-1-6 K_{p_1}的计算值与实验值

温度/℃	225.9	246.5	297.4	353.4	454.7	513.8	552.3
实验值	6.08×10^{-5}	1.84×10^{-4}	1.97×10^{-3}	1.76×10^{-2}	0.382	0.637	3.715
计算值	6.14×10^{-5}	1.84×10^{-4}	1.99×10^{-3}	1.75×10^{-2}	0.384	0.611	3.690

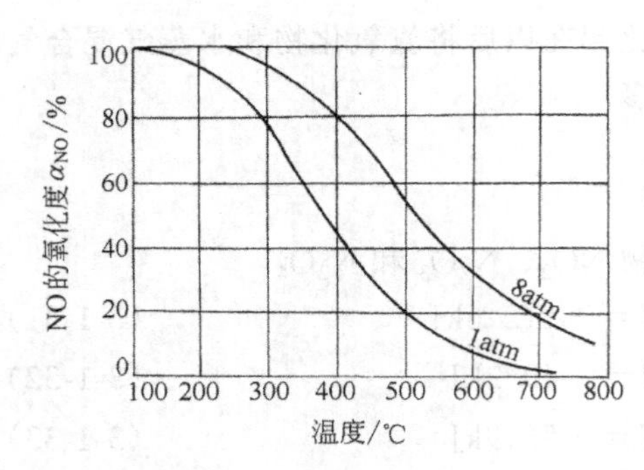

图 3-1-10 NO 的氧化度 α_{NO} 与温度、压力的关系

1atm = 101.325kPa

由表 3-1-6 可见，温度低于 200℃时，NO 氧化反应可视为是不可逆的。只要控制在较低温度下，NO 几乎可 100%氧化成 NO_2。NO 氧化度 α_{NO}与压力以及温度的函数关系如图3-1-10所示。

由图可见，在常压下温度低于 100℃或 0.5MPa 下温度低于 200℃时，α_{NO}都几乎为 100%。当温度高于 800℃时，α_{NO}接近于 0，即 NO_2 几乎完全分解为 NO 和 O_2。

式（3-1-32）和（3-1-33）都是体积缩小和放热反应，与式（3－31）不同的是，两者反应速度在通常情况下都极快。只要在氮氧化物气体中有 NO_2 存在，则可认为必有 N_2O_3 和 N_2O_4 存在，且其量与平衡含量相当。根据平衡计算得知，在与 N_2O_4 相比之下，N_2O_3 的生成量是很少的，因而在实际生产条件下，可以忽略 N_2O_3 对 NO_2 以及 N_2O_4 的影响。

在低温下，将有更多的 NO_2 叠合成 N_2O_4。当达到平衡时，可根据平衡常数 K_{p_3} 来求得混合物的组成。K_{p_3}与温度的关系如下式所示：

$$\lg K_{p_3} = \lg \frac{p^2_{NO_2}}{p_{N_2O_4}} = -\frac{2692}{T} + 1.75\lg T + 0.00484T - 7.144\times10^{-6}T^2 - 3.062 \tag{3-1-35}$$

1.2.2 一氧化氮氧化反应速度

1.2.2.1 反应机理

前人曾对 NO 氧化为 NO_2 的动力学作过许多研究。由实验获得下列反应速度方程式。

$$\frac{dp_{NO_2}}{d\tau_0} = k_1 p^2_{NO}\cdot p_{O_2} - k_2 p^2_{NO_2} \tag{3-1-36}$$

式中 k_1，k_2——正，逆反应速度常数。

在工艺生产条件下，温度低于 200℃时，该反应实际上可视为是不可逆反应，因而得

$$\frac{dp_{NO_2}}{d\tau_0} = k_1 p^2_{NO}\cdot p_{O_2} \tag{3-1-37}$$

应当指出，此反应的反应速度常数 k_1 与温度的关系与一般的反应不同，即温度升高反而会使反应速度降低，也即说它并不符合阿累尼乌斯定律。究其原因，因为阿累尼乌斯定律只是对本征反应才是正确的，这说明了式（3-1-37）并非是本征反应，它所反映的是包括中间反应在内的总的反应速度结果，因而对此现象有人提出了 NO 氧化的反应机理是：气相 NO 是以 NO 和 $(NO)_2$ 两种形式存在，而与 O_2 起反应的是叠合态的 $(NO)_2$，非为 NO。$(NO)_2$ 与 O_2 的反应不仅能在气相，也能在气液相界面或固相（器壁、填料等）上进行。

甘兹（Ганз）和马林（Малин）的研究认为，NO 的氧化除了在气相中进行以外，主要是在液相界面和液相中进行（当用硝酸吸收 NO_2 时），其步骤如下：

① 在相界上，NO 以很大的速度叠合而成 $(NO)_2$

$$2NO \xlongequal{} (NO)_2$$

② 在相界面或液相中 $(NO)_2$ 与 O_2 作用

$$(NO)_2 + O_2 = N_2O_4$$

$$(NO)_2 + O_2 = 2NO_2$$

③ 当气液相界面很大时，可能生成络合分子：

$$NO + O_2 = NO \cdot O_2 \qquad NO \cdot O_2 + NO = 2NO_2$$

第一步的反应很快达到平衡，其平衡常数：

$$K = \frac{p_{(NO)_2}}{p_{NO}^2} \tag{3-1-38}$$

第二步的反应进行很慢，是决定总反应速度的控制步骤，设以 k_C 表示第一步反应速度常数，则得

$$\frac{dp_{NO_2}}{d\tau} = k_C \cdot p_{(NO)_2} \cdot p_{O_2} \tag{3-1-38a}$$

联解式（3-1-38）、（3-1-38a）则得

$$\frac{dp_{NO_2}}{d\tau} = k_C (Kp_{NO}^2) p_{O_2} = K_1 p_{NO}^2 \cdot p_{O_2} \tag{3-1-39}$$

由此可见，式中的 K_1 包含着两个常数 k_C 和 K；虽然 k_C 和一般反应速度常数的规律一样，k_C 随温度的升高而增大；但由于是放热反应，这对平衡常数 K 来说却随温度的升高而减少。而 K 的减少倍数超过 k_C 的增大倍数，所以温度变化的净结果，还是导致反应速度的减慢，这就解释了 K_1 对温度的负效应的影响所在。

1.2.2.2 一氧化氮氧化时间的计算

为了计算 NO 氧化成 NO_2 的所需时间 τ（s），可将式（3-1-39）积分。

设 $2a$—NO 的起始含量，摩尔分数，%；

b—O_2 的起始含量，摩尔分数，%；

$p_总$—总压，MPa；

α—NO 的氧化度；

	2NO	+	O_2	=	$2NO_2$
反应前	$2a$		b		0
反应后	$2a-2a\alpha$		$b-a\alpha$		$2a\alpha$

反应后体积 $=2a-2a\alpha+b-a\alpha+2a\alpha=1-a\alpha$

故得：

$$p_{NO} = \frac{2a-2a\alpha}{1-a\alpha} p_总 \doteq (2a-2a\alpha) p_总 \quad (a\alpha \ll 1)$$

同理

$$p_{O_2} = (b-a\alpha) p_总$$

$$p_{NO_2} = 2a\alpha p_总$$

代入式(3-1-37)得

$$\frac{ad\alpha}{d\tau} = 2k_1 p_总^2 a^2 (1-\alpha)^2 (b-a\alpha)$$

令 $2k_1 = k_p$，由此得：

$$\int_{t_0=0}^{t} k_p p_总^2 \cdot d\tau = \int_{\alpha_0=0}^{\alpha} \frac{d\alpha}{a(1-\alpha)^2(b-a\alpha)} \tag{3-1-40}$$

按分项分式定理，令

$$\frac{1}{(1-\alpha)^2(b-a\alpha)}=\frac{A}{(1-\alpha)^2}+\frac{B}{(1-\alpha)}+\frac{C}{(b-a\alpha)} \tag{3-1-41}$$

由待定系数法得

$$A=\frac{1}{(b-a)},\ B=-\frac{a}{(b-a)^2},\ C=\frac{a^2}{(b-a)^2}$$

代入式（3-1-41）和式（3-1-40）积分之，得

$$K_p p_{总}^2\cdot\tau=\frac{1}{(b-a)^2}\left[\frac{(b-a)\alpha}{(1-\alpha)a}+\ln\frac{1-\alpha}{\left(1-\frac{a}{b}\alpha\right)}\right] \tag{3-1-42}$$

式中 K_p 与温度关系如表 3-1-7 所示。

表 3-1-7　K_p 与温度的关系

温度/℃	0	50	60	100	140	200	240	300	240	390
K_p	69.3	42.8	29.2	19.5	13.5	8.71	6.83	5.13	4.34	3.66

式(3-1-42)还可写成另一种形式：

令 $r=\frac{b}{a}$，$b=ar$，代入式(3-1-42)

可得

$$a^2\cdot K_p\cdot p_{总}^2\cdot\tau=\frac{\alpha}{(r-1)(1-\alpha)}+\frac{1}{(r-1)^2}\ln\frac{r(1-\alpha)}{(r-\alpha)} \tag{3-1-43}$$

为了方便起见，可将上式绘成算图，即以 $K_p a^2\cdot p_{总}^2\cdot\tau$ 为横坐标，α 为纵坐标，r 为参变数，从而绘得图 3-1-11。利用算图计算 NO 氧化时间颇为便捷。

不难看出，根据式（3-1-43）和图 3-1-11，可以获得以下几点结论。

① 随着 α 的增大，所需氧化时间增长并非是等速的。当 α 小时，氧化时间 τ 增加较小。而当 α 大时，τ 将增加很多。欲使 NO 完全氧化，那么所需氧化时间就得更长了。

② 当其他条件不变而只改变压力时，压力改变对 K_p 影响不大。但对氧化时间 τ 影响极大，因为 τ 几乎与 $p_{总}^2$ 成反比，所以压力增大 τ 将成倍数下降。也即加压可大大地加速氧化速度。

③ 若其他条件不变而仅改变温度时，温度降低，则 K_p 增加。但当 α 和 r 一定时，由于 $K_p a^2 p_{总}\tau$ 值保持不变，而其中仅 K_p 增加，则必然 τ 因之下降。由此可见，温度降低能使反应速度加速，这对反应有利。

必须指出，由于当 NO_2 被水吸收制取硝酸时，还会有 NO 放出，需要将它继续氧化才能制得硝酸。所以，在 NO_2 吸收前并无必要来将 NO 完全氧化，只要将 NO 氧化到 70%～80%即可。

计算实例：

已知氮氧化物气体中 NO、O_2 含量分别为 9.35%和 6.15%，在常压下 NO 氧化温度为 90℃时，求氧化度为 42.75%时所需的氧化时间。

[解] ① 解析法。设 NO 的起始浓度为 $2a$，即 $2a=9.35$，故 $a=\frac{9.35}{2}=4.68$，$b=6.15$，由表 3-1-7 查得 90℃时的 K_p 值为 21。由题意，当 $\alpha=42.75\%$时，代入式（3-1-42），求得 NO 氧化所需时间 $\tau=15.5$s。

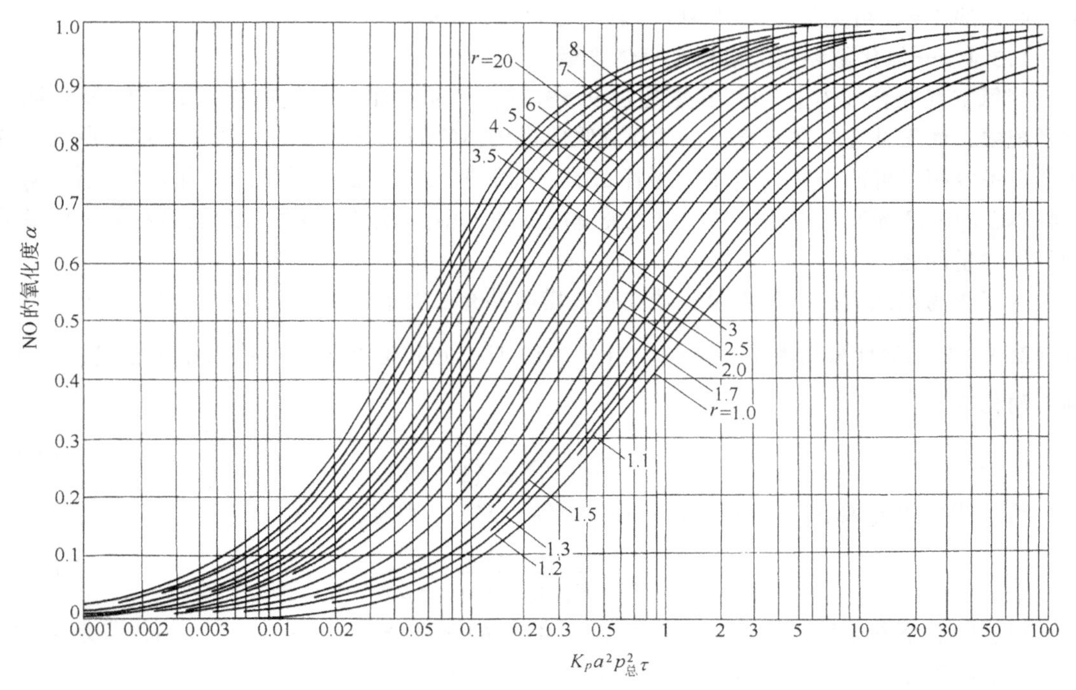

图 3-1-11　方程式(3-1-43)算图

② 图标法。由图 3-1-11，按 NO 氧化度 $\alpha=42.75\%$，$r=\dfrac{b}{a}=\dfrac{6.15}{4.68}=1.32$，可从横坐标上查得 $K_p a^2 p_{总}^2\ \tau=0.73$，由此求得 NO 氧化时间 $\tau=15.9\text{s}$。

由此可见，以上两法所求得的 NO 氧化时间相差不大。但用图算法较为方便。

1.2.3　一氧化氮氧化所需氧化空间

设气体的初始温度为 T_0，气体流量为 V_0 (m^3/s)；在反应瞬间，温度为 T，流量为 V_g (m^3/s)。由于反应过程分子数减少，故 V_g 与 V_0 的关系如下：

$$V_g=V_0(1-a\alpha)\frac{T}{T_0}$$

当反应气体通过反应器的一个微元体积 $\text{d}V_{设}$ 时，则有下列关系：

$$\text{d}V_{设}=V_g\cdot\text{d}\tau$$

由此得

$$\text{d}\tau=\frac{\text{d}V_{设}}{V_g}$$

积分之

$$V_{设}=\int_0^{\tau}V_g\cdot\text{d}\tau$$

由于

$$\frac{\text{d}\alpha}{a(1-\alpha)^2(b-a\alpha)}=K_p\cdot p_{总}^2\cdot\text{d}\tau$$

从而得

$$V_{设}=\int_0^{\tau}V_g\text{d}\tau=\frac{V_0}{K_p p_{总}^2\cdot T_0}\int_0^{\alpha}\frac{(1-a\alpha)T}{(1-\alpha)^2(b-a\alpha)}\text{d}\alpha$$

为了简化计算，可假定 $(1-a\alpha)\doteq 1$，又若温度变化不大，设 $T\approx T_0$，则上式可简化为

$$V_{设}\doteq V_0\tau$$

由此可见，氧化空间 ($V_{设}$) 与流量 (V_0) 及时间 τ 成正比。由前已知，τ 与 $p_{总}^2$ 成反比，而 V_0 与 $p_{总}$ 成反比，因而，$V_{设}$ 与 $p_{总}^3$ 成反比。如此，当压力增加一倍，则设备体积 $V_{设}$ 将减

少至原来的 1/8。可见加压法对 NO 的氧化是大大有利的。

1.2.4 一氧化氮氧化的最适宜气体含量

当氨空气混合气体中 NH_3 含量超过 9.5% 时，已如上述，在此种场合下，在 NO_2 被水吸收系统中，尚需补充二次空气，以便保证吸收塔内 NO 的氧化速度尽可能快，或使所需 NO 氧化的设备容积尽可能小些。然而，随着二次空气的加入，势必同时带入大量惰性气体 N_2，却又将 NO 的浓度稀释。因此，二次空气究竟应该加入多少为宜，显然，这里存在着一个最适宜的气体含量问题。

为了求得最适宜的气体含量，若在吸收塔前补充二次空气后，其中 O_2 含量（b）对 NO 含量（$2a$），按化学计量是大量过量的。当 $\frac{b}{2a}>10$ 时，此时也意味着 α 值很小。显然，(3-1-42) 则可简化成：

$$K_p p_{总}^2 \cdot \tau = \frac{\alpha}{ab\ (1-\alpha)} \tag{3-1-44}$$

将上式两边各乘以气体流量 V_0，由于 $V_{设}=V_0\tau$，则得：

$$V_{设} = \frac{\alpha V_0}{K_p p_{总}^2 \cdot a \cdot b(1-\alpha)} \tag{3-1-45}$$

设在吸收塔前未加入二次空气时的 NO 和 O_2 的含量分别为 $2a_0$mol 和 $b_0$mol。又设此时的氨空气混合气体总量为 1mol。当加入 y mol 的含氧气体后，则有

$$V_0 = 22.4(1+y)$$

$$2a = \frac{2a_0}{1+y} \tag{3-1-46}$$

$$b = \frac{b_0 + Ky}{1+y} \tag{3-1-47}$$

式中 K——加入含氧气体中的 O_2 含量，例如加入空气时，$K=0.21$。

将 a、b、V_0 代入式(3-1-45)得

$$V_{设} = \frac{22.4\alpha(1+y)}{K_p p_{总}^2 (1-\alpha)\left(\frac{a_0}{1+y}\right)\left(\frac{b_0+Ky}{1+y}\right)} \tag{3-1-48}$$

当 a_0、b_0 及要求的 NO 氧化度 α 为一定值，为了求得最适宜的气体含量 a、b，可将式 (3-1-48) 对 y 进行微分，并使其等于 0：

$$\frac{dV_{设}}{dy} = \frac{22.4\alpha}{a_0 K_p p_{总}^2 (1-\alpha)} \frac{d}{dy}\left[\frac{(1+y)^3}{b_0+Ky}\right] = 0$$

从而得

$$3(b_0+Ky) - (1+y)K = 0$$

解得

$$y = \frac{K-3b_0}{2K}$$

代入式 (3-1-46) 和式 (3-1-47)，求得

$$a = \frac{2Ka_0}{3(K-b_0)} \tag{3-1-48a}$$

$$b = \frac{1}{3}K$$

由此可知，加入二次含氧气体（例如二次空气）的 y 量，应控制在使加入含氧气体的最终混合气体中的 O_2 含量，恰好等于所加入含氧气体中 O_2 含量的 1/3。在此情况下，所对应的气体组成就是 NO 氧化时最适宜的气体含量。由式（3-1-48a）可知，此气体浓度与 NO、O_2 的起始含量 a_0、b_0 无关。

当 $b_0>\frac{K}{3}$时，$y=\frac{K-3b_0}{2K}<0$，说明在这种场合下，无需再补加二次含氧气体。如果加入的含氧气体为空气，则此混合气体中氧的最适宜含量 b 应为

$$b=\frac{1}{3}\cdot K=\frac{1}{3}\times 20.8\%=6.93\%\ (O_2)$$

1.2.5 一氧化氮氧化的工艺过程

已如上述，良好的 NO 氧化工艺条件应是：加压、低温及适宜的气体含量。这也正是 NO_2 吸收的良好条件。

NO 氧化工艺过程是：将氨氧化所得的高温氮氧化物，先经废热锅炉回收热量后，一般气体温度可降至 200℃左右。但 NO 氧化成 NO_2 要求温度愈低愈好，故仍需进一步进行冷却。而随着气相温度降低，其中水蒸气露点也同时相应降低，从而冷凝出水来，导致部分 NO_2 和 N_2O_3 溶入水中形成稀硝酸，因之降低了气相中氮氧化物的含量，不利于以后 NO_2 吸收。对于生产稀硝酸的生产系统，这部分冷凝的稀酸可适量地补充到吸收塔的循环酸中，作为吸收 NO_2 之用。但这对于直接法合成浓硝酸的生产系统来说，必须考虑到系统中水的总平衡。理论上由氨氧化制得的硝酸浓度，按反应 $NH_3+2O_2 = HNO_3+H_2O$ 可知，只能得到 77.8% HNO_3。如系统中有冷凝水生成，其浓度就更低了。为此，必须将由冷凝水造成的稀酸排出系统。当然这样会减少一些硝酸产量。

为了解决这个矛盾，可将氮氧化物迅速冷却，以将水蒸气快速冷凝下来，而使 N_xO_y 来不及氧化，藉以尽可能减少气相氮氧化物损失。这一过程通常是在快速冷凝过程中进行的。这就要求选择冷却面积以及传热系数大的高效冷却器，通称为快速冷凝（却）器。常用的有淋洒排管式、列管式和鼓泡式等几种类型。

图 3-1-12 为适用于全压法流程中的一种快速冷却器。对于年产 8 万 t 硝酸系统，所采用的直立型列管式快速冷却器的直径约为 900～1000，H=6500～7600mm。冷却管（$\phi 14\times 1.5\times 4400$）共有 1500 根之多。有效传热面积为 264$m^2$。管内入口处的操作压力和温度分别为 0.43MPa，115～120℃；而管出口的压力和温度分别为 0.42MPa，30℃。冷却水走管间、水的进口温度为 20℃，出口为 37℃。

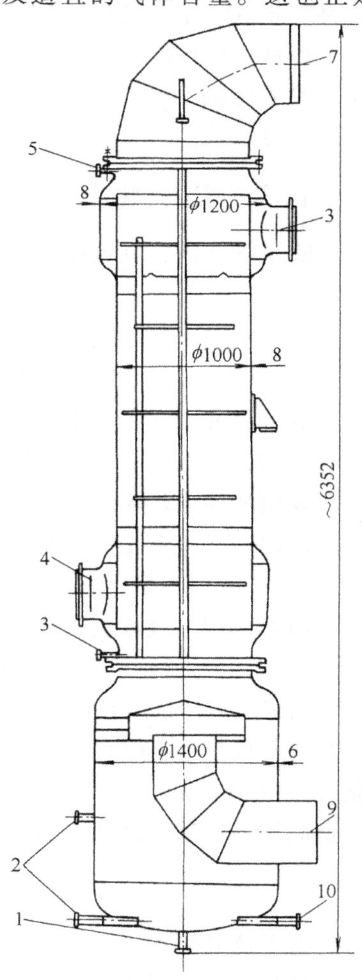

图 3-1-12 快速冷却器

1—冷凝酸出口；2—液面计接口；3—排液口；4—冷却水入口；5—排气口；6—水喷头套管；7—氧化氮气体入口；8—冷却水出口；9—氧化氮气体出口；10—分离器来酸入口

经快速冷却器出来的气体，其中大部分水蒸气已除去。这就为 NO 进行充分氧化创造了条件。通常 NO 的氧化可在

气相或液相中进行。习惯上分有干法氧化和湿法氧化两种。

干法是将氮氧化物通过一个干燥的氧化器来进行的。要求气体在塔中有充分的停留时间和充分氧化。氧化可在室温或在间接冷却下进行，以将氧化时所放出的反应热移走。例如，有些厂采用冷冻盐水来作间接冷却，以强化冷却效能。对于中压法和高压法系统，多数厂并不特设氧化塔，实际上仅用输送气体的管道本身则可满足 NO 的氧化要求。

湿式氧化适用于常压流程。氮氧化物的氧化过程，是在一个喷洒硝酸的氧化塔中进行的。其优点有：

① 此法系将 NO 气相氧化反应转移到液相中进行，大大加快了反应速度。

② 可利用大量循环酸将 NO 氧化的反应热带出系统。

③ 此法是利用制酸的逆反应将 NO 氧化（$2HNO_3 + NO = 3NO_2 + H_2O$），因此，几乎可将气相 NO 完全氧化成 NO_2。

但是必须指出，在 NO_2 进入吸收塔制酸以前，并无必要将 NO 进行百分之百的氧化，而只要氧化到 70%～80% 的程度就可以了。这是根据 NO_2 吸收的制酸工艺特点而提出的，以后还将论及。

1.3 氮氧化物的吸收[1,4]

除了 NO 外，氮氧化物中能与水进行的吸收反应如下所示。

$$2NO_2 + H_2O = HNO_3 + HNO_2 \qquad \Delta H = -116.1\text{kJ} \tag{3-1-49}$$

$$N_2O_4 + H_2O = HNO_3 + HNO_2 \qquad \Delta H = -59.2\text{kJ} \tag{3-1-50}$$

$$N_2O_3 + H_2O = 2HNO_2 \qquad \Delta H = -55.7\text{kJ} \tag{3-1-51}$$

显而易见，式（3-1-49）和式（3-1-50）的反应结果，都是生成等分子的 HNO_3 和 HNO_2。在工业上，实际 N_2O_3 的含量是很少的，故反应（3-1-51）可以略去。

亚硝酸性质较活泼是很不稳定的，只有在温度低于 0℃，而且浓度极小时才能稳定存在。因此，在一般工业条件下，HNO_2 会很快按下式进行分解：

$$3HNO_2 = HNO_3 + 2NO + H_2O \qquad \Delta H = 75.9\text{kJ} \tag{3-1-52}$$

因而，用水吸收氮氧化物总反应式可以写成：

$$3NO_2 + H_2O = 2HNO_3 + NO \qquad \Delta H = -136.2\text{kJ} \tag{3-1-53}$$

由式（3-1-53）可知，NO_2 被水吸收只有其中 2/3 生成硝酸，1/3 变为 NO 放出。这样，必须将所放出的 NO 再次氧化，再次吸收。但每次吸收后总是还有 1/3 的 NO 放出来。如此，欲使 1molNO 完全转化为 HNO_3，实际上在整个过程中需要氧化的 NO 量并非是 1mol，而是应按等比级数计算，即

$$1 + \left(\frac{1}{3}\right) + \left(\frac{1}{3}\right)^2 + \left(\frac{1}{3}\right)^3 + \cdots\cdots = 1.5\ \text{mol}$$

由于氮氧化物用水吸收，在整个吸收塔中同时进行着 NO_2 吸收和 NO 氧化反应，这就使得整个过程变得更加复杂化。

1.3.1 吸收反应的化学平衡

讨论 NO_2 用水吸收的化学平衡，其目的是在于探求对于一定含量的氮氧化物，所获得的成品酸中的 HNO_3 最大含量；以及在一定温度下用水吸收 NO_2 所能达到的最高转化度。

1.3.1.1 平衡常数

反应式（3-1-53）为一放热、摩尔数减少的可逆反应。降低温度，增加压力对平衡有

利，定量的关系可用平衡常数 K_p 来讨论。

$$K_p=(p_{HNO_3}^2 \cdot p_{NO})/(p_{H_2O} \cdot p_{NO_2}^3)=1.12\times10^{-10}\exp(4800/T)\text{MPa}^{-1} \quad (3\text{-}1\text{-}54)$$

为了测定及计算方便起见，现将 K_p 分为两个分系数来研究：

$$K_p=K_1 \cdot K_2 \quad (3\text{-}1\text{-}55)$$

$$K_1=p_{NO}/p_{NO_2}^3, \quad K_2=p_{HNO_3}^2/p_{H_2O}$$

平衡常数 K_p 只与温度有关，而 K_1 与 K_2 除了温度以外，还与溶液中硝酸含量有关。K_2 系根据硝酸液面上的蒸汽压求定。而 K_1 则根据在一定浓度的硝酸溶液上的 p_{NO} 和 p_{NO_2} 来求定。当酸浓度改变时，K_1 与 K_2 也要随之变化。表 3-1-8 和图 3-1-13 为不同温度和不同硝酸含量下的 K_1、K_2 值。

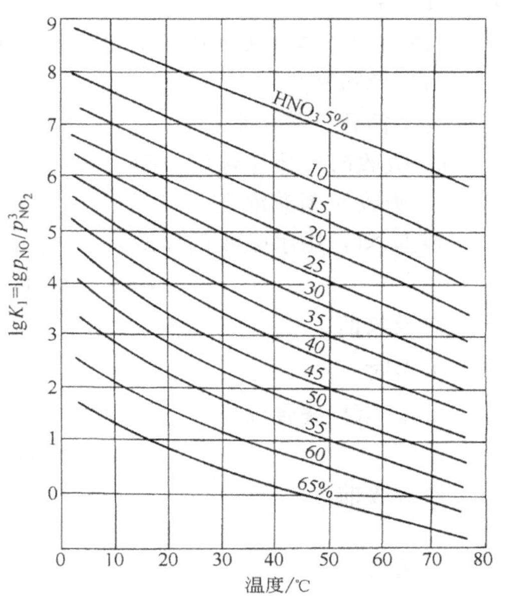

图 3-1-13 $\lg K_1=\lg\frac{p_{NO}}{p_{NO_2}^3}$ 与温度及硝酸中 HNO_3 含量的关系

由图可见，温度愈低，K_1 值愈大；硝酸浓度愈低，K_1 值也愈大。若 K_1 为定值，温度愈低，则酸的浓度愈大。因此，只有在较低温度下才能获得较浓的硝酸。

K_2 值与温度及硝酸浓度间的关系与 K_1 值相反，温度愈高 K_2 值愈大。

虽然低浓度硝酸，有利于吸收，但是生产中要考虑吸收速度的快慢。如果用大量低浓度硝酸来吸收氮氧化物，即使吸收完全，然而所得产品酸浓度也很低。而当硝酸含量＞60%时，$\lg K_1<1$，这意味着吸收几乎不能进行，反应将向逆反应方向进行。欲使 NO_2 能被水吸收，只有在 NO_2 浓度较高而 NO 含量极少的情况下方为可能。

表 3-1-8 在不同温度和不同酸中 HNO_3 含量下的 K_1 和 K_2 值

HNO_2 的含量/%	$\lg K_1$			$\lg K_2$	
	25℃	50℃	75℃	25℃	50℃
24.1	+5.37	+4.2	+3.17	−7.77	−6.75
33.8	+4.36	+3.18	+2.19	−6.75	−5.65
40.2	+3.7	+2.58	+1.63	−5.91	−4.86
45.1	+3.2	+2.1	+1.18	−5.52	−4.44
49.4	+2.75	+1.67	+0.77	−5.12	−3.93
69.9	−0.13	−0.69	−1.12	−2.12	−1.69

HNO_2 的含量/%	$\lg K_2$	$\lg K_p$		
	75℃	25℃	50℃	75℃
24.1	−5.66	−2.40	−2.55	−2.49
33.8	−4.66	−2.39	−2.47	−2.47
40.2	−3.97	−2.21	−2.28	−2.35
45.1	−3.5	−2.30	−2.34	−2.32
49.4	−3.11	−2.38	−2.26	−2.34
69.9	−1.27	—	—	—
	平　均	−2.34	−2.38	−2.39

综上所述，从化学平衡来看，在一般条件下，用硝酸水溶液吸收氮氧化物气体，所能获得成品酸中 HNO_3 含量是有一定限制的。常压法不超过 50% HNO_3，加压法最高可制得 70% HNO_3。

1.3.1.2　二氧化氮吸收的平衡含量的计算

(1) 解析法

为了简化计算，假设：

① 吸收时气体总体积不变，实际生产中气体中的氮氧化物的含量约为 10% NO_2。

② 吸收时硝酸浓度和温度不变，因实际生产中硝酸循环量很大。

根据 NO_2 用水吸收的反应：

$$3NO_2 + H_2O \Longrightarrow 2HNO_3 + NO$$

设吸收前　$p_{NO_2} = b$　　$p_{NO} = a$

平衡时　$p^*_{NO_2} = x$　　$p^*_{NO} = K_1 p^3_{NO_2} = K_1 x^3$

根据 NO_2 叠合反应：

$$2NO_2 \Longrightarrow N_2O_4$$

设吸收前　$p_{NO_2} = b$　　c

平衡时　$p^*_{NO_2} = x$　　$p^*_{N_2O_4} = \dfrac{p^{*2}_{NO_2}}{K} = \dfrac{x^2}{K}$

将吸收前后的 N_2O_4 均换算成 NO_2，并按 NO 作物料平衡，得

$$3(K_1 x^3 - a) = (b - x) + 2\left(c - \frac{x^2}{K}\right) \tag{3-1-56}$$

整理后，得

$$3K_1 x^3 + \frac{2x^3}{K} + x = 3a + b + c \tag{3-1-57}$$

由此式可求出 NO_2 平衡分压 $p^*_{NO_2} = x$，NO 和 N_2O_4 的平衡分压分别为 $p^*_{NO} = K_1 x^3$，$p_{N_2O_4} = \dfrac{x^2}{K}$。

吸收度（z）的求定：吸收度的定义为吸收前后 NO_2 量的差值与吸收前 NO_2 总量之比，即

$$z = \frac{(b + 2c) - \left(x + \dfrac{2x^2}{K}\right)}{(b + 2c)} \times 100\% \tag{3-1-58}$$

转化度（y）的求定：转化度的定义为吸收前 NO_2 总量中有效转化为硝酸的这部分 NO_2 之量与吸收前的 NO_2 总量之比。按式（3-1-53）可得

$$y = \left[\frac{(b + 2c) - \left(x + \dfrac{2x^2}{K}\right)}{(b + 2c)}\right] \times \frac{2}{3} \times 100\% \tag{3-1-59}$$

即　$y = \dfrac{2}{3} z$

以上各计算式中的 K_1 值，取自表 3-1-8 和图 3-1-13 中的数据。而 K 值可用下式计算：

$$\lg K = \lg \frac{p^2_{NO_2}}{p_{N_2O_4}} = -\frac{2866}{T} + \lg T + 6.251 \tag{3-1-60}$$

（2）图解法

利用图解法计算平衡含量颇为简便。图 3-1-14 是在 0.1MPa 和 25℃ 的条件下，以硝酸浓度为参变数，以气相中的 NO% 为横坐标，NO_2%（包括 N_2O_4）为纵坐标绘制而得。图中有下列几种曲线。

① 平衡线。当温度一定时（25℃），在每一种酸中 HNO_3 含量下，有一个相应的 K_1 值，当吸收达到平衡时氮氧化物含量分别为 x_{NO}、x_{NO_2}，则有

$$K_1=\frac{p_{NO}}{p_{NO_2}^3}=\frac{x_{NO}}{x_{NO_2}^3}\cdot\frac{1}{p_{总}^2}$$

式中　$p_{总}$——总压。

当 $p_{总}=0.1$MPa 时，

$$K_1=\frac{x_{NO}}{x_{NO_2}^3} \text{ 或 } x_{NO_2}^3=\frac{x_{NO}}{K_1} \quad (3\text{-}1\text{-}61)$$

在图中对应于每一酸中 HNO_3 含量，式（3-1-61）就是一个通过原点的三次方曲线。酸中 HNO_3 含量增加时，则 K_1 减少，故曲线斜率增加。从图中很容易查出平衡含量。例如，气相中含有 4% NO、7% NO_2（即 x = 4%、x_{NO} = 7%），由图 3-1-14 可以看出与之成平衡的酸中 HNO_3 含量为 50%（即 B 点）。

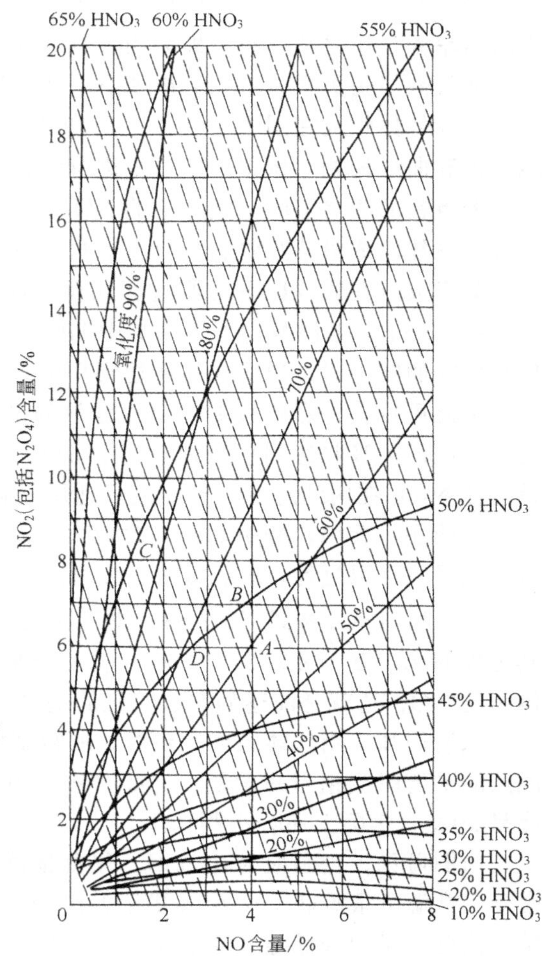

图 3-1-14　在 25℃ 下，硝酸液面上气体中 NO 和 NO_2 的比例与硝酸中 HNO_3 含量的关系

② 吸收进行线。设气体在未吸收前，NO 和 NO_2 的含量分别为 x_{NO}^0 和 $x_{NO_2}^0$；吸收达到某一程度时为 x_{NO} 和 x_{NO_2}。当不考虑气体体积变化时，被吸收的 NO_2 量为（$x_{NO_2}^0-x_{NO_2}$），而放出的 NO 量为（$x_{NO}-x_{NO}^0$），且前者是后者的 3 倍，于是得

$$x_{NO_2}^0-x_{NO_2}=3(x_{NO}-x_{NO}^0) \quad (3\text{-}1\text{-}62)$$

或者

$$x_{NO_2}+3x_{NO}=x_{NO_2}^0+3x_{NO}^0=\text{定值} \quad (3\text{-}1\text{-}63)$$

式（3-1-63）为线性方程，并通过吸收前的组成点（x_{NO}^0，$x_{NO_2}^0$），在图 3-1-14 中用虚线表示。气体被吸收时，NO_2 量减少，NO 量增加，变化方向在图中如由 $C\rightarrow D$；反之当气体解吸时，方向由 $A\rightarrow B$。

③ 等氧化度线。若氧化度定义为 NO 氧化为 NO_2 的量与氮氧化物气体中 NO 量之比，由此得：

$$\alpha_{NO}=\frac{x_{NO_2}}{x_{NO}+x_{NO_2}}$$

式中　x_{NO}、x_{NO_2}——分别为吸收达到某一程度时气相中 NO 和 NO_2 量。由上式整理可得：

$$x_{NO_2} = \frac{\alpha_{NO}}{1-\alpha_{NO}} x_{NO} \tag{3-1-64}$$

式（3-1-64）表示通过原点的直线与每一个氧化度 α_{NO} 相当，其斜率为$\frac{\alpha_{NO}}{1-\alpha_{NO}}$。氧化度大时斜率大，反之斜率小。即为图 3-1-14 中的细直线。

从气液平衡关系，可以得出如下一些结论。

实际气体组成在图中为一点；已知酸中 HNO_3 含量后，其平衡气相组成在图中为一曲线。点和曲线的相对位置决定过程进行的方向。

若点在曲线之上时，气相中的 NO_2 分压大于硝酸液面上的平衡 NO_2 分压，则进行吸收过程，气体组成沿着吸收进程自左上角向右下角移动，如 $C \rightarrow D$。

如组成点在曲线以下时则过程相反，此时硝酸分解，气体组成则由右下角向左上角移动，如 $A \rightarrow B$。若酸量很大，则酸中 HNO_3 含量改变不大，曲线位置可看作不变。当气体组成点落在曲线上时，说明该体系达到平衡状态。

由此可见，一定硝酸中 HNO_3 含量的平衡曲线与通过最初组成点的吸收进行线相交的交点，此即为吸收达到平衡时的气相组成。这种图示方法甚为简便。但应注意的是，纵坐标是包括 N_2O_4 在内的总 NO_2，而且只适用于温度为 25℃、压力为常压的条件。

由图还可看出，酸中 HNO_3 含量大时，曲线下面的分解区扩大，而其上的吸收区缩小。若要使吸收得以进行，x_{NO_2}或 α_{NO}必须很大。如果 x_{NO_2}或 NO 氧化度较小，此时将不是吸收而是 NO 和 HNO_3 按式（3-1-53）进行逆反应，并放出 NO_2。结果 NO 的氧化度倒反而增加。其过程如 $A \rightarrow B$ 所示，α_{NO}由 60% 增至 65%。工业上就是利用这一方法以浓硝酸来氧化气体中的 NO，这就是前述的湿法氧化的基本原理。

众所周知，当气体组成一定时，所得硝酸不可能大于其平衡含量。即不能大于通过该组成点的平衡曲线相当的含量。例如，若气相的组成相当于 *B* 点，则制得的硝酸浓度最多只能是 50%（实际上还会小些）。

由图可见，当硝酸为 65% 时，平衡曲线与纵坐标靠得很近，即其吸收区甚小。所以在常压、常温下很难获得比 65% 更浓的硝酸。实际生产上一般不会超过 50%。要想得到更高硝酸浓度，必须降低温度或增加压力。尤以加压更为有效和显著。

1.3.2　氮氧化物的吸收速度

综上所述，在吸收塔内用水吸收氮氧化物时，反应式可用式（3-1-53）及式（3-1-31）表示，即：

$$3NO_2 + H_2O = 2HNO_3 + NO$$

$$2NO + O_2 = 2NO_2$$

为了选择吸收过程的操作条件及设计吸收塔，必须了解所进行的反应速度如何。与其他吸收反应不同的是：整个硝酸生成过程的控制，不仅有氮氧化物的吸收反应是扩散控制还是动力学控制的问题，而且尚有究竟是式（3-1-53）还是式（3-1-31）为控制步骤的问题。

如反应式（3-1-49）、式（3-1-50）、式（3-1-52）所示，以水吸收氮氧化物是一个非均相的气液反应，它由一系列依次进行的步骤组成：

首先是气相中的 NO_2 和 N_2O_4 通过气膜和液膜向液相扩散；其次是液相中的 NO_2 和 N_2O_4 与水作用，生成硝酸和亚硝酸；而亚硝酸又分解成硝酸及 NO；最后是 NO 从液相向气相扩散。

在上述四个步骤中，后两步的速度是较快的。因而，究竟是第一步还是第二步控制氮氧化物吸收的反应速度，过去存在着两种不同看法：有人认为是第一步，即所谓扩散控制；也有人认为是由第二步控制，即所谓动力学控制。

经以后一些学者的研究结果，较多的趋向性看法是：液相中氮氧化物与水反应是整个速度控制步骤。而且由于 NO_2 和 N_2O_4 在气相中很快达到平衡，控制步骤是 N_2O_4 而不是 NO_2 和水的反应。

应当指出，以上讨论仅仅限于单独地讨论 NO_2 和 N_2O_4 与水的反应。并未考虑到 NO（包括原有的与 NO_2 吸收后所放出的）与氧的反应速度对整个硝酸生产过程的影响。

从 NO 的氧化速度来看，在一定温度和压力下，它与氮氧化物气体中 NO 和 O_2 的含量成正比。与吸收系统前部相比，吸收系统后部，NO 的含量不多，此时 NO 的氧化速度很慢，而 NO_2 的吸收反应速度与硝酸中 HNO_3 含量有密切关系，硝酸中 HNO_3 含量在 70％以下时，硝酸含量愈低，则吸收速度愈大。

在吸收系统的前部，气体中氮氧化物的含量较高，吸收用的硝酸中 HNO_3 含量也较高，所以 NO 的氧化速度大于 NO_2 的吸收速度。

在吸收塔的上部，由于 NO 的含量较低，其氧化速度较低，且上部作为吸收所用的硝酸含量低，所以在吸收塔的上部，NO_2 的吸收速度将大于 NO 的氧化速度。而在吸收塔的中部，则两个反应的速度在设备设计时都必须同时加以考虑。

在加压吸收时，过去广泛采用泡罩塔，在塔板上进行氮氧化物的吸收，而在两块塔板之间进行 NO 氧化。现时多采用筛板塔，在泡沫状态下能使 NO 在液相中进行激烈的氧化，因此，可以使酸吸收所需的设备容积大为减少。

通常在常压操作下的 NO_2 吸收都用填料塔，塔中 NO_2 吸收和 NO 氧化是同时进行的，故至今仍无一个比较合适的能与之相应的计算方法。一般都先假定氮氧化物气体通过填料塔时，不进行吸收。而是气体中的 NO 先进行氧化；然后以氧化后的气体组成，达到吸收反应的平衡，进行吸收率的计算。

1.3.3 氮氧化物吸收条件的选择

NO_2 用水吸收制硝酸，总是希望在一定的工艺和设备条件下能生产出最高浓度的硝酸，并要求吸收度尽可能大。

所谓总吸收度是指气体中被吸收的氮氧化物的总量与进入吸收系统的气体中氮氧化物总量之比，用 β 表示。这与吸收率的含义不同。它是对整个吸收系统而言，也可以理解为，将进入吸收塔前的各种形态的氮氧化物都折算成 NO，而后按下式

$$2NO + \frac{3}{2}O_2 + H_2O \longrightarrow 2HNO_3$$

求出理论硝酸产量，总吸收度 β 即为实际产酸量与此理论产酸量之比。

吸收率是专对 NO_2（包括 N_2O_4）而言，它是按 $3NO_2 + H_2O \longrightarrow 2HNO_3 + NO$ 一次性吸收 NO_2 之量与吸收前 NO_2 之量的比。

显然，对一次吸收而言，吸收度（率）z 与氮氧化物生成硝酸的转化度（y）的关系为 $y = \frac{2}{3}z$。但对整个吸收工段而言，总吸收度 $\beta_{总}$ 与总转化度 $y_{总}$ 几乎可视为是相等的，即

$\beta_{总}=y_{总}$。

在确定吸收工艺条件，流程和设备时，应使吸收容积系数（$V_{设}$）小，总吸收度（β）和成品酸浓度（C_{HNO_3}）大。但这些因素往往是有矛盾的，难以同时兼顾。例如在温度和产品酸浓度一定时，要求总吸收度愈大，则要求 $V_{设}$ 越大，这意味着用昂贵不锈钢制成的吸收塔造价高，操作费用也相应增加。因此，考虑吸收操作的原则应是：在能生产稀硝酸浓度合乎要求和保证一定的总吸收度前提下，尽可能减少吸收容积系数，这就要求加快硝酸的生成速度。在一般常压吸收条件下，β 控制在 97%以下，常见的是在 92%～94%范围内。

下面讨论操作条件的选择。

(1) 温度

由于 NO_2 用水吸收的反应是放热的，降低温度，平衡向生成硝酸的有利方向移动。例如，夏季温度高时，常压法的硝酸中 HNO_3 含量很难超过 47%～48%，但冬季可达 50%以上。

在冬季，NO 的氧化速度随着温度降低而增快。另外，从吸收容积系数与温度关系来看，如在常压下总吸收度为 92%时，若以温度 30℃时吸收容积作为 100，则在 5℃时只有 23。这就是说，对于同一吸收塔来说，在冬季吸收时比之于夏季吸收相对地增加了设备有效吸收体积。所以无论从提高成品酸的中 HNO_3 的含量，还是从提高吸收设备的生产强度来说，降低温度都是有利的。

由于 NO_2 吸收和 NO 氧化均为放热反应。由计算可知，每生成 1t 无水硝酸将放出约为 1925900kJ 的热量，如果将吸收前氮氧化物气体在冷却器内冷却以及水蒸气冷凝时所放出的热量也一并计算在内，则每生成 1t100%硝酸，则需除去热量约为 4.18GJ。

除去热量的方法，一般都用水。由于受到冷却水温度的限制，吸收温度多维持在 20～35℃。要进一步降低温度，需用人工制冷，即利用液氨冷却盐水，一般常用硝酸钙水溶液，然后用冷盐水来移走热量，这就可以在 0℃以下进行吸收。

(2) 压力

NO_2 被水吸收制酸为体积缩小反应。提高压力，可使平衡向着生成硝酸方向移动，有利于制得更浓的成品硝酸。压力对生成硝酸的反应速度也很有利。已如上述，NO 气相氧化所需的设备空间（$V_{设}$），几乎与压力的三次方成反比。所以增大压力可以大大减少吸收设备体积，从而可节省昂贵的不锈钢用量。

表 3-1-9 列出了在温度为 37℃和压力分别为 0.35MPa 和 0.5MPa 下，当每昼夜生产 1t 硝酸（100%）时对于不同总吸收度所需的吸收容积系数。

表 3-1-9　在不同吸收度下压力与吸收容积系数的关系

压力(绝对)/MPa	0.35			0.5		
总吸收度/%	94	95	95.5	96	97	98
吸收容积系数/[m^3/(t·d)]	1.2	1.7	2.3	0.8	1.0	1.5

吸收压力的适当选择，应根据吸收塔造价，压缩机及尾气膨胀机价格，电能消耗，以及成品酸浓度要求等因素来决定。

现今硝酸生产的压力，除常压操作以外，加压法可分下列系列：0.07、0.35、0.4、0.5、0.7、0.9、1.3MPa。压力系列如此之多，是因稍为增加压力，其效果甚明显之故。

(3) 气体组成

这主要是针对气体混合物中氮氧化物的含量和氧的含量而言的。

① 氮氧化物的含量。根据吸收反应的平衡所知，要提高产品酸的浓度，首先要提高 NO_2 的含量，或者要提高 NO 的氧化度。两者的关系如下式所示。

$$C_{HNO_3}^2 = 6120 - \frac{19900}{C_{NO_2}}$$

式中 C_{HNO_3}——成品硝酸中 HNO_3 含量（55%～65%）；

C_{NO_2}——氮氧化物含量（换算成 NO_2）。

由上式可知，当 C_{NO_2}增加时，C_{HNO_3}则可提高。为了保证吸收塔中气体的氧化度，气体在进入吸收塔以前必须经过充分氧化。例如可采用湿法和干法氧化。

湿法氧化大多用于常压吸收流程。而对加压吸收流程，因相对地提高了 NO 的分压，无论 NO 氧化度和氧化速度都相当大，则可采用干法，直接利用空气氧化 NO 就可以了。

气体进入吸收塔的位置对吸收过程也有影响。因为从气体冷却器出口的气体温度一般在 40～45℃。由于管道中 NO 继续氧化，实际上进入第一吸收塔底的温度可升高到 60～80℃。若气体中尚有较多的 NO 未氧化为 NO_2 而温度又较高时，则在此种情况下，氮氧化物遇到 45% HNO_3，非但有可能不被吸收，反而会使硝酸进行分解。所以，第一吸收塔此时只能起到氧化作用，仅靠气体中水蒸气冷凝而产生少量的硝酸。因此，整个吸收系统的吸收容积有所减少，影响吸收效率。此时，生产成品酸的部位将后移到第二吸收塔。

工业上为使常压下第一塔能产出成品酸，一种有效方法是，可将气体进入第一塔入口方位，改从塔顶进入。这样塔的上半部可作为 NO 继续进行氧化的空间，而塔的下半部作为 NO_2 的吸收。这样一来，就可从第一塔底部导出成品酸，而且提高了吸收率。实践证明，这是一种行之有效的方法。

② 氧含量。已如前述，当氨-空气混合气体中氨含量在 9.5%以上时，则应在 NO_2 吸收塔中补加二次空气。由于在吸收塔中 NO_2 的吸收和 NO 的氧化是同步进行的。所以，这就很难确定吸收系统中氧的最适宜浓度。在工业生产中通常是根据经验，视吸收尾气中氧含量为 3%～5%这一指标来调控加入吸收塔内的氧量。

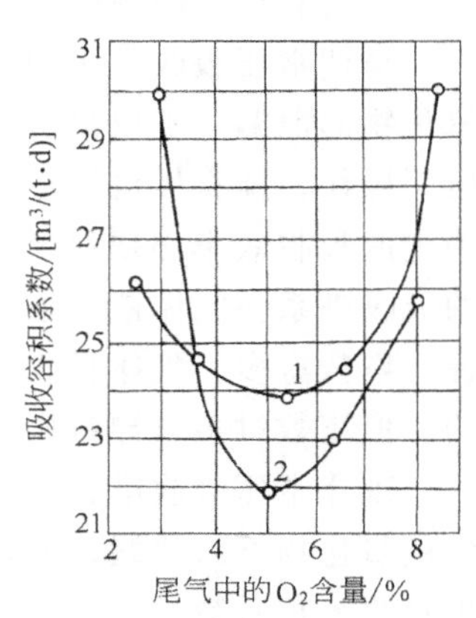

图 3-1-15 六塔系统中，吸收容积与二次空气加入量的关系

1—所有空气从第一塔加入；2—空气加入每一塔中

若尾气中氧含量过高，表明塔内所加入的二次空气过量太多。这时塔中氮氧化物将被稀释，且塔内所处理的气量亦相应增加，塔内流体的压力降也将增大。若尾气中氧含量过低，说明二次空气加入不足，塔内 NO 的氧化速度将减慢，相对而言吸收容积应增大。尾气中氧含量与吸收容积的关系，见图 3-1-15。

由图可见，吸收容积系数和二次空气的加入方式有关。曲线 1 表示所有空气均从第一塔中一次加入；曲线 2 表示各塔分几次加入空气。对于曲线 1 最适宜的尾气中 O_2 含量约为 5.5%。而对曲线 2 约为 5.2%。如果尾气中 O_2 含量低于 4%，则曲线 1 的 $V_{设}$ 较小，故二次空气应以一次加入为宜。如尾气中 O_2 含量＞4%，则曲线 2 的 $V_{设}$ 较少，故此时二次空气应以分批加入为宜。

若在氨催化氧化时，采用纯氧或富氧空气，不仅能提高 NH_3 的氧化率，这对 NO_2 的吸收也很有利。而且氧量愈多，吸收容积系数愈小，如表 3-1-10 所示。

表 3-1-10　吸收容积系数与氧用量的关系

氧用量/m^3/$tHNO_3$	0	63	170	315	520	800
吸收容积系数相对值/%	100	84.5	61.6	42.8	28.4	19.5

此法在工业上因受氧来源限制，所以至今尚未得到广泛应用。而若能采用加压吸收和富氧空气操作，则其生产效率将会更加提高，见表 3-1-11。

表 3-1-11　利用富氧空气时操作条件的比较

富氧空气中氧含量/%	22	29	废气中氮氧化物/%	0.32	0.31
硝酸产量/t	51	71	成品酸中 HNO_3 含量/%(不含氮的氧化物)	55	59.29
混合气中氨含量/%	10.2	12.14	系统的开始压力/MPa	0.64	0.64
氧化率/%	94	96.6	系统的最终压力/MPa	0.44	0.49

由表 3-1-11 可见，当氧量增加时，则混合气体中氨含量、氧化率，成品酸产量以及浓度都随之增大。

1.3.4　二氧化氮吸收的主要设备[3,15]

NO_2 吸收塔是制酸系统的主要设备。按吸收压力不同，可分为常压和加压两种吸收塔；而按塔型又可分填料塔、泡罩塔、筛板塔等多种类型。

1.3.4.1　常压吸收塔

早期常压吸收塔多用天然耐酸材料砌成，如花岗石填料吸收塔。这类吸收塔容易发生氮氧化物的泄漏，不仅浪费原料气体，而且环境污染严重。所以花岗石填料吸收塔，必须在负压下操作，即将风机设置在吸收塔以后。考虑到常压吸收所需吸收容积很大，同时为了保证一定的吸收效率必须移走吸收过程的反应热，需要足够的循环酸量，因此设计了由数塔串联的吸收塔系。气体依次通过各塔，循环酸则按与气体逆流方向逐塔向前转移。从理论上来说，塔数愈多，气体吸收与各塔酸浓度分配愈容易处理，所以增加塔数对吸收操作是有利的。但塔数过多，导致操作、维修和管理上的不便，所以一般多采用 3～5 个塔吸收。

现今常压吸收塔，大多均已改用塑料或不锈钢来制作。这类塔型气密性好，一般在运行中氮氧化物不致泄漏，故送风机可安置在吸收塔前面，以使塔内维持不大的正压，藉此可减少吸收容积系数。

吸收塔中的填料，除了要求具有高抗蚀性以外，还应有足够的机械强度，同时应保证气体的酸液在塔截面上分布均匀，而且填料层的流体阻力要小，在装填填料时须注意填料对塔壁的侧应力应尽可能小。而这些不过是对填料的一般要求而已，更重要的是必须考虑到对 NO_2 吸收应有充分的气液接触表面，而对 NO 的氧化塔内应有足够的自由空间。这样，考虑到前头几个塔主要是产酸过程，则可放置比表面大的填料，而后面几个塔主要是进行 NO 氧化过程，因为后面的系统其 NO 含量愈低，氧化速度愈慢，故应采用自由空间大的填料。通常采用 50×50×5mm 及 75×75×8mm 的瓷环填料。

1.3.4.2　加压吸收塔

随着硝酸生产规模不断扩大，现今新建厂的 NO_2 吸收塔多用加压操作。筛板塔是现用的一种生产能力较大的塔型。塔内一般装有多达30～40块筛板，为了移走吸收反应热，在筛板上设置有冷却蛇管，管内走冷却水。新近的一些高效吸收塔，采用液氨蒸发式冷却器以代替水冷却蛇管，大大强化了吸收操作。而有些厂是将由吸收塔氧化区出来的高温氮氧化物，先经冷却器冷却后，再将气体导入吸收塔的吸收区进行 NO_2 的吸收。

图3-1-16为中国某厂采用压力为0.35MPa的大型筛板吸收塔，一个吸收机组是由两个吸收塔组成。分为第一，第二吸收塔。两塔的直径均为 $\phi4000\times9$mm。前者塔高为26793mm，后者塔高为28390mm。两塔均用不锈钢制成。两塔共有32块筛板，其生产强度为19.3t 100% HNO_3/（$m^2\cdot d$），产量一般为13～14t，NO氧化度＞90%。

第一吸收塔共分三个区域，塔底为漂白区，在此进行成品酸的脱硝过程。有的厂其漂白区设有3～4层筛板。塔的中部为氧化区，以进行NO的氧化。有干法氧化和湿法氧化两种。氧化区上面即为吸收区。

塔内设有一根中心气管，尾气由该管导出。中心气管另一功能是用于支承固定塔板。塔板下的支架呈辐射型分布，固定在圈梁上。该塔的筛板穿孔速度为12～16m/s；空塔速度为0.24～0.27m/s。

第二吸收塔无漂白区和氧化区。而且塔内各层筛板的板间距并非等距，因塔内氧含量低，为保证NO充分氧化，所以第6～13层的板间距要大些。

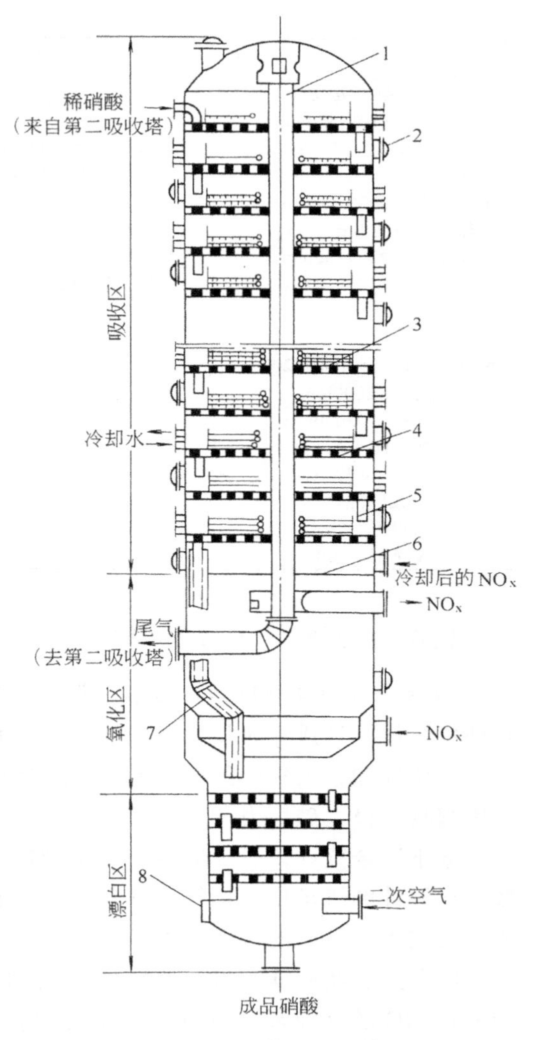

图3-1-16　筛板吸收塔

1—中心管；2—人孔；3—冷却盘管；4—筛板；5—溢流管；6—隔板；7—降酸管；8—液位计

大型硝酸筛板塔的主要结构尺寸及技术特性参数，列于表3-1-12。

表3-1-12　硝酸吸收塔主要结构尺寸及技术特性

主要结构尺寸		技术特性
第一吸收塔	第二吸收塔	操作压力0.35MPa
塔径　$\phi4000\times9$mm	$\phi4000\times9$mm	空塔速度0.24～0.27m/s
塔高　H26793mm	H28390mm	吸收容积系数2.11
筛板　规格 $\phi1.4$mm		$m^3/(d\cdot t/HNO_3)$
孔间距8mm	8mm	生产强度（产酸量）
层数14	18	19.3t/($m^2\cdot d$)
板间距1～13层1200mm	1～5层1200mm	NO氧化度＞90%
	6～13层1500mm	

续表

主要结构尺寸		技术特性
第一吸收塔	第二吸收塔	
13～14层 520mm		气体流量(标准状况)41000m^3/h
	14～17层 1000mm	
	17～18层 350mm	成品酸
中心气管 ϕ529×4mm	ϕ529×4mm	质量分数 53%
冷却面积～420m^2	～74m^2	含 N_2O_4<0.01%
冷却盘管 ϕ38×25mm	ϕ38×5mm	铵盐<0.2g/L
	11、12、15、16、17、18层无冷却盘管	含 Cl^-<50mg/kg
		温度<50℃
		冷却水入口温度18℃
氧化区直径 ϕ4000/3200mm		冷却水量：
高 H2000mm		1号塔 480m^3/h
漂白区直径 ϕ2000mm		2号塔 70m^3/h
高 H2960mm		二次空气量(标准状况)1000m^3/h
筛板 4层		尾气
ϕ1.25mm		含 O_2 2.5%～5%
孔间距 5mm		NO_x<0.2%
板间距 400mm		

1.4 硝酸尾气的处理[5,2]

1998年5月4日联合国发表的调查报告中指出："当今导致人类生病和死亡的主要原因是环境污染，且成为人类的第一杀手，而大气污染又是环境污染的最突出问题。"

众所周知，大气中的 SO_2 和 N_xO_y 是构成酸雨的主要污染源，酸雨对人体健康、植物和土壤都具有极大破坏力。

据不完全统计，当今世界上每年排放至大气中的氮氧化物至少在5300万t以上。其中数以亿辆计的汽车排出尾气，发电厂的烟道气、硝酸厂的尾气是大气中氮氧化物的主要污染源，已成为全球性的一大公害。

医学上已经确认，NO与血红蛋白的亲和力比CO大一千倍，比 O_2 大数十万倍。而 NO_2 比NO的这种亲和力更大得不可比拟，从而形成硝基血红蛋白，故 NO_2 的毒性更大。它也比 SO_2 更容易进入人肺，SO_2 只能在有微尘场合下才能进入肺细胞中，而NO却能单独侵入人的肺深部。在 NO_x 污染地区肺癌死亡率剧增，足以说明其危害性之大[14]。表3-1-13列出 NO_2 对人和其他生物的影响。

表3-1-13 NO_2 对人和其他生物的影响[15]

二氧化氮含量/(mg/kg)	影响
0.5	连续4h暴露，肺细胞病理组织发生变异，连续3～12个月，在患支气管炎部位，有肺气肿出现，对感染的抵抗力减弱
1左右	闻到臭味
2.5	超过7h，豆类、西红柿等作物的叶子变为白色
3.5	超过2h，细菌对动物感染增大
5	闻到很强烈的臭味
10～15	眼、鼻、呼吸道受刺激
25	人只能在短时间内停留
50	1min内，人的呼吸异常，鼻子受刺激
80	3～5min内，引起胸痛
100～150	在30min内，至多1h，人就会因肺水肿而死亡
200以上	瞬间人即死亡

应当指出的，1970 年在美国洛杉矶等 19 个城市曾发生惊震全球的光化学烟雾事件。这是由于当地数以万辆的汽车排出的尾气中的氮氧化物酿成的灾祸。大气中的氮氧化物和碳氢化合物，在阳光照射下产生光化学反应，能生成一种硝酸过氧乙酰（烟雾中极毒物质，peroxyacetyl nitrate）的光化学毒雾，不仅能使人急性中毒，且是一种强致癌物。

根据中国制订的 GBJ4—73 的三废排放试行标准规定，对不同排放烟筒高度所允许排放的数量如表 3-1-14。

表 3-1-14　氮氧化物排放试行标准（GBJ 4—73）

排气筒高度/m	允许排放量(换算成 NO_2)/kg/h	排气筒高度/m	允许排放量(换算成 NO_2)/kg/h
20	12	80	160
40	37	100	230
60	86		

此外，中国还规定居住区氮氧化物（换算成 NO_2）的最高容许浓度为 0.15mg/m^3，生产车间空气中氮氧化物（换算成 NO_2）为 5mg/m^3。

硝酸尾气中根据操作好坏而含有不等量的氮氧化物。当其排入大气中便形成一股浓浓黄烟，俗称“黄龙”。过去外国某些厂家，出于经济原因，仅将黄棕色的 NO_2 还原成无色的 NO，进行一种“安慰性”的消色处理，随着人们对环保意识的加强而引起公愤，迫使这类厂不得不进行彻底性的尾气处理。但彻底治理硝酸尾气并非易事，其最大技术难度是在于 NO_2 被水吸收后仍有 1/3 的原有氮氧化物转入气相。现今世界各国治理硝酸尾气的方法至少已有 30 多种，但真正具有经济价值且行之有效的方法仍不多。这些方法归纳为如下四大类。参见图 3-1-17[5]。

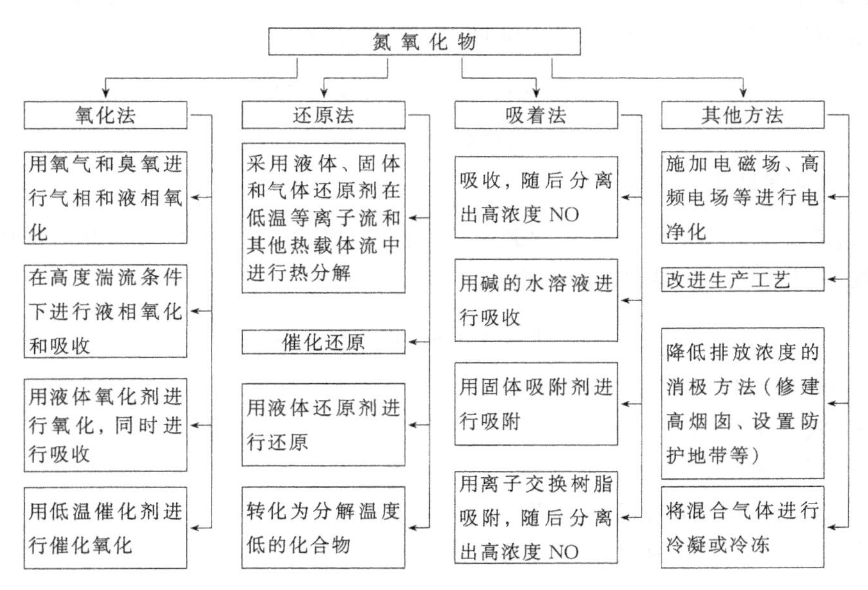

图 3-1-17　工业废气净化脱除氮氧化物的方法

现就硝酸厂某些常用的治理尾气方法介绍如后。

1.4.1　碱液吸收法

这是人们研究最早最多的一类脱硝方法。

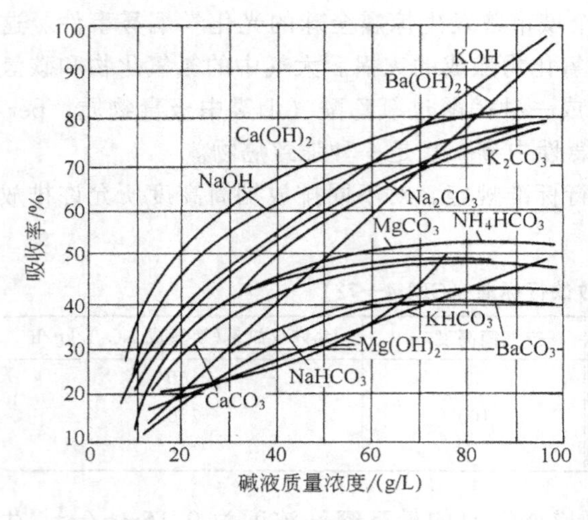

图 3-1-18 不同碱液的浓度对氮氧化物吸收率的影响

根据 Ц. E. 库兹涅佐夫（Кузнецов）等研究[5]，曾以下列一些碱液作为脱硝剂：NaOH、Na_2CO_3、$NaHCO_3$、KOH、K_2CO_3、$KHCO_3$、$Ca(OH)_2$、$CaCO_3$、$Mg(OH)_2$、$MgCO_3$、$Ba(OH)_2$、$BaCO_3$ 和 NH_4HCO_3 等。

同时还曾对相应系统的焓、吉布斯自由能和平衡常数作过计算，获得结论如下：用上列所有物质作为脱硝剂，其反应在原理上都是可行的，而且反应都能进行到底。

图 3-1-18 示出了各种新配的碱液质量浓度(g/L)，对氮氧化物吸收率的影响。由图可见，KOH 溶液吸收氮氧化物的量为 $CaCO_3$ 悬浮液吸收量的 2.46 倍。

并获得下列一些结论：

① 用上述各种碱液吸收 N_2O_3 时，它们的相对活性按下列次序而递减：

KOH	> NaOH	> $Ca(OH)_2$	> Na_2CO_3	> K_2CO_3	> $Ba(OH)_2$	> $NaHCO_3$	> $KHCO_3$	> $MgCO_3$	> $BaCO_3$	> $CaCO_3$	> $Mg(OH)_2$
1.0	0.84	0.8	0.78	0.63	0.56	0.51	0.44	0.4	0.4	0.39	0.35

以上各种碱液吸收氮氧化物都是分两步进行的：首先是氮氧化物与水作用生成 HNO_3，而后与相应的碱进行酸碱中和反应。当溶液 pH<7 时，由于 HNO_2 容易分解，故对脱硝反应不利。当 pH>7 时，生成的 HNO_3 和 HNO_2 将迅速参加中和反应：

$$OH^- + HNO_3 = NO_3^- + H_2O$$
$$OH^- + HNO_2 = NO_2^- + H_2O$$

而中和反应的速度是非常快的。

② 在泡沫塔中采用上述任何一种碱液，无论其性质如何，只要知道其溶液的浓度和 pH 值，便可按下列经验式求得它的吸收率：

$$\alpha = -46.3 + 5.4\text{pH} + 0.4c + 2.4\tau$$

式中 α——气体的吸收率（净化率），%；
c——吸收剂的质量浓度，g/L；
τ——吸收时间，s；
pH——新制备溶液的 pH 计算值。

③ 经研究，得出计算氮氧化物吸收系数的公式。

$$K = \alpha \cdot \frac{V_{气} \cdot c}{22.4 V_{液} \times 3.6 \times 10^5}, \text{kmol/(m}^3\cdot\text{s)}$$

式中 K——吸收系数；
$V_{气}$——气体体积流量，m^3/h；
c——氮氧化物含量体积分数，%；

$V_{液}$——吸收液体积流量，m^3/h。

对于上述各种碱液，考虑到原料来源、价格及其工艺经济性，有研究者认为以 Na_2CO_3 法较为实用。因此法处理气量大，适用于常压法硝酸尾气含氮氧化物浓度较高的情况，操作简易可行。但其不足之处，最终处理后的氮氧化物仍很难降至 200mg/kg 以下。

用碳酸钠溶液吸收氮氧化物是至今常压法制稀硝酸广为应用的一种尾气处理方法。该工艺由下列三个基本工序组成：

（1）Na_2CO_3 溶液的吸收

基本反应如下。

$$2NO_2 + H_2O = HNO_3 + HNO_2$$

$$2HNO_3 + Na_2CO_3 = 2NaNO_3 + H_2O + CO_2$$

$$2HNO_2 + Na_2CO_3 = 2NaNO_2 + H_2O + CO_2$$

总反应
$$2NO_2 + Na_2CO_3 = NaNO_2 + NaNO_3 + CO_2 \quad (3\text{-}1\text{-}65)$$

如有 N_2O_3 存在，反应如下。

$$N_2O_3 + H_2O = 2HNO_2$$

$$2HNO_2 + Na_2CO_3 = 2NaNO_2 + H_2O + CO_2$$

总反应
$$N_2O_3 + Na_2CO_3 = 2NaNO_2 + CO_2 \quad (3\text{-}1\text{-}66)$$

由上述反应可知，当尾气中 $NO:NO_2 = 1:1$ 时，即按式（3-1-66）生成亚硝酸钠，而且反应速度最快。若 $NO_2 > NO$，则溶液中生成等分子的亚硝酸钠和硝酸钠。而尾气中 NO 与 NO_2 的比例是随着 N_xO_y%、O_2%以及气体在塔内停留时间而定。

氮氧化物的吸收是用温度为 20～25℃ 的碱液进行，但纯碱在水中的溶解度不大，25℃ 时其饱和溶液含 22.8% Na_2CO_3，这样势必有大量的水带入系统中。为此，可将固体纯碱加入吸收塔下部的溶液受槽中，使其溶于循环的亚硝酸钠-硝酸钠溶液中，以增大纯碱的溶解度。通常使用的纯碱溶液为 20%。

在实际生产中碳酸钠溶液一般控制在 200～250g/L。溶液在吸收塔内不断进行循环吸收，直到溶液中含 $NaNO_2$ 250～350g/L、$NaNO_3$ 40～60g/L，以及 Na_2CO_3 3～6g/L 时为止。

（2）亚硝酸钠的转化

如果希望获得全部为硝酸钠，可用硝酸处理所得的吸收溶液，此一过程称为“转化”，其反应如下：

$$3NaNO_2 + 3HNO_3 = 3NaNO_3 + 3HNO_2$$

$$3HNO_2 = HNO_3 + 2NO + H_2O$$

总反应：
$$3NaNO_2 + 2HNO_3 = 3NaNO_3 + 2NO + H_2O \quad (3\text{-}1\text{-}67)$$

转化的反应速度随温度的增加而加快，因为增加温度能加速亚硝酸的分解速度。工业操作始终保持反应温度在 90～95℃。在转化后期，为了加速反应，宜将温度提高到 100～105℃。此外，还应通入空气以搅动反应物料，这样也能增加转化速度，同时可将放出的 NO 氧化成 NO_2，NO_2 也能将 $NaNO_2$ 转化成 $NaNO_3$。

反应后期还需保持一定酸度，一般不低于 10g/L。反应到转化器的溶液内剩余 $NaNO_2$ 含量低于 0.05g/L，然后将此溶液进行中和，离开转化器的溶液组成为 $NaNO_3$ 320～

450g/L，$NaNO_2$ 0.05g/L，Na_2CO_3 0.3g/L。

(3) 溶液的蒸发和结晶

蒸发过程是在122～124℃温度下进行，以将溶液浓缩到 $NaNO_3$ 650～750g/L。而后将蒸发液送往结晶器用水冷却到30～45℃，然后将所得晶浆，送往离心机过滤分离。结晶送入转筒式干燥器，或用气流式热风干燥器进行干燥，干燥至水含量低于2%，即为成品。

由于亚硝酸钠工业应用广泛，例如可用作织物染色的媒染剂、丝绸、亚麻等的漂白剂，以及金属热处理剂等，因而如欲全部制成纯亚硝酸钠，在生产工艺中，应将尾气中NO和 NO_2 的比例调节到溶液中的 $NaNO_2$ 和 $NaNO_3$ 的质量比在8以下。在吸收过程，中和液应避免出现酸性，以防碳素钢设备腐蚀。当中和液的相对密度为1.240～1.250、溶液中 Na_2CO_3 含量低于3～5g/L时则可送去蒸发。在常压下一般最终蒸发温度在127～130℃之间，应注意切勿蒸发过浓，否则 $NaNO_3$ 就会与 $NaNO_2$ 一起结晶，影响产品质量。蒸发完成后，将溶液送至结晶槽冷至50～70℃，结晶即为成品。

用此法脱除含有0.5%～1.5%（体积）氮氧化物的尾气，经碱液吸收以后 N_xO_y 含量约在0.2%左右。

用碳酸钠溶液吸收硝酸尾气以制取硝酸钠的工艺流程，见图3-1-19。

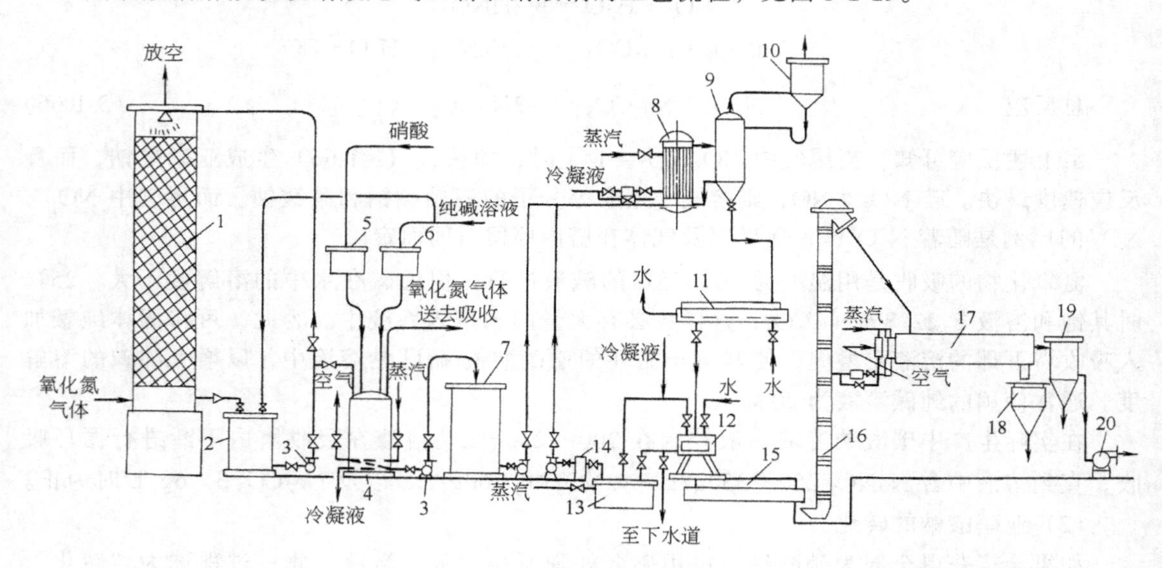

图3-1-19 硝酸钠生产流程

1—碱吸收塔；2—循环槽；3—泵；4—转化器；5—硝酸计量槽；6—纯碱液计量槽；7—硝酸钠溶液收集槽；8—加热器；9—蒸发器；10—飞沫捕集器；11—结晶器；12—离心分离机；13—母液收集槽；14—缓冲罐；15—螺旋运输机；16—斗式提升机；17—转筒式干燥器；18—成品贮斗；19—旋风除尘器；20—排风机

1.4.2 催化还原法

催化还原法是在有催化剂条件下将 N_xO_y 转变成氮气和水。此法虽不能回收 N_xO_y，但具有装置紧凑、操作方便等优点，是目前国外硝酸厂处理尾气所普遍采用的一种方法。由于尾气中有 O_2，根据是否将氧还原而分为选择性与非选择性还原两种方法。

(1) 选择性还原法

通常用氨作为还原剂，此法只将尾气中的 N_xO_y 还原成 N_2，反应如下：

$$8NH_3 + 6NO_2 = 7N_2 + 12H_2O \quad (3\text{-}1\text{-}68)$$

$$4NH_3 + 6NO = 5N_2 + 6H_2O \quad (3\text{-}1\text{-}69)$$

催化剂有多种多样，但以铂最为有效。一般铂含量约为0.5%，负载于Al_2O_3的载体上，可制成粒状或球形或蜂窝状结构。来自吸收塔的残余N_xO_y，送入燃烧室内的预热管中预热到220～260℃，管外的烟道气温度约在1000～1200℃左右。预热后的N_xO_y气体送入混合器，此处同时加入按化学计量（NH_3/N_xO_y）过量20%～50%的氨。两者混匀后即以高空速（$15000h^{-1}$）通过转化器，在250～300℃温度下进行反应。因为氧不参与反应，催化床层温升不高，一般仅30～40℃。此法可使尾气中的N_xO_y降至200mg/kg以下。

此法最大缺点是消耗有价值的氨，使得硝酸成本增加。生产1t100%HNO_3约需消耗氨6～8kg。反应温度范围较窄，一旦超过300℃，会发生显著的氨分解。

（2）非选择性还原法

现今工业上采用此法较多。它是将尾气中的NO_2和O_2一同除去，在催化剂的存在下可以利用各种燃料气。例如：含烃的天然气、炼厂气、富氢的合成氨弛放气；含甲烷、氢和CO的焦炉气等。以这些燃料气中的H_2和CH_4为例，还原反应分别如下：

$$2H_2 + O_2 = 2H_2O \quad (3\text{-}1\text{-}70)$$

$$H_2 + NO_2 = NO + H_2O \quad (3\text{-}1\text{-}71)$$

$$2H_2 + 2NO = N_2 + 2H_2O \quad (3\text{-}1\text{-}72)$$

$$CH_4 + 4NO_2 = 4NO + CO_2 + 2H_2O \quad (3\text{-}1\text{-}73)$$

$$CH_4 + 4NO = 2N_2 + CO_2 + 2H_2O \quad (3\text{-}1\text{-}74)$$

式（3-1-71）、式（3-1-73）为NO_2的脱色反应，式（3-1-72）和（3-1-74）为NO的消除反应。NO_2还原为NO的脱色反应是先于NO的脱除反应与O_2的还原反应而完成的，如果燃料气不足，结果只能使NO_2还原为NO并烧去一部分O_2。

非选择性还原反应所用的催化剂以钯与铂为最好。通常以0.5%含量载于Al_2O_3或耐火陶瓷上。一般采用钯较多，因钯活性高，且价格较便宜。但钯对硫中毒很敏感，故使用时应先将燃料气进行脱硫。

利用铂或钯催化剂进行氮氧化物的还原反应，催化剂的起燃温度随着燃料的不同而异。由于还原反应是强烈放热反应，催化剂床层温度也随着不同燃料和烧去氧量多寡而不同。根据计算，如以氢为燃料，每烧去1%的O_2和NO，床层温升高到160℃；如以甲烷为燃料，则其温升为130℃。因此，在工业生产中催化剂床层温度高达850℃也是可能的，但常用的以Al_2O_3作为载体的钯或铂催化剂，所能承受的最高温度为815℃左右。为了防止催化剂不致因超温而被烧毁，则应对燃氧量严加控制。例如，以甲烷为燃料时允许燃氧量为2.8%～3.0%；而以氢为燃料时催化剂的起燃温度低，所以允许燃氧量可提高到4.2%。

表3-1-15列出了不同催化剂，不同燃料对催化剂起燃温度（入口温度），以及催化剂床层温度的变化结果。

表3-1-15 用各种碳氢化合物处理NO_2的结果[15]

催化剂	压力（表压）kPa（psi）		空速/h^{-1}	温度/℃			送入气/%		排出气体中NO_2 mg/kg
				入口	出口	催化床	燃料	NO_2	
Pt-Al_2O_3	6900	100	284，000	443	754	—	0.8①	0.3	痕量
Pt-Pd-Al_2O_3	6900	100	57，000	401	—	864	1.24②	0.3	5

续表

催化剂	压力（表压）kPa（psi）		空速 /h⁻¹	温度/℃			送入气/%		排出气体中 NO_2 mg/kg
				入口	出口	催化床	燃料	NO_2	
Pt-Al_2O_3	627.9	91	100，000	270	654	—	0.36③	0.14	320
Pd-$Al_2O_3$⑥	55.2	8	66，000	489	—	816	1.9④	0.3	14
Pt-Pt-Al_2O_3	227.7	33	60，000	378	—	633	1.45⑤	0.3	90

① 甲烷；

② 20.9%～26.7% CH_4，2.0%～6.6% C_2H_4，28.4%～30.9% C_2H_6，12.6%～27.5% C_3H_6，9.6%～30.4% C_3H_8，3.2%～4.0% C_4H_{10}，0.042%～0.05%～COS，0～0.34% CH_3SH；

③ C_6～C_8 碳氢化合物，1.0mg/kgS，1.1mg/kgCl，2.0mg/kgN；

④ 甲烷；

⑤ 煤油（176～270.6℃）；

⑥ 在空气中于800℃加热1649h的催化剂。

表 3-1-16　两段反应处理含氧高的硝酸尾气[15]

第一段					第二段				
燃料气 %	温度/℃		出口气体含量/%		燃料气 %	温度/℃		出口气体含量/%	
	入口	催化床	O_2	CO_2		入口	催化床	O_2	$NO+\frac{1}{2}NO_2$
0.54	381	598	1.8	1.2	0.54	360	516	2.46	0.139②
0.54	371	593			0.57	361	566		0.0173
0.54	371	595			0.59	362	570	2.57	0.008
0.54	373	594			0.66	363	562		0.015
0.54	373	599			0.70	361	564	2.54	0.0186
0.54	372	588			0.68	514	662	2.47	0.0042

注：1. 催化剂为 0.5Pt/Al_2O_3+0.5Pd/Al_2O_3 等量混合物100ml；硝酸尾气中含0.3% NO，4.0% O_2，1.2% H_2O；燃料气组成为：26.9% CH_4，28.7% C_2H_6，3.0% C_2H_4，21.4% C_3H_6，16.0% C_3H_8，4.0% C_4H_{10}，84cm³/m³ COS。

2. 燃料不足时。

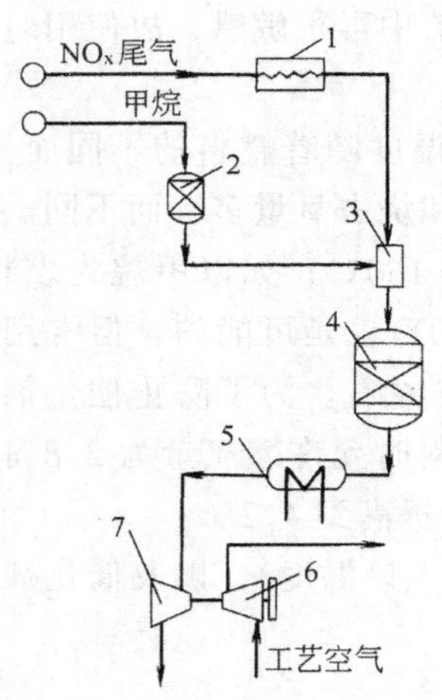

图 3-1-20　催化还原法脱除 NO_x 示意流程

1—尾气预热器；2—分子筛脱硫器；3—混合器；4—消除器；5—废热锅炉；6—压缩机；7—尾气膨胀机

加压法的硝酸尾气中 O_2 含量一般为3%或更高。而常压法尾气中 O_2 含量比加压法更高。对于含 O_2 量高的硝酸尾气，宜采用两段反应流程。两段反应的工艺参数，参见表3-1-16。

非选择性法处理硝酸尾气，消耗燃料较多，但可以回收大量热能。对于加压法流程，还可利用尾气通过膨胀机回收动力。

图 3-1-20 为以天然气作为燃料的催化剂还原法的示意流程图。由催化反应器出来的高温尾气，先经废热锅炉回收热能后，进入透平膨胀机回收动力，而后放空。

1.5　稀硝酸生产综述

1.5.1　生产方法及技术经济指标

现代的稀硝酸工业与早期的相比，无论生产规模，生产技术以及工艺流程都有很大的革新和突破。早期多用常压法只能生产低于50%的稀硝酸，以后由于设备材质、工艺条件的改进，藉助于低温和加压的方法，如图 3-1-21 所示[10]，可以生产50%～70%的硝酸，或一种流程可以兼产60%和70%两种不同 HNO_3 含量的硝酸。这已成为今后稀硝酸工业的发展趋向。

现今稀硝酸的生产流程已有十几种之多，各种流程几乎都是以操作压力来分类，归纳起来不外有下列三种：

（1）常压法　氨氧化及酸吸收均在常压下进行。这种方法因压力低，氨氧化率高，铂损耗较低，设备结构简单，多用6～12个串联的吸收塔。早期吸收塔多用天然耐酸材质，如花岗石或耐酸砖砌成，现今用塑料或不锈钢制成。常压法缺点是成品酸中HNO_3含量低，排放的尾气中氮氧化物含量高，环境污染严重，尾气需作处理。吸收容积大，占地多，投资大。

（2）全压法　氨氧化和酸吸收均在加压下进行。吸收压力可分两个等级：中压吸收的压力为0.2～0.5MPa。高压吸收为0.7～1.0MPa或更高。

前者以伍德（Uhde）、斯塔米卡邦（Stamicarbon）和蒙特爱迪生（Montecatison）等工艺流程为代表。后者以凯米科（Chemico）、Weatherly和住友（Sumitomo）的工艺流程为代表。全压法因吸收压力高，其NO_2吸收率以及成品酸中HNO_3含量都较高。排放尾气中氮氧化物含量低。吸收塔容积小，能量回收率高。但氨氧化率比常压法稍低，而且铂损耗较大。

（3）综合法　氨氧化和NO_2吸收分别在两种不同压力下进行。现有两类流程：一为常压氨氧化-加压NO_2吸收流程；二为中压氨氧化-高压NO_2吸收流程。前者以前苏联国立氮气研究所（ГИАП）流程为代表；后者以法国格朗德—帕鲁瓦斯（Grande-Paroisse）流程为代表（简称GP法）。或称双压法。

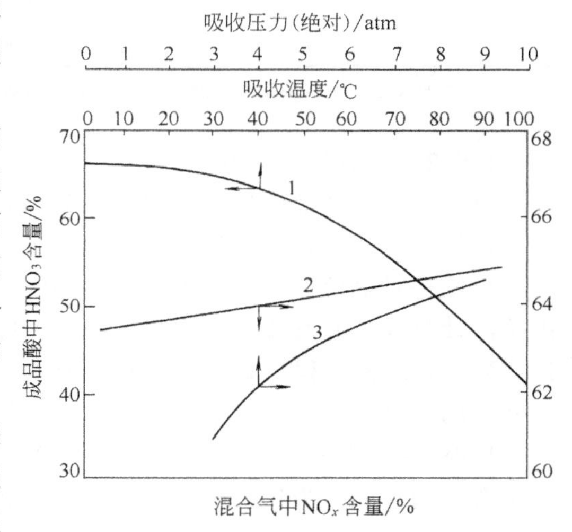

图3-1-21　温度、压力、NO_x含量对成品酸中HNO_3含量的影响

1—成品酸中HNO_3含量与吸收酸中HNO_3含量的关系［NO_x9.54%，压力（绝对）0.6MPa，氧化度0.9］；2—混合气中NO_x含量与成品酸中HNO_3含量的关系［温度（30℃，压力（绝对）0.6MPa，氧化度0.9）］；3—吸收压力与成品酸中HNO_3含量的关系［（NO_x6.65%，温度30℃，氧化度0.9］

前者兼有常压和加压法两者优点：其氨耗及铂损耗比全高压法小，不锈钢用量比全中压法为少。后者采用较高吸收压力和较低吸收温度，成品酸中HNO_3含量一般可达60%，尾气中氮氧化物含量低于200mg/kg，可以不作处理而直接放空。

中国稀硝酸生产早期多采用常压法，20世纪60年代开始建成一批压力为0.35MPa的综合法生产装置。与此同时，还在各地建有一些规模为年产万t的小型硝酸装置。以后又兴建一批0.35MPa的全中压流程生产厂。80年代中国又从法国引进一套双压法生产装置，1998年从美国引进一套全高压法生产装置。

建立硝酸厂究竟选用什么方法和流程为好，应根据该地区条件而定，考虑到生产规模、成品酸中HNO_3含量、原料氨价格以及公用工程费用等。例如美国由于氨价便宜，大多采用全高压法，以减少设备投资来补偿氨与铂耗较高所增加的费用。而欧洲一些国家，因氨价高，而氨的费用占硝酸生产成本约70%，因此大多数厂采用综合法。

表3-1-17和表3-1-18分别列出了国内外稀硝酸生产某些典型流程的技术经济指标，以

供参考。

表 3-1-17　中国各种硝酸生产方法的技术经济指标

生产方法	操作压力 MPa		主要消耗指标 t 100% HNO_3				氨氧化率 /%	酸吸收率 /%	成品酸 /%	尾气中 NO_x%
	氧化	吸收	氨/t	铂/g	水/t	电/MJ				
常压法	常压	常压	0.290	0.06	100～125	396	97	92	45～50	0.15～0.20（处理前）
	0.09	0.09	0.315	0.06	330	540	95	96	43～47	0.4
全压法	0.35	0.35	0.295	0.1	110～180	864①	96	98	53～55	0.2
综合法	常压	0.35	0.286	0.09	110～180	864①	97	97	43～45	0.22～0.3

① 如副产高压蒸汽，采用蒸汽透平，电耗约在 70MJ 左右。

1.5.2　典型生产流程

下面介绍几种稀硝酸生产的典型流程。

1.5.2.1　全压法流程

全压法对氨价格便宜的国家是有利的，至少其建厂投资要比常压法低 1/3。1920 年首次由美国杜邦公司开发成功。现美国已普遍应用。并有中压（0.25～0.5MPa）和高压(0.17～1.22MPa）两种流程。高压法的典型流程，是由美国魏泽里（Weatherly）公司于 1963 年创建并沿用至今。

1998 年中国河南平顶山尼龙 66 盐公司，引进美国魏泽里技术，建成了中国第一套高压法装置。设计能力为年产硝酸（以 100%计）3.3 万 t。其工艺流程见图 3-1-22。

其工艺特点是：氨氧化炉操作压力（表压）1.16MPa，反应温度 921℃，用铂网共 28 张，氨转化率 95%。吨硝酸铂耗约为 0.1g 左右。废热锅炉回收的蒸汽压力为 3.5MPa。副产蒸汽1.39t/t酸。采用泡罩吸收塔。塔高 32.13m、内径 2.438m。共有塔板 49 层。其中吸收段为 40 层、漂白段为 9 层。1～23 层用循环冷却水冷却。25～39 层采用 1.7℃ 的 38% K_2CO_3 冷冻盐水冷却。尾气出吸收塔的温度为 4℃、压力为 1.124MPa，加温至 350℃，进入尾气膨胀机回收能量后，余压为 0.1014MPa 的尾气则放空。吸收塔的吸收率为 98% 以上。成品酸浓度为 65%。尾气中 $NO_x \leqslant 180cm^3/m^3$。已低于排放标准，故该流程中无尾气处理装置。

高压法流程简短，尤其设备体积小，由此节省的大量昂贵的不锈钢费用足以抵偿高压法氨耗和铂耗增大的费用。需要说明的一点是，一般硝酸厂的主机都是采用蒸汽透平压缩机，但因尼龙 66 总厂蒸汽用量紧张，才因地制宜选用了电动压缩机。该工艺性能稳定、运行可靠，具有一定特性和优点。

1.5.2.2　双加压法流程

法国大巴鲁斯（G.P）流程于 1986 年投产，为日产 100% HNO_3 1500t 的单系列装置，是目前全球生产规模最大的硝酸装置。属于综合法，参见图 3-1-23。

表 3-1-18 世界其他国家综合法、全压法典型流程技术经济指标[10]

项目		综合法								全压法										
国别，公司		前苏联	法国		比利时	德国	法国		波兰	波兰		意大利	荷兰	前苏联	德国		美国		德国	
		ГИАП	库尔曼	库尔曼	SBA	巴马格	大巴鲁斯	大巴鲁斯	KAT3.5/9-06	KAT-4-09	KAT-8	蒙特爱迪生	斯塔米卡邦	ГИАП	巴马格	巴马格	凯米科	吉苔勒	伍德	伍德
氧化压力(绝压)/MPa		0.1	0.1	0.1	0.3	0.4~0.6	0.35	0.55	0.35	0.4	0.8	0.5~0.6	0.5	0.73	0.4~0.6	0.8~1	0.78	0.8	0.5	0.9
吸收压力(绝压)/MPa		0.35	0.35	0.55	0.8	0.8~1	0.9	1	0.9	0.4	0.8	0.5~0.6	0.5	0.73	0.4~0.6	0.8~1	0.78	0.8	0.5	0.9
氧化炉燃氨量/t/d		98.5	98.5	83.4	86.1	83.4	250	310	218	60	75	85	194	100	81.3	85.2	86.7	76	85.2	86.6
100%成品酸产量/t/d		350	350	300	300	300	886	1100	760	209	258.5	300	675	341	300	300	300	264	300	300
成品酸中 HNO_3 含量/%		46	69	67	60	67	56	67	58	54	56	58	55	55	67	67	60	67	60	60
混合气中的氨含量(%体积)		11.5	11	11	10~11	10~11	11	10	10.84	11.33	11.5	11	10	11	10~11	10~11	11.5	10.5	9.5~10.5	9.5~10.5
铂网质量/kg		24.3	2.9	32	30	17.75	93.23	88	56.4	14.1	18.8	17.7	45.5	26	17.7	9.5	19	15.08	—	—
铂网生产能力/g/m/tHNO_3/d		578	294	384	347		373	284	259	235	250	208	234	260	211	112	219	198	—	—
1t 100%成品酸的消耗定额	NH_3/kg	284	281	278	288	281	282	282	286.8	287	290	283	284	293	281	284	289	288	284	288.6
	铂耗/g	0.049	0.05	0.045	0.10	0.13	0.09	0.09	0.08	0.08	0.12	0.12	0.0	0.15	0.13	0.30	0.18	—	0.11	0.25
	冷却水/t	183	135	100	220	156	170	148	130	115	170	160	145	150	143	157	11024	92	170	150
	电/kWh	246	13	14	12	10	9	12	10	160	50	13	26	20	12	9	6.67	1.65	10	9
	生产用水/t	0.8	0.45	0.16	0.35	0.2	0.50	0.26	0.213	0.5	0.41	—	0.45	0.45	0.2	0.2	0.78	—	0.35	0.35
	锅炉用水/t	1.3	0.25	0.40	0.10	0.42	0.50	0.04	0.3	1.32	0.3	0.40	0.68	1.55	0.75	0.42	1.52	1.4	0.60	0.44
	副产蒸汽/t	1.018	0.185	0.230	0.05	0.7	0.33	0.17	0.21	1.277	0.2	0.3	0.3	0.4	0.74	0.41	0.31	0.9	0.53	0.38
	副产蒸汽压力(绝压)/MPa 及温度/℃	10,179	18,350	20,350	20,400	61,420	37,420	40,饱和	18,206	10,179	16,200	21,350	32,316	13,192	61,420	61,420	24,400	14,饱和	41,400	41,400
	燃料(尾气处理用)/m^3	—	—	—	—	—	—	—	—	—	90	—	—	130	—	—	28.6	28.6	—	—
氨氧化率/%		95.5	97	98	—	97	97	97	95.5	95	95	97~97.5	96	94	97	96	94.5	95	96.4	95.5
氨利用率/%		95	96	97	—	96	95.7	96	94.2	94	93.2	95~96	5	92.2	96	95	93	-	95.3	94.5
尾气中 NO_x 含量体积分数/%		0.20	0.18	0.1	—	0.12	0.07	0.1	0.1	0.1	0.04	0.15~0.2	0.12	0.04	0.05	0.05	0.01	0.02	0.12	0.12

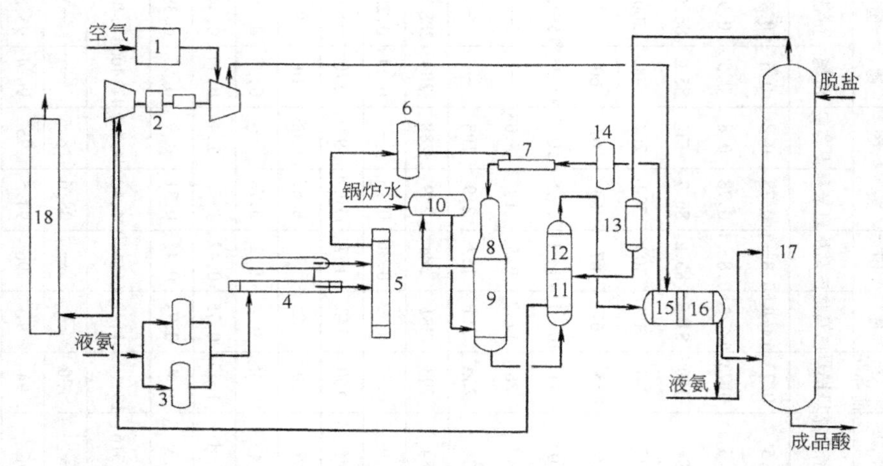

图 3-1-22　中国 1.16MPa 高压法生产稀硝酸的魏泽里（Weatherly）流程

1—空气入口过滤器；2—压缩机组；3—液氨过滤器；4—液氨蒸发器；5—氨过热器；6—气氨过滤器；7—氨、空气混合器；8—氧化炉；9—废热锅炉；10—汽包；11—尾气加热器；12—铂过滤器；13—尾气预热器；14—入口热空气过滤器；15—空气加热器；16—冷却冷凝器；17—吸收塔；18—尾气烟囱

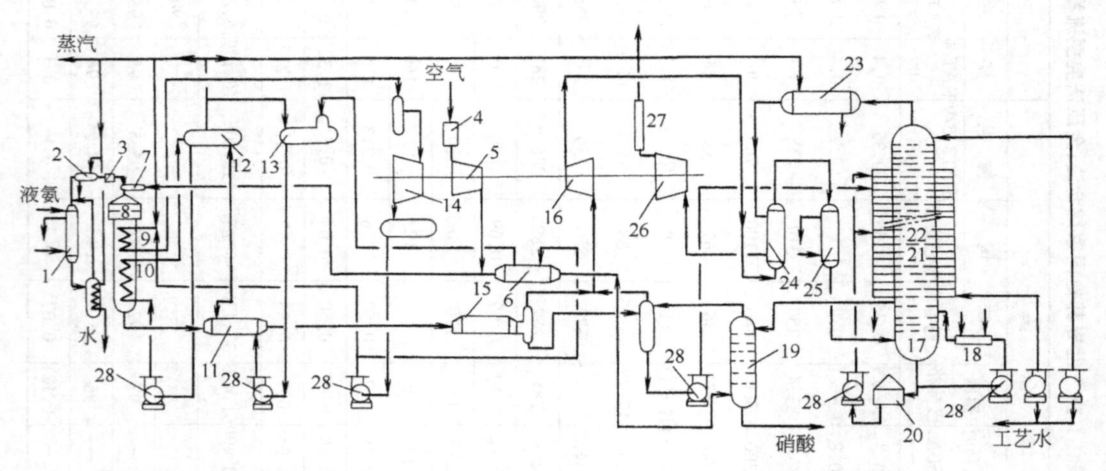

图 3-1-23　双加压 0.55/1.1～1.5MPa GP 法制造稀硝酸工艺流程

1—氨蒸发器；2—氨预热器；3—氨过滤器；4—空气过滤器；5—空气压缩机；6—空气预热器；7—氨空气混合器；8—氧化炉；9—蒸汽过热器；10—废热锅炉；11—节热器；12—汽包；13—脱氧槽；14，26—蒸汽透平；15，25—冷凝器；16—氧化氮压缩机；17—氧化塔；18—酸冷却器；19—漂白塔；20—收集槽；21—吸收塔；22—吸收塔冷却区；23—尾气预热器；24—尾气加热器；27—排气筒；28—泵

该流程的特点如下。

① 氨利用率高。由于氧化炉内设有特殊气体分布器，铂网上气体分布均匀，故铂网径向温差仅在 5℃以下，因而氨氧化率可达 96.7%，NO_2 吸收率高达 99.8%，氨的总利用率为 96.5%。

② 铂消耗低。本法氨氧化操作压力为 0.55MPa，虽然加压法铂损耗较大，但因铂网温度分布均匀，这样因网上局部过热而挥发的铂的损耗并不大，其铂耗在 90～110 mg/tHNO_3（100%）。

③ NO 氧化度高。NO_2 的吸收压力为 1.1～1.5MPa，使得 NO 的氧化速度加快。在不

设专用的NO氧化塔情况下，仅靠输送气体的管道以及设备的空间进行NO氧化已经足够，在吸收塔中NO的氧化度可达90%～97.8%，因而成品酸中HNO_3含量可达60%左右。

④ 尾气中N_xO_y含量低。由于在加压和低温下进行NO_2吸收，这对塔中NO氧化也很有利。所以，尾气中的N_xO_y仅在100ppm mg/kg，即可直接排放，无需再设尾气处理装置。

中国山西化肥厂与法国南吉斯GP装置的双加压流流程的技术经济指标，参见表3-1-19。

表3-1-19　两座双加压GP法生产硝酸的技术经济指标

项　　目	山西化肥厂	法国南吉斯厂
生产能力/(t/d)	902（设计）	925（设计） 1050（实际）
操作压力/MPa		
氧化	0.45	0.35
吸收	1.1	0.9
混合气中氨含量/%	9.75	10.3
铂网温度/℃	875	850
氧化炉台数	2	4
氨空气分布器	多层带小孔的折流板式	同心圆喇叭状
铂网层数	7	5
铂网组成	Pt90%，Rh10%	Pt95%，Rh5%
氨耗/（kg/t100%HNO_3）	281	281
铂耗/（mg/t100HNO_4）	120	120

1.5.2.3　巴马格（Bamag）兼产两种不同HNO_3含量的稀硝酸流程

图3-1-24示出了近代可兼产两种不同HNO_3含量的稀硝酸巴马格法流程。该装置的特

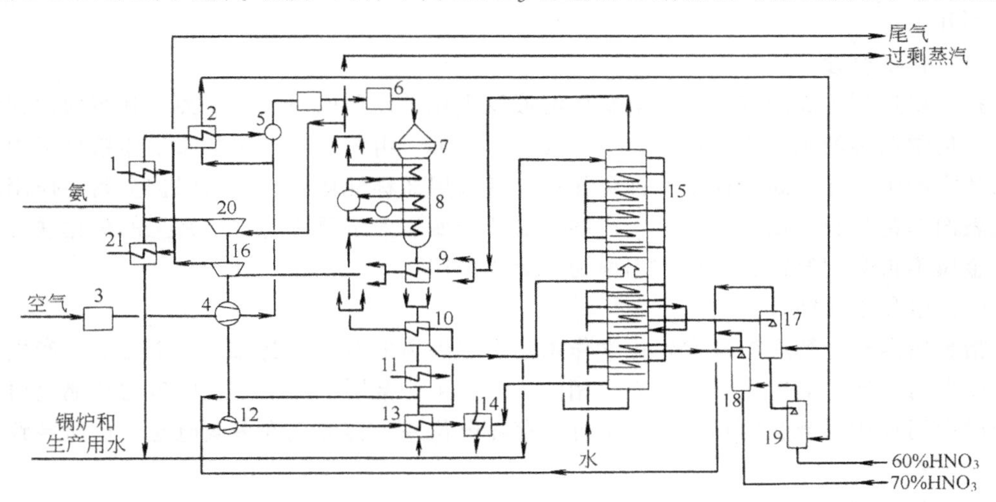

图3-1-24　巴马格法兼产两种不同HNO_3含量的稀硝酸流程

1—氨蒸发器；2—氨过滤器；3—空气过滤器；4—空气压缩机；5—混合器；6—混合气过滤器；7—氧化炉；8—废热锅炉；9—尾气加热器；10—给水加热器Ⅱ；11—冷凝器；12—NO_x压缩机；13—给水加热器Ⅰ；14—气体冷却器；15—吸收塔；16—尾气膨胀透平；17，18—漂白塔；19—干燥塔；20—蒸汽透平；21—蒸气透平冷凝器

点是，无需增加大投资，即可在同一装置中经济地生产 HNO_3 含量分别为60%和70%两种稀硝酸。

此流程首由德国巴马格公司所开发。与众不同的是在于 NO_2 的吸收部分。在混合气体由下而上进入吸收塔第一块筛板以前，必须将气相 NO 充分氧化成 NO_2，要使气相中 NO_2 含量更大地超过与生成70%硝酸液面上成平衡的 NO_2 含量。两种不同 HNO_3 含量的成品酸分别从塔的不同部位引出：70%的酸从塔底引出，而60%的酸从相应的塔内某一吸收筛板上引出的。生成60%硝酸的筛板的位置决定于塔的操作条件：温度、压力、冷却装置的冷却强度，以及两种不同 HNO_3 含量的硝酸产量的分配比例等因素。塔内的二次空气分两段加入：一段空气是经干燥塔被60%硝酸干燥后，加入漂白塔18以作为漂白70%硝酸之用；而另一段空气是直接加入到漂白塔17用以漂白60%的硝酸。从两个漂白塔出来的含氮氧化物的空气，并入位于氮氧压机机前的主气流中。

巴马格流程生产的70%的硝酸约占总产量的1/3，60%的硝酸约占2/3。吸收后的尾气中的 $N_xO_y<700mg/kg$，故尾气放空前必须作脱硝处理。

兼产两种不同 HNO_3 含量的硝酸的另一杜邦流程，其生产原理与巴格曼流程大致相同。杜邦法是采用压力为0.75MPa全加压法操作，其尾气中的 N_xO_y 的含量比巴马格法低，可保持在300mg/kg以下。

1.5.3 硝酸生产中的腐蚀与耐蚀材料

腐蚀是化学工业中最严重而普遍遇到的问题。大部分设备的腐蚀，都是因不明腐蚀环境和原因，未能正确选择耐蚀材质而引起。据发达国家统计，每年由于金属腐蚀的直接损失约占全年国民生产总值（GDP）的4%，远远超过火、水、风以及地震等损失（多年平均值）的总和。因此，化学工作者必须掌握正确选用防腐材料的知识。

1.5.3.1 腐蚀

金属与周围介质发生化学或电化学作用而引起的破坏称为腐蚀。化工厂经常遇到的腐蚀有下列几种：

（1）化学腐蚀

指金属遇到干燥的气体和非电解质溶液发生化学作用而引起的腐蚀。其腐蚀过程无电流产生。化学腐蚀的生成物很稳定，不挥发、不溶解、组织致密、与金属本体结合牢固。该生成物如牢固附着在金属表面则称钝化作用，其表层通称钝化膜，具有保护金属的作用，如不锈钢表面的钝化膜。反之，如该生成物容易从金属表面层层脱落，如常见的氧化铁皮，不能保护金属不再受到腐蚀，这种作用称为“活化作用”。

（2）电化学腐蚀

指金属因与电解质溶液发生化学作用而引起破坏的腐蚀。腐蚀过程中有电流产生，故其腐蚀原理与电池中的电化学反应完全相同。一种主体金属中即使夹杂微量的其他金属，在同一介质中两种相邻金属的相间，由于可能存在电位差，会形成许多微电池，从而导致电化学腐蚀。

（3）晶间腐蚀

指沿着钢的晶体边界发展的一种腐蚀。其腐蚀速度快，且能传布到金属内部，使材质的机械强度和塑性剧烈降低。这种腐蚀肉眼不易发现，是一种很危险的腐蚀。不锈钢在焊接时，焊接区域在600～800℃的高温下不锈钢中的Cr和C化合成 $Cr_{23}C_6$ 析出，使奥氏体晶界附近的Cr量降至其在耐腐蚀的中所需的最低量（12%）以下，从而使腐蚀集中在界面附近的贫 Cr 区。若不锈钢的 C 含量小于 0.06%时，晶间腐蚀不会发生。

(4) 孔腐蚀

又称点腐蚀。它常发生表面有钝化膜的金属。例如，不锈钢、钛、铝等合金，由于表面存有缺陷，溶液中又有破坏钝化膜的 Cl^-、Br^- 等离子存在，膜的局部破口就成为腐蚀电池的阳极，周围的膜成为阴极，电流高度集中，使腐蚀向孔内迅速发展，严重时可穿透器壁。这也是一种很危险的腐蚀。

实际上，在硝酸生产中往往是多种腐蚀同时进行的。例如在含有 Cl^- 的硝酸溶液中，不锈钢易发生孔腐蚀，同时也可能进行下列化学腐蚀及电化腐蚀反应。

$$3Cl^- + NO_3^- + 4H^+ = Cl_2 + NOCl + 2H_2O$$

$$Cl_2 + NO + H_2O = NO_2 + 2HCl$$

$$NOCl + H_2O = HNO_2 + HCl$$

$$2Cr + 2HNO_3 = Cr_2O_3 + 2NO + H_2O$$

$$Cr_2O_3 + 6HCl = 2CrCl_3 + 3H_2O$$

由以上反应可知，Cl^- 与硝酸作用生成 Cl_2，而后与 NO 和 NOCl 反应生成 HCl 和 Cl^-。结合生产实践来说，在吸收塔上部，由于硝酸浓度低，因而溶液中的 Cl^- 与 NO_3^- 和 H^+ 的反应速度很慢，Cl^- 便随着溶液向下移动；而吸收塔越往下的塔板上硝酸浓度越大，此时上述反应，便逐步加快，生成的 Cl_2 和 NOCl 气体往塔上部移动。这样一来，在那些对应于浓度为 23%～35%的硝酸范围内的塔板上，Cl^- 积累最多。为什么 Grande Paroless（G.P）公司的双压法(0.045～0.11MPa）的硝酸吸收塔中在第 6～11 层塔板上专门设计有排 Cl^- 管，正是这个原因。

1.5.3.2 耐蚀材料

金属材料的耐腐蚀性通常以腐蚀速度来衡量。如腐蚀速度在 1mm/a 以下的材料，则可认为是耐蚀材料。

在选择金属材料时，应注意几点：A. 至今并无能抵抗一切腐蚀的万能材料。不锈钢虽是良好的耐蚀材料，但它只不过能抵抗普通材料（主要是钢铁）所不能抵抗的硝酸、磷酸、脂肪酸等酸而已。它对浓硫酸的抗蚀性并不比钢材好。而对盐酸、氢氟酸则完全不能抵抗。B. 盐类的腐蚀不如酸或碱严重。但切勿因此而忽视盐的腐蚀性。实际上，酸性盐或碱性盐的腐蚀性，与它们各自所对应的稀酸或稀碱相当。例如氯化铵溶液的腐蚀力就相当于 5%的盐酸，碳酸钠溶液的腐蚀力也相当 10%左右的 NaOH 溶液。过去用不锈钢或和铝制设备处理热而浓的氯盐（如氯化铵等盐溶液）导致设备腐蚀的事故曾屡见不鲜。C. 当设备腐蚀的原因和腐蚀环境不清楚时，为了避免不必要的经济损失，事前应通过材质腐蚀试验，再作选择。

硝酸工业常见的材料主要有金属材料和非金属两大类：

(1) 金属材料

① 铸铁和碳钢。两者在硝酸中的腐蚀速度，以 HNO_3 含量 30%为最快，但随着 HNO_3 含量的增高而逐渐降低。当 HNO_3 含量大于 50%时，因钝化作用加强，腐蚀速度显著下降，但仍然因金属表面受损伤或不清洁，仍不免会被腐蚀。故在浓硝酸生产中，一般不用铸铁或碳钢设备。当硝酸中含有少量硫酸时，两者的化学稳定性比纯硝酸中高，故在稀硝酸浓缩生产中，广泛采用碳钢或铸铁制成的泵或贮罐。

② 高硅铁。含硅为 14%～17%及碳 0.5%～1.2%的铸铁称高硅铁。因其在强氧化性酸

的作用下，能生成稳定的 SiO_2 保护膜，无论对硝酸、硫酸或它们的混酸在任何浓度和温度下都有极好的抗蚀性。常用它来制作硝酸浓缩塔。但其性脆，骤冷骤热时易裂，不易切削加工和焊接，被广泛用来制作泵、脱硝塔、漂白塔等。

③ 不锈耐酸钢。不锈耐酸钢是不锈钢和耐酸钢的总称。严格地说前者是指耐大气腐蚀的钢，后者是指能耐酸和耐其他强烈腐蚀介质的钢。主要又可分为铬不锈钢和铬镍不锈钢两种。铬能生成一层稳定的氧化保护膜，因而抗蚀。当铬含量大于 17%时，则其抗蚀性显著增大，铬含量愈大则其抗蚀性愈好。含 13%～30%Cr 的钢，在常温下对各种浓度的硝酸都具有很好耐蚀性。含铬在 17%以下的钢在沸腾温度下对任何浓度的硝酸其耐蚀性都不大，但当 Cr 含量超过 17%时则耐蚀性增强。

硝酸生产中最常用的典型镍铬钢是 1Cr18Ni9Ti，其中含 C≤0.14%，Cr17%～19%，即钢代号为 18-8 钢，除能生成铬的氧化保护膜外，钢中的 C、Cr、Ni 都全部固溶于奥氏体晶格中，因 Ni 能使钢形成单一的奥氏体组织，且有较高强度极限、较低屈服限，极好的塑性及韧性，其焊接性及冷弯成型等工艺性也较好。对于温度低于 70℃、HNO_3 含量 65%以下的硝酸；或温度低于 100℃、HNO_3 含量 60%的硝酸都很耐蚀。故被广泛用来制作容器、管道和阀件等。但不宜在 450～800℃温度范围使用。1Cr18Ni9Ti 不锈钢，因加有钛会稍微降低其对热硝酸的耐蚀性。还应注意，在焊接时勿对焊缝进行热处理。

④ 铝。铝溶解于稀酸及浓碱，形成两性化合物。铝能较好地耐浓硝酸腐蚀，这是由于在铝的表面能形成稳定的氧化铝保护膜、即钝化作用所致。铝适用于 10%以及 65%以上的常温硝酸工况下，浓硝酸只在沸腾时才对铝发生作用。但其中若有少量硫酸存在，会加大腐蚀。干燥的氮氧化物对铝不起作用，但当有水分或硫酸存在时将被腐蚀。纯铝比铝合金的耐蚀性大得多，在硝酸工业中最好使用牌号为 L_{02} 的铝（铝含量大于 99.85%，杂质含量在 0.15%以下）。直接合成浓硝酸生产中的高压反应器、N_2O_4 冷凝器、浓硝酸贮槽等均用 L_{02} 铝制成。一般铝制设备最高操作温度不超过 200℃。

(2) 非金属材料

非金属材料与金属材料相比，具有强度差、导热系数小、不耐压力，不易焊接等缺点，但一般耐腐蚀性和致密性较好，且原料来源丰富，便于因地制宜，就地取材。随着近代科学技术的高度发展，许多性能优异的能耐高温高压，耐蚀的无机及有机新型材料层出不穷，它们在化工上应用，无疑地也将具有广阔的发展前景。

用于硝酸生产中的无机材料主要有花岗岩（耐酸度在 97.7%～98.5%之间，且耐热性高，但机械加工极其困难），安山岩（对硝酸和硫酸的耐酸度平均为 97%），石英和石英岩（耐酸度特别高，抗压强度高，可用作填料，但机械加工很困难），人造辉绿岩铸石（其主要成分为含 50%的 SiO_2，14%的 Al_2O_3，17%的 FeO 和 Fe_2O_3，15%的 CaO 和 MgO 等。耐酸性能高，可用作常压法的氮氧化物气体吸收塔，但只宜在负压下操作）等。

有机非金属材料，在硝酸工业中应用较多的是硬聚氯乙烯塑料，对于稀硝酸、稀硫酸、碱、盐都具有良好的耐腐蚀性，并有一定的机械强度、便于加工成型，焊接性能也较好。主要缺点是耐热性差，使用安全温度为 -15～60℃。当温度超过 60℃以上时，由它所制作的容器及管道容易变形，同时强度显著下降。现今常压法稀硝酸吸收塔，有的就是采用聚氯乙烯板材来代替不锈钢而制成的。

1.5.4 稀硝酸生产技术发展动向

现代化的农业生产技术的发展，对于含高浓度的氮、磷、钾高效复合肥料需求量与日俱增，刺激了稀硝酸的工业发展。现代化稀硝酸生产技术的主要发展趋向分述如下。

（1）单机组生产规模不断扩大

20 世纪 60 年代初，稀硝酸装置的单机组最大生产能力为 300t/d（以 100%HNO_3 计），至 70 年代已经扩大到 1000t/d，现今世界最大生产规模已经超过 1500t/d。

现今大型硝酸生产装置是指年产 200～500kt 以上的硝酸厂而言。生产规模大，相应的工程及公用工程投资和生产成本随之下降，参见表 3-1-20。

表 3-1-20　硝酸生产规模与投资和成本的关系

生产规模/t/d	200	300	400	500	600	700	800
投资相对值	1.13	1.1	1.03	0.96	0.90	0.90	0.89
成本相对值	1.49	1.26	—	1.12	1.01	1.01	1

应当指出，影响投资与成本的因素，除了生产规模以外，还与操作压力有关。

（2）提高操作压力

早期稀硝酸生产多为常压法，随后不锈钢材质问世，开始采用加压操作，而且压力逐步提高。操作压力对稀硝酸装置的投资与成本的关系，参见表 3-1-21。

表 3-1-21　全压法不同压力对投资与成本的关系

操作压力/MPa	0.85	0.7	0.6	0.5	0.4	0.3
投资相对值/%	100	103	106	110	119	133
成本相对值/%	100	99.7	98.5	97.1	99.5	105
尾气膨胀透平机能量回收率/%	65	65	64	60	49	20

由表 3-1-21 可见，操作压力大于 0.5MPa 时，无论从投资、成本，还是尾气能量回收都是比较有利的。而且吸收压力提高，不仅可提高成品酸浓度，还可降低硝酸尾气中的氮氧化物数量。例如，在 0.9～1.1MPa 压力下操作，在冷却温度较低条件下，一般可生产 65%～70%的硝酸。现今国外新建的硝酸装置几乎都用单一全压法或双压法（即综合法）。

（3）改善能量回收[8][9]

稀硝酸生产工艺前半部分为高温氨氧化，后半部分是氮氧化物的冷却和低温吸收。工艺中存在一热一冷问题。早期常压法工艺即已注意到高温氮氧化物气体的热能回收，主要用来副产低压饱和蒸汽。以后随着操作压力的提高，开始将尾气通过膨胀机以回收其有效能。现今，全压法和综合法几乎都采用这种方法，藉助蒸汽透平来驱动空气压缩机或氮氧气体压缩机，某些流程回收热能的废热锅炉蒸汽即直接用来驱动压缩机或外供蒸汽。

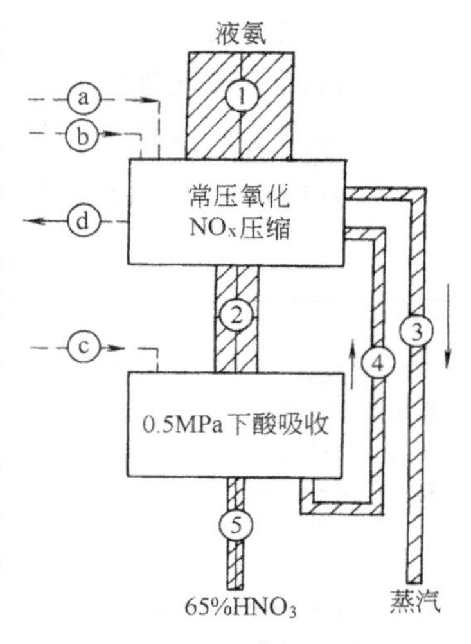

图 3-1-25　硝酸生产过程的能量分布（位号参阅表 3-1-22）

大家知道，衡量一个工艺过程的能量利用效率，主要是根据“有用能”。对硝酸生产来说，原料除空气和水外，主要是氨。因此，首先根据热力学第二定律计算不同条件下各物料的有用能。

表 3-1-22 为常压氧化、加压吸收生产稀硝酸流程的有用能计算结果，并根据这些数据整理成图 3-1-25 的能量关系。

表 3-1-22 硝酸生产过程的能量分析

流程位号	1	2	3	4	5	a	b	c	d
物 料	原料氨	氮氧化物气体	副产蒸汽	膨胀前尾气	成品酸	空气	水	水	放空尾气
数量/kmol 或 kg	16.5 280	172	21.7	146	45.9 1540	173	0.5	39	146
体积分数/%	$NH_3$100	NO 9.3 N_2 78.9 O_2 9.4 H_2O 2.4	H_2O 100	N_2 93.2 O_2 2.9 H_2O 3.2 NO 0.1	HNO_2 35 H_2O 65				N_2 93.2 O_2 2.9 H_2O 3.2 NO 0.1
状 态	l	g	g	g	l	g	l	l	g
压力/MPa	0.38	0.5	4.2	0.5	0.1	0.1	0.1	0.1	
温度/K	270	298	673	305	298	298	298	298	
有用能 B/kJ	5.68×10^6	1.94×10^6	0.426×10^6	0.626×10^6	0.456×10^6	0	0	0	0

由表 3-1-22 和图 3-1-25 可知，稀硝酸生产输入的总能量包括在原料氨中，即有用能 $B_1=5.68\times10^6$kJ；而输出的总能量包括在副产蒸汽与成品酸中，即有用能分别为 $B_3=0.426\times10^6$kJ 与 $B_5=0.456\times10^6$kJ。

如将输出、输入的总能量用以计算能量效率，则此系统的有用能效率（η）为：

$$\eta=\frac{B_3+B_5}{B_1}=0.155$$

由于节能降耗直接关系到生产厂的经济效益，当今硝酸设计都十分重视能量的回收。其主要途径是在于如何利用生产中的余热。图 3-1-26 即为硝酸厂的高能量与低能量回收两种流程。

这两种流程均属于中压氧化、高压吸收操作，但在高能量回收流程中增设一些换热设备，从而产生了下列一些变化：

① 改变了高压过热蒸汽的参数。

② 提高了尾气进膨胀机的入口温度。

③ 多产了一些蒸汽。

表 3-1-23 为这两种流程能量回收的比较。

表 3-1-23 两种硝酸流程能量回收的比较 1t 硝酸

流 程 种 类	高能量回收	低能量回收
高压蒸汽压力（绝压）/MPa	4	2～3
高压蒸汽温度/℃	450	400
高压蒸汽产量/t	0.97	0.93
其中：用于透平/t	0.6	0.8
外供/t	0.37	0.13
需要动力/MJ	1796.4	1638
其中：由尾气膨胀机回收/MJ	1260	1026
由蒸汽透平供给/MJ	586.4	612
低压蒸汽产量/t	0.12	–
透平冷凝器中排出热量/kJ	1256040	1423512

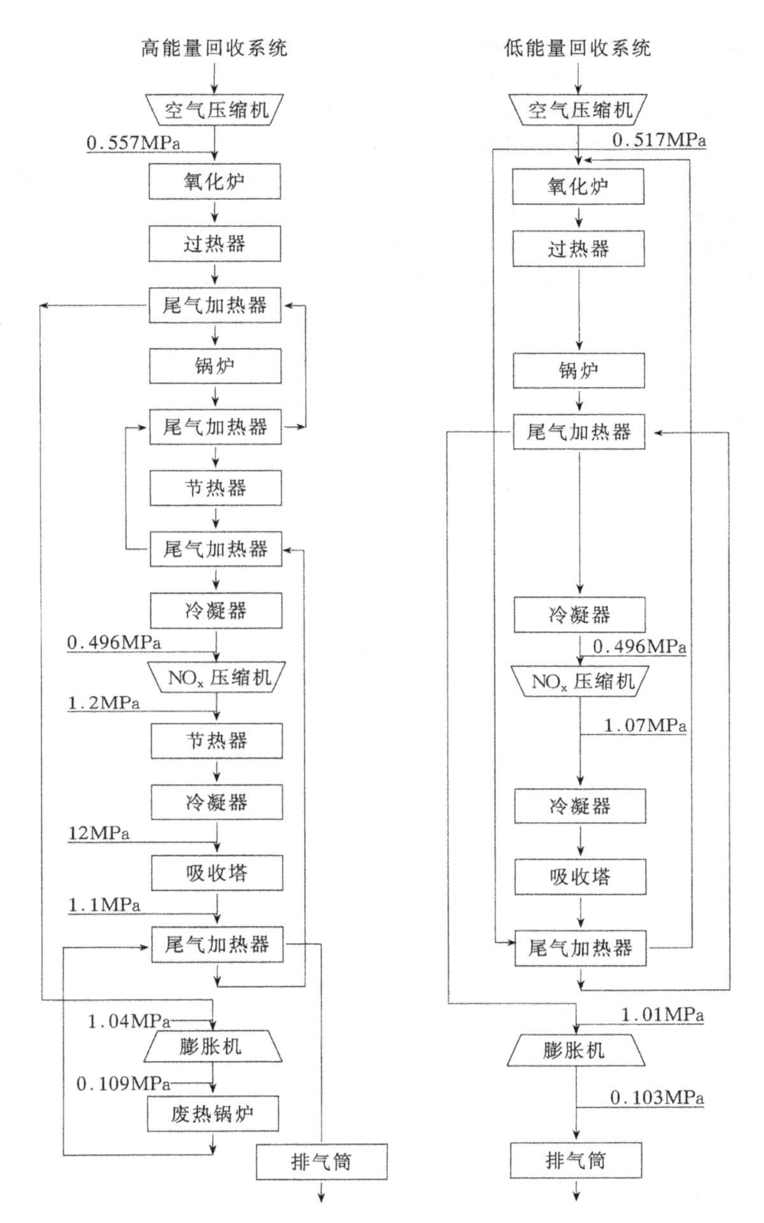

图 3-1-26　硝酸生产的能量回收流程

参　考　文　献

1　В.И. 阿托罗申柯．硝酸工学．北京:高等教育出版社,1956

2　陈五平主编．无机化工工艺学(二). 第二版.北京:化学工业出版社,1989

3　化工部化工设计公司主编．氮肥工艺设计手册.硝酸、硝酸铵．北京:化学工业出版社,1983

4　别良也夫 НИ. 化学世界．1957,(12):537

5　Kuzнечов И. Е, Троичкал Т.М. Zaцзпма Возяущнozo бассейнл ом загрпзненцл врегнышц веществашц хцццлескпх прегпрплтпй. Москава:Цуgатецство.Хщпл,1979

6　Gillespic,et al:*Chem．Eng．Prog*．1972,68(4):72

7　〔日〕大类御也．稀硝酸各种生产方法及比较．日本住友化学工业化司,《化学工学》1983,(7)

8 Rieket.L. *Chem*. *Eng*. *Science*. 1974,29(7):1613

9 Niezgoda,R.B.,Connor.J.M. *Nitrogen*,1978(112):34

10 平成舫执笔．国外稀硝酸工业发展趋势．化肥与催化.1978,(1)

11 平成舫执笔．国外浓硝酸工业发展趋势．化肥与催化.1978,(2)

12 More AL. Fertilizer Acids,Nitric Acid,Phosphoric Acid,Sulphur,The British Sulphur Corporation limited Acid.1970,(80)

13 HellmerL. *Chem*. *Eng*. *Progr*. 1972,68(4):67

14 (日)山中龙雄．催化剂的有效实际应用．北京:化学工业出版社,1988

15 王文兴编著．工业催化．北京:化学工业出版社,1978

第二章　浓硝酸的制造[2,11]

浓硝酸广泛用于化学工业和军事工业。随着近代有机合成、化学纤维、矿山建设，高效化肥以及火箭、导弹等工业的发展，均需大量浓硝酸。

所谓浓硝酸是指95%～100% HNO_3 而言。工业上制取浓硝酸方法有三：

① 加脱水剂法。在稀硝酸中加入某种脱水剂，如浓硫酸、硝酸镁等脱水剂，然后通过精馏或蒸馏来获得。

② 直接合成法。即将液体 N_2O_4、纯氧与水直接合成浓硝酸，简称直硝法。

③ 共沸酸蒸馏法。即将 HNO_3 含量68.3%以上的硝酸通过精馏来获得。

2.1　加脱水剂法

浓硝酸不可能直接由稀硝酸蒸馏来获得。原因是稀硝酸是由 HNO_3 与 H_2O 组成的二元混合物。这个体系在不同压力下存在着不同的共沸点。例如在常压下，其共沸点温度为390.05K（120.05℃）这时气相和液相的 HNO_3 含量均为68.4%。因而，不可能获得68.4%以上的浓硝酸。

另外，从以氨为原料制硝酸的总反应来看

$$NH_3 + 2O_2 = HNO_3 + H_2O \tag{3-2-1}$$

理论上，生成硝酸的最大 HNO_3 含量为 $63/(63+18)\times100\%=77.8\%$。实际上由于氨的氧化率一般为95%～97%，所以其最大含量也只能是72%～73%。但事实上因溶液具有共沸点，最多也只能获得共沸酸（68.4%）。若在高压下，例如在0.8MPa下，因可获得较高浓度的 NO_2，这才可能制得 HNO_3 含量为70%～85%的硝酸。

如欲获得95%～100%的浓硝酸，必须在稀硝酸中加入脱水剂，以破坏共沸点组成方有可能。

工业上采用的脱水剂，应满足下列条件要求：

① 脱水剂与水的亲和力必须大于硝酸与水的亲和力，这样才可以破坏共沸点组成。

② 脱水剂本身的蒸汽压应很小，且能大大降低稀硝酸液面上的水蒸气分压。

③ 脱水剂本身不与硝酸起化学反应，并要求其热化学性质稳定，受热时不易分解。

2.1.1　浓硫酸脱水法

早期使用的脱水剂以浓硫酸最为普遍。

此法是将浓硫酸按一定比例加入稀硝酸中，然后在泡罩塔（或填料塔）中进行稀硝酸的浓缩。塔内共有21层塔板。92%～95%的硫酸从由下往上数的第16层塔板上送入。稀硝酸分别由第13层和第10层塔板上加入。浓缩和硫酸脱硝所用的蒸汽由塔底通入。温度为65～85℃的浓硝酸蒸气和少量氮氧化物由塔顶引出，送入硝酸冷凝器冷却到35℃左右。冷凝后重新进入浓缩塔顶，在塔的第19、20、21层塔板上进行漂白，使溶解在硝酸中的氮氧化物完全解吸出来，由第19层塔板上流出。再经硝酸冷却器冷却，即得 HNO_3 含量为98%左右的成品酸。

脱硝后68%左右的稀硫酸由浓缩塔底部流出，其温度为150～170℃，经酸封去稀硫酸

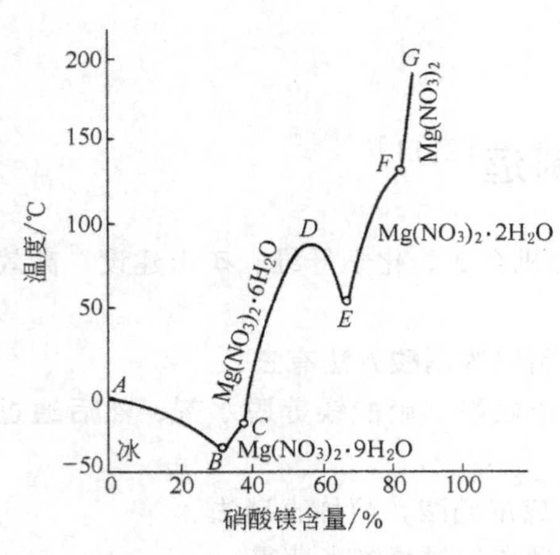

图 3-2-1　$Mg(NO_3)_2$-H_2O 体系的结晶曲线

浓缩器。

浓硫酸脱水法制取浓硝酸，因技术陈旧，设备在高温下腐蚀性大，环境保护条件差，且热能消耗大，至今已很少采用。

2.1.2　硝酸镁脱水法

2.1.2.1　硝酸镁的性质

纯硝酸镁为三斜晶系的无色结晶，易吸水生成含有1、2、3、6、9个结合水的硝酸镁，在一定条件下可以相互转变。一般常见的是带有6个结合水的硝酸镁[$Mg(NO_3)_2$,$6H_2O$]，为无色单斜晶体，常温时相对密度为1.464。

硝酸镁水溶液极易结晶，其结晶温度与浓度有关。由图 3-2-1 可知，在该相图中硝酸镁结晶曲线上存在四个共饱点：在0～34%区间为饱和水溶液曲线；在34%～38%区间为9水硝酸镁区间；在38%～67.8%区间为6水硝酸镁曲线；在67.6%～81.9%区间为2水硝酸镁曲线。在81.9%以上时为无水硝酸镁曲线。四个共饱点分别为－31.9℃、－18℃、54℃和130.5℃。

由图可知，当硝酸镁溶液大于67.6%时，结晶温度随溶液中硝酸镁含量的增加而升高。当超过81.95%时，结晶温度便成直线而上升。所以，在工业生产中，若采用硝酸镁含量较低的溶液，则其脱水效果欠佳，一般都控制在64%～84%之间，通常硝酸镁含量约为80%左右，加热器出口不低于64%。

硝酸镁溶液的粘度与温度及浓度的关系参见图 3-2-2 及表 3-2-1。溶液中硝酸镁含量越大，则粘度也越大，特别是硝酸镁含量增加至75%以上时，粘度急剧增高。

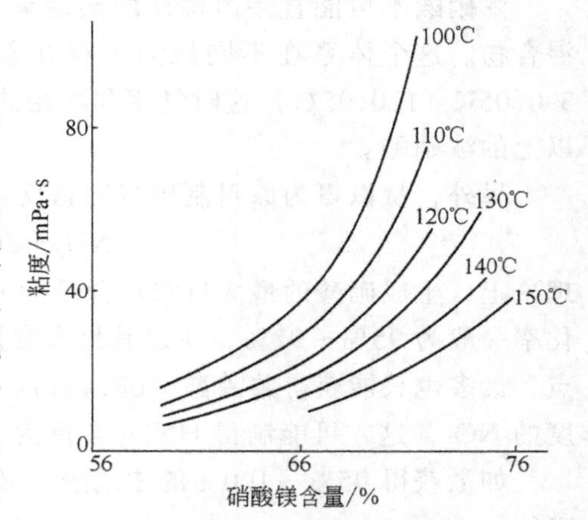

图 3-2-2　不同温度下硝酸镁水溶液的粘度与硝酸镁含量的关系

表 3-2-1　硝酸镁水溶液的粘度

硝酸镁含量/%	温度/℃	粘度/mPa·s	硝酸镁含量/%	温度/℃	粘度/mPa·s
65	120	9.56	75	120	55.30
				130	43.27
	130	7.18		140	21.32
				150	12.59
	140	4.34		160	7.525
70	120	2.0	80	120	154.4
	130	14.99		130	98.9
	145	8.1		140	51.35
	150	4.47		150	28.61
	160	3.32		160	16.63
				170	13.02

硝酸镁水溶液的沸点在常压和不同真空度下，随硝酸镁含量的增大而增高，见图 3-2-3

及表 3-2-2。

表 3-2-2　不同真空度下，硝酸镁水溶液的沸点

品　种	硝酸镁含量 %	真空度 Pa (mmHg)					
		79993 (600)	82660 (620)	85326 (640)	82993 (660)	90659 (680)	93325 (700)
		沸　点/℃					
纯硝酸镁	71.21	137.7	134.6	131.3	127.3	124.0	—
	73.92	145.2	142.0	138.5	135.0	131.2	127.3
含杂质的硝酸镁①	69.69	143.6	140.5	137.0	133.6	129.0	—
	71.52	147.1	143.1	139.7	136.0	132.4	—
	72.72	151.4	148.0	144.6	140.4	—	—

① 杂质系指其他硝酸盐，如 $Ca(NO_4)_2$、$Al(NO_3)_3$、$Fe(NO_3)_3$ 等。

2.1.2.2　基本原理

将硝酸镁溶液加入稀硝酸，形成 $Mg(NO_3)_2$-H_2O-HNO_3 三元混合物体系。硝酸镁吸收稀硝酸中的水分，使水蒸气分压大大降低。加热此三元混合物蒸出 HNO_3，其气相浓度较原来为大。图 3-2-4 和图 3-2-5 分别为常压下 $Mg(NO_3)_2$-H_2O-HNO_3 三元混合物的液相组成与沸点的关系，以及液相组成与沸腾液面上气相组成的关系。

利用图 3-2-4 和图 3-2-5，可以确定三元混合物沸点及液面上的硝酸蒸气含量。而且若已知组成该三元混合物的硝酸含量及硝酸镁含量，可以求得三元混合物的组成及硝酸镁的理论用量。

例 1　$Mg(NO_3)_2$-H_2O-HNO_3 三元混合物的组成：HNO_3 12%，H_2O 28%，$Mg(NO_3)_2$ 60%。求三元混合物的沸点及沸腾液面上的硝酸蒸气组成。

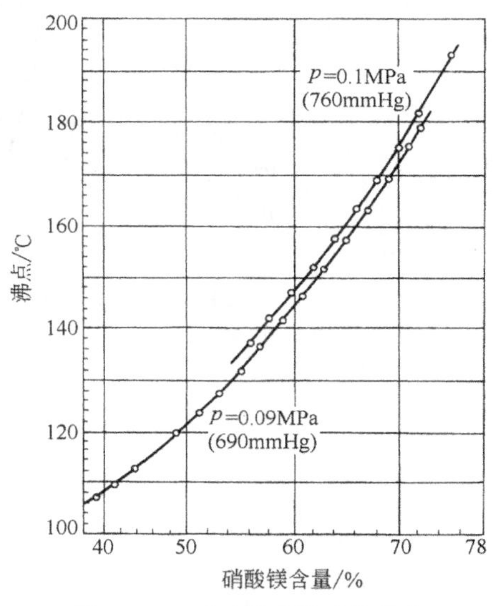

图 3-2-3　硝酸镁水溶液的沸点

从图 3-2-4 上找出表示该三元混合物的 N 点，故可知道它的沸点约为 121℃。再在图 3-2-5 上找出表示该三元混合物的 H 点。H 点位于曲线 2 上，故可知沸腾液面上的硝酸蒸气含量为 90%。

例 2　已知稀硝酸中 HNO_3 含量为 55%，硝酸镁含量为 76%，如使沸腾液面上硝酸蒸气含量为 90%，求液体三元混合物的组成及硝酸镁的理论用量。

在图 3-2-5 和 H_2O-$Mg(NO_3)_2$ 边上找到 $Mg(NO_3)_2$ 含量为 76% 的 A 点，在 H_2O-HNO_3 边上找到 HNO_3 含量为 55% 的 B 点，连接 AB，交曲线 2 于 K 点。K 点所代表的三元混合物的组成是：HNO_3 17%，H_2O 30%，$Mg(NO_3)_2$ 53%。由此即可用来确定配料比。设硝酸加入量为 1，硝酸镁加入量为 x，则

$$\frac{0.76x}{1+x}=0.53 \qquad x=2.3$$

此外，也可以采用图解法，直接从图 3-2-5 上量出此物料的配料比，线段 $\overline{BK}$ 的长度与硝酸镁的用量相当，线段 $\overline{KA}$ 的长度与硝酸用量相当，故得

$$\frac{Mg(NO_3)_2}{HNO_3}=\frac{\overline{BK}}{\overline{KA}}=\frac{2.3}{1}=2.3$$

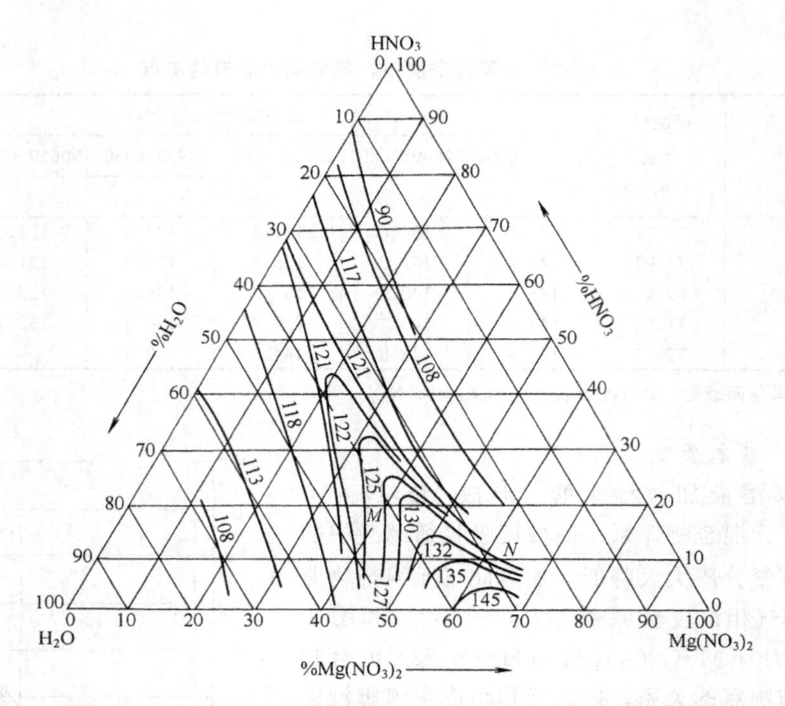

图 3-2-4　常压下 HNO_3-H_2O-$Mg(NO_3)_2$ 三元混合物液相组成与沸点的关系

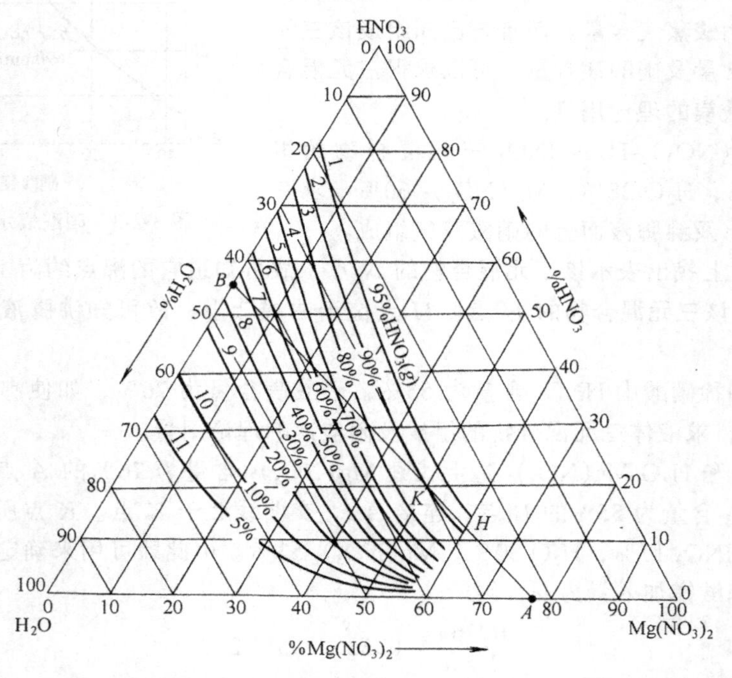

图 3-2-5　常压下 HNO_3-H_2O-$Mg(NO_3)_2$ 三元混合物液相组成与蒸气中 HNO_3 含量的关系

2.1.2.3　工艺流程及主要设备

(1) 工艺流程

用硝酸镁法浓缩稀硝酸的流程，参见图 3-2-6。浓缩操作一般在浓硝酸镁高位槽、稀硝酸高位槽中进行。72%～76%的浓硝酸镁与稀硝酸分别经高位槽 6 和 2，流量计 3[两者系以(4～6):1 的比例] 流入混合器 7 中，然后自提馏塔 12 顶部加入塔内，蒸馏过程所需的热量由加热器 13 供给。温度为 115～130℃、含有 80%～90%的 HNO_3 蒸气从提馏塔顶逸出进入精馏塔 11 中，并与精馏塔顶加入回流酸进行换热并进一步蒸浓，温度为 80～90℃的 98%以上 HNO_3 蒸气引入冷凝器 1 中冷凝，冷却后的浓硝酸流入酸分配器 9，2/3 作为精馏塔的回流酸，1/3 去漂白塔 14，赶出其中溶解的氮氧化物，即得成品酸。冷凝器和漂白塔 14 中未冷凝的 HNO_3 蒸气，经集雾器 19，由风机 23 抽出送去吸收或放空。

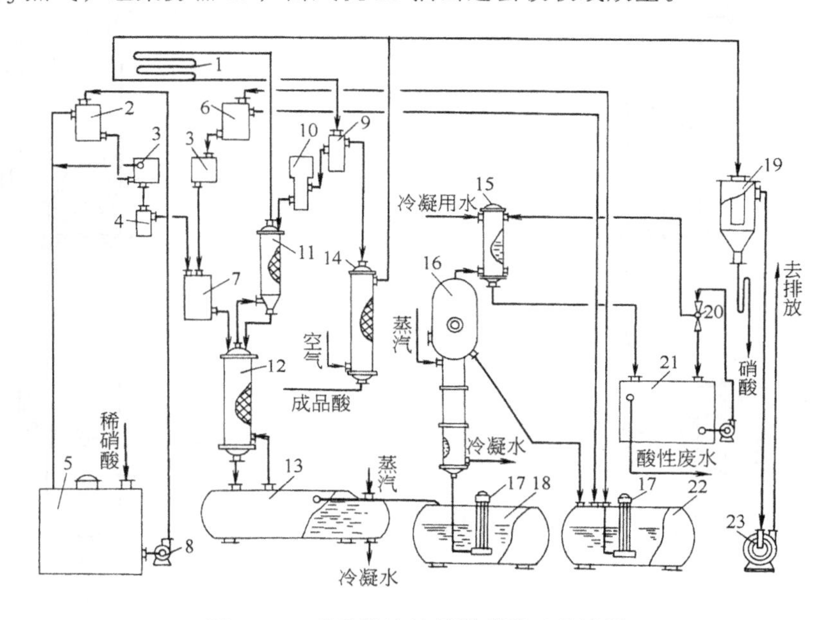

图 3-2-6　硝酸镁法浓缩稀硝酸工艺流程

1—硝酸冷凝器；2—稀硝酸高位槽；3—流量计；4—液封；5—稀硝酸贮槽；6—浓硝酸镁高位槽；7—混合器；8—离心泵；9—酸分配器；10—回流酸流量计；11—精馏塔；12—提馏塔；13—加热器；14—漂白塔；15—大气冷凝器；16—蒸发器；17—液下泵；18—稀硝酸镁槽；19—集雾器；20—水喷射泵；21—循环水池；22—浓硝酸镁贮槽；23—风机

稀硝酸镁溶液进提馏塔底部流出，进入加热器中。加热器用 1.3MPa 蒸汽间接加热，温度维持在 174～177℃，并在此脱硝酸，而后硝酸镁含量为 62%～67%、含硝酸 0.1%的硝酸镁溶液，进入稀硝酸镁贮槽中，由液下泵泵入膜式蒸发器进行蒸发。用蒸汽间接加热并蒸出部分水，使稀硝酸镁溶液提浓到 72%～76%，流入硝酸镁贮槽中循环使用。

由膜式蒸发器出来的蒸汽，进入大气冷凝器加水进行冷凝，冷凝液流至循环水池、供水喷射泵循环使用。蒸发过程系在真空度 60～93kPa 压力下进行。由水喷射泵维持真空。

每生产 1t 浓硝酸需硝酸（折合 100%HNO_3）1.01～1.015t，氧化镁 1～1.5kg。

(2) 主要设备

① 浓缩塔。这是生产浓硝酸的主要设备。当前多用填料塔。图 3-2-7 及图 3-2-8 是填料提馏塔和填料精馏塔的结构图。塔身的材料可以是硅铁、搪瓷、不锈钢或碳钢内衬辉绿岩等。提馏塔总高 9.3～9.7m，全部填充 25×25×3mm 的钾玻璃环约 7m。提馏塔顶有出气管

及进液管。塔底有蒸汽进口管及排液管。塔上部有分酸器，液体进入分酸器后再均匀分布于塔内。塔中部一般有再分布板，能使液体重新分布。

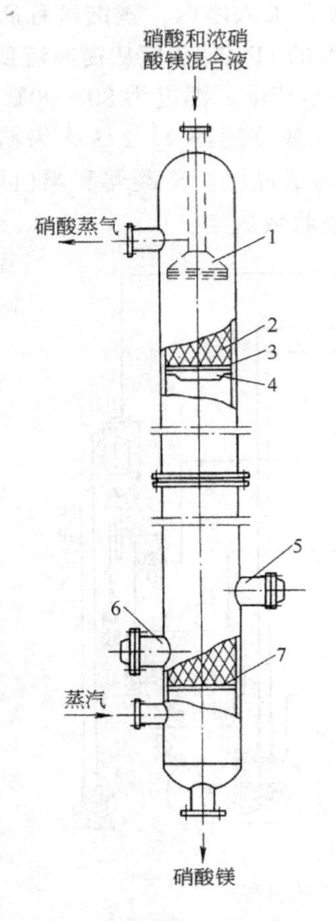

图 3-2-7　提馏塔

1—分滤器；2—填料；3，7—塔箅子；
4—再分布板；5，6—手孔

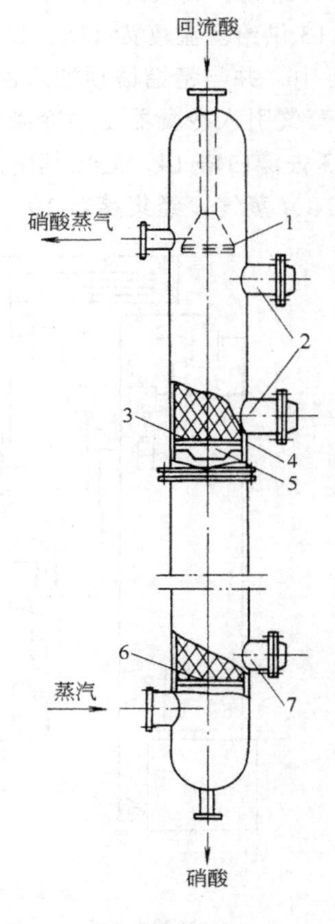

图 3-2-8　精馏塔

1—分酸器；2，7—手孔；3，6—塔箅子；
4—填料；5—再分布板

精馏塔总高 5.5～6m，填料总高 3.5～4m，其中填充 15×15×2mm 的钾玻璃环约 1～1.5m，其余为 25×25×3mm 的钾玻璃环。精馏塔构造与提馏塔基本相同，但在中部一般不设置液体再分布板。

浓缩塔的主要操作指标：

精馏塔顶温度	80～95℃	提馏塔顶负压	2.5～3.9kPa
提馏塔顶温度	115～130℃	提馏塔顶喷淋密度	5～6kg/(m^2·s)
精馏塔顶负压	3.9～5.9kPa	提馏塔气体空塔流速	0.8～1m/s

② 膜式蒸发器。膜式蒸发器为蒸发室和气液分离室两部分组成，见图 3-2-9。加热室为用锅炉钢板制成的圆筒体，加热管是不锈钢管，管内走硝酸镁溶液，管外走加热蒸汽。蒸发室的上部是气液分离室，由不锈钢制成的圆筒体。稀硝酸镁溶液由蒸发室底部进入加热室后，根据稀硝酸镁溶液与蒸汽之间的传热，分预热区、沸腾区和饱和蒸汽区。

溶液在预热区未达到沸腾温度，管内溶液的给热系数较低，如图 3-2-10 中Ⅰ段。沸腾区共分四段，在Ⅱ段管壁处传热最大，开始产生气泡。在Ⅲ段管内充满气泡，气液两相成为乳浊状态流动，称为乳化段。在Ⅳ段小气泡变成大气泡，称转变段。第Ⅴ段随气相量的增加，液体沿壁成膜状流动。沸腾区给热系数最大。

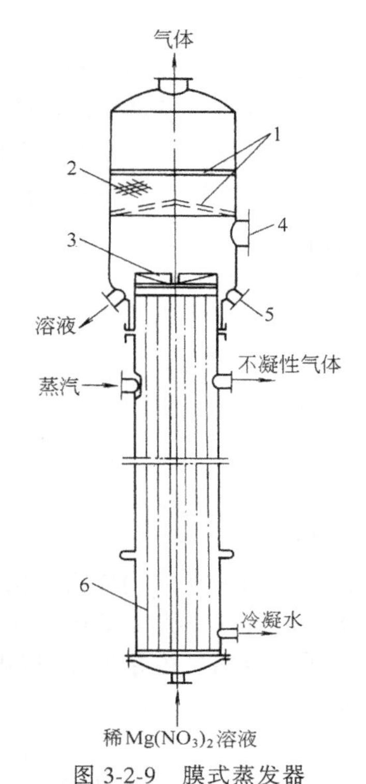

图 3-2-9 膜式蒸发器

1—筛板；2—填料；3—桨叶式涡流分离器；4—人孔；5—温度计孔；6—无缝钢管

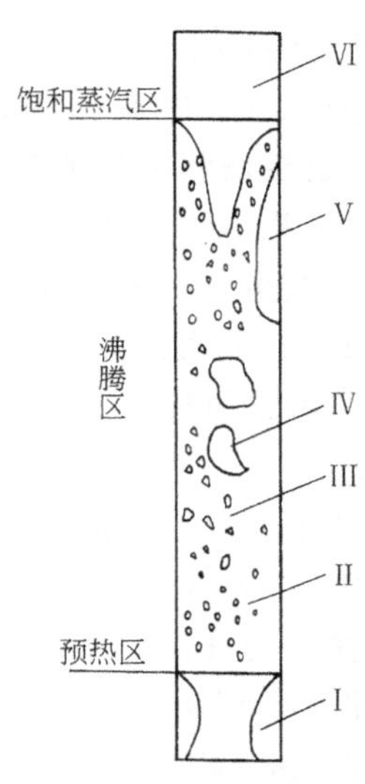

图 3-2-10 液体在管内的沸腾

饱和蒸汽区如图 3-2-10 中Ⅵ段。随气体量的逐渐增加，液膜部分被蒸干而变成饱和蒸汽区，给热系数下降。为了提高给热系数，就必须造成良好的流体力学条件，使沸腾区尽可能扩大，预热区和饱和区缩小。

溶液进入沸腾区后，大量的蒸汽与溶液形成混合物，且在管壁处形成薄膜，此混合物在管内以约 20m/s 的速度呈膜状高速流动进入饱和蒸汽区，冲击管口时的速度高达 100～200m/s。

膜式蒸发器特点是不易生成污垢，给热系数大，加热蒸汽与溶液的平均温差大，生产强度高。由于加热管内液体的高度只有管高的 1/5～1/4，并且充满二次蒸汽泡沫，几乎没有液体静压的影响。但是，清洗与更换管子很不方便。

膜式蒸发器的主要操作指标：

真空度	60～93kPa	溶液温度	140～165℃
蒸汽压力	≤1.2MPa	硝酸镁含量	72%～76%

2.2 直接合成浓硝酸[2,11]

直接合成浓硝酸法，简称直硝法。经典的方法为霍科（Hoko）法，已有五十多年的生产历史。是至今生产规模最大，技术上和经济上都较完美的一种方法。它是利用液态 N_2O_4，纯氧和水直接合成浓硝酸。其总反应如下：

$$2N_2O_4\ (l) + O_2\ (l) + 2H_2O\ (l) = 4HNO_3 \quad \Delta H = -78.9kJ \qquad (3\text{-}2\text{-}2)$$

其生产过程分为四步：即氨氧化制取 NO 混合气；混合气中 NO 的氧化和深度氧化；NO_2 的分离和液化；浓硝酸的直接合成。

由于液态 N_2O_4 的制取方法不同，工业上可分蒸汽-氧化法以及吸收法两种：

蒸汽-氧化法是在水蒸气的存在下，将氨与纯 O_2（99%）燃烧。因此，燃烧产物中没有无用的氮，只有 NO、氧和水蒸汽。然后将 NO 氧化并从气相中分离出水分，留下的产物几乎全是 100%的氮氧化物，再将其冷却使之变成 N_2O_4 液体。蒸汽-氨氧化法非常简单，但是生产 1t 硝酸（100%计）需要消耗 1000m^3 纯 O_2 和大量电能。

目前工业上主要还是采用吸收法制取液态 N_2O_4，以此生产浓硝酸。

2.2.1 直接法制硝酸工艺原理

2.2.1.1 氧的催化氧化

这与稀硝酸生产中的氨催化氧化完全相同，在此不再叙述。

2.2.1.2 含氮氧化物气体冷却和过量水的分离

从下列方程式可知：

$$NH_3 + 2O_2 = HNO_3 + H_2O$$

这一反应理论上的最大硝酸中 HNO_3 含量为 77.8%，而要获得 100%的硝酸仅需反应生成水量的 1/3，其余 2/3 的水量必须除去。工业上是将气体高速地通过快速冷凝器（也称快速冷却器）的方法，使气体中大部分水蒸气冷凝下来。而其中的 NO 因气体穿越冷却器时间仅为 0.1～0.3s 来不及氧化，因此氮氧化物溶于水而造成的 N_xO_y 损失并不大。

2.2.1.3 NO 的氧化

工业上 NO 的氧化分两步进行：首先是 NO 与空气中的氧氧化，其氧化度可达到 90～93%。余下的 NO，再用浓度为 95%～98%的浓硝酸进行深度氧化，反应式如下：

$$NO + 2HNO_3 = 3NO_2 + H_2O$$

大家知道，在浓硝酸的液面上 NO 的平衡分压是很小的，这是因为浓硝酸具有极强的氧化性，故可将 NO 氧化得很完全，NO 氧化度可高达 99%，而且反应速度也很大，并随着温度的升高而增快。反应结果，导致硝酸中 HNO_3 含量降至 70%～75%。当然，若气相 NO 含量很大，或则在加压下进行 NO 氧化，那么仅用空气而不用浓硝酸，也可以将 NO 氧化得相当完全。

由表 3-2-3 可见，在常压下氮氧化物的氧化度可达 99.1%。但随着压力增高，例如在 0.7MPa下，若利用浓硝酸氧化氮氧化物，其氧化度仅为 94.8%，原因是用浓硝酸氧化时，压力增大有利于氮氧化物吸收，而不利于 NO 的氧化。

表 3-2-3　25℃时在 68%～98%HNO_3 液面上的气体平衡组成

压力/MPa	气体组成体积分数/%			NO的氧化度/%	压力/MPa	气体组成体积分数/%			NO的氧化度/%
	NO_2	N_2O_4	NO			NO_2	N_2O_4	NO	
0.1	3.58	0.908	0.046	99.1	0.5	2.03	1.46	0.209	96.1
0.2	2.90	1.195	0.097	98.3	0.6	1.88	1.50	0.237	95.5
0.3	2.49	1.31	0.14	97.4	0.7	1.75	1.52	0.253	94.8
0.4	2.22	1.40	0.176	96.6	0.9	1.64	1.54	0.284	94.3

2.2.1.4 液态四氧化二氮制造

将 NO_2 或 N_2O_4 冷凝则可获得液态四氧化二氮。在不同温度下，液体 N_2O_4 的蒸汽压见表 3-2-4。

表 3-2-4 液态 N_2O_4 液面上的蒸汽压

温度/℃	-10	-5	0	5.5	10	17	21.5	39
蒸汽压/kPa (mmHg)	20.21 (151.6)	26.37 (197.8)	34.30 (257.3)	46.74 (350.6)	58.2 (436.5)	81.79 (613.5)	101.325 (760)	222.91 (1672)

在温度为 -20℃ 到 20℃ 范围内，蒸汽压 P 与温度 T 的关系，如下式所示：

$$\lg P = 14.61\lg T - 33.15726$$

由上式可绘得图 3-2-11 中所示的曲线。

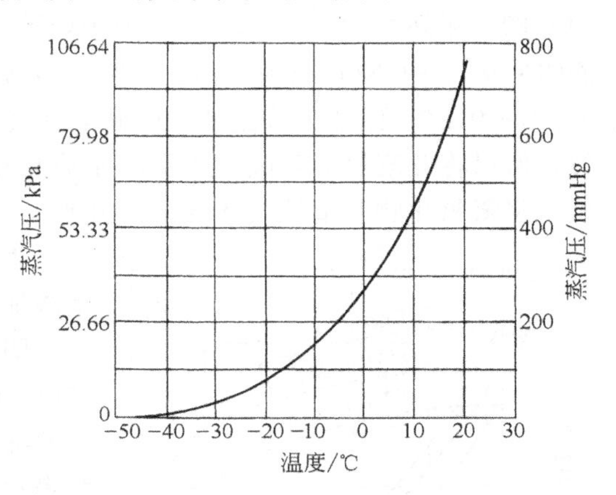

图 3-2-11 液态四氧化二氮液面上的蒸汽压

由表 3-2-4 数据可以看出，温度越低，在 N_2O_4 液面上的平衡蒸气压越小，冷凝得越完全。在实际操作中，将冷凝过程分两步进行：首先在以水冷却的第一冷凝器中进行，然后再在盐水冷却的第二冷凝器中进行，此盐水的温度为 -15℃，这样可以使冷凝温度达到 -10℃。若将氮氧化物气体冷却到 -10℃ 以下并不合适，因为四氧化二氮则会成为固体而堵塞设备和管道。

氨空气氧化所得的氮氧化物最高含量为 11%，其分压相当于 11.1kPa。但在 -10℃ 时，液面上的蒸汽压为 20kPa。因此，如不将气体加压，欲从此气体来制取液态 N_2O_4 是根本不可能的。当温度为 -10℃，N_2O_4 的分解率为 9%，它们的含量（以 NO_2 计）为 11%，氮氧化物的压力应是

$$p_{NO} + p_{N_2O_4} = 760\left(0.11\times0.09 + \frac{0.11\times0.91}{2}\right) = 45.6\ \text{mmHg} \doteq 6\text{kPa}$$

为了提高氮氧化物的分压，以达到与液相成平衡的饱和蒸汽压（20kPa），必须将气体加压，即将总压提高到

$$\frac{20}{6}\times100 = 0.333\text{MPa}$$

当再继续提高压力，则氮氧化物将发生冷凝。压力越高，N_2O_4 的冷凝度越大。氮氧化物的冷凝度与温度、压力的关系，见表 3-2-5。

表 3-2-5 NO_2 的冷凝度（NO_2 含量为 10%）

气体压力/MPa	温度/℃ +5	-3	-10	-15.5	-20
	冷凝度/%				
1.0	33.12	56.10	72.90	78.85	84.49
0.8	16.61	44.74	66.18	73.40	80.54
0.5	—	9.75	45.10	56.96	68.59

若氮氧化物气体中有少量的水蒸汽存在，会使 N_2O_4 液体的凝固点降低，因而改善了液

化条件。N_2O_4 与水的混合物，其凝固点与水含量的关系，见表 3-2-6。

表 3-2-6　N_2O_4 与 H_2O 的混合物的凝固点与含水量的关系

混合物中水分的含量/%	2	3	5.5	10	15	19.6
凝固点/℃	-13.4	-14.2	-16.0	-19.0	-22.0	-25.4

浓硝酸吸收 NO_2，在用空气将氨氧化时，气体中氮氧化物含量不会超过 11%。所以要制取纯的 NO_2 气体，必须把惰性气体分离掉。低温时 NO_2 在浓硝酸中有很好的溶解度，在 -10℃及 0.1MPa 下，98% HNO_3 的硝酸吸收混合气体中氮氧化物可生成发烟硝酸，溶液中 NO_2 的含量达到 30%～32%；而在 0℃时，只可达到 26%～28%。当处在 0℃和0.7MPa下，能够使溶液中 NO_2 含量达到 32%～36%。经过吸收后，气相中 NO_2 的含量不会超过 0.1%～0.2%，但却为该温度下的硝酸蒸气所饱和。为了避免硝酸蒸气随废气一同排出而损失，所以将此废气通至吸收塔中用水或稀硝酸加以洗涤。通过这样用浓硝酸吸收 NO_2，便可以将氮氧化物和惰性气体氮分离开来。

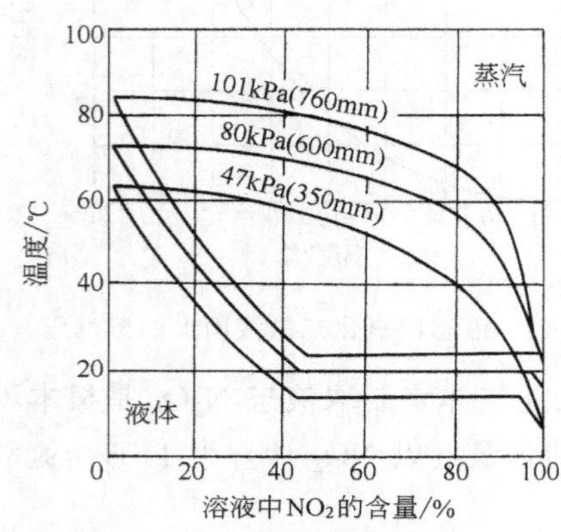

图 3-2-12　在各种不同压力下 HNO_3-NO_2 体系的沸腾曲线

为欲获得纯的 NO_2，只要将吸收 NO_2 所形成的发烟硝酸加热分解即可，这是一个普通的二组分蒸馏过程。

图 3-2-12 所示为 HNO_3-NO_2 二元体系在 101.3 及 47kPa 压力下的沸腾曲线。图中下面的三条曲线表示液体的沸点随着液体的组成而变化的情况。上面的三条曲线表示蒸气中氮氧化物的含量。在左边纵坐标轴上的各点代表纯 HNO_3 的沸点。如果将含有 30% 的 NO_2 的发烟硝酸加热，在 101kPa 下，将于 40℃左右的温度下沸腾，蒸气中含有 96.5% 的氮氧化物和 3.5% HNO_3；当 NO_2 含量超过 45% 时，在每一压力下溶液的沸点均保持一恒定值。当 NO_2 的含量超过 95% 时，沸腾温度低于 N_2O_4 的沸点，这是因为在这种浓度下，液体是由两个液层所组成，一个是为氮氧化物所饱和了的硝酸层，另一个则是为硝酸所饱和了的 N_2O_4 层。

如果将含 80% 氮氧化物的硝酸加热，则当氮氧化物含量降低到 45% 以前，该溶液一直是在一个恒定的温度下沸腾，并且所放出的蒸气组成亦保持不变（约 100% 的氮氧化物）。当氮氧化物降低到 45% 以下，沸腾点开始升高，蒸气中 HNO_3 含量也增加，如果将 10% 的溶液在 101kPa 下加热沸腾，则在蒸气中将有 85% 的氮氧化物和 15% 的 HNO_3。如果使这个溶液在 80kPa 下沸腾，则蒸气中将含有 78% 的氮氧化物和 22% 的 HNO_3。

由此可见，压力增高，自硝酸溶液中分离含量较高的氮氧化物是有利的，但是加压时的沸点较高，设备腐蚀加重，并且为了防止气体从设备和管道泄漏而造成损失，所以氮氧化物的蒸出可在微减压下进行操作。

蒸出过程是在用铝制的板式塔或填料塔中进行。将溶液加热到 85℃，冷却到 0℃的发烟硝酸溶液由塔的顶部加入，溶液与自下而上的蒸气相遇，进行换热放出氮氧化物，并提高了 HNO_3 的含量。气体由塔顶排出，温度为 40℃、含有 97%～98% 的氮氧化物和 2%～3% 的 HNO_3。氮氧化物经冷却冷凝便可得到液态 N_2O_4。

2.2.1.5　四氧化二氮合成硝酸

直接合成浓硝酸的反应并非象式（3-2-2）所示的那样简单，实际上由以下步骤组成。

$$N_2O_4 = 2NO_2 \quad (3\text{-}2\text{-}3)$$

$$2NO_2 + H_2O = HNO_3 + HNO_2 \quad (3\text{-}2\text{-}4)$$

$$3HNO_2 = HNO_3 + H_2O + 2NO \quad (3\text{-}2\text{-}5)$$

$$2HNO_2 + O_2 = 2HNO_3 \quad (3\text{-}2\text{-}6)$$

$$2NO + O_2 = 2NO_2 \rightleftharpoons N_2O_4 \quad (3\text{-}2\text{-}7)$$

从化学反应平衡来看，显然，提高 N_2O_4 含量，对反应式（3-2-3）、（3-2-4）有利。而提高压力及氧的含量，对反应式（3-2-5）、（3-2-6）的平衡及反应速度有利。工业生产上不但要求转化率高，同时要求反应速度快。如果在 5MPa 压力下操作且有过剩的 N_2O_4 和 O_2 存在时，即使在高温情况下，从平衡角度来看，也能使反应（3-2-1）进行得很完全。

研究结果认为，二氧化氮与水反应这一步是反应总速度的控制步骤。其反应速度方程式为：

$$-\frac{dC_{NO_2}}{d\tau_0} = k \cdot C_{NO_2}^2 \cdot C_{H_2O}$$

或

$$\frac{dx}{d\tau_0} = k(a-x)^2(b-x)$$

式中　C_{NO_2}，C_{H_2O}——分别为 NO_2 和 H_2O 的含量；

a——溶液中 NO_2 的初始含量/mol/L；

b——溶液中 H_2O 的初始含量/mol/L；

k——反应速度常数。

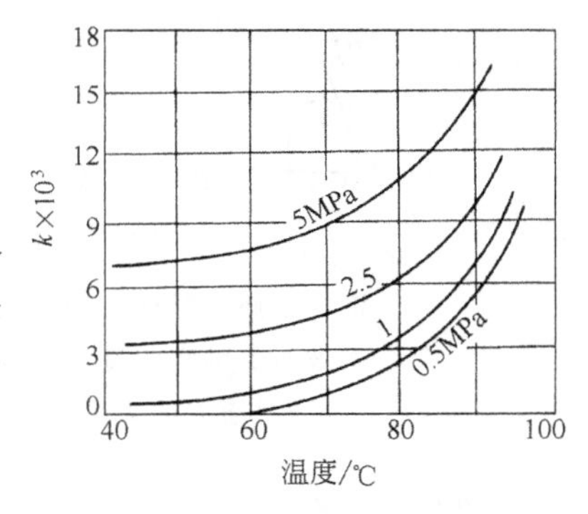

图 3-2-13　不同压力、温度下液体 N_2O_4 与稀硝酸及氧作用的反应速度常数

不同压力和温度下 k 值如图 3-2-13 所示。根据不同条件下的计算结果，提高温度，增加压力，以及提高 NO_2 含量都能使反应加快。下面分别讨论各种因素对反应速度的影响。

（1）压力

将液态氮氧化物与一定比例的水混合后，通入间歇操作的高压反应器中，再将高压氧通入反应器可使反应压力增大，也可使反应速度增快。图 3-2-14 示出了反应速度随着压力增大而增高的比例倍数。如果将 0.5MPa 下的反应速度作为 1，则在 1MPa 下反应速度增至 2 倍，在 2MPa 下增至 3.8 倍；在 5MPa 下可增至 5.3 倍。若将压力再提高，效果就不再明显了，且会增加动力消耗和设备腐蚀，也增大了对设备的强度及严密性的要求。所以至今工业上都选用 5MPa 压力，作为直接合成硝酸的操作压力。

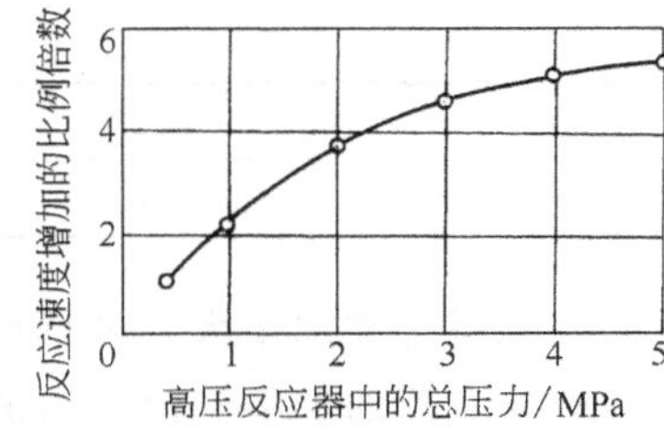

图 3-2-14　高压反应器中反应速度的变化倍数与总压力的关系

（2）温度

反应速度是随着温度增高而增大，这是因为温度能促进液相中的亚硝酸的分解速度。而在低温时其分解速度将决定操作所需的总时间。

（3）氧

在反应器高压操作中，氧的吸收速度与温度、压力等因素有关，参见图 3-2-15。

由图可见，在操作开始时，反应速度增加很快，然后逐渐趋缓。温度由 20℃ 增至 60℃，可使反应速度增加数倍。在实际操作中，高压反应器的温度控制在 80℃ 左右，以防止高压反应器中铝制圆筒遭受剧烈的腐蚀。

另外，氧穿过溶液的分散度及氧的纯度对反应速度也有影响。氧的用量越多，反应速度愈快。而氧的分散度对于增加反应速度有着重要的意义，由图 3-2-16 可以看出，氧的用量(实线)、气泡的表面积（虚线）均与反应速度成线性关系。尤其是对于含 N_2O_4 过剩量很少的混合物来说影响更大。

所用氧的纯度是一个重要因素。氧中含惰性气体越少，则加压下的反应速度愈快。

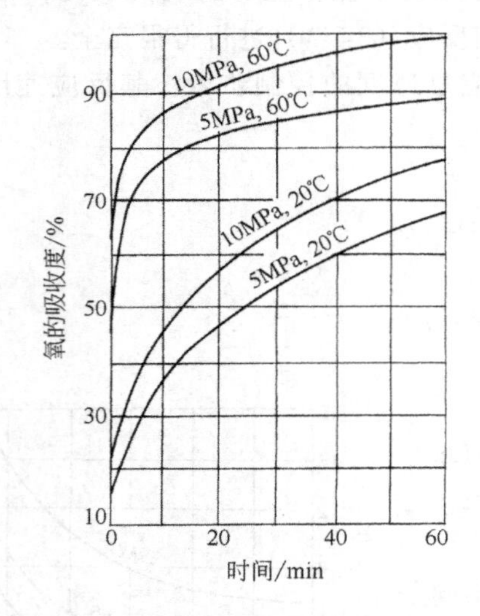

图 3-2-15　氮氧化物的硝酸溶液对氧的吸收度与温度及压力的关系

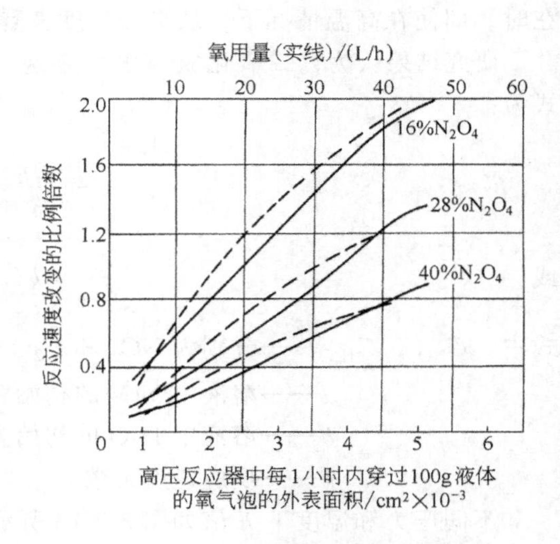

图 3-2-16　浓硝酸生产的速度与穿过液体的氧量及混合物中四氧化二氮含量的关系

（4）原料配比

原料配比对反应速度的影响至大。若按反应式（3-2-2）配料，N_2O_4 与 H_2O 的比例为 92∶18＝5.11∶1，按此比例合成的浓硝酸，即使用很高的压力，反应所需的时间仍很长。若能增大比例可以使反应的时间大大缩短。在 5MPa 和 60～80℃ 温度下合成 98％ HNO_3 时，原料配比与合成时间的关系，参见表 3-2-7。

表 3-2-7　N_2O_4/H_2O 与合成时间的关系

N_2O_4/H_2O	6.2	6.82	7.5	8.3	9.28
时间/min	200	70	30	15	6

在工业中最适宜的配料比是由生产的最低费用来决定的。如将配料比增加很大，虽然反应时间可以大大缩短，但对间歇反应来说，反应时间短了，相对地反应器的加料和出料占的时间比重增大。再者，N_2O_4 大量过剩时，每操作一次所得的产品将会减少，在浓硝酸漂白时也要增加热能消耗，而且在将蒸出过剩的 N_2O_4 冷凝时，还得增加冷冻量。因此，全面权

衡结果，当以最低生产费用来确定最适宜的配料比。表 3-2-8 即以不同配料比所生产 1t 浓硝酸（以 100%HNO_3 计）需要的生产费用的相对比例。

表 3-2-8　N_2O_4/H_2O 比与相对生产费用的比例关系

N_2O_4/H_2O 比	6.2	6.82	7.5	8.3	9.28
合成 1t 硝酸所需相对生产费用比例	1	0.78	0.865	0.965	1.1

因此，实际生产中多选用 $N_2O_4/H_2O=7\sim8.5$，合成反应生成的硝酸中 HNO_3 含量≥98.5%，过剩 N_2O_4 18%～25%，这相当于在高压反应器制成的酸中含有 25%～30%过剩量的 N_2O_4。

最后，还应指出，反应速度也与成品酸中 HNO_3 含量有关，如制造的硝酸浓度越稀，则操作所需时间越短。例如，生产 95% 的 HNO_3 比生产 98%HNO_3 所需时间可缩短一半，但工业上主要还是生产 98%以上的浓硝酸。

2.2.2　工艺流程

2.2.2.1　*霍科法流程及主要设备*

霍科法是直接合成浓硝酸的经典流程，参见图 3-2-17。

该法从氨氧化开始，常压氨空气氧化。氧化后的高温氮氧化物气体，先经废热锅炉回收热量，而后通过快速冷凝器，使气体温度由 200℃ 骤然降至 34～40℃，以将气相中的水蒸气冷凝下来，与此同时伴有少量的氮氧化物溶于水中，形成约 2%～3%的稀硝酸从系统中排出。

由快速冷凝器导出的混合气体中氮氧化物与水含量之比约为 5.1∶1，再经气体冷凝器，在这里可产出 25%～35%HNO_3 的硝酸，然后送往洗涤下段作为洗涤液，而含氮氧化物气体则被鼓风机送入两个串联的氧化塔 9 中，这两个塔在13.7kPa 以下的压力下操作。NO 氧化的反应热由循环酸所带走，这部分循环酸是由于水蒸气在塔中部分冷凝而生成的。在第一塔中酸中 HNO_3 含量为 50%～55%；而在第二塔中为 60%～62%。酸由第一塔流入第二塔，然后再由第二塔送往混合器 24。NO 更进一步氧化，是在辅助氧化器 12 中用 98%HNO_3 来进行的。此时应将送入氧化器的硝酸量加以适当调节，使流出的酸中 HNO_3 含量不超过 75%，进入混合器 24 供配料用。这时温度并没有变化，这是由于 HNO_3 分解，为吸热反应，而与 NO_2 叠合反应放出的反应热和水蒸气冷凝放出冷凝热，三者热效应相互抵消的结果。

由辅助氧化器出来的 75%HNO_3 的硝酸也送入混合器 24，而被氧化了的含氮氧化物气体，送入盐水冷却器 13 中，用盐水冷却到 -10℃，然后送入三段式吸收塔 14 中，塔中用 98%HNO_3 的硝酸将氮氧化物吸收。下段循环酸中的 NO_2 含量在 30%以下，中段为 20%，上段则在 10%以下。NO_2 溶解时所产生的热量，在冷却器 16 中被盐水带走。每一吸收段装有两层填充环。饱和了 NO_2 的硝酸溶液由最下一段流出，并将之送入漂白塔 18。

由吸收塔出来的气体送入气体洗涤塔 17 中，用稀硝酸加以洗涤。该洗涤塔在不需冷却的情况下操作。由于吸收了硝酸蒸气和一部分的二氧化氮、硝酸中 HNO_3 含量达 40%，并送往原料混合器 24 中。在洗涤塔的最上层填充物上加水将气体进行最后洗涤，这种极稀的洗酸，由系统中放出，经中和后，便可放入下水道中，或在其他工业生产中加以利用。在具有蒸汽夹套的漂白塔 18 中，纯的 NO_2 由硝酸溶液中蒸出，而硝酸在冷却后，送入贮罐 20 中，一部分硝酸被作为成品酸，而另一部分则重新送去循环，作为将氮氧化物气体中的 NO_2 提浓的吸收剂。

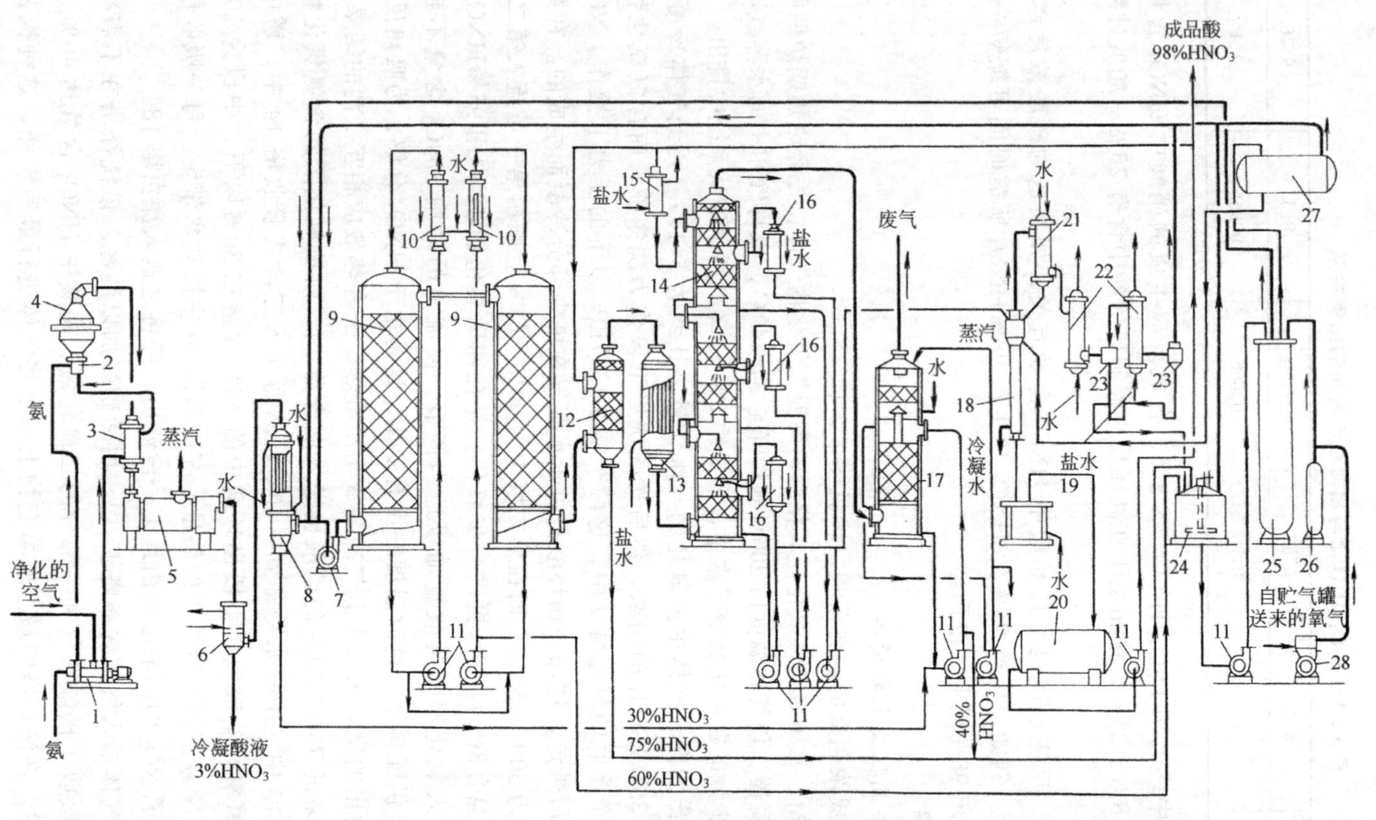

图 3-2-17 霍科法合成浓硝酸的流程图

1—空气鼓风机；2—混合器；3—换热器；4—接触氧化器；5—蒸汽锅炉；6—快速冷却器；7—鼓风机；8—气体冷却冷凝器；9—氧化塔；10—酸冷却器；11—泵；12—辅助氧化器；13—盐水冷却器；14—三段式吸收塔；15，16—用盐水的酸冷却器；17—气体洗涤塔；18—漂白塔；19—成品酸冷却器；20—成品酸贮罐；21—气体冷却器；22—四氧化二氮冷凝器；23—分离器；24—原料混合器；25—高压反应器；26—中间缓冲气罐；27—高压反应器酸液贮罐；28—氧压缩机

蒸出来的 NO_2 在气体冷却器 21 中，由 50℃冷却到 40℃。在这里，生成的硝酸冷凝液，作为回流液送入漂白塔 18 中。然后，将 NO_2 先在冷凝器 22 的第一组中用水冷却到 20℃，再在冷凝器 22 的第二组中用盐水冷却到 −8℃，将冷凝所得的 N_2O_4 送入混合器 24 中与送来的稀硝酸混合。

制成的混合原料由混合器 24 经高压泵连续送入高压反应器 25。由压缩机 28 压缩到 6MPa 的氧，经中间缓冲罐、减压器送入高压反应器内。在高压反应器里的硝酸中，约含 18%～25%过量的 N_2O_4。将这些酸液先送入酸收集槽 27，再送往漂白塔。将液体在贮存时所放出的氮氧化物气体以及吹出的气体在送往鼓风机 7 之前，使其与送来的主体氮氧化物汇合。

由辅助氧化器 12 中出来的约 75% HNO_3 的硝酸，也被送入高压反应器中制成 98% HNO_3 的硝酸。这大约使高压反应器的负荷大了一半。在高压反应器制得的全部硝酸中，若以 1t 100% HNO_3 作基准来计算，大约有0.5t硝酸用于氧化 NO。如果每制 1t 成品酸所需用的氧的总量为 155m^3，则其中有 65m^3 是用于氮氧化物气体的氧化方面。

下面介绍霍科法的最主要设备高压反应器（又称直硝反应釜）。

高压反应器（直硝反应釜）结构如图 3-2-18 所示[18]。

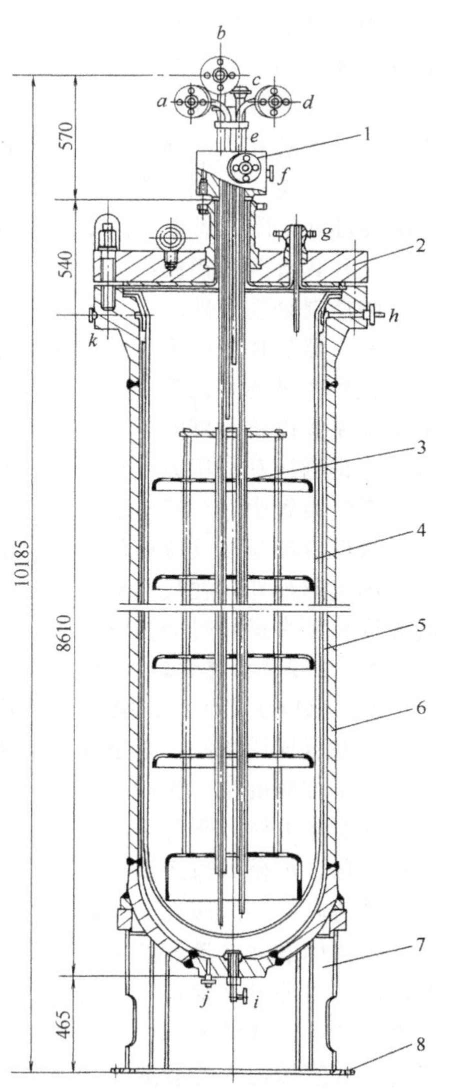

图 3-2-18 高压反应器（直硝反应釜）

1—釜头；2—大盖；3—内件；4—反应筒；5—保护筒；6—外筒体；7—底座；8—环形板

反应釜分三个部分：釜头、大盖和釜体。釜体分三层，外层是碳钢制成的受压外筒体；内层是高纯度铝制的反应筒；中间是铝制的，保护碳钢筒不被漏酸腐蚀的保护筒。在反应筒内装有铝制内件。内件为 10～15 块筛板，最下面一块规格为 ϕ830 × 8mm、高 300mm，上面各块为 960× 8mm、裙边高 = 100 ～ 120mm。筛板上筛孔以正三角形排列，筛孔直径为 ϕ2mm，孔间距为 21mm，10～15 块筛板用 4 根 ϕ25 × 5mm 铝管串起来，铝管外套有 ϕ45 × 5mm 的定距铝管，用以支撑和固定筛板。筛板中间穿有 2 根 ϕ70 × 5mm、长 6020mm 的铝管，作为反应釜进氧管和排酸管的套管。内件上部装有吊装用的环形板。

反应釜的大盖和釜体之间有铝制密封垫圈，用双头螺柱连接。大盖的内壁衬有铝板，大盖上设有加料短管。釜头材料为 1Cr18Ni9Ti 不锈钢，内镶铝块或 1Cr18Ni12Si4ALTi 不锈钢块，其上有 6 个孔，分别接有进氧短管 c，排酸短管 b，吹气短管 e，上下溢流短管 a、d 和内筒压力表管 f。外筒体设有压力表接管 k。在釜内，ϕ50 × 5mm 的进氧管与排酸管通过内件的套管一直伸到釜底；加料管伸到釜内 0.5m 处；上下溢流管分别伸到大盖下的 1m 和 1.5m 处。通过釜外的上下溢流视镜，可以观察管内物料溢流情况，进而来控制釜内的液面。

在反应釜底部有检查管 i、j 和检查阀门，定期检查反应筒是否漏酸或氮氧化物是否由反应筒倒流到保护筒。

反应筒与保护筒间平衡管 h，用来平衡反应筒内外的压力，使反应筒不承受过大的压力差，以免损坏。在进入反应筒的氧气管线上装有氧气缓冲器和逆止阀。氧气缓冲器的作用，一方面可使氧气压力平稳，另一方面当反应筒内部压力大于筒外压力有酸倒流时，缓冲器可起到集酸作用，减轻对氧气管线的腐蚀。逆止阀用以防止酸倒流现象发生。

高压反应器设计压力为5MPa，内径为1140mm，高约8500mm，壁厚为36mm。连同顶盖及底座的总高为9800mm。在钢制圆筒体中装有两个纯度为99.8%铝制的内筒。最里层的反应筒厚度为25mm，内径为1020mm，其反应容积为6m^3，每24h可间断反应生产25t（100%HNO_3 计）硝酸。连续反应24h生产能力可达200t硝酸。

这种具有两个铝制内筒的结构，当设备一旦发生不密合时，可藉它们保护钢制器身而不致受酸性混合物侵蚀。

反应器的顶盖以耐压螺钉和器身法兰紧紧相连。盖的内壁衬有一层铝皮，反应器的顶盖上有直径各异的6根管伸入反应器内，其中的第一根管子用来加原料于反应器中，第二根管子是溢流管以将过剩的混合物溢流入混合器中，第三根管作为在吹风时将气体导出，第四根管用于将测压管与压力计相联接，另第五根管用来送入氧气，第六根用来导出制成的酸。

氧气由管中送至反应器底部，经多孔隔板进入反应筒中。同时将一股氧由法兰盘上的开孔送入反应器身与反应筒间的空间中，用以平衡反应筒内外的压力，防止反应筒内外压差过大筒体变形损坏。在反应器底部有一导出短管的开口，用来检查反应筒是否泄漏。反应筒中的温度在正常操作时为80～90℃，如操作不正常时可到100℃。

2.2.2.2 蒙特爱迪生法工艺流程[11,12,13]

20世纪60年代后，国外出现了一批大幅度改变霍科法工艺条件的合成浓硝酸新方法。例如，在合成硝酸时，以空气代替纯氧，不用冷冻剂，从而省去了空分装置和制冷装置，大大简化了传统的生产流程。

这类新方法几乎都是与全高压法生产流程结合一体。打破了稀、浓硝酸的生产界限，故亦称为稀、浓硝酸兼产流程。产品可根据市场需求调节稀酸与浓酸的产量比例。生产灵活、经济效益较好，适应性强，因而，近年来发展很快。

稀浓两酸兼产流程的主要生产原理：众所周知，欲生产浓酸，关键是要解决全系统水平衡问题。也即是必须将反应所生成的水移去。工业上采用的除水方法：A. 将冷凝酸中较多的水分转移到稀酸产品中，也即生产部分稀酸；B. 将冷凝酸再加以蒸馏提浓；C. 将经预热的尾气直接通入冷凝酸，藉此蒸发去一部分水，以达到多产浓酸、少产稀酸之目的。蒙特爱迪生法即为其中典型的一例。此外，现今的汉弗莱-格拉斯哥（Humphreys-Glasgow）法，康尼亚（Conia）法，哈康（Hycon）法以及日本住友（Sumitomo）法也都是属于这类兼产浓、稀两酸的流程。

蒙特爱迪生法的生产流程，见图3-2-19。此法生产的特点是：

① 采用压力为0.4～1.0MPa的全加压法，生产 HNO_3 含量为77%～85%的成品酸。

② 不用纯氧合成硝酸，采用加压的氨空气氧化，可使NO充分氧化成 NO_2，为以后合成硝酸反应提供了良好的条件。

③ 为了尽可能提高工艺中的氮氧化物含量，将由洗涤塔出来的含有大量 NO_2 的气体返

回氧化塔中。

④ 用80％～85％HNO_3的硝酸去吸收NO_2时，藉全加压的作用，以弥补原含量较低的NO_2在硝酸中溶解性能欠佳的影响。

⑤ 由浓硝酸中解吸出来的NO_2气体，将其冷凝成N_2O_4时，除了库尔曼法以外，此法及同类的其他方法均不采用冷冻剂进行冷却。NO_2是在30～40℃温度进行冷凝过程。这也是得助于加压操作之故。

⑥ 在最后的合成浓硝酸过程中，不用纯氧而用空气氧。空气用量较大，为化学计量的1.5倍以上。

⑦ 液相配料的最佳比例：N_2O_4/68.5％HNO_3＝2.96～3.13。它比住友法高5倍。故其反应时间仅为住友法的1/10，一般在3～4min内即可完全合成反应，可得80％～85％HNO_3的成品酸。

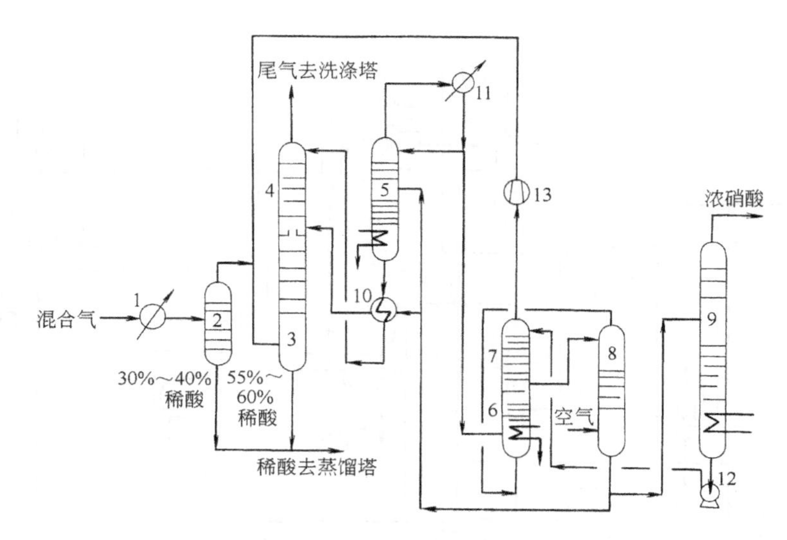

图3-2-19　蒙特爱迪生法生产浓酸的流程

1—冷凝器；2—气液分离器；3—氧化塔；4—NO_2吸收塔；5—发烟硝酸蒸馏塔；6—反应器；7—气体洗涤塔；8—气提塔；9—浓酸蒸馏塔；10—换热器；11—冷凝塔；12—泵；13—NO_x压缩机

2.2.2.3　住友法工艺流程[11][12][13]

此法首先由日本住友化学公司开发且已工业化，属兼产浓、稀两种硝酸工艺流程。参见图3-2-20。

采用压力为0.8MPa～0.9MPa的全压法，兼产含量为98％和62％～70％两种硝酸，两者产量几乎各占一半。住友法各工艺点的物料组成，参见表3-2-9。

表3-2-9　住友流程各工艺点的物流量和组成

图3-2-20中所示物流号	物料量		温度 ℃	压力(绝压) MPa	组成体积分数/%							备　注
	kmol/h	kg/h			NH_3	NO	NO_2	O_2	N_2	H_2O	HNO_3	
16	2193	—	200	0.9	10.1	—	—	18.1	68.3	3.4	—	
17	2225	—	200	0.88	—	7.0	1.9	4.6	67.6	18.3	—	
18	707	—	50	0.87	—	4.2	6.1	2.9	86	0.6	0.2	
19	994	—	50	0.87	—	4.2	6.1	2.9	86	0.6	0.2	

续表

图 3-2-20 中所示物流号	物料量		温度 ℃	压力（绝压）MPa	组成体积分数/%							备注
	kmol/h	kg/h			NH_3	NO	NO_2	O_2	N_2	H_2O	HNO_3	
20	1061	—	30	0.82	—	—	0.08	2.7	97.3	—	—	
21	—	6.9	40	—	—	—	—	—	—	30.5	69.5	
22	—	10.0	40	—	—	—	0.02	—	—	37.5	62.5	
23	—	18.0	20	—	—	—	0.05	—	—	18.5	98.1	
24	—	23.6	30	0.76	—	—	23.7	—	—	1.4	74.9	
25	—	7.7	20	0.85	—	—	0.02	—	—	37.5	62.5	
26	—	6.42	40	—	—	—	0.05	—	—	1.85	98.1	
27	—	5.97	20	0.80	—	—	94.0	—	—	—	6.0	
28	185	15.4	60	—	—	—	0.5	—	—	14.5	85.0	
29	—	—	30	0.71	—	0.1		3.0	96.8	37.5	—	

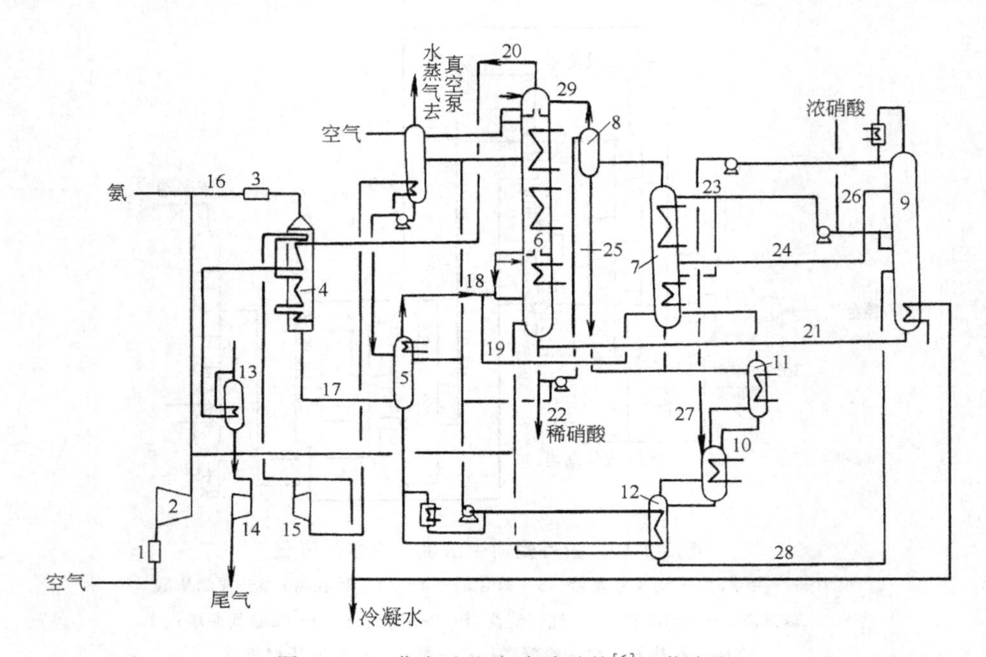

图 3-2-20　住友法生产浓硝酸的[6]工艺流程

1—空气过滤器；2—空气压缩机；3—混合气过滤器；4—氧化炉-废热锅炉；5—分解冷凝塔；6—氧化吸收塔；7—NO_2 吸收塔；8—尾气洗涤塔；9—闪蒸蒸馏塔；10—反应器；11—气体洗涤塔；12—气提塔；13—催化燃烧炉；14—尾气膨胀透平；15—蒸汽透平；16～29—物流号

此法制浓硝酸分两个阶段：

① 在合成反应器内首先用空气、稀酸（60%～68%HNO_3）、液态 N_2O_4 合成含 80%～87%HNO_3 的硝酸。

② 再将 80%～87%HNO_3 的硝酸进行蒸馏，以制成 98%～99%HNO_3 的浓硝酸。这不仅技术上可行，而且经济上也较合理。还可大大缓和合成反应器以及浓酸蒸馏塔的腐蚀，延长设备使用寿命。另外，该工艺生产十分灵活，既可单独生产 98%HNO_3 的硝酸，也可生产或 80%～85%HNO_3 的硝酸。还可同时兼产浓硝酸和稀硝酸（60%HNO_3）。市场适应性强。

本法若用以仅生产浓度为 85%HNO_3。根据实际生产经验，其合成反应的最佳工艺条件如下：

压力0.7～1.0MPa，温度45～65℃，空气氧过量为化学计量的0.5～1.5倍。N_2O_4/68.4%HNO_3（质量比）=0.5～0.6，反应时间为30～40min。

2.3 超共沸酸精馏法制取浓硝酸

2.3.1 基本原理

超共沸酸法制取浓硝酸的基本原理，可根据由HNO_3-H_2O所组成的二元相图来说明。图3-2-21为压力在0.1MPa下的HNO_3-H_2O的二元相图。

由图3-2-21可见，图形点*M*为硝酸溶液的最高恒沸点（120℃），对应*M*点的气液两相组成相同，均含硝酸为68.4%HNO_3。

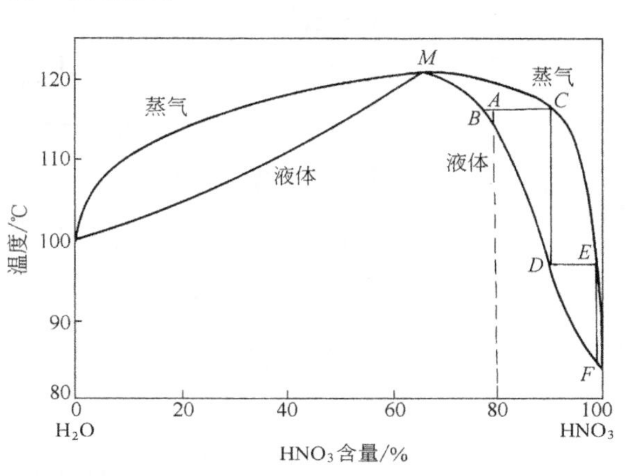

图3-2-21 HNO_3-H_2O体系的气液平衡相图

今若以位于*M*点左侧的任一浓度的稀硝酸进行蒸馏，则随着硝酸中HNO_3含量的增大，溶液的沸点也随之上升，直到*M*点为止。也即是说，通过蒸馏或精馏所得的硝酸中HNO_3最大含量只能是68.4%HNO_3。

而若以位于*M*点右侧的任一HNO_3含量的硝酸进行精馏时，则与上述情况恰好相反，在精馏过程中，溶液的沸点将随着硝酸中HNO_3含量的增大而下降。

现以80%HNO_3的硝酸，在温度116.1℃下进行精馏，则该溶液在相图中的系统点如点*A*所示。当此系统处于平衡态时，其液相组成点即为图中点*B*，对应的气相组成点为*C*。由表3-2-10可知，*B*点的硝酸含量为76.8%HNO_3，而气相*C*点的组成为含90.4%HNO_3。在精馏塔中当此硝酸蒸气上升到上一块塔板，随着温度下降而冷凝时，则此冷凝过程可以由*C*点垂直地移动至*D*点来表示。而冷凝液*D*点的组成与*C*点相同。而与*D*点溶液成平衡的气相组成即为图中的*E*点，*E*点所含的硝酸蒸气中HNO_3含量为99.2%（见表3-2-10），当此蒸气再上升到顶上的塔板冷凝至*F*点，即可得到99.2%HNO_3的浓硝酸。这就是工业上以超共沸酸利用精馏法制取浓硝酸的基本原理。

表3-2-10 常压下硝酸水溶液的沸点及气液相的平衡组成

沸点 ℃	HNO_3含量质量分数/%		沸点 ℃	HNO_3含量质量分数/%	
	液相中	气相中		液相中	气相中
100.0	0	0	120.05	68.4	68.4
104.0	18.5	1.25	116.1	76.8	90.4
107.8	31.8	5.06	113.4	79.1	96.7
111.8	42.5	13.1	110.8	81.0	95.3
114.8	50.4	25.6	96.1	90.0	99.2
117.5	57.3	40.0	88.1	94.0	99.9
119.9	67.6	67.0	88.4	100	100

2.3.2 工艺流程

图3-2-22为德国巴马格公司所开发的超共沸酸制取浓硝酸的工艺流程。其技术关键是

藉制富含氮氧化物气体来生产超共沸酸（>68.4%HNO_3）。然后通过精馏方法，以制得所需 HNO_3 含量的浓硝酸。

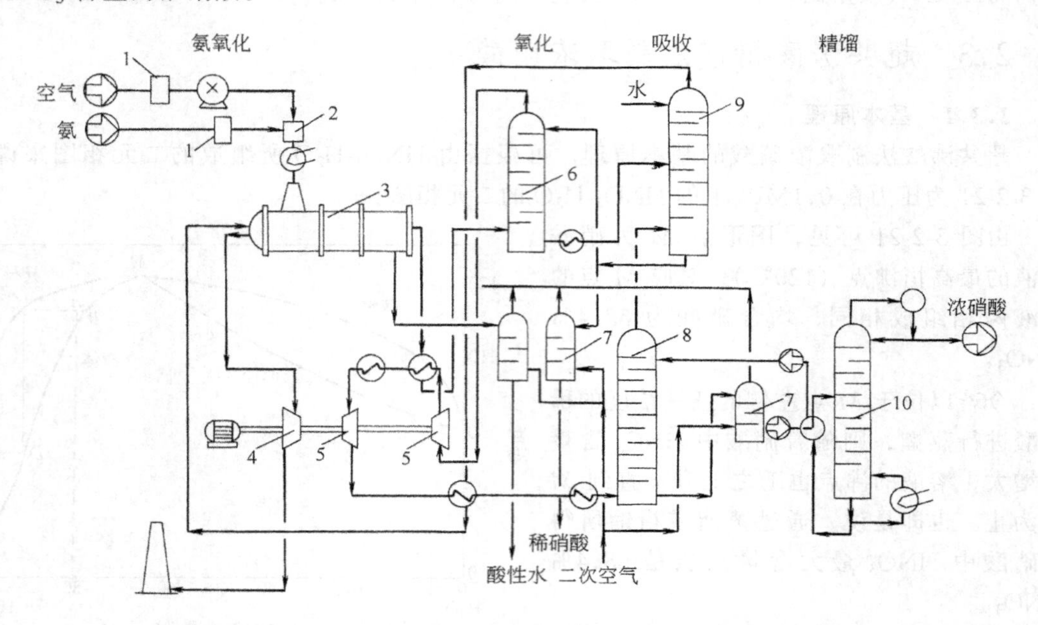

图 3-2-22 超共沸酸精馏制取浓硝酸的工艺流程图

1—过滤器；2—氨空气混合器；3—接触氧化器和废热锅炉；4—膨胀机；5—压缩机；6—氧化塔；7—解吸塔；8—第一吸收塔；9—第二吸收塔；10—超共沸酸精馏塔

此法的特点是：

① 在常压下进行氨氧化，而氮氧化物的吸收在0.6～1.3MPa压力下进行。吸收后的尾气中 N_xO_y 含量可低至200mg/kg以下。

② 在无需纯 O_2、冷冻量和脱水剂条件下，可同时生产任意比例和任意 HNO_3 含量的浓硝酸和稀硝酸。

③ 与传统的霍科法相比，原料费用基本相同，而投资却低20%，公用工程费用低10%～15%，总成本低10%～15%。

整个工艺流程包括氨氧化，超共沸酸制取和精馏三个部分。

在常压下进行氨空气氧化，然后将所得NO气体冷却，冷却温度根据尽可能使冷凝酸低于2%HNO_3 这一条件来控制。由冷凝器出来气体送入用60%HNO_3 的硝酸喷淋的氧化塔，以进一步氧化NO。硝酸则按如下反应分解为 NO_2，从而增大了气相中 NO_2 的含量：

$$2HNO_3 + NO = 3NO_2 + H_2O$$

然后，在氮氧化物气体中加入含有 NO_2 的二次空气（来自漂白塔），并将气体压缩到压力（绝对）为0.6～1.3MPa，以增大氮氧化物的分压，并将其送入第一吸收塔以共沸酸进行吸收，生成80%HNO_3 的超共沸硝酸。经第一吸收塔吸收后的残余 NO_2，再入第二吸收塔用硝酸吸收。由第二吸收塔出来的尾气，再经预热去压缩机膨胀段回收能量。由第二吸收塔出来的含 NO_2 的稀硝酸送入解吸塔，并用二次空气进行漂白。

超共沸酸在解吸塔用二次空气漂白，脱除 NO_2 以后，送往超共沸酸精馏塔进行精馏。在塔的顶部得浓硝酸。在塔的底部为近似于共沸酸浓度的硝酸，送回系统循环，再进行浓缩。

2.4 几种浓硝酸生产方法的比较

现将几种生产浓硝酸的工业方法有关消耗定额、投资额和生产成本的相对值，列于表3-2-11，以资比较。

表 3-2-11 几种流程的消耗定额、投资额和生产成本的相对值

工艺方法		霍科法	康尼亚法	汉弗莱-格拉斯哥法	住友法
消耗定额	NH_3/kg	284	288	287	287
	铂耗/g	0.045	0.120	0.180	0.100
	冷却水/t	125	200	230	200
	电/kWh	300	195	11	30
	锅炉用水/t	0.37	0.38	—	—
	副产蒸汽/t	0.31	0.3	2.1	1.3
	冷冻量/kJ	1.59×10^6	0.754×10^6	—	—
	氧/m^3	120	70	—	—
投资的相对值		1.0	1.0	0.50	0.51
生产成本的相对值		1.0	0.91	0.80	0.87

参 考 文 献

1 В.И. 阿托罗申柯．硝酸工学．北京:高等教育出版社,1956

2 陈五平主编．无机化工工艺学(二),第二版．北京:化学工业出版社,1989

3 化工部化工设计公司主编．氮肥工艺设计手册—硝酸、硝酸铵．北京:化学工业出版社,1983

4 Н.И. 别良也夫．化学世界．1957,(12):537

5 Kyzнечов Ц. E, Троцчкал T.M. Zaцзпма Возяущнozо бассейнл ом загрпзненцл врегныщц веществашц хщщлескпх прегпрплтпй. Москава:Цyгатецство《Хщпл》,1979

6 Gillespie,G.R,et al. *Chem*. *Eng*. *Progr*. 1972,68(4):72

7 〔日〕大类彻也．化学工学．1983,(7):452

8 Riekert L. *Chem*.*Eng*.*Science*, 1974,29(7):1613

9 Niezgoda RB. Connor JM. *Nitrogen*.1978,(112):34

10 平成舫执笔．国外稀硝酸工业发展趋势．化肥与催化．1978,(1)

11 平成舫执笔．国外浓硝酸工业发展趋势．化肥与催化．1978,(2)

12 More A.I.,Fertilizer Acids-Nitric Acid,Phosphoric Acid,Sulphuric Acid,The British Sulphur Corporation Limited,1970/80

13 Hellmer L. *Chem*. *Eng*. *Progr*. 1972,68(4):67

14 华东化工学院等编．无机物工学—硝酸．北京:中国工业出版社,1961

15 Coproduction of concentrated and weak nitric acid. *Nitrogen*, 1990.(184):28

16 Absorber design in nitric acid plants. *Nitrogen*. 1990,(188):24

17 化学工业部科学技术情报研究所．世界化学工业年鉴．1990,587

18 《化工厂机械手册》编辑委员会编．化工厂机械手册．北京:化学工业出版社,1989

第四篇 硝 酸 铵

第一章 绪 论

硝酸铵（NH_4NO_3），简称硝铵，相对分子质量 80.04。

二次世界大战以前，硝铵用作炸药的原料。硝铵也是一种很好的氮肥。1980 年世界尿素产量开始超过硝铵。硝铵含氮量为 35%，次于液氨、尿素，但仍然为一种良好的氮肥，可单独施用或与磷、钾肥混合成不同比例的复合肥料用于农田、森林、牧场。

硝铵所含的氮以铵态（NH_4^+）和硝酸态（NO_3^-）两种形式存在。植物吸收铵态中的氮较为缓慢，而吸收硝酸态中的氮相当迅速，因硝铵易溶于水，施入土壤后其中的铵态氮被土壤中的胶体吸附，在起硝化作用的微生物影响下，逐渐氧化成硝酸态氮而被植物吸收。因此硝铵在许多氮肥中是生理酸性极小的肥料，适合在不同土质的土壤中使用，只要施肥量和施用时间得当，很快能从作物的形态上表现出效果来。从影响产量的农业化学性看，硝铵对各种土壤的肥效都很高，可作水浇地或旱田的追肥，特别是对于棉花的生产，其肥效更高，是较为理想的氮肥之一。

1.1 硝铵的性质

1.1.1 硝铵的晶型

纯硝铵为无色结晶，熔点 169.6℃，熔融热 67.8kJ/kg，在 20～28℃ 温度范围内比热容为 1.76kJ/(kg·C)。

固态硝铵具有 5 种晶型，如表 4-1-1 所示，每种晶型仅在一定的温度范围内稳定存在，在从一种晶型转变为另一种晶型时，不仅伴随有热量变化，而且会有体积改变。此外，当温度从 125.2℃ 迅速冷却到 32℃ 以下时，晶型Ⅱ可能不经过晶型Ⅲ而直接转变为晶型Ⅳ（见表 4-1-2）。

表 4-1-1 硝酸铵的晶型[1]

晶型代号	晶 系	稳定存在的温度范围/℃	密度/(g/cm^3)	转变热/(J/g)
Ⅰ	立方晶系	169.6～125.2	—	70.13
Ⅱ	三方晶系	125.2～84.2	1.69	51.25
Ⅲ	单斜晶系	84.2～32.3	1.66	17.46
Ⅳ	斜方晶系	从 32.3 至 −16.9	1.726	20.89
Ⅴ	四方晶系	−16.9 以下	1.725	6.70

表 4-1-2 硝酸铵晶型转变参数

转 变	温度/℃	转变热/(J/g)	体积改变/(cm^3/g)
熔融物→Ⅰ	169.6	−70.13	0.054
Ⅰ→Ⅱ	125.2	−51.25	0.013
Ⅱ→Ⅲ	84.2	+17.46	0.008
Ⅲ→Ⅳ	32.3	−20.89	0.023
Ⅱ→Ⅳ	50.5	−25.62	—

1.1.2 硝铵溶解度

硝铵易溶于水，在水中的溶解度如表 4-1-3 所示。

表 4-1-3 硝铵在水中的溶解度

温度/℃	溶解度质量分数/%	温度/℃	溶解度质量分数/%	温度/℃	溶解度质量分数/%	温度/℃	溶解度质量分数/%
-16.7	42.8	20	65.24	60	80.7	125	95.5
-10	47.7	25	67.63	70	83.5	130	96.5
-5	51.2	30	69.90	80	86.4	140	97.5
0	54.23	35	71.60	90	89.0	150	98.5
5	57.23	40	73.70	100	91.4	169.6	100
10	60.05	45	75.34	110	93.4		
15	62.76	50	77.00	120	95.0		

1.1.3 硝铵水溶液的沸点

硝铵水溶液的沸点见表 4-1-4。

表 4-1-4 硝铵水溶液的沸点

硝铵水溶液中硝酸铵含量/%	压力(绝对压力)/kPa(kgf/cm^2)					
	50.65 (0.5)	101.3 (1.0)	126.6 (1.25)	303.9 (3.0)	354.5 (3.5)	405 (4.0)
	沸点/℃					
70	98.08	119.30	126.70	159.00	165.40	171.00
75	101.82	123.68	131.26	164.65	171.25	177.06
80	106.28	128.90	136.70	171.40	178.20	184.30
85	112.30	135.80	143.99	180.34	187.45	193.35
90	119.60	144.10	152.80	191.10	198.60	206.00
95	145.04	174.46	183.01	223.53	231.15	236.44

硝铵在非水溶剂中的溶解度也比较高，它溶解于液氨中的速度很快，其溶解度如表 4-1-5所示。

表 4-1-5 硝铵在液氨中的溶解度[2]

温度/℃	-50.6	-46.5	-45	-44	-40.8	-36.0	-24.0	25
溶解度/kg/m^3	701	726	734	735	751	770	779	2355

1.1.4 硝铵的吸湿性与结块性[3]

硝铵是一种吸湿性、结块性很强的物质。从图 4-1-1[2]中可以看出，例如在 30℃时，硝铵饱和溶液上方的蒸汽压约等于 2.47kPa（18.5mmHg）。当空气的相对湿度大于 60%时，硝铵即具有吸湿性。

当温度变化时，硝铵被润湿或被干燥。干燥时，由晶体表面的母液中析出盐的结晶；润湿时则晶粒的形状、位置发生变化，颗粒互相粘结。由于硝铵具有晶型转变的特性，将较高温度的硝铵置于袋中冷却时，随着温度的下降晶型转变；在压力下这种重新组成新的晶型过程中，便发生结块[4]。此外，没有结块的纯硝铵，在贮存期间也会由于本身具有吸湿性，逐渐吸收水分而结块。

降低硝铵吸湿性的方法如下。

① 生产粒状硝铵。由于表面积大大减少，故吸湿作用有所缓和。

② 添加一些吸湿性小，不溶解或能抑制大量水分的添加剂，如骨粉、氯化钾、磷矿粉、硅胶和硅藻土等。添加剂有些是在造粒前的熔融料中加入，有些加到（搅匀）成品结晶中。

③ 硝铵表面空气的流动情况。当空气流动时，硝铵吸收水分速度加快，因而堆放在露天的硝铵就比贮藏在仓库中的硝铵吸收水分要快一些，这是因为在仓库中硝铵表面空气是稳定而不大流动的。

④ 空气中相对湿度的大小。由图 4-1-1 查出，在 30℃ 时硝酸铵溶液上方的蒸汽压约为 2.47kPa（18.5mmHg），这时与之平衡的空气相对湿度对应为 60%，硝铵既不吸湿也不减湿。如果空气湿度大于 60%，则硝铵吸湿；反之，则减湿。因此空气的相对湿度越大，吸湿性越显著。

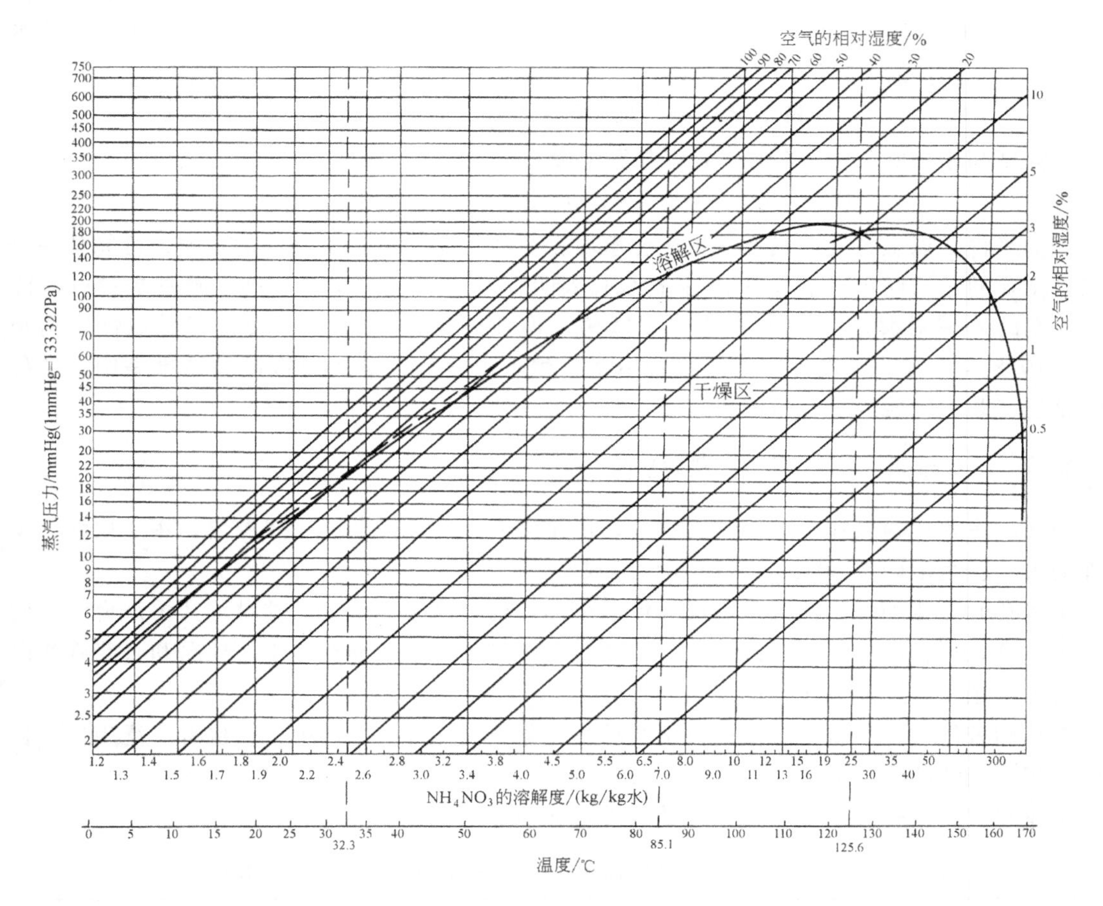

图 4-1-1　硝铵饱和溶液上平衡蒸汽压力（1mmHg = 133.322Pa）与空气的温度及相对湿度的关系

空气中的湿度随地区、气候、季节而变。在中国南方，遇到阴雨天，特别是夏季，硝铵的吸湿性是很高的。

⑤ 降低成品中的水分含量，使其在 0.5%～1.5%之间，亦可减少新结晶的生成。

降低包装温度（参见图 4-1-2，最好低于 32℃）以及选用坚固严密、防水性好的包装物等都是改善硝酸铵性能的有效方法。

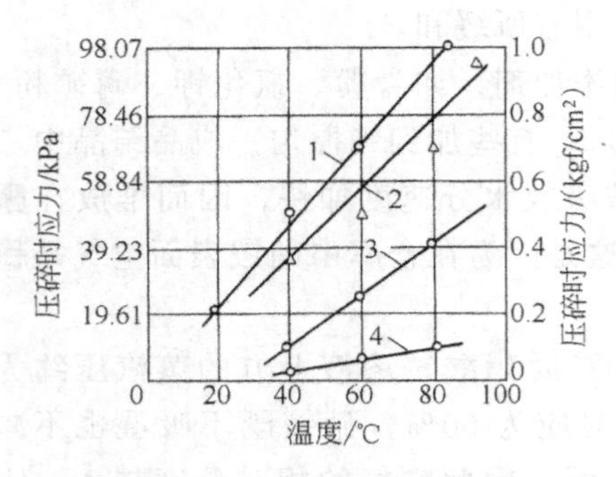

图 4-1-2 包装时硝铵的温度对硝铵结块性的影响

硝酸铵水分含量 1—1.3%；2—1.1%；3—0.5%；4—0.09%

1.1.5 硝铵的热分解

硝铵在常温下是稳定的，受热后开始分解，温度不同，反应不同。

在 110℃时加热纯硝铵，按下式分解：

$$NH_4NO_3 = HNO_3 + NH_3 - 174.6\text{kJ}$$

分解过程需吸收热量，且在 150℃以上才明显进行。

在 185～200℃下分解时，发生氧化亚氮和水的微放热反应：

$$NH_4NO_3 = N_2O + H_2O + 36.8\text{kJ}$$

当迅速加热至 230℃以上，即开始强烈分解，并伴随着微弱的火花发生，此时按下式分解为氮、氧及水蒸气：

$$2NH_4NO_3 = 2N_2 + O_2 + 4H_2O(g) + 119.3\text{kJ}$$

当温度高于 400℃时，按下式分解并发生爆炸：

$$4NH_4NO_3 = 3N_2 + 2NO_2 + 8H_2O(g) + 123.5\text{kJ}$$

总的来说，以上各反应式在硝铵热分解时都可能发生，但由于条件的不同，可能某一个反应是主要的。长期生产和使用硝铵的经验表明，遵守规定的安全条例，硝铵是没有危险的。纯态的硝铵对震动、冲击或摩擦不敏感，但在一定的条件下硝铵具有爆炸性。据报道[5]，1998 年中国某硝铵厂的生产装置不幸发生了大爆炸，事故模拟试验结果表明，事故原因是生产装置中混入了大量的氯离子。

1.2 硝铵用途与质量要求

硝铵除主要作为农业上的化学肥料外，还是国防上常规炸药的主要原料，用于炮弹、手榴弹的火药就是由硝铵 80%和 TNT20%组成。

由多孔硝铵掺和燃料油混合制成的粒状铵油炸药，简称 ANFO。这种炸药爆炸力强，使用安全可靠，可在爆破现场直接配制，广泛应用于矿山开采、建筑施工、铁路和公路修建以及国防等领域，有逐渐取代其他炸药的趋势。

多孔硝铵作为一种重要的无机化工产品，在化工、化纤、医药等行业也有广泛用途。目前国内多孔硝铵的年需求量达 120 万 t。

工业和农业用硝铵以及多孔粒状硝铵质量标准分别见表 4-1-6、表 4-1-7。

表 4-1-6 工业和农业用硝酸铵标准 GB 2945—89 结晶状硝酸铵技术要求

指标名称		指标				
		工业		农业		
		优等品	一等品	优等品	一等品	合格品
硝酸铵含量(以干基计)/%	≥	99.5		—		
总氮含量(以干基计)/%	≥	—		34.6		
游离水含量/%	≤	0.3	0.5	0.3	0.5	0.7
酸度		甲基橙指示剂不显红色				
灼烧残渣		0.05		—		

表 4-1-7 多孔粒状硝酸铵国家标准 ZBG 21007—90

指标名称		指标	
		一等品	合格品
外观		无肉眼可见杂质	
NH_4NO_3 含量(以干基计)/%	≥	99.5	
游离水分/%	≤	0.3	0.5
10%硝酸铵水溶液中 pH 值	≥	4.0	
吸油率/%	≥	7	
体积密度/(g/cm^3)		0.76～0.83	0.73～0.86
粒度 ϕ0.5～2.5mm 的颗粒/%		90	

第二章　硝铵的生产方法

2.1　中和法制取硝铵

工业上生产硝铵的方法是利用氨与稀硝酸作原料的中和法，生产过程包括中和反应、溶液蒸发、结晶或造粒等步骤。

所有原料中氯化物、油分、有机物均不应超过允许值，而且不应含有能在工艺过程中增加热分解和引起爆炸危险的其他物质。

2.1.1　基本原理

硝铵由气氨中和硝酸而得，其反应式如下。

$$NH_3(g) + HNO_3(L) = NH_4NO_3 + 149.1\ kJ$$

反应时放出的热量与所用硝酸的浓度（通常采用45%～58% HNO_3）和原料的温度有关，而且要相应地减去水稀释硝酸的稀释热和硝铵的溶解热。图4-2-1为气氨和硝酸的中和热与所用稀硝酸中 HNO_3 含量的关系。

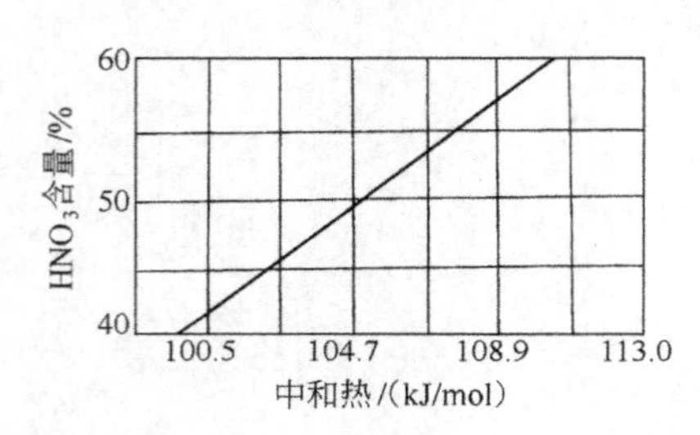

图4-2-1　气氨和硝酸的中和热（18℃，0.1MPa）

如何处理和利用中和热是中和法硝铵生产工艺中的一个重要问题。氨与硝酸的中和过程，若能合理地利用放出的中和热来蒸发水分，则可得到硝铵的浓溶液甚至熔融液而不需外加热量。因此，硝铵的生产流程可分为先制取硝酸铵稀溶液，然后把它蒸发的所谓多段流程，以及直接制取熔融液的一段流程。

利用反应热的中和过程，又分为常压法和加压法两种。加压法一般在0.2～0.5MPa下进行中和反应，此法采用58% HNO_3 以上的硝酸为原料，热利用率高，中和所得硝铵溶液浓度也较高。世界各地新建厂多属加压中和法生产。常压法一般在0.11～0.13MPa下进行中和反应，中国过去绝大部分硝铵厂采用常压法。

早期，为了安全起见，中和反应热是不加以利用的，只是设法通过冷却的方法将其热量移走。这样，造成了能量的浪费。现在的硝铵中和器都设计成能够利用部分中和热，蒸发掉一部分硝酸带来的水，制得比较浓的硝铵溶液，这样就可以节省一些蒸发用蒸汽，降低生产成本。如果将氨与硝酸预热到一定温度再送去中和，还可使生产的硝铵溶液更浓些。利用和不利用中和热，以及由于原料温度的不同，所制得的硝铵溶液中的 NH_4NO_3 的含量见图4-2-2。

直接利用中和热会引起化合态氮的损失（以下简称氮损失）。当硝酸中 HNO_3 含量大于58%时，由于中和反应放出的热量增加，使中和器内的温度迅速升高至140～160℃。此温度远远高于恒沸硝酸的最高沸点121.9℃，致使硝酸气化、分解，增加氮的损失。硝酸蒸发可能按下式分解。

$$4HNO_3 = 4NO_2 + O_2 + 2H_2O$$

生成的 NO_2 和 NH_3 反应：

$$6NO_2 + 8NH_3 = 7N_2 + 12H_2O$$

最终亦将造成氮的损失而增加产品成本。因此，采用加压中和法可以减少氮的损失。

NH_3 与 HNO_3 的中和是一个快速化学反应。当采用气氨为原料时，中和过程取决于氨在溶液中的扩散速度。氨与硝酸的气相反应是很不完全的，会导致大量的氮损失，还可能发生亚硝铵爆炸。所以应尽量使中和反应在液相中进行。为此，气氨应先进入中和器的循环溶液中。

中和法所用原料约占生产成本的90%左右，而它们又都是易挥发、易分解的物质，因此，减少氮损失也是中和过程的重要问题。中和器结构的设计以及中和操作都应当保证在氮损失最小的前提下充分利用中和热；而且，在工艺流程布置及设备结构方面，应充分回收利用蒸发蒸气和冷凝液中的氨及硝酸，减少氨及硝酸的分解损失，从而降低原料消耗。

氮损失的根本原因在于 NH_3 和 HNO_3 的挥发或分解，影响因素有以下几个方面。

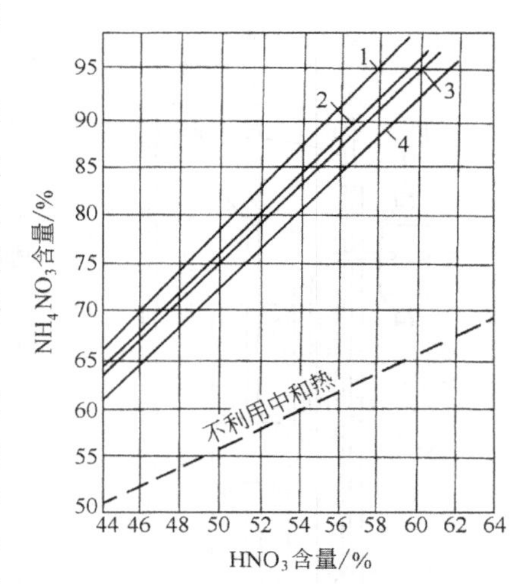

图 4-2-2　不利用中和热及在不同情况下利用中和热时生产硝铵溶液中 NH_4NO_3 的含量

1—HNO_3 和 NH_3（70℃）；2—HNO_3 和 NH_3（50℃）；3—HNO_3（50℃）和 NH_3（20℃）；4—HNO_3 和 NH_3（20℃）

① 高温时，会加速 NH_3 及 HNO_3 的挥发和分解，因而加剧了氮的损失。

② 压力高时，不利于 NH_3 及 HNO_3 的挥发和分解，可以减少氮的损失。因此，宜采用加压中和。

③ HNO_3 含量愈高，放出的热量就愈多，反应器内温升加剧，硝酸更易于分解，而且蒸出的水蒸气也多，被它带出的原料量也加大，所以硝酸浓度高时氮损失大。因此，最好采用不高于60%HNO_3，一般采用43%～58%HNO_3 的硝酸。

④ 氨气纯度低，惰性气体含量多，从中和器排出的尾气量也随之增大，因而导致氮的损失增大。

⑤ H.C. 库尔纳科夫等人对 N_2H_6-N_2O_5-H_2O 三元体系的研究表明：在100～130℃范围内，在水溶液中制取稳定的 NH_4NO_3 化合物所需 NH_3 和 HNO_3 两组分的合理比例应为生成 NH_4NO_3 的化合量。若控制不当，氨或硝酸偏离化合量过多时，过剩物必将大量挥发而引起氮损失加剧。生产表明，在碱性介质中中和反应时，氨和硝铵损失比在酸性介质条件下的要多。因为在硝酸过剩条件下，硝酸溶液上的硝酸蒸汽压比该溶液上氨的蒸汽压小得多。所以多数厂采用酸性介质条件下中和。但为了减少硝酸的损失并减轻再中和过程的负担，中和器内溶液中游离硝酸的含量要求严格控制在0～1.0g/L范围内。

⑥ 中和器设计不当，气液两相接触不良，或者反应区的局部地区有氨或硝酸积聚，都将加剧氮的损失。

2.1.2　利用反应热的中和器结构

中和器是硝铵生产的主要设备。目前利用反应热的中和器结构大体上有下述几种：A. 由两个同心圆筒构成的循环式常压中和器（如图4-2-3）；B. 内筒中上部设螺旋分离板的二次利用反应热的中和器［如图4-2-4（a）］；C. 内筒上部设隔板分离器的前苏式ИТН-3中和器［如图4-2-4（b）］；D. 适用于采用较高浓度硝酸利用反应热的中和器。它们的共同特点

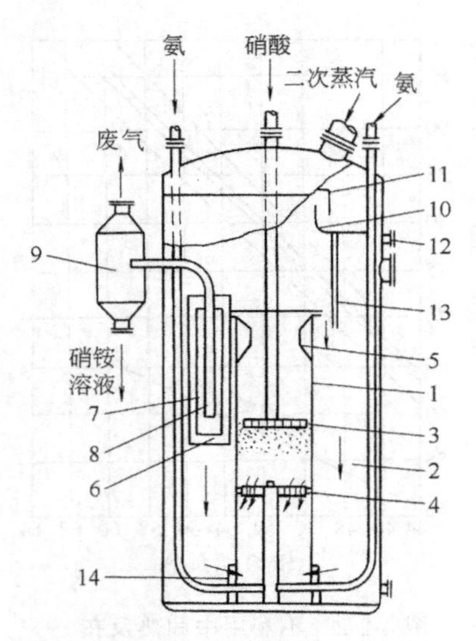

图 4-2-3 溶液循环式中和器（常压）
1—内筒；2—蒸发室；3—硝酸分布器；4—氨分布器；5—节液环；6—导液筒；7—液封槽；8—导液管；9—分离器；10—帽罩；11—上盖罩；12—捕集器回流液管；13—导淋液回流管；14—循环孔

是充分利用中和反应热。同时，因其结构都能使溶液从反应室进到蒸发室，然后经过循环孔循环，可使氨与硝酸接触更好，反应趋于完全，减少化合态氮的损失。

中和器所接触的介质是硝酸和硝铵，对碳钢有很强的腐蚀性。因此，中和器的全部构件均用 1Cr18Ni9Ti 不锈钢制成。

中国硝铵生产，大都是以常压法所制得 42%～52% HNO_3 的硝酸和合成氨车间送来的氨气为原料，采用图 4-2-3 所示的循环式常压中和器。这种中和器由两个同心圆筒构成，内筒称中和室，内筒与外筒之间的环隙称为蒸发室，中和与蒸发是在同一个设备里同时进行的。硝酸与氨气分别由管子通到内筒下部的分布器。分布器是上面开了很多小孔的环形管，硝酸分布器在上，氨气分布器在下，两者的喷孔相向。从分布器喷出的硝酸和氨气剧烈反应，放出的热量使硝铵溶液沸腾蒸发（即第一次利用反应热，产生的汽液混合物相对密度较轻而向上升）。内筒的顶部侧面和底部侧面都开了若干个孔。轻的汽液混合物从内筒上升，并从内筒顶部侧面的孔流进蒸发室，蒸发室内相对密度较大的硝铵溶液在内外筒之间进行循环。这是该中和器

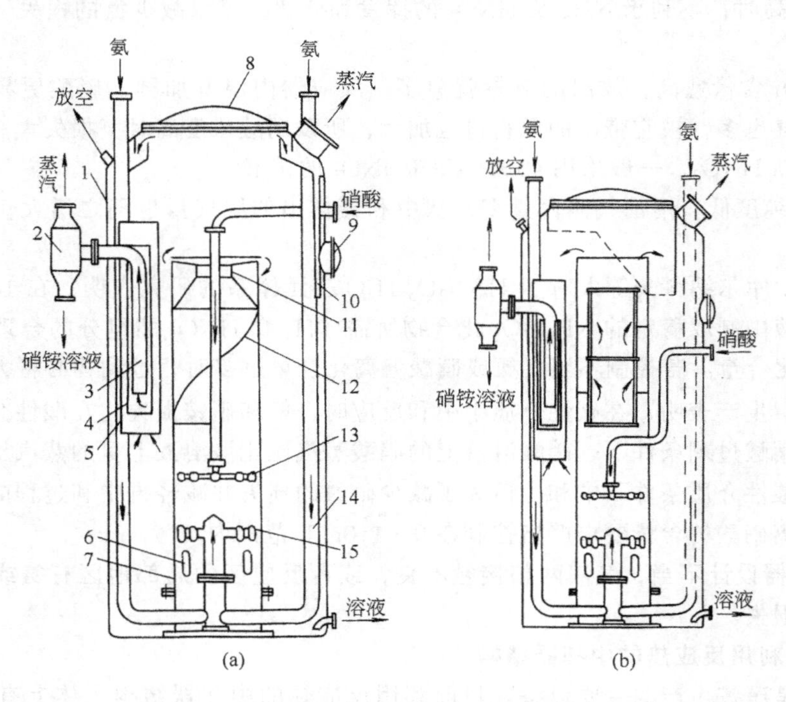

图 4-2-4 Ⅰ型中和器（a）和Ⅱ型中和器（b）结构
1—外壳；2—小膨胀器；3—出料管；4—液封；5—缓冲筒；6—循环孔；7—内筒；8—大盖；9—人孔；10—导管；11—桨式分离器；12—螺旋分离板；13—硝酸分布器；14—氨气导管；15—氨分布器

结构的特点，也是它减少氮损失的关键所在。由于大量硝铵溶液循环，氨气与硝酸从分布器喷出溶于大量硝铵溶液中，成为稀的溶液进行反应，因为浓度低，挥发也就大大减少；同时，由于溶液剧烈循环的结果，使氨气与硝酸接触时间延长，反应更为完全，也就减少或避免了氮的损失。反应生成的硝铵溶液经液封筒从中和器侧面流出，蒸发出的蒸汽则从中和器顶部排气管排走。

中和器在0.12～0.13MPa下工作。此时从中和器排出的水蒸气还可以作为热源，用于加热原料，或用于蒸发稀硝铵溶液，此乃第二次利用中和热。

为使气氨与硝酸的消耗量更接近生成硝铵的理论用量并减少酸性溶液对设备的腐蚀，要求硝铵溶液呈中性或微碱性（含液离氨0.1～0.5g/L为宜)。这种溶液就不必再中和，可直接送去蒸发工序。不过这只有当气氨和硝酸的压力、温度、浓度、流量等项参数都比较稳定而且有可靠的自控装置操作时才能做到。由于氨过量时造成的氮损失比硝酸过量造成的氮损失要大得多（见表4-2-1)。例如，当中和游含游离 NH_3 0.1～0.5g/L时，1t硝铵损失1.6～8.0kg氮，当中和液含游离 HNO_3 0.2～1.0g/L时，1t硝铵只损失0.1～0.25kg氮。因此，常压法手工操作的车间为减少氮损失而采用硝酸过量的操作，维持中和液含游离 HNO_3 1～5g/L。但因其所带的游离酸太多，不能送往蒸发工序（因腐蚀性较大，且造成产品结晶含游离酸高)，需要送到再中和器中和至硝铵中含游离氨0.1～0.5g/L，才送往蒸发工序加工。故将中和器设计能自动调节是降低中和过程氮损失的重要措施之一。

表4-2-1　硝酸铵溶液中游离氨或硝酸的含量或与氨和硝酸损失的关系

游离氨的含量/(g/L)	氨的损失量/(kg/t硝铵)	游离硝酸的含量/(g/L)	硝酸的损失量/(kg/t硝铵)
0～0.5	3～10	1～5	0.5～3.8
0.5～1.0	15～26	5～10	4.8～7.1
1.0～2.0	31～51	10～20	7.8～9.1
3.0～5.0	57.8～85.4	20～30	12.0～17.0

2.1.3　利用反应热的中和流程

由于不利用中和反应热仅能制得稀硝铵溶液，而且要采用冷却措施，故水、电、蒸汽消耗量大，设备生产能力低，这种流程已被利用反应热的中和流程所代替。

(1) 常压下，一次（或两次）利用反应热的中和流程

这种流程比较简单，能避免硝酸的分解，还可利用反应热制取浓度较高的硝铵溶液，操作也较简便。与加压法比较，既可以节省附加设备的费用，又可降低在压力下输送反应物料的电能消耗，是较为理想的流程，中国硝铵生产广泛采用这种流程。图4-2-5为常压中和硝酸的一种流程。

(2) 具有真空蒸发器的中和流程（图4-2-6）

在中和器中并不利用反应热，而反应热是在真空蒸发器（在 $0.8～0.87\times10^5$Pa的真空度下操作）中被利用的。这样，由于溶液沸点降低，可使水分迅速蒸发，同时也达到冷却溶液的目的，然后一部分溶液送至后继工序，另一部分溶液返回中和器内以使反应温度降到所用硝酸浓度的沸点以下。真空蒸发的流程多用于氨气纯度不高的场合。

(3) 加压中和流程

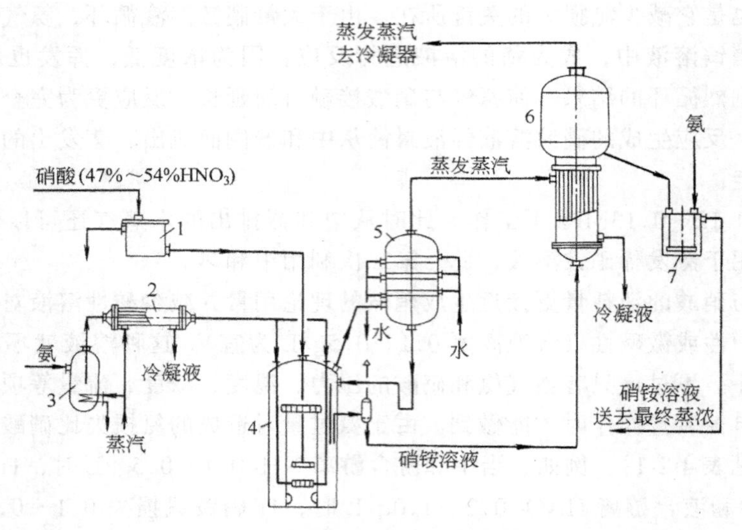

图 4-2-5　常压中和硝酸的流程

1—硝酸槽；2—氨加热器；3—液氨分离器；4—ИТН中和器
5—蒸发蒸汽捕集器；6—一段真空蒸发器；7—再中和器

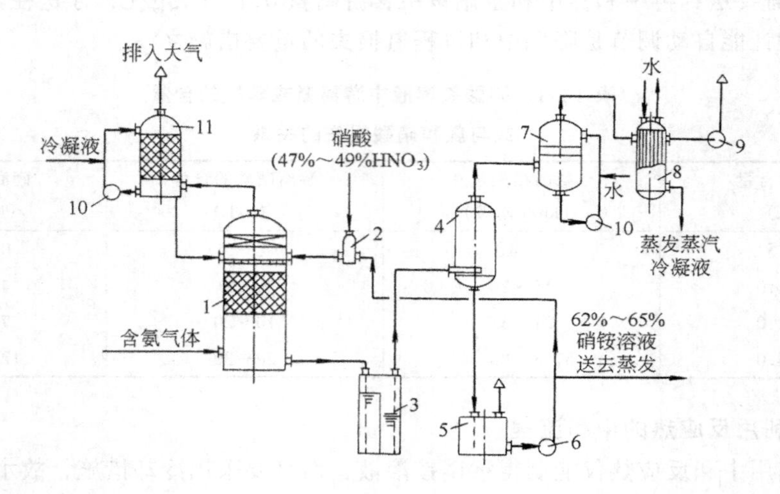

图 4-2-6　采用真空蒸发器的硝酸中和流程

1—洗涤中和器；2—混合器；3—带排气管的水封槽；4—真空蒸发器；5—受槽；6—泵；7—蒸发蒸汽洗涤器；8—冷凝器；9—真空泵；10—循环泵；11—洗涤器

加压（0.6～0.8MPa）中和是用较浓的硝酸（如55%～60% HNO_3）制取硝铵（见图4-2-7）。因为可得85%～90%的硝铵溶液，所以无需蒸发而可送去结晶，从而可节约蒸汽；由于取消蒸发设备，所以还可降低基建投资。采用加压可以降低由于热分解而造成的氮损失。中和过程在加压下进行，还可以节省附加设备的费用，并可降低在压力下输送反应物料的动力消耗。加压中和可以回收热量副产蒸汽，中和64% HNO_3 时，1t 氨可副产约1t蒸汽。

目前世界各国新建的工厂，大都采用加压中和法。加压中和工艺具有设备体积小、生产能力高、消耗定额低等优点。因此，从发展趋势看，常压中和必将逐步为加压中和所

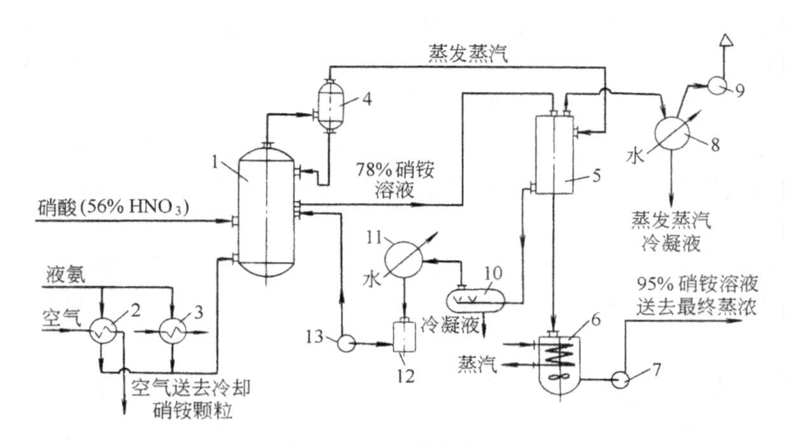

图 4-2-7 加压中和流程

1—中和器；2，3—氨蒸发器；4—分离器；5—蒸发器；6—受槽；7—泵；8—冷凝器；9—真空泵；10—受槽；11—二次蒸汽冷凝器；12—受槽；13—泵

取代。

2.1.4 稀硝铵溶液的蒸发、结晶和干燥

2.1.4.1 稀硝铵溶液的蒸发

用稀硝酸与气氨中和，只能得到稀硝铵溶液（如用42%～52% HNO_3 中和气氨，得到56%～76% NH_4NO_3）。为了结晶或造粒，通常需要蒸发浓缩成熔融液。熔融液的最终浓度则取决于结晶的方法。在造粒塔中结晶时，硝铵溶液常蒸发浓缩到98.5%～99.5% NH_4NO_3；在冷却辊上结晶则蒸浓到97%～97.5% NH_4NO_3；当硝铵在盘式结晶器中结晶时，则熔融液浓度只需达94.5%～95% NH_4NO_3。中国现有真空结晶法和造粒法两种。前者生产粉状结晶硝铵，硝铵溶液只蒸发到88%～92% NH_4NO_3 便可。

不论结晶或造粒，硝铵溶液必须蒸发成高浓熔融物料。溶液浓度高，则沸点很高。如常压下95%的硝铵熔融液的沸点为176℃、96.89%的硝铵熔融液的沸点则高达196℃。高浓度的硝铵熔融液温度高于185℃时即开始分解并放出热量。因此，制取高浓度硝铵熔融液时，必须在真空下进行蒸发，以降低溶液的沸点。此外，为了减轻硝铵的热分解，蒸发时往溶液或熔融液中加一些尿素作为稳定剂，其量为硝铵的0.1%～1%。

工业上蒸浓硝铵溶液可用标准式、悬筐式、外加热式和膜式等不同类型的真空蒸发器。膜式蒸发器用得最多，因为溶液在其中停留的时间很短，可减轻硝铵的热分解，而蒸发效率又高。

将60%～70%左右的稀硝铵溶液只经过一段蒸发，使其达到90%以上在经济上是不合理的，为了减少新鲜蒸汽的消耗量，通常是利用二次蒸汽进行蒸发。

两段蒸发的工艺流程是先将稀硝铵溶液蒸浓到82%～84%，第二段再蒸浓至90%～94%。然后将硝铵溶液送入真空结晶机进行结晶。中国大都采用两段蒸发得到粉末状结晶硝铵。国内造粒硝铵多为两段蒸发，国内外也有采用三段蒸发把硝铵溶液蒸发至98.5%～99.5%，最后用泵将硝铵熔融液送到造粒塔（有的把第三段蒸发器装设在造粒塔顶），获得粒状产品。

第一段蒸发采用立式膜式蒸发器。稀硝铵溶液从蒸发器底部进入列管，往上流动，管间用0.12～0.13MPa的低压蒸汽加热。蒸发出的蒸汽从蒸发器的顶部逸出，进入冷凝器和真空泵。这种膜式蒸发器里，汽液混合物泡沫的流速通常高达 20m/s 以上，设备的总传热系数高达 361～472W/(m^2·K)。由于物料停留时间很短，硝铵不易产生热分解，因此，膜式蒸发器对热敏感的硝铵、尿素等的蒸发都适用。

第一段蒸发通常在 66.7～73.3kPa 真空度下进行，因此可以利用中和器排出的 0.12～0.13MPa 蒸发蒸汽作为热源以节省新鲜蒸汽。因为热源有腐蚀性，所以蒸发器整个壳体和管子都用 1Cr18Ni9Ti 不锈钢制作。

经一段蒸发后，硝铵浓溶液粘度增大，故第二、三段蒸发宜采用卧式膜式蒸发器（材质与一段同）。硝铵溶液从管内流过，管间用 0.8～1MPa 的蒸汽加热，并在 80kPa 真空度下操作。

当蒸发负荷比较大时，则采用两个或三个卧式膜式蒸发器串联操作。三段蒸发比用两段蒸发更可节省一些新鲜蒸汽。此时第二段蒸发器在 0.112～0.12MPa 操作，也用 0.8～1MPa 的蒸汽加热。从第二段蒸发器排出的二次蒸汽与从中和器出来的蒸发蒸汽合并，可作为第一段蒸发器的热源。中和器排出的蒸发蒸汽除供一段蒸发外，还用于系统内物料的加热，其利用率可达 75%以上，从而降低了全系统的蒸汽消耗，剩余部分蒸汽（例如用 60%HNO_3 作原料，每生产 1t 产品，同时得到 150kg 0.45MPa 的多余蒸汽），还可以进一步使用。

2.1.4.2 硝铵的结晶和干燥

硝酸盐的溶解度有较大的温度系数，因此比较容易结晶。原则上，无论从溶液还是从熔体中结晶都有可能，但只是后者才有实际工业意义。硝铵是易结晶的盐类之一，高浓度的硝铵熔融液稍加冷却便迅速凝固结晶。由于硝铵结晶方法和结晶速度的不同，可以用造粒塔制成农业用的颗粒状硝铵，便于施肥。也可用真空结晶机制成工业用的细粉（粒）结晶。还可制成互相紧密粘结的鳞片状结晶。

当熔融液结晶时，发生硝铵的晶型转变，并同时释放结晶热。此外，当熔融液的浓度在结晶过程中增高时，还要放出相应的硝铵浓缩热。结晶过程中放出的总热量，足以使 92.5%～94%的硝铵熔融液转变为几乎干燥的（含水 0.1%～0.2%）硝铵。但是，硝铵的晶型转变较慢。因此，利用结晶热的结晶过程需要在体积大而生产能力小的设备中进行。用这种方法得到的是细小结晶的硝铵。

采用盘式结晶器进行硝铵结晶的优点是：能有效地利用熔融热和结晶热除去绝大部分水分。因此，实际上能获得近于干燥的、含水量为 0.1%～0.2%的产品；而且，因结晶与干燥在同一设备内同时进行，故简化了流程，并可节省干燥装置的费用。其缺点是：结晶过程不连续；设备结构笨重；由于熔融物料冷却速度快，生成晶核的速度也快，故所制得的细小结晶产品极易结块，因而应用时困难。由于盘式结晶器缺点多，工业上采用较少。

利用结晶热并生产细小结晶硝铵的还有螺旋式结晶器。它带有水夹套，并能吹入冷空气或热空气。当熔融液为～92%NH_4NO_3 时，可得含水分约为 1%的产品。

在冷却辊上进行硝铵结晶时，通常加入 97%～98.5%NH_4NO_3 熔融液，温度在 150～165℃。得到厚度为 1～2mm 的鳞片状硝铵结晶，含水量高达 1.5%～2.5%，这种产品还需进行热风干燥。

硝铵结晶也可在转筒卧式回转造粒器中进行。

目前中国硝铵生产广泛采用两种结晶设备：一种是制取粉末状结晶的钟状真空结晶机，产品主要供工业用；另一种是制取颗粒状产品的造粒塔，产品主要供农业用。

钟状真空结晶机的结构见图 4-2-8。它的下部是一个圆筒形的盘，中间有一个天平架式

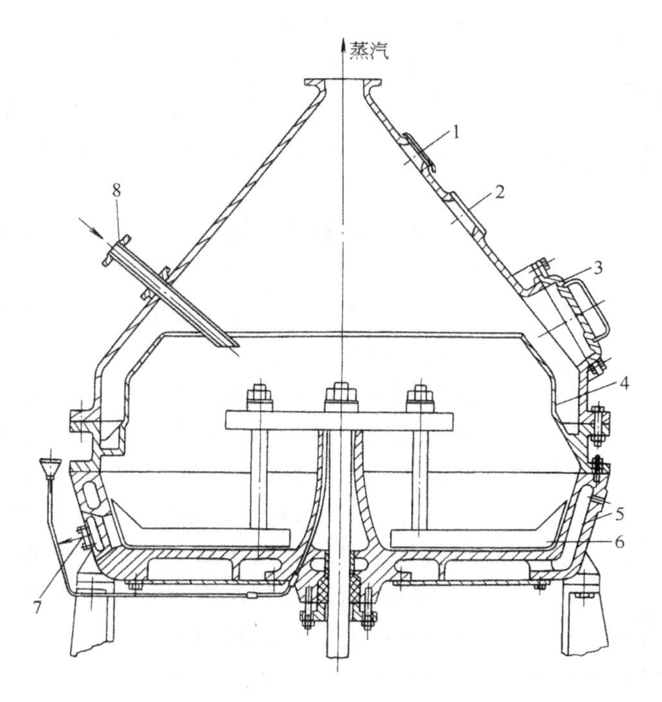

图 4-2-8 钟状真空结晶机

1—照明孔；2—窥视孔；3—入孔盖；4—分液杯；
5—结晶锅；6—搅拌桨叶；7—卸料口；8—加料口

的搅拌装置，上部呈锥形。钟状真空结晶机是间歇操作的，硝铵熔融液在其中进行蒸发、结晶、干燥过程。在开动搅拌机的情况下，首先将卸料口等处封闭好，接通真空使机内成负压，打开加液管上阀门，借助于负压把蒸浓到89%～92%、温度为110～125℃的硝铵溶液由贮罐吸入结晶机中，装入一定量溶液后关闭进料管阀门，使真空度逐渐增大到82.7kPa以上，与外界绝热。由于真空度的加大，结晶机内溶液会自动蒸发，水汽从顶部逸出，溶液逐渐增浓，同时温度降低。过程进行到一定程度时液体成为饱和溶液，于是硝铵结晶形成，而水分却越来越少，最后成为含水小于0.5%的粉末状结晶。关闭真空，接通大气，打开卸料口，将结晶排出，这样就完成了一次作业。作业间各步骤可由自动控制来实现。真空结晶法的优点是可以利用硝铵溶液的显热和结晶时放出的结晶热将溶液中的水分蒸发，得到含水很少的产品。但因间歇操作麻烦，设备生产强度低。而且，这种细粉末状硝铵尤其容易结成坚硬的大块，用于农业不太方便。不过因其硝铵含量较高，含水分少，用于工业和国防是适宜的。中国小型硝铵厂多用真空结晶。

现在农业用的大都制成直径1～3mm的粒状硝铵，其结块倾向与粉末状产品相比要轻得多。为了制取颗粒状硝铵，熔融液的结晶过程在造粒塔中进行，也可将热的硝铵结晶通过挤压机，并用切削机切制成颗粒。

硝酸铵在造粒塔中的造粒，主要是熔融物料在空塔中旋转喷洒，并且硝铵液滴与冷空气逆流接触而被冷却。由于熔融物料的结晶，使熔融物料液滴变为固体颗粒。随着造粒操作的不同，硝铵颗粒具有不同的孔隙，这些孔隙取决于结晶的速度和起初的熔融物料中水分含量。如熔融物料由96%提高到99.5%，颗粒的孔隙率由30%减少到7%～9%，因此，可得到不同用途的多孔硝铵。送去造粒塔的熔融物料含硝铵有99.6%～99.8%的（温度174～

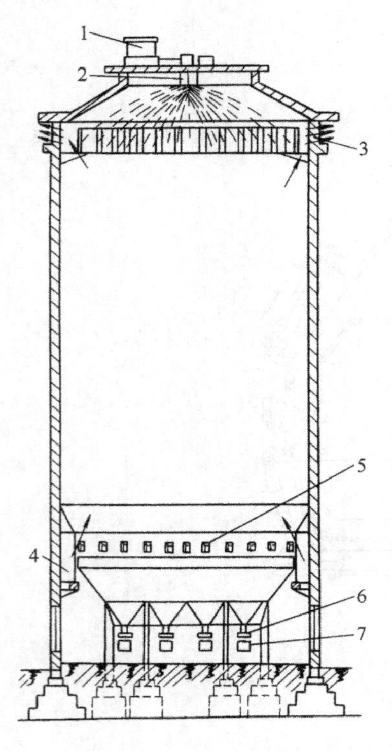

图 4-2-9 硝铵造粒塔

1—浓液槽；2—造粒喷头；3—空气出口风窗；4—空气入口；5—空气入口风窗；6—卸料头；7—皮带运输机

176℃)，也有98.5%～99.5%的。降低进入造粒喷头的熔融物料温度时，不能得到球形的颗粒而会产生针形或是花瓣形颗粒。因此，造粒前熔融物料的温度不应低于160℃，以求获得具有相当大机械强度的、直径为1～3mm的球形晶粒。

硝铵造粒塔是钢筋混凝土建造的中空圆柱式庞大建筑物（见图4-2-9)。小型塔内径6～9m，中型塔内径12～15m，大型塔内径15～20m。塔顶天花板下面中央悬挂一个造粒喷头，转速约1.5～3.0m/s，借离心力作用将熔融液喷洒成一粒粒液滴下落。中国多是自然通风，国外有强制通风和多喷头的造粒塔，例如，法国K-T流程的造粒塔装有12～31个小型喷头，该公司所承建的法国南吉斯(Nan-gis)厂造粒喷头喷射角度可以调节，以使硝铵液滴在塔截面上喷洒分布得均匀，如有喷头孔被堵，可以不必停车分组切断进行更换。而且在每个喷头的孔板上都装有一个额定频率的电磁振荡器（振幅20μm)，可使喷洒的液体离开喷头孔板很近（数厘米）的地方就变为均匀的液滴，有助于热交换，使粒度在2～2.5mm的成粒率提高到85%以上，减少了细粒和粉尘的排放量，返料率由4%～6%下降到2%～3%。强制通风的造粒塔通风量55000m^3/h，塔顶洗涤粉尘，排放空气中硝铵含量为30mg/m^3，氮的得率99%以上。

衡量造粒塔的性能，一是造粒塔的内径（由负荷量来决定的)；二是有效高度——喷头到风窗的垂直距离。中国目前采用强制通风和自然通风的造粒塔其有效高度分别为30～35m和35～50m。

2.2 转化法制取硝铵

在硝酸磷肥生产中，首先是用稀硝酸分解磷矿制取磷酸和硝酸钙的水溶液，其反应为

$$Ca_5(PO_4)_3F+10HNO_3 = 3H_3PO_4+5Ca(NO_3)_2+HF$$

由于磷矿中含有铁、铝、镁等杂质，它们与硝酸反应生成各种硝酸盐：

$$Fe_2O_3+6HNO_3 = 2Fe(NO_3)_3+3H_2O$$

$$Al_2O_3+6HNO_3 = 2Al(NO_3)_3+3H_2O$$

$$MgO+2HNO_3 = Mg(NO_3)_2+H_2O$$

为了从溶液中制取二元氮磷复合肥料，必须预先除去0～80%硝酸钙，方法是采用冷却结晶。先将溶液冷却到一定温度，在该温度下硝酸钙以$Ca(NO_3)_2\cdot 4H_2O$的晶体形式析出，经过滤分离而得到硝酸钙。即使是无水硝酸钙，其中氮含量也不高（≈17%)。因此，将此晶体加工成硝酸钙未得到广泛采用。

工业生产多将硝酸钙用转化法加工成硝酸铵，可以采用两种方法来实现：用气态氨和二氧化碳处理（气态转化）或碳酸铵溶液作用（液态转化)。

气态转化按下式进行反应：

$$Ca(NO_3)_2 + CO_2 + 2NH_3 + H_2O \longrightarrow 2NH_4NO_3 + CaCO_3 \downarrow$$

液态转化按下式进行反应：

$$Ca(NO_3)_2 + (NH_4)_2CO_3 \longrightarrow 2NH_4NO_3 + CaCO_3 \downarrow$$

析出的碳酸钙沉淀经过滤分离，有的工厂将其作为生产水泥的原料。滤液是硝铵溶液，可以用通常方法将其加工为商品硝铵或返回硝酸磷肥生产系统。

影响硝酸钙完全转化的因素有：硝铵溶液中 CO_2 和 NH_3 的比值，反应温度，搅拌强度，浆液的停留时间等。

在送去转化的硝酸钙溶液中经常含有硝酸镁，其含量取决于被硝酸分解的磷酸盐原料的组成。因此，如果加入硝酸钙和硝酸镁溶液中碳酸铵的数量是按组分进行化学计算值而确定的话，则不能使镁盐完全沉淀。当碳酸铵大量过剩时则生成二元盐 $MgCO_3 \cdot (NH_4)_2CO_3 \cdot 4H_2O$ 的沉淀，同时损失若干量的氮。此外，由于在此情况下过滤器中分离出的残渣中碳酸铵的含量也增加，这也就导致固定氮的损失增加，与计算值比较，碳酸铵过量 25%～30% 是最适宜的。

碳酸铵溶液中 $CO_2:NH_3$ 比（质量比）影响沉淀碳酸钙和碳酸镁的晶体结构的形成，而晶体结构决定这些沉淀物在转鼓式或带式真空过滤器上的过滤速度。当 $CO_2:NH_3$ 比值小于 1.25 时，碳酸镁沉淀自无定形状态向结晶状态的转变就缓慢了。当 $CO_2:NH_3$ 比值等于 1.3 时，可制得容易过滤的碳酸盐晶体沉淀。该比值提高到 1.35 时，碳酸镁溶解度有一些增加，并增加了硝酸铵溶液中硝酸镁的含量。

转化反应温度应保持在 45～55℃ 附近。在这种情况下即使当被转化的溶液中硝酸镁含量大时[$Ca(NO_3)_2:Mg(NO_3)_2 = 1:1$]，转化过程也能在 30min 内进行完全，并生成容易过滤的碳酸钙和碳酸镁沉淀物。当温度较低时，则需要更多时间来生成容易过滤的沉淀。如果将硝酸钙和硝酸镁转化时制得的悬浮液强烈搅拌，则会使碳酸盐结构恶化，因而推迟过滤过程。

转化过程通常由两个阶段来实现。碳酸铵溶液和硝酸盐溶液连续地进入第一阶段反应器。第二阶段用添加碳酸铵溶液的方法对反应过程进行调整。转化后悬浮液中过剩碳酸铵保持在 8～12g/L 范围内（折算成氨）。

图 4-2-10 所示为用碳酸铵将硝酸盐溶液转化以制取硝铵溶液的流程。硝酸钙溶液自贮槽 1 用离心泵 2 打入高位槽 4，经预热器 3 在 60℃ 时进入两个串联的带搅拌器的转化反应器 6 中的第一个转化器。从高位槽 7 把碳酸铵溶液也加入此转化器。来自第一转化器的悬浮液进入第二转化器，然后送往转鼓式真空过滤器 8，从该处碳酸盐沉淀物用水洗涤送入再浆槽 9 后，贮集于浆液贮槽或用水洗涤后将含水分 15%～16% 的沉淀物用运输机（图上未示出）转送至干燥工段制取干燥的商品碳酸钙。滤液为 50% 硝酸铵溶液，收集于受槽 10 中，在用压滤机 13 精细地除去 $CaCO_3$ 粒子后送至中和器 15，在中和器中过剩碳酸铵用硝酸分解。然后将中和了的硝酸铵溶液送入蒸发设备，以便用普通方法进一步加工成粒状硝酸铵。

2.3 多孔硝铵的制取

多孔粒状硝铵简称多孔硝铵，硝铵含量大于 99.5%，外观为白色颗粒状结晶，无肉眼可见杂质，水分含量低，松散性和流动性好。

现在多孔硝铵的生产原理有：

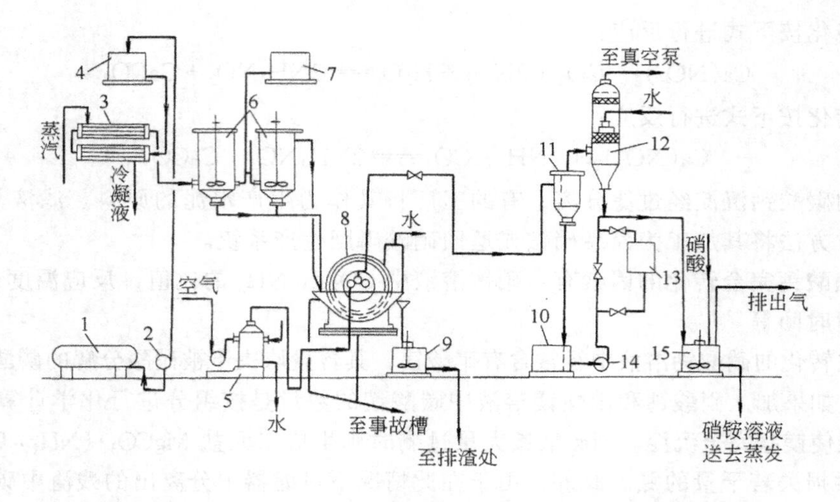

图 4-2-10 用碳酸铵溶液转化硝酸盐溶液制取硝酸铵的流程

1—硝酸钙溶液贮槽；2—离心泵；3—预热器；4—高位槽；
5—鼓风机；6—转化反应器；7—碳酸铵溶液高位槽；
8—真空过滤器；9—再浆槽；10—硝酸铵溶液受槽；11—分离器；
12—洗涤器；13—压滤机；14—离心泵；15—带搅拌器的中和器

1. 用发泡剂和表面活性剂；
2. 用干燥颗粒或结晶体制取；
3. 将硝铵颗粒热处理后制取。

2.3.1 生产方法[7]

2.3.1.1 流化床法

流化床法，又分干法和湿法。干法亦称表面喷涂工艺，其方法是将造粒塔出口的硝铵颗粒喷涂少量的烷胺水溶液以增湿颗粒表面，经热空气快速干燥，再进行冷却和升温，使其发生晶型变化而带有空隙，然后经筛分、冷却制得。该法工艺简单，设备少，所得产品颗粒均匀，但强度低，收率仅为35%～50%。湿法亦称流化床造粒工艺，该法是向90%～91%的浓硝铵液中加入添加剂，经气流式喷嘴将压缩空气雾化后进入流化床，使雾粒与晶体粘附或涂覆在一起，再用热空气加热，形成微孔并逐渐长大，再经筛分、冷却制得成品。该法收率高，产品微孔多而均匀，强度好，但工艺较为复杂，设备多，投资大。

2.3.1.2 综合法

综合法是综合干法、湿法的优点，在硝铵溶液中加入无机盐等作为颗粒强度的增强剂，经蒸发浓缩、造粒结晶、干燥而制得多孔硝铵。该法收率高、产品强度高，生产设备简单，无三废排放，投资少。

2.3.1.3 塔式法

塔式法是氨和硝酸进行中和反应，在真空蒸发器浓缩到96% NH_4NO_3 的熔融液，通过造粒喷头喷出，被上升空气迅速冷却后，再经干燥、冷却、筛分后制得多孔硝铵。该法产品强度高、质量好，抗结块性好，收率高，无三废排放，生产设备简单，投资少。

2.3.2 法国 K-T 法生产流程

中国目前大多数硝铵厂采用湿法，最近已从法国引进并建成了 K-T 法生产多孔硝铵的装置，其流程如图 4-2-11 所示[8]。

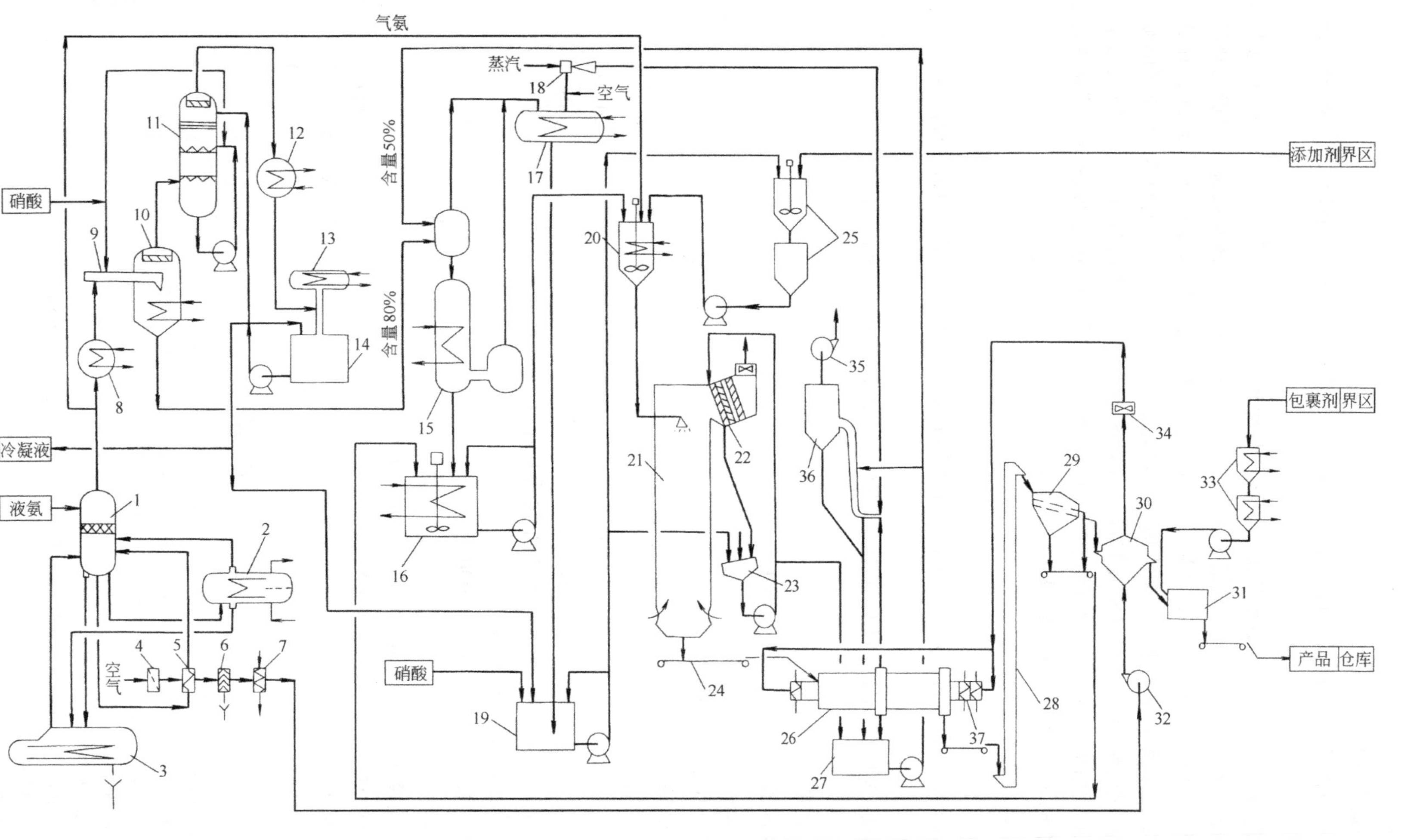

图 4-2-11 法国 K-T 多孔粒状硝铵生产工艺流程图

1—氨除沫器；2—液氨蒸发器；3—氨水分离器；4—空气过滤器；5—空气冷却器；6—水分离器；7—空气加热器；8—氨加热器；9—管式反应器；10—气液分离器；11—工艺蒸汽处理塔；12—冷凝器；13—冷凝器；14—冷凝液贮槽；15—降膜蒸发器；16—溶液贮槽；17—蒸汽冷凝器；18—蒸汽喷射泵；19—冷凝液槽；20—缓冲槽；21—造粒塔；22—洗涤装置；23—洗涤液槽；24—运料机；25—添加剂槽；26—预干燥筒；27—干燥洗涤器受槽；28—半式提升机；29—振动筛；30—流化床冷却器；31—包裹机；32—鼓风机；33—防粘包裹剂贮槽；34—流化床冷却引风机；35—干燥筒引风机；36—除尘洗涤器；37—干燥机入口气体加热器

2.3.2.1 流程说明

K-T 法生产硝铵的流程分为液氨蒸发、溶液制备、浓缩和造粒、硝铵干燥、筛分、冷却、涂层等工序。

液氨经蒸发成气氨后，经过氨加热器 8 预热后与稀硝酸一并加入管式反应器 9，反应生成的硝铵溶液经气液分离器 10 进行气液分离，80% NH_4NO_3 的中和液从底部流出进入降膜蒸发器 15 浓缩至 96% 的浓度，进入溶液贮槽 16，由泵打入设有搅拌浆的缓冲罐 20，在此加入适量的气氨使溶液呈微碱性，专用添加剂也在此加入，然后再进入造粒塔 21 顶部的喷头。塔顶安装有洗涤装置 22，上方安装有排气装置向塔外排气，塔底部加入上升空气与下落液滴相遇，而在塔底得到多孔粒状硝铵，经预干燥筒 26 干燥、筛分机 29 筛分、流化床冷却器 30 和包裹机 31，用防粘剂包裹即得合格产品。

2.3.2.2 工艺条件

(1) 原料

稀硝酸：55% ~ 60% HNO_3，HNO_2 含量≤50mg/kg，Cl^- 含量≤1mg/kg，SiO_2 含量≤1mg/kg。

液氨：纯度≥99.5% NH_3，H_2O 含量≤0.5%，油含量≤10mg/kg。

(2) 压力

① 硝酸，液氨≥0.7MPa。

② 管式反应器（绝对压力）0.5MPa。

(3) 溶液浓度

气液分离器 10 出口　80% NH_4NO_3

降膜蒸发器 14 出口　96% NH_4NO_3

2.3.2.3 产品性能

外　形	1.6mm 颗粒状	含水量	≤0.2%
含氮量	≥34.5%N	空隙率	14%

生产中采用专用添加剂，使多孔硝铵充油后具有以下特点：

① 硬度较高，达 0.07~0.09MPa。

② 爆炸强度较高，可达 3000~4000m/s。

③ 不易结块。

2.3.2.4 主要消耗定额（60% HNO_3 时）/吨产品

硝酸（折 100% HNO_3）	791.5kg	蒸汽	100kg
氨（折 100% NH_3）	213.6kg	冷却水	16~25m^3
电	5.5kW·h	添加剂量	0.7kg

参 考 文 献

1 B.M. 阿列夫斯基编，王令仪等译．硝酸铵工艺学．北京：化学工业出版社，1983

2 陈五平主编．无机化工工艺学(三)．化学肥料(第二版)．北京：化学工业出版社，1989

3 《化肥工业大全》编辑委员会编．化肥工业大全．北京：化学工业出版社，1988

4 *Nitrogen*. 1983，(146)：21~23

5 中国化工报．一版．2001 年 1 月 10 日

6 吉林化学工业公司化肥厂编．硝酸铵生产工艺与操作．北京：化学工业出版社，1980

7 汪家铭．化工设计，1998，(1)：4

8 方培俊等．大化科技，1997，(4)：1

内 容 提 要

本书为教育部"九五"国家级重点教材，是高等学校化学工程与工艺专业的选修课教材。本书是该书修订第三版。本次修订是为适应教学改革、拓宽专业的需要，对教材内容重新组合，补充了新工艺和新设备，充分反映世界先进技术水平。在工艺介绍上改变了旧模式，加强理论基础，更注重工艺过程的分析、过程的技术经济和工业的可持续发展。贯彻启发式教育和培养创新精神，更加适合学生自学。

本书是《无机化工工艺学》上册，包括合成氨、尿素、硝酸、硝酸铵。内容主要介绍其生产原理、生产方法、工艺流程、主要设备及工艺计算，以及三废治理、综合利用等。

本书除作为教材外，对于从事化工生产、科研、设计和管理工作的工程技术人员很有参考价值。